光学和激光扫描技术手册
（原书第 2 版）

[美] 杰拉尔德·马歇尔 （Gerald F. Marshall）
格伦·斯图兹 （Glenn E. Stutz） 主编

周海宪 程云芳 主译

周华君 程 林 校

机械工业出版社

本书具有以下显著特点：第一，内容丰富，不仅有详尽的光学和激光扫描技术理论，而且给出许多实际的扫描实例；第二，覆盖面广，既介绍了常规的扫描技术（如单反射镜、转鼓），又阐述了一些利用如微纳米光学（微光机电系统）和全息光学的先进技术研发的光学和激光扫描装置；第三，为使本书能够充分反映光学和激光扫描技术领域的国际先进水平，汇集了该领域美国、英国、日本等国的 26 位专家的研究成果，具有一定代表性。

本书可供光电子学、空间传感器及系统、遥感、热成像、军事成像、光通信领域中从事光学和激光扫描器设计和制造、光电子仪器总体设计、光学系统和光机结构设计的设计师、工程师阅读，也可作为大专院校相关专业本科生、研究生和教师的参考书。

图书在版编目（CIP）数据

光学和激光扫描技术手册：原书第 2 版/（美）杰拉尔德·马歇尔（Gerald F. Marshall），（美）格伦·斯图兹（Glenn E. Stutz）主编；周海宪，程云芳主译.—北京：机械工业出版社，2018.6

书名原文：Handbook of Optical and Laser Scanning（Second Edition）

ISBN 978-7-111-59494-9

Ⅰ.①光…　Ⅱ.①杰…　②格…　③周…　④程…　Ⅲ.①激光扫描 - 技术手册　Ⅳ.①TN27-62

中国版本图书馆 CIP 数据核字（2018）第 088303 号

机械工业出版社（北京市百万庄大街 22 号　邮政编码 100037）
策划编辑：王　欢　责任编辑：王　欢
责任校对：樊钟英　封面设计：陈　沛
责任印制：张　博
三河市宏达印刷有限公司印刷
2018 年 8 月第 1 版第 1 次印刷
184mm×260mm · 36.25 印张 · 2 插页 · 889 千字
0001—2600 册
标准书号：ISBN 978-7-111-59494-9
定价：179.00 元

凡购本书，如有缺页、倒页、脱页，由本社发行部调换
电话服务　　　　　　　　　网络服务
服务咨询热线：010-88361066　机工官网：www.cmpbook.com
读者购书热线：010-68326294　机工官博：weibo.com/cmp1952
　　　　　　　010-88379203　金书网：www.golden-book.com
封面无防伪标均为盗版　　　　教育服务网：www.cmpedu.com

译者序 ◀◀◀

激光原理早在 1916 年就被著名的物理学家爱因斯坦发现。受激辐射原理提出后，陆续有科学家进行了研究。1916～1930 年，拉登堡等人进行了氖的色散研究，并于 1933 年绘制出色散系数与放电电流密度的函数曲线。1940 年，法布里发现了负吸收现象。1947 年，兰姆和雷瑟夫提出"粒子数反转实现受激辐射"理论；1952 年，帕塞尔等人实现了粒子数反转，观察到了负吸收现象。1953 年，韦伯发明了受激辐射诱发原子或分子从而放大电磁波的方法，并提出微波辐射器的原理，查尔斯·汤斯实现了微波受激发射放大——微波激射器（maser）；1957 年，斯科威尔实现了固体顺磁微波激射器。既然微波可以激发受激辐射，那么红外乃至可见光应该也可以。在此思想启发下，戈登·古尔德博士创造了"laser（受激辐射的光放大）"这个单词，中文简称为激光。1958 年，汤斯和肖洛发表了著名的论文"红外与光学激射器"。1959 年，汤斯提出了建造红宝石激光器的建议。1960 年，美国休斯（Hughes）公司莱曼博士发明了第一台实用激光器。

激光是 20 世纪 60 年代产生的新光源，是继原子能、计算机、半导体之后，人类的又一重大发明。它具有方向性好、亮度高、单色性好和能量密度高等特点。激光器的问世和发展不仅使古老的光学科学和光学技术获得新生，而且形成一个新兴的产业。

激光使人们有效地利用前所未有的先进方法和手段，获得空前的效益和成果，从而促进了生产力的发展，以激光器为基础的激光应用在全球迅猛发展。

首先是军事应用，包括激光武器、激光制导、激光测距、激光雷达、激光陀螺、激光侦察对抗、激光告警和大气激光通信等。

激光的民用范围更广泛，几乎涉及所有领域。典型的代表是，1969 年阿姆斯特朗登月安放了激光反射器，然后由地面站发射至月球的激光脉冲反射回地面站，从而确定了地球与月亮之间的精确距离。具有代表性的应用还包括，激光电视；激光光谱分析；激光加工（切割、焊接、打孔、表面处理、快速成型）；激光通信；激光生物学应用；激光生命科学研究；激光医学应用；激光农业和畜牧业方面的应用；激光水下传输应用；激光全息无损检验；激光大气监测；CD、VCD、DVD、BD 光盘；激光打印机、复印机、扫描仪，以及激光照排机；商品防伪标签和条形识别码；激光能源领域的应用……

光学和激光扫描技术（包括可见光和不可见光），是控制光束偏转的技术。对于大多数以激光应用为基础的仪器和设备，它是一种很重要的技术，也是覆盖非常广泛的研究课题。其重点包括，控制光束偏转的机理，根据该机理实现扫描功能的光学系统，以及影响扫描系统图像真实性（保真度）的因素。扫描系统可以是一个输入扫描器、输出扫描器或者两种功能兼而有之的扫描器。输入系统能够获得二维或三维图像，以固定波长或者在宽光谱范围内工作，通过聚集镜面反射光或散射光，以及通过使图像发荧光和获得荧光而形成新的光源。

光学和激光扫描技术是一门综合学科，涉及面广泛，如微光机电技术、焦距自调整技术、位增强与色彩增强技术、移动平台扫描技术、色彩校正技术和光学新技术。它不仅涉及光学和控制光束偏转的机械学，而且影响输出数据（显示在屏幕上或者以书面形式记录）成像保真度的其他学科，如电子学、磁学、流体动力学、材料科学、声学、图像分析学、固件[⊖]软件等。

为了完整而充分地反映光学和激光扫描技术的现状和最新进展，2004 年，杰拉尔德·马歇尔（Gerald F. Marshall）和格伦·斯图兹（Glenn E. Stutz）先生作为主编，汇集了该领域英国、日本和美国等国的 27 位国际专家，在 1985 年出版的《激光束扫描技术（Laser Beam Scanning）》和 1991 年出版的《光学扫描技术（Optical Scanning）》两本书基础上，出版了原书第 1 版——《光学和激光扫描技术手册（Handbook of Optical and Laser Scanning）》。

杰拉尔德·马歇尔先生获得了英国伦敦大学工科学士学位，在光学设计和工程领域，尤其对光学扫描技术和显示系统具有丰富的工作经验，曾在下列公司担任高级职位（现已退休）：美国凯撒电子（Kaiser Electronics）公司、能量转换装置（Energy Conversion Device）公司、Axsys 科技（Axsys technologies）有限公司、医用激光器公司、衍射有限公司、英国 BAE 系统公司机载导航显示系统部等。杰拉尔德·马歇尔先生发表过许多文章，获得多项专利，是以下三本国际知名专业图书的主编兼作者：1985 年，《激光束扫描技术》；1991 年，《光学扫描技术》；2004 年，《光学和激光扫描技术手册》。他曾在美国威斯康星大学麦迪逊分校（the University of Wisconsin-Madison）和国际光学工程学会（Society of Photo-Optical Instrumentation Engineers，SPIE）短训班授课，也是美国物理学会（Institute Of Physics，IOP）、美国光学学会（Optical Society of America，OSA）和国际光学工程学会会员，并担任过重要职务。

格伦·斯图兹先生获得美国罗彻斯特大学（Rochester University）光学专业学士学位和亚利桑那大学（University of Arizona）光学科学硕士学位，以及亚利桑那州立大学工商管理学硕士学位。他是美国林肯（Lincoln）激光技术公司的首席运营总监和首席技术总监。格伦·斯图兹先生从事激光扫描技术研究近三十年，致力于下列领域中激光扫描系统设计和制造工艺转换：视网膜扫描、农产品检验、胶片印制、大尺寸测量、激光投影、显微术和印制电路板检验。他曾与美国天合（TRW）集团（又译为汤普森-拉莫-伍尔德里奇集团，英文名称为 Thompson-Ramo-Wooldridge Group）合作，进行高能激光器的研究。

原书第 1 版出版后，得到业内好评，对光学和激光扫描技术的发展起到很好的推动作用。但随着科学技术持续快速发展，又出现了许多新的扫描技术和扫描装置，为了涵盖十年来的新变化，作者对第 1 版进行了修订。

《光学和激光扫描技术手册（原书第 2 版）》具有以下明显特点：第一，内容丰富，不仅有详尽的光学和激光扫描技术理论，而且给出许多实际的扫描实例；第二，覆盖面广，既介绍了常规的扫描技术（如单反射镜、转鼓），又阐述了一些利用诸如微纳米光学（微光机电系统）和全息光学的先进技术研究的光学和激光扫描装置；第三，为使本书能够充分反映光学和激光扫描技术领域的国际先进水平，汇集了该领域美国、英国、日本等国的 26 位专家的研究成果，具有一定代表性。

本书共 16 章，包括 489 幅图和 55 张表。各章如下：

⊖　固化在硬件中的软件。——译者注

第 1 章　激光束特性：M^2 模型
第 2 章　激光扫描光学系统
第 3 章　数字扫描成像系统的像质
第 4 章　多面体反射镜扫描器：组件、性能和设计
第 5 章　高性能多面体反射镜扫描器的电动机和控制器（驱动器）
第 6 章　旋转扫描器的轴承系统
第 7 章　物镜前多面体反射镜扫描技术
第 8 章　振镜扫描器（检流计）和共振振镜扫描器
第 9 章　振荡扫描器的挠性枢轴
第 10 章　全息条形码扫描器：应用、性能和设计
第 11 章　声光扫描器和调制器
第 12 章　电光扫描器
第 13 章　压电扫描器
第 14 章　光盘扫描技术
第 15 章　计算机直接制版扫描系统
第 16 章　水下成像同步激光线扫描器

在本书的翻译过程中，与作者杰拉尔德·马歇尔先生和格伦·斯图兹先生进行了充分的讨论和沟通，对书中印刷错误进行了修订，增加了"译者注"。为使读者更准确地理解和使用本书，保留了英文参考文献。

周海宪主要翻译了第 1~15 章，程云芳主要翻译了第 16 章。在美国工作的周华君和程林先生对全书的中英文进行了认真审校，高级工程师张良、曾威、赖宏辉和程云芳对全书做了专业校对和最终审核。参与翻译工作的还有刘永祥、郭世勇、郭华鹏、邢妙娟、仇志刚、朱彬、李艳、刘凤玉、安世甫、负亚军、吴建伟、李延蕊、孙红晓、鲁保启、李志强、马俊岭、李沛、周华伟、张庆华、金朝翰、杨建国、武晓军等同志。

本书的翻译得到了清华大学教授、中国工程院院士金国藩先生，美国杰拉尔德·马歇尔和格伦·斯图兹先生，北京理工大学王涌天教授，南京理工大学常本康教授及中航电光设备研究所孙隆和研究员的极大支持；与祖成奎、孙维国和黄存新研究员、翟文军高级工程师进行了有益讨论，在此表示衷心感谢。

机械工业出版社王欢编辑对本书的出版给予了极大鼓励和支持，在此特别致以谢意！

本书可供光电子学领域、空间传感器及系统、遥感、热成像、军事成像、光通信领域从事光学和激光扫描器设计和制造、光电子仪器总体设计、光学系统和光机结构设计的设计师阅读，也可用作大专院校相关专业本科生、研究生和教师的参考书。希望本书能够对军事、航空、航天和民用光学仪器的设计和制造提供有益指导。

译者
2018 年 5 月

原书第 2 版前言 ◀◀◀────────────────────────

　　光学和激光扫描技术是控制光束偏转的技术，包括可见光和不可见光。编写第 2 版的目的是为科学家、工程师、维修管理技师及在校学生深入理解光学扫描技术提供参考。第 2 版涵盖了之前出版的三本书的内容：《激光束扫描技术》《光学扫描技术》和《光学和激光扫描技术手册（原书第 1 版）》。这三本著作出版后，光学扫描技术出现了许多新的进展，需要对之前介绍的材料进行更新，同时增加新的内容。第 2 版增加了扫描技术新的应用方面的章节，以进一步阐述扫描技术的实际应用。

　　光学和激光扫描技术是一个内容非常广泛的研究课题。其重点包括，控制光束偏转的机理，根据该机理实现扫描功能的光学系统，以及影响扫描系统图像真实性（保真度）的因素。本书将对每个重点课题进行全面阐述。

　　扫描系统可以是输入系统、输出系统或者两者的组合。输入系统可以获得二维或者三维图像，能够以固定波长工作或者在宽光谱范围内工作，通过聚集镜面反射光或者散射光，也可以通过荧光图像并收集荧光而重新获得原光源。输出系统使光束形成应用所需要的图像，如标识、可视投影和"硬拷贝"⊖输出；激光雷达和许多探测系统采用相同的光路照射物体并获取图像。一个扫描系统不但涉及光学，还包括其他学科，如机械学、电子学、磁学、流体动力学、材料科学、声学、图像分析学、固件、软件等。而本书汇集了英国、日本和美国等国的 26 位作者的学识和经验。

　　出版文字书籍，总是落后于科学技术突飞猛进的发展。本书是作者竭尽全力完成的光学和扫描技术方面的书籍，写出所属特定领域的权威内容，是对该领域技术的介绍。本书可以作为从事光学和激光扫描技术人员的参考书。

　　第 1 ~ 3 章包括三个（扫描系统中）研究课题：高斯（Gaussian）激光束特性、激光扫描器的光学系统及其成像质量。第 4 ~ 7 章介绍了单面（单面反射镜）和多面扫描系统的设计，包括轴承。第 8、9 章讨论了振镜和谐振扫描系统，包括挠性铰链（枢轴）。第 10 ~ 12 章阐述全息、声光和电光扫描系统。第 13、14 章介绍压电扫描器及光盘扫描。第 15、16 章讨论两种应用，即计算机直接制版（Computer To Plate，CTP）法的光学扫描技术和水下扫描技术。本书讨论的这些内容将说明扫描技术在当今社会的重要意义。

杰拉尔德・马歇尔

格伦・斯图兹

────────────────

⊖　hard copy，一般指打印到纸上。——译者注

原书第1版前言 ◀◀◀ ──────────────────

光学和激光束扫描技术是控制光束偏转方向的技术，包括可见光和不可见光。编写本书的目的是为应用工程师、科学家、维修管理技师及在校学生深入理解光学扫描技术提供参考。本书源自之前出版的两本书：《激光束扫描技术》和《光学扫描技术》。上述著作出版后，扫描技术有了许多新的进展，必须予以更新，还要包括十多年来发生的新变化。本书内容汇集了英国、日本和美国等国的27位国际专家的学识和经验。

光学和激光扫描技术是一个内容非常广泛的研究课题，其重点不仅包括控制光束偏转的机理，而且还涉及影响输出数据（记录在纸或者胶片上，显示在监视器或者投影在屏幕上）图像保真度的各种因素。扫描系统可以是输入扫描器、输出扫描器或者两者的组合。系统图像保真度最初取决于输入信息的精确读入和存储——存储信息的处理，以及最后是输出数据的读出。光学扫描技术与许多学科密切相关：光学、材料学、磁学、声学、机械学、电子学和图像分析学等。

文字书籍的出版，总是落后于科学技术突飞猛进的发展的。本书作者竭尽全力完成这本光学和扫描技术方面的书籍，并撰写出所在特定领域的权威内容。本书可以视为该领域技术的导论，并可作为光学和激光扫描技术领域工作人员的重要参考书。

为了方便国际间科技工程类读者阅读，只要合适，本书都将以两种单位制表示测定量，第二种单位置于括号中。除非有特别意义，否则优先采用米制。关于术语、命名法和符号，本书尽量保持一致。然而，由于27位作者来自很多国家，具有不同的风格，相比之下，我更关注他们做出的独特贡献而非形式。

本书按照逻辑顺序编排章节，从激光光源开始而以术语表结束。第1~3章包括三个基本的（扫描系统中）研究课题：高斯（Gaussian）激光束特性、激光扫描器的光学系统及其成像质量。第4~7章介绍了单面（单面反射镜）和多面扫描系统的设计，包括轴承。第8、9章讨论了振镜和谐振扫描系统，包括挠性铰链（枢轴）。第10~14章阐述了全息、光盘、声光、电光扫描系统及热打印头技术。最后，本书列出了非常有用的扫描技术术语表。

杰拉尔德·马歇尔

致　谢 《《《────────────────────

　　首先，感谢美国林肯（Lincoln）激光技术公司的首席运营总监（COO）和首席技术总监（CTO）、合作主编格伦·斯图兹先生。他做了大量的基础性工作，汇总所有作者的手稿。非常感谢林肯激光公司工程部斯蒂芬·斯图尔特（Steven Stewart）先生，他准备和绘制了封面详细插图。还要感谢所有的参编人员，没有他们的杰出贡献，就不会有本书第 2 版。最后，感谢美国 Taylor & Francis 出版集团工作人员的支持。

杰拉尔德·马歇尔

目　录 ⫷⫷⫷————————————————————————————

译者序
原书第 2 版前言
原书第 1 版前言
致谢
第 1 章　激光束特性：M^2 模型 ·· 1
1.1　概述 ·· 1
1.2　激光束特性（理论）发展史 ·· 1
1.3　本章内容的组织结构 ·· 2
1.4　混模激光束的 M^2 模型 ··· 3
　　1.4.1　基横模：厄米特-高斯和拉盖尔-高斯函数 ························ 3
　　1.4.2　混模：纯模的非相干叠加 ·· 5
　　1.4.3　与光束直径相关的基模特性 ·· 6
　　1.4.4　基模光束的传播特性 ·· 8
　　1.4.5　混模激光束的传播特性：嵌入式高斯分布和 M^2 模型 ······ 9
1.5　利用透镜对基模和混合模进行光束变换 ··································· 12
　　1.5.1　利用光束-透镜转换技术测量激光束发散角 ·················· 14
　　1.5.2　光束-透镜转换的应用：深聚焦的局限性 ····················· 14
　　1.5.3　逆变换常数 ··· 15
1.6　基模和混模光束直径的定义 ·· 15
　　1.6.1　由辐照度分布确定光束直径 ·· 16
　　1.6.2　获取实用光束分布图的具体思考 ··································· 18
　　　　1.6.2.1　市售扫描轮廓仪的工作原理 ································ 20
　　1.6.3　五种定义和测量光束直径（常用）方法的比较 ·············· 21
　　　　1.6.3.1　D_{pin}（针孔分布 $1/e^2$ 限幅点的间隔） ················ 21
　　　　1.6.3.2　D_{slit}（狭缝分布 $1/e^2$ 限幅点的间隔） ·············· 21
　　　　1.6.3.3　D_{ke}（刀口扫描限幅点 15.9% 和 84.1% 的两倍间隔） ··· 22
　　　　1.6.3.4　D_{86}（通过总能量 86.5% 的同心圆孔直径） ·········· 22
　　　　1.6.3.5　$D_{4\sigma}$（针孔辐照度分布标准偏差的 4 倍） ············ 22
　　　　1.6.3.6　$D_{4\sigma}$（对辐照度分布信噪比的灵敏度） ············· 23
　　　　1.6.3.7　ISO 选择 $D_{4\sigma}$ 作为标准直径的理由 ················· 24
　　　　1.6.3.8　直径定义的总结 ··· 25
　　1.6.4　直径定义之间的转换 ·· 25
　　　　1.6.4.1　M^2 是唯一的吗？ ·· 26
　　　　1.6.4.2　转换规则的经验基础 ·· 26

　　　　1.6.4.3　不同定义直径间的转换规则 ·············· 28
　1.7　测量光束质量 M^2 的具体问题：四切法 ·············· 29
　　　1.7.1　四切法的逻辑性 ·············· 29
　　　　1.7.1.1　利用附加透镜形成可测束腰 ·············· 31
　　　　1.7.1.2　束腰位置精度 ·············· 32
　　　1.7.2　数据的图形分析 ·············· 32
　　　1.7.3　对数据进行曲线拟合分析的相关讨论 ·············· 34
　　　1.7.4　市售测量仪器和软件包 ·············· 35
　1.8　光束不对称性类型 ·············· 36
　　　1.8.1　光束不对称性的常见类型 ·············· 36
　　　1.8.2　等效柱形光束的概念 ·············· 38
　　　1.8.3　其他光束的不对称性：扭曲光束，复杂像散 ·············· 40
　1.9　M^2 模型在激光扫描器中的应用 ·············· 41
　　　1.9.1　立体光刻扫描器 ·············· 41
　　　1.9.2　转换为统一的刀口法体系 ·············· 43
　　　1.9.3　为何使用多模激光束？ ·············· 43
　　　1.9.4　如何解读激光束测试报告？ ·············· 44
　　　1.9.5　利用等效透镜代替聚焦扩束镜 ·············· 44
　　　1.9.6　景深和扫描面位置处光斑尺寸的变化 ·············· 45
　　　1.9.7　限制扫描面上激光光斑圆度的技术要求 ·············· 46
　　　　1.9.7.1　案例 A：10% 束腰不对称性 ·············· 46
　　　　1.9.7.2　案例 B：10% 发散度不对称性 ·············· 46
　　　　1.9.7.3　案例 C：像散造成扫描面上有 12% 的不圆度 ·············· 47
　1.10　总结：M^2 模型综述 ·············· 48
致谢 ·············· 49
专业术语 ·············· 49
参考文献 ·············· 54

第 2 章　激光扫描光学系统 ·············· 56
　2.1　概述 ·············· 56
　2.2　激光扫描器结构 ·············· 56
　　　2.2.1　物镜扫描 ·············· 56
　　　2.2.2　物镜后置扫描 ·············· 56
　　　2.2.3　物镜前置扫描 ·············· 57
　2.3　光学设计和优化：概述 ·············· 57
　2.4　光学不变量 ·············· 59
　　　2.4.1　衍射受限 ·············· 60
　　　2.4.2　实际高斯光束 ·············· 60
　　　2.4.3　切趾率 ·············· 61

2.5　性能问题 ··· 62
　2.5.1　图像辐照度 ··· 62
　2.5.2　像质 ·· 63
　2.5.3　分辨率和像素数 ··· 64
　2.5.4　焦深 ·· 64
　2.5.5　F-θ 条件 ·· 65
2.6　初级像差和三级像差 ·· 66
　2.6.1　初级色差校正 ··· 68
　2.6.2　三级像差性质 ··· 69
　　2.6.2.1　球差 ··· 69
　　2.6.2.2　慧差 ··· 70
　　2.6.2.3　像散 ··· 70
　　2.6.2.4　畸变 ··· 70
　2.6.3　三级像差经验法则 ··· 70
　2.6.4　匹兹伐（Pitzval）半径的重要性 ·· 71
2.7　具体设计要求 ··· 71
　2.7.1　检流计式扫描器 ··· 72
　2.7.2　多面体反射镜扫描 ··· 72
　　2.7.2.1　扫描线弯曲 ··· 72
　　2.7.2.2　光束位移 ··· 72
　　2.7.2.3　交叉扫描误差 ··· 73
　　2.7.2.4　小结 ··· 75
　2.7.3　多面体反射镜扫描效率 ··· 75
　2.7.4　内转鼓式系统 ··· 77
　2.7.5　全息扫描系统 ··· 77
2.8　物镜设计模式 ··· 77
　2.8.1　简单扫描物镜的设计剖析 ··· 79
　2.8.2　采用倾斜面的多结构布局 ··· 84
　2.8.3　多结构布局反射多面体模式 ··· 84
　2.8.4　单通道多面体反射镜结构设计实例 ··· 85
　　2.8.4.1　CODE V 程序中多结构布局物镜参数填写格式 ··············· 86
　　2.8.4.2　物镜设计过程 ··· 87
　2.8.5　双轴扫描 ·· 88
2.9　激光扫描物镜设计实例 ·· 88
　2.9.1　300DPI 办公打印机物镜（$\lambda = 633$nm） ······························ 89
　2.9.2　广角扫描物镜（$\lambda = 633$nm） ··· 89
　2.9.3　中等视场角扫描物镜（$\lambda = 633$nm） ······························ 89
　2.9.4　长扫描线中等视场扫描物镜（$\lambda = 633$nm） ······················ 89
　2.9.5　适用于发光二极管的扫描物镜（$\lambda = 800$nm） ··················· 90

2.9.6　双波长高精度扫描物镜（$\lambda = 1064$ 和 950nm）·································· 91

2.9.7　高分辨率远心扫描物镜（$\lambda = 408$nm）······································ 91

2.10　扫描物镜制造、质量控制和最终检测 ··· 91

2.11　全息激光扫描系统 ··· 92

2.11.1　利用平面线性光栅扫描 ·· 92

2.11.2　扫描线弯曲和扫描线性度 ·· 93

2.11.3　扫描盘摆动的影响 ··· 93

2.12　全息非接触长度测量 ··· 95

2.12.1　速度，精度和可靠性 ··· 96

2.12.2　光学系统结构布局 ··· 97

2.12.3　光学性能 ·· 99

2.13　全息激光打印系统 ··· 100

2.14　总结 ·· 102

致谢 ··· 102

参考文献 ·· 102

第3章　数字扫描成像系统的像质 ··· **104**

3.1　概述 ·· 104

3.1.1　扫描成像系统的成像理论 ·· 104

3.1.1.1　研究范围 ·· 104

3.1.1.2　参考文献问题 ··· 105

3.1.1.3　扫描器类型 ·· 106

3.1.2　扫描像质评价 ·· 106

3.2　基本概念和效应 ·· 109

3.2.1　数字成像的基本原理 ··· 109

3.2.1.1　数字图像结构 ··· 110

3.2.1.2　采样定理和空间关系 ·· 113

3.2.1.3　灰度等级量化：一些限制因素 ·· 115

3.2.2　基本的系统效应 ··· 118

3.2.2.1　模糊 ·· 118

3.2.2.2　系统响应 ··· 119

3.2.2.3　半色调系统响应 ·· 121

3.2.2.4　噪声 ·· 124

3.2.2.5　彩色成像 ··· 125

3.2.2.5.1　基础知识 ··· 125

3.2.2.5.2　色度学和色度图 ··· 127

3.3　一些具体问题的考虑 ··· 129

3.3.1　扫描频率的影响 ··· 129

3.3.2　位置误差或运动缺陷 ··· 132

　3.3.3　其他不均匀性 ··· 135
　　3.3.3.1　对分色图像中周期非均匀性的认识 ······················ 136
3.4　产生多级灰度信号的输入扫描器（包括数字相机）特性 ······· 136
　3.4.1　色调再现和大面积系统响应 ·· 137
　3.4.2　MTF 和相关的弥散量 ·· 142
　　3.4.2.1　MTF 法 ·· 143
　　3.4.2.2　人眼视觉系统的空间频率响应 ······························ 148
　　3.4.2.3　电子增强 MTF 法：提高清晰度 ···························· 149
　3.4.3　噪声度量 ··· 149
3.5　二值阈值化扫描成像系统的评价 ·· 151
　3.5.1　评价二值扫描系统的重要性 ·· 151
　　3.5.1.1　倾斜线和线阵列 ·· 151
　3.5.2　阈值成像色调再现的一般原理和灰度楔的应用 ·················· 151
　　3.5.2.1　基本的特征曲线和噪声 ·· 151
　3.5.3　二值像质评价：MTF 法和弥散法 ·· 152
　　3.5.3.1　分辨率（辨别细节的一种度量） ··························· 152
　　3.5.3.2　线成像的相互影响 ·· 154
　3.5.4　与噪声特性相关的二值成像系统的度量 ······························ 154
　　3.5.4.1　灰度楔噪声 ··· 155
　　3.5.4.2　线条边缘噪声范围的度量 ····································· 155
　　3.5.4.3　半色调或网格式数字图像中的噪声 ························ 156
3.6　成像性能的综合度量 ··· 157
　3.6.1　基本信噪比 ·· 158
　3.6.2　探测量子效率和噪声等效量子 ··· 158
　3.6.3　特定的应用程序上下文 ·· 158
　3.6.4　调制要求的测量 ·· 159
　3.6.5　MTF 曲线下的面积和二次方根积分 ····································· 159
　3.6.6　主观像质的度量 ·· 160
　3.6.7　信息内容和容量 ·· 162
3.7　专业的图像处理技术 ··· 166
　3.7.1　有损压缩技术 ·· 166
　3.7.2　数字图像的非线性增强和恢复 ··· 168
　3.7.3　色彩管理 ··· 170
3.8　评价像质的心理测量法 ··· 171
　3.8.1　心理物理学、客户调查和心理量表之间的关系 ···················· 171
　3.8.2　心理测量法 ·· 171
　3.8.3　量表技术 ··· 173
　　3.8.3.1　识别法（标称法） ··· 173
　　3.8.3.2　等序法（顺序法） ··· 173

3.8.3.3 类型（标称类型、顺序类型、区间类型） ·················· 173

3.8.3.4 图形量尺法（区间量表法） ·································· 173

3.8.3.5 成对比较（顺序、区间、比例类型） ······················ 174

3.8.3.6 配分量表（区间类型） ······································ 174

3.8.3.7 量值估算（区间量表、比例量表） ························ 174

3.8.3.8 比例估算（比例量表） ······································ 174

3.8.3.9 语义差别法（顺序量表、区间量表） ······················ 174

3.8.3.10 利开特（Likert）法（顺序量表） ························ 174

3.8.3.11 混合型量表（顺序型、区间型、比例型） ················ 174

3.8.4 包括统计法在内的试验问题 ··································· 175

3.9 参考数据和图表 ·· 177

致谢 ··· 186

参考文献 ··· 186

第4章 多面体反射镜扫描器：组件、性能和设计 ···················· **195**

4.1 概述 ··· 195

4.2 扫描反射镜类型 ·· 195

4.2.1 棱柱式多面体扫描反射镜 ····································· 195

4.2.2 锥体式多面体扫描反射镜 ····································· 196

4.2.3 单面体扫描反射镜 ··· 197

4.2.4 不规则多面体扫描反射镜 ····································· 197

4.3 材料 ··· 197

4.4 多面体反射镜制造技术 ··· 198

4.4.1 传统的抛光技术 ··· 198

4.4.2 单点金刚石切削技术 ··· 199

4.4.3 普通抛光与金刚石切削技术比较 ······························· 199

4.5 多面体扫描反射镜的技术规范 ······································ 200

4.5.1 小反射面间夹角的一致性 ····································· 200

4.5.2 尖塔差 ··· 200

4.5.3 小反射面与光轴的一致性 ····································· 201

4.5.4 小反射面半径 ··· 201

4.5.5 小反射面面形精度 ··· 201

4.5.6 表面质量与散射 ··· 202

4.6 镀膜 ··· 203

4.7 电动机和轴承系统 ·· 204

4.7.1 气动驱动装置 ··· 205

4.7.2 磁滞同步电动机 ··· 205

4.7.3 直流无刷电动机 ··· 205

4.7.4 轴承类型 ··· 206

4.8　扫描器技术规范 ·············· 206

　　4.8.1　动态跟踪误差 ·············· 207

　　4.8.2　抖动和速度稳定性 ·············· 208

　　4.8.3　平衡 ·············· 208

　　4.8.4　垂直度 ·············· 209

　　4.8.5　时间同步 ·············· 209

4.9　扫描器的成本因素 ·············· 209

4.10　系统设计方面的考虑 ·············· 210

4.11　多面体反射镜的尺寸计算 ·············· 212

4.12　使扫描系统图像缺陷最小化的措施 ·············· 214

　　4.12.1　带状缺陷 ·············· 214

　　4.12.2　抖动 ·············· 215

　　4.12.3　散射和鬼像 ·············· 216

　　4.12.4　光强度变化 ·············· 216

　　4.12.5　畸变 ·············· 216

　　4.12.6　弓形弯曲 ·············· 217

4.13　总结 ·············· 217

致谢 ·············· 217

参考文献 ·············· 217

第5章　高性能多面体反射镜扫描器的电动机和控制器（驱动器） ·············· **218**

5.1　概述 ·············· 218

5.2　多面体反射镜扫描器的基础知识 ·············· 218

　　5.2.1　多面体反射镜扫描器结构布局 ·············· 219

　　5.2.2　多面体反射镜的旋转与扫描角的关系 ·············· 221

　　5.2.3　多面体反射镜旋转速度的考虑 ·············· 221

5.3　案例研究：胶片记录系统 ·············· 222

　　5.3.1　系统性能技术要求 ·············· 223

　　5.3.2　转镜系统参数 ·············· 224

　　5.3.3　扫描器公差 ·············· 224

　　5.3.4　高性能界定 ·············· 225

5.4　电动机 ·············· 226

　　5.4.1　技术要求 ·············· 226

　　5.4.2　磁滞同步电动机 ·············· 226

　　5.4.3　无刷直流电动机特性 ·············· 229

　　　　5.4.3.1　转矩和绕组特性 ·············· 230

　　　　5.4.3.2　无刷电动机电路模型 ·············· 231

　　　　5.4.3.3　绕组布局 ·············· 232

　　　　5.4.3.4　换相传感器的定时和定位 ·············· 232

5.4.3.5 转子布局 ····· 233

5.5 控制系统设计 ····· 234

5.5.1 交流同步电动机控制系统 ····· 235

5.5.2 无刷直流电动机控制系统 ····· 236

5.6 应用实例 ····· 237

5.6.1 军用车辆热成像扫描器 ····· 238

5.6.2 便携式热成像扫描仪 ····· 239

5.6.3 高速单反射面扫描器 ····· 240

5.6.4 多功能单板控制器和驱动器 ····· 240

5.7 总结 ····· 242

致谢 ····· 242

参考文献 ····· 243

第 6 章 旋转扫描器的轴承系统 ····· 244

6.1 概述 ····· 244

6.2 旋转扫描器的轴承类型 ····· 244

6.2.1 气体润滑轴承 ····· 244

6.2.2 油润滑轴承 ····· 244

6.2.3 磁力轴承 ····· 245

6.2.4 球轴承 ····· 245

6.3 轴承选择原则 ····· 245

6.4 气体轴承 ····· 246

6.4.1 背景 ····· 246

6.4.2 基础知识 ····· 247

6.4.2.1 低热量产生 ····· 247

6.4.2.2 宽温度范围 ····· 248

6.4.2.3 对环境无污染 ····· 248

6.4.2.4 平稳度的重复性 ····· 248

6.4.2.5 旋转精度 ····· 249

6.4.2.6 噪声和振动 ····· 249

6.4.3 空气静压轴承 ····· 249

6.4.3.1 空气静压圆柱轴承 ····· 249

6.4.3.1.1 载荷能力 ····· 250

6.4.3.1.2 径向刚性 ····· 251

6.4.3.1.3 热量生成 ····· 251

6.4.3.1.4 轴承气流 ····· 251

6.4.3.2 空气静压止推轴承 ····· 252

6.4.3.2.1 载荷能力 ····· 253

6.4.3.2.2 轴向刚性 ····· 254

6.4.3.2.3　发热量 ··· 254

6.4.3.3　空气静压轴承扫描器结构 ······························· 254

6.4.4　气体动压轴承 ·· 255

6.4.4.1　螺旋槽式轴承 ·· 256

6.4.4.2　叶式轴承 ·· 258

6.4.4.3　主（转）轴结构 ·· 258

6.4.5　气体动静压混合轴承 ·· 259

6.4.6　轴承和转轴的动力学理论 ······································ 260

6.4.6.1　同步涡动 ·· 260

6.4.6.2　半速涡动 ·· 261

6.4.6.3　转轴固有频率 ·· 261

6.4.6.4　转轴平衡 ·· 261

6.4.7　转轴组件 ·· 262

6.4.7.1　光学件和镜座 ·· 262

6.4.7.1.1　多面体反射镜 ···································· 262

6.4.7.1.2　单面反射镜 ······································ 263

6.4.7.1.3　单面反射镜的固定 ······························ 265

6.4.7.1.4　全息光盘 ··· 265

6.4.7.2　电动机 ·· 265

6.4.7.3　编码器 ·· 266

6.5　球轴承 ·· 267

6.5.1　轴承设计 ·· 267

6.5.2　扫描器结构 ··· 268

6.6　磁力轴承 ·· 268

6.6.1　设计原理 ·· 269

6.6.2　扫描器结构 ··· 269

6.7　光学扫描误差 ·· 270

6.7.1　与轴承相关的误差 ·· 270

6.7.2　与光学元件相关的误差 ·· 270

6.7.2.1　多面体反射镜 ·· 270

6.7.2.2　单面反射镜 ··· 271

6.7.3　误差校正 ·· 271

6.7.3.1　多面体反射镜 ·· 271

6.7.3.2　单面反射镜 ··· 271

6.8　总结 ··· 271

致谢 ·· 271

参考文献 ··· 272

第7章　物镜前多面体反射镜扫描技术 ································· **273**

7.1　概述 ·· 273
　　7.1.1　多面体反射镜扫描系统的公式和坐标 ······················· 273
　　7.1.2　瞬时扫描中心 ··· 273
　　7.1.3　图像幅面外的稳定鬼像 ··· 273
7.2　多面体反射镜扫描系统的公式和坐标 ······························· 274
　　7.2.1　本节目的 ··· 274
　　7.2.2　中点和扫描轴 ··· 274
　　7.2.3　反射镜面角 A ··· 274
　　7.2.4　反射镜小反射面宽度 ··· 274
　　7.2.5　光束宽度（直径）D ·· 275
　　7.2.6　扫描占空比（扫描效率） ·· 275
　　7.2.7　弦高（垂度） ··· 276
　　7.2.8　G 的坐标 ·· 277
　　7.2.9　P 的坐标 ·· 277
　　7.2.10　物镜光轴 ··· 278
　　7.2.11　公式 ·· 279
　　　　7.2.11.1　扫描轴 PU ·· 279
　　　　7.2.11.2　物镜光轴 ·· 279
　　　　7.2.11.3　过 GP 的入射光轴 ·· 279
　　　　7.2.11.4　反射镜小反射面的平分线和法线 ······················· 280
　　7.2.12　另一种解析方法 ··· 280
　　7.2.13　图 7.4 的特点 ·· 281
　　7.2.14　小结 ·· 282
7.3　瞬时扫描中心 ·· 282
　　7.3.1　本节目的 ··· 282
　　7.3.2　瞬时扫描中心的轨迹 ··· 283
　　7.3.3　中点和扫描轴 ··· 283
　　7.3.4　瞬时扫描中心坐标的推导 ·· 284
　　7.3.5　求解 ··· 285
　　7.3.6　表格程序 ··· 285
　　7.3.7　瞬时扫描中心 ··· 285
　　7.3.8　点 P 轨迹 ··· 288
　　7.3.9　偏角限制 ··· 288
　　7.3.10　有限束宽 D ··· 289
　　7.3.11　注释 ·· 289
　　7.3.12　小结 ·· 289
7.4　图像幅面外的稳定鬼像 ·· 289
　　7.4.1　本节目的 ··· 289
　　7.4.2　稳定鬼像 ··· 289

7.4.3　面角 A ·· 289

7.4.4　小反射面间的切线角 ·································· 290

7.4.5　扫描轴 ·· 290

7.4.6　偏角 2β ··· 290

7.4.7　中点位置 ·· 290

7.4.8　扫描占空比（扫描效率）η ···················· 290

7.4.9　旋转轴偏心距 ··· 290

7.4.10　选择入射光束偏角 2β ···························· 291

7.4.11　杂散光束 gh 和鬼像 GH ························· 292

7.4.12　鬼像视场角 ϕ ··· 293

7.4.13　入射光束位置 ··· 294

7.4.14　图像幅面的扫描占空比 η_ω ··················· 294

7.4.15　入射光束偏角 27° ···································· 294

7.4.16　入射光束偏角 52° ···································· 294

7.4.17　入射光束偏角 92° ···································· 295

7.4.18　入射光束偏角 124° ·································· 295

7.4.19　图像幅面内的鬼像 ·································· 295

7.4.20　图像幅面外的鬼像 ·································· 296

7.4.21　小反射面数目 ··· 296

7.4.22　扫描器和物镜直径 ·································· 297

7.4.23　注释 ··· 297

7.4.24　小结 ··· 297

致谢 ··· 297

参考文献 ·· 298

第8章　振镜扫描器（检流计）和共振振镜扫描器 ·················· 299

8.1　概述 ··· 299

8.1.1　发展史 ··· 300

8.2　组件和设计问题 ··· 301

8.2.1　检流计扫描器 ·· 302

8.2.1.1　力矩电动机 ······································ 302

8.2.1.1.1　力矩电动机 ································· 303

8.2.1.1.2　绕组结构 ································· 305

8.2.1.1.3　散热 ·· 306

8.2.1.2　位置传感器 ······································ 307

8.2.1.2.1　增益和指向稳定性方面的考虑 ·········· 307

8.2.1.2.2　传感器漂移 ····························· 307

8.2.1.2.3　闭环漂移传感器 ······················ 308

8.2.1.2.4　光学传感器 ····························· 309

8.2.1.2.5　电容式传感器 ……………………………………………………… 309

8.2.1.3　轴承 ………………………………………………………………………… 309

8.2.1.3.1　球轴承 …………………………………………………………… 310

8.2.1.3.2　交叉挠性支撑 …………………………………………………… 310

8.2.1.4　反射镜 ………………………………………………………………………… 312

8.2.1.4.1　反射镜结构和安装 ……………………………………………… 312

8.2.1.4.2　反射镜基板的机械保护 ………………………………………… 316

8.2.1.5　图像畸变 ……………………………………………………………………… 316

8.2.1.5.1　余弦照度定律 …………………………………………………… 316

8.2.1.5.2　空气的折射率 …………………………………………………… 316

8.2.1.5.3　空气动力学 ……………………………………………………… 317

8.2.1.5.4　反射镜表面的离轴 ……………………………………………… 317

8.2.1.5.5　光路畸变 ………………………………………………………… 317

8.2.1.6　动态性能 ……………………………………………………………………… 318

8.2.1.6.1　谐振 ……………………………………………………………… 319

8.2.1.6.2　动态平衡失调 …………………………………………………… 319

8.2.1.6.3　机械谐振 ………………………………………………………… 320

8.2.1.6.4　电枢结构 ………………………………………………………… 320

8.2.1.6.5　驱动信号 ………………………………………………………… 321

8.2.1.7　评价指标 ……………………………………………………………………… 324

8.2.2　共振振镜扫描器 …………………………………………………………………… 325

8.2.2.1　新型设计 ……………………………………………………………………… 325

8.2.2.2　悬浮结构 ……………………………………………………………………… 325

8.2.2.3　感应动圈 ……………………………………………………………………… 326

8.3　扫描系统 ……………………………………………………………………………………… 327

8.3.1　扫描结构 …………………………………………………………………………… 327

8.3.1.1　物镜后扫描技术 ……………………………………………………………… 327

8.3.1.2　物镜前扫描技术 ……………………………………………………………… 327

8.3.1.3　飞点物镜扫描技术 …………………………………………………………… 328

8.3.2　双轴光束控制系统 ………………………………………………………………… 328

8.3.2.1　单反射镜双轴光束控制系统 ………………………………………………… 328

8.3.2.2　中继透镜双轴光束控制系统 ………………………………………………… 328

8.3.2.3　双反射镜典型结构 …………………………………………………………… 329

8.3.2.4　桨式扫描器双反射镜布局 …………………………………………………… 330

8.3.2.5　高尔夫球杆式双反射镜布局 ………………………………………………… 331

8.3.2.6　采用三个移动光学元件的双轴光束控制系统 ……………………………… 333

8.4　驱动放大器 …………………………………………………………………………………… 333

8.5　扫描应用 ……………………………………………………………………………………… 334

8.5.1　材料处理 …………………………………………………………………………… 334

8.5.2　显微技术 ··· 335
8.5.2.1　物镜前扫描技术 ·· 335
8.5.2.2　马文·明斯基共焦显微术 ······························· 336
8.5.2.3　飞点物镜扫描显微镜 ····································· 336
8.5.2.4　直线型飞点物镜显微镜 ·································· 337
8.5.2.5　旋转型飞点物镜显微镜 ·································· 337
8.6　总结 ··· 337
致谢 ··· 338
专业术语 ··· 338
参考文献 ··· 341

第9章　振荡扫描器的挠性枢轴 ··· **342**
9.1　概述 ··· 342
9.1.1　宏观挠性枢轴简介 ··· 343
9.2　挠性枢轴技术 ··· 345
9.2.1　相关计算公式 ·· 346
9.2.2　挠性材料 ··· 347
9.2.3　应力 ··· 349
9.2.4　腐蚀 ··· 350
9.3　挠性枢轴制造技术 ··· 352
9.3.1　材料制造技术 ·· 352
9.3.2　挠性材料截切技术 ··· 353
9.3.3　防腐蚀技术 ·· 353
9.4　挠性装置安装技术 ··· 354
9.5　交叉挠性枢轴 ··· 355
9.5.1　概述 ··· 355
9.5.2　奔迪克斯枢轴 ·· 355
9.5.3　美国剑桥科技公司的交叉挠性装置设计实例 ············ 356
9.6　廉价悬臂式扫描器 ··· 358
9.6.1　一般特性 ··· 358
9.6.2　设计案例 ··· 359
9.6.3　需要的电动机尺寸 ··· 359
9.7　振弦式扫描器 ··· 360
9.8　微机电挠性扫描器 ··· 360
9.8.1　微机电扫描器设计技术 ····································· 360
9.8.2　微机电扫描器的制造技术 ··································· 362
9.8.3　扫描器工作原理 ·· 363
9.8.4　材料性质 ··· 363
9.8.5　静态性能 ··· 363

9.8.5.1 磁滞性 ··· 363

9.8.5.2 线性 ··· 364

9.8.5.3 均匀性 ··· 364

9.8.5.4 产出率 ··· 364

9.8.6 动态性能 ··· 364

9.8.6.1 动力学 ··· 364

9.8.6.2 寿命 ··· 364

9.8.6.3 性能衰减过程 ··· 364

9.8.7 应用准则 ··· 364

9.8.7.1 何种情况下使用微机电扫描器 ················· 364

9.8.8 预期发展 ··· 365

9.8.9 小结 ·· 365

9.9 总结 ··· 365

致谢 ··· 365

参考文献 ··· 366

第 10 章 全息条形码扫描器：应用、性能和设计 ···················· **367**

10.1 概述 ·· 367

10.1.1 通用产品代码 ·· 368

10.1.2 其他条形码 ··· 370

10.1.3 条形码性质 ··· 370

10.2 非全息型 UPC 扫描器 ··· 371

10.2.1 前视扫描器 ··· 372

10.2.2 卷绕扫描图 ··· 373

10.2.3 景深 ··· 374

10.3 全息条形码扫描器 ·· 374

10.3.1 全息偏转器定义 ·· 375

10.3.2 全息条形码扫描的奇特性质 ····························· 377

10.3.3 普通光学条形码扫描器的景深 ························· 377

10.3.4 全息条形码扫描器的景深 ································· 379

10.4 全息扫描技术的其他特性 ·· 380

10.4.1 聚焦区域叠加 ·· 380

10.4.2 可变聚光孔径 ·· 381

10.4.3 小衍射面的识别和扫描跟踪 ····························· 382

10.4.4 扫描角倍增 ··· 383

10.5 全息条形码扫描器的偏转器材料 ·································· 384

10.5.1 面浮雕相位介质 ·· 384

10.5.2 体相位介质 ··· 386

10.6 全息偏转器的制造技术 ··· 388

10.6.1　重铬酸盐明胶全息光盘 ·· 388

10.6.2　采用机械法复制面浮雕全息光盘 ····································· 390

10.7　全息条形码扫描器实例：美国码捷公司五边形扫描器 ··············· 391

10.7.1　五边形扫描图 ·· 391

10.7.2　五边形扫描机理 ··· 392

参考文献 ·· 394

第11章　声光扫描器和调制器 ·· **396**

11.1　概述 ·· 396

11.2　声光相互作用 ·· 397

11.2.1　光弹性效应 ·· 397

11.2.2　各向同性声光相互作用 ·· 398

11.2.3　各向异性衍射 ·· 403

11.3　声光调制器和偏转器的设计 ··· 407

11.3.1　分辨率和带宽 ·· 407

11.3.2　反应带宽 ··· 409

11.3.3　偏转器设计方法 ··· 411

11.3.4　调制器设计方法 ··· 412

11.4　扫描专用声光器件 ·· 413

11.4.1　声行波透镜 ·· 413

11.4.1.1　设计方面的考虑 ··· 414

11.4.2　啁啾衍射透镜 ·· 415

11.4.3　多通道声光调制器 ·· 415

11.5　声光器件的材料 ··· 416

11.5.1　总体考虑 ··· 416

11.5.2　理论指标 ··· 416

11.5.3　声光扫描器材料的选择 ·· 418

11.6　声波换能器设计 ··· 421

11.6.1　换能器特性 ·· 421

11.6.2　换能器材料 ·· 424

11.6.3　阵列换能器 ·· 426

11.7　声光器件制造技术 ·· 429

11.7.1　器件壳体制造技术 ·· 429

11.7.2　换能器的粘结技术 ·· 430

11.7.3　封装技术 ··· 432

11.8　声光扫描器的应用 ·· 433

11.8.1　多面体反射镜扫描器中的多通道声光调制器 ······················· 433

11.8.2　红外激光扫描技术 ·· 435

11.8.3　二级声光扫描器 ··· 436

　　　　11. 8. 3. 1　扫描器光学系统 ································· 436

　　　　11. 8. 3. 2　驱动器 ······································· 438

　　11. 8. 4　声光器件和声光可调谐滤波器的应用 ············· 438

　　　　11. 8. 4. 1　声光调制器 ································· 438

　　　　11. 8. 4. 2　声光偏转器 ································· 439

　　　　11. 8. 4. 3　声光变频器 ································· 439

　　　　11. 8. 4. 4　声光可调谐滤波器 ····················· 440

　　　　11. 8. 4. 5　声光波长选择器 ························· 441

　　　　11. 8. 4. 6　多色声光调制器 ························· 441

11. 9　总结 ··· 442

致谢 ··· 442

参考文献 ··· 442

第 12 章　电光扫描器 ···································· **444**

12. 1　概述 ··· 444

12. 2　电光效应理论 ··· 445

　　12. 2. 1　电光效应 ······································· 445

　　12. 2. 2　线性电光效应 ··································· 446

　　12. 2. 3　二次方电光效应 ······························· 446

12. 3　电光偏转器的主要类型 ································· 447

　　12. 3. 1　基本拓扑学 ··································· 447

　　12. 3. 2　表述电光扫描器的术语 ······················· 447

　　　　12. 3. 2. 1　光束位移和偏转角 ····················· 447

　　　　12. 3. 2. 2　支点 ································· 448

　　　　12. 3. 2. 3　可分辨光斑 ························· 448

　　12. 3. 3　单元件及组装件 ····························· 449

　　12. 3. 4　成形电场 ··································· 450

　　　　12. 3. 4. 1　均匀施加电压形成梯度折射率 ··········· 450

　　　　12. 3. 4. 2　固定间隔的梯度折射率 ················· 451

　　　　12. 3. 4. 3　固定间隔和电压情况下的梯度折射率 ····· 452

　　12. 3. 5　极化结构 ··································· 453

　　　　12. 3. 5. 1　棱柱式极化结构 ····················· 454

　　　　12. 3. 5. 2　矩形扫描器 ························· 455

　　　　　　12. 3. 5. 2. 1　矩形扫描器中最佳三角形数目 ··· 455

　　　　　　12. 3. 5. 2. 2　矩形扫描器的偏转灵敏度 ······· 456

　　　　　　12. 3. 5. 2. 3　矩形扫描器的支点位置 ········· 457

　　　　12. 3. 5. 3　梯形扫描器 ························· 457

　　　　　　12. 3. 5. 3. 1　梯形扫描器的偏转灵敏度 ······· 458

　　　　　　12. 3. 5. 3. 2　梯形扫描器的支点位置 ········· 458

12.3.5.3.3 梯形和矩形扫描器的比较 ·················· 458
12.3.5.4 喇叭形扫描器 ··············· 458
12.3.5.4.1 喇叭形扫描器的偏转灵敏度 ··········· 459
12.3.5.4.2 喇叭形扫描器的支点位置 ············· 460
12.3.5.4.3 喇叭形扫描器与梯形和矩形扫描器的比较 ·· 460
12.3.5.5 域反转全内反射偏转器 ·········· 460
12.3.5.6 域反转光栅结构 ············· 462
12.3.5.7 其他极化结构 ··············· 463
12.4 电光偏转器的电子驱动装置 ··················· 464
12.4.1 概述 ····················· 464
12.4.2 高压电源 ··················· 464
12.4.2.1 普通升压斩波电路 ············· 465
12.4.2.2 反激变换电路 ··············· 465
12.4.3 数字驱动器 ················· 466
12.4.3.1 简单的推挽电路 ············· 466
12.4.3.2 绝热驱动器 ··············· 467
12.4.4 模拟驱动电路 ················· 468
12.5 电光材料的性质和选择 ··················· 470
12.5.1 概述 ····················· 470
12.5.2 二磷酸腺苷（ADP）、磷酸二氢钾（KDP）及相关同晶型体 471
12.5.3 铌酸锂及其相关材料 ············· 471
12.5.4 磷酸氧钛钾（KTP） ·············· 472
12.5.5 其他材料 ··················· 473
12.5.5.1 AB类二元复合材料 ············· 473
12.5.5.2 液体的克尔效应 ············· 473
12.5.5.3 （Pb，La）（Zr，Ti）O_3体系的电光陶瓷材料 473
12.5.5.4 其他材料 ················· 473
12.5.6 材料选择 ··················· 473
12.6 电光偏转系统设计过程 ··················· 474
12.7 结论 ························· 474
致谢 ··························· 475
参考文献 ························· 475

第13章 压电扫描器 ······················ 477
13.1 概述 ························· 477
13.2 结构和设计 ····················· 477
13.3 温度效应 ······················ 480
13.4 移动的性质 ····················· 481
13.5 堆栈式挠性结构的性质 ················· 483

13. 6 电驱动 ·· 485
　13. 6. 1 噪声 ··································· 485
　13. 6. 2 电流 ··································· 485
13. 7 可靠性 ·· 486
13. 8 倾斜工作台设计 ······················· 486
13. 9 线性工作台设计 ······················· 487
　13. 9. 1 串扰 ··································· 488
　13. 9. 2 串扰最小技术 ······················ 488
　13. 9. 3 提高刚性 ··························· 489
13. 10 阻尼技术 ···································· 489
13. 11 闭环系统 ···································· 492
13. 12 应变式传感器 ······················· 493
13. 13 电容式传感器 ······················· 494
13. 14 闭环系统的电子控制装置 ········· 494
13. 15 总结 ·· 497
参考文献 ·· 498

第 14 章　光盘扫描技术 ····················· **499**
14. 1 概述 ·· 499
　14. 1. 1 光盘技术发展史 ·················· 499
　14. 1. 2 光盘特性 ··························· 499
　14. 1. 3 光学读/写原理 ··················· 500
14. 2 光盘系统的应用 ······················· 501
　14. 2. 1 只读光盘系统 ··················· 501
　　14. 2. 1. 1 视频光盘 ···················· 501
　　14. 2. 1. 2 CD/CD-ROM ················· 501
　　14. 2. 1. 3 DVD ··························· 502
　14. 2. 2 一次写入光盘系统 ············· 502
　　14. 2. 2. 1 可录光盘（CD-R）········· 502
　14. 2. 3 可擦光盘系统 ··················· 503
　　14. 2. 3. 1 PCR 光盘 ···················· 503
　　14. 2. 3. 2 MO 光盘 ····················· 504
14. 3 光盘系统的基本设计 ··············· 505
　14. 3. 1 光学摄像头的光学系统 ········ 505
　　14. 3. 1. 1 光学结构布局 ············· 505
　　14. 3. 1. 2 光强度分布的影响 ········ 506
　14. 3. 2 波像差 ··························· 506
　　14. 3. 2. 1 光盘基板的像差 ··········· 507
　　14. 3. 2. 2 光学元件的波像差 ········ 507

　　　　14.3.2.3　半导体激光器的像差 ··· 508

　　　　14.3.2.4　散焦 ·· 508

　　　　14.3.2.5　波像差公差 ·· 509

　　14.3.3　光学摄像头装置 ··· 510

　　　　14.3.3.1　光学摄像头结构 ·· 510

　　　　14.3.3.2　致动器 ·· 511

14.4　半导体激光器 ·· 512

　　14.4.1　激光器结构 ·· 512

　　　　14.4.1.1　Al-Ga-As 双异质结激光器的工作原理 ··································· 512

　　　　14.4.1.2　高功率激光技术 ·· 512

　　14.4.2　激光束的像散 ·· 513

　　14.4.3　激光噪声 ·· 513

14.5　调焦和跟踪技术 ··· 515

　　14.5.1　调焦伺服系统和误差信号的探测方法 ·· 515

　　　　14.5.1.1　光束形状探测法 ·· 515

　　　　14.5.1.2　光斑尺寸探测法 ·· 516

　　　　14.5.1.3　光束位置探测法 ·· 516

　　　　14.5.1.4　光束相位差探测法 ··· 517

　　14.5.2　跟踪误差信号探测法 ·· 517

　　　　14.5.2.1　探测方法 ·· 517

　　　　14.5.2.2　三光束法 ·· 518

　　　　14.5.2.3　摆动法 ·· 518

　　　　14.5.2.4　差分相位探测法 ·· 518

　　　　14.5.2.5　推挽式跟踪误差信号探测法 ·· 519

　　　　14.5.2.6　狭缝探测法 ·· 519

　　　　14.5.2.7　采样跟踪法 ·· 521

14.6　径向访问和驱动技术 ··· 521

　　14.6.1　快速随机访问 ·· 521

　　14.6.2　光学驱动系统 ·· 523

致谢 ··· 523

附录 ··· 523

　　附录 A ·· 523

　　附录 B ·· 524

　　附录 C ·· 525

参考文献 ··· 526

第 15 章　计算机直接制版扫描系统 ··· **527**

15.1　概述 ·· 527

15.2　扫描系统类型 ··· 527

15.2.1 系统分辨率和计算机直接制版 ···································· 527

15.2.2 内鼓式扫描器 ·· 527

15.2.3 外鼓式扫描器 ·· 528

15.2.4 F-θ 扫描结构 ·· 528

15.2.5 德国贝斯印公司印版机 ·· 529

15.3 确定实现 CTP 的方法 ·· 531

15.3.1 生产率 ·· 531

15.3.2 印版曝光时间 ·· 531

15.3.3 印版处理时间 ·· 531

15.3.4 曝光量公式 ··· 531

15.3.5 光源功率 ·· 532

15.3.6 有效面积扫描速率 ··· 532

15.3.7 德国贝斯印印版机有效面积扫描速率 ······················· 533

15.4 印版机系统实例 ·· 534

15.4.1 日本富士（Fuji）公司 Saber V8-HS 型印版机（内鼓式） ········ 534

15.4.2 美国柯达（Kodak）公司 Generation News 型印版机（外鼓式） ····· 535

15.4.3 美国麦德美（MacDermid）柔性印版机（F-θ 扫描器） ·········· 536

15.4.4 德国贝斯印 6 系列印版机 ·· 537

15.5 结论 ·· 538

参考文献 ··· 538

第 16 章 水下成像同步激光线扫描器 ································ **539**

16.1 概述 ·· 539

16.2 激光线扫描器发展史 ··· 541

16.3 水下激光线扫描器成像系统光学设计原理 ······················· 542

16.3.1 双锥体线扫描器 ·· 542

16.3.2 单六面体反射镜线扫描器 ·· 544

16.3.3 小结 ··· 545

16.4 光线追迹研究：焦平面孔径的技术要求 ··························· 545

16.4.1 双锥形多面体反射镜线扫描器 ···································· 546

16.4.2 单六面体反射镜线扫描器 ·· 547

16.4.3 讨论 ··· 547

16.5 单六面体反射镜线扫描器在测试箱中的实验结果 ··············· 549

16.6 总结和展望 ·· 550

参考文献 ··· 551

第1章 激光束特性：M^2模型

Thomas F. Johnston，Jr.
美国加利福尼亚州格拉斯瓦利市 Optical Physics Solutions 公司
Michael W. Sasnett
美国加利福尼亚州洛斯拉图斯市 Optical System Engineering 公司

1.1 概述

M^2模型是目前定量阐述激光束的首选方式，它涵盖了光束通过自由空间和透镜的传播；对于最简单的理论高斯（Gaussian）激光束，它甚至可以作为其参数的比值。本章主要介绍这种模型和测量技术，以精确确定激光束在任一正交平面内传播时的重要空间参数，即束腰直径 $2W_0$、瑞利（Rayleigh）长度 Z_R、光束发散度 Θ 和束腰位置 Z_0。

1.2 激光束特性（理论）发展史

1966 年，第一台激光器得以演示验证后 6 年，美国贝尔（Bell）电话实验室的科格尔尼克（Kogelnik）和李（Li）发表了一篇经典的综述文章[1]，成为多年来表述激光束的标准参考资料。其中，$1/e^2$ 直径定义为基模高斯光束的宽度[1,2]。对于比较复杂的激光束横向辐照图或者横模，可利用波方程式本征函数解的公式组表示，包括衍射和光束模式电场的描述。这些解分为两种形式：以厄米特-高斯（Hermite-Gaussian）数学函数形式来描述矩形对称性结构；以拉盖尔-高斯（Laguerre-Gaussian）函数描述圆柱形对称性结构。因此，至少从原理上，可以采用一组合适的基本解公式，将任何光束分解为这些模式电场的加权和。为了使该展开式在数学上是唯一的，必须知道电场的相位，而对电场进行二次方处理时却丢失了相位信息，因此，仅测量辐照度并不能确定展开式系数。但是，对光束"原理上正确但并不实际"的这种表述一直沿用了几十年。

研究人员经常采用以下方法测量光束直径：扫描光束横向上孔径以探测传输的能量。使用的孔径是可以针孔、狭缝或者刀刃；光束直径的确定（现在仍然如此）是基于基模光束产生的测量效果的。商业化激光光束被指定为纯基模、最低阶或零-零横电磁波本征函数"TEM_{00}"的。

1971 年，马歇尔（Marshall）[3]发表了一篇简短文章（note），介绍了 M^2 因子，将 $M(=\sqrt{M^2})$ 表示为相同激光谐振器的光束直径对其基模光束直径的放大倍数。马歇尔的兴趣重点在于工业激光器产生的效应；由于这些效应取决于聚焦光斑的尺寸，因此他认为这些效应是由 M^2 决定的。但对如何测量 M^2，他没有进行讨论，并且这种概念在此后沉寂了多年。

从 20 世纪 70 年代后期到 80 年代，巴斯迪安（Bastiaans）[4]、席格曼（Siegman）[5,6] 及其他研究人员，基于辐照度与空间频率（光线角度）分布间的傅里叶（Fourier）变换关系，提出了与光轴成小夹角的光束理论，以解释该光束的传播。这样一束光线称为光束，其直径定义为辐射度分布的标准偏差（乘以 4，则称为二阶矩直径），并且表明该直径的二次方随传播距离的二次方而增大，即双曲面形直径的扩展定律。沿传播方向测量光束辐照度分布图即可验证上述理论。

大约在 1987 年，研究人员设计了一台望远镜以便将工业 CO_2 激光器的束腰设置在外部光学系统的某一特定位置。该设计基于已经测量出输入的束腰位置及 "TEM_{00}" 激光束数据表的正确性。望远镜得到的结果完全不同于其预期。从而使设计者迫切需要集中精力完成更多的光束测量工作，根据这些测量数据认识到，约束望远镜与所形成束腰间最大距离的因素与工作表面上实际焦斑直径大于计算出的 TEM_{00} 光斑直径的因素完全一样，即因子 M^2；并且，若应用于修正后的科格尔尼克和李的公式中，就可以设计多模光束光学系统[7]，就此重新激发了人们的兴趣。之前所熟悉的知识已远远不够，需要对激光束有更多了解，TEM_{00}要求的数据表也不再适用。

20 世纪 80 年代，测量光束 $1/e^2$ 直径的工业用激光轮廓仪（profiler）已非常普遍[8]。20 世纪 80 年代末，随着 M^2 模型理论[6] 及以此为基础用于测量光束质量的工业化仪器（1990 年首次投入使用）的研发[9]，工业激光轮廓仪及相关理论（应用）越来越少，确定光束 M^2 值的时间从半天减少到半分钟。

20 世纪 90 年代初期，高精度地测量光束质量因子 M^2 已很方便，提供光束 M^2 值也很正常，现在规定，高光束性能的工业激光器 $M^2 < 1.1$ [10]。国际标准化组织（International Organization for Standardization，ISO）召开委员会会议确定激光光束空间特性标准，最终决定以二阶矩直径为基础的光束质量 M^2 值作为标准[11]。按照 20 世纪 80 年代傅里叶变换理论，该直径定义具有很好的理论支持，但是，由于对剖面信号噪声很敏感，测量得到的直径经常不准确[12,13]，从而导致 1993 年制定了新的规则[14]，对于大多数激光光束而言，可以利用更宽泛的方法将测量的直径转换为二阶矩直径。

在工业应用中，M^2 模型并不能覆盖空间传播中发生扭曲、具有复杂像散的激光光束[15,16]。然而，早期的傅里叶变换理论及其最新的突破性研究能够解决这一问题，并需要使用 10 个常数完整地表示一束光的特性（增加到 M^2 模型使用的第六阶上）[17]。在 2001 年，内梅什（Nemes）等人首次对自然光束（不同于人造测试光束）进行了测量，并采用全部 10 个常数对此完整地进行了描述[18]。

这里表述可用来推荐几种方法光束特性。只根据所需的复杂程度对光束建模：如果光束光斑在整个传播距离上都呈圆形，3 个常数就足够了；6 个常数将涵盖具有简单像散、发散不对称或者束腰不对称的激光束；对于具有空间扭曲（复杂像散）的椭圆形光斑，需要 10 个常数。采用一种可靠的方法测量激光束，如果需要，还可以将这些测量数值最终转换成 ISO 的标准单位。最后，对研发的仪器不断进行评估，会使速度和精确性及方便性方面的需求逐步得以满足。

1.3 本章内容的组织结构

1.2 节介绍了该领域的发展史，提纲挈领地阐述了该技术到目前的发展情况。

从 1.4 节开始讨论了技术问题，解释了 M^2 模型。围绕着 M^2 模型（有不同的称谓，如光束质量、衍射极限倍因子或者光束传输因子）真实地描述了激光器发射的多模光束及在自由空间传播时其性质如何变化。

1.5 节继续了上述内容的讨论，包括光束通过透镜后的变形。1.6 节阐述了相关定义和测量激光束直径的方法及将一种方法完成的测量值如何转换成另一种方法的测量值，包括 ISO 正式通过的标准直径定义、二阶矩直径，以及采用这种方法的实际难度。

1.7 节阐述了光束质量 M^2 测量过程中需要的逻辑学和注意事项，深入讨论"四切法"（一次切就是对光束直径的一次测量），这是获得精确 M^2 值的最简单方法。

1.8 节讨论了两个正交（通常是彼此独立的）传播平面的传播常数相组合，及其可能遇到的常用和可能的光束非对称性类型。引入"等效柱面光束"的概念以完成 M^2 模型的技术探讨，给出综合非对称性激光束的传播曲线；接着，简要讨论 M^2 模型没有涵盖的且具有复杂像散的"扭曲激光光束"类型，并且，为了对其进行完整描述，需要列出一个二阶十矩光束矩阵。因此，ISO 选择对噪声敏感的二阶矩直径作为"标准"的部分原因是二阶十矩光束矩阵理论。

1.9 节介绍了 M^2 模型在立体光刻术激光扫描系统中的应用。利用前面介绍的结果，通过对扫描光束在工作面上假设的扰动或瑕疵进行逆向推理，就可以确定激光器头部内产生这些问题的光束常数偏离量。1.10 节对 M^2 模型进行了总结，并结束本章内容。

术语表解释该技术领域中使用的技术术语，最后列出了参考文献。

1.4　混模激光束的 M^2 模型　←

激光束扫描应用中，主要关心光束传播方向上任一点处的光斑尺寸——光束的横向尺寸。推导出的混合模（$M^2 > 1$）传播方程式作为基模传播方程式的扩展，因此应首先研究纯模，特别是基模的情况。

1.4.1　基横模：厄米特-高斯和拉盖尔-高斯函数

激光器以各种特征图案或横向模式发射激光束，可以是纯单模的，更常见的是几种纯模相互叠加的混合模的。纯模的横向辐照度分布的坐标是电场振幅的二次方与离开光轴横向距离的二次方，测量时，称为横向分布图。如果该分布图呈矩形对称，则其振幅在数学上用厄米特-高斯函数表述；若是圆形对称的，用拉盖尔-高斯函数表示[1,2,5,19]。绘出图形，这些函数就再现出非常熟悉的光斑图——光束显示在插入的卡片上，本章参考文献［20］给出了拍摄的第一张照片，本章参考文献［1,19］中也有介绍。图 1.1 所示的光斑图是计算出的光斑图，为了增大圆形限制孔径的衍射损失，数学计算时采用前 6 种柱对称模型，这些模型是波方程式在下列条件下的解：一束光在与 z 轴很小夹角（近轴光线）下传播，受衍射效应的影响，表示为一般形式[1,2,7]为

$$U_{mn}(x,y,z) = H_m(x/w) H_n(y/w) u(x,y,z) \tag{1.1a}$$

或者

$$U_{pl}(r,\varphi,z) = L_{pl}(r/w,\varphi) u(r,z) \tag{1.1b}$$

式（1.1a）中，$H_m(x/w) H_n(y/w)$ 代表一对厄米特多项式，一个是 x/w 的函数，另一个是 y/w 的函数。其中，x 和 y 是正交的横坐标，w 是径向比例参数。式（1.1b）中，$L_{lp}(r/w, \varphi)$ 代表广义拉盖尔多项式，是径向横坐标 r 和角坐标 φ 的函数。这些多项式与传播距离 z 没有任何关系，而是通过 x/w、y/w 或 r/w 形式与 $w(z)$ 发生关联的。对 $w(z)$ 的依赖性表明光

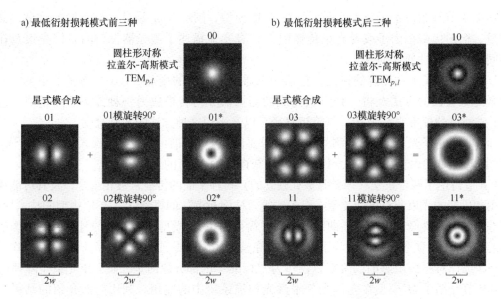

a) 最低衍射损耗模式前三种　　　　　　　b) 最低衍射损耗模式后三种

图 1.1　　计算得到的圆柱形对称模的光斑图
（按照圆形限制孔径衍射损耗递增的顺序排列。每个图像上方的号码代表模顺序。
标星号的模是一个图形与其自身旋转 90° 后图形的叠加）

束的发散或会聚度。另一个函数 u 是高斯函数：

$$u = \left(\frac{2}{\pi}\right)^{1/2} \exp\left[\frac{-(x^2 + y^2)}{w^2}\right] = \left(\frac{2}{\pi}\right)^{1/2} \exp\left[\frac{-r^2}{w^2}\right] \tag{1.2}$$

由于径向高斯函数分成两个高斯函数的乘积（其一是 x 的函数，其二是 y 的函数），所以，厄米特-高斯函数即为该两函数乘积：一个只含有 x/w，另一个只含有 y/w，各自都是波方程式的独立解。结果表明，激光束在两个正交平面 (x, z) 和 (y, z) 内具有独立的传输参数。

这些横向空间坐标系函数由限制光束直径的阻尼高斯因子乘以调制多项式组成，随着多项式级数增大，光能量沿径向减少。厄米特多项式的级数 m 和 n 或者纯模拉盖尔多项式的级数 p 和 l 决定着光斑图中的节数，各种模也由此命名。如果一种模水平方向的模数是 m 而垂直方向是 n，则指定为电磁横模或 $TEM_{m,n}$；而径向模数是 p（即使有，计算中心处也没有空节点）和半圆范围内的角向模数是 l，则定义为 $TEM_{p,l}$。图 1.2a ~ f 所示是图 1.1 所示的 6 种纯模激光束的理论辐照度分布图。由于是 6 种最低损耗模[21,22]，所以，通常应用在实际的激光光束中。图示的激光模源自同一谐振腔——都具有相同的径向比例参数 $w(z)$。激光模上加星号——"加星模"，表示两个简并（同频）厄米特-高斯模（退化振荡模）或者拉盖尔-高斯模的空间和相位正交复合，形成一种径向对称模。参考文献 [20] 对此做了解释；参考文献 [5] 中第 689 页也进行了讨论；也正如图 1.1 所示，是将一种激光模与自身旋转 90° 的模相加而形成的平滑十字形图案，是随水平量变化（$l \neq 0$）的模式图。

最简单的激光模是 TEM_{00} 模，也称为最低阶模，即图 1.1 和图 1.2a 所示的基模，并且，只含有一个高斯分布光斑（$L_{pl} = 1$）。之后的较高阶模有一个独立节点（见图 1.1 和图 1.2b），常称为环形模（"甜甜圈"模），符号为 TEM_{01}^*。紧接着两种"带星号"激光模的光斑如同一个具有较大孔的甜甜圈。TEM_{10} 模的光斑图看似一个具有明亮中心的靶环，而 TEM_{11}^* 模光斑是暗中心靶环（见图 1.1 和图 1.2）。所有较高阶模的光束直径都比基模大。以归

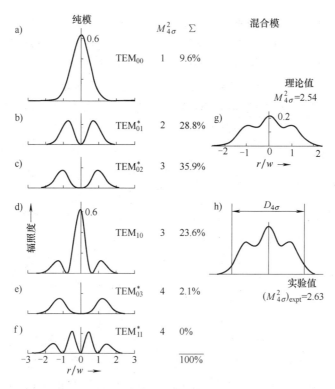

图 1.2　混合模可以视为纯模加权求和

[左侧的图 a ~ f 是图 1.1 所示的 6 种纯径向模的针孔理论分布图，与加权因子分别相乘，而后相加（Σ），
进而得到混合模分布（见图 g）。同样，每种模的光束质量 $M^2_{4\sigma}$ 加权相加，也可以得到
图 g 所示的混合模光束质量。实验中匹配使用的针孔分布如图 h 所示]

一化纵坐标来表示图 1.2 所示的 6 种纯模，以便在横截面内积分时，每种模都包含单位功率。

利用厄米特-高斯函数和拉盖尔-高斯函数描述激光束横模的物理原因非常直接明了：光在谐振腔内沿光轴前后多次反射造成光波相长干涉，从而形成激光束。为了使干涉达到最大值，从而使大的存储能量获得有效增益，则在谐振腔内振荡一个来回之后的返回波应当与初始波的横向截面相匹配。能够实现此目的的函数就是菲涅尔-基尔霍夫（Fresnel- Kirchhoff）积分方程的本征函数，并以此计算包括衍射光线在内的近轴光线传播[5,19]。换句话说，这些就是包含传播和衍射过程中自相似扩展的激光束辐照度精确分布图，在传播一个来回后可以形成最大相长干涉和增益。

1.4.2　混模：纯模的非相干叠加

当一台激光器可能以非常接近纯高阶模形式工作时，如由于反射镜上擦痕或灰尘影响波节及抑制该位置较低阶模的辐照度最大值时，激光器实际上是以几种同时振荡的高阶模混合模式工作。一个重要的例外是具有圆形限制孔径的谐振腔内纯基模的激光发射，要严格调整孔径直径以排除下一高阶（环形）模。每种纯横模都有唯一的频率，完全不同于相邻模式，它们的频率相差几十或几百兆赫兹。通常，这已经超出轮廓测量仪器的响应带宽，所以，在此类测量中，任何（其他）模式的干涉效应都测量不到。

图 1.2g 所示的是通过混合合成图 1.2a ~ e 所示的 5 种最低阶模而形成的一种高阶模，也就是乘以标有 Σ 的一列中加权因子再求和。这些权也称为模式比例，通过拟合程序选定，

使其结果与图 1.2h 所示的试验针孔分布匹配（见 1.6.4.2 节）。试验中[14]，已知振荡横模数目及其阶数［通过探测快速（复元）光敏二极管中无线电频率横模得到］，并在拟合方法中使用该信息，这种激光器就是具有代表性的工作波长为 514nm、长 1m 的氩离子激光器。为了形成该混合模，必须采用比标准内腔式更大的限制孔径直径。

式（1.1）多项式对 z 没有明显的依赖关系，所以，混模的轮廓及宽度彼此间仍保持相同的比例，这尤其适合基模光束传播的情况。这就意味着，如果在一定的传播距离，混合模光束直径会比基模直径大 M 倍，并保持不变，则定义混合模光束的直径为 $2W$（1.6 节将讨论其他几种定义）：

$$W(z) = Mw(z) \tag{1.3}$$

该方程式约定，大写字母表示高阶和混模，小写字母表示相关的基模。

1.4.3 与光束直径相关的基模特性

一种具有圆形光斑（柱形对称或者消像散光束）的最简单基模光束性质如图 1.3 和图 1.4 所示。光束轮廓随横向辐照度分布变化，并符合高斯函数变化规律[1,2]（见图 1.3a）：

$$I\left(\frac{r}{w}\right) = I_0 \exp\left[-2\left(\frac{r}{w}\right)^2\right] \tag{1.4}$$

式中，I 为探测器信号，正比于辐照度（使用 I 而非推荐使用的辐照度符号 E，目的是避免与其电场符号混淆）。峰值辐照度是 I_0，式（1.1）中的径向比例参数 w 定为，辐照度值降至峰值辐照度的 $1/e^2$（约为 13.5%）时到光轴的横向距离。20 世纪 60 年代初期引入的 $1/e^2$ 直径定义已经得到广泛应用，但只有一个例外［在生物学领域，基模直径定义为辐照度下降到中心峰值 $1/e$（约为 36.8%）时的径向距离，在生物学标准中光束直径 $2w' = \sqrt{2}w$ 而不是 $2w$］。随后，高阶模相继采用诸多不同的光束直径定义（将在 1.6 节讨论），但都具有一个共同的性质：当应用于基模时，会转变到传统的 $1/e^2$ 直径。

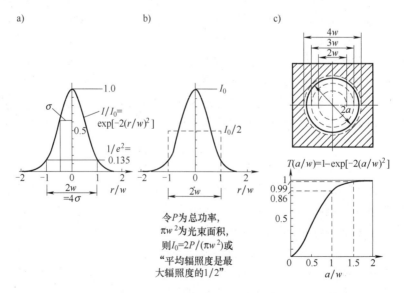

图 1.3 与光束直径相关的基模性质

［详细解释见正文。图 a 中 $1/e^2$ 直径定义为针孔（辐照度）分布的 13.5% 之间的距离；图 b 给出了峰值辐照度与平均辐照度之间的关系；图 c 给出了一个圆形孔径的传输系数］

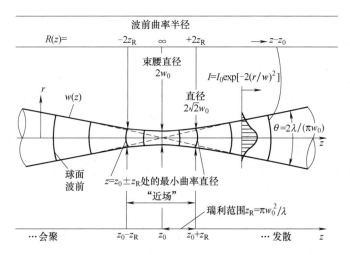

图 1.4　纯高斯基模光束的传播特性。将波前弯曲放大以显示其随传播距离的变化

通常，在标准分布、标准误差曲线或高斯分布标题下列出高斯函数表，并制成表格形式（见本章参考文献 [20] 第 763 页）：

$$I(x) = \left[\frac{1}{\sigma (2\pi)^{1/2}} \right] \exp\left(\frac{-x^2}{2\sigma^2} \right) \tag{1.5}$$

式中，σ 为高斯分布的标准偏差。比较式（1.4）和式（1.5）表明，$1/e^2$ 直径与辐照度分布图的标准偏差 σ 有关，式（1.5）中定义为

$$2w = 4\sigma \tag{1.6}$$

对于总功率为 P 的激光光束，在整个截面范围内对式（1.4）进行积分得到峰值辐照度 I_0，产生的 I_0 乘以面积 $\pi w^2 / 2$，并使之等于 P[5]，结果为

$$I_0 = \frac{2P}{\pi w^2} \tag{1.7}$$

注意"平均辐照度是峰值辐照度的 $1/2$"这一特点，就很容易记住该结果。在此，无须进行复杂计算而又能迅速确定结果，因而是一种非常便利、经常使用的简化方法，可以用一个直径 $2w$ 的圆形平顶分布图代替实际的光束分布图（见图 1.3b）。

如果高斯光束中心位于直径为 $2a$ 的圆形孔径上，那么，通过在截面内（见图 1.3c）积分[5]，可以得到光束总能量的透射系数 $T(a/w)$：

$$T\left(\frac{a}{w} \right) = 1 - \exp\left[-2\left(\frac{a}{w} \right)^2 \right] \tag{1.8}$$

对于孔径直径为 $2w$，则透射系数是 86.5%。若孔径直径 3 为 w，则透射系数是 98.9%。实际上，为了将叠加在光束分布图上的锐缘衍射纹振幅降低到小于 1%，则能够使光束通过而又不受影响的光学元件或其他孔径的最小直径是 $4.6w \sim 5w$[5]。需要指出的是，对低功率基模可见光束，适合人眼在卡片上观察的光斑直径是 $4w$。

很容易计算基模光束通过一片垂直刀刃的传播。若 $x' \leqslant x$，刀刃传输函数是 $T(x/w) = 0$；当 $x' > x$ 时，$T = 1$。其中，x 为刀刃到光轴的水平距离，x' 为水平积分变量。对于式（1.4），令 $r^2 = x^2 + y^2$，对 y 的积分以常数倍增大，依据误差函数，对 x' 的最终积分表示为

$$T\left(\frac{x}{w} \right) = \left(\frac{1}{2} \right) \left[1 \pm \mathrm{erf}\left(\frac{\sqrt{2}x}{w} \right) \right] \quad x < 0 \text{ 取 } +,\ x > 0 \text{ 取 } - \tag{1.9}$$

式（1.9）中概率论误差函数定义为（见本章参考文献［23］第 745 页）

$$\mathrm{erf}(t) = \left(\frac{2}{\sqrt{\pi}} \int_0^t \exp(-u^2)\,\mathrm{d}u \right) \tag{1.10}$$

并且，该误差函数被编制成许多数学表格。利用一块可以平移的刀片可以测量基模光束的 $1/e^2$ 直径，应当注意到，刀口平移距离 $(x_1 - x_2)$ 造成 84.1% 和 15.9% 的不同透射率。根据式（1.9），其差是 w，则光束直径是该差值的两倍⊖。

1.4.4 基模光束的传播特性

可以根据简单的物理学原理概述高斯光束传播的一般性质。正如求解衍射波方程式所预见的，一束近轴聚焦光线会聚成一个有限的最小直径 $2w_0$，称为束腰直径。会聚和（另一侧）发散光束的全发散角 θ 正比于光束波长除以（或反比）最小直径[10]，即 $\theta \propto \lambda/(2w_0)$。光束扩散的一个标量长度 Z_R 是传播距离，与束腰直径相比，光束直径使它增加更明显，或者说 $Z_R \propto w_0^2/\lambda$，而 $Z_R \theta \sim w_0$。由于光束垂直于波前（恒定相位面）传播，所以，对称分布使光束在最小位置处平行，并且此处波前是平面的。如果 z 轴是传播轴，且离束腰直径位置 z_0 有较远距离 $z - z_0$，则波前变为由 z_0 发出、波前曲率半径为 $R(z)$ 的惠更斯（Huygen）子波，以致最后成为平面波。在束腰最小直径及两侧最大距离处，波前是平面的，而通过束腰发散和会聚，因此，在 z_0 两侧一定有最大波前曲率会聚点（最小曲率半径）。

已经推导出表述光束半径 $w(z)$ 和曲率半径 $R(z)$ 随 z 变化的光束传播方程[1,2,5]，作为复平面内波动方程的解并具有所有特性。这些方程式（见图 1.4）为

$$w(z) = w_0 \sqrt{1 + \frac{(z - z_0)^2}{z_R^2}} \tag{1.11}$$

$$R(z) = (z - z_0)\left[1 + \frac{z_R^2}{(z - z_0)^2}\right] \tag{1.12}$$

$$z_R = \frac{\pi w_0^2}{\lambda} \tag{1.13}$$

$$\theta = \frac{2\lambda}{\pi w_0} = \frac{2w_0}{z_R} \tag{1.14}$$

和

$$\Psi(z) = -\tan^{-1}\left(\frac{z}{z_R}\right) \tag{1.15}$$

在这些方程式中，最小光束直径 $2w_0$（束腰直径）位于传播轴 z 方向 z_0 处。$w(z)$ 与 z，即光束半径与传播距离［式（1.11）］曲线称为轴向分布图或者传播曲线，并且是双曲线。光束展开式的标量长度 z_R 称为瑞利长度［式（1.13）］，对 λ 和 w_0 具有预期的依赖性。正如式（1.12）所示，光束波前曲率半径 $R(z)$ 具有所期望的特性。在远离束腰的位置，即"远场"区，以及 $|z - z_0| \gg z_R$ 区域，首先，曲率半径 $R \rightarrow (z - z_0)$；然后，随 $|z - z_0| \rightarrow \infty$ 而使 $|R| \rightarrow \infty$ 时变为平面，并且在 $(z - z_0) = 0$ 处也是平面。对式（1.12）积分并使结果等于零，可以确定曲率半径最小绝对值的点位于 $z - z_0 = \pm z_R$ 处，且 $R_{\min} = \pm 2z_R$。全发散角 θ 在

⊖ 刀口传输函数将在 1.6 节图 1.8c 和 f 中介绍。

远场域中展开，光束包络线是束腰位置与光轴相交的两条直线的渐近线（见图 1.4）。最后，$\Psi(z)$ 是激光束相对于理想平面波的相移[5,24]，也是激光束通过焦点（束腰）后造成的结果，是古依（Gouy）相移的高斯光束形式[24]。

根据式（1.11），当激光束传播距离远离束腰 $\pm z_R$，则光束的直径 $2w(z)$ 增大 $\sqrt{2}$ 倍（若是圆形光束，截面积加倍）（见图 1.4）。经常利用该条件确定瑞利长度 z_R[5,25]。但另一个重要条件是，在这两个传播距离上，波前曲率半径达到其极值（$|R| = R_{\min}$）。瑞利长度可以定义为这两个极值曲率之间距离的 1/2。束腰瑞利长度内的区域定义为"近场"区。在该区域内，随着位置逐步接近束腰而使波前慢慢变平；而在此范围之外，随着逐渐远离束腰而使波前变平。将一块正透镜放置在发散光束中，并向靠近束腰的方向移动，只要透镜仍然位于近场区域外，波前弯曲就会越来越严重。在透镜输出侧，变换后的束腰远离透镜，作为几何光学成像能够定性计算出移动量。透镜进入近场区仍逐步接近束腰，波前渐渐变平，变换后的束腰也逐渐靠近透镜。若激光系统设计师不能正确理解激光束的这种奇异性质，就会发生意外的烦恼。当原理样机测试揭示出这种违背常理的聚焦性能时，许多激光系统都会需要工程师匆忙地重新设计！在许多方面，瑞利长度是激光束性质唯一最重要的量［注意，它是式（1.11）～式（1.15）都有的一个因子］。下面将介绍，激光束瑞利长度测量是混合模光束质量 M^2 的测量基础。

由于衍射的限制，作为波动方程的最低阶解，束腰直径为 $2w_0$、复合高斯辐照图分布的基模是最小直径近轴光束中具有最低发散度的光束。衍射作用使有较小直径的光束会按比例增大光束的发散角，但对于任何激光模，乘积 $2w_0\theta$ 是一个不变量。只能通过基模才可能达到最小值 $4\lambda/\pi$。实际上，这正是光子学的不确定原理。换句话说，将一个光子横向限制在光束内，会增强其横向动量，相应地增大光束发散角。真实激光器不可能实现这种限制，但有时会几近达到。氦氖激光器，尤其是设计有内反射镜的激光器（没有布鲁斯特窗），最常采用的就是限制在 1% 或 2% 内的光束。除必须知道光束波长外，仅用两个常数就可以规范理想的圆形（无像散）基模激光束：束腰直径 $2w_0$ 及其位置 z_0（或等效量，如 z_R 和 z_0）。若研究混合模，这种思路不再正确。

正如本节初始所述，(x, z) 和 (y, z) 平面内的传播常数相互独立，并彼此不同。在每个平面，光线传播完全服从与式（1.11）～式（1.15）形式相同的公式[6]，但要增加表示 x 和 y 平面的下标。对于任意平面内纯（但是不同的）高斯分布光束，为了规范激光束，4 个常数中，至少需要引入 2 个。若 $z_{0x} \neq z_{0y}$（束腰在两个主传播平面中具有不同的位置），激光束呈现出简单像散；如果 $2w_{0x} \neq 2w_{0y}$（不同的束腰直径），则激光束具有不对称束腰⊖。

1.4.5　混模激光束的传播特性：嵌入式高斯分布和 M^2 模型

在 1.4.2 节，已经将混合模定义为同一谐振腔内几种高阶模的功率加权叠加，每种模具有相同的高斯束腰半径 w_0，其模函数［式（1.1）和式（1.2）］决定着径向比例长度 $w(z)$。这种由谐振腔反射镜的曲率半径和间隔确定 w_0[5]的最基本基模称为嵌入式高斯型，无论是否是混合模，实际上谐振腔都包含有一些基模功率。为了处理混合模情况，假设[7]其直径处（整个 z 范围内）都正比于嵌入的高斯直径。由式（1.3），将 $w(z) = W(z)/M$ 代入式

⊖　1.8 节图 1.15 给出了光束不对称性。

（1.11）~ 式（1.15），得到混合模传播方程组：

$$W(z) = W_0 \sqrt{1 + \frac{(z-z_0)^2}{z_R^2}} \qquad (1.16a)$$

$$R(z) = (z-z_0)\left[1 + \frac{z_R^2}{(z-z_0)^2}\right] \qquad (1.17a)$$

$$Z_R = \frac{\pi W_0^2}{M^2 \lambda} = z_R \qquad (1.18)$$

和

$$\Theta = \frac{2M^2 \lambda}{\pi W_0} = \frac{2W_0}{z_R} = M\theta \qquad (1.19)$$

混合模，即不同光学频率的横模之和，不再类似式（1.15）而具有古依相移表达式。在此约定，大写字母表示混合模，小写字母表示嵌入高斯模。

非常有用的还有式（1.16a）和式（1.17a）的逆形式，可以根据传播距离 z 处的光束半径 $W(z)$ 和波前曲率 $R(z)$ 表示束腰半径 W_0 和束腰位置 z_0：

$$W_0 = \frac{W(z)}{\sqrt{1 + \left[\dfrac{\pi W(z)^2}{M^2 \lambda R(z)}\right]^2}} \qquad (1.16b)$$

和

$$z_0 = \frac{R(z)}{1 + \left[\dfrac{M^2 \lambda R(z)}{\pi W(z)^2}\right]^2} \qquad (1.17b)$$

将 $w = W/M$ 代入本章参考文献［1］中的式 24 和 25，就可以得到上述公式。

基模光束的许多性质都可以用于混模光束（见图 1.5）。由于 $W_0 = Mw_0$，所以，在式（1.19）中间部分进行这种代换就得到公式后面部分，表明混合模发散度是嵌入高斯模的 M 倍。同样，光束传播分布轮廓 $W(z)$ 也是双曲线形式（大 M 倍），渐近线在束腰位置交叉。将 $W_0 = Mw_0$ 代入式（1.18），混合模和嵌入式高斯模两者的瑞利范围相同，其近场曲率半径和限制也一样。在远离束腰位置 z_0 的传播距离 z_R 处，混模光束直径是 $\sqrt{2}$ 倍，初始直径 W_0 恰好是其 M 倍。

讨论在 (x,z) 和 (y,z) 独立平面中的传播时，还需要两个新的常数 M_x^2 和 M_y^2 以规范激光光束，总共需要 6 个常数。在组成混合模时，两个平面内相加的厄米特-高斯函数无须一样，或者对加权值有相同的分配，有可能 $M_x^2 \neq M_y^2$。对这种情况，根据式（1.19）前面部分 $\Theta \propto M^2$，则光束发散度具有不对称性。可以提出以下问题：式（1.16）~ 式（1.19）为什么称为"M^2 模型"（而不是"M 模型"）？有两个原因：第一，混合模分布轮廓中含有嵌入式高斯模，无法单独测量，很难直接确定 M。当传播到离束腰位置 z_R 时，混合模直径仍扩大 $\sqrt{2}$ 倍，因此，可以根据几种适用于双曲线形式的直径测量方法确定 z_R，也可以测量束腰直径 $2W_0$。在此，由式（1.18）可以直接给出：

$$M^2 = \frac{\pi W_0^2}{\lambda z_R} \qquad (1.20)$$

事实上，这也是测量 M^2 的方法，具体内容将在 1.7 节讨论［顺便插一句，应注意到，

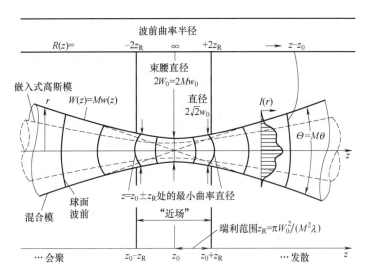

图 1.5　$M^2 = 2.63$ 时混模光束的传播性质

（嵌入式高斯光束是由同一谐振腔发出的基模光束。为了显示其随传播距离的变化，波前弯曲经过了放大）

式（1.20）表示 M^2 可以换算为光束直径的二次方；稍后将在 1.6.4 节讨论不同直径定义之间的转换]。

第二个原因更为重要：M^2 是光束的一个不变量，当光束通过普通的无像差光学元件传播时可以发生转换[26]。像基模光束一样，束腰直径-发散度乘积守恒，混合模光束具有同样的乘积：

$$(2W_0)\Theta = \frac{(2W_0)2M^2\lambda}{\pi W_0} = M^2\frac{4\lambda}{\pi} \tag{1.21}$$

比基模不变量乘积大 M^2 倍。

可以将式（1.21）改写成以下形式：

$$M^2 = \frac{\Theta}{[2\lambda/(\pi W_0)]} = \frac{\Theta}{\theta_n} \tag{1.22}$$

式中，$\theta_n = 2\lambda/(\pi W_0)$ 可以看作束腰直径 $2W_0$ 的基模光束的发散度，与混合模光束一样，并称为归一化高斯光束。在指数项中，归一化高斯光束比嵌入式高斯光束的比例常数 $W_0 = M\omega_0$ 大 M 倍，并在混合模光束谐振腔中不会产生归一化高斯光束。这的确代表一束受限于 $2W_0$ 直径范围光束的衍射受限所产生的最小发散度，根据式（1.22），可以将不变量因子 M^2 看作本章参考文献［5］所定义的"衍射受限倍数"，也称为光束质量倒数。最高质量的激光光束是理想的衍射受限光束，即 $M^2 = 1$；所有的实际光束都会稍受影响，即 $M^2 < 1$。

M^2 模型有两层意义：第一层意义是，一旦（通过对两个相互独立传播平面的传播曲线数据进行拟合）完全确定了激光光束的 6 个常数，系统设计师就可以在光学系统成功制造之前用其精确地预测光束性质，确定目前绝大部分工业激光器的光斑直径、孔径通光量、焦点位置、景深等；第二层意义是，可以利用市面上已有的仪器，有效地测量和记录 M^2 模型的光束常数，从而在最终测试或者无论何时，只要系统和激光器出现可疑情况，都能对激光光束进行检验以完成质量控制。有故障（或缺陷）的光学系统会将像差带入光束波前，如果是在激光器内，混模求和中具有较大的发散度和高阶模，从而使 M^2 变大，在谐振腔外也会

严重影响 M^2。为了检测各光学元件装配后对下道工序 M^2 的影响（增加量），系统装配期间对光束进行测量有助于整个光学系统的质量控制。

上述模型之外发射的激光光束属于其正交轴绕着传播轴旋转或扭曲之类的光束（称为具有复杂像散的光束[15,16,27]），如来自非平面环状激光器或者非共面折叠式谐振腔的光束。光束对称性取决于谐振腔的对称性。幸运的是，只有极少的工业激光器会产生该特性的激光光束。本章 1.8.3 节将讨论和总结可能的各种激光束的对称性问题。

M^2 不是唯一的，即混合模中各种不同的高阶模或加权因子都可以满足一定的 M^2 值，有时认为这是 M^2 模型的缺点，但也是它的长处。这种模型是一种简单的可预测模式，无需测量和分析就能够确定光束中模的内涵。在光束模型演化过程中，初始讨论就指出[1,2]，作为波动方程式的本征函数，描述光束模型电场的全部（无限多）厄米特-高斯（Hermite-Gaussian）或拉盖尔-高斯（Laguerre-Gaussian）函数［式（1.1）］组可构成标准正交集，依此通过加权求和可以对任何近轴光束建模。只有当对电场相位求和并且一般来说很难测量光波相位时才这样。辐照度相加（电场的二次方）破坏了标准正交性条件，多年来，并没有明显证据显示仅依靠辐照度测量就可以建立一个简单的模型。20 世纪 80 年代，产生了一些以光束辐照度和角分布傅里叶（Fourier）变换为基础的方法[4,6]，（通常）能够预测人们所关心的光束在光学系统中的直径，以及辐照度分布测量值。随着 M^2 法的进一步研究，也有了工业应用仪器[10]。继而，人们认识到，随着生成激光的谐振腔中衍射损失的减少，将导致形成特征系列模式。在多数情况下，一个给定的 M^2 仅对应着一种混合模（参考本书 1.6.4 节）。

1.5 利用透镜对基模和混合模进行光束变换

一般地，熟悉透镜如何变换光束不仅有用，而且，利用透镜可以提高束腰附近接收区域的增益，特别方便测量待分析的直径而有利于构成 M^2（参考本书 1.7 节）。下面讨论这种变换。

从几何光学的观点，距薄透镜为 s_1 的点光源在透镜位置形成一束曲率半径为 R_1 的球面波（曲率是 $1/R_1$），其中 $R_1 = s_1$。光束穿过透镜过程中，透镜的光焦度 $1/f$ 作用（f 是透镜焦距）使其曲率变小，根据薄透镜公式，形成曲率为 $1/R_2$ 的球面出射波：

$$\frac{1}{R_2} = \frac{1}{R_1} - \frac{1}{f} \tag{1.23}$$

由于该球面波的会聚，在距透镜为 R_2 的位置形成点光源的像。注意到，式（1.23）中采用（约定）规则与式（1.17）相同，即光束总是从左向右传播，曲率中心位于右侧的会聚波前半径为正，中心位于左侧的发散波前半径为负［几何光学中的符号规则[28]是，从透镜出射的会聚波前半径为正，应在式（1.23）中 $1/R_2$ 项加上负号］。

图 1.6 给出了光束-透镜变换中使用的量。根据科格尔尼克（Kogelnik）表示方法[1]，使用下标 1 表示透镜入射侧光束参数（第 1 空间），下标 2 表示透镜输出侧光束参数（第 2 空间）。用主平面表示真实（厚）透镜，在透镜主平面 H_1 和 H_2 处放置一个薄透镜代替厚透镜。按照符号规则，H_1 和 H_2 之间的光线平行于光轴，并分别从 H_1 和 H_2 测量束腰位置 z_{01} 和 z_{02}（对于 z_{02}，到右侧距离为正；对于 z_{01}，到左侧距离为正）。

与几何光学一样，激光束中的透镜使波前曲率发生相同变化［见式（1.23）］，但波前 R_2 会聚成有限直径为 $2W_{02}$ 的束腰，利用式（1.17b）得到距离 z_{02}。对于两个独立的传播平

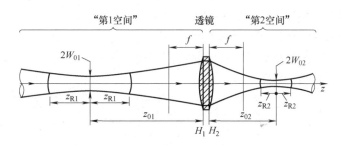

图 1.6　光束-透镜变换中的几何量定义

面，需要采用三个常数表示变换后的光束，并以另外三个常数来确定它们。透镜应当是无像差的（一般为 $f/20$ 或更小孔径），只有这样才能保证通过透镜后的光束像质不会变化。得到的第一个约束条件为 $M_2^2 = M_1^2$；第二个约束条件为波前曲率匹配，即经过透镜修整后的输入曲率［由式（1.23）］与根据式（1.17a）对变换后光束施以约束且在同一位置形成的变换光束曲率相匹配。实际上，一束光在两个位置具有相同的量值和曲率符号：一个位于该符号的近场范围内，另一个位于该范围外，其光束直径不同。那么，得到的第三个约束条件明确了如何选择匹配点，光束在通过（薄）透镜后直径不会改变。

上述三个约束条件确定了三个方程，下面求解转换后的束腰直径和位置。W_0 和 z_0 是 $W(z)$ 和 $R(z)$ 的函数，所以，利用式（1.16a）和式（1.17a）很容易解决上述问题。根据转换常数 Γ（利用工业 M^2 测量仪的最新标示方法[9]）将解表示如下[1,29-31]：

$$\Gamma = \frac{f^2}{[(z_{01}-f)^2 + z_{R1}^2]} \tag{1.24}$$

$$M_1^2 = M_2^2 = M^2 \tag{1.25}$$

$$W_{02} = \sqrt{\Gamma}\, W_{01} \tag{1.26}$$

$$z_{R2} = \Gamma z_{R1} \tag{1.27}$$

$$z_{02} = f + \Gamma(z_{02} - f) \tag{1.28}$$

将这组公式分别应用于两个主传播平面 (x, z) 和 (y, z)。

由于光束波前曲率随传播距离变化形式的复杂性［式（1.17a）］，转换公式［式（1.24）~ 式（1.28）］并不像几何光学那样简单。类似几何光学中像距和物距，转换后光束束腰位置取决于入射束腰位置，情况如同波前曲率，与输入光束的瑞利（Rayleigh）长度也有关系。随着束腰-透镜间的距离变化而呈现的最独特性质是，当透镜的输入焦平面在入射光束的近场范围内移动时，即 $|z_{01} - f| < z_{R1}$，则 z_{02} 对 z_{01} 曲线的斜率从负转为正（在几何光学中，物距与像距的曲线斜率永远是负的）。将式（1.24）代入式（1.28），并将其结果相对于 z_{01} 微分，就可以验证符号的此种变化。随着透镜继续移向入射光束束腰，变换后的束腰位置也移向透镜，与几何光学中发生的现象完全相反。在光束-透镜转换中，输入束腰与转换后束腰不互为成像（按照几何光学的概念）。尽管光束束腰方面的概念完全不同于几何光学，但光束直径在透镜两侧共轭面处的物象关系与几何光学一样。奥舒亚（O'Shea）编写的教科书对光束-透镜转换理论有更为现代的讨论（此时，其参数 $\alpha^2 = \Gamma$）。

本书参考文献［30］中的一个插图对光束-透镜转换给出了形象描述，如图 1.7 所示。利用相对于透镜焦距 f 进行变量归一化，就能发现转换后光束束腰位置 z_{02}/f 是如何随入射束

腰位置 z_{01}/f 变化的。利用输入的瑞利（Rayleigh）长度 z_{R1}/f（也是归一化值）作为参量并得出几种不同值的曲线，可以明显观察到曲线的反常斜率区。若输入光的瑞利长度可以忽略不计，即 $z_{R1}/f = 0$（符合点光源条件）时，就回归到几何光学薄透镜的结果，即式（1.23），曲线两翼的斜率总是负值。

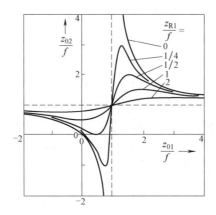

图 1.7　光束-透镜转换过程中，转换后束腰位置的参量图是输入束腰位置的函数
（其中 f 是透镜焦距，输入光束的瑞利长度 z_{R1} 作为参变量）

1.5.1　利用光束-透镜转换技术测量激光束发散角

光束-透镜转换方程式最初用来表示：通过测量精确位于第 2 空间透镜出瞳面 H2 之后一个焦距位置的光束直径 $2W_f$，并由下式可以确定图 1.6 第 1 空间输入光束的发散角 Θ：

$$\Theta_i = \frac{2W_f}{f} \tag{1.29}$$

该结果与透镜在输入光束中的位置无关，而后根据式（1.16a）确定第 2 空间 $z_2 = f$ 处的光束直径 $2W_f$，代入式（1.19）、式（1.24）和式（1.28）：

$$2W_f = 2W_{02}\left[1 + \frac{(f - z_{02})^2}{z_{R2}^2}\right]^{1/2}$$

$$= 2W_{02}\left(\frac{f}{z_{R2}}\right)\left(\frac{1}{\Gamma^{1/2}}\right)$$

$$= 2W_{01}\left(\frac{f}{z_{R2}}\right)\left(\frac{1}{\Gamma}\right)$$

$$= 2W_{01}\left(\frac{f}{z_{R1}}\right)$$

$$= \Theta_1 f$$

此即式（1.29）。本书参考文献［25］中图 3b 的一幅插图给出了，在光束束腰位置 z_{01} 变化情况下，如何运算转换方程式使距透镜一个焦距位置处的输出光束直径 $\Theta_1 f$ 值保持不变。式（1.29）隐含的测量方法是精确获得光束发散角 Θ_1 的最简单方法。应选择足够长焦距的透镜以使光束直径足够大，从而使该直径测量方法获得高精度。

1.5.2　光束-透镜转换的应用：深聚焦的局限性

在输入空间移动短焦距透镜的孔径，使输出束腰达到可能的最小直径，称为深聚焦限制。用下面条件表示该限制特性：（1）由 $2W_{lens} = \Theta_2 f$ 确定的透镜处光束直径；（2）焦平面 $z_{02} = f$ 附近的输出束腰；（3）焦点处具有很小的景深，$z_{R2}/f \ll 1$。透镜左侧 f 处是光束直径 $2W_{1f}$ 与焦距之比，所以反向应用式（1.29），可以获得第 2 空间发散角 $\Theta_2 f = 2W_{1f}$。条件 （1）意味着 $2W_{1f} = 2W_{lens}$，或者在传播距离 f 范围内输入光束直径变化很小，从而使表征深聚焦情况的条件（1）等效于 $z_{R1}/f \gg 1$。由式（1.19）可得

$$2W_{lens} = \frac{2\lambda M^2 f}{\pi W_{02}}$$

或者

$$2W_{02} = 2\lambda M^2 \left(\frac{f}{\pi W_{lens}} \right) = 2\lambda M^2 (f/\#) \tag{1.30}$$

在此采用席格曼（Siegman）定义[5]研究深聚焦限制，一束直径为 πW_{lens} 的基模光束充满直径为 D_{lens} 的透镜（孔径的这种充满程度使光束有小于 1% 的限幅），因此 $f/(\pi W_{lens}) = f/D_{lens} = (f/\#)$。该焦点的景深是 $z_{R2} = \pi W_{02}^2/(M^2 \lambda) = \pi M^2 \lambda (f/\#)^2$。从而将基模光束的类似结果[5]推广到 $M^2 \neq 1$ 的情况。

根据式（1.30）马歇尔（Marshall）的观点（1971 年）：与基模光束相比，高阶模光束聚焦光斑较大（乘以 M^2 倍），景深较小，所以并非很适于切割和焊接工艺。

1.5.3　逆变换常数

采用转换常数，即逆变换，仍然可以很好地利用变换公式从第 2 空间转换到第 1 空间：

$$\Gamma_{21} = \frac{1}{\Gamma_{12}} \tag{1.31}$$

由于对称性，很明显，这是正确的，但代数推导方法留给读者完成。

1.6　基模和混模光束直径的定义

有人说，测量激光束截面直径类似用一对卡尺测量棉球的直径，难度不在于测量仪器的精度，而是如何定义可以接受的边界。

对于基模光束，普遍认为并采用 $1/e^2$ 的直径定义；混合模情况不太一样，已经使用许多不同的直径定义[7]。这些定义的共同之处：当用于 $M^2 = 1$ 基模光束时，都可以简化到 $1/e^2$ 直径；而应用于含有高阶模的混合模时，一般会有不同的数值。由于 M^2 总是取决于两次测量直径的乘积，所以其数值也随直径的二次方变化。完全相同的光束，不同方法会以不同的方式表示其结果，因此，必须标明采用何种表示方式，以及如何转换。

自相关国际标准化组织（International Standards Organization，ISO）委员会采用二阶矩直径定义束宽度以来[11]，激光器用户已经力争使其成为现实。该定义具有坚实的理论和解析基础，但对数据中即使少量的噪声都很敏感，所以，很难从实验上重复测量，本章 1.6.3.5 节将会进行详细讨论。鉴于此，旧方法仍在使用，目前的最佳策略是采用较宽容的方法完成多直径测量，以满足确定 M^2 的需求；然后，在一定传播距离上，根据二阶矩直径定义精密测量直径以确定转换因子。利用该转换因子能够确定光束在任意距离处的直径。当仪器制造商都遵照 ISO 委员会制定的精确计算二阶矩直径的规则、算法和直接方法时，该策略在未来很可能会有所变化。

1.6.1 由辐照度分布确定光束直径

根据辐照度分布能确定光束直径。辐照度分布是指，透射模板的能量分布是模板（垂直于光束方向）平移坐标的函数。在光束中设置一个足够大的线性功率探测器，从而具有均匀的灵敏区以便获得光束的总能量。探测器的测量灵敏度应能达到总能量的1%，响应速度能够真实再现随时间变化的透射能量。将模板安装在一个可平移的台上，并放在探测器前面，垂直于光轴移动或扫描以记录辐照度分布。可以完成这些功能的仪器称为激光光束波形测量仪。它是以电荷耦合（Charge Coupled Device，CCD）摄像机为基础的普通型仪器，按照电子像素数据制造模板，并采用软件控制。

光束传播方向定义为z轴。通常，沿光束光斑的一个主直径方向扫描，并且，工业用波形测量仪的安装要使其能够绕光轴旋转，以便在这些方向进行扫描对准。椭球形光斑的主直径是椭球的长轴和短轴［或者厄米特-高斯（Hermite-Gaussian）模的直角坐标轴］。主传播平面（x，z）和（y，z）定义为包含光斑主直径的平面。光束的方向是任意的，一般需要坐标旋转以便使其与实验室的参考坐标系相关联。假设这种旋转是已知的，并能采用简单的例子进行总体扫描。其中，z轴取水平方向，主传播平面作为实验室中的水平平面和垂直平面，并沿x轴扫描。如果需要模板与光束同心（即一个针孔）才能确定主直径，那么，也将其安装在y轴台上，并在不同的y轴高度上完成x轴扫描，从而确定光束中心处的最宽直径。此外，利用一块反射镜将光束投射到波形测量仪上，使反射镜绕着水平旋转轴倾斜而将光斑指向不同高度以确定光束中心。如果使用能量计够探测到该光束重复产生的脉冲，就在脉冲之间增量地移动测试台。若探测器是CCD相机，则像素的顺序读出就是一条扫描线，相机前面不再需要外部模板。通常，CCD相机需要在其前面安装一块可变衰减器（片）[33]，使峰值辐照度等级恰好低于相机的饱和水平，进而使分布图纵轴上的辐照度具有最佳分辨率。

上述处理技术的结果是得到类似图1.8所示的两种纯模辐照度分布图：第一排是基模，第二排是环形模（或称甜甜圈模）。每一种都要计算出三种扫描的情况：第一种是针孔（第一列），第二种是狭缝（第二列），第三种是刀口（第三列）。对于针孔和狭缝，用来从这些分布图求得直径的传统定义方法是相同的。将扫描最大值归一化为100%，再将其降到$1/e^2$（即13.5%）的纵坐标并测量出直径——或者限幅宽度——作为这些交叉点之间的扫描宽度（称为限幅电平或限幅点，如图1.8所示的小圆点），D_{pin}和D_{slit}分别表示这两种直径。对于刀口直径（用D_{ke}表示），定义为15.9%和84.1%限幅点之间的扫描宽度并加倍，原因在于该规则应用于基模时可以形成$1/e^2$直径。

如图1.8所示，环形模（TEM_{01}^*）直径比基模直径$2w$大，与预期相同。但对所有高阶模，三种方法应用于环形模得到的结果一般都不一样！环形模与基模直径之比（按照针孔、狭缝和刀口顺序）分别是1.51、1.42和1.53。很明显，原因在于不同方法形成不同形状的迹线（trace）：针孔法是用小孔切割环形光束，并在中心处记录为零；狭缝法是在垂直方向扩展为通过整个光斑，通过该孔时记录透过率的下降值，由于光能量是沿孔的上下方向分布，所以永远不会出现零；若是刀口法测量，甚至会有更高的透射率，环形模与基模分布的不同之处仅在于曲线较平缓（光斑较宽），对50%限幅点和光束中心处孔周围的斜度稍有影响。

还有其他两种常见定义：第一种是与光束同心、透射率86.5%时圆形孔径的直径，分

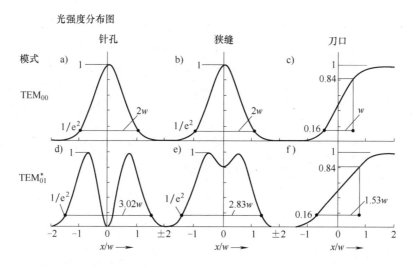

图 1.8 根据针孔（图 a 和 d）、狭缝（图 b 和 e）及刀口（图 c 和 f）扫描切割基模和
环形模得到的激光束理论分布图
（辐照度与平移距离；对于高阶模光束，不同的方法求得不同的直径。刀口法得到的直径
定义为 15.9% 和 84.1% 限幅点之间平移距离的两倍）

别称为可变孔径直径、环围能量直径或者"桶中功率"（Power In the Bucket，PIB）直径（法），用符号 D_{86} 表示；第二种是二阶矩直径，定义为由针孔扫描记录的径向辐照度分布标准偏差的 4 倍，用符号 $D_{4\sigma}$ 表示。根据这些定义，环形模与基模直径之比分别是 1.32 和 1.41，也不同于上述三种方法给出的值。

对共同因素讨论之后（见本章 1.6.2 节），在本章 1.6.3 节将评估这 5 种直径定义方法，并对其性质做了总结（见表 1.1）。

表 1.1 混模直径定义的性质

直径符号	扫描孔径和名称	直径定义	换算常数 $C_{i\sigma}$ 与 $D_{4\sigma}$ 之比	对准是否敏感？	$I(r)$ 峰值的分辨率	是否有卷积误差？	信噪比	备注
D_{pin}	针孔（直径 H）	从最高峰值降至限幅点 $1/e^2$ 的间隔	0.805	是	高	如果 $H/(2w)>1/6$，则有	低	最佳显示辐照度峰值的细节
D_{slit}	狭缝（缝宽 S）	从最高峰值降至限幅点 $1/e^2$ 的间隔	0.950	否	中	如果 $S/(2w)>1/8$，则有	中	直接测量出的直径接近 $D_{4\sigma}$
D_{ke}	刀口	限幅点 15.9% 与 84.1% 间隔的两倍	0.813	否	低	无	高	根据实验确定最佳直径（通过噪声和光斑结构）

（续）

直径符号	扫描孔径和名称	直径定义	换算常数 $C_{i\sigma}$ 与 $D_{4\sigma}$ 之比	对准是否敏感？	$I(r)$ 峰值的分辨率	是否有卷积误差？	信噪比	备注
D_{86}	变孔径（"桶中功率"）	通过总能量86.5%的同心圆直径	1.136	是	低	无	高	只能非常好地适用于圆形光束。用CCD相机很容易计算出来。应用于千瓦级激光器
$D_{4\sigma}$ 或 $D_{2\sqrt{2}\sigma}$	二阶矩直径（线性或径向）	针孔扫描辐照度分布标准偏差的4倍	1	是	高	对针孔扫描而言	低	ISO标准直径。易受分布图侧瓣噪声误差影响
N/A	CCD相机	各种自定义算法	N/A	否	中	有	低	利用合适软件能够计算上述定义的所有直径

1.6.2 获取实用光束分布图的具体思考

针对具体应用评价来确定光束直径的哪一种方法是最佳的，需要注意以下5个重要的问题：

1. 了解整个区域的辐照度变化有何重要性？只有针孔扫描（或者最接近形式，CCD相机拍摄是逐像素读出）法需要如此；但对某些应用，如传输的全部光能量集成在吸收器中时，就没有意义。

2. 采用一种对光束与波形测量仪对准（精度）不敏感的方法有何重要性？如果测量技术并不要求光束与波形测量仪精确同心，那么，狭缝或刀口法也能得出可靠的测量结果，但不包括其他方法。若使用CCD相机，在对准灵敏度与精度之间应进行折中。对于最高精度的情况，可以在相机前面放置一个放大镜（放大率已知）以填充最大数目的像素，此时相机对对准有些敏感。

3. 直径的精度和可重复性是怎样的？透过模板的光能量决定着轮廓分布图的信噪比，并最终决定着该问题。研究该问题时，以针孔扫描（D_{pin}、$D_{4\sigma}$和CCD相机）为基础的方法会遇到低光能量问题。另外，由于在谐振腔中产生激光束易受颤躁扰动影响，从而造成光束位置摆动。通常，轮廓分布使光束直径变形约1%，因此，采用测量精度较高的仪器，一般来说意义不大。

4. 与方法有关的卷积误差重要吗？卷积误差是由测量直径导致的，这是因为扫描孔径（针孔直径H或者狭缝宽度S）是有限尺寸的。采用直径50μm的针孔不可能精确测量10μm的聚焦光斑。图1.9a给出了基模针孔分布图的形变，它是针孔直径与模宽之比$H/2w$的函数。随着 $H/2w$ 增大，峰值振幅下降，并稍有加宽。随着直径大小有限的针孔扫描通过中心，并对附近低振幅区进行抽样，如图 1.9b 所示，分布图中心 100% 峰值振幅点被"洗掉"或被平均变为较低值。卷积后轮廓分布峰值振幅降低的程度将限幅电平降低到原分布图的 13.5% 的情况：测量出的直径会比较大。狭缝扫描有非常类似的分布畸变，是 $S/2w$ 的函数，其中 S 为狭缝宽度。图 1.9c 所示曲线是测量宽度（包括卷积误差）与精确宽度之比，H 代表针孔，S 代表狭缝宽度。对于针孔扫描，由此可以得出以下经验法则：为了使测量直径的误差小于 1%，就要使针孔直径 H 小于 $2w$ 的 1/6，即 $H < w/3$；若是狭缝，相应的经验法则[34]是，若宽度 S 小于 $2w$ 的 1/8，则测量直径误差约小于 1%。对于中心峰值比基模更窄的 TEM_{10} 一类模式，如图 1.2d 所示，孔径宽度 H 或 S 应当小于这些相同部分的窄特征宽度模。注意，麦考利（McCally）[34]在计算基模直径时采用了生物学定义，即 $1/e$ 限幅点，其为 $1/e^2$ 直径的 $1/\sqrt{2}$。他的结果需要转换。

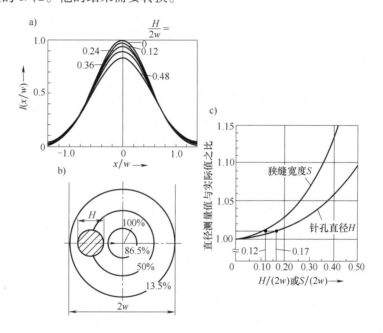

图 1.9　使用有限尺寸的针孔或狭缝扫描时，基模理论分布的卷积

（H 为针孔直径；S 为狭缝宽度；$2w$：模式的 $1/e^2$ 直径）

a）随着 $H/2w$ 增大，针孔分布图的形状和宽度发生畸变

b）针孔扫描的平面视图，表示 100% 振幅点的"被削减"。对于所标示的针孔情况，

$H/2w = 0.24$，对应着图 a 中从最高值下降的第三条曲线

c）卷积误差，或者测量直径 $2w_{meas}$ 与实际直径 $2w$ 之比，是（针孔）

$H/2w$ 或（狭缝）$S/2w$ 的函数

　　分布图畸变的影响可能更为复杂和微妙，并会产生误导性结果。当测量束腰部位以 TEM_{01}^* 为主的聚焦光束时，如针孔波形测量仪首先显示所期望的迹线，如图 1.8d 或 e 所示，中部位置有一个凹降。传播一段距离后，与光束直径相比，针孔孔径不再显得小了，分布图就变为具有中心峰值的情况，如图 1.8a 所示。环形模的中心孔可以通过针孔！

　　通常，只有使用聚焦光束工作时，如利用 1.5.1 节方法测量发散度，才会考虑卷积误差。然而，一般地，希望传播到远场，即传播到第2空间（或像空间）中某一透镜之后的焦平面位置，形成一个真实的光能量分布图（没有变形）。激光器输出的光束常出现"衍射叠加"，限模内置光阑衍射的低振幅高发散度光束叠加在主流光束上。由此产生的干涉，甚至在小于1%衍射光振幅条件下都能够使轮廓分布图产生极大的变形，这是电场干涉。对于叠加有 $0.01E^2$ 畸变成分的辐照度 $I = E^2$，电场会按照 $E \pm 0.1E$ 形式干涉图峰谷位置的加减，由此而产生的干涉环对比度为 $I_{peak}/I_{valley} = [(1.1)/0.9]^2 = 1.49$。对于分布图来说，即使衍射叠加的能量微不足道，这样的干涉环对比度也会产生很大的变形。与光束展宽相比，使分布图离激光器输出端一段距离，会让衍射叠加快速扩展，但常常需要几米的距离，因此，必须使用透镜以实现远场，另外还要处理卷积畸变。

将小直径（如 $10\mu m$）针孔与小聚焦光斑（如 $100\mu m$）对准是另一个问题。如果手工操作，为了达到峰值对准而实现两者叠加，透射信号的搜索时间会非常长。所以，利用商业仪器的高刷新率（每秒扫描10次较合适），是主要解决方法之一。为便于确定小孔径针孔和光束的叠加，一些仪器[9]安装有电子对准系统。

如果刀口是直线形式，则完全没有卷积误差（例如，剃须刀片是直线的[8]，那么 $1000\mu m$ 长的偏离量小于 $2\mu m$）。通常，环围能量法的圆形孔径是一个精密钻孔，只要该孔足够圆，（与孔直径相比）其材料厚度非常薄（以避免遮蔽误差），就不会有卷积误差。

5. 沿传播方向测量直径就具有连续性和没有突变吗？其实，沿传播方向多点测量直径，并将此数据与一条双曲线拟合以确定光束的瑞利（Rayleigh）长度和光束质量，数据的不连续性将产生较差的拟合并影响最终结果。对于采用 $1/e^2$ 限幅电平定义直径、低边缘峰值的混模，如图 1.2g 所示，就是具有唯一较低峰值的混模，会出现这类不连续性[35]。由于模式混合变化而使较外层峰值接近限幅电平，以及振幅噪声对分布图的扰动，所以，测量直径会从分布图较外层峰值区间跳跃到中心峰值区域；同样，对于矩形对称的混模，方位是从长主平面方向连续变化到短主平面，因此，分布图最外层峰值的相关振幅会下降[35]。当高度在限幅电平附近时，扰动噪声会使限幅点间断性地跳动。只有确定 D_{pin} 和 D_{slit} 时才会遇到该难题。

最后一个问题可以改述为，可以由仪器确定直径吗？人眼观察注意到造成波形测量仪读出数据波动、出现接近限幅电平高度的外层峰值时，可通过调整模式混合成分、方位或限幅电平校正该状态。而一台仪器则会从中取出不良数据，进而形成不可信结果。如同量测一条传播曲线以确定 M^2 一样，当需要将一些直径数据汇总时，希望获取仪器自动输出的数据。就此而言，刀口测量直径法最佳，总是可以为所有的高阶混模给出一条清晰的单调迹线。

1.6.2.1 市售扫描轮廓仪的工作原理

一般地，市售轮廓仪[8]采用针孔或狭缝模板式 $1/e^2$ 直径定义。由于这样的定义并"不能完全由仪器读出"，所以有时仪器会输出错误的直径。将针孔或狭缝模板安装在大尺寸探测器前面，然后装在转鼓上，轮廓仪就可以利用转鼓平稳和快速地进行传输（一般地，重复速率是10Hz）。在第一次通过激光光斑时，电子组件就存储记录下100%的信号电平，角编码器（或角度传感器）记录转鼓转动的角度增量，乘以已知的转鼓半径，可以得到空间增量为 $0.2\mu m$ 的模板平移量（根据下面章节讨论的最新高精密设计，该增量已降至 $0.01\mu m$）。当信号减弱而通过限幅电平时，计数器停止计数并输出光束直径值：总数乘以空间增量。实际上，为了将读出速率放慢到目视可读出的水平，数字读出器上显示的值就是用户最后 $2 \sim 20$ 次测量值的平均值。如果使用该仪器的针孔扫描纯环形模（见图 1.8d 所示分布图），则计数器从左侧限幅电平（$x/w = -1.51$）开始计数，而随着环形孔左边缘处（$x/w = -0.16$）限幅电平下降而停止计数。由于开始新一轮测量无需重新设置计数器，所以，当环形孔右边缘（$x/w = +0.16$）增强信号通过限幅电平时，会继续进行扫描并重新开启计数器。最后，计数器在最右侧限幅电平点（$x/w = +1.51$）关闭。读出的直径是实际直径减去限幅电平高度处孔的宽度，误差约为 -11%。而混模分布图中的强度下降常常不低于 13.5%，因此，可能产生的该误差一般忽略不计。

最近几年，扫描孔径轮廓仪（scanning aperture profiler）在机械装置设计方面已经升级，从而具有更高精度（$0.01\mu m$ 空间分辨率）；并且通过与个人计算机（PC）控制器互联，使其除了能测量光束直径外，还能提供更多特性：根据这些数据（不只限幅宽度和模拟迹线）计算 12 位全数字化轮廓分布和 $D_{4\sigma}$ 直径、分布峰值位置、形心位置、光斑椭圆度（使用安装有两个正交孔径的狭缝或刀口轮廓测量仪），甚至绝对能量（当如此校准时）。使用微米级孔径和亚微米采样，可以测量 $5\mu m$ 数量级的光束直径，精度达 2%。如前所述，各种不同类型的探测器（硅、锗或热电）覆盖了从紫外（UV）到远红外（IR）波长的范围。利用具有用户可控变扫描速度的轮廓仪（将转鼓速度放慢以拦截足够的脉冲形成轮廓分布）可以测量重复频率低至 $1kHz$ 的脉冲光束。此外，与以相机为基础的系统（一般要求 $6 \sim 9$ 个数量级衰减）相比，能够毫无衰减地测量光束。已经可以使用安装了铜材料孔径的冷却（cooled）轮廓仪测量 $3kW$ 功率、聚焦为 $175\mu m$ 直径的红外光束。

相对于传统方法，即手工驱动安装有刀片（或狭缝）的平移台通过光束而言，无论速度和精度，工业轮廓仪的发明都是光束直径测量上的重大进步。聚焦光束尤其需要高仪器精度，以分辨小尺寸光斑并提供实时刷新率，从而使孔径与光束重合而获取信号。由于在 $9mm$ 扫描范围内（10^6 空间分辨率元）有 10^4 信号线性范围和 $0.01\mu m$ 空间分辨率（卷积误差忽略不计），使这些具有 10^{10} 信息位的小型新式轮廓仪能够解决光束直径的测量问题。通过与传感器宽度为 $9mm$、像素间隔为 $5\mu m$（2×10^3 空间分辨元）的 12 位（4×10^3）线性范围的现代 CCD 相机（总共 10^7 信息位）相比，就可以理解在测量光束质量 M^2 过程中，为什么以轮廓仪为基础的仪器在速度和精度方面都优于以相机为基础的仪器。当然，相机仪器也有自身优点：可以给出激光光斑中所有辐照度峰值的二维分布，并能测量低重复频率脉冲激光器发射的光束。

1.6.3 五种定义和测量光束直径（常用）方法的比较

下面对五种确定直径方法的特点进行讨论，并概括归纳见表 1.1。

1.6.3.1 D_{pin}（针孔分布 $1/e^2$ 限幅点的间隔）

针孔扫描可以以非常高精度和细节来揭示光斑辐照度的变化情况，但不适合低照度光信号，并且，聚焦光斑会有卷积误差。为了将卷积误差减至最小，需要使用几个直径为 H（通常是 $10\mu m$ 和 $50\mu m$）的针孔以保证 $H < w/3$。其中，w 是基模半径或高阶模光束的最小特征尺寸。针孔法要求光束与针孔扫描线精确同心，因此不太适合仪器测量。当轮廓分布包含极为接近限幅电平的次级峰值时，这种确定直径的方法还可能给出含糊不清（或有歧义）的结果。虽然针孔分布为计算二阶矩直径提供了基本数据，但要保证该方法首先要满足无卷积误差的原则！

1.6.3.2 D_{slit}（狭缝分布 $1/e^2$ 限幅点的间隔）

狭缝扫描无须使光斑同心，并且是在中等光信号水平运作，但不能揭示辐照度的变化细节（见图1.8d、e）。对于聚焦光斑，该方法会产生卷积误差。狭缝宽度 S 应当满足条件 $S/(2w) < 1/8$。其中，$2w$ 是轮廓分布的最小特征尺寸。由于次级峰值接近限幅电平，所以，这种方法也会给出模糊不清的分布结果。在三种方法中，此种确定直径的方法可以得到一个非常接近 ISO 标准二阶矩直径的直接结果（即无须采用 1.6.4.3 节介绍的变换法则）。

1.6.3.3 D_{ke}（刀口扫描限幅点 15.9% 和 84.1% 的两倍间隔）

刀口扫描不要求光斑对中心，并且是在光信号高强度下运作，但几乎不能显示任何辐照度变化的细节（见图1.8d、f），仅在刀口能量分布斜线上稍有变化的一些点显示完全没有辐照度峰值。所有模式都给出一种简单的 S 型倾斜分布图。使用该方法一般不会产生卷积误差，当存在二阶矩峰值时也不会使直径模糊不清。从实验角度来说，这种方法是最可靠的直径测量技术，并且极少受到光束指向跳动和能量波动的影响，从而完全实现机读。在为自动测量传播曲线和全部6个光束参数而设计的最常用工业化仪器中[9]，直径是基本的测量参数。

1.6.3.4 D_{86}（通过总能量 86.5% 的同心圆孔直径）

与其他直径测量方法不同，变孔径直径同时在 x 和 y 两个截面内传播光束，并且不可能分别测量两个主直径。这种方法最适合测量圆形光束。为了获得精确测量值，必须与光束同心。若使用光阑或者变孔径，则要较经常地改用精密固定孔径组。一种很方便的工具是金属板钻头直径量规，该量规背侧的部分金属板被铣磨掉，使其厚度比最小孔径尺寸还薄，从而消除遮蔽误差。首先确定具有 86.5% 透射率的两个直径，然后用插值法计算最终结果。另外，如果传播距离长，则沿光束传播方向移动透过率接近 86.5% 的孔径，以确定该直径能够精确形成此透过率的距离。定义该直径从两个方面考虑：第一，对于高功率激光器，如千瓦级二氧化碳激光器，适用于能够吸收该能量的小型诊断分析仪，但仍然可以将一个水冷铜制孔径安装在功率表前面以便定量测量光束直径；第二，已经根据 CCD 相机计算出该直径，并用于相机类仪器，通过计算设置光束形心。实际上没有必要使相机对中心。

1.6.3.5 $D_{4\sigma}$（针孔辐照度分布标准偏差的 4 倍）

根据针孔辐照度分布可以计算该直径，应完全没有卷积误差和衍射叠加。对于用厄米特-高斯（Hermite-Gaussian）模式表述的矩形对称形截面光束，将矩形分布定义为分布函数进行计算。零阶矩给出光束的总能量，一阶矩表示形心，二阶矩代表分布方差 σ^2：

零阶矩或总功率 $$P = \int_{-\infty}^{\infty}\int_{-\infty}^{\infty} I(x,y)\,dxdy \qquad (1.32)$$

一阶矩或形心 $$\langle x \rangle = \left(\frac{1}{P}\right)\int_{-\infty}^{\infty}\int_{-\infty}^{\infty} xI(x,y)\,dxdy \qquad (1.33)$$

二阶矩 $$\langle x^2 \rangle = \left(\frac{1}{P}\right)\int_{-\infty}^{\infty}\int_{-\infty}^{\infty} x^2 I(x,y)\,dxdy \qquad (1.34)$$

分布方差 $$\sigma_x^2 = \langle x^2 \rangle - \langle x \rangle^2 \qquad (1.35)$$

线性二阶矩直径 $$D_{4\sigma} = 4\sigma_x \qquad (1.36)$$

正如推导式（1.6）时所解释的，最后一个方程是为了满足以下要求：当应用于基模时，二阶矩直径简化到 $1/e^2$ 直径。为了确定垂直主平面形心和直径而需要考虑的垂直面 (y, z) 内的矩，有一组完全类似的方程［式（1.33）~式（1.36）中 x 与 y 互换］：

线性二阶矩直径 $$D_{4\sigma y} = 4\sigma_y \qquad (1.37)$$

一组类似的力矩方程可以确定径向二阶矩直径，适用于利用拉盖尔- 高斯（Laguerre-Gaussian）函数加权和形式表述的柱面对称光束。针孔 x 扫描分布图在形心点 $\langle x \rangle$ 被分成两半，并取分布图一半作为柱面对称光束的径向变化。在径向横坐标面内 (r, θ)，原点是光斑中心，由矩形一阶矩式（1.33）确定的形心（$\langle x \rangle, \langle y \rangle$）决定。

零阶或总功率

$$P = \int_0^{2\pi} \int_0^{\infty} I(r,\theta) r \mathrm{d}r \mathrm{d}\theta \tag{1.38}$$

径向二阶矩

$$\langle r^2 \rangle = \left(\frac{1}{P}\right) \int_0^{2\pi} \int_0^{\infty} r^3 I(r,\theta) \mathrm{d}r \mathrm{d}\theta \tag{1.39}$$

分布方差

$$\sigma_r^2 \equiv \langle r^2 \rangle \tag{1.40}$$

径向二阶矩直径

$$D_{2\sqrt{2}\sigma r} = 2\sqrt{2}\sigma_r \tag{1.41}$$

最后一个公式源自满足下列线性方差和径向方差的关系式[6]：

$$\sigma_x^2 + \sigma_y^2 = \sigma_r^2 \tag{1.42}$$

对于柱面对称性模式 $\sigma_x = \sigma_y$，得到 $2\sigma_x^2 = \sigma_r^2$ 或者 $\sigma_x = (1/\sqrt{2})\sigma_r$；对基模光束，$2w = 4\sigma_x$，根据对其径向模式的描述，得到[6] $2w = 4(1/\sqrt{2})\sigma_r = 2\sqrt{2}\sigma_r$，即式（1.41）；对于混模，为了得到与拉盖尔-高斯（Laguerre-Gaossian）模式相同的辐照度分布，可以组合形成厄米特-高斯（Hermote-Gaossian）模式，反之亦然。所以，为使文章结构紧凑，将使用符号 $D_{4\sigma}$ 或 $M_{4\sigma}^2$ 表示线性或径向二阶矩量，除非一个量特别需要与径向矩区分。

1.6.3.6　$D_{4\sigma}$（对辐照度分布信噪比的灵敏度）

很难从实验上利用分布信号上的噪声评价这些积分，原因是二阶矩计算中对横向坐标的高能量加权，线性情况下二次方［式（1.34）］而径向时三次方［式（1.39）］。以使用 CCD 相机测量基模光斑为例，利用 256 个读数数字化辐照度值和 128 个读数数字化横向坐标半部积分区，对于线性情况，区域边缘（即第 128 个横向读数）的一个噪声读数（0.4% 噪声）在积分中的加权因子是 $1 \times (128)^2 = 16384$，而对于中心峰值是 256×1 个读数。这种单噪声计数在积分过程中的贡献是中心峰值像素贡献量的 64 倍。若是径向情况，上述指定横向像素上一个噪声读数的贡献量是中心峰值像素贡献量的 $(128)^3/256 = 8192$ 倍。二阶矩直径对分布图边缘噪声的高灵敏度讨论，请阅读参考文献［12］。该参考文献对 5 种模拟模的二阶矩和刀口法做了比较，发现刀口法最为宽松，并与公共期望结果一致。

为有效控制对噪声的灵敏度，基本上采用两种方法：第一，测量探测器背景照明并从信号中减去噪声；第二，从光束形心向外积分，并在照明区边缘处切趾。两种方法都意味着减少噪声对分布曲线边缘的影响。

减除背景和减除基线两种方法的区别是，前者减除被阻挡光束的探测器输出值而后者减去暗探测器的本底噪声。由于激光束具有很强的方向性，一般地，在激光器附近安装孔径（阻挡寄生光）及在探测器上增加遮光罩（遮挡环境光），背景照明测量就（应当）没有意义了。

业内对减除 CCD 相机本底噪声的最佳方法看法不一，作者在此建议采用"阈值转换法（thresholding）"。根据低能量相机（dark camera）帧结构或者最好是信号帧结构未被照明的边角，对测量出的噪声计算出标准方差，对数据进行分析之前均匀地从信号帧结构中减去该值的 3 倍数量，从而避免一个随机噪声帧结构（背景帧结构）与另一个帧结构（信号帧结构上的噪声）产生差异，增加噪声。

为了设置积分切趾范围，要估算光束半径（一般地，直径测量法对噪声不太敏感），并在 3~4 倍（估算）光束半径范围内完成积分，在该范围内讨论二阶矩直径计算的稳定性，继而设置积分限范围使其恰好形成稳定的二阶矩值。若判断设置范围正确，就应反复进行测量以检验重复性。

使用 CCD 相机的另一些看似噪声的问题是，漂移、响应非线性和非均匀性、相邻像素间信号泄漏，以及为避免信号饱和保护相机而需要对信号衰减从而形成低损伤阈值。基于上述原因，结合分析软件的读出需求，所以，最好从评估过该问题并坚信其仪器测量精度的销售商处购买相机。

在一种工业化仪器[9]中，额外提供两种检验以评估噪声对径向二阶矩计算的影响（根据针孔单线扫描完成的）。第一种检验将根据左、右半部轮廓计算出的二阶矩直径进行比较。如果激光束的确是柱形对称并且噪声对分布的贡献量可以忽略不计，则两个结果之比应当接近 1；第二种检验是计算中称为"噪声修整开/关（noise-clip ON/OFF）"的一个选项。在 256 位宽分布图边缘，信号几乎为零，噪声计数的轨迹在平均暗电平上下变化，当减去线性基线（在扫描线任一端 20 个点平均值之间）时，最低的噪声像素呈现负号。这是所希望的情况，这些负的噪声像素有利于消除正的噪声像素，而且，对仪器中的处理器来说，这是一件很简单的事，只要将"noise-clip"选择按钮旋转到"ON"就能够将该像素修整至零。从计算出的二阶矩直径由此产生的变化量就可以检测出多大的贡献量是源自边缘噪声。

另外，可以考虑在测量二阶矩直径时，调整激光束的噪声源，检查谐振腔的对准是否达到最佳、影响激光器的颤噪源是否达到最小、激光器加热并用螺栓连接到稳定的台面上等，并观察二阶矩直径的变化。噪声对直径测量影响的较完整分析表明，二阶矩直径 10 次重复测量平均值的标准方差要比（低）信噪比从 50 降到 10 条件下刀口法测量相同光束高 5~10 倍。可以说，按照解释 $D_{4\sigma}$ 结果时所要求的这些条件，目前完成的二阶矩并不是"适合机读"的直径定义。

1.6.3.7　ISO 选择 $D_{4\sigma}$ 作为标准直径的理由

从实验上测量二阶矩直径相当困难，为什么该定义又被 ISO 采纳为标准呢？其原因是该定义具有强有力的理论支持。光束传播的一般理论[4,6,19]都是以辐射分布与角空间频率分布之间的傅里叶变换关系为基础[6]。如果利用二阶矩直径定义光束宽度［式（1.36）］，这两个基本要求都可以满足。所有能够实现的光束［不包括具有断续边缘的光束[6]，因为其积分式（1.34）不可能收敛］宽度都能被严格确定[6]，并且，该宽度（方差）的二次方是远离束腰的自由传播距离的二次函数，也随着其增加而增大。也就是说，$D_{4\sigma}(z)$ 按照双曲线形式［式（1.16a）］随 z 增大。其他的所有直径定义，都可以证明与二阶矩直径成正比，因而也获得传播理论上的合法性。

二阶矩直径的另一个重要特征是，对于完全矩形对称的厄米特-高斯（Hermite-Gaussian）模或者完全柱形对称拉盖尔-高斯（Laguerre-Gaussian）模，利用二阶矩直径计算得到的光束质量（M^2 值）变成整数。根据定义，不仅基模是 $M_{4\sigma}^2=1$；而且下一个高阶模，即环形模是 $M_{4\sigma}^2=2$，以此类推，模的阶数每增加一次，计数加 1。一般来说[6]，可以用下列公式表示：

厄米特-高斯模 $$M_{4\sigma}^2=(m+n+1) \tag{1.43}$$

拉盖尔-高斯模 $$M_{2\sqrt{2}\sigma}^2=(2p+l+1) \tag{1.44}$$

式中，m 和 n 为厄米特多项式的阶数；p 和 l 为广义拉盖尔多项式的阶数，与之前表示的模式一样 ［式 (1.1)］。对于图 1.2a ~ f 所示的 6 种模式，其值分别是 $M^2_{4\sigma} = 1$，2，3，3，4，4。整数 $(m + n + 1)$ 和 $(2p + l + 1)$ 称为模的阶数，并决定模的光学振荡频率。具有相同频率的模称为简并模，随着模的阶数增大，简并度增大。当 $(2p + l + 1) = M^2 = 5$ 或 6 时，每个都有 3 种简并纯模；$M^2 = 7$ 或 8 时，有 4 种；$M^2 = 9$ 或 10 时，有 5 种，以此类推。二阶矩方法中纯模的直径恰好是模阶数的二次方根乘以基模直径 ［根据式 (1.3)］：

$$纯厄米特-高斯模 \qquad \frac{D_{4\sigma}}{2w} = \sqrt{m + n + 1} \qquad\qquad (1.45)$$

$$纯拉盖尔-高斯模 \qquad \frac{D_{2\sqrt{2}\sigma}}{2w} = \sqrt{2p + l + 1} \qquad\qquad (1.46)$$

光束质量为整数的纯模还有另一个结果：对于混模，$M^2_{4\sigma}$ 值是各成分模整数 $M^2_{4\sigma}$ 值的简单加权幂求和。在物理理论中，以该方式确定整数意味着这些量已被确定并可测量，类似一种"自然选择方式"。

ISO 委员会选择 $D_{4\sigma}$ 作为直径标准的另一原因是，该委员会成员知道，转换公式适用于根据标准文件列出的其他定义而测出的直径。这些公式将在下节讨论。

表 1.1 最后一行给出了 CCD 相机的性质。一台 CCD 相机和图像采集卡电子装置及合适软件可以组成一台通用仪器，能够根据所有定义进行直径测量。与硅探测器的动态范围（约 10^4）相比，较为廉价的市售相机不能够提供相同的辐照度动态范围（有效范围约为 1000:1），但性能良好的可变衰减器完全可以使相机在恰好低于饱和度的状态下工作，从而充分利用现有的动态范围。每个像素 $5\mu m$ 的空间分辨率可能不足以直接测量聚焦后光束，但其灵活性、容易使用、快速形成彩色二维辐照度图像等优点，对于尺寸达到足以充满相当多像素的光束直径来说，这是一个相当有吸引力的选择。如果需要测量更小尺寸的光束，可以使用成像光学系统。今后对 CCD 相机的继续研发，可能会超越所有测量光束直径的陈旧方法。

1.6.3.8　直径定义的总结

重要的是，只要 M^2 模型的定义始终用于测量及解释计算值，就适用于各种合理的光束直径定义，结果也是有意义和可靠的。

实际上，对于某些情况，使用"非标准"直径定义也很重要。例如，随着 M^2 增大，会出现一种趋势：（分布图）侧面更陡和顶部变平。当 $M^2 > 10$，其效果变得明显；大于 50，则分布图完全可以描述为"平顶礼帽"形状[5]。这一类光束的直径变得很清晰，并且有理由放弃标准定义（$D_{4\sigma}$、D_{86} 等），只需测量"平顶礼帽"柱形的直径。好消息是，对于这种光束，针孔扫描显示的半极值辐照度处的直径与 $1/e^2$ 处直径没有多大差别。透过总能量 86.5% 的孔径尺寸不会为透过总能量 95% 的情况提供有意义的结果。后者与透过 98% 总能量的直径尺寸可能稍有差别。与一系列 D_{95} 测量（数据）相适应的曲线拟合会形成一组表述光束的有效参数，同时也确定了一种新的"币制"（定义），并且，必须始终保持一致，不能将这些直径与采用不同方法或定义确定的直径相混合。

1.6.4　直径定义之间的转换

为了使一种直径转换算法得到广泛应用，必须采用自然归一化实现规范化，即相同谐振腔中形成的基模直径作为嵌入高斯式被测光束直径。利用式 (1.3)，可以将直径转换问题

变成 M^2 值的转换。

现在，转换规则已经成为 ISO 确定光束宽度标准文件的一部分[11]，首先根据经验定义，之后确立了理论依据，应用于具有圆形有限孔径和近似均匀增益介质的谐振腔中所形成的柱形对称模。在此情况中，已知 $M^2_{2\sqrt{2}\sigma}$，就可以合理估计出该模的混合成分及相关振幅。

1.6.4.1 M^2 是唯一的吗？

首先，从数学意义上讲，光束质量 M^2 没有唯一性，所以，根据光束质量确定柱形对称光束混模结构中各纯模的组分似乎也不是唯一的。现在讨论二阶矩单元中 $M^2 = 1.1$ 的情况。对一种混模，一个有经验的激光器工程师可能会准确地猜到，其组分或许是基模占 90%（$M^2 = 1$）和环形模占 10%（$M^2 = 2$），最后得到 $M^2 = (0.9) + 2(0.1) = 1.1$。然而，如果是 $M^2 = 5$ 的光束，问题会难得多。在 $M^2 = 5$ 保持不变的情况下，高于阈值的模数会有非常多的可能组合。

但作者的经验表明，如果激光束恰是上述的圆形光束，那么，至少到 $M^2_{4\sigma} = 3.2$ 为止，M^2 都是唯一的[14]。在这些谐振腔中，增益饱和状态下的衍射损耗和空间模式竞争决定着混模组分。随着圆形有限孔径打开（即随着谐振腔菲涅尔数的增大），按照一种可预测和可重复的方式生成一些模式，而另一些模式消退，因而，对于任何一个 M^2，都有唯一一个已知的混模。此外，利用这些知识可以确立不同测量定义之间光束直径相互转换的数学规则。

1.6.4.2 转换规则的经验基础

使用一台能发出大范围 M^2 值光束的氩离子激光器获取经验数据[14]，而 M^2 值是圆形模限幅孔径的函数。变化该孔径的直径和增益（后者通过调整激光管电流实现），$D^2_{2\sqrt{2}\sigma}$ 值从 1 变到 2.5，呈现 514nm 绿色谱线；上限增大至 3.2，则呈现蓝色谱线，变化到 488nm 最高增益。当同一谐振腔内形成蓝谱线时，与绿谱线直径相比，蓝谱线直径扩大了波长比的二次方根倍，即 1.027 倍。该激光光束被分成不同的谱线进入到一排监控设备中，利用无线电频率光敏二极管和射频频谱分析仪显示有多少种模式及哪种模阶在振荡。可以利用工业用狭缝和针孔轮廓仪[8] 及光束传播分析仪[9]，记录分布图以获得刀口法测得的直径 M^2_{ke} 和径向二阶矩直径。在相机前放置一块放大率已知（1.47 倍）的透镜，以使光束能充满足够数量的像素，同时放置一个可变的衰减器，用以调整光能量水平。

当激光器内孔径打开且光束直径扩大时，该模式光斑在一个半周期内从中心处的极值状态变化到中心处下凹，如图 1.10b 曲线所示。在 M^2 数值范围内设置 7 个孔径值，两个提供最高中心峰值（A 和 E），两个有最深凹陷（C 和 F），三个过渡模式值（称为"微扰 A 模"的 AP、B 和 D），这种设置下的所有诊断数据都被记录下来。根据射频频谱已经知道每种设置的振荡模数及阶次，就可以尝试给出混模成分的假设。调整由理论分析产生的分布图，使其与试验得到的针孔扫描分布图相匹配。如图 1.2 所示，混模理论分布图（见图 1.2g）与实验得到的分布图（见图 1.2h）相匹配，与图 1.10b 所示模式 E 一样。

一旦混模中包含 TEM^*_{0n} 模[14]，实际和理论分布图就有良好的匹配。这些模式，如环状模，$n = 1$，随着阶次（$n + 1$）增大，中心会出现相当大的孔，由于 $p = 0$，所以，其中间"全是零"（振幅几乎是零），从而使二阶矩积分中大部分 r^3 的权因子等于最小半径处一个给定的二阶矩直径 $Mw = \sqrt{(2p + l + 1)}w$，在（曲线）最低尾部[14] 形成同阶数所有模的分布图。因此，对于有限的圆形孔径，其都有最低的衍射损失，并随谐振腔菲涅尔数增大，它们

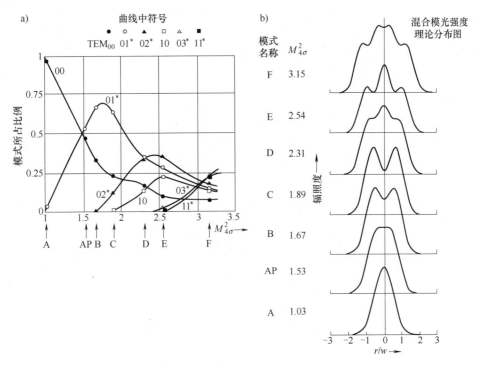

图 1.10　具有圆形有限孔径的谐振腔出射光束的模式组分

（随着孔径变大，$M_{4\sigma}^2$ 增大，当高阶模高于阈值，不同模式则以特有方式变化）

a）模式组分是 $M_{4\sigma}^2$ 的函数

b）计算出的针孔分布图及用以确定模式组分极典型的一组混模 $M_{4\sigma}^2$ 测量值

在同阶次纯模中也总是首先振荡。参考文献［20］指出，在孔径打开过程中，当下一个高阶模达到阈值，低阶模就会逐步消亡。很明显，此即高阶模的增益竞争效应。参考文献［20］所讨论的情况能够得到普遍应用的可能原因是，具有较大空间范围的高阶模获得了低阶模在竞争中无力占有的增益区。

利用美国沃尔夫勒姆研究（Wolfram Research）公司研发的被称为 Simplefit 的数学函数最终确定了这 7 种混模的模式组分。如图 1.10a 曲线所示，混模的这些组分是合成光束质量 $M_{4\sigma}^2$ 的函数；正如麦坎伯（McCumber）所指出的[21]，这些模会按照衍射损失递减的顺序展开；之后，如前述段落所预测，会逐渐消亡。对于氩离子激光束的每个 $M_{4\sigma}^2$ 值，都有一组典型的振荡模、模成分和分布图（见图 1.10），而对每个 M^2 值，都有唯一的混模结构。依据收集的所有数据，下一节将对推导出的直径定义给出简单的转换规则，在测量范围 $M_{4\sigma}^2 = 1 \sim 3.2$ 内，将刀口、狭缝和可变孔径，转换为二阶矩直径的误差是 ±2%（一个标准偏差），转换 M^2 的误差是 ±4%，针孔直径转换为二阶矩直径的误差是 ±4%。

在 M^2 范围内使用该规则检测其他激光束发现，刀口测量直径转换为二阶矩直径与直接测量的二阶矩直径一致，误差在 ±2% 内。转换误差定义为，大于由转换规则确定的 $D_{4\sigma}$ 的直径与由辐照度分布变化直接得到的直径的比值，以百分比表示。随后，对其他三种激光束在 $M_{4\sigma}^2 = 4.2$、7.5 和 7.7 时的刀口测量直径转换进行检测，误差仍然为 −2% ~ 2% 内。然而，对脉冲 Ho: YAG 激光器在 $M_{4\sigma}^2 = 13.8$ 时得到的测试转换误差是 −9%[25]，那么认为在这种介质中形成很强的瞬态热透镜效应，影响空间增益饱和。乘以 2 倍后利用外插法求得的一致性表示这些转换规则相当可靠，可以达到上述精度，并且在这种大功率级别激光器中也存在以此为基础的混模。显然，对于许多激光器，M^2 是唯一的。

1.6.4.3 不同定义直径间的转换规则

这里给出的经验结果是 $M_i = \sqrt{M_i^2}$ 与二阶矩光束质量二次方根 $M_{4\sigma} = \sqrt{M_{4\sigma}^2}$ 之间的线性关系。其中，M_i 为以第 i 种方法获得的光束质量的二次方根。对于基模光束（光束质量是 1），所有的直径定义都有相同的结果，因而，可以用单正比常数 $c_{i\sigma}$ 表示其线性关系，从第 i 种方法转换到二阶矩法的量，则有下列形式：

$$M_{4\sigma} - 1 = c_{i\sigma}(M_i - 1) \tag{1.47}$$

该式保证 $M_{4\sigma}$ 与 M_i 的线性经过原点，没有偏置项，并且只需要一个倾斜常数 c 就能够确定此种关系。

在同一个谐振腔内，由混模直径与 M 的比值得出基模直径，与采用的直径定义完全无关，因此，第二个关系式为：

$$\frac{D_i}{M_i} = 2w = \frac{D_{4\sigma}}{M_{4\sigma}} \tag{1.48}$$

式中，D_i 为利用第 i 种方法得到的直径。将式（1.48）代入式（1.47），有

$$D_{4\sigma} = \left(\frac{D_i}{M_i}\right)\left[c_{i\sigma}(M_i - 1) + 1\right] \tag{1.49}$$

转换常数 $c_{i\sigma}$ 的值见表 1.1，便于从总结的直径定义转换到二阶矩直径 $D_{4\sigma}$。

以其他方法确定的任一直径与二阶矩直径都是线性关系的，所以，它们之间也是线性关系。根据为二阶矩转换定义的转换常数可以得到这些方法之间的转换常数。j 表示第 j 种方法，根据式（1.47）得到

$$(M_{4\sigma} - 1) = c_{i\sigma}(M_i - 1) = c_{j\sigma}(M_j - 1)$$

所以

$$(M_i - 1) = \left(\frac{c_{j\sigma}}{c_{i\sigma}}\right)(M_j - 1)$$

通过定义 $i \rightarrow j$ 方法的转换常数：

$$(M_i - 1) = c_{ji}(M_j - 1)$$

则有

$$c_{ji} = \left(\frac{c_{j\sigma}}{c_{i\sigma}}\right) \tag{1.50}$$

按照其转换到二阶矩值时的转换常数之比，可以得到表 1.1 给出的任意两种方法间的转换常数。注意到，式（1.50）也意味着 $c_{ji} = 1/c_{ij}$，是一个非常有用的表达式。

表 1.1 给出的常数 $c_{i\sigma}$ 是对早期编制在 ISO 光束测量文件[11]中结果[14]的改进值。之后完成的更多实验数据也非常实用，而且，一旦由实验确定了模式成分，就可以只通过理论计算得到转换常数，从而获得表中结果。根据表 1.10a 给出的模式成分确定的混模组 A～F，可以计算出不同方法各直径的理论值 D_i，并利用式（1.3）转换成 $M_i's$；然后，对 $M_{4\sigma} - 1$ 与 $M_i - 1$ 曲线进行最小二乘法曲线拟合，从而利用式（1.47）确定表 1.1 给出的 $c_{i\sigma}$ 值。若是倾斜 $c_{i\sigma}$，拟合仅仅是针对具有交点并且使其为零的一个参数。这就给出一组内在一致的 $c_{i\sigma}$，

从而使式（1.50）成立。

1.7　测量光束质量 M^2 的具体问题：四切法

四切法意味着在四个适当的轴上位置测量光束直径，正如本节所述，这是精确确定 M^2 需要的最少位置数目。为了很好地使用该方法，首先要理解一些细节内容。

测量 M 的最简单方法是利用式（1.3）计算混模光束直径与嵌入高斯模直径之比 $M = W/w$，除非高斯模包含在混模中不可访问。然而，两种光束具有相同的瑞利（Rayleigh）长度。通过测量可访问混模的 z_R 和束腰直径 $2W_0$，就能由下式 [即式（1.20）] 确定光束质量：

$$M^2 = \frac{\pi W_0^2}{\lambda z_R}$$

一般方法是沿传播方向在多个位置 z_i 处测量光束直径 $2W_i$，对该数据进行最小二乘法曲线拟合而形成双曲线形式，从而确定 z_R 和 $2W_0$。不过，即使采用计算机处理方法，有时也会出现不可靠结果，除非在求取良好（±5%）M^2 值过程中避免出现一些敏感缺陷[25]（常被忽略）。这里讨论时遇到的这些缺陷将用斜体字表示。

精密设计的工业仪器[9]能避免出现此类缺陷，通过按钮操作就可以得到一个好的答案。对于个人操作完成测量的工程师，（利用焚烧纸的方法、在光束中插入一张卡片或沿传播方向滑动轮廓仪）一开始就能粗略估计束腰直径和位置，花最少精力找到可以规避这些敏感难点的符合逻辑的快速测量方法。该方法就是本节重点介绍的"四切法"。

在 M^2 模型中，如果光束发散度不再仅仅取决于腰束直径的反比（适用于基模），而且还正比于 M^2，就可以避开第一种缺陷 [即式（1.19）]：

$$\Theta = \frac{2M^2\lambda}{\pi W_0}$$

增加该自由度的第一个含义是，必须直接测量束腰而不是根据发散度测量推断出。现在讨论图 1.11a 所示的传播曲线。图中给出了几种光束，都有相同的 M^2/W_0 值，因而，具有相同的发散角，但具有不同的 M^2 值 [使瑞利范围正比于 W_0 实现，参考 1.4 节式（1.19）的第二种形式]。根据所有远离束腰的测量（值）不可能区分用于确定 M^2 的这些曲线。同时，图 1.11b 给出了具有相同束腰直径但不同 M^2（即发散度）的几种光束的传播曲线。其中，$\Theta \propto M^2$，根据式（1.18），$z_R \propto 1/M^2$。对所有近束腰的测量也不可能区分确定发散角的这些曲线，因此，为了确定 M^2，需要同时测量近场和远场直径。

可以采用任何一种直径测量方法确定 M^2 值，并且坚持采用一种"体制"可以避免第二种缺陷，不要混合，例如，使用激光器生产厂商引荐的 $D_{4\sigma}$（二阶矩）束腰值测量刀口发散度。坚持使用已经适应的最可靠直径测量方法，最后才将测量结果转换为标准 $D_{4\sigma}$ 体制下的数值。

1.7.1　四切法的逻辑性

四切法是从对最佳测量直径法的误差评估开始的，并用于所有其他测量的公差设置。令待测直径相对误差量为 g，即

$$g = \left(\frac{2W_{\text{meas}}}{2W}\right) - 1 \tag{1.51}$$

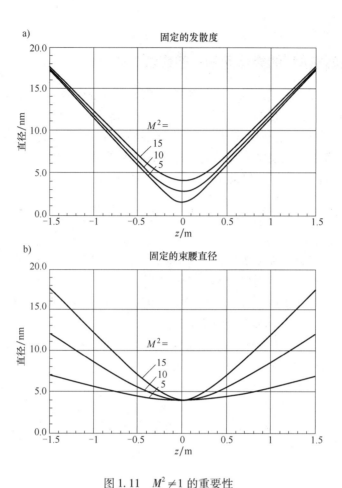

图 1.11 $M^2 \neq 1$ 的重要性

（必须要采样近场和远场两种情况以区分其可能性；该曲线是根据 $\lambda = 2.1\mu m$ 的光束数据绘成）

a）固定发散度的光束 b）固定束腰的光束

式中，$2W_{meas}$ 为测量直径；$2W$ 为正确直径。假设 g 很小，通常是 1% ~ 2%。由于 M^2 随两个直径乘积变化，对于满足要求的透镜变换，只会增加很小的误差（在 1.7.1.1 节讨论过），所以，光束质量相对精度 $h = 3\% \sim 5\%$。术语"切"用于直径测量，通常使刀口横过光束切割扫描以确定直径。将归化后或远离束腰的传播距离定义为以下的小数形式：

$$\eta(z) = \frac{(z - z_0)}{z_R} \tag{1.52}$$

令设置束腰位置造成的误差（小数形式）是 η_0。为使测量束腰直径 $2W_0$ 时由于切口布局错位造成的误差小于 g，式（1.16a）给出：

$$\sqrt{1 + \eta_0^2} < g + 1 \quad \text{或} \quad \eta_0 < \sqrt{2g} \tag{1.53}$$

式中，$g \ll 1$。如果 $g = 0.01$，则 $\eta_0 < \sqrt{0.02} \cong 1/7$。若直径测量的精度要求是 1%，则设置 z_0 允许的误差是瑞利（Rayleigh）长度的七分之一。

按照该精度确定束腰位置时，必须放置光束切位距束腰足够远，以便探测到光束直径随距离而增大。在束腰位置，直径不随传播变化；为了精确设置束腰位置，要远离其进行观察，从而可靠地探测到直径变化。在远离束腰的两侧，必须在瑞利长度内相当远的距离上设置切位。

为了确定最佳切束距离，现在研究光束直径与归一化传播距离的相对变化 Q，有

$$Q \equiv \left(\frac{1}{W}\right)\frac{\mathrm{d}W}{\mathrm{d}\eta} = \frac{\eta}{(1 + \eta^2)} \qquad (1.54)$$

图 1.12 给出了该函数［即式（1.54）］的曲线图。很容易看出，Q 的最大相对变化出现在 $\eta = \pm 1$ 处。使切位位于距离束腰 $-2 \sim -0.5$ 和 $+0.5 \sim +2.0$ 的瑞利范围内，对应着位于这些数值之内的 η，最大的相对变化是 80%。从而大大增强了定位的可靠性，远比利用小于 $0.5z_R$（远离束腰）测出的直径定位可靠。为了测量直径，要求可以接受的间隔至少是一个以束腰为中心的瑞利范围。

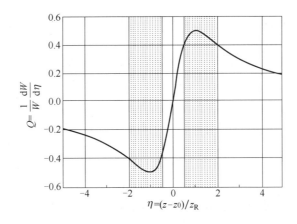

图 1.12　根据束腰切位测得的束腰直径与归一化传播距离的相对变化 Q

（将束腰放置在阴影区，可以使相对变化达到最大值的 80% 或更大；这就要求距离束腰位置最少一个瑞利长度；资料源自 Redrawn from Johnston, T. F., Jr. Appl. Opt. 1998, 37, 4840-4850）

可以发现，图 1.12 所示强调了传播位置，即束腰任一侧一个瑞利长度的物理意义。此位置波前曲率的绝对值最大，因而造成此处直径随传播坐标 z 的相对变化量 Q 达到 ± 0.5 的极值。

1.7.1.1　利用附加透镜形成可测束腰

大部分激光器的束腰位于装置内，无法接近和测量。在光束中插入一块透镜或凹面反射镜使不可测束腰变成一个辅助可测束腰，并对新光束测量 M^2，然后，通过该透镜将测量值反转以确定原始光束的 M^2 值。在精确测量过程中，插入一块透镜，再通过该透镜逆转换为原始光束的测量值是经常被忽略的一种缺陷。

让人感兴趣的是，采用何种方式能够恰好测量输出耦合器的输出端光束。一般地，这意味着该数据全部源自束腰发散一侧。其问题在于这些数据中没有任何参数能够很好地限制束腰位置。在曲线拟合时，测量直径具有很小误差会使束腰位置前后跳动，不利于采用外推法确定束腰直径。插入一块透镜使光束在其束腰两侧都可以进行测量，是一种相当可靠的方法。

为了确定图 1.6 所示的一个主传播平面内第 2 空间[⊖]的光束，需要有三个常数（z_{02}、

⊖　像空间。——译者注

$2W_{02}$、M^2）。所以，原则上只要三个切位就足够了，但其中一个必须满足 $|\eta_0| < 1/7$。$z_{02} \pm z_{R2}/7$ 如此窄范围的点位置是未知的，所以，采用四切位法。首先，在估计束腰位置 z_{02} 一侧估计一个瑞利长度 z_{R2}；其次，第二和第三切位设置在另一侧应估瑞利长度的约 0.9 倍和 1.1 倍位置（见图 1.13）；最后，利用切位序号 $i = 1$、2、3 标出其切位及相应直径。在 z_2 与 z_3 之间，有一个直径与利用下列外推法确定的 $2W_1$ 和位置 z_{match} 相匹配：

$$z_{match} = z_2 + \frac{(z_3 - z_2)(W_1 - W_2)}{(W_3 - W_2)} \tag{1.55}$$

$$z_4 = z_{02} = \frac{(z_1 + z_{match})}{2} \tag{1.56}$$

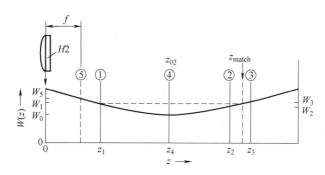

图 1.13　四切法

（曲线是插入辅助透镜后第 2 空间的光束传播曲线；①～⑤表示为定位束腰设置的切位顺序；

与第一切位 z_1 处直径相匹配的传播距离 z_{match} 决定束腰位置 z_{02}，位于这两个相等直径中间；

资料源自 Redrawn from Johnston，T. F.，Jr. Appl. Opt. 1998，37，4840-4850）

束腰精确定位在 z_1 与 z_{match} 的中间位置，并在 z_4 位置设置第四切位以直接测量第 2 空间光束束腰直径 $2W_{02} = 2W_4$，从而获得能确定 M^2 的最少数据。

1.7.1.2　束腰位置精度

如果设置的切位位置（即图 1.13 所示位置 1、2 和 3）位于由 $|Q| > 0.4$ 确定的范围之内，且直径测量精度达到相对误差 g，则归一化束腰位置的误差不低于 $g/Q = 2.5\%$，远低于由式（1.53）计算出的公差 $\sqrt{2g} \approx 14.1\% \approx 1/7$。测量出的束腰直径精度也达到相对误差 g。

若直径相对误差是按照归一化传播参数 Q 划分的，直径测量过程中的相对误差 g 会造成归一化束腰位置相对误差 $\eta_0 = g/Q$。因此，图 1.12 所示的曲线实际上就是对下述设置束腰位置的一个定量描述："为了精确定位零位，需要远离零位观察"。在 $z_{02} \pm z_R/2$ 范围内测量直径，随着 Q 减小至零，会迅速失去精确设置束腰的能力。

随着直径测量越加精确，设置束腰位置会有更多值，从而允许曲线拟合从 3 次变为 2 次而减少要确定的未知常数的数量。曲线拟合中的项数减为 1/4 并且保留的项取更精确的值。一些项与束腰到第 i 个切位的距离 $z_i - z_{02}$ 有关，或者二次或者四次方。在 $z_5 = f$ 处设置第 5 个切位非常有用，如图 1.13 垂直虚线所示。这就交叉检验了由式（1.29）给出的输入光束的发散角，并且平衡了 z_{02} 处附加束腰两侧的切点数目，从而改善了曲线的拟合效果。

1.7.2　数据的图形分析

下面，根据包含有四切或五切位置及其在各独立传播主平面内光束直径的表格数据绘制成曲线。图 1.14 给出了本章参考文献［25］中分析 $\lambda = 2.1\mu m$ 的 Ho: YAG 激光光束绘制的一张简单曲线图。可以发现，四切法需要很少几个数据点，并且初始估计的束腰位置和瑞利长度非常接近最终值（约在 10% 之内），一个简单快速的图形分析法与曲线拟合法同样精确。

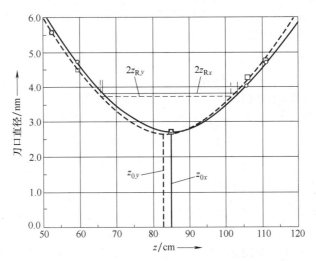

图 1.14　图形分析第 2 空间附加光束传播数据的例子

（曲线的弦给出了 x 和 y 平面内的瑞利长度，绘制在曲线纵坐标上，比 z_{0x} 和 z_{0y} 处的束腰直径大 $\sqrt{2}$ 倍；

资料源自 Redrawn from Johnston, T. F., Jr. Appl. Opt. 1998, 37, 4840-4850)

由于在商业仪器中，因为一般需要将数据加权最小二乘法曲线拟合为双曲线形式[25]，所以，要采用较多的切位点，对此将在 1.7.3 节讨论。曲线拟合还会形成一个残差总和以作为衡量拟合良好程度的统计计量。

在对这些点完成曲线绘制后的图形分析中，近似双曲线形式的平滑曲线是以每个主传播平面内已知束腰位置的对称分布，如图 1.14 所示，用曲线板画出。接着，在 $\sqrt{2}$ 倍束腰直径 $2W_4$ 的高度画出水平弦以与平滑曲线相交。每条曲线上这些交点之间的距离分别是瑞利长度两倍，即 $2z_{Rx}$ 和 $2z_{Ry}$，并利用这些长度画出该曲线以便在式（1.20）中利用 $2W_{0x} = 2W_{4x}$（和 $2W_{0y} = 2W_{4y}$）确定辅助第 2 空间光束的 M_x^2（和 M_y^2）。对于图 1.14 所示的数据，其结果是 $z_{Rx} = 17.6cm$，$z_{Ry} = 17.8cm$，由此得到的刀口光束质量 $M_x^2 = 15.4$ 和 $M_y^2 = 14.9$。

将这些结果作为图形初始解，并通过选择比最近测量点更合适的束腰直径评估值，获得修正后的图形解，从而改善结果。根据传播定律，即式（1.16），如果最近测量点（第 4 切位）的距离误差是 η_0，则修正后束腰直径的最佳估计值为

$$2W_{02} = \frac{2W_4}{\sqrt{(1 + \eta_0^2)}} \tag{1.57}$$

该修正后的解在式（1.57）中利用初始图形解的瑞利长度及束腰值确定修正后的束腰直径，并在该直径 $\sqrt{2}$ 倍高度处画出一条弦，以便根据式（1.20）确定修正后的长度 $2z_R$ 和 M^2。图 1.14 所示的例子中的弦是修正后的弦，只有 y 轴数据会稍稍变化到 $z_{Ry} = 17.3cm$ 和 $M_y^2 = 15.2$。在曲线拟合相同的数据之后，5 个直径点的相对方均根误差（拟合良好度）是一样的，小于 1.9%。

获得如此高精度是采用四切法测量的结果。直接测量出束腰直径，若对瑞利长度的初始估计值很接近，其他切位就在弦的交点附近给出数据点，便于根据曲线确定 $2z_R$ 值。实际上，图形分析是对确定交点最佳位置的一种模拟解释。

还有最后两个步骤：第一步，是将第2空间的数据转为第1空间的，利用式（1.24）~式（1.28）求得原始光束的常数。由于 z_{02} 和 z_{R2} 的不确定性，造成式（1.24）中转换常数 Γ 的少量不确定性（参考文献［25］的例子中，Γ 有2%的误差，转换后的直径额外增加1%的误差，所以，会增大最终结果的相对误差）。

第二步，是将图1.14所示的这些刀口测量值转换成标准的二阶矩单位，如参考文献［25］的表3所示。参考文献［25］采用的光束并不完全符合1.15节的转换规则，相反，是通过将第5切位处利用刀口法测量出的直径和附加透镜的焦平面与针孔扫描计算出的二阶矩直径相比较，完成 $M_{ke}^2 = 15.4$ 到 $M_{4\sigma}^2 = 13.8$ 的转换，因此，得到比值 $D_{ke}/D_{4\sigma} \approx 1.055$ 或者 $1/(1.055)^2 \approx 0.897$ 倍，从而进行 M^2 转换。

1.7.3 对数据进行曲线拟合分析的相关讨论

参考文献［25］给出了一个完整的计算实例，利用加权最小二乘法曲线拟合法分析四切测量法得到的数据或者较大的数据集，并无需重复计算。在对光束传播数据进行曲线拟合时，需要避免一些易犯的小错，下面简要进行讨论。

最小二乘曲线拟合法是唯一能够正确考虑到所有数据的一般方法。一个常犯的错误是曲线拟合使用了错误的函数，因此，必须讨论什么是正确的。应当是拟合到式（1.16）表示的双曲线形式，但这不是全部，还应当是一个加权曲线拟合，在最小二乘法求和中第 i 项残差二次方加权，并反比于测量直径 $2W_i$ 的二次方。

如此选择加权出于三方面考虑：第一个原因是，在加权曲线拟合中，一般地，权[36]应当是初始测量中不确定性的负二次方；对于多数激光器，测量直径的相对误差随直径增大，原因是扫描较大直径需要耗费较长时间。一束光的振幅噪声和指向抖动往往使频谱朝向较低频率增大，并且较长测量时间会使这该噪声产生更大影响。

第二个原因是，工业用 M^2 测量仪研发[9]中对不同加权方法的实证研究[25]得到的结论。在仪器收集数据过程中采用手动方式使管电流快速颤振[9]，可以将基模离子激光器光束的振幅噪声抑制在 $M_{4\sigma}^2 = 1.03$ 众所周知的水平上。请注意，M^2 因子测量仪 ModeMaster 在一次30秒"聚焦"运行中，每个正交平面中采集260个刀口切位[9]绘制光束传播曲线。同样数据采用5种不同的加权因子分5次与双曲线拟合，权因子是直径测量值的第 n 次幂 $(2W_i)^n$。其中，$n = -1$，-0.5，0，$+0.5$，或者 $+1$。$n = 0$ 的权是1，即所有数据点有相同的权因子。随着噪声振幅增大，数据运行重复多次，每次都要对5种加权方案得到的所有 M^2 值进行比较。在3%标准值直至5%峰峰振幅噪声范围内，负幂加权值都保持稳定的 M^2 值，就此噪声水平，$n = +0.5$ 和 $n = +1$ 的正幂加权值造成的 M^2 误差分别是4%~5%和12%~19%。噪声振幅较大时，正幂加权造成的误差会快速非线性增大。

一种常用的曲线拟合技术是采用光束直径与传播距离二次方的多项式拟合方式。该方法可能比较方便，但给出的结果不会满意。这种技术的优点是非常适合多项式曲线拟合软件，并且，令式（1.16）二次方就会得到二次幂方程式 $W(z)^2$，是 z 的函数。然而，下面将研究会发生什么情况。令 $2W_i$ 是测量出的第 i 次直径，$2W_i'$ 是直径的精确值，它们之间有小量的

偏差 $2\delta_i = 2W_i - 2W_i'$。采用 W^2 多项式曲线拟合方法，则第 i 项为

$$(W_i)^2 = (W_i' + \delta_i) = (W_i')^2 + 2W_i'\delta_i$$

求得残差量为

$$(W_i)^2 - (W_i')^2 = 2W_i'\delta_i$$

在与 $2W_i'$ 拟合时，对精确多项式曲线的残差量加权，是 W_i' 的正幂形式，因此，如果光束有大于几个百分比的振幅噪声，就会得到不稳定的结果。1995 年 ISO 编制光束测量方法相关文件期间，还没有认识到多项式曲线拟合的难度，当时（不正确地）推荐使用多项式拟合，2004 年版本才正确建议采用双曲线拟合方法。

采用负幂（或逆幂）加权的第三个原因是，对类似式（1.22）两数相比的量 $M^2 = \Theta/\theta_n$，如果分子和分母造成的相对误差大致平衡，从数学上讲，就可以得到最小的相对误差。远离束腰（测量发散度 Θ 的点或者分子）的大量切位的残差将随束腰处采用相同加权值的少数几个（或单个）切位（测量归一化高斯光束发散度，或者分母）而陷入麻烦。与在束腰处采用四切法中加权因子为 1 相比，负二次方加权大约能使 3 或 4 个远点的影响减半，粗略达到所希望的平衡。

1.7.4　市售测量仪器和软件包

测量光束质量主要有三种仪器，当然，还有其他一些欠代表性的产品：第一种是用作光束传播分析仪而设计的当时开发的最完善的美国相干（Coherent）公司的原始系统 Mode-Master[9,35] 产品。它通过改变角度和平移来对准工作台，将柱形扫描头（直径 10cm，长 31cm）安装在一个非常稳重的台面上，采用两个正交的刀口切位就能够实现基本的直径测量。利用辅助透镜后，以 10Hz 频率旋转的转鼓几乎可以同时测量两个主传播平面。这种测量方法局限于连续波激光束或者具有高重复频率（大于 100kHz）的脉冲激光束。移动透镜使辅助光束通过刀口面，并于 30 秒"聚焦"测量过程中在每个主传播平面内形成绘制一对传播曲线的 260 个切位。采用直径加权反比插值法使曲线与双曲线拟合，利用单板处理器将拟合后的参数转换成附加透镜之前的数据，从而提供原始光束的数据报告⊖。规定 M^2 的测量精度为 5%，束腰直径的精度是 2%，在轮廓分布图内最少取 100 个采样点。转鼓可以安装两个针孔，但直径不同，对得到的针孔分布图进行处理以直接获得二阶矩直径。该仪器还可以测量光束指向稳定性，同时设计有电子对准标记。原始仪器的操作受控于一台专用电子控制台，最新型号采用便携式 PC。

第二种仪器是加拿大光子（Photon）有限公司研制的 ModeScan™ 系列仪器。其初始意图是将用户具有的 10Hz 转鼓式轮廓仪升级为光束传播分析仪。最简单的方法是模块化方案，包括一根 0.5m 导轨以便用手动方式就可以将光束中的轮廓仪移至固定的输入透镜之后，也有 PC 软件方便用户输入未知数据。填完数据段后，软件开始计算该辅助光束的 M^2（与输入光束一样）并转换为其他输入光束常数通过透镜后的数据。后面一种型号的仪器采用工作台自动驱动和数据采集，扩展了软件功能，并设计有一个可以选择 5 种旋转速度以测量脉冲光束的新轮廓仪。最新型号的仪器 ModeScan™1780 是一种安装在直径 0.5ft⊜ 的稳定基座

　⊖　见本节图 1.17 给出数据报告的实例。

　⊜　1ft = 0.3048m。

上、外形尺寸为 $26cm \times 18cm \times 8cm$ 的新型设计，将分束镜放置在一个固定的输入透镜之后以截取 10 个采样光束，并将其传向 CCD 阵列相机，同时测量出这 10 个不同传播距离的光束直径，将其与双曲线拟合，从而得到光束常数。同时置 10 个光斑于相机传感器上，可以减少各光斑被照明像素的数目（建议每个直径测量最少使用 15 个像素），同时，又能使其 M^2 的测量精度达到 4%～5%。这种最新型号是唯一一种可以确定单脉冲光束常数的工业用仪器，所以，能够显示脉冲光束间的变化。

第三种仪器是以色列 OPhir Spiricon 公司研制的以 CCD 相机为基础的 M^2-200 光束传播分析仪，用以测量脉冲或连续波激光光束。初期设计有焦距 500mm 的输入物镜，在稳定工作台上占据面积为 $28cm \times 82cm$。新型号 M^2-200s 使用焦距 300mm 的物镜，外形尺寸为 $26cm \times 44cm$。它被设置在一条导轨上的步进电机和移动平台使固定输入物镜后面的光学延迟线能够移动，以便利用辅助光束有效地扫描探测器表面。与该系统相连的 PC 自动调整滤光片的衰减轮，减除背景，设置光斑切趾，并直接根据 CCD 轮廓分布计算二阶矩直径[37]。该结果经过输入透镜反转换而完成该曲线与双曲线的拟合，从而得到原始光束常数。M^2 测量精度达到 5%。这种使用长焦距输入透镜的仪器主要用在工艺监控中测量工业用大（直径）激光光束。

1.8　光束不对称性类型

前面章节介绍了确定激光束空间特性的方法。本节将讨论一些常见和可能出现的光束形状。图 1.15 给出了三种普通的激光束不对称性类型。这些类型是单一形式的。而这三种类型的混合形式才是实际中常见的激光束形式。

1.8.1　光束不对称性的常见类型

第一种简单类型是像散（见图 1.15a），两个正交主传播平面的束腰位置不重合，$z_{0x} \neq z_{0y}$，但 $W_{0x} = W_{0y}$，且 $M_x^2 = M_y^2$。由于两个主传播平面内束腰直径和光束质量相同，因此，发散度 $\Theta_x \propto M_x^2/W_{0x} = M_y^2/W_{0y} \propto \Theta_y$［见式（1.19）］，从而使会聚和发散远场光束呈圆形。在两个束腰位置，光束截面呈椭圆形，一个在垂直面内，另一个在水平面内，内径相等。束腰中间位置，与几何光学中处理像散[28]时"最小弥散圆"类似，光束变成圆形。利用三种圆形截面表示该简单的像散光束的特性：远距离两端和中间点，在其中间是正交的椭圆截面。

图 1.15 所示小图表示波前弯曲：远场情况下是球面；束腰位置是柱形的，一个柱面轴是水平方向的，另一个是垂直方向的；两束腰中间位置是马鞍形的。波前弯曲决定着插入透镜后光束的聚焦特性。

设计了三个球面反射镜的谐振腔中会形成简单的像散光束。其中一个离轴使用于内聚焦，除非调焦支路中设计了校正厚度的布鲁斯特板进行像散补偿[38]。许多半导体激光器都是像散型的，由于与结相平行平面内的隧道效应不同于相垂直平面内的隧道效应，平行面和垂直面内的波前是两个不同的有效点光源，因而还具有其他两种类型的非对称性。由于双折射倍频晶体中光束相位匹配面的不匹配，所以采用角度匹配倍频效应会形成像散光束。激光指示器中的半导体激光器往往具有较大像散，对高发散度的轴，像散会增大至瑞利长度。

第二种类型是非对称束腰的（见图 1.15b），即束腰直径不相等。由于束腰直径不相等

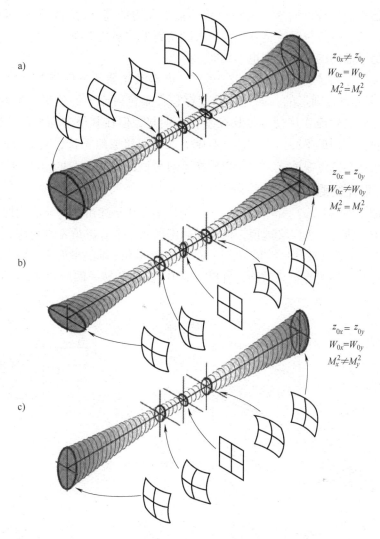

$$z_{0x} \neq z_{0y}$$
$$W_{0x} = W_{0y}$$
$$M_x^2 = M_y^2$$

$$z_{0x} = z_{0y}$$
$$W_{0x} \neq W_{0y}$$
$$M_x^2 = M_y^2$$

$$z_{0x} = z_{0y}$$
$$W_{0x} = W_{0y}$$
$$M_x^2 \neq M_y^2$$

图 1.15　混模光束三种基本不对称类型的三维表述

（窗口插图表示波前沿光路方向的弯曲；资料源自 Johnston，T. F.，Jr. Appl. Opt. 1998，37，4840-4850）

a）像散　b）非对称束腰直径　c）非对称发散

但有相同的光束质量，因此，在发散起主要作用的远场区，横截面是椭圆形的，其长轴（表示为水平方向）垂直于束腰椭球（此处是垂直方向）。两者之间，在以束腰为中心对称分布的平面位置呈现圆形截面——与图 1.15a 相同，椭圆形和圆形交互变化。束腰处波前是平面的，此外都是椭球面的，圆形截面处的曲率等于束腰直径二次方之比。

　　含有非圆增益介质的激光器可能产生非对称束腰的光束。利用半导体激光器的椭圆光束端部泵浦而生成的固态激光器就是一个例子。根据未泵浦区的增益孔径作用和吸收的共同效应选模。谐振光束形状将与泵浦区的几何形状相似。偏离角度匹配非线性工艺的光束也会产生非对称束腰。

　　第三种类型是非对称发散（见图 1.15），主传播平面具有不同的光束质量以便成比例地给出不同的发散角，$\Theta_x \propto M_x^2 \neq M_y^2 \propto \Theta_y$，但是 $W_{0x} = W_{0y}$ 和 $z_{0x} = z_{0y}$。对这类光束的最简单描述是，一个主传播平面内模的阶次比另一个主传播平面内的高。远场内的截面是椭圆形，如图 1.15b 所示，只有束腰位置才是圆形的。束腰位置的波前是平面的，其他位置都是椭圆形的。两个主传播平面内的瑞利长度也不相同。

使用高黏度染色射流技术的连续波（CW）染料激光器就是仅有非对称发散现象的例子[39]。泵浦射束光斑是圆形的，通过流动使存积在染色射流中的热量不均匀地受到冷却。在流动方向上，强制对流作用使温度梯度变得不明显，但在其他方向，存在较严重的热梯度。对平行于射流方向的平面，有 $M_{4\sigma x}^2 = 1.06$，相差可以忽略不计，其他方向 $M_{4\sigma x}^2 = 1.51$，残留有像差。由于是圆形泵浦光束，所以束腰不对称性仅是 $2W_{0y}/2W_{0x} = 1.06$。

1.8.2 等效柱形光束的概念

可以用叠加平面 (x, z) 和平面 (y, z) 的传播曲线描述由这些非对称性组合而构成的光束，如图 1.16a 所示。更广义地说，传播轴周围的每一个方位角 α 都对应着一条传播曲线 $W(\alpha, z)$。α 角相对于 x 轴计量，$W(\alpha, z)$ 位于包含 α 和 z 轴的平面内。图 1.15a、b、c 所示的三维光束包络面称为光束焦散面，并随 α 从 0 到 2π 旋转一圈后被 $W(\alpha, z)$ 清除。

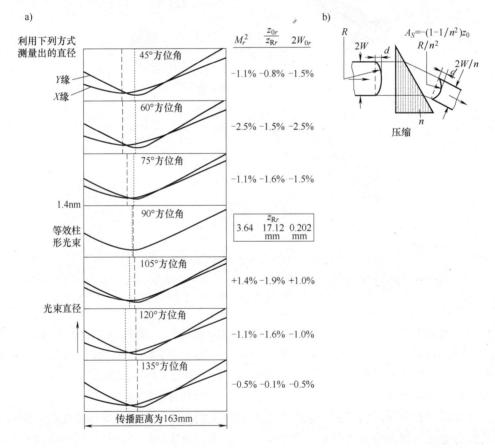

图 1.16

a）使用正交刀口法测量含有像散和束腰不对称性的光束，利用测量出的直径绘制试验传播曲线。根据该曲线计算出不同方位等效柱形光束常数的百分比变化，并列于右边表格栏中。小变化量表明，这些常数与相交形成光束焦散面的两个正交切面的方位无关。方框中的等效柱形光束常数对应着 90°仪器方位角时的切位

b）表示一个半布鲁斯特棱镜如何将像散 A_s 及束腰不对称性 $W_{0y}/W_{0x} = n$ 引入到光束中

对于中等不对称性光束，确定等效柱形光束非常方便，这是一种对所有 z 都是圆形光斑的柱形对称光束，而实际存在的光束不对称性被认为是对圆形光束的偏离。定义该等效柱形光束的常数是两种独立的主传播平面光束常数的最佳平均值。可以采用这种较简单的等效光束方法处理许多问题，特别是在理论上预测到（资料源自 A. E. Siegman, personal communication, 1990），并通过实验已经验证[40]：利用等效柱形光束法计算，能获得透射率 86% 的同心圆孔径，对实际的非圆光束具有相同的透射率。利用上述三种等效柱形光束常数，可以计算实际光束在自由空间传播的最小孔径。由于等效柱形光束与 1.4 节讨论的径向模一样，所有 z 值的等效柱形光束都呈圆形，所以有时该光束称为等效径向模式光束。下标 r 表示其常数。

通过图 1.16a 所示曲线可以更好地理解等效柱形光束，其测量数据是利用 ModeMaster 型光束传播分析仪[9]得到的。设计在该仪器内部的轮廓仪使用两个相互垂直放置的刀口模板，以 45° 角将其安装在转鼓上，并对转鼓方向进行扫描。当分析仪头部方位设置为 45°、其中一个刀口与水平方向对准时，该结构布局便等效于在垂直和水平方向分别安装了一个刀口，每个刀口都以转鼓实际扫描速度的 $1/\sqrt{2}$ 进行扫描。每次测量光束直径与传播距离都会在刀口相互垂直方向形成两条直径传播曲线。一般地，通过调整分析仪头部方位以记录光束两个主传播平面内的传播曲线。图 1.16a 中，分析仪头部方位角按 15° 步长增加，每增加一次就记录下新一组传播曲线，直至 90°，最终得到所示的 7 组曲线。

将一块布鲁斯特角（Brewster-angle）半棱镜[41]安装在图 1.10b 所示 E 及图 1.2g、h 所示的柱形对称模式光束中，就可以形成图 1.16a 所示的非对称光束。按照图 1.16b 所示方位放置棱镜，使光束在 (x, z) 平面内一个方向的直径受到压缩，则该棱镜将使光束产生像散，并造成束腰不对称性。根据图 1.16b 所示，曲率半径为 R 的入射波前的弧高是 $d = W^2/2R$，当光束直径受到压缩时，其值经过棱镜转换后仍保持不变。使用布鲁斯特角棱镜的情况表明，出射光束直径变小，为 $1/n$。其中，n 是棱镜材料的折射率。该例使用的材料是硅，$n = 1.46$，因此，棱镜出射光束的曲率半径是 R/n^2。通过棱镜后光束的 M^2 值没有变化，因此，根据这三个条件就可以 [利用式（1.16b）和式（1.17b）及小代数运算] 确定 x 方向减小的束腰直径，以及出射光束中引入的像散距离。它们分别是 $2W_0/n$ 和 $A_s = (z_{0y} - z_{0x}) = -(1 - 1/n^2)z_0$。其中，$z_0$ 是输入束腰位置到棱镜的传播距离。

图 1.16a 所示的传播曲线是对光束传播分析仪物镜之后的内光束的直接测量结果。使用该方法是因为随仪器方位的不断变化，内束曲线的光束直径与传播距离之比保持不变，对曲线进行比较非常方便。请注意，最上方曲线（仪器方位角 45°）是内光束传播曲线，所以，x 轴的发散度比 y 轴大 n 倍，束腰变小为 $1/n$ 倍与 1.5 节光束-透镜变换中介绍的外光束压缩后的 x 轴，相互了交换一下。

随仪器方位角由初始的 45°（测量光束的主传播平面）转至 90°，曲线从两个正交平面合并成一条"平均"曲线，再随方位增量的继续增加而分开。135° 位置的曲线和与 x 正交平面成 45° 位置曲线一样，而与 y 正交平面成 45° 位置处曲线相互交换。每条曲线与竖直短划虚线和点划虚线的交点，分别确定了 x 正交平面和 y 正交平面内的束腰。对称的 90° 方位曲线的光束常数就是等效柱形光束的光束常数。

图 1.15c 所示形象化地表示了使用两个正交平面切割光束焦散面，然后旋转切割面方位的整个过程。最初的垂直平面（y 正交面）在其最大发散度平面处切割焦散面，并随方位角

增大移向较低发散度 $W(\alpha, z)$ 曲线。而初始水平平面（x 正交面）是在最低发散度平面处切割焦散面，并随方位角增大移向高发散度的 $W(\alpha, z)$ 曲线。当切割平面与光束主平面成 45°方位时，已经变为没有丝毫不对称的圆形光束，所以，两条正交传播曲线非常匹配（重合）。

西格曼（Siegman）利用实际光束的 6 个常数表示等效柱形光束的光束常数[42]：

$$z_{0r} = \left(\frac{M_x^4 W_{0y}^2}{M_x^4 W_{0y}^2 + M_y^4 W_{0x}^2} \right) z_{0x} + \left(\frac{M_y^4 W_{0x}^2}{M_x^4 W_{0y}^2 + M_y^4 W_{0x}^2} \right) z_{0y} \qquad (1.58)$$

$$2W_{0r}^2 = W_{0x}^2 + W_{0y}^2 + \left(\frac{1}{\pi^2} \right) \left(\frac{M_x^4 M_{0y}^4}{M_x^4 M_{0y}^2 + M_y^4 M_{0x}^2} \right) \lambda^2 (z_{0x} - z_{0y})^2 \qquad (1.59)$$

和

$$M_r^4 = \frac{W_{0r}^2}{4} \left(\frac{M_x^4}{W_{0x}^2} + \frac{M_y^4}{W_{0y}^2} \right) \qquad (1.60)$$

图 1.16a 所示的数据表明，根据任意方位角曲线计算，其等效柱形光束的光束常数相同，所以等效柱形光束概念的必要条件是有用的。由所示曲线对任意方位增量计算出等效柱形光束质量、束腰位置和直径，并归一化到方框所示 90°方位角时测量出的常数。三个栏分别列出了这些测量值的百分比误差，所有误差不大于 2.5%，满足仪器测量公差要求。

对于像散光束，根据式（1.58）和式（1.59），等效柱形光束束腰位于两个像散束腰之间，柱形光束束腰直径的二次方大于两个像散束腰直径二次方之和。对于没有像散的光束（$z_{0x} = z_{0y}$），等效柱形光束常数变为

$$2W_{0r}^2 = W_{0x}^2 + W_{0y}^2 \qquad (1.61)$$

$$M_r^4 = \left(\frac{W_{0x}^2 + W_{0y}^2}{4W_{0x}^2} \right) M_x^4 + \left(\frac{W_{0x}^2 + W_{0y}^2}{4W_{0y}^2} \right) M_y^4 \qquad (1.62)$$

若光束既没有像散，也没有束腰不对称，则等效柱形光束质量为

$$M_r^4 = \frac{(M_x^4 + M_y^4)}{2} \qquad (1.63)$$

具有不同 M_x^2 和 M_y^2 值的这类光束在束腰平面上的光斑呈圆形，而远场情况并非如此，如图 1.15c 所示。

1.8.3　其他光束的不对称性：扭曲光束，复杂像散

光束焦散面的形状取决于特定光束边缘处光线的直线光路。这类形状都是直纹曲面的例子，图 1.15 给出的形状都是双曲面的。原理上，任何光线的近轴综合（即一束光）都可以用一个直纹曲面包络。另一个例子是表面被扭曲的一条绷紧的带子，将图 1.15 所示的形状想象为纠缠的柔性膜，从类似图 1.15b 所示的形状开始，但所有横截面都是沿水平方向拉长的椭圆形（既有非对称性又有发散的光束）。如果想象中把远场椭圆形旋转到垂直方向，则远距离的椭圆形方位旋转 +90°，近处的椭圆形旋转 −90°，束腰处椭圆形保持不变。在 z 从 −∞ 到 +∞ 传播过程中，该光束的椭圆截面的方位扭曲了 180°。这类扭曲光束可以从物理意义上去理解，并认为存有复杂像差[15,16]。在这种情况下，所有光斑都是椭圆形[15]，根据具有均匀相前的截面确定束腰位置[16]，瑞利范围定义为远离束腰、戈维（Gouy）相位增加 π/4 的距离[16]。

非正交光学系统[5]，如两个像散元件以不同于 0°或 90°的方位角级联，会产生这类光

束。(x, z) 和 (y, z) 平面内的光线相耦合，并且不可能单独进行分析。分析这类光束空间特性的一般理论需要使用维格纳（Wigner）密度函数加权的光线矩阵，在四维几何光学"相位空间"内求平均值[4,17]。利用 4×1 列向量表述光线，每个矢量给出光线在传播轴线方向位置 z 的坐标 (x, y) 和斜率 $u(= \theta_x)$ 和 $v(= \theta_y)$。有 16 个可能的二阶矩变量，在自由空间以二次展开式定律传播[6,26]。二阶矩直径的二次方 $D^2_{4\sigma}$ 就是这种二阶矩，这种直径的理论定义也是成立的。光束矩阵 P 是 16 个二阶矩的 4×4 阵列，完全能够表述具有复杂像散的光束特性。

可以将 16 个可能的二阶矩列为

$$\langle x^2 \rangle ; \langle xy \rangle ; \langle xu \rangle ; \langle xv \rangle ; \qquad \langle y^2 \rangle ; `\langle yx \rangle' ; `\langle yu \rangle' ; `\langle yv \rangle' ;$$

$$\langle u^2 \rangle ; `\langle ux \rangle' ; `\langle uy \rangle' ; \langle uv \rangle ; \qquad \langle v^2 \rangle ; `\langle vx \rangle' ; `\langle vy \rangle' ; `\langle vu \rangle' 。$$

然而，由于对称的 $\langle xy \rangle = \langle yx \rangle$ 等，所以，只有 10 个元素是独立的；其中标有单引号的是多余的量。只含有空间变量 $\langle x^2 \rangle$、$\langle xy \rangle$ 和 $\langle y^2 \rangle$ 的矩可以评价为正确传播方向上辐照度针孔轮廓分布的方差。$\langle xy \rangle$ 轮廓分布是针对与 x 轴或 y 轴成 45°角的位置。包含有角度变量的矩不能直接进行评价，但通过插入一个光学件（通常是一个柱面镜）、在适当的传播距离上测量后面的辐照度矩就可以得到确定。

利用这些矩计算光束常数。前 6 个是较熟悉的一组参数：$2W_{0x}$，$2W_{0y}$，z_{0x}，z_{0y}，M^2_{0x}，M^2_{0y}。其他 4 个用于确定相前和光斑图随传播距离变化的扭曲速率、波前的广义曲率半径及每个光束光子携带的轨道角动量[43]。根据由 10 个二阶矩计算出的不变量值可以确定光束类型[44]。但是，根据这些数据并不能立刻将由此产生的光束像散包络面形状与每种类型简单地联系在一起。

在正常光束中放置一个用计算机设计的合适的衍射光学元件，就可以使其变成扭曲相位光束[45,46]。2001 年，公布了第一份"普通"激光器形成的扭曲光束（并非故意扰动而形成的扭曲相位）[18]，需要使用所有 10 个矩阵元素描述其特性。利用非正交谐振腔[5]，如环形扭曲谐振腔，可以产生非正交光束。直至研发的仪器能够测量光束矩阵 P 的所有元素，并用以表征多种激光器的特性之前，含有复杂像散的激光束成分都还是不清楚的。前面讨论的技术可以与各种辅助光学系统组合，用于测量这些二阶矩。

1.9　M^2 模型在激光扫描器中的应用

本节应用前面的概念和结果，从工作面上需要的光束性质入手，自后向前逐步确定工业扫描系统所用激光器的技术要求。本节给出的例子将说明，M^2 模型的各部分在系统设计中是如何相互影响的，以及怎样利用该模型求解较简单的单个问题。

1.9.1　立体光刻扫描器

此例分析一个实际的立体光刻扫描系统，如图 1.17 所示。多模紫外光束（波长为325nm）在计算机控制下完成液态光聚合物表面上的激光束写操作，选择性地来硬化塑料材料的微体积元以形成三维零件。在切割厚 1/4mm 薄片（横截面）后，支撑液体容器内零件的千斤顶将零件放低，并使其退回到低于下一个被写薄片表面之下 1/4mm 位置。根据 CAD文件技术要求，经过一夜时间可以直接生成非常复杂的零件，该过程称为立体光刻术，已经成为"快速成型"工业技术。

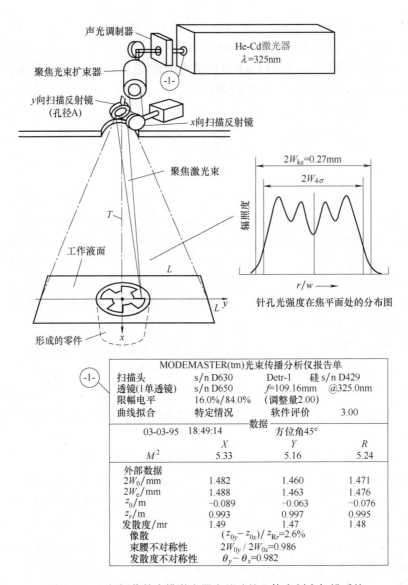

图1.17　以氦镉紫外多模激光器为基础的立体光刻术扫描系统

[针孔焦平面轮廓分布图（上图）表明液态光聚合物表面的辐照度分布；工业用光束传播分析仪打印出的
资料（下图）是针对该激光器输出的光束，位置-1-处；激光器数据由 CVI Melles Griot. 公司特别提供]

　　激光束特性如图1.17所示的数据。该分析采用的多个扫描系统元件都能够在参考文献
[47-50] 中查到。利用一个可调望远镜扩展激光光束，同时用于固化过程中将最佳光斑尺
寸的光点聚焦在液面上[47]，利用狭缝轮廓仪测量，$2W_{02} = 0.25$（$1 \pm 10\%$）mm。

　　首先注意到，系统的几何尺寸决定了该应用中激光束 M^2 的最大值。低转动惯量有利于
快速移动 y 扫描反射镜，并具有小的直径 A，从而使入射在反射镜上的光束恰好能够通过所
需要的最小直径。令反射镜上的光束直径 $2W_A < A$，假设安全系数 γ 则有 $2W_A = A/\gamma$，则该
反射镜可以将光束聚焦在液面之下，即图1.17所示的投影距离 T 处，所以，聚焦在容器表
面的光束最大发散角是 $\Theta_2|_{\max} = A/\gamma T$，它能覆盖 y 扫描反射镜的较大角度。聚焦光束的束

腰直径 $2W_{02}$ 已在前面介绍过。该束腰直径的衍射限光束是一束归一化高斯光束，其发散角 $\theta_n = 2\lambda/(\pi W_{02})$。利用式（1.22），即 $M^2\big|_{\max} = \Theta_2\big|_{\max}/\theta_n = \pi W_{02}A/(2\lambda\gamma T)$ 能够确定其应用的 M^2 最大值。

可以利用两种方式进行评估：通过缩放系统照片[49]，估算出 T 值在 $0.6 \sim 0.7\mathrm{m}$，或者取合理值 $T = 0.65$。y 扫描反射镜的直径 A 或许是一块小标准基板的直径，如 $A \approx 7.75\mathrm{mm}$，安全系数 $\gamma \approx 1.5$，则得到 $2W_A \approx 5.2\mathrm{mm}$ 和 $M_{\mathrm{slit}}^2 \approx 4.8$。1.9.5 节将对这种粗略的估算进行精确处理。对于容器中的聚焦光斑直径，这是一种通用的计算方法，并假设，该评估方法使用的 $2W_A$ 值也是狭缝方法采用的单位制。

另外，已知图 1.17 所示的激光器是专为该应用设计，并且，测量数据（见图 1.17）位于光束技术要求公差之内，所以，可从容器开始，反推到 y 扫描反射镜以确定光束直径 A/γ。这些测量采用通用的刀口仪法（见 1.9.4 节）[9]。一旦确定了容器内刀口法测得的束腰直径，则 $\theta_n = 2\lambda/(\pi W_{02})$ 和 $2W_A = T\Theta = TM^2\theta_n$，所有量均为刀口仪测量法采用的单位，为了统一，需要将束腰直径转换成刀口法单位。

1.9.2　转换为统一的刀口法体系

根据式（1.48），无论哪一个直径 i，比值 D_i/M_i 都等于嵌入的高斯直径 $2w$，所以，从狭缝法转换到容器内刀口法直径恰好是 $D_{\mathrm{ke}} = D_{\mathrm{slit}}\ (M_{\mathrm{ke}}/M_{\mathrm{slit}})$。由测量报告（见图 1.17）可以知道光束质量的二次方根 $M_{\mathrm{ke}}：M_{\mathrm{ke}} = \sqrt{5.24} \approx 2.289$，此处，这里利用了 R 值或者"圆形光束"的表列值，即 1.9.4 节讨论的等效柱形光束常数。为了确定 M_{slit}，使用前面将不同直径 i 和 j 的 M_i 和 M_j 联系在一起的式（1.50）的展开式，该转换公式需要知道初始 j 测量法的 M^2，此时仅知道刀口法测量单位的 M^2，所以，j 为刀口法。期望的最终结果是狭缝单位，i 为狭缝法，因此，根据表 1.1 所示的二阶矩直径转换常数，式（1.50）给出所需要的转换常数如下：

$$c_{\mathrm{ke}\rightarrow\mathrm{slit}} = c_{ji} = \frac{c_{j\sigma}}{c_{i\sigma}} = \frac{c_{\mathrm{ke}\rightarrow\sigma}}{c_{\mathrm{slit}\rightarrow\sigma}} = \frac{(0.813)}{(0.950)} \approx 0.856$$

得到 $(M_{\mathrm{slit}} - 1) = 0.856(M_{\mathrm{ke}} - 1) = 1.103$，因此，$M_{\mathrm{slit}} = 2.103$ 和 $M_{\mathrm{slit}}^2 = 4.423$。

式（1.48）给出了容器中以刀口测量单位表示的聚焦直径 $2W_{02\mathrm{ke}} = 0.272\mathrm{mm}$。该光束刀口与狭缝直径之比是 1.088。上述"归一化高斯光束"发散角估算值是 $\theta_n = 1.521\mathrm{mr}$。最大会聚角比 $M^2 = 5.24$ 对应的 θ_n 大。光束在 y 扫描反射镜位置的直径是 $2W_A = TM^2\theta_n = 5.180\mathrm{mm}$，全部是刀口法单位。

为便于比较，利用表 1.1 给出的刀口与二阶矩转换常数及式（1.47）确定容器处二阶矩光束质量和光束直径，即 $M_{4\sigma}^2 = 4.19$ 和 $2W_{02}\big|_{4\sigma} = 0.243\mathrm{mm}$。图 1.17 所示的辐照度分布表示二阶矩直径与刀口法直径的相对尺寸。很明显，如果用于评估一个安全的最小反射镜孔径，则前者需要的安全系数 γ 要比后者大。

在本节其余部分的讨论中，直径全部采用刀口法单位；同时，为了简化，不再采用下标。

1.9.3　为何使用多模激光束？

该应用采用多模激光束有何优越性？首先，较大尺寸多模光束直径所需要的关键光学件、直径为 A 的扫描反射镜都具有合理的外形尺寸，所以此处有可能采用这一类较大孔径的光束。从该激光器（CVI-Melles Griot Model 74 Helium-Cadmium 激光器）产品数据表可以看到其显著优点是，激光器中采用单同位素（single isotope）镉（见数据表中 X 列），所以，多模功率是 55mW，基模功率 13mW，相差 4.2 倍。采用天然混合同位素镉，上述功率分别是 40mW 和 8mW，比值是 5。因此，激光器的输出功率粗略地正比于其 M^2，与满足该应用的同功率的基模激光器相比，多模激光器相当小并且比较便宜。

1.9.4　如何解读激光束测试报告？

可以看到，1.9.2 节使用的光束质量编号源自图 1.17 所示报告的 R 一列（代表径向或者圆形模式），是 1.8.2 节讨论的等效柱形光束的光束常数，也是报告中两个主传播平面 X 和 Y 一列中常数的最佳理论平均值[6,40,42]。由于 M_x^2 与 M_y^2 之差小于 4%，所以，作为平均值列在 R 列中是很合适的，并且，做这次应用练习时，将这类光束作为圆形光束处理。根据参考文献 [9] 的解释，限幅电平（clip-level）这一行为 16%/84% 仪器有（adjust：times 2.00）表示该份报告全部采用刀口法单位。"外部数据"（EXTERNAL）这部分指这些常数是仪器外部的原始光束的，已经完成了仪器内部（INTERNAL）借助辅助光束测量出的常数的透镜转换。接着，在 X、Y 和 R 列内分别给出两个主传播平面及等效柱形光束的数据：外部光束束腰直径 $2W_0$；仪器基准面位置的光束直径 $2W_e$（前挡板处光束入瞳面，标为平面 B）；距离平面 B（光束传播轴的零点）的束腰位置，与激光束传播方向相反的为负值[9]；瑞利长度 z_R 及光束发散度。最后，还给出具有重要意义的光束不对称度比值，以及归一化为等效柱形光束瑞利长度的像散。

整个报告将直径转换为一种不同的单位制式，大 τ 倍。必要时，使 M^2 值乘以 τ^2，直径和发散度乘以 τ，并舍去 z_0 和 z_R，而不对称性比值保持不变。

1.9.5　利用等效透镜代替聚焦扩束镜

如果图 1.17 所示的扩束镜位于某定焦装置左侧，那么，就可以用一块等效薄透镜代替 y 扫描反射镜，而使激光器向后移离透镜一段距离 z_{01}，如图 1.18b 所示。光束传播 z_{01} 距离后便与反射镜上的光斑尺寸相匹配。为了确定 z_{01}，首先利用式（1.16a）确定扩束光束需要传播的距离 $\rho = 2W_A/2W_{01} = (5.180\text{mm})/(1.471\text{mm}) \approx 3.521$。其中，根据图 1.17 所示的报告单，$2W_{01}$ 是激光束在第 1 空间（等效透镜输入侧）的束腰直径。由式（1.16a），$\rho = \sqrt{[1 + (z_{01}/z_{R1})^2]}$，得到 $z_{01}/z_{R1} = \sqrt{[\rho^2 - 1]}$，根据报告，第 1 空间瑞利范围 $z_{R1} = 0.995\text{m}$，因而得到 $z_{01} = 3.359\text{m}$，如图 1.18b 所示。

下一个问题是正确选择等效透镜焦距 $f_{\text{equiv}} \equiv f$，以使光束聚焦在容器刻蚀面上。由于已经知道等效透镜任一侧光束的束腰直径，所以，由式（1.26）就能得到所需的转换常数 Γ，再根据式（1.24）便得出求解 f 值的二次方程式：

$$\Gamma = \left(\frac{2W_{02}}{2W_{01}}\right)^2 = \frac{f^2}{[(z_{01} - f)^2 + z_{R1}^2]^2} \tag{1.64}$$

求解得到

$$f = z_{01}\left[\frac{\Gamma}{\Gamma - 1}\right]\left\{1 \pm \sqrt{1 - \left(\frac{\Gamma - 1}{\Gamma}\right)\left[1 + \frac{z_{R1}^2}{z_{01}^2}\right]}\right\} \tag{1.65}$$

将 $2W_{02} = 0.272\text{mm}$ 和 $2W_{01} = 1.471\text{mm}$ 代入式（1.64），得到 $\Gamma = 0.03422$，将其代入式（1.65），得到 $f = f_{\text{equiv}} = 0.5511\text{m}$。下面，需要知道与图 1.17 所示 T 值相对应的精确 z_{02}

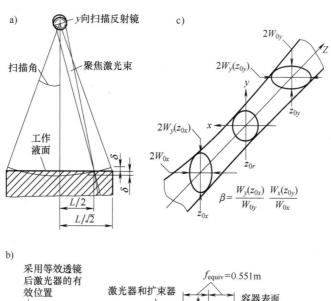

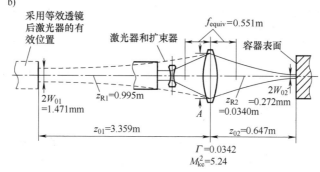

图 1.18　立体光刻系统分析

a）最佳聚焦使工作表面上光斑变化最小（为了表达更清晰，图中的扫描角要比实际扫描角 ±15°大）

b）用一个焦距 f_{equiv} 的等效薄透镜代替调焦扩束镜，给出了未受扰动光束的等效透镜转换参数

c）确定像散光束聚焦区不圆度参数 β（等于像散直径的二次方比），图中所示的量都是针对容器聚焦侧或第 2 空间

值，在此已知的唯一数据是前面给出的估算值 $T = 0.65\text{m}$，即 y 扫描反射镜至容器刻蚀面的距离。一个精确值应当与上述透镜转换过程使用的量 z_{01} 和 f_{equiv} 一致，由式（1.28）可以满足这一条件。现在，Γ、z_{01} 和 f_{equiv} 都已知，因此，$z_{02} = 0.6472\text{m}$。这表明，T 的初始估计值是有道理的。等效透镜转换过程中一些量的标称值如图 1.18b 所示。偏离标称值的影响将在1.9.7 节研究。

1.9.6　景深和扫描面位置处光斑尺寸的变化

随着等效透镜变换被确定，就可以解决输入光束与扫描光束的关系问题。首先，确定扫描范围内离焦量是多少。根据式（1.27），第 2 空间容器表面位置的瑞利长度 $z_{R2} = \Gamma z_{R1} =$ 3.404mm，最长的径向扫描距离在边长 $L = 250\text{mm}$ 正方形容器的拐角处，根据图 1.17 所示，距离等于 $\sqrt{2}L/2 = L/\sqrt{2}$。从 y 扫描反射镜到正方形容器工作表面拐角处的距离变化是 $\sqrt{\left[T^2 + (L/\sqrt{2})^2\right]} - T = 2.371\text{cm}$ 或者容器刻蚀面侧瑞利长度的 0.696 倍。根据式（1.16a），从容器表面中心到最远拐角处，光束光斑尺寸增大 $\sqrt{\left[1 + (0.696)^2\right]} \approx 1.219$ 倍。最简单的解决方式是在容器边长中间部位，即 $L/2$ 处对光束调焦（见图 1.17 和图 1.18a），从而将离

焦量 2δ 在拐角和中间位置对等分配。因此，光斑直径在液面扫描范围内的最大变化量是 11%，相当于液面升高 δ。然而，为简单起见，后面分析仍保持聚焦距离 T 不变。

1.9.7　限制扫描面上激光光斑圆度的技术要求

下面，应用透镜逆变换方法（从容器空间一侧到激光器空间一侧）将对扫描光束的技术要求转换成对激光束的技术要求。根据式（1.31），对于从第 2 空间到第 1 空间的转换公式，则使用逆转换常数 $\Gamma_{21} = 1/\Gamma_{12}$。

由于透镜转换常数取决于输入束腰位置和瑞利长度，所以，没有像散但具有其他不对称性的光束在转换时，一般都会变成像散光束，正如本节后面所述。最初计划是从图 1.17 所示的等效圆柱形标称光束变换到容器侧一圆形光束，目的是使容器侧光束产生约 10% 不圆度的影响，再将该光束反变换到激光器一侧便于观察第 1 空间中哪种变量变化及变化多少，从而解释对透镜扫描一侧的扰动。最终发现整个扫描范围内光斑直径的增大量能够接受，所以，扫描光斑有 10% 不圆度也是可以接受的。

两个独立传播平面内的扰动以不同的符号等量变化。例如，由于不对称性造成的 10% 不圆度分别造成 W_{02y} 有 $+5\%$ 和 W_{02x} 有 -5% 的变化。光束-透镜转换的非线性，造成第 1 空间光束常数的变化不完全对称。对唯一一个主传播平面内常数在第 1 空间内造成的扰动影响，直接在表中以百分比变化的形式（圆括号一栏）给出。由于传播平面互不相关，所以每个平面具有独立的百分比变化。

1.9.7.1　案例 A：10% 束腰不对称性

假设 $2W_{02x}$ 减少 5%（到 0.259mm）和 $2W_{02y}$ 增加 5%（到 0.286mm）而使束腰不对称性偏离 10%。为了计算对输入光束的影响，首先，确定容器一侧光束的新瑞利范围为 $z_{R2x} = 3.088$cm（减少 10%）和 $z_{R2y} = 3.753$cm（增大 10%）。对每种情况，都可以根据式（1.24）计算出逆变换中新的 $1/\Gamma$，并保留式（1.26）~式（1.28）中的常数不变。第 1 空间光束常数及以括号形式表示的百分比变化见表 1.2。$1/\Gamma$ 的初始值是 29.2259。表中，A_s/z_{Rr} 为归一化像散，$A_s/z_{Rr} = (z_{01y} - z_{02x})/z_{R1r}$。其中，$z_{R1r}$ 是等效柱形光束在第 1 空间的瑞利长度。

表 1.2　与扫描面上 10% 束腰不对称性对应的激光束常数

变量	x	y	y/x 的比值	原比值
$1/\Gamma$	29.816（+2.0%）	28.540（−2.4%）	0.957（−4.3%）	1
$2W_{01}/\text{mm}$	1.415（−3.8%）	1.526（+3.8%）	1.079（+7.9%）	1
z_{01}/m	3.416（+1.7%）	3.294（−2.0%）	$A_s/z_{Rr} = -12.3\%$	0
z_{R1}/m	0.921（−7.5%）	1.071（+7.7%）	1.163（+16.4%）	1
Θ_1/mr	1.537（+3.8%）	1.425（−3.7%）	0.927（−7.3%）	1

在大多数情况下，容器侧 +10% 纯粹的束腰不对称性（即不伴随有像散或发散度不对称性）通过透镜转换到激光器一侧对应着 +8% 的束腰不对称性，同样也适用于发散角不对称性。容器侧不同的束腰直径形成不同的瑞利长度，并通过透镜转换会在激光器侧产生 −12% 归一化像散。为了保证扫描光束不圆度低于 10%，规定激光器的不对称性要小于这些值。

1.9.7.2　案例 B：10% 发散度不对称性

在此假设 M_x^2 减少 5% 和 M_y^2 增大 5%，以便在不改变束腰不对称性 $W_{02y}/W_{02x} = 1$ 的条件下使第 2 空间发散度不对称性改变 +10%。根据式（1.18）或者式（1.19），透镜容器一侧瑞利长度反比于其 M^2，使其 $z_{R2x} = 3.088\text{cm}$，$z_{R2y} = 3.753\text{cm}$。应用式（1.24）~ 式（1.28）于每个主平面就可以得到表 1.3 给出的数据，即第 1 空间光束常数及百分比变化。

表 1.3 与扫描面上 10% 发散度不对称性相对应的激光束常数

变 量	x	y	y/x 的比值	原 比 值
$1/\Gamma$	28.896（−1.1%）	29.532（+1.0%）	1.022（+2.2%）	1
$2W_{01}/\text{mm}$	1.463（−0.6%）	1.478（+0.5%）	1.011（+1.1%）	1
z_{01}/m	3.328（−0.9%）	3.389（+0.9%）	$A_s/z_R = +6.1\%$	0
z_{R1}/m	1.033（+3.8%）	0.958（−3.8%）	0.927（−7.3%）	1
Θ_1/mr	1.416（−4.3%）	1.544（+4.3%）	1.091（+9.1%）	1

将容器侧光束的发散度不对称性通过透镜转换到激光器侧，意味着为了在容器侧获得纯粹的发散度不均匀性，激光束中一定要有一定程度的像散（案例 A 中的一半）。

1.9.7.3 案例 C：像散造成扫描面上有 12% 的不圆度

一般地，在应用该概念对容器侧调焦之前，需要花点时间确定像散光束聚焦范围内的不圆度参数。已经阐述过（见 1.9.6 节），扫描范围内液面变化的光路长度是 2.37cm。因此，如果将光斑对准容器中心调焦，则光斑的尺寸变化是 21.9%；若对准容器边长一半的位置调焦，光斑尺寸变化 11%，从而减小了扫描面上光斑的尺寸变化。最重要的是，对于像散光束，光斑的不圆度就会有变化。如图 1.16a 所示，纯像散光束椭圆形光斑形状随 z 的最快速变化发生在调焦区域（立体光刻系统刻蚀光束的工作区）内两个像散束腰之间。假设像散距离 $z_{02y} - z_{02x}$ 与光路变化 2.37cm 一致，利用边缘调焦将该距离分成两段（见图 1.18a），从而使此范围内一个像散束腰与工作液面之间的最大光路长度处处都是 1.19cm。然后，由式（1.16a）和图 1.18 所示得到

$$\frac{W_{2x}(z_{02r})}{W_{02x}} = \sqrt{1 + \left(\frac{1.19}{3.40}\right)^2} \approx 1.059$$

其中，z_{02r} 是位于 x 和 y 束腰位置中值处等效柱形光束的束腰位置。容器处光斑的不圆度仅有 5.9%，但在液面低于 z_{02r} 拐角位置，椭圆面方位是沿 y 轴方向；而在高于 z_{02r} 的中间位置，是沿 x 轴方位。由于沿 x 和 y 方向形成表面的机理不同，因而对零件会造成不利影响。像散光束调焦范围不圆度可以准确定义为（见图 1.18c）β 等于像散直径的二次方比。其中，x 方向和 y 方向非圆直径比的乘积为：

$$\beta = \left[\frac{W_{2y}(z_{02x})}{W_{02y}}\right]\left[\frac{W_{2x}(z_{02y})}{W_{02x}}\right] \tag{1.66}$$

如式（1.66）所示，在两个像散束腰位置估算该比值。由上面公式，若像散距离等于扫描范围深度，则 $\beta = (1.059^2) \approx 1.121$。这是最后一个例子，是"由于像散而产生 12% 不圆度"。

在该例计算中，$z_{02x} = (0.6472 − 0.0119)\text{m} = 0.6353\text{m}$，$z_{02y} = (0.6472 + 0.0119)\text{m} = 0.6591\text{m}$，第 2 空间光束其他参数保持图 1.18b 所示未受扰动值不变。表 1.4 给出了第 1 空间光束的结果。

表 1.4　由于扫描面上存在像散（$\beta = 1.121$）而对应于 12% 不圆度的激光束常数

变　量	x	y	y/x 的比值	原比值
$1/\Gamma$	36.794（+25.9%）	23.708（−18.9%）	0.644（−35.6%）	1
$2W_{01}/mm$	1.651（+12.2%）	1.345（−9.9%）	0.803（−19.7%）	1
z_{01}/m	3.651（+8.7%）	3.110（−7.4%）	$A_s/z_{Rr} = -52.4\%$	0
z_{R1}/m	1.253（+25.9%）	0.807（−18.9%）	0.644（−35.6%）	1
Θ_1/mr	1.318（−11.0%）	1.641（+10.9%）	1.216（+24.6%）	1

　　这类非对称性逆转换到等效透镜激光器一侧，对第 1 空间光束参数的影响相当大。更准确地说，应当采取较激进的输入光束特性，以形成这种大的"像散直径二次方比"参数。第 1 空间束腰、像散和发散度不对称性都有较大的百分比变化。激光器制造商应对如此大不对称性的真实激光器判为不合格产品，扫描器制造商也不会使用这种激光器。在扫描面上能够形成 $\beta = 1.12$，具有足够大光束不对称性的激光器不应用于该领域。

　　最后，为满足进料检验而对激光器制定的最严格技术要求源自案例 A，要求容器表面处束腰不对称性是 10%。为保持容器侧低于该不圆度，激光器侧的不圆度值应小于 12% 归一化像散值，小于 8% 束腰和发散度不对称性。使用图 1.17 所示验收合格的激光器很容易满足这些值。在确定激光器的具体技术条件时，应当多考虑几种实例，包括从激光器一侧开始分析、计算扫描光束的不对称性。正准备进入该应用领域的读者，若根据 M^2 模型自己完成这些计算，现在就应具备足够的分析工具。

1.10　总结：M^2 模型综述

　　M^2 模型是借助为理想基模光束构建一个方程式的方式来表述实际光束的。任何实际光束，无论其模是否源自稳定的激光谐振腔，当传播一段距离 z 后，其直径都会比内隐的高斯光束大 M 倍。因此，公式中的变化形式采用 W/M 代替嵌入高斯光束 $1/e^2$ 半径 w。其中，W 是实际光束半径。这种替换同时建立了光束传播公式和光束-透镜变换公式。

　　在传播距离 z 的所有位置上，实际光束的束腰直径 $2W_0$ 都比嵌入高斯光束大 M 倍，所以，也以 M 倍的速率发散。所有衍射受限光束都具有高斯辐照度分布，并且，比嵌入高斯光束直径大 M 倍、束腰直径为 $2W_0$ 的光束以 $1/M$ 速率、与嵌入高斯光束一样快地发散，实际光束比衍射受限光束的发散度大 M^2 倍。由此，可以把 M^2 定义为在自由传播空间或者通过透镜变换条件下的一个光束不变量，并作为光束质量的一种计量。$M^2 = 1$ 是最高等级光束质量。衍射受限及具有较大值的实际光束不同程度地含有高阶模的成分和波前像差（因此又称为混模光束）。

　　为了利用混模光束的这种解析描述概念，必须测量其 M^2，此时，事情已经变得较为复杂。为了进行测量，首先要确定光束直径随传播而扩大的范围 z_R，即瑞利长度。在束腰两侧精心选定几个位置 z 处的光束直径，并使其与正确的双曲线形式拟合。对于任何独立的正交主传播平面，通过该拟合都可以获得三个光束常数——光束质量、束腰直径及束腰位置。

　　增加的第一个复杂性是，对混合模及其包含高阶模直径的不同定义给出不同的数值。仍根据光束辐照度分布测量光束直径，但对高阶模，不同辐照度分布的模板（针孔、刀口或同心圆孔泾）会给出不同的形状分布，因而得到不同的直径值。需要注意的是最常用的测量方法，并避免与其他方法混淆。国际标准化组织（ISO）已经正式通过了一种标准的直径定义，即二阶矩直径。它是真空法测量的光束辐照度分布标准偏差的 4 倍。然而，该直径是计算值，由于其对分布图侧缘噪声的敏感性，难于精确测量出可靠值，所以，已经研制出一种转换规则，适用于将流行测量法得到的柱形对称混模光束直径转换成另一种形式的直径值。其依据基于下面观察：随着谐振腔中圆形限制孔径直径的打开，高阶模依次在特征序列中打开和关闭。这与所包含的一组独特的模式成分（即二阶矩 M^2）的增大有关，从而可以推导出精确的转换规则。

增加的第二个复杂性是，为了确定 M^2 需要完成直径测量值与曲线拟合，因此，有可能得到不可靠的结果，除非拟合过程中能够避免一些意想不到的难度。难度主要包括，必须精确设置混模束腰位置及不在假设条件下对直径的实际测量。由于大部分激光器的束腰位于谐振腔内，所以，需要借助辅助透镜以形成束腰能测量的辅助光束。为此，要利用光束-透镜转换公式，将这种利用辅助光束确定的常数再逆变换为原始光束常数。能够自动完成该项功能的工业用仪器已经面世。

本章已经阐述了一些典型的纯粹非对称性的光束，即只有像散、束腰不对称性及发散不对称性。可以利用传播曲线族（即不同主传播平面）表示组合了不同非对称性的光束。光束不对称性也可以解释为，对理论"最佳加权平均"圆形光束（即等效圆柱形光束）的偏离。有些光束并没有直接涵盖在 M^2 模型中，空间中主传播平面的束腰像一条扭曲的光带——一种具有"复杂像散"的光束。

最后，通过分析立体光刻术中实际使用的激光束扫描系统验证了 M^2 模型。追溯解析辅助透镜系统之后扫描面上造成非圆形光斑的不对称性，以确定与之对应的激光光源的不对称性。

M^2 模型有着广泛的应用，可以定量确定工业用激光器的模式技术要求及检测方法；利用该模型能够设计多模激光器及其光束传播系统；还可以分析非线性光学的光束转换。可以使高 M^2 激光束的发散度与高数值孔径光纤的接受角相匹配，以充分利用多模激光器单位输出功率成本低的优势。这是大量应用中列举的几种实例，所有准备投入工业应用的仪器都应使光束测量变得容易和有效。本章介绍了一些解析工具以使其应用成为现实。

致谢 ⬅

作者非常感谢美国斯坦福大学 Emeritus A. E. Siegman 教授多年来对该项目的指导及有益讨论；本书的最初主编 Gerald F. Marshall 一直都能提出发人深省的问题；从事像散透镜研究的 G. Nemes 先生指导复杂像散光束方面的内容。在编写第 2 版的过程中，加拿大光子公司（Photon Inc.）的 Jeff Guttman 先生提供了照相机和轮廓仪的最新发展状况。最后，还要感谢美国 CVI 公司的 David Bacher 先生和 John O'Shaughnessy 先生，尤其感谢 Gerald F. Marshall 先生对书稿做了有益和建设性的审核。

专业术语 ⬅

复杂像散（Astigmatism，general）：光束在任何位置 z 都具有椭圆形横截面的性质，椭圆形主轴在沿光轴方向随传播过程而旋转（非正交光束；"扭曲光束"）。

归一化像散（Astigmatism，normalized）：两个独立的主传播平面束腰位置之差除以等效柱形光束瑞利范围，$A_s/z_{Rr} = (z_{0y} - z_{0x})/z_{Rr}$，通常表示为百分比。

简单像散（Astigmatism，simple）：两个主传播平面内具有不同的束腰位置，$z_{0x} \neq z_{0y}$。

不对称发散（Asymmetric divergence）：两个主传播平面内具有不同的发散角，$\Theta_x \neq \Theta_y$。

不对称束腰（Asymmetric waists）：两个主传播平面内具有不同的束腰直径，$2W_{0x} \neq 2W_{0y}$。

光束焦散面（Beam caustic surface）：绕着传播轴 z 旋转光束半径 $W(z)$ 与传播距离绘制的曲线所扫描出的光束的包络线。若包含 z 轴并与 x 轴成 α 夹角的一个平面横切焦散面，则交线是方位角 α 的传播曲线，参考对图 1.16a 所示案例的讨论。

等效柱形光束（Beam，equivalent cylindrical）：在 M^2 模型中，根据在两个主传播平面中测量出的非对称光束的光束常数，以数学方法构建的圆柱形对称光束，参考图 1.16a 所示的解释。使图 1.15 所示光束的焦散面沿 z 轴，并与 x 或 y 轴成 45°角移动就可以得到等效柱形光束的传播曲线。这也是非对称光束的最佳柱形对称平均光束。下标 r 为圆形或径向对称光束常数。

高斯光束（Beam，Gaussian）：一种球面波前形式的单相光束，其照度横截面分布处呈高斯函数形式。这种理想化光束是 $M^2 = 1$ 的衍射极限情况，也是真实光束只能接近的一种情况。

理想光束（Beam，idealized）：对光束抽象的数学描述（可以具有这样的性质 $M^2 = 1$）。

光束传播分析仪（Beam propagation analyzer）：一种测量光束直径（它是传播距离的函数）的仪器，可以显示 $2W(z)$ 与 z 的传播曲线，并使这些数据与一条双曲线相拟合以确定光束质量 M^2、束腰位置 z_0 和束腰直径 $2W_0$。

光束传播常数 M^2（Beam propagation constant M^2）：之所以这样命名是因为，用 $w(z) = W(z)/M$ 代替其传播方程式中基模半径 $w(z)$，可以预测半径为 $W(z)$ 的混模的传播。

光束质量（Beam quality）：M^2 称为光束质量是由于，实际光束的质量等于 M^2 乘以具有相同光束束腰直径的衍射受限光束的发散度。这还可以参考"归一化高斯光束"。

实际光束（Beam，real）：一束真实的光束；至少各方面都有缺陷，因此 $M^2 > 1$。

限幅宽度（Clip width）：按照规定的最高峰值百分比水平（如 13.5%），在辐照度分布图上两点之间的距离（沿模板平移轴方向）。

光束直径转换（Conversions，beam diameter）：针对柱形对称光束推导出的经验规则，将以某种方法测量出的光束直径转换成用另一方法测量出的直径，如从狭缝法测量出的直径转换为刀口法测量出的直径。

卷积误差（Convolution error）：由于扫描孔径尺寸有限而对测得直径产生的误差贡献量。使其降至最小乃是针孔和狭缝测量法中需要考虑的一个重要课题。

切割光束（Cut）：根据轮廓仪扫描孔径对光束的切割而进行光束直径测量。

$1/e^2$ 直径（Diameter，$1/e^2$）：在辐照度分布峰值（100%）的 13.5% = $1/e^2$ 位置由孔径在限幅点之间平移距离确定的光束直径。

衍射叠加（Diffractive overlay）：由于谐振腔孔径尺寸有限使衍射的大角度光线相叠加而形成干涉，会使辐照度分布在非常靠近激光输出耦合器位置变形（位于瑞利范围内）。

本征函数（Eigenfunctions）：与满足 $Qf_n = c_n f_n$ 条件的线性算子 Q 有关的一组函数 f_n。其中，c_n 是标量常数（本征值）。由于自复制性，这些函数出现在许多实际问题中，如可以表述谐振子的激光模式函数和量子力学中氢的波函数。

嵌入式高斯光束：输出混模光束的谐振腔基模，无论在任何传播距离 z 处，混模光束直径都比嵌入高斯光束直径大 M 倍。

远场（Far-field）：远离束腰位置若干倍瑞利范围的传光束播区。在远场区，光束的横向尺寸随远离束腰的距离线性增大。

四切法（Four-cuts method）：确定 M^2 的最简单方法。直径测量仅需要 4 个精心挑选的位置，2 个在束腰位置，2 个在束腰位置两侧。

菲涅尔数（Fresnel number）：谐振腔中有限尺寸孔径半径的二次方除以反射镜间隔和波长。随着孔径增大，该数值增大，高阶模振荡并使模式混合。

高斯表达式（Gaussian）：表达形式为 $\exp(-x^2)$ 的一种数学函数，可参考术语"高斯光束"。

厄米特-高斯函数（Hermite-Gaussian function）：包含衍射在内的波方程式的一个本征函数，表述具有矩形对称性的光束，其表达式是一个高斯函数乘以一对阶数 (m, n) 的厄米特多项式。

光束不变量（Invariant, beam）：光束在自由空间或通过普通的无像差光学元件（透镜、布鲁斯特窗等）传播中不发生变化的一个量。

辐照度（Irradiance）：单位光束横截面积上的光功率。

拉盖尔-高斯函数（Laguerre-Gaussian function）：包含衍射在内的波方程式的一个本征函数，表述具有柱形对称性的光束，其表达形式是一个高斯函数乘以一个阶数为 (p, l) 的广义拉盖尔多项式。

M^2：混模光束与其嵌入高斯光束的束腰直径-发散角乘积之比。该量是一个光束不变量，也称为"衍射极限倍"因子、光束质量或者光束传播因子。

模式（Mode）：激光谐振腔中形成的光束的特征频率和横向辐照图，利用厄米特-高斯（Hermite-Gaussian）和拉盖尔-高斯（Laguerre-Gaussian）函数及符号 $\mathrm{TEM}_{m,n}$ 和 $\mathrm{TEM}_{p,l}$ 表述。其中，m、n 或 p、l 是该函数多项式的阶数。

简并模（Mode, degenerate）：具有相同光学频率，因此也具有相同阶数的两种模式。

环形模（Mode, donut）：一种加星号的模式 TEM_{01}^*，通过一个有限尺寸圆形孔径后具有次最低的衍射损失，辐照图中心有一个黑孔（零照度）（见图 1.1）。

基模（Mode, fundamental）：TEM_{00}，单峰光斑高斯辐照度分布；对于给定的谐振腔，具有最低的模式阶次和最小的光束直径；在理想情况下，$M^2 = 1$，因此，当该模式通过一个有限尺寸的同心圆形孔径时的衍射损失最小。

高阶模（Mode, higher order）：模数大于基模模数的模式。

纵模（Mode, longitudinal）：频率为 $q(c/2L)$ 的模式。其中，c 是光速；q 是一个大的整数，等于谐振腔往返长度 $2L$ 所含有的光束波长的数目。$(q+1)^{\mathrm{th}}$ 纵模的频率比 q^{th} 纵模高 $(c/2L)$ 倍，每种纵模都关联着一种给定的横模。

最低阶模（Mode, lowest order）：基模，模的阶数为 1。

混模（Mode, mixed）：同一谐振腔产生的所有纯模的非相干叠加，直径是 $2W$，比所有 z 位置处基模的直径 $2w$ 大 M 倍。由于只有理想化光束的 $M^2 = 1$（表示没有高阶模成分），所以也称混模光束为实际光束。

模的阶数（Mode order number）：对于厄米特-高斯（Hermite-Gaussian）模式，是 $(m + n + 1)$；对于拉盖尔-高斯（Laguerre-Gaussian）模式，是 $(2p + l + 1)$；阶数决定着模式的频率和相位偏移，并给出模式的光束质量 $M_{4\sigma}^2$，采用二阶矩单位。

模式图或光斑图（Mode or spot pattern）：通常是在光束中插入的一块平面上进行观察，所以是辐照度分布的二维图。

纯模（Mode, pure）：并非由不同阶的模相混合而形成的一种横模。

加星号模（Mode, starred）：由空间和相位正交的两种简并模组合而成的一种圆形对称模式，即旋转90°后与自身相叠加（见图1.1）。

横模（Mode, transverse）：用符号 $TEM_{m,n}$ 和 $TEM_{p,l}$ 标注的模式，利用阶数分别为 m、n 或 p、l 的厄米特-高斯（Hermite-Gaussian）或拉盖尔-高斯（Laguerre-Gaussian）函数表述其横向辐照度分布。

近场（Near-field）：光束传播范围位于（从束腰计算）瑞利区域内。

噪声限幅方案（Noise-clip option）：对由针孔分布图计算出的二阶矩直径噪声灵敏度进行测量的一种方法。在直径计算过程中，为了清晰地看出其变化会采取减去背景的措施，这样常常会出现负值的分布数据。该方案还包括舍去这部分负值分布数据。

归一化高斯光束（Normalizing Gaussian）：一种与混模实际光束具有相同束腰直径的理想化衍射限高斯光束。以其发散角作为实际光束发散角比值中的分母，计算实际光束的 M^2。

近轴（Paraxial）：表示靠近光轴，意味着一条光线（或光束）是以相对于中心轴线非常小的角度进行传播，以至认为该角度与其正切值相等。

环围功率（Power-in-the-bucker）：D_{86} 的另一种称谓，定义变孔径光束直径。

（椭圆光斑的）主直径〔Principal diameter（of an elliptical spot）〕：沿椭圆长轴和短轴方向的直径。

独立的主传播平面（Principal propagation planes, independent）：包含有椭圆光束光斑长短轴（x 和 y 轴）及传播轴（z 轴）的两个相互垂直的平面。在 M^2 模型中，任一个主传播平面的三个传播常数都是独立的。

分布图（Profile）：透过一个小孔或者其他扫描模板后的能量与平移距离相互关系的记录图。

刀口（能量）分布图（Profile, knife-edge）：刀口模板形成的分布图，是一条倾斜的S形曲线。

针孔（能量）分布图（Profile, pinhole）：针孔形成的能量分布图，表示所有的高、低辐照度，但需要仔细使光束与针孔的扫描轨迹同心。信噪比和卷积误差反比于针孔直径，所以针孔直径是一个非常重要的因素。

轮廓仪（Profier）：一种测量光束直径的仪器，使模板（针孔、狭缝或者刀口）通过一束光进行扫描，显示由此产生的能量分布图，并（通常）根据扫描距离或限幅宽度，以数字形式输出光束在分布图上预测限幅点之间的直径。

狭缝（能量）分布图（Profile, slit）：狭缝形成的能量分布图，表示高、低辐照度的分布，并且不需要使光束与扫描轨迹同心。信噪比和卷积误差反比于狭缝宽度，所以一定要认真考虑狭缝宽度的设计。

传播常数（Propagation constants）：一组参数为束腰直径 $2W_0$、束腰位置 z_0 和光束质量 M^2；在每个主传播平面内，这组参数决定着光束的横向结构随传播过程的变化。

传播曲线（Propagation plot）：光束直径与传播距离的关系曲线，即 $2W(z)$ 与 z 的函数关系。对于符合 M^2 模型的光束，其曲线是双曲线形式。

瑞利长度（Rayleigh range）：根据 M^2 模型，是从束腰位置到波前达到最大曲率处的传播距离 z_R，也是从束腰位置到光束直径增大 $\sqrt{2}$ 倍位置的距离。光束随传播距离而扩展的标度长度为 $z_R = \pi W_0^2 / (M^2 \lambda)$。

谐振腔（Resonator）：精密调校对准的反射镜镜组，保证光束在激光器闭合回路中通过增益介质反馈。由于波前曲率和表面曲率在反射镜处是匹配的，所以谐振腔决定着光束模式的性质。

扫描（Scan）：一个模板或孔径沿光束横向截面方向移动，同时记录下透过的光能量，参考术语"切割光束"。

二阶矩直径（Second-moment diameter）：$D_{4\sigma}$，等于根据针孔能量分布图获得的横向辐照度分布标准差的 4 倍。

线性二阶矩（Second-moment，linear）：线性坐标二次方截面内的积分乘以辐照度分布，如 $\langle x^2 \rangle$，用于计算分布方差 $\sigma^2 = \langle x^2 \rangle - \langle x \rangle^2$。

径向二阶矩（Second-moment，radial）：辐照度分布横截面内积分乘以（从光斑形心向外测量出的）径向坐标的二次方，如 $\langle r^2 \rangle$，用于计算分布方差 $\sigma_r^2 = \langle r^2 \rangle$。积分过程中，由于面元 $dA = r dr d\theta$，所以 r^3 要加权分布。

光斑（Spot）：由于在垂直于光轴的平面上观察，所以是一束光的二维辐照度分布或者截面。

消像散（Stigmatic）：表述传播过程中保持圆形横截面不会发生变化的一束光束，更正式地说，在自由空间中能够保持旋转对称辐照度分布的一束光束（与此相反的术语是像散，在某些传播距离 z 处，光束的横截面是椭圆形）。

衍射极限倍率因子 [times-diffraction-limit（TDL）number]：实际光束发散角比具有相同束腰直径的衍射限光束（称为归一化高斯光束）的发散角大的倍数；$TDL = \Theta / \theta_n = M^2$，也是实际光束束腰直径比（以相同数值孔径 NA 汇聚的）高斯光束（$M^2 = 1$）大的倍数。

$TEM_{m,n}$：（对于横电磁波）用以表示矩形对称分布横模的符号（可以利用厄米特-高斯函数表述该横模波，其中多项式阶数为 m，n）。

$TEM_{p,l}$：（对于横电磁波）用以表示柱形对称分布横模的符号（可以利用拉盖尔-高斯函数表述该横模波，其中多项式阶数为 p，l）。

阈值转换法（Thresholding）：在 CCD 相机帧幅读出过程中，通过测量帧幅未被照明部分（如拐角位置）的噪声电平，计算出标准偏差 σ，在对信号进行处理之前再从整个帧幅中同等减去本底噪声电平（一般，3σ 幅值），从而达到降低噪声的一种方法。

可变孔径直径（Variable-aperture diameter）：能够通过光束总能量 86.5%（或者 $xx\%$）的 D_{86}（或者 D_{xx}）同心圆形孔径的直径。

光束束腰（Waist，beam）：光束传播曲线上光束直径最小的位置，光束直径最小值也使用该术语。

束腰直径（Waist diameter）：$2W_{0x}$，$2W_{0y}$；每个主传播平面内的最小直径。

束腰位置（Waist location）：z_{0x}，z_{0y}；每个独立主传播平面内，光束沿传播方向具有最小直径的位置。

波动方程（Wave equation）：利用博伊德（Boyd）和戈登（Gorden）[2] 的菲涅尔-基尔霍夫（Fresnel-Kirchhoff）衍射积分方程或者克泽尔尼科（Kogelnik）和李（Li）[1] 的简单的标量波动方程表述包括衍射效应在内的近轴光线的传播。两者都是使用厄米特-高斯（Hermite-Gaussian）和拉盖尔-高斯（Laguerre-Gaussian）函数作为本征函数的解。

参考文献

1. Kogelnik, H.; Li, T. Laser beams and resonators. *Applied Optics* 1966, *5*, 1550–1567.
2. Boyd, G.D.; Gordon, J.P. Confocal multimode resonator for millimeter through optical wavelength masers. *Bell System Technical Journal* 1961, *40*, 489–508.
3. Marshall, L. Applications à la mode. *Laser Focus* 1971, *7*(4), 26–29.
4. Bastiaans, M.J. Wigner distribution function and its application to first-order optics. *Journal of the Optical Society of America* 1979, *69*, 1710–1716.
5. Siegman, A.E. *Lasers;* University Science Books: Sausalito, CA, 1986; ISBN 0-935702-11-3.
6. Siegman, A.E. New developments in laser resonators. *Proceedings of SPIE* 1990, *1224*, 2–14.
7. Sasnett, M.W. Propagation of multimode laser beams—The M^2 factor. In *The Physics and Technology of Laser Resonators;* Hall, D.R., Jackson, P.E., Eds.; Adam Hilger: New York, 1989; Chapter 9, ISBN 0–85274-117–0.
8. Johnston, T.F., Jr.; Fleischer, J.M. Calibration standard for laser beam profilers: method for absolute accuracy measurement with a Fresnel diffraction test pattern. *Applied Optics* 1996, *35*, 1719–1734.
9. The Coherent, Inc., ModeMaster™. The manual for the PC version of this instrument containing much useful information is available upon request or on their website from Coherent Laser Measurement and Control, 27650 SW 95th Avenue, Wilsonville, OR 97070.
10. Johnston, T.F., Jr. M^2 concept characterizes beam quality. *Laser Focus* 1990, *26*(5), 173–183.
11. Test methods for laser beam widths, divergence angles, and beam propagation ratios, ISO/FDIS 11146:2004 in three parts: -1, Stigmatic and simple astigmatic beams; -2, General astigmatic beams; -3 Intrinsic and geometrical laser beam classification, propagation and details of test methods; available from Deutsches Institut fur Normung, Pforzheim, Germany.
12. Lawrence, G.N. Proposed international standard for laser-beam quality falls short. *Laser Focus World* 1994, *30*(7), 109–114.
13. Sasnett, M. et al. Toward an ISO beam geometry standard. *Laser Focus World* 1994, *30*(9), 53.
14. Johnston, T.F., Jr.; Sasnett, M.W.; Austin, L.W. Measurement of "standard" beam diameters. In *Laser Beam Characterization;* Mejias, P.M., Weber, H., Martinez-Herrero, R., Gonzales-Urena, A., Eds.; SEDO: Madrid, 1993; 111–121.
15. Arnaud, J. A.; Kogelnik, H. Gaussian light beams with general astigmatism. *Applied Optics* 1969, *8*, 1687–1693.
16. Mansuripur, M. Gaussian beam optics. *Optics and Photonics News* 2001, *12*(1), 44–47.
17. Nemes, G.; Siegman, A.E. Measurement of all ten second-order moments of an astigmatic beam by the use of rotating simple astigmatic (anamorphic) optics. *Journal of the Optical Society of America* 1994, *11*, 2257–2264.
18. Serna, J.; Encinas-Sanz, F.; Nemes, G. Complete spatial characterization of a pulsed doughnut-type beam by use of spherical optics and a cylinder lens. *Journal of the Optical Society of America* 2001, *18*, 1726–1733.
19. Silfvast, W.T. *Laser Fundamentals;* Cambridge University Press: New York, 1996; Chapter 10, ISBN 0-521-55617-1.
20. Rigrod, W.W. Isolation of axi-symmetric optical resonator modes. *Applied Physics Letters* 1963, *2*, 51–53.
21. McCumber, D.E. Eigenmodes of a symmetric cylindrical confocal laser resonator and their perturbation by output-coupling apertures. *Bell System Technical Journal* 1965, *44*, 333–363.
22. Koechner, W. *Solid–State Laser Engineering*, 5th Ed.; Springer-Verlag: New York, 1999; Figure 5.10.

23. Wolfram, S. *The Mathematica Book,* 3rd Ed.; Cambridge University Press: Cambridge, UK, 1996; ISBN 0-521-58889-8.

24. Feng, S.; Winful, H.G. Physical origin of the Gouy phase shift. *Optics Letters* 2001, *26*, 485–489.

25. Johnston, T.F., Jr. Beam propagation (M^2) measurement made as easy as it gets: The four-cuts method. *Applied Optics* 1998, *37*, 4840–4850.

26. Belanger, P.A. Beam propagation and the ABCD ray matrices. *Optics Letters* 1991, *16*, 196–198.

27. Serna, J.; Nemes, G. Decoupling of coherent Gaussian beams with general astigmatism. *Optics Letters* 1993, *18*, 1774–1776.

28. Hecht, E. *Optics,* 2nd Ed.; Addison–Wesley Publishing Co.: Menlo Park, CA, 1987; ISBN 0-201-11609-X.

29. Kogelnik, H. Imaging of optical modes—Resonators with internal lenses. *Bell System Technical Journal* 1965, *44*, 455–494.

30. Self, S.A. Focusing of spherical Gaussian beams. *Applied Optics* 1983, *22*, 658–661.

31. Herman, R.M.; Wiggins, T.A. Focusing and magnification in Gaussian beams. *Applied Optics* 1986, *25*, 2473–2474.

32. O'Shea, D.C. *Elements of Modern Optical Design;* John Wiley & Sons: New York, 1985; ISBN 0-471-07796-8, 235–237.

33. Wright, D.L.; Fleischer, J.M. Measuring Laser Beam Parameters Using Non-Distorting Attenuation and Multiple Simultaneous Samples. US Patent No. 5,329,350, 1994.

34. McCally, R.L. Measurement of Gaussian beam parameters. *Optics Letters* 1984, *23*, 2227.

35. Sasnett, M.W.; Johnston, T.F., Jr. Apparatus for Measuring the Mode Quality of a Laser Beam. US Patent No. 5,100,231, March 31, 1992.

36. Taylor, J.R. *An Introduction to Error Analysis;* University Science: Mill Valley, CA, 1982; ISBN 0–935702-10–5.

37. Green, L. Automated measurement tool enhances beam consistency. *Laser Focus World* 2001, *37*(3), 165–166.

38. Kogelnik, H.; Ippen, E.P.; Dienes, A.; Shank, C.V. Astigmatically compensated cavities for CW dye lasers. *IEEE Journal of Quantum Electronics* 1972, *3*, 373–379.

39. Johnston, T.F., Jr.; Sasnett, M.W. The effect of pump laser mode quality on the mode quality of the CW dye laser. SPIE Proceedings 1992, *1834*, Optcon Conference, Boston, 1992, Paper #29.

40. Johnston, T.F., Jr.; Sasnett, M.W. Modeling multimode CW laser beams with the beam quality meter. OPTCON, Boston, MA, 5 November 1990, Paper OSM 2.4.

41. Firester, A.H.; Gayeski, T.E.; Heller, M.E. Efficient generation of laser beams with an elliptic cross section. *Applied Optics* 1972, *11*, 1648–1649.

42. Siegman, A.E. Laser beam propagation and beam quality formulas using spatial-frequency and intensity-moment analysis, distributed to the ISO Committee on test methods for laser beam parameters, August 1990, 32.

43. Simpson, N.B.; Dholakia, K.; Allen, L.; Padgett, M.J. Mechanical equivalence of spin and orbital angular momentum of light: and optical spanner. *Optics Letters* 1997, *22*, 52–54.

44. Nemes, G.; Serna, J. Laser beam characterization with use of second order moments: An overview. In *DPSS Lasers: Applications and Issues, OSA TOPS;* Dowley, M. W., Ed.; 1998; 17, 200–207.

45. Piestun, R. Multidimensional synthesis of light fields. *Optics and Photonics News* 2001, *12*(11), 28–32.

46. Kivsharand, Y.S.; Ostrovskaya, E.A. Optical vortices. *Optics and Photonics News* 2002, *13*(4), 24–28.

47. Partanen, J.P.; Jacobs, P.F. Lasers for stereolithography. In *OSA TOPS on Lasers and Optics for Manufacturing;* Tam, A.C., Ed.; Optical Society of America: Washington, DC, 1997; Vol. 9, 9–13.

48. Partanen, J. Lasers for solid imaging. *Optics and Photonics News* 2002, *13*(5), 44–48.

49. Ibbs, K.; Iverson, N.J. Rapid prototyping: New lasers make better parts, faster. *Photonics Spectra* 1997, *31*(6), 4 pages.

50. SLA 250/30 Product Data Sheet from 3D Systems, 26081 Avenue Hall: Valencia, CA 91355.

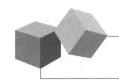

第2章　激光扫描光学系统

Stephen F. Sagan

美国马萨诸塞州莱克星顿市 NeoOptics 公司

2.1　概述

本章内容以罗伯特·霍普金斯（Robert E. Hopkins）和大卫·史蒂芬森（David Stephenson）最初为激光扫描器设计的光学系统为基础[1]，从另一视角讨论问题，目的是提供一些背景知识，以提高光学设计师的洞察力和直观感觉能力，尤其有益于提高扫描系统的设计能力。如果熟悉光学设计工具，则更有利于获得更高性能和更少组件的光学设计方案，在此将详细讨论全息扫描系统的设计和一些具体措施。

对激光扫描器光学系统，既有光学技术要求，又有约束条件，两者之间常常需要进行折中。许多激光扫描应用中的光学元件或者使激光束改变方向，或者将其聚焦，包括透镜、反射镜和棱镜，本章将详细讨论。

由于光学不变量、初级和三级（像差）透镜设计理论与扫描系统密切相关，所以，在此以光学系统结构布局和设计的基础知识予以阐述；给出有代表性的光学系统及其性质，以及标注有透镜和光路图的图样，并对一些需以特定方法进行检测和质量控制的专用扫描光学系统进行了阐述。

2.2　激光扫描器结构

不同的激光扫描器光学系统，其结构的复杂程度不同，可以是经过简单准直的激光光源和扫描器，也可以是一种由下面部件组成的复杂系统：调节光束用光学元件、调制器、柱面镜、光学变形中继系统、激光扩束系统、多扫描器，以及为投影扫描光束所用的光学元件等。

扫描后的激光束分为发散、会聚或者准直光束，图 2.1 给出了三种基本的扫描形式：物镜、物镜后和物镜前[2]。

2.2.1　物镜扫描

物镜扫描是最不常使用的光学扫描方法，在这种扫描方式中，物镜、激光源、像面或者这些器件的组合件都需要运动，如图 2.1 所示。物镜扫描方式是一个聚焦物镜（准直光入射）绕着一个远离的轴线旋转（或以线性方式平移）。移动物镜可以是反射镜、折射透镜或者衍射元件（如全息光盘）。全息扫描的基础内容将在 2.11 节讨论。

2.2.2　物镜后置扫描

由于物镜后置扫描是轴上工作，所以，其结构形式是一种最简单的光学系统。与使用检

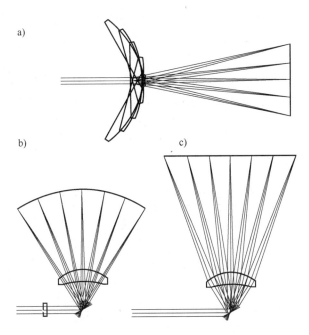

图 2.1　三种基本的扫描形式

a）物镜扫描　b）物镜后置扫描　c）物镜前置扫描

流计（见图 2.1）或共轴的单面反射镜扫描器一样，其旋转轴可以与光轴正交。

对许多低分辨率应用（如条码扫描器），简单透镜在扫描之前便足以使光束扩束或聚焦。随着对系统分辨率要求的提高，满足大数值孔径和较好光学质量等技术条件就需要额外增加透镜数目及透镜的复杂性（如采用双胶合透镜以校正球差和色差）。物镜后扫描方式的缺点是，焦面是曲面的，需要采用转鼓内表面。

从光学观点出发，由于采用较简单的光学系统，所以，内鼓式扫描技术在很大幅面范围内都具有很高的分辨率。激光束（光源）、透镜元件和单反射镜扫描器能够共轴地安装在一个组件中，使扫描器绕着入射激光束的光轴旋转。在这类系统中，扫描光斑可以在圆筒内侧划出一个完整的圆，平移整个组件（扫描光学子系统）或者镜鼓就会完成完整的二维逐行扫描。该系统非常适合检验圆管内表面或者将文件录制在一个鼓形装置的内壁上。

2.2.3　物镜前置扫描

物镜前置扫描形式中，光束首先扫描使其具有一定角视场，然后一般成像在平的表面上。扫描物镜的入瞳设置在扫描元件上或者附近。扫描器到扫描透镜的距离取决于入瞳直径、入射光束形状及扫描视场角，而扫描物镜的复杂程度取决于有限扫描范围内对光学性能校正的要求，即光斑尺寸、扫描线性、像散及焦深（DOF）。

物镜前扫描器是最常见的系统，经常采用多元件平场物镜。物镜设计必须满足下面章节介绍的具体条件。

2.3　光学设计和优化：概述

光学设计师进行光学系统总体布局、设计/优化及分析用的计算机和软件包（包括全局优化和综合算法的研发）是非常强大的设计工具。尽管如此，而对光学设计师来说，最重要也是最简单的工具是一台计算器、一支笔、一张纸及对初级衍射理论和三级像差基础理论的敏锐理解力。这些基本知识为光学设计初期阶段快速且容易地评估问题和确定限制条件提供了重要手段。

一个成功的设计源自选择一个正确的初始结构，包括如下三个方面：1）能够覆盖设计问题、可行性及指导设计过程的光学系统技术要求表（见表 2.1 给出的实例）；2）系统结构的初始布局——光学组件、孔径光阑、中间光瞳和像面位置；3）选择光学元件组的设计形式。也可以完全由其他技术要求确定的参数（换句话说，冗余参数）作为参考参数列出，以进一步提供明确的设计目标。

表 2.1　一个扫描系统的光学技术要求

参　　数	技 术 要 求
1. 图像格式（线长）	216mm
2. 波长	770 ~ 795nm
3. 标称 $1/e^2$ 光斑尺寸	直径 26μm，±10%（约 1000DPI[①]）
4. 光斑尺寸变化	<4%（在视场范围内）
5. RMS 波前误差	<1/30 波长（或者优化时满足斯特里尔比）
6. 扫描线性（F-θ 畸变）	<1%（在 ±25° 范围以外则 <0.2%）
7. 扫描视场角	±30°
8. 有效焦距	206mm（参考）
9. F 数	F/26（参考）
10. 焦深	>1mm（参考）
11. 总长度	335mm
12. 扫描器间隔	25mm
13. 像距	270mm
14. 光通量	>50%（包括光源截尾）

① DPI：Dots Per Inch，每英寸点数。

设计光学系统需具备的基础知识如下：

1. 初级参数，特别是光学不变量。
2. 初级衍射理论。
3. 三级像差。

另外，也需要一些其他的知识。

理解了上述基础知识意味着明白了一个简化的"宽松"设计（包含少量几片光学元件，同时对制造和对准误差的灵敏度降低了要求）与一个复杂的"真实"设计（满足标称的性能指标，但装配有一定困难，完工产品很难满足技术要求）之间的差别。

一种宽松的设计会具有较低的三级像差，每个表面的像差贡献量都很小，因此，可以使影响系统性能的高级像差降至最小。一般地，这种宽松系统要求具有中等速度和视场，其透镜元件都会随边缘光线或主光线弯曲。图 2.2 给出了一个显微物镜和一个广角鱼眼物镜：弯曲显微物镜的大部分空气/玻璃表面以使边缘光线的入射角最小，也使各表面与孔径有关的像差降至最小；而对于鱼眼物镜，弯曲大部分表面的目的是使主光线入射角最小，因而会使每个表面与视场有关的像差降至最小。识别哪一种设计可以在整个视场范围内还是整个孔径范围内更好的工作，将有助于研发一种宽松的设计形式。

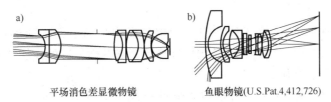

a) 平场消色差显微物镜　　b) 鱼眼物镜(U.S.Pat.4,412,726)

图 2.2　物镜设计布局实例

a）主要考虑孔径因素（左侧显微物镜）　b）主要考虑视场因素（右侧广角鱼眼物镜）

显然，球面更容易制造和测试。然而，可以利用非球面（作为设计变量）深入了解什么参数会影响设计，或者帮助确定一种新的设计形式。合理利用非球面可以节省重量和空间，而常常在设计后期用更多的球面元件进行替代。优化过程会过多使用非球面及变化表面形状以校正像差，从而导致设计结果十分复杂且对公差很敏感。

应当使用如表面曲率、表面之间的空气间隔或玻璃厚度、玻璃类型及适合该设计的优化约束条件等设计变量。过多变量和/或约束条件，特别是相互矛盾的条件，将限制优化过程的收敛和设计性能。如果玻璃变量很重要，那么，在做出最终选择时，除考虑基本性能外，还要兼顾如成本、可用性、生产计划、重量及转运等因素。优化过程中改变玻璃图边界（设计初期阶段，允许有一个较宽的玻璃图范围）有助于获得另外的设计方案。选择玻璃类型时，玻璃厂商提供的玻璃图和目录是非常有用的参考工具。

由柱面、环面和变形面（X 和 Y 方向具有不同半径）组成的变形光学系统可以提供更多的自由度和透镜的复杂性，但制造和测试难度更大。

2.4　光学不变量

折射率为 n 的介质中任意平面处的光学不变量定义为，近轴边缘光线高度和角度（y_m 和 nu_m）及近轴主光线高度和角度（y_c 和 nu_c）的函数，如图 2.3 所示，并有以下关系：

$$I = (y_m nu_m - y_c nu_c) \tag{2.1}$$

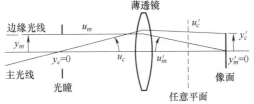

图 2.3　单透镜的近轴边缘光线和主光线

顾名思义，只要光学系统中没有间断点，如漫射装置、光栅或具有渐晕的孔径，则光学不变量就是光学系统的一个常数。一般是计算目标、孔径光阑或者系统最终像面位置处的光学不变量，目标（或像面）高度乘以边缘光线高度或者光瞳高度乘以主光线角很容易得到计算结果。在孔径光阑或瞳平面位置，主光线高度 y_c 等于零，光学不变量简化为

$$I = y_m nu_c \tag{2.2}$$

式中，主光线角度项（nu_c）为近轴半视场或者扫描角。在目标或像面位置，边缘高度 y_m 等于零，光学不变量简化为

$$I = -y_m nu_m \qquad (2.3)$$

式中，边缘光线角项（nu_m）为光线在空气中聚焦在像平面上的锥形半角正弦的近轴等效值，称为数值孔径（NA）。当讨论系统内中间像或者瞳共轭位置的光学性质时，这些简化的光学不变量公式是非常有用。

一个物镜的 f 数定义为物镜焦距除以入瞳直径 D_L 的设计值，同时用以表述像的锥形角，对于无限远共轭位置，NA 和 f 数之间具有以下关系：

$$F/\# = \frac{F}{D_L} = \frac{1}{2NA} \qquad (2.4a)$$

显然，该关系式适合准直目标光束，对于有限共轭位置，则物镜的 f 数不再代表工作状态下的 f 数，可简单定义为相对孔径：

$$F/\# = \frac{1}{2NA} \qquad (2.4b)$$

大部分扫描物镜工作在准直光束空间，习惯使用 $F/\#$ 表述像空间锥形角，也是本节采用的相对孔径的定义。

2.4.1 衍射受限

大部分扫描系统要求性能达到或非常接近衍射极限。一个成像系统焦距为 F、均匀照明的平面波波长为 λ 并被直径为 D 的孔径切趾，则性能的主要限制取决于艾里（Airy）斑第一衍射环直径：

$$d = \frac{2.44\lambda}{D/f} = 2.44\lambda(F/\#) \qquad (2.5)$$

该衍射限是决定空间域和角度域两种分辨率的光学不变量，可以看做是一个不变光斑（或光斑尺寸-发散度乘积），表示为

$$d(2NA) = 2.44\lambda \qquad (2.6)$$

无须切趾的理想高斯光束的基本衍射限取决于束腰不变尺寸（或束腰尺寸-发散度乘积）：

$$w_0\theta_{1/2} = \frac{\lambda}{\pi} \qquad (2.7)$$

式中，w_0 为束腰半径；$\theta_{1/2}$ 为波长为 λ 的理想高斯光束在 $1/e^2$ 位置的远场半视场角（z 比瑞利范围 w_0^2/λ 大得多）。一旦确定了 $1/e^2$ 束腰直径及发散角，则不变束腰尺寸为

$$d_0\theta = \frac{4\lambda}{\pi} = 1.27\lambda \qquad (2.8)$$

2.4.2 实际高斯光束

一般地，激光扫描系统采用准高斯输入光束。光束的高斯 TEM$_{00}$ 程度取决于激光器类型和光束质量。西格曼（Siegman）指出，只要知道近场光束宽度的半径 W_0 和远场半发散角 $\Theta_{1/2}$，就可以利用解析方法表述实际的激光光束（非规则或多模），定义为在与传播轴一致的两个正交平面内测量出的标准偏差。这些参数的乘积确定了实际光束的不变束腰尺寸，正比于由下式给出的高斯光束衍射限：

$$W_0 \Theta_{1/2} = \left(\frac{\lambda}{\pi}\right) M^2 \qquad (2.9)$$

式中，因子 M^2 定义为"衍射极限倍因子"。如果对相等束腰或发散度的光束进行比较，则实际光束的发散度或束腰（尺寸）都比衍射限乘以 M^2 大，如图 2.4 所示。实际光束的束腰不变量也总是大于高斯衍射限。

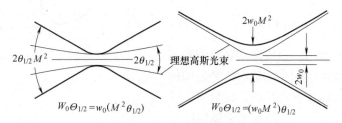

图 2.4　理想光束和实际高斯光束之间的关系

研发扫描系统的工程师常常利用光斑直径的概念。技术条件要求在一个指定的光强度下测量光斑直径，一般是 $1/e^2$ 和 50% 的光强度等级。扫描长度范围内允许光斑尺寸的最大变化值也包括在技术条件中。由于光斑尺寸取决于测量过程中狭缝扫过点像时对辐照度的积分，所以，工业仪器使用扫描狭缝测量光斑能量分布得到的结果不同于计算出的点像的点扩散函数。在辐照度分布图中，艾里斑的这种线扩散函数测量没有零值，是一种通过逐渐移动光斑方式来测量积分光能量的更适合方法。

2.4.3　切趾率

激光扫描系统通常都使用切趾后的准高斯输入光束。切趾意味着一个硬边光阑限制着高斯光束的直径范围，通常放置在准直输入光束中。切趾率 W 是高斯光束直径 D_B（一般定义在 $1/e^2$ 辐照度等级）与切趾孔径 D_L 之比，定义为

$$W = \frac{D_B}{D_L} \qquad (2.10)$$

图 2.5 给出了不同切趾率如何影响衍射限光束成像。

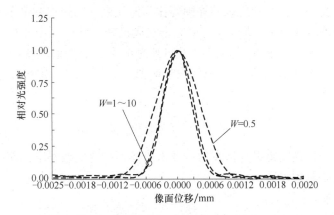

图 2.5　一束理想波前在不同切趾率下的点扩散

重要的是，要记住一个扫描物镜并没有固定的孔径光阑。实际上，该物镜直径要比设计孔径大得多，以使斜扫描光束能够通过。一般地，预扫描准直光束，也常称为馈入光束

（或入射光束）决定着孔径。该光束直径不应比能够形成满意像质的物镜最大光束直径（通常是衍射限）更大。其称为设计孔径，在计算切趾率 W 时其值用作 D_L，但并非扫描物镜的实际直径。

将衍射限定义延伸到包括切趾率产生的作用将导致如下定义：

$$d_x = \frac{k_x\lambda}{2NA} = k_x\lambda(F/\#) \qquad (2.11)$$

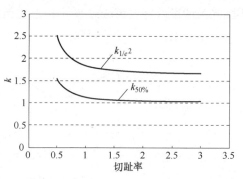

图 2.6　切趾率对光斑相对直径的影响

k_x 值取决于切趾率 W 和用以测量像点直径的光斑的辐照度。图 2.6 给出了不同的切趾率 W 是如何影响 k_x 值和一个点光源像的直径的，也给出了图像直径 d 的两种判断标准：一种是 $1/e^2$ 辐照度水平，另一种是 50% 辐照度水平。本章参考文献［4］中可以查到这两种情况的相关公式：

$$k_{FWHM} = \frac{1.021 + 0.7125}{(W - 0.2161)^{2.719}} - \frac{0.6445}{(W - 0.2161)^{2.221}} \qquad (2.12)$$

$$k_{1/e^2} = \frac{1.6449 + 0.6460}{(W - 0.2816)^{1.821}} - \frac{0.5320}{(W - 0.2816)^{1.891}} \qquad (2.13)$$

一般地，切趾率为 1 表示光斑直径与总能量守恒（86.5%）之间有一个合理的折中。若 $W = 1$，则使用下列公式估算光斑直径：

$$d_{1/e^2} = 1.89\lambda(F/\#) \qquad (2.14)$$

和

$$d_{50} = 1.13\lambda(F/\#) \qquad (2.15)$$

决定切趾率时，需要考虑以下因素：很明显，直径满足 1.89λ 关系式⊖的高斯光束光斑小于直径满足 2.44λ 关系式的均匀光束的艾里斑。然而，高斯光束光斑直径公式是指 13.5% 的图像辐照度水平，而艾里斑公式是指第一个辐照度为零（光斑）的直径。图 2.5 给出了 $W = 10$ 基本均匀照明的辐照度分布曲线，非常接近艾里斑图曲线，比 $W = 1$ 的切趾高斯照明光束更窄。另外，在艾利斑像的外围要比高斯光束外围聚集有更多能量。

显然，高切趾率（$W \gg 1$，即高斯光束完全充满已知尺寸的固定孔径，几乎达到均匀照明水平）将会产生较小的光斑尺寸，但由于切趾光束形成的衍射环作用，也会形成闪烁或者旁瓣。为此，许多设计师相信，采用较低的 W 值（0.5~1.0）是更合适的，这样可以提供更多光能量而图像闪烁较少。

2.5　性能问题

本节将介绍激光扫描物镜设计涉及的专业术语及独特的成像要求，而这些对大多数照相物镜设计过程并非是典型参数。

2.5.1　图像辐照度

与普通的照相物镜相比，计算扫描物镜的图像辐照度时需要考虑一些细微差别。若是检

⊖　原书错印为 1.83λ。——译者注

流计和多面体激光束扫描器，扫描物镜的孔径光阑应当置于或者靠近偏转反射镜表面，并随着偏转角变化，这些转向镜不能改变入射光束的圆直径。与照相物镜不同的是有一个垂直于物镜光轴的固定的孔径光阑，照相物镜中的斜光束则由于孔径光阑上倾角余弦值（影响）而变短。设计较大入瞳（由视场角的反余弦值）的扫描物镜将会提供很好的初级（或一阶）解。

大部分物镜设计程序并不能自动考虑这种孔径效应，所以，设计过程的某一时段必须在设计程序中采用适当的倾斜措施以使每个视场的光束直径都得到优化。大部分商业设计程序中都有多组结构布局（multiconfiguration）（或者变焦）设置，可以达到此目的。设计程序同时优化几种设计方案。2.8.4 节将较详细地讨论扫描物镜设计如何利用多组结构布局设计方法。

2.5.2　像质

寻址能力是激光扫描技术中广泛使用的重要术语，是指扫描线上两个独立的可寻址点间的最小可分辨间隔。采用光斑直径概念表述光学性能时，很难知道两个光点相距多远才是可分辨的，电气工程师倾向于傅里叶（Fourier）分析法，建议采用调制传递函数（Modulation Transfer Function，MTF）的概念[21]。

根据 MTF 概念确定成像的质量技术要求，对表述激光扫描器的光学性能非常有优势。图 2.7 给出了切趾率 $W = 10$（准艾里斑）、2、1、和 0.5 时衍射限图像的 MTF 曲线。显然，低频时，较低的切趾率有较高的 MTF。W 的最佳值接近 1，该值下的 MTF 最高，达到设计孔径理论截止频率的 43%。因此，下面的设计原理建议采用 W 接近 1，并使 $F/\#$ 尽可能小，统筹考虑性能和成本。

上述原则是以形成一个理想图像为基础的，如果试图提高低于截止频率 43% 处的

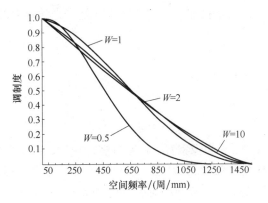

图 2.7　一个理想像在不同切趾率 W 下的 MTF

MTF，则在需要大的计孔径时，最终会出现像差问题。幸运的是，W 值小意味着孔径边缘的光强度下降，所以，可以放松对波前像差的公差要求。由于与像差类型有关，因此，不太容易给出波前误差的经验公差值。光瞳边缘附近高级像差的影响比低级像差小，如离焦或者像散误差。

确定激光扫描器光学系统性能和进行正确测量有一定难度，需要确定光斑尺寸或者 MTF 是以点扩散还是以线扩散函数为基础的。若以一些互不相干的像点扫描一幅图像，采用点扩散函数非常方便，应沿着扫描方向评价物镜的点扩散函数，扫描出的光斑尺寸取决于由点扩散确定的照射光强度分布。也就是说，随着曝光量增减，由点扩散函数辐照度水平确定的可视光斑尺寸也会增大或减小。光强度对光斑尺寸的影响，取决于被扫描图像的类型——模拟灰度或数字半色调，以及扫描成像在其上的介质的响应度。更要注意将能量聚集到点扩散函数旁瓣中会恶化一个具有像差的真实物镜的性能，因此，用以确定设计光斑尺寸的光强度水平常常选择在 $1/e^2$。有时候，扫描像性能可能会造成旁瓣高于 5%。对半峰全宽度（Full Width Half Maximum，FWHM）的技术要求经常与最终扫描完成的产品有关。

一个具有像差的实际物镜，会将一个像点的能量扩散到艾里斑之外。能量的这种再分配降低了点扩散函数中心的辐照度。对这种再分配的一种计量是斯特里尔（Strehl）比，即光斑峰值光强度与衍射极限之比。斯特里尔比（与 RMS 波前误差）是在光学设计中经常用于评价物镜像质的一种计量方法。当评价一个具有多视场的物镜时，该方法对校准规范化点扩散函数的计算非常有用。

上述概念的问题在于，扫描器扫描时，激光束不断移动，使扫描线方向的像点模糊不清。随着光斑移动，对光束辐照度水平不断进行调制，以便写下所需要的信息。这种正在使用的写（信息）过程是把 MTF 作为一种测量性能的正确方法。然而，使用 MTF 测量法时假定记录介质在整个光照范围都线性地记录辐照度，而该假设可能是对的，或许是不对的，这取决于记录介质。对于光学设计师，与系统设计师讨论这些区别，以保证所有部门都能理解上述问题及进行折中处理是非常重要的。将由于离焦及视场变化而使指定的光斑尺寸发生的变化，与斯特里尔比而非 MTF 进行相互联系可能更容易些。

采取保守和冗余的设计手段，激光扫描系统初始研发过程会占总投资的 10%。对一种新型设计，最重要的是第一台原理样机及第一台整机的测试。

2.5.3 分辨率和像素数

一条扫描线上的像素总数是对光学效果的一种计量，由下式给出：

$$n = \frac{L}{d}$$

$$= \frac{2\theta F}{k\lambda F/D_{\mathrm{L}}}$$

$$= \frac{2\theta D_{\mathrm{L}}}{k\lambda} \tag{2.16}$$

式中，n 为像素数；L 为扫描线长度；d 为光斑直径；D_{L} 为物镜设计孔径的直径；θ 为半扫描角（弧度）；F 为扫描物镜焦距。光斑直径的判断准则在很大程度上取决于介质灵敏度，以及对 $1/e^2$ 或 50% 辐照度水平的响应。

2.5.4 焦深

对激光扫描系统，需要考虑的另一个重要因素是焦深（Depth of Focus，DOF）。理想球面波前 DOF 的传统定义为

$$\mathrm{DOF} = \pm 2\lambda (F/\#)^2 \tag{2.17}$$

该广泛应用的判断准则是以偏离理想球面波前 1/4 个波长假设为基础的。对于高斯光束，根据瑞利范围可以给出类似判据，使光束尺寸和 DOF 之间获得最佳平衡：

$$Z_{\mathrm{R}} = \frac{\pi w_0^2}{\lambda} \tag{2.18}$$

式中，Z_{R} 为束腰每侧沿光轴方向使波前具有最小曲率半径（$R_{\min}$）的距离：

$$R_{\min} = 2Z_{\mathrm{R}} \tag{2.19a}$$

其横向 $1/e^2$ 光束半径为

$$w_R = \sqrt{2}w_0 \tag{2.19b}$$

这些广义的判断准则［式（2.17）和式（2.18）］是为了解决具体问题，而许多系统要求，在整个扫描线范围内，光斑直径必须是常数，变化量在 10% 以内（甚至更小）。此外，

扫描系统制造商常常对 DOF 公差给出较低的约束，没有一个简单公式能够将 DOF 与这种需求联系起来，但对一些焦面位置进行光斑尺寸或 MTF 计算则可以提供相关资料。图 2.8 给出下列条件下 $F/5$ 抛物面的 MTF 曲线：

1. 理想像在整个设计孔径范围内（$W = 1000$）具有均匀的辐照度（波长 632.8nm）。

2. 理想像的 $W = 0.85$。

3. 与 A 的像一样，但具有 0.063mm 的焦移，对应着最大设计孔径时具有半个波长的波前误差。

4. 与 B 的像和切趾一样，但具有 0.063mm 的焦移。

5. 一个具有非球面变形的抛物面成像，从而在设计孔径边缘位置引入 4 阶波前误差的一个半波；$W = 1000$，没有焦移。

6. 与 E 一样，$W = 0.85$，没有焦移。

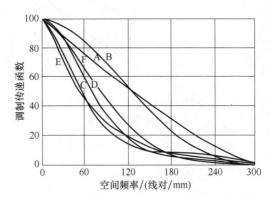

图 2.8　焦移、球差和切趾率对 MTF 的影响
（资料源自：Hopkins, R. E.；Stephenson. D. Optical Systems for Laser scanners. In Optical Scanning；Marshall, G. F., Ed.；Marcel Dekker：New York, 1991, 27-81）

为了降低设计孔径边缘附近像差光线的影响，本例中采用的切趾率是 $W = 0.85$ 而不是 $W = 1$。这些曲线表明，以该值切趾会使 DOF 稍有改善，同时显示，半波球差对 DOF 的影响并不像等量聚焦误差那样严重。由于匹兹伐（Pitzval）弯曲和像散可以造成焦移误差，因此，最重要的是减少扫描物镜中的这些像差。

2.5.5　F-θ 条件

为了对被扫描材料均匀曝光，固定功率的像点必须以固定速度扫描。当扫描器转动 $\theta/2$ 时，反射光束偏转 θ。其中，从扫描物镜光轴起始计量 θ。由于多面体扫描器是以固定速度旋转的，所以，反射光束也以固定角速度旋转。如果光点位移与 θ 呈线性正比，扫描光斑则以恒速沿扫描线移动。光斑远离光轴的位移量 H 满足如下公式：

$$H = F\theta \qquad\qquad (2.20)$$

式中，常数 F 为扫描物镜的焦距近似值。图 2.9 给出了一个 F-θ 物镜在扫描视场角范围内相对于校正过线性畸变的普通物镜（F-$\tan\theta$）的畸变。曲线相对于直线的偏离量代表着一个 F-θ 物镜以恒速扫描时需要的畸变。随着视场增大，传统无畸变物镜成像在扫描线上太远的位置，因此，造成光点在扫描线端部移动太快。幸运的是，有代表性的扫描物镜首先从负（桶形）三级畸变开始——像高曲线位于 F-$\tan\theta$ 曲线之下。畸变可以设计得与视场边缘处 F-θ 像高相匹配，或者在整个像方视场范围都得到平衡。对于给定的畸变分布，为了获得最小的正负偏离，对在确定数据率过程中使用的 F 值进行缩放，以平衡扫描图像范围内偏离理想 F-θ 高度的正负值。缩放数据率便有效地缩放了写在像面上的像素的空间频率。使线性偏离量降至最小的焦距称为校准焦距。

对于许多应用，在视场角增大至 $\pi/6$（即30°）时，线性偏离残余量可能仍然太大。使负的三级畸变与正的五级畸变相平衡会进一步减小偏离量。光学设计师要认识到，这种实用技术类似采用具有合适间隔的强会聚色散面减小局部球差的方法。若是这种情况，一定会减小主光线的局部球差，图 2.10 所示的正是这种校正实例。

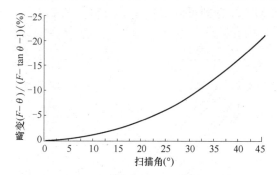

图 2.9　校正畸变后 $F\text{-}\theta$ 与 $F\text{-}\tan\theta$ 之间的误差

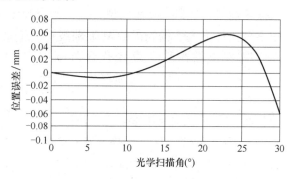

图 2.10　利用校准焦距、三级和五级畸变使 $F\text{-}\theta$ 线性误差降至最小的实例

由于光点扫描速度在扫描线端部会快速变化，可能造成照射曝光量或像素布局不可接受的变化，所以，高级（畸变）的校正不应达到太高阶次，也可以使光斑结构分布图畸变变形，将圆形光斑变成椭圆形。这种局部畸变会造成扫描线端部附近的分辨率或空间频率变化。一个标准的观察者可以分辨 10 线对/mm（254 线对/in）的频率，对重复图样中的频率变化甚至更敏感。临界观察可以探测到小至 10% 的频率变化。对线性度的技术要求常常表述为百分比误差（光斑位置误差除以所要求的像高）。例如，技术规范要求 $F\text{-}\theta$ 误差必须小于 0.1% 。这意味着，扫描线中心位置的偏离量要非常非常小。扫描线中心附近的点要做到如此小的误差是不合理的。合理的技术要求应当标明扫描速度的变化速率，以及对图 2.9 所示理想情况的允许偏离量。该方面的更详细内容，请阅读本章参考文献 [4]。

2.6　初级像差和三级像差 ◀━━

扫描光学系统都有一个成熟的初级结构布局，这意味着，进行像差校正之前应当确定物镜的焦距和位置。本节讨论的大部分光学系统首先要看做是薄透镜组，薄透镜采用的约定（或惯例）在许多初级光学书籍中都有介绍[6,7]。

图 2.11 所示的图形表示法非常适合讨论和确定单个透镜或整个系统的焦距。该图形给出一条平行于光轴的轴向光线，代表物镜的准直入射光束，负透镜"a"将轴向光线向上折射到正透镜"b"，然后，正透镜"b"将该光线折射到焦平面的轴上点位置 F_{2ab}（即激光束的扫描写位置）。

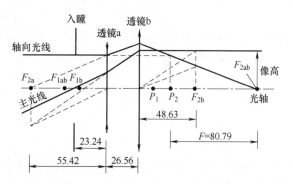

图 2.11　薄透镜系统的图解法

负透镜的第二个焦点位于 F_{2a} 处。将折射后的轴向光束从负透镜开始向后延长，直至与光轴相交，从而确定该点位置。正透镜第二个焦点 F_{2b} 这样确定：从正透镜中心画一条平行于正、负透镜间轴向光线的直线。由于两条线平行，所以，一定会聚焦于正透镜焦平面的轴上点（焦点）。至此确定了两个透镜的焦距。透镜位于空气中，每个透镜的前后焦距相等。所以，也确定了焦点 F_{1a}、

F_{2a} 和 F_{1b}、F_{2b} 的位置。该图还给出了确定第二主点 P_2 的结构图，P_2 到 F_{2ab} 的距离是负-正透镜组的焦距 F。

　　主光线是通过双元件光学系统追迹的另一条光线。利用下述概念：透镜一侧相互平行的两条光线一定会聚或发散到该透镜的第二焦平面上，主光线通过系统入瞳（或孔径光阑）后进入透镜系统。对于扫描物镜，入瞳通常设置在扫描元件上。应当注意，与摄影物镜相比，扫描物镜的入瞳处位于物镜前面，而前者的入瞳处通常在一个虚拟位置（前透镜的像空间），且孔径光阑设置在透镜元件之间。这就是一个摄影物镜不能用作扫描物镜的主要原因，也是扫描物镜涵盖的视场角受到限制的原因之一。

　　该图标注了物镜的焦距：系统焦距 $F=80.79$，$F_a=-55.42$ 和 $F_b=48.63$。各透镜的光焦度除以折射率之和得到匹兹伐弯曲，如下式所示：

$$P = \sum_i \frac{\Phi_i}{n_i} = \sum_i \frac{1}{F_i n_i} \tag{2.21}$$

　　匹兹伐弯曲半径（$1/P$）是焦距的 3.3 倍，并弯向透镜。如果扫描物镜形成较长的扫描线，系统的 F 数是 $F/20$，则扫描线不会太平直。2.6.4 节的式（2.22）给出了计算——给定系统匹兹伐弯曲半径的公式。若匹兹伐弯曲半径太小，就必须通过引入正的像散将视场拉平，但会造成椭圆形扫描写光斑。匹兹伐弯曲半径是激光扫描物镜设计需要考虑的基本因素，在要求小光斑尺寸的系统中成为主要因素。小光斑尺寸需要大的数值孔径 NA 或者小的 $F/\#$。

　　根据该结构布局可以得出如下几点：

　　1. 从入瞳到透镜的距离是扫描物镜焦距的 23.24% 或 29%。

　　2. 将入瞳移向 F_{1ab}，则主光线会平行于光轴传播，系统将变为远心系统。该条件具有一定优点，但透镜"b"将引入负畸变，使其难于满足 $F-\theta$ 条件。

　　3. 减小负透镜光焦度，或者增大透镜间隔造成透镜与入瞳之间更长的距离，同时引入了更严重内弯的匹兹伐值。

　　上述的简短讨论，介绍了在确定扫描物镜初始结构布局时需要考虑的具体因素。根据所要求的光斑直径及扫描长度，必须确定要多大的匹兹伐弯曲半径才能确保在扫描长度范围内具有均匀的光斑尺寸。如果需要将视场拉平，必须在系统中加入更多的光焦度。完成此任务的最有效方法是在正焦距扫描物镜的第一、第二焦点（即物方焦点和像方焦点）或者两个焦点位置插入一个负透镜。在这些位置，对正透镜的焦距没有影响，所以，当负透镜与正透镜具有近似相同的光焦度时，匹兹伐弯曲接近零。然而，第二焦点位置的负透镜直径必须等于扫描长度，并且，若移离焦平面，就会引入正畸变，从而很难满足 $F-\theta$ 条件。由于物镜和扫描元件位置之间没有间隔，所以，将一个负透镜放置在物镜第一焦点是不实际的。

　　能够做到的最佳方案是在像面与正透镜之间设置一个单负透镜。如果负透镜和正透镜具有大小相等而符号相反的焦距，并且两个透镜的间隔是原单透镜焦距的 1/2，那么，两个透镜的焦距是 $+0.707F$ 和 $-0.707F$。正透镜在前的系统是摄远物镜，而负透镜在前的物镜是反摄远物镜。摄远物镜具有长工作距离（从第一焦点到物镜），而反摄远物镜从后透镜到像平面有较长的距离。现在的问题是"哪一种形式更适合用作扫描物镜？"。

　　众所周知，摄远物镜是正畸变，反摄远物镜是负畸变。满足 $F-\theta$ 条件的扫描物镜必须设计负畸变，因此建议的理想方案是，即使从最后一块透镜到焦平面的距离构成一个更长系统，并且，入瞳距变得相当短，也要使用第一块是负透镜的形式。正在应用的大部分扫描物镜都是这种反摄远物镜的仿制形式，在物镜扫描器一侧使用负光学元件。

扫描元件需要的间隔常常会带来像差校正问题，远心设计方法可以提供更大的空间。由于正透镜必须使主光线以大角度折射，所以，精确远心会引入太多的负畸变。如果对 F-θ 条件有严格的公差要求，那么，就让扫描器（孔径光阑）比较靠近第一块透镜。实践表明，很难使系统总长（从扫描元件到像面）小于焦距的 1.6 倍。本章参考文献［4］介绍了扫描物镜的一些特性；几乎没有更小的比例。如果从扫描元件到第一透镜表面的距离必须大于焦距，则采用摄远物镜形式更为有利，然而，很难满足 F-θ 条件。类似这样的系统已经应用于检流计扫描器，特别适用于孔径光阑与物镜之间需要有更大空间的 XY 扫描系统。

上例中使用的物镜是为解释两种情况而采用物镜的极端形式。大多数设计的匹兹伐半径并不设置为无穷大，仅为焦距的 10～50 倍就足够了。匹兹伐弯曲的设计规则是：为了增大匹兹伐半径，负透镜孔径应当小和折射率要低，而正透镜应具有大孔径和高折射率，为此，两个透镜一般会采用不同的玻璃类型。已经指出，如果入射光束稍有发散而非准直光束，则可以增大匹兹伐面的半径[8]。实际上，发散光束增大了正场曲。该思路在系统中偶尔会采用，但准直物镜必须以正确的发散度聚焦——不能像平常那样精确准直设置。

一些要求形成小光斑（直径 2～4μm）的物镜在正透镜两侧都使用负透镜以校正匹兹伐弯曲。相关示例请参考 2.12.9 节。

2.6.1 初级色差校正

由于孔径光阑远离扫描物镜，所以，校正扫描物镜的轴向色差和横向色差都是难点，如图 2.12a 和 b 所示。一些扫描系统的技术规范要求同时扫描两种以上波长，因此，这些物镜必须完成多波长色差校正而无须改变焦点位置或者焦距，即设计成消色差物镜。轴向（纵向）色差是一种边缘光线像差，焦点随波长变化，并且，正比于相对孔径而与视场无关。横向色差是主光线像差，透镜放大率或者比例随波长变化，正比于视场。

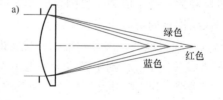
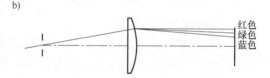

图 2.12 轴向色差和具有远距离光瞳的横向色差
a）轴向色差（焦点随波长变化）
b）具有远距离光瞳的横向色差（放大率随波长变化）

校正轴向和横向色差的最简单方法是使每个元件都成为消色差双胶合透镜。为了使一块正透镜消色差，必须采用不同色散的正负透镜。正透镜采用低色散玻璃，而负透镜用高色散玻璃。负焦距透镜减少正光焦度，所以，正透镜光焦度必须大约是没有消色差时光焦度的 2 倍。

该方法使半径减半，为了保持物镜直径不变，必须增大厚度。若是扫描物镜，物镜直径取决于主光线高度，所以，物镜直径远比轴向光束显示的大。随着厚度增加到满足直径要求，则胶合面上入射角增大，从而产生高级色差。消色差双胶合透镜的入射角太大时，必须分列双胶合透镜。可以肯定地说，要求同时校正色差可能使透镜零件的数目翻倍。

透镜、反射镜和安装支架所用材料会受到环境影响，如温度和压力。对于宽带系统及波长随时间和温度变化的系统，三级像差中色差的变化是最具挑战性的像差校正。当使用不同色散的玻璃来校正初级色差时，除使用具有相类似的局部色散（即色散以类似的变化率随波长变化）外，还可以校正二级色差。一些应用中，若使用具有类似色散的玻璃是不实际或不适用的，则需要增加元件以形成三胶合透镜，从而合成高级色差校正所需要的玻璃关系。

通过重新调焦或元件移动可以校正色差，所以，一些技术规范要求精确校正窄波带产生的小量色差。这些系统并不需要对整个波段校色差，可能设计成满足其他的不同应用要求。最高性能扫描物镜通常使用高单色性激光束。

2.6.2　三级像差性质

一个不受约束的光学设计的最终性能，总是受限于由该设计形式自身特性所决定的特定像差。熟悉和了解像差及物镜结构对于成功完成设计优化仍然是一个重要的组成部分。了解像差，有利于设计者识别出难以进一步优化的物镜，并对已偏离优化结构布局的物镜如何进行优化给出指导。表 2.2 给出了三级和五级像差与孔径（$F/\#$）和视场 θ 的关系。

表 2.2　三级和五级横向像差与孔径 $F/\#$ 和视场 θ 的关系

横 向 像 差	三　　级	五　　级
球差	$(F/\#)^{-3}\theta^0$	$(F/\#)^{-5}\theta^0$
慧差	$(F/\#)^{-2}\theta^1$	$(F/\#)^{-4}\theta^1$
像散	$(F/\#)^{-1}\theta^2$	$(F/\#)^{-1}\theta^4$
场曲	$(F/\#)^{-1}\theta^2$	$(F/\#)^{-1}\theta^4$
畸变	$(F/\#)^0\theta^3$	$(F/\#)^0\theta^5$

（资料源自：Thompson, K. P. , Methods for Optical Design and Analysis-Seminar Notes；Optical Research Associates：California，1993）

对像差产生的原因及消像差方法的认识，源自三级像差理论。对该理论的详细讨论已超出本章范围，可阅读本章参考文献 [6, 9-11] 以加深理解。下面将专门讨论这些像差，使读者对其有所了解，并提供经验来指导扫描物镜的设计。

三级像差理论表述的是一个光学系统最低级单色像差。一般地，实际的光学系统都存在着三级像差与高级像差的平衡问题，理解基本的逐面三级贡献量非常重要。图 2.13 给出了这些像差，下面章节将进行简要解释。

2.6.2.1　球差

该像差是物镜不同孔径区域具有不同焦距而产生的结果，是角度正弦与近轴角度存在较大偏差所致，是一种与孔径有关的像差（随孔径直径的锥形角变化），从而使光轴上一个物点形成旋转对称的模糊像。若是旋转对称的光学系统，是光轴上出现的唯一一种像差，但如果存在球差，则除了与视场有关的其他像差外，视场中的每一个物点都会出

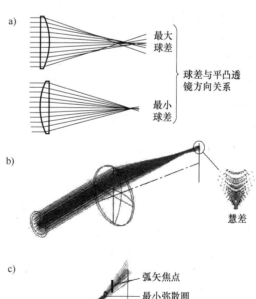

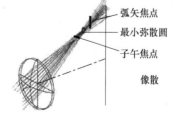

图 2.13　像差
a) 球差　b) 慧差　c) 像散

现球差。

2.6.2.2 慧差

这种像差是靠近光轴的点出现的第一种不对称像差，是孔径不同区域具有不同放大率的结果。慧差的名字源自点光源的成像形状——图像模糊斑成慧差状。慧差模糊斑随视场角线性和随孔径直径的二次方变化。

2.6.2.3 像散

如果有这种像差，子午光线扇（物镜截面内的光线）聚焦在子午焦点，是一条垂直于子午平面的直线。弧矢光线（垂直于子午面的面内光线）会聚成一条与子午焦线垂直的焦线，该焦点称为弧矢焦点。两个聚焦位置中间的图像是一个圆形模糊斑，其直径正比于物镜的数值孔径 NA 和两条焦线间距离。三级像差理论表明，子午焦点远离匹兹伐面的距离是弧矢焦点的 3 倍，从而形成匹兹伐场曲。如果存在匹兹伐场曲，像面不可能是没有像散的平面。像散和匹兹伐场曲都与视场二次方成比例增大，比慧差增大快，并随视场（扫描长度）增大而成为最麻烦的像差。

2.6.2.4 畸变

畸变是真实主光线对相应近轴参考点（像高 $Y = F\tan\theta$）位移的一种计量，并与 f 数无关。畸变不会使图像模糊，也不会造成像质（如 MTF）恶化。若是无像差设计，则能量会聚中心位于主光线上。主光线偏离近轴像高的三级位移随像高三次方变化，相对畸变随像高二次方变化。

较前已经注意到，为了满足 $F\text{-}\theta$ 条件，畸变必须是负值。三级畸变意指主光线位移。如果有慧差，像点就不可能是旋转对称。主光线位置并不是图像中能量的最佳会聚，可能有位移，因此，很难确定扫描线性度的技术规范。图像缺少对称性，如何确定误差？若利用 MTF 作为判据，则该误差在子午 MTF 中就是一个相移，如果以环绕能量作为判据，又应当使用怎样的能量水平？当给出偏离 $F\text{-}\theta$ 条件的设计曲线时，通常是指主光线的畸变。所以，设计师必须将慧差减至与 $F\text{-}\theta$ 条件技术规范相一致，或者采用一种合适的形心判据。

2.6.3 三级像差经验法则

会聚光表面几乎总是产生负球差，使光轴上方光线沿顺时针方向偏折，如图 2.14 所示。聚光面也有产生正球差的区域，即轴上光线会聚到表面曲率中心及其齐明点之间的位置时。当会聚光线指向齐明点时，入射光线和衍射光线相对于光轴的角度满足正弦条件 $U/U2 = \sin U/\sin U2$，并且不会产生球差和慧差。遗憾的是，扫描物镜一般不满足该条件。由于正球差表面是唯一产生正像散的面，所以是很重要的表面。

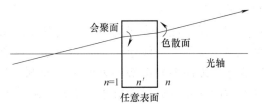

图 2.14　最简单会聚面和色散面的例子

色散面总是产生正球差，使光轴上方的光线沿逆时针方向弯折。为了校正球差，只有采用色散面才能消除会聚表面产生的欠校正球差。

慧差可以是正或负，取决于主光线入射角，从而使人们觉得慧差容易校正，而对于扫描物镜，很难将慧差校正到零。其主要原因是物镜的孔径光阑位于物镜前方，很难确定一个能够平衡正负慧差贡献量的表面。

随着视场增大，像散校正成为主要问题。一个表面引入的像散总是与球差有相同的符号。如果物镜全部设置在孔径光阑一侧，则很难控制像散和慧差。具有正焦距的物镜通常有内弯的场曲，所以，像散必须是正的，这就是设计师必须使这些表面具有正球差的原因。由于畸变是主光线的一种像差，所以，使主光线会聚的表面将会增加负畸变，而色散面将增加正畸变。

2.6.4　匹兹伐（Pitzval）半径的重要性

即使匹兹伐弯曲是一种初级像差，但由于子午和弧矢像散是 3:1 关系，所以，这种像差与三级像差密切相关。不可能仅通过设置物镜光焦度来消除匹兹伐弯曲从而使匹兹伐和为零。因为如果这样，物镜会弯曲得更加厉害，引入三级像差，造成进一步的校正问题。为此，选取具有合适匹兹伐场曲半径的初始结构显得非常重要，设计师应当经常关心匹兹伐半径与焦距的比值。

根据三级像散和离焦量（即 DOF），可以估算平场式扫描物镜（flatbed scan lens）匹兹伐半径的期望值。消除三级像散，则子午和弧矢场曲与匹兹伐面重合。匹兹伐面在整个扫描长度 L 范围内与一个平像面的最大偏离量由扫描线凹垂度给出[10,12]：

$$\delta z = \frac{L^2}{8}\ [\text{匹兹伐场曲}]^{\ominus}$$

根据式（2.17），令 $z^{\ominus}$ 等于整个离焦量 DOF，得到如下关系式：

$$4\lambda (F/\#)^2 = \frac{L^2}{8}\ [\text{匹兹伐场曲}]^{\ominus}$$

从而推导出与物镜焦距 F 有关的匹兹伐曲率半径：

$$\frac{[\text{匹兹伐场曲半径}]}{F} = \frac{-L^2}{[32\lambda (F/\#)^2 F]} \tag{2.22}$$

2.9 节介绍有代表性的扫描物镜时，表 2.6 会给出该比值，作为每种应用的一种指标。此比值是一种近似值，以大视场或小 $F/\#$ 工作的物镜将存在该公式没有涉及的高级像差。根据校正类型，最终的设计比值会比上述公式的给出值高或低。此外，以小孔经工作的负透镜或以大孔径工作的正透镜都会降低匹兹伐场曲，对于一个典型的消色差光学系统，负透镜应当具有低折射率，而正透镜有高折射率。

在大多数单色扫描物镜中，负透镜的折射率比正透镜低，正透镜折射率通常大于 1.7，负透镜一般是 1.5 左右。优化期间，光学设计程序可以改变折射率，在由三片以上元件组成的物镜中，优化后的设计有时会违背这个原则，其中一块正透镜的折射率的设计结果比其他的都低。这可能意味着该设计具有充足的匹兹伐校正量，所以，为了校正其他像差，可以使其中一块元件采用低折射率，或者意味着其中一块正透镜不再有存在的必要。优化过程期间，为了消除这一类元件，在进行全局优化之前对设计重新赋以初值，分配光焦度（增加或减少一个或相邻两个表面的曲率）及利用弯曲和一些约束进行几次迭代的优化。

2.7　具体设计要求　◀

本节将介绍不同类型激光扫描器光学设计的具体要求。

⊖　原书分母多印了 ＊ 。——译者注

⊜　原书作者此处做了修订。——译者注

⊜　原书分母多印 ＊ 。——译者注

2.7.1　检流计式扫描器

检流计式扫描器广泛应用于激光扫描技术中。其主要缺点是受扫描写速度的限制。从光学观点看，其优点如下：

- 扫描反射镜可以绕着反射镜平面内的一个轴旋转。该反射镜能够设置在物镜系统入瞳处，并随着反射镜旋转，其位置不会发生变化。
- 反射镜的旋转角速度可以通过电气方法进行控制，以提供均匀的光斑速度，所以，常常无须 $F\text{-}\theta$ 的条件。
- 检流计式扫描器系统非常适合进行 X 和 Y 扫描。

检流计式扫描器为设计 XY 扫描系统提供了最简单的方法，然而，两块反射镜必须

彼此分开，这就意味着光学系统必须有两个分离的入瞳，并有相当大的间距。实际上，物镜系统要针对比激光束直径大得多的孔径校正像差，同时大孔径和视场角的系统需要对两个扫描方向进行不同程度的畸变校正。原则上，可以采用电的方法校正畸变，但会使设备更加复杂。

另外一种方法是采用望远镜（无焦）中继系统，其中一个扫描器设置在中继系统的入瞳处，另一个设置在出瞳处。望远镜系统增加了设计的复杂性和场曲，但也增加了一个中间像，对校正场曲非常有用。高分辨率系统（在一定长度上具有大量的像点）应避免使用可能引入匹兹伐场曲的中继透镜，因为此种像差常常会限制扫描系统的光学性能。

正如下一节对多面体反射镜扫描器的描述，为了精确扫描，可以使用柱面光学元件校正检流计反射镜的摆动。

2.7.2　多面体反射镜扫描

一些精密的扫描系统要求具有特别均匀的扫描速度，有时要达到 0.1% ，具有几微米的寻址能力。这种高扫描速度的技术要求使扫描系统成为高匀速扫描的旋转装置。在这些应用中最经常使用的是多面体反射镜和全息扫描器。

为了获得良好的光学质量，在配合多面体反射镜设计物镜系统时，必须考虑的技术要求包括扫描线弯曲、光束位移和交叉扫描误差。

2.7.2.1　扫描线弯曲

入射和出射光束必须位于垂直于多面体反射镜旋转轴的同一平面内。满足该条件的误差将使光斑在交叉扫描方向有一定量的位移，并随视场角变化，从而形成一条弯曲的扫描线，称为扫描线弯曲。光斑位移是视场角的函数，由下式给出：

$$E = F\sin\alpha\left(\frac{1}{\cos\theta - 1}\right) \qquad (2.23)$$

式中，F 为物镜焦距；θ 为视场角；α 为入射光束与垂直于旋转轴的平面间的夹角。

聚焦物镜光轴应与入射激光束的中心一致，以后简称为照射光束。任何误差都会造成弯曲。入射光束引入的弯曲并不位于与旋转轴相垂直的平面内，在某种程度上，可以通过倾斜物镜光轴进行补偿。一些光学设计师建议采用激光半导体阵列同时扫印出多个光栅。只有一个二极管精确位于中心轴，而其他的二极管发出的光束都在非垂直于旋转轴的平面内入射到扫描器内，并从扫描器输出，从而引入弯曲。较远离中心光束的二极管的弯曲量更大。

2.7.2.2　光束位移

多面体反射镜的第二个特性：小面是绕着多面体反射镜中心而非其表面旋转，因此，造

成小面位移，并随着多面体反射镜旋转，准直光束也产生位移，如图 2.15 所示。入射光束位移意味着物镜必须在比激光光束直径更大的孔径范围内进行校正。本章参考文献［13］介绍了一种综合处理旋转棱镜式多面体反射扫描器扫描中心轨迹的方法。

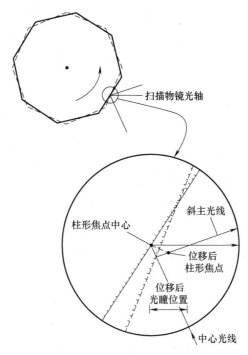

图 2.15　小端面绕着多面体中心旋转会造成小端面平移，从而造成光束位移

（资料源自：Hopkins，R. E. ；Stephenson，D. Optical systems for laser scanners，In Optical Scanning；
Marshall，G. F. ，Ed. ；Marcel Dekker；New York，1991，27-81）

2.7.2.3　交叉扫描误差

一般地，多面体反射镜小反射面都存有塔差及转轴摆动，从而使扫描线在垂直于扫描方向的平面（称为交叉扫描面）内造成扫描误差，称为交叉扫描误差，因此，必须将该误差校正到线宽的几分之一，通常是线宽（$1/10 \sim 1/4$）d 数量级。若设计一个 2400DPI 高分辨率系统，允许误差小于 $1\mu m$。一个焦距 700mm、没有交叉扫描误差的物镜，其塔差应不大于 $1.4\mu m$。

多面体反射镜塔差产生的交叉扫描误差的校正方法包括，使发射光束偏离，采用柱面和齐明物镜使光束聚焦于多面体反射镜上，多面体反射镜上形成齐明准直光束或者使用后向反射棱镜以实现自动校正。

为抵消多面体反射镜造成的交叉扫描误差而使照射光束偏离是可以预测和测量的，通常采用反射镜倾斜、移动物镜或声光偏转器（Acousto- Optic Deflector，AOD）等方法，该方法不适用于多面体反射镜轴承摆动造成的随机误差，因此其应用有限。

图 2.16 给出了柱面物镜如何影响多面体反射镜小反射面摆动。上图表示扫描平面中扫描线长度。下图表示与扫描方向相垂直平面中的情况，将柱面镜放置在平行光束中而使激光束聚焦在多面体反射镜小反射面上，因此，当其入射到聚焦物镜中时是发散光束。如果不增加柱面镜，具有旋转对称性的扫描物镜就不能将垂直于扫描方向平面内的光束聚焦到像面。

柱面透镜的焦距和位置取决于多面体小反射面到全球面形状扫描物镜的距离，以及将扫描线聚焦成像在小反射面上的柱面镜的数值孔径NA。

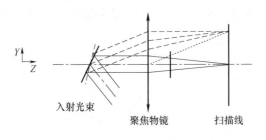

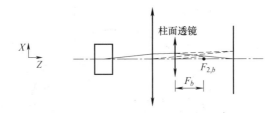

图2.16　采用柱面物镜将扫描线聚焦在小反射面上，可以减小反射面摆动在
垂直于扫描方向的平面内的扫描误差

（资料源自：Hopkins，R. E. ；Stephenson，D. Optical systems for laser scanners，In Optical Scanning；
Marshall，G. F. ，Ed. ；Marcel Dekker；New York，1991，27-81）

为了在扫描面内形成一个圆形像斑，垂直于扫描方向的平面内的光束必须像在扫描

平面中一样以相同的数值孔径聚焦。小反射面与扫描成像处的交叉扫描数值孔径之比确定物镜的交叉扫描放大率。在扫描器和扫描物镜之间及/或者扫描物镜和像面之间，选择扫描前的柱面镜光焦度，将会影响景深边缘处摆动误差的灵敏度。若多面体小端面相对于焦线有偏移，一般地，选取约1:1的交叉扫描放大率就可以获得优化校正值。

如果多面体反射镜旋转是为了将光束指向扫描边缘，则需要增大到球面物镜的距离，以便使共轭距变化。在交叉扫描面内，光学系统使来自有限远物体的光束聚焦。随着扫描光点移离扫描中心，交叉扫描面内的物距也增大，所以，共轭像距减小。其结果是，在向内弯曲的最终弧矢焦面成像中引入像散。为了进行补偿，所有的球面聚焦透镜都必须引入足够的正像散以抵消总的色散。

已经证明[5]，在多面体小端面和全球面透镜之间设置一块环形透镜可以减少产生的像散量。在扫环形面的曲率半径应当设置在多面体小反射面附近。在交叉扫描平面内，调整其弯曲量以使光束准直。然而，这种方案需要采用专用工装，必须承担成本的压力及采购、测试和调校对准等方面的严重挑战。

如果入射在多面体反射镜上是一束齐明准直光束，并与扫描物镜组合能够形成短的交叉扫描焦距和长的共面扫描焦距（in-scan focal length），如图2.17所示，则可以利用这种方法减少多面体反射镜小反射面镜摆动的影响。简单来说，由于未经校正而造成灵敏度的降低量，就是交叉扫描与共面扫描焦距之比，通过增加一个柱面透镜，将全球面透镜形式的正常扫描物镜修正为反摄远交叉扫描结构布局，就可以实现上述目的。同样，将发射光束压制在交叉扫描平面内，能够使圆形光束会聚在像平面。该图将扫描物镜的两个焦距标注为F_{yz}和

F_{xz}。以最简单的方式，正常扫描物镜前或后交叉设置一个倒置的柱透镜扩束器和一个与其差不多的柱透镜扩束器就可以完成发射光束的压缩。该系统的确引入一些共轭移动的像散，但由于是准直光入射在多面体反射镜上，因而消除了弯曲误差。

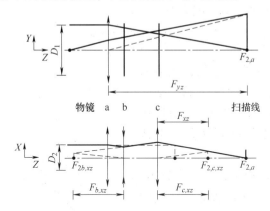

图 2.17　齐明光束入射在多面体反射镜上也会减少交叉扫描误差

（资料源自：Hopkins，R. E.；Stephenson，D. Optical systems for laser scanners，In Optical Scanning；

Marshall，G. F.，Ed.；Marcel Dekker；New York，1991，27-81）

尽可能近地靠近全球面型聚焦物镜设置一块负柱面透镜和靠近像面设置一块正柱面透镜可以减小柱面透镜的光焦度。然而，正柱面透镜的位置设置必须考虑透镜表面的气泡之类的缺陷。当透镜非常靠近焦平面时，光束尺寸非常小，灰尘颗粒会遮挡整个光束。

为了校正多面体反射镜小反射面的摆动误差，已经设计了一种采用后向反射棱镜（90°屋脊角）的系统，正常扫描光束传播到扫描物镜之前，向后反射传播到小反射面上。多面体反射镜塔差或者摆动误差形成的光学误差通过第二步措施消除。遗憾的是，为了保证后向反射光束入射在小反射面上，小反射面的孔径必须大于单次反射系统中反射光束所需要孔径的两倍，因此，这种系统扫描效率低，使用受到限制。

2.7.2.4　小结

轴的摆动和多面体反射镜塔差会由于引入交叉扫描误差而造成严重问题。有许多减少交叉扫描误差的方法，但会产生许多其他挑战。采用柱面透镜会造成制造和对准问题。由于多面体反射镜小反射面上的整个扫描线像并没有对准焦点，不清晰，所以，很难观察到共轭漂移，分析起来也相当复杂。精确确定所有影响（如多面体反射镜塔差，小反射面在旋转过程中的平移，蝴蝶结效应及共轭漂移）组合效应的唯一途径是对该系统进行光线追迹和模拟小反射面通过扫描位置时的精确位置。大多数光学设计程序中都设置有多结构布局模式（multiconfiguration mode），利用该模式可以达到上述目的。下一节将详细讨论多结构布局设计技术。

2.7.3　多面体反射镜扫描效率

图 2.18 给出了一个多面体反射镜小反射镜扫描入射光束的情况。其中确定的一个多面体反射镜扫描器扫描效率极限及最小尺寸的参数和关系（假设没有对小反射镜进行光学追迹）：D 为光束直径，β 为扫描中心处入射光束偏置角标称值，ε 为小反射镜滚动区，小反射面角 $\alpha = 2\pi/N$（N 为小反射面数），$\delta \sim [D/\cos(ⓡ) + \sum]/r$ 为光束角范围加上滚动区。其

中，一个给定多面体反射镜的扫描效率极限为

$$\eta_s = 1 - \frac{(\delta + \varepsilon/r)}{\alpha} \qquad (2.24)$$

多面体反射镜外接球半径最小值为

$$r > \frac{[D/\cos(\beta) + \varepsilon]}{[\alpha^*(1 - \eta_s)]} \qquad (2.25)$$

已知多面体反射镜的外接半径、光束入射角、小反射面扫描角，并假设边缘滚动区（小反射面通光孔径不能使用的部分）可以忽略不计，则无渐晕的最大光束直径由下式给出：

$$D < r\cos(\beta)[\alpha^*(1 - \eta_s)] \qquad (2.26)$$

由多面体反射镜小反射面确定了外接圆一条线，这是比由入射光束在外接圆周长上的投影确定的外接圆线少的，并且滚动区会限制多面体有效旋转。

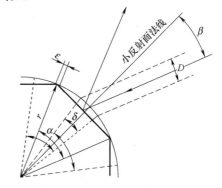

图 2.18　多面体反射镜小反射镜中心位置图，以及表述一个扫描角时在峰值效率状态下可以无渐晕反射的最大光束直径

多面体反射镜和扫描物镜（作为例子）会有以下技术要求：直径 $12.7\mu m$ 的 $1/e^2$ 光斑具有 2000DPI；波长 $0.6328\mu m$；扫描长度 $L = 18in(457.2mm)$；小反射面角 $\alpha = 0.7854$ 弧度的八面体，扫描效率 $\eta_s = 60\%$，光束入射角 $\beta = 30°$。

推导出的系统参数：为了满足该光斑直径，物镜的 $F/\#$ 为 $F/11$〔由式（2.14）得出〕；扫描物镜焦距 $F = 485.1mm$〔由式 $L/(2\alpha^*\eta_s)$ 确定〕；光束直径 $D = 44.1mm$。需要的多面体反射镜外接圆半径大于 162mm，小反射面宽度是入射光束直径的 2.8 倍。

为达到一定的分辨率（在一条扫描线上扫描一定数量的像点），在扫描角度 θ 与入射光束直径之间要有一个折中〔式（2.16）〕。为了利用更小多面体反射镜使系统更为紧凑，就需要更小入射光束及更大的扫描角，为使系统紧凑而进行的研究令视场角越来越大，而扫描角大于20°会增大 $F/\#$ 的校正难度，利用更小的入射角会稍稍缓解该矛盾⊖，但入射光束与物镜镜座之间可能会干涉。对这些变量进行折中就要求光学和机械工程师密切合作，共同努力。

图 2.19 给出了多面体反射镜小反射面数目、多面体反射镜直径与扫描效率之间的关系，上述例子在图中表现为八面体曲线。由于需要根据分辨率确定所需要的入射光束直径，加上旋转多面体反射镜扫描器尺寸的限制及对成本的考虑，多面体反射镜的扫描效率一般在50%左右。本章参考文献〔14〕成功地综合处理了入射光束、扫描轴及棱镜式多面体反射镜扫描器旋转轴之间的关系。

请注意，应当谨慎对待扫描角的技术要求。如果没有清晰的定义，可以解释为机械扫描角、光学扫描角，甚至是半光学扫描角。

⊖　原书此处多印一个符号®。——译者注

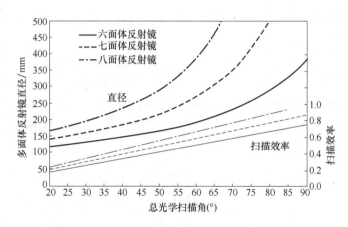

图 2.19　多面体反射镜直径和扫描效率与总的光学扫描角之间的关系
（$D = 44.1\text{mm}$，$\varepsilon = 0$，$\beta = 30°$）

2.7.4　内转鼓式系统

如前所述，物镜没有必要涵盖一个很宽的视场，所以，采用内转鼓式扫描系统会对光学系统的要求最低，大部分任务转移到对转镜的精密机械对准。采用平场物镜，可以将内转鼓式扫描器的概念应用于平板式扫描器。该系统等效于仅有一个小反射镜面的多面体扫描器。所有这些系统都有共同的对准技术要求。

转镜的名义位置一般与转轴成 45°（0.785rad）。只要平行光束平行于转轴入射，无须为精确的 45°，而后面的条件是为了消除扫描线弯曲。对一个理想校准的系统，通过物镜节点的光线一定与偏转反射镜旋转轴相交。如果物镜放置在转镜前面，则物镜第二个节点一定位于反射镜旋转轴上。若物镜设置在转镜之后，其第一个节点一定位于与反射镜转轴相交的光线上。将物镜设置在反射镜与记录面之间具有一定优越性：物镜有较短焦距，节点处任何误差造成的扫描线弯曲都可以得到减少。

2.7.5　全息扫描系统

从光学设计观点出发，全息扫描系统的优点是，无须柱面元件就能按照需要大量减少对摆动的校正。相反，根据要求进行一些弯曲校正，若采用半导体激光器（有波长漂移），则需要进行大量的色差校正。在全息扫描元件之后设置一个棱镜（或光栅）元件或者/和增加一个复杂全息图、在物镜系统中增加反射和折射元件都可以完成扫描线弯曲的校正。棱镜元件引入弯曲便于以相同方式平衡光谱棱镜为增大光谱谱线曲率而造成的弯曲。物镜的倾斜和偏心是减小弯曲的另一种方法。2.11 节将对全系扫描系统进行详细讨论。

2.8　物镜设计模式

无论扫描系统最终如何复杂，设计扫描物镜的最佳起始点常常是从简单的结构模式开始的，有时，这就是唯一需要做的事情。由于波长、扫描长度或分辨率的微小变化而需要修改或者微调一下已有的复杂设计不属此列。在简单模式中，使光束产生偏转的实际可行方法并不在物镜设计之列，并假设光束偏转法只能引起角度变化和忽略由此出现的光束位移。以与照相物镜大致相同的优化方式对扫描物镜建模，并对几种视场角完成优化。其主要区别在于孔径光阑的外部设置，扫描时，每个视场的主光线都通过光阑中心，按照 $F\text{-}\theta$ 线性对畸变的约束进行优化。2.8节将详细阐述一个例子，以验证这种简单模式的概念。2.9.1~2.9.7节额外列出了一些实例。

实际上，图2.20a所示的所有平行光束似乎都是绕着该外部孔径光阑中心转动。其原因是，一束固定不变的光束入射在靠近光阑处旋转的光束偏转器上。如果该偏转器的机械旋转轴与小反射镜平面和扫描物镜光轴相交，则简单的透镜模式就是精确的结构形式。这种形式是以检流计模式为基础的扫描系统的情况，机械旋转轴足够靠近小反射镜平面，与简单模式的偏离微乎其微，可以忽略不计。

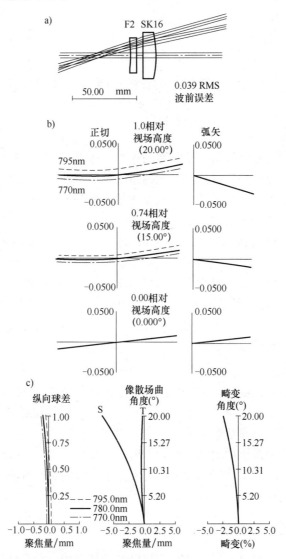

图2.20　由双元件形式开始的扫描物镜设计、初始设计形式的光线像差曲线和
初始设计形式的视场性能曲线

a）由双元件形式开始的扫描物镜设计　b）初始设计形式的光线像差曲线　c）初始设计形式的视场性能曲线

在设计过程中，必须确定移动偏转器几何图形建模的严格程度。最起码，应针对实际角度随光瞳转动及光束位移而对该设计做出分析，以决定一种设计的最终性能和确认简单模式

的效果。

即使小反射面的机械旋转轴远离其反射面，无论反射面全息偏转器多小也不会有光束位移。虽然没有顾及复杂的切趾和多个小反射面照明的影响，但全息元件的色散不是问题，该简单模式足以满足全息扫描系统物镜的设计。

2.8.1　简单扫描物镜的设计剖析

下面介绍一个扫描物镜的设计，从表 2.3 给出的设计技术规范开始，阐述一个设计为了满足上述技术要求而需要完成的演化过程[15]。光学设计开始，前 5 种有编号的技术（扫描线长度、波长、分辨率、像质和扫描线性）要求给出非常小的值。为了进行练习，激光光源采用近高斯模式 TEM_{00} 的半导体激光器，其波长可以随温度和功率漂移，发射带宽为25nm；列出的无编号参数作为参考，或者是可能要增加的技术要求。

表 2.3　一个扫描物镜实例的技术要求

	参　　　数	技术要求或目标值
1	图像格式（扫描线长度）	216mm(8.5in)
2	波长	$(780 + 15, -10)$nm
3	分辨率（根据 $1/e^2$ 判据）	300DPI(目标值：600DPI)
4	波前误差	<1/20 波长 RMS
5	扫描范围内光斑尺寸和变化	TDB ±20%（目标值：±10%）
6	扫描线性（$F - \Theta$ 畸变）	<1%（<0.1%，<0.03%）
7	景深	无特殊要求
8	远心度	无扫描长度与 DOF 控制
9	光学扫描角	TBD①（±15°～45°）
10	F 数	由分辨率确定
11	有效焦距	根据分辨率和扫描角确定
12	总长	<500mm
13	扫描器间隙	<25mm
14	图像间隙	>10mm
15	扫描器技术要求	TBD(型号，尺寸)
16	封装	TBD
17	工作/存储温度	TBD

① TBD：待定（稍后确定），To Be Determined(at a later date)。

从以 $1/e^2$ 为基础的 300DPI 分辨率和标称波长 780nm 的技术要求开始，理想的高斯束腰尺寸（像素尺寸）为

$$2w_0 = 84.7\mu m$$

数值孔径由下式确定：

$$NA = \theta_{1/2} = \frac{\lambda}{\pi w_0} = 0.006$$

令光学扫描角 ±15°（0.26rad）作为初始计算值，216mm 扫描线所需要的焦距由下式确定：

$$F\theta = 216\text{mm}$$

$$F = \frac{216}{(2 \times 0.26)} = 415\text{mm}$$

实践证明，这次计算得到的焦距可能形成一个过长的系统（考虑扫描器至物镜距离、实际透镜厚度及像距时）。为了缩短光学系统长度，将光学扫描角增大到 $\pm 20°$（0.35rad），得到新的焦距：

$$F = 309\text{mm}$$

设计孔径需要的直径为

$$\text{EPD} = F(2\text{NA}) = 3.7\text{mm}$$

图 2.20a 所示的简单双透镜结构布局包括一个凹平火石（Schott F2）透镜和一个平凸冕牌（Schott SK16）透镜［二种材料均由美国宾夕法尼亚州（PA）图利亚市（Duryea）肖特（Schott）玻璃技术有限公司生产］组成，光焦度分配非常适合轴上色差校正，并选作设计起始点。对焦距进行缩放并调焦，复合 RMS 波前误差（视场范围内加权平均）是 0.038 波长。乍看该波前误差似乎满足技术要求，进一步检查图 2.20b 和 c 所示的光线像差及视场性能曲线可以看出，视场边缘存在限制系统性能的大量像散和偏离 F-θ 条件的畸变。

图 2.20b 所示的水平曲线轴是相对孔径，垂直曲线轴是像平面处的横向光线误差。平滑曲线的斜率是焦移的一种度量，而斜率在相对视场范围内及弧矢与子午曲线之间的变化是场曲和像散的度量。这些光线像差曲线清晰地表明了像散（利用 15° 和 20° 视场角弧矢和子午曲线之间的斜率差表示）和色差（利用子午曲线的位移，15° 和 20° 视场角最大和最小波长时像高的变化表示）。

图 2.20c 所示的视场性能曲线也表明该系统具有非常小的轴向色差和球差（左侧图的纵向曲线对每种波长都有位移）、大量像散（利用弧矢视场曲线相对于几乎是直线的子午曲线的偏离量表示，参考中间的曲线）和畸变，畸变曲线更接近 $F - \tan\theta$ 而不是 F-θ（参考右侧畸变曲线）。

以表面曲率作为变量进行初始设计优化，直至达到最佳光斑性能，同时保持扫描长度不变（并没有控制畸变），从而得到图 2.21 所示的双凸双凹结构布局。经第一轮计算机优化迭代之后，通过像散与高级像差的平衡，基本上达到所希望的平衡值（中间的视场像差曲线），从而使 RMS 波前误差得到改善。第二轮优化过程中（为了寻求更简单的解），消除透镜间的空气界面，变为双胶合透镜三个表面，得到的性能（RMS 波前误差和像散）优于初始设计值。

增加诸如折射率和色散之类的玻璃变量及 F-θ 约束条件，为了更稳定收敛，取加权值而不是绝对值，如图 2.22 所示，性能没有太大变化。将双胶合透镜中正冕牌透镜的光焦度分裂，增加一个平凸透镜，从而为下一轮优化迭代提供更多的设计变量。优化结果使像散和 F-θ 畸变都得到更好的校正，RMS 波前误差是 0.005 波长，但牺牲了一些轴上色差校正（焦点随波长漂移）。如果大部分波长变化源自二极管之间，则这种折中结果是可以接受的，利用调焦方式容许存在不同的激光波长及由于能量造成接点温度变化而引起的波长变化，并且，可以将环境温度变化控制到几度。最后的设计迭代阶段，选择真实存在的玻璃，从而得到图 2.23 所示的设计结构和性能，性能没有明显变化。

将该例子中设计透镜的技术要求目标值提高到 600DPI（初始规范值的 2 倍），从而要求

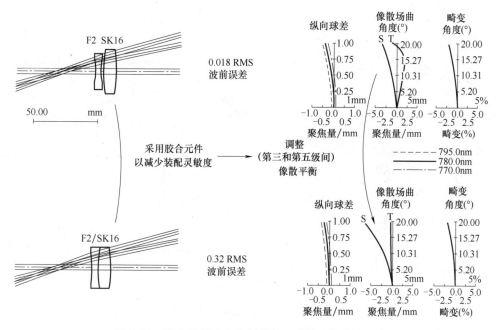

图 2.21　没有进行畸变控制的第一和第二轮设计迭代

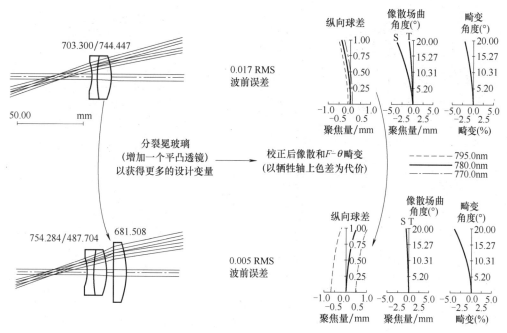

图 2.22　更多次的设计迭代
（增加加权 *F-θ* 畸变控制）

数值孔径翻番，即设计孔径直径的 2 倍。开始更高分辨率 *F-θ* 物镜的设计迭代，并重新添加玻璃变量以降低由于采用较大孔径而引入的光瞳像差，如图 2.24 所示。对这些变量初次迭代后，系统性能有所恶化：波前误差 RMS 是 0.037 波长，主要源自球差（子午 S 形曲线），视场边缘有一点慧差（由全视场子午曲线的不对称性表示）。

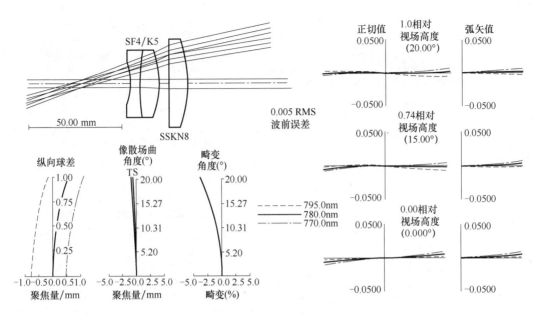

图 2.23　最终的设计迭代
（采用实际的玻璃型号）

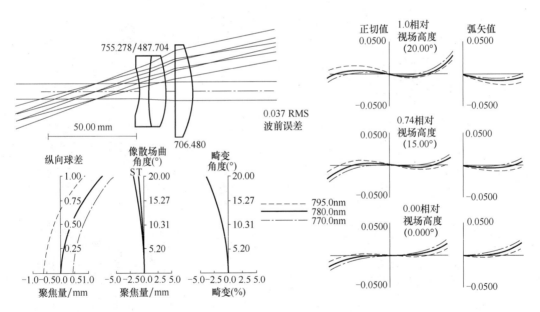

图 2.24　新的设计迭代
（使用前述的 $F\text{-}\theta$ 透镜及 2 倍的设计孔径直径）

　　再次提高性能目标值，将扫描角技术要求从 ±20° 提高到 ±30°。该设计实例从上述的物镜开始，从光瞳到像，包括设计直径在内的参数都按照扫描角的比（20/30）缩放。如图 2.25 所示，几次迭代和选择实际玻璃类型之后，性能有所改善：通过减小球差、轴上色差及像散（利用 2/3 系数缩放设计孔径）和更多的线性畸变满足 $F\text{-}\theta$ 条件，波前误差 RMS 达到 0.028 个波长。扫描物镜设计实例的最终参数见表 2.4，其性能技术要求见表 2.5，校

正后的 $F\text{-}\theta$ 扫描畸变曲线如图 2.26 所示,表明整个扫描范围内的线性度优于 0.1%,而局部高于 1%。从可用性和玻璃性质讲,最后设计过程中选择 LAFN23 玻璃是不理想的,稍后对该初步设计完成最终迭代时,应进一步试选玻璃类型以优化可行性、成本、透射率及成像质量。

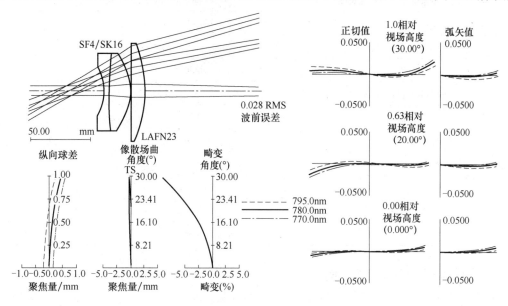

图 2.25　最终设计迭代

（选择玻璃）

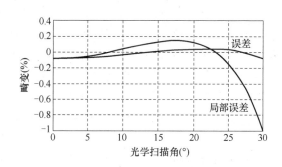

图 2.26　最终 $F\text{-}\theta$ 扫描线性

表 2.4　扫描物镜实例的最终设计参数

表　面	半　径	厚　度	玻璃类型
1		30.3512	
2	−36.5662	4.0000	SF4
3	310.0920	18.0000	SK16
4	−49.8537	0.3276	
5	2541.4236	12.0000	LAFN23
6	−94.6674	270.3002	
像距		0.0462	

表2.5 扫描物镜实例的最终设计技术规范

	参　　　数	技术要求或目标值
1	图像格式（扫描线长度）	216mm（8.5in）
2	波长	770～795nm
3	分辨率（以$1/e^2$为基础）	26μm（约1000DPI）
4	波前误差	<1/30 波长 RMS
5	扫描线性度（F-θ畸变）	<1%（在±25°范围外<0.2%）
6	扫描视场角	±30°
7	有效焦距	206mm（校正后）
8	F数	f/26
9	总长度	335mm
10	扫描器间隔	25mm
11	像距	270mm

2.8.2　采用倾斜面的多结构布局

在透镜设计模式中，为了模拟扫描过程，不可避免地要引入一个反射镜面。该反射面从一种结构布局（或者"变焦位置"）到另一种布局会发生倾斜，以便在扫描透镜之前形成光束角扫描。以这种方式建模，就没有通常意义上的物方视场角。旋转反射镜之前的光束是稳定不变的。当一束圆形截面光束反射离开平面反射镜时，反射后的光束将有相同的截面。

如果简单物镜模式包含物方视场角和固定的外置圆形光阑，情况就不是这样了。由于视场角余弦的原因，轴外视场光束将在扫描方向缩变为一个椭圆。随着视场角接近30°，该影响越来越大。设计过程某些阶段，可以对软件采取特殊的干涉手段，放大扫描方向光束孔径以补偿这种缩短效应，但并非所有分析都能使用这种变通方法。尤其是，衍射计算一般是追迹一束由光学系统某一确定孔径限定的光线，比采用上述简单计算技巧获得的预期效果会更好。

在多结构布局优化模式中，简单地使光轴在入瞳处弯折也可以保持光束截面在所有视场角都固定不变。对于复杂的透镜模式，该方法常常是一种很好的折中方法，无须使用反射面，又能保持扫描光束的光学性质完整不变。

全息偏转器不可能真实地模仿一块倾斜的反射镜。在这样的系统中，光束截面的确是角度的函数，圆形入射光束变成椭圆形输出光束，其方位也随扫描角变化。

2.8.3　多结构布局反射多面体模式

简单地说，在物镜设计模式中，一块多面体就是置于悬臂一端的一块反射镜，所有转动都绕着与反射镜相对的悬臂另一端完成。该段悬臂的长度取决于多面体的内接半径和悬臂旋转轴相对于扫描物镜的位置，并且，旋转量在设计过程中都能够（仔细地）得到优化。小反射镜的形状取决于对反射镜表面通光孔径的技术要求。

由于机械旋转轴很少与扫描物镜光轴相交，而小反射镜面又远离旋转轴，所以，最好采用一种精密模型，便于自动处理较复杂的反射面倾斜、位移及复杂多面体扫描形状的孔径效应。

可以对每种多结构布局计算和规定具体的光瞳位移和孔径效应，但并不能充分开发多结构布局光学设计程序的全部潜力。如果按照一般形式确定模式，则多面体的实际结构参数或者决定其与入射光束和扫描物镜界面的参数，可以随扫描物镜的设计同时进行优化，特别是在设计的最后阶段，尤为如此。与某些仅是简单地将器件组合在一起的预想方式相比，该方法常常会获得更好的系统方案。

如果将入瞳设置在主光线与扫描物镜光轴相交的位置，则光瞳的轴向位置随多面体转角（和扫描角）移动，因此，要求在比入射光束直径更大些的孔径范围内对物镜进行校正。若系统中包括很少几个小反射面的多面体反射镜，并且，光学扫描角大和/或入射光束偏角大，则影响更大。高孔径值（大数值孔径 NA）扫描物镜尤其易受影响。

很难确定每种多结构布局的实际入瞳位置及真正需要设计多大的光束直径才能与扫描物镜相互适应，多面体反射镜与扫描物镜同时设计，尤为困难。当光瞳位移包括在根据多面体反射镜几何形状精密建模的物镜设计模式中，就可以精确评定对物镜性能的影响。更重要的是，所设计的物镜对预期的光瞳位移不敏感，如果正在设计多面体反射镜，就可以使光瞳位移降至最小。随着达到最大扫描角，小反射面的尺寸可能不足以反射整个光束，因而出现不对称切趾或渐晕，使像平面上的光斑形状发生变化。为了进行精确的以衍射为基础的光斑轮廓（分布）计算，这对孔径精确建模显得特别重要。在精密的多面体反射镜模式中，将对孔径的技术要求设置在代表小反射面的表面上，会由于将小反射面作为多面体反射镜旋转的函数而自动考虑所有的渐晕。

由于已经建立了精密的多面体模式，所以，有可能进一步评价未入射到小反射面的那部分光束的实际发生情况。将没能入射到小反射面上的光束归类为渐晕光束，其实是一种过于简单化的做法。现实中，这些光线很可能反射到小反射面之外，形成杂散光，或入射到物镜中，进而投射到像面上。杂散光问题可能会毁掉一个系统，双光谱（通道）系统尤其容易受到该设计缺陷的影响。利用多结构布局模式的设置可以评价杂散光问题并给出遮光罩设计。

2.8.4　单通道多面体反射镜结构设计实例

探索多结构布局设计方法的关键是对多面体反射镜建模时要包括旋转轴。前面对这种模型的简述首先从激光束扩束开始，然后是第一个折转反射镜、多面体反射镜及其转轴，最后是扫描物镜。下面介绍图 2.27 所示设计该物镜采用的 CODE V[⊖]顺序文件，表明在物镜设计程序中设置一个多面体反射镜和物镜

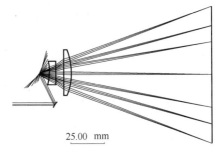

25.00 mm

图 2.27　多结构布局单通道多面体系统

的方法。选择的是标准的目录元件：六面体反射镜是美国 Lincoln Laser 公司的产品，编号 PO06-16-037；双元件分割透镜由美国 Melles Griot 公司生产，编号是 LLS-090。采用半导体激光器光源，组合后得到 300DPI 的输出分辨率。

　　⊖　CODE V 是美国加利福尼亚州帕萨迪纳市 Optical Research Associates 公司的商标。

2.8.4.1　CODE V 程序中多结构布局物镜参数填写格式

```
RDM; LEN
TITLE "LINCOLN PO-6-16-37 MELLES GRIOT LLS-090 90 mm F/50 31.5-deg P-468"
EPD 1.8145
PUX       1.0        ;PUY1.0          ;PUI 0.135335
DIM M
WL        780
YAN       0.0
S0        0.0        0.1e20                                  ! Surface 0      "A"
S         0.0        50.8                                    ! Surface 1
          STO
S         0.0        -25.4          REFL                     ! Surface 2
XDE       0.0;       YDE 0.0;       ZDE 0.0;        BEN
ADE       -31.5;     BDE 0.0;       CDE 0.0;
S         0.0        0.0                                     ! Surface 3      "B"
XDE       0.0;       YDE 0.0;       ZDE 0.0;
ADE       63.0;      BDE 0.0;       CDE 0.0;
S         0.0        -16.892507                              ! Surface 4      "C"
S         0.0        0.0                                     ! Surface 5
XDE       0.0;       YDE 10.351742; ZDE 0.0;
ADE       -31.5;     BDE 0.0;       CDE 0.0;
S         0.0        19.812                                  ! Surface 6      "D"
XDE       0.0;       YDE 0.0;       ZDE 0.0;
ADE       -15.5;     BDE 0.0;       CDE 0.0;
S         0.0        -19.812        REFL                     ! Surface 7
S         0.0        0.0                                     ! Surface 8      "E"
XDE       0.0;       YDE 0.0;       ZDE 0.0;        REV
ADE       -15.5;     BDE 0.0;       CDE 0.0;
S         0.0        16.892507                               ! Surface 9      "F"
XDE       0.0;       YDE 10.351742; ZDE 0.0;        REV
ADE       -31.5;     BDE 0.0;       CDE 0.0;
S         0.0        7.0                                     ! Surface 10     "G"
S         -49.606    4.5            SK16 _ SCH0TT            ! Surface 11
S         0.0        6.3 5                                   ! Surface 12
S         0.0        5.35           SFL6 _ SCH0TT            ! Surface 13
S         -38.633    104.340988                              ! Surface 14
PIM
SI        0.0        -0.633188
ZOOM      7                                                  !                "H"
ZOOM ADE S6 -15.5 -11 -7.5 0 7.5 11 15.5
ZOOM ADE S8 -15.5 -11 -7.5 0 7.5 11 15.5
GO
CA                                                           !                "I"
CIR S2    2.5        ;CIRS2         EDG            2.5
REX S7    4.7625     ;REYS7         11.43
REX S7    EDG        4.7625;        REY S7         EDG       11.43
REX S11 5.0          ;REY S11       5.1
REX S12 5.0          ;REY S12       7.6
REX S13   5.0        ;REYS13        14.9
REX S14   5.0        ;REYS14        15.8
GO
```

2.8.4.2　物镜设计过程

首先，设计是从满足一定直径要求、经过扩束的准直激光光束开始，再采用一个倾斜 $-31.5°$ 角的反射镜转折光路，使入射光束相对于扫描物镜光轴（技术条件要求的方位）的入射角是 $63°$。孔径光阑应置于多面体之前（理想位置在表面 1 上）。高斯入射光束在孔径光阑处应有切趾。由于某些软件会自动地使每束光线指向光阑表面中心，所以，不要把多面体反射镜表面标记为孔径光阑。

在扫描物镜光轴上确定一个参考点。如果知道了小反射面与光轴的相交位置，则多面体反射镜旋转时，评价轴上像质就非常方便了。小反射面应倾斜 $63°$，因此，后续的厚度要沿光轴方向计算。

现在，转到多面体反射镜旋转中心并倾斜，以便后续的厚度是从多面体反射镜中心沿径向到小反射面表面。为了从参考点到达多面体中心，组合利用表面的轴向和横向偏心（为简单起见，以直角形式移动）。较为方便的是，选择一个恰好使多面体反射镜转至轴上评价位置的倾斜角，此时，必须沿光轴远离物镜平移 -16.9mm，再沿 Y 轴向上偏心，即 $YDE = 10.4\text{mm}$。YZ 平面内绕 X 轴的倾斜角 $ADE = -31.50°$（即 $63°/2$），从而使表面法线指向小反射面。

入射到多面体反射镜小反射面之前，额外指定一个绕 X 轴的倾斜角（ADE）。这是一个多结构布局参数：每种结构布局都要另外指定一个不同的倾斜值。此时，为了使多面体反射镜旋转到相反侧最大扫描位置，指定 $ADE = 15.50°$（这实际上是多面体反射镜转轴的转角）。对于非锥体多面体反射镜，反射角（扫描角）以转轴转角两倍的速率变化。一旦确定了像面，该系统就会有七种结构布局，并且，对每种结构布局（步骤 H），该表面设置不同的 ADE 值。以多面体反射镜半径为厚度（19.8mm），将计算转到小反射面。这是自折转反射镜开始光束遇到的第一个真实表面时发生的反射。其他的所有表面都是"虚拟面"，并未发生反射或折射，只是根据该反射面确定孔径的限制以表述小反射面的形状。利用对该表面的厚度要求，反射后（-19.8mm）再返回到多面体反射镜中心以保证整个初级光路长度不变。

某些工业设计软件（如 CODE V）设置了"返回"（return）界面，在确定扫描物镜之前，用来返回到步骤 B 中定义的参考点。此时，可以采取一种适合任何软件包的较保守的方法。在步骤 D 中，不要让多面体反射镜的转轴有任何转动。CODE V 程序中标识 REV 已经从内置设计中取消了该角度。

继续讨论步骤 B 中定义的参考点，不要使多面体反射镜转轴倾斜以便进行轴上性能（$ADE = 31.5°$）评估，沿 Y 轴向下偏心，返回到扫描物镜光轴（$YDE = -10.4\text{mm}$）；然后，沿其光轴移向物镜，直到参考点。这样一来，在光束反射离开多面体之前，就使机械轴恢复到与步骤 B 相同的位置。此时，REV 标识改变倾斜和偏心技术要求中的符号，并在偏心之前完成倾斜。

现在，确定扫描物镜。由步骤 B 确定并在步骤 E 和 F 已经返回的参考面，就是入瞳的大概位置。像面处的厚度是偏离近轴像面的焦移。

至此，已经为软件确定了一个有效的单结构布局，重新定义该系统具有 7 种多结构布局（ZOOM 7），并列出从一种结构布局变化到另一种结构布局的参数。由于多面体反射镜已经建模，所以，使多面体反射镜旋转是一件很简单的事情，只要改变表示转轴转角的参数就可以了。ADE 设置在第 6 和 8 表面上。

由于采用目录元件，所以以通光孔径是可行的，在此作为指定值。在第 7 表面，对多面体反射镜小反射面的矩形孔径提出技术要求。

2.8.5　双轴扫描

如果用多个检流计方式在像平面位置完成二维扫描，一般需采用多结构布局设置。每个检流计确定一个表观光瞳，它们的实际间隔所产生的有效效应会形成很大像散的光瞳，X 扫描和 Y 扫描并非源自光轴上同一位置。在对这些扫描器建模时，可以使光轴或者代表这些检流计反射镜的反射面倾斜。通常，为了使该问题更加形象化和避免机械干扰，对后一种方法值得进行研究。

2.9　激光扫描物镜设计实例　←

几乎从研发第一台激光器开始，便考虑使用物镜进行激光束扫描。20 世纪 60 年代末期，为打印人造卫星传回的数据就已经研制了实验室模型。70 年代初，开始出现商业应用。80 年代，激光打印机变得很流行，应用范围在稳步增长。随着新型激光光源（包括紫光和紫外光）和复杂表面高精度加工工艺（包括塑料光学材料）的研发，光学设计领域遇到了新的挑战和机会，包括新的设计概念。

本节选出的物镜实例显示了扫描物镜的发展趋势：光斑尺寸变得越来越小，扫描长度更长及扫描速度更高。表 2.6 最后给出的几种物镜已经开始详细讨论目前的设计和加工能力，实际上，最新的技术要求正在接近光学元件尺寸及光学元件制造和安装成本的极限。这就意味着未来设计必须包括直径很大的反射镜和透镜，并需要采用新的方法制造分段元件。

本节阐述的物镜设计从早期扫描器的中等水平开始，逐渐过渡到目前的最新设计，其中两种设计源自专利。这并不表示它们已经是完全工程化的设计。其余设计是类似的论文设计，而意味着设计师们面临着一个"很困惑"的问题，即如何使所有像差都处于公差之内和控制之中。下一阶段的任务是开始透镜制造工程化，保证所有的通光孔径都能使光线通过，透镜不会太厚或太薄，检验的可行性和所采用玻璃类型的成本，以及车间加工这些玻璃的经验。必须对设计进行审查，要考虑物镜如何安装。一些透镜可能要求对玻璃进行精确倒角，或者采用一种新的设计来避免这一代价昂贵的加工步骤。本节内容还包括对设计实用性的一些评论。表 2.6 给出了所选物镜属性总结。

表 2.6　本章所选扫描物镜属性总结

所在章节	F	$F/\#$	L	ROAL	RFWD	d	L/d	RBcr	RPR	REPR	NS/I	NO. el
2.9.1	300	60	328	1.4	0.13	70	4700	0.66	−11	−5	370	2
2.9.2	100	24	118	1.4	0.06	28	4300	0.34	−12	−12	920	3
2.9.3	400	20	310	1.6	0.17	23	13000	0.49	−26	−30	1100	3
2.9.4	748	17	470	1.4	0.06	20	23000	0.29	−15	−50	1200	3
2.9.5	55	5	29	2.1	0.44	5.8	5000	0.84	−32	−24	4300	3
2.9.6	52	2	20	4.2	0.39	4	5000	1.0	−56	−16	6350	14
2.9.7	125	24	70	2.3	0.8	20	3500	0.5	−4.5		1200	5

注：F 为物镜焦距（mm）；$F/\#$ 为 F 数，即 F/D；L 为扫描线总长（mm）；ROAL 为从入瞳到像面总长与焦距之比（mm/mm）；RFWD 为前工作距离与焦距 F 之比；d 为一个点像在 $1/e^2$ 辐照度条件下的直径（μm）；L/d 为一条扫描线上的光点数；RBcr 为近轴主光线弯折与半入射角之比；RPR 为匹兹伐半径与物镜焦距之比；REPR 为根据式（2.22）估算出的匹兹伐半径与物镜焦距之比；NS/I 为每英寸的光点数；NO. el 为物镜所包含的光学元件数目。

在下面对物镜的表述中，所有光斑直径都是在 $1/e^2$ 辐照度情况下的直径。扫描线上的光

点数是在 $1/e^2$ 辐照度时光点彼此相连的假设下计算得到的。

2.9.1　300DPI 办公打印机物镜 （$\lambda = 633\,\text{nm}$）

图 2.28 所示的这项专利 （U. S. Patent 4，179，183，Tateoka，Minoura；December 18，1979）已经转让给日本佳能公司（Canon Kabushiki Kaisha）。该专利对研发一系列物镜的设计概念有很长的一段描述，提供了 15 种设计的设计数据，以及球差、场曲和扫描线性度。本节所标示的设计是该专利的第 6 个例子，对设计数据进行了确认和估算，结果与专利一致，焦距为 300mm，给出了近轴焦面位置的像差曲线，并且，扫描范围内的线性度小于 0.6%。如果选择标定焦距 301.8mm （11.8in），使焦点向近轴焦点后移 2mm （0.079in），也显示物镜得到良好校正，在 $\lambda/4$ OPD （光程差）之内线性度小于 0.2%。早期的佳能 （Canon）激光打印机可能采用了类似的物镜，具有很宽的扫描角，非常有利于设计小型扫描器。这种打印机满足

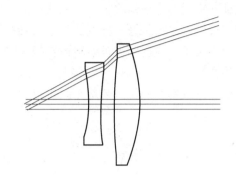

图 2.28　物镜 1：美国专利 4,179,183，建冈 （Tateoka）
和美野浦 （Minoura）；$F = 300\,\text{mm}$，
$F/60$，$L = 328\,\text{mm}$

300DPI 技术要求，对于当时采用高质量打字机打印，已经相当满意。该物镜性能良好的秘诀在于正负透镜之间的间隔，物镜两个内表面有很强的折射，意味着必须精确地保持空气间隙，并且透镜一定要精确同心。

2.9.2　广角扫描物镜 （$\lambda = 633\,\text{nm}$）

图 2.29 所示物镜的半视场角是 32°，对三级、五级和七级畸变做了很好的平衡，所以，标定焦距校正到满足 $F\text{-}\theta$ 条件，小于 0.2%。为了使畸变曲线达到平衡，光线在该物镜第 4 表面和第 5 表面上有很强的折射，这两个表面的空气间隔控制着三级和五级畸变之间的平衡。该物镜的制造成本较高，其专利号为 U. S. Patent4，269，478，由阿鲁·梅达 （Haru Maeda）和小林优子（Yuko Kobayashi）设计，转让给日本奥林巴斯光学公司 （Olympus Optical Co. Japan）。

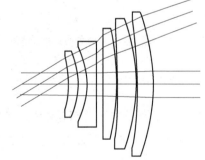

图 2.29　物镜 2：美国专利 269,478，
梅达和小林优子；$F = 100\,\text{mm}$，
$F/24$，$L = 118\,\text{mm}$

2.9.3　中等视场角扫描物镜 （$\lambda = 633\,\text{nm}$）

利用图 2.30 所示物镜说明如何将 $F/\#$ 降到 20 和增大扫描长度以增大物镜尺寸。该物镜是由大卫·斯蒂芬森 （David Stephenson）设计的一款属于美国梅莱斯·格里奥 （Melles Griot）公司产品，可以写 1096DPI，线性好于 25μm。较大的前组元件的直径是 128mm，所传输的信息点是 2.9.2 节第 1 透镜的 2.8 倍。此物镜要求中等难度的加工技术，但是，负透镜可能会与相邻的正透镜相接触，或者增大空气间隔，或者装配时倍加小心。

2.9.4　长扫描线中等视场扫描物镜 （$\lambda = 633\,\text{nm}$）

图 2.31 所示的物镜是罗伯特·霍普金斯 （Robert E. Hopkins）为全息扫描器设计的，半

扫描角为 18°，扫描线长度为 20in，可以扫描写下 23100 个像点（约 1100DPI）。全系扫描元件和物镜第一表面之间的工作距离很短，所以，更难满足 $F\text{-}\theta$ 条件而达到畸变量小于 0.1%。为使物镜直径尽可能小，工作距离必须短，物镜最大直径是 110mm。如果元件不是相当大的，就不可能提高物镜的性能，增加物镜中的透镜数目是不起作用的。在设计阶段可以使物镜性能满足要求，但由于该物镜是一个快镜，小的焦深使其对制造和装配极其敏感。成功设计该物镜的方法是改善其匹兹伐场曲，使正负透镜之间有更大的间隔，也因此使物镜的直径变得越来越大。另一种方法是增大扫描器与物镜间的距离，这也会增大物镜的外形尺寸。相信该物镜已经达到纯折射物镜扫描大量像点时所能做的极限。提高技术要求就需要设计更大的物镜，将一个小尺寸物镜与一个靠近焦面的大反射镜相组合是一种可能的解决方案，但要考虑成本。照相机装配车间可以很仔细地装配这种物镜。

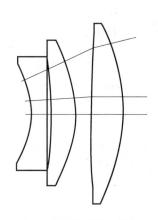 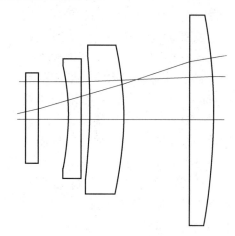

图 2.30　物镜 3：美国梅莱斯·格里奥公司产品，
　　　　　设计师是大卫·斯蒂芬森；
　　　　　$F=400\text{mm}$，$F/20$，$L=310\text{mm}$

图 2.31　物镜 4：设计师是罗伯特·霍普金斯；
　　　　　$F=748\text{mm}$，$F/17$，$L=470\text{mm}$

2.9.5　适用于发光二极管的扫描物镜（$\lambda=800\text{nm}$）

图 2.32 所示为罗伯特·霍普金斯（Robert E. Hopkins）为 770～830nm 光谱范围内扫描设计的另一种扫描物镜，满足 ±2° 的远心公差。如果没有丝毫焦移，该物镜不可能满足全波段要求。若设计有焦移，允许不同二极管在该波段范围内有不同波长，则该物镜满足性能要求。此物镜并不能完全适合制造工程化，必须认真考虑正确处理正-负透镜玻璃相接触的组装问题。

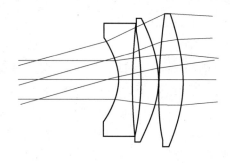

图 2.32　物镜 5：设计师罗伯特·霍普金斯；$F=55\text{mm}$；$F/5$，$L=29\text{mm}$

2.9.6　双波长高精度扫描物镜（$\lambda = 1064$ 和 950nm）

图 2.33 所示的美国梅莱斯·格里奥公司的物镜是为检流计式 *XY* 扫描系统所设计的，能够将一个 4μm 的光点定位在 20mm 圆内的任何位置。它采用 1064nm 的光点定位，同时利用910～990nm 的光观察物体。设计的复杂性主要源自需要使用两种工作波长，波带宽约为 946nm。厚胶合透镜要用不同色散的玻璃类型。该物镜要求精密制造和装配以完全发挥其设计潜力。

2.9.7　高分辨率远心扫描物镜（$\lambda = 408$nm）

图 2.34 所示的物镜是专门为紫光半导体激光器设计的，在一个小的远心视场范围内成像 1200DPI。为了在光学上实现正交扫描校正，并提供精确满足 *F-θ* 条件的远心视场，该设计由 3 个球面透镜和 2 个正交的柱面镜组成，其形式在增加正交扫描校正之前类似 2.9.5 节图 2.32 所示的物镜。从透射率和色散两个方面仔细选择适合紫光和紫外光的光学玻璃尤为重要。许多新型环保玻璃在 400nm 波长以下会有很高的吸收。例如，10mm 厚的肖特（Schott）SF4 玻璃在 400nm 处的内部透射率是 0.954，而新型玻璃 N-SF4 是 0.79。

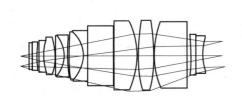

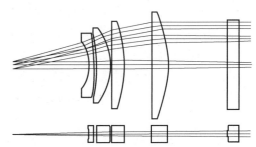

图 2.33　物镜 6：设计师是大卫·斯蒂芬森；　　　　图 2.34　物镜 7：设计师是萨根（S. Sagan）；
　　　　$F = 52$mm，$F/2$，$L = 20$mm　　　　　　　　　　$F = 125$mm，$F/24$，$L = 70$mm

2.10　扫描物镜制造、质量控制和最终检测

上一节介绍的前两种设计的公差要求与高级照相物镜的类似。与物镜直径相比，光束尺寸小，所以，除了扫描线性度和畸变是苛刻的性能参数外，表面质量满足技术要求一般都不太困难。第 2 种和第 3 种设计不需要最高的质量精度，但要达到一定的装配精度。由于扫描线仅一个截面扫过物镜，所以，通过在其镜座内旋转透镜就能够提高合格透镜的效率，并通过确定最佳扫描线以避免每个元件的瑕疵。这就要求每个透镜都要正确地安装在扫描系统中，特别需要装配人员与制造工人之间的良好交流。

2.9.5～2.9.7 节介绍的物镜则要求光学制造人员能够精密加工以实现所期望的设计性能。表面的精度要求高于 1/4 波，并且，必须精确地对中心和装配。需要采用精密的仪器设备，确保制造和装配过程的多个步骤都能进行质量控制。

需要利用专用设备完成最终装配的高精度物镜的性能测量，可以采用合适的零检验法和/或利用探测器对图像进行扫描以测量焦平面上光点直径，但挑战性在于确定该平面。必须注意探测器测量平面的平直度及相对于物镜光轴的运动。一般地，准直光束应当以同样方式入射到最终扫描系统的物镜中。如果像光束以一定角度与像平面相交，则整个光束应当通过扫描器并到达探测器。若需要将探测器相对于像面进行旋转，则必须将待测光束的尺寸校正到未来使用光束的尺寸。如果采用显微物镜中继成像，则数值孔径（NA）应当足够大以涵盖整个像锥角。

由于扫描物镜一般设计为能够形成衍射限（diffraction-limited）像，所以，建议利用在物镜设计孔径范围内具有均匀强度分布的激光束对其进行测量。点源的像应当是衍射限像，其期望值的大小可以预先计算出，可目视观察或者通过扫描光斑或狭缝测量出该图像的轮廓分布和直径。很容易探测到小至 1/10 波长的球面波前偏离量，有可能探测过量散射光的影响。

2.11 全息激光扫描系统 ←

全息扫描系统是在 20 世纪 60 年代末期开始研发的，在某种程度上，是通过政府资助的形式对高分辨率航摄照片的图像扫描（判读）开展研究的。70 年代，美国国际商用机器（IBM）公司和施乐（Xerox）公司主导了高分辨率办公图表图像扫描和打印方面的应用研究[16]，后来在全息工艺（设计和制造）和激光技术（从氦氖激光器的商业化到低成本半导体激光器）两方面促进了其在商业和工业领域的应用。

全息激光扫描系统的应用包括，销售终端的低分辨率条码扫描器，高精度非接触式外形尺寸测量，高科技光学纤维生产的检验与控制，医学器材挤压成型和电缆，中等分辨率（300～600DPI）台式打印机，以及高分辨率（高于 1200DPI）直接印制打标机。

与传统的多面体反射镜式扫描器相比，全息扫描器的优点包括，重量轻，误差小，降低了对扫描盘误差（如振动和摆动的灵敏度），借助于面全息图可以复制扫描光盘（该方法有利于获得更低成本）。

全息扫描器的缺点是，工作光谱带宽有限，不同于传统的光学设计方法，以及在简单的多结构布局设计（在复合角情况下采用简单的光栅）中引入了交叉扫描误差。设计过程中，必须通过适当安排光学结构布局解决这些问题及平衡像差。

本节主要阐述全息扫描系统的光学设计，从旋转全息扫描器的基本知识开始，讨论全息元件与其他光学元件共同组成的较为复杂的系统[17]。

2.11.1 利用平面线性光栅扫描

从全息光学元件（Holographic Optical Element，HOE）的复杂性及其结构布局两方面来看，图 2.35 所示的装置是一个简单的扫描系统[18]。该系统采用一束准直激光束入射在全息元件（非平面光栅，由两个点光源结构的光束相干而成）上。这类初级扫描器的性能特性（扫描线的平直度、长度、扫描线性等）取决于全息元件上的入射角及全息元件的偏离程度，最好通过使一个简单的平面线性衍射光栅（Plane Linear Diffraction Grating，PLDG）旋转而形成的扫描模式来理解这些性能特性，一个平面线性衍射光栅等效于一个用两束平行光记录的全息图。

光栅（垂直于包含入射光束和扫描盘旋转轴的平面）造成的光束偏离量等于输入的入射角 θ_i 和输出的出射角 θ_o 之和，如图 2.36 所示。根据光栅方程[23]及给定光栅或全息图的条纹间隔 d、波长 λ_0 和衍射级 m 可以推导出这些角度：

$$\sin\theta_i + \sin\theta_o = \frac{m\lambda_0}{d} \tag{2.27}$$

与其他类型的扫描系统相同，如扫描线弯曲、扫描盘摆动、偏心度、轴的纵向振动、扫描盘倾斜和楔形的误差都会影响扫描图像的位置。

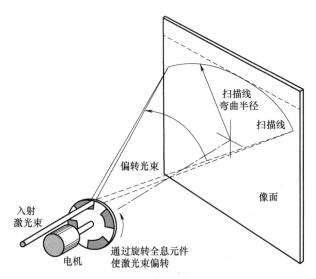

图 2.35　辛德里奇全息扫描系统

（资料源自 Kramer, C. J. Holographic deflector for graphic
arts system. In Optical Scanning；Marshall, G. F., Ed.；
Marcel Dekler：New York，1991；240.）

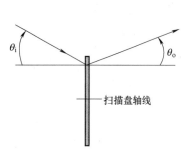

图 2.36　扫描盘的入射角和出射角

2.11.2　扫描线弯曲和扫描线性度

　　激光扫描系统的主要目的是使一束聚焦光束在焦平面上以（相对于扫描器转轴）线性速率扫描时可以使扫描点形成一条直线。美国的克雷默（C. J. Kramer）及苏联的安吉平（M. V. Antipin）和基谢列夫（N. G. Kiselev）[16] 分别从盘状结构平面线性衍射光栅布局中推导出一种获得准直线扫描方法。

　　他们研发的扫描结构布局是在满足布拉格（Bragg）条件下的扫描，标称的输入角 θ_i 和输出角 θ_o 近似等于 45°。布拉格条件：入射光束和衍射输出光束相对于衍射面的角度相等。在基本满足布拉格条件下扫描能够使扫描盘摆动的影响降至最小，近 45° 扫描还可以使扫描线弯曲（交叉扫描造成的直线偏离量）减至最小。若衍射级 $m=1$，则根据下列的简化方程形式计算光栅或全息图的条纹间隔 d：

$$d = \frac{\lambda_0}{\sqrt{2}} \tag{2.28}$$

　　实际的最佳角度取决于扫描长度及对扫描线弯曲的期望校正程度。图 2.37a、b 给出了设计波长 786nm 条件下扫描线弯曲和扫描线性度（扫描位置相对于扫描角的误差）与布拉格角的依赖关系。图 2.38a、b 分别给出了校正了单色像差的 45° 结构布局及波长变化 ±1nm 条件下扫描线弯曲和扫描长度随颜色的变化。与打印机系统的分辨率相比，这些误差（扫描线弯曲、扫描线性度及随颜色的变化）还是很大的，设计过程中必须进行平衡以便使用廉价的二极管激光器和衍射光学元件。

2.11.3　扫描盘摆动的影响

　　一般地，最好将全息光学元件设计在布拉格条件下工作，从而使扫描盘摆动的影响降至最小。摆动使轴承误差造成扫描盘转轴的随机倾斜。如图 2.39 所示，摆动角 δ 引起衍射角 ε

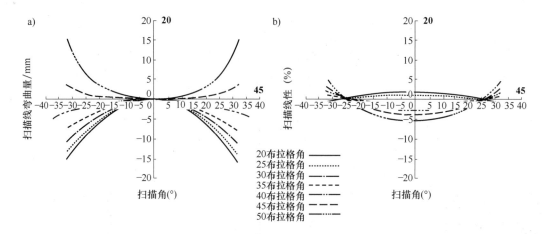

图 2.37　布拉格角对扫描线弯曲和扫描线性度的影响
a）布拉格角对扫描线弯曲的影响　b）布拉格角对扫描线性度的影响

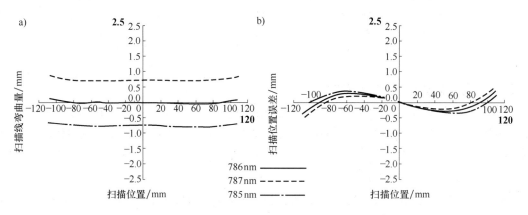

图 2.38　扫描线弯曲和扫描长度随波长的变化
a）扫描线弯曲随波长的变化　b）扫描长度随波长的变化

的误差可以由如下经过修改的光栅方程获得：

$$\varepsilon = \arcsin\left[\frac{m\lambda_0}{d} - \sin(\theta_i + \delta)\right] + \delta - \theta_o \tag{2.29}$$

　　该角度误差会在扫描光束中造成交叉扫描位移，影响测量位置或扫描点的位置，该位移误差是角度误差和投影光学系统焦距的乘积。对于包括传统反射扫描器的系统（如多面体反射镜），除非采用变形光学法从光学方面进行补偿，否则角误差是摆动倾斜误差的两倍，这将大大增加复杂性和提高成本。扫描器旋转过程中产生的扫描跳动同样会造成两倍的扫描位置误差。随着电动机轴承磨损和反射镜摆动增大，扫描精度会降低。

　　对全息扫描系统，交叉扫描图像误差可以减小到扫描盘摆动误差的几百分之一，甚至几千分之一，并且扫图像误差近似等于扫描盘旋转（跳动）误差。在经典的多面体扫描系统中，扫描像误差是摆动和跳动误差的两倍。扫描盘旋转轴倾斜对输出角误差的影响如图 2.40 所示曲线，而该曲线是根据修改后光栅方程［即式（2.29）］绘制出的。这里采用了两个布拉格角和两个准布拉格角设计结构，45°是扫描线最小弯曲的扫描条件，任意角度取 22°。

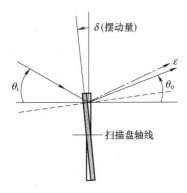

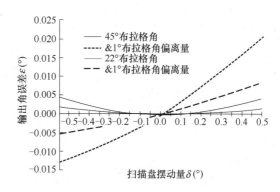

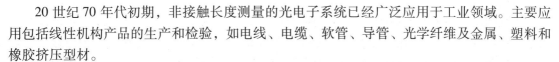

图 2.39　扫描盘摆动和光束偏离　　　　图 2.40　入射角和扫描盘摆动对输出扫描角的影响

2.12　全息非接触长度测量

20 世纪 70 年代初期，非接触长度测量的光电子系统已经广泛应用于工业领域。主要应用包括线性机构产品的生产和检验，如电线、电缆、软管、导管、光学纤维及金属、塑料和橡胶挤压型材。

长度测量仪器采用两种基本测量技术。第一种是利用线性扫描激光束、集光系统和一个光电探测器的系统。随着远心光束扫过测量区域，在一段时间内，被测目标将遮挡集光系统射出的激光束。若已知扫描速度和光束被遮挡的时间，就可以通过微处理器计算出目标长度，并显示出来。后来，由于视频阵列技术发展，逐渐使用包括准直光光源和线性电荷耦合器（Charge Coupled Device，CCD）或光敏二极管阵列的系统。这些系统由一个白炽灯或发光二极管（Light Emitting Diode，LED）及一个准直物镜组成，从而产生高度准直光束照射测量区域，被测量目标形成一个阴影并投射在线阵光敏元件上，计算并显示暗元件的数量。

绝大部分扫描系统，都采用使光束反射离开电动机驱动的多面体反射镜而完成激光束扫描。随着电动机轴承磨损、反射镜摆动和扫描跳动增大，扫描精度会下降。但由于分辨率是以时间计量为基础的，可以非常精确地测量，所以激光扫描系统的总精度相当好。

对于一个长度计量扫描系统的电子界面已经得到长足发展，多年来，已经应用于各种领域。假设扫描光束是以固定不变的速度通过计量区的，则系统性能的提高会局限于以下三个条件：

（1）使基准时钟速度极大；

（2）利用延迟线、电容充电或者其他电子技术进一步划分基准时钟速度；

（3）使光束开/关探测误差降至最小。

采用白炽灯的视频阵列系统对灯的驱动非常难，会产生大量热能，从而降低灯的寿命。采用如 LED 等固态光源的系统非常有效，并需要非常小的功率，阴影像的质量取决于整个光学系统。为聚集足量的光子以满足所需要的信噪比，必须设计较大的孔径。视频阵列的实际外形尺寸和元件尺寸限制着系统的分辨率及可以达到的精度。然而，系统的可靠性都很高，如果采用固态光源，平均故障间隔时间（Mean Time Between Failures，MTBF）可以很长。LED/视频阵列系统是全固态系统，没有被磨损的移动部件。

将全息扫描技术应用于非接触长度计量系统，可充分利用扫描系统的优点及全固态视频阵列系统高可靠性的优势，同时避免各系统存在的问题。

对于多面体反射镜，一次只能加工一个小反射面，而全息盘可以像光盘或只读型光盘（CD-ROM）一样进行复制。与具有多个小反射面的较高精度多面体反射镜相比，生产一个有 20～30 个小反射面的全息扫描盘的成本只是前者成本的几分之一。此外，系统中可能应用的其他全息元件，如预扫描全息图，也可以复制。

2.12.1 速度，精度和可靠性

随着线扫描速度增大及公差变小，不仅是直径测量，对缺陷检验的需求也明显增加。为了对过程控制和表面缺陷的探测提供快速响应，一个测量系统必须在每秒内进行更多次扫描，这主要取决于小反射面的数目、电动机速度及 A-D 转换器的数据速率。若采用当今可用的高速电子装置，则在设计高速计量装置时，因涉及电动机寿命和成本等问题电动机的速度就是受限因素。一般地，多面体反射镜扫描器小反射镜的数目是全息扫描盘的 1/3（或者更少），所以，为了在每秒内能够产生与全息扫描器一样的扫描次数，电动机必须运转得快 3 倍。对于全息盘扫描器来说，电动机转速、寿命/成本之间的折中要比多面体反射镜扫描器显得更为重要。

传统的激光扫描系统扫描速率是每轴 200～600Hz（原文为 times/s/axis），并提供有限的单扫描信息。与典型的由 2～8 个小反射面结构组成的多面体反射镜相比，美国犹他州盐湖城目标系统（Target System）有限公司研制的 Holix Gage 仪器（全息扫描盘分 22 段），可以每轴 2833Hz 的扫描速率完成单次扫描缺陷探测[19]。

具有较快的扫描能力意味着，在一定的时间间隔内对一定长度的待测目标有更多的直径测量。如图 2.41 所示，随着分辨率提高，该系统更容易探测到表面缺陷。在这种全息扫描系统中，没有必要对扫描组进行平均以补偿多面体反射镜制造中形成的不规则表面。与传统量规相比，这种量规的重要优点是能够探测到传统量规不能发现的小的表面缺陷。

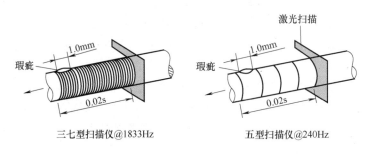

图 2.41 利用多次扫描探测表面缺陷

在反射式扫描器中，反射镜的倾斜误差会在输出光束中造成两倍的误差。对于透射型全息扫描器，光束被衍射而非反射，输出的光束误差远比扫描盘转轴倾斜误差小得多。

随着多面体反射镜的小反射面数目增多，会出现另外的问题。由于激光束尺寸及所需要的扫描角大小有限，所以，反射镜上的每个小反射面都有一个最小尺寸。随着每个小反射面尺寸增大，从旋转中心到小反射面表面的距离也增大（多面体反射镜直径变得更大）。在扫描过程中，小反射面表面进一步远离旋转中心，扫描中心点的虚拟位置随之漂移（光瞳位移）。这意味着，在整个扫描期间，扫描中心点并没有保持位于扫描物镜焦点处不变（通常，该系统设计为远心扫描）。光瞳位移造成的远心误差降低了测量精度或者测量区域的深度。全息盘扫描器没有任何光瞳位移，因而不受这些误差的限制。

2.12.2　光学系统结构布局

　　图 2.42 所示的光学系统介绍了扫描原理，并且在测量范围内的激光光斑尺寸的性能及专用的处理算法能够保证重复测量精度达到 $1\mu in^{\ominus}$ 以内。该光学设计仅包含扫描一条线所需要的基本元件：一只激光二极管，一个准直物镜，一个预扫描全息元件，一个扫描全息元件，一个抛物面反射镜（该系统中的扫描物镜），一个聚光镜和为保证外形尺寸而设置的光路折转反射镜。

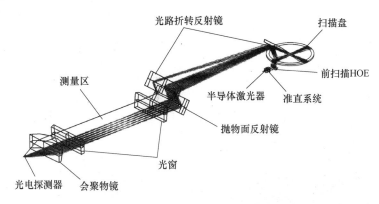

图 2.42　单轴全息光学系统结构布局

　　半导体激光器安装在与仪器框架隔热的金属块上。利用一个热电制冷器（Thermoelectric Cooler，TEC）或温度控制器将半导体激光器的工作温度保持在约 0.5℃ 的很窄范围内。温控是为了避免半导体激光器在温度变化时出现"模式跳跃"，如图 2.43 所示，由于温度变化造成模式跳跃会使波长漂移 0.5 ~ 1nm。选择温控设置点使半导体激光器中心位于模式跳跃之间，防止该二极管模式变化及发射波长突变。由于衍射元件对波长变化极为敏感，这是一个很重要的系统特性。尽管已经将波长漂移校正到 ±0.1nm 数量级，但是，就像许多其他以全息光学元件为基础的光学系统一样，它不可能适应模式跳跃。

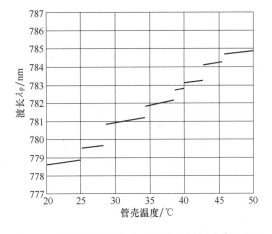

图 2.43　半导体激光器特征波长与温度的依赖关系

（日本夏普公司；5mW，780nm，11.29°发散角）

　　半导体激光器发出的发散光束受到光阑的限制，并且被一个典型的半导体激光器准直透镜变成近似准直光束。准直透镜焦距与抛物面反射镜的焦距之比确定测量区被投影激光斑宽度的放大率。然后，该光束被一个固定的预扫描全息光学元件和一个旋转扫描盘全息光学元件衍射，第一级衍射光束以与法线大约 22° 的角度从扫描全息光学元件出射。随着扫描盘旋转，扫描全息光学元件衍射结构的方位发生变化，从而使光束从一侧扫描到另一侧。扫

　　⊖　μin：微英寸，百万分之一英寸；$1\mu in \approx 2.54 \times 10^{-8} m$。

97

描盘旋转角和扫描角之比近似为 1∶1。全息光学元件不会使零级光束衍射，直接传输到用来监控扫描盘方位的光敏二极管。

利用复制技术生产图 2.44 所示的全息扫描盘，可为厂商提供了一条除生产大量的小反射面外，还可以复制生产具有其他特性的扫描盘。扫描盘的启动扇区是两点结构或者多项 $(x, y, \cdots, x^n, y^m)$ 相位全息光学元件。所有的全息光学元件或全息表面都可以采用下面方法生产：玻璃基板上涂镀光致抗蚀剂，高分子聚合物模压成型（复制），或者注塑/压塑成型。

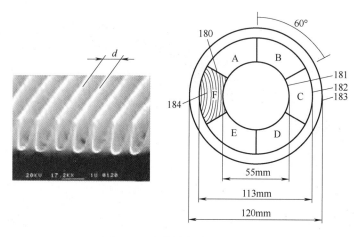

图 2.44　复制出的全息扫描盘
（资料源自美国 Holographix 公司）

扫描盘相邻小反射面之间设计有间隙，比全息小反射面小得多，并且其上面没有光栅。当激光束旋转到间隙时，该光束并没有发生衍射，而是直接传播到光敏二极管。利用该信号识别扫描盘的方位。数据处理器可以利用该同步信号将唯一一组标定系数与每一个小反射面相联系，从而标定出一个小反射面与另一个小反射面光学参数之间的变化。

两个反射镜使第一级衍射光束光路折转，扫描反射镜将光束反射，然后继续传播，并通过光窗到达测量区。抛物面反射镜有两个目的：第一，提供准远心扫描；第二，将光束聚焦，使在扫的最小束腰位于测量区域中心。在测量区域之后，光束透过第二个窗口，并被一个会聚透镜聚焦在单光电探测器上。会聚透镜是一个货架产品，采用一个非球面以使数值孔径大约是 $F/1$ 条件下产生的球差减至最小。会聚透镜与扫描物镜焦距之比决定着光电探测器上光束（扫描盘位置处光束的像）的尺寸。

来自美国 Holographix 公司专利的图 2.45 所示的结构布局已经将全息扫描器固有的扫描长度和扫描弯曲的色差变化校正到合适水平[20]。全息光学扫描盘产生扫描线弯曲及色差（扫描面和交叉扫描内）。利用预扫描全息光学元件额外引进交叉扫描色差，当与一个倾斜的曲面反射镜（对于非接触长度计量系

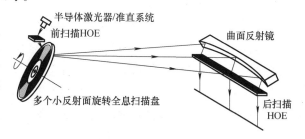

图 2.45　某光盘扫描系统
（美国 Holographix 公司；美国专利 5,182,659）

统，是一个旋转对称抛物面）一起进行弯曲校正时，可以形成一束校正了色差的在扫光束（in-scan beam）。在非接触长度计量系统中，如果不考虑交叉扫描的色差校正，就可以不采用交叉扫描校正全息元件，如图 2.46 所示。然而，交叉扫描的误差量小于 $100\mu m$，不会影响直径测量。

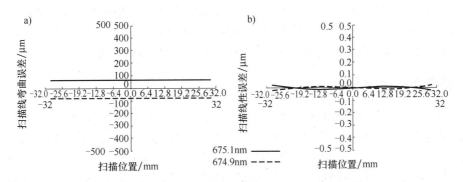

图 2.46　扫描线弯曲误差和扫描线性误差

a）扫描线弯曲误差　b）扫描位置扫描线性误差

上述内容都是描述单测量轴仪器。对于大多数应用，一台仪器常有两个测量轴。这种结构布局包括两个激光器和准直系统，一个扫描盘放在正交的（90°）不同位置上。由此产生的两束扫描光束继续传播通过不同的反射镜以形成两个正交的远心扫描。光路中还包含两个聚光透镜和光电探测器。这种具有两个测量轴的系统用于测量圆形物体的不圆度、非圆物体的二维尺寸和从更多方向观察物体表面以便更完整地探测表面缺陷。扫描盘小反射面的尺寸要经过专门设计，从而使以单扫描盘形成多个扫描轴的系统能够与光路方位相一致。

2.12.3　光学性能

保持扫描方向上远心性和光束尺寸不变的同时，可以对测量单轴仪器进行优化以提供较大的测量区域。图 2.47 所示的一个 50mm 量规系统在 ±20mm 测量范围内测出的在扫光束宽度的分布图及其一致性。形成这种性能的关键，是激光二极管慢轴像散的方向平行于扫描方

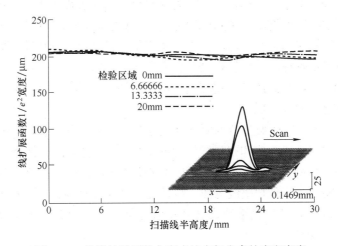

图 2.47　从线扩散函数角度表述在扫光束的光斑宽度

向，同时也优化了扫描效率。测量范围内 $1/e^2$ 在扫（in-scan）光束宽度近似是 $210\mu m$，质心的稳定性高于 $1\mu m$，单色光的远心性优于 $0.04mrad$（预想值）。椭圆光斑呈高斯分布，并且，由准直透镜孔径的切趾效果而形成有小的衍射旁瓣。交叉扫描光斑尺寸要小得多，除安排初级结构布局外，一般不受控。该设计针对工作波长（675 ± 0.1）nm 优化，处处位于 $670 \sim 680nm$ 设置点范围内。任何一个系统光斑宽度的细微变化都是稳定的，也属于扫描非线性（畸变）。可以标定出检验范围内的这些静态变化以给出测量的重复性，美国 Holix 公司 50mm 量规测量出的重复性是 $30\mu in$；而使用 7mm 量规时，则是 $3\mu in$。

2.13　全息激光打印系统

图 2.48 所示的是在美国 Holographix 公司专利基础上研发出的较低性能扫描系统的结构布局。该设计是一个 300DPI 系统，主要部件包括半导体激光器光源、准直透镜、前置（预）全息光学元件、全息扫描盘、倾斜凹柱面反射镜、后置全息光学元件及从封装考虑而设置的各种反射镜。这种结构布局采用廉价的半导体激光器和衍射光学元件，从而提供了一种平衡扫描线弯曲、扫描线性度及大量色差变化等误差的方法，满足了打印机系统对分辨率的要求。

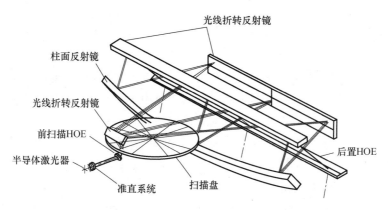

图 2.48　美国 Holographix 公司为激光打印机设计的光学系统

这种结构布局采用全息光学扫描盘，在光束聚焦和扫描过程中不产生最小的扫描线弯曲（为了产生预设的扫描线弯曲量）。利用前置扫描全息光学元件额外产生交叉扫描色差，再加上倾斜的曲面反射镜对扫描线弯曲的校正，从而使扫描光束得到校正。通过平衡交叉扫描产生的混合误差及光束聚焦，使后置扫描全息光学元件得以校正。这种独具特色的结构布局使系统对（由于扫描期间模式跳跃、温度造成的波长漂移及不同半导体激光器之间的差别）激光波长变化的敏感性大大降低。

表 2.7 给出了系统性能的典型技术要求（光束尺寸、扫描线弯曲、扫描线性度及在波长范围内和扫描过程中扫描线弯曲和扫描线性度的变化）。随着对系统性能要求的提高，需要严格控制系统像差（特别是场曲和像散）。更多的设计变量，如扫描盘和后置扫描全息光学元件上的更高阶项能够为实现扫描线弯曲、线性度、光束质量及色差变化等技术要求提供必要的校正自由度。这些激光扫描系统设计几乎都是像方远心系统，从而避免焦深（in-use DOF）范围内的位置误差。

表 2.7　全息激光打印机有代表性的技术要求

参　数	技　术　要　求
1. 系统结构布局	• 工业用激光二极管 • 准直透镜 • 前置扫描 HOE • 65mm HOE 扫描盘 • 柱面反射镜 • 后置扫描 HOE
2. 半导体激光器 　（i）中心波长 　（ii）波长漂移 　（iii）FWHM（半峰全宽度）发散角 　（iv）像散	 670、780、786nm ±1nm 水平 11°、垂直 29° 7μm
3. 波长调节（范围）	±10nm
4. 光束在焦平面处的直径（标称值，最佳聚焦）	300DPI（$1/e^2$） 扫描（in-scan）：（80 + 10）μm 交叉扫描：（100 + 20）μm 600DPI（$1/e^2$） 扫描（in-scan）：（50 ± 10）μm 交叉扫描：（50 ± 10）μm 1200DPI（FWHM） 扫描（in-scan）：（20 ± 5）μm 交叉扫描：（25 ± 5）μm
5. 扫描线 （i）总长度	 300/600DPI：216mm 1200DPI：230mm
（ii）线性度（关于扫描盘旋转）	300/600DPI：±1% 1200DPI：±0.03%
（iii）扫描线长度的色差变化（在 ±1nm 范围内）	300DPI：<20μm 600DPI：<5μm 1200DPI：<5μm
（iv）弯曲（μm）	300/600DPI：<300μm 1200DPI：<25μm
（v）扫描线弯曲的色差变化（在 ±1nm 范围内）	300DPI：<20μm 600DPI：<10μm 1200DPI：<5μm
（vi）远心度	<4°

由于最初是研发300DPI系统，所以，这些设计已经过不断地提炼和改进，最后得到的600DPI设计具有较大焦深、较小体积，降低了材料成本，较容易装配和校准，以及较好的色差校正。能够使系统具有如此多的优点主要源自优化过程中增大了全息光学元件记录参数的复杂性，同时减小了系统其他部分的复杂性。

多年以来，美国Holographix公司研发适合于制造复杂透射和反射全息光学元件的多种调校和记录专利技术。随着复杂性增加，"母板"全息光学元件的记录成本也增加。然而，随着全息光学元件母板制造和复制技术的发展，一块母板可以复制几千块元件，因此，母板成本增加变得无关紧要。全息扫描系统的研发包括生产/复制工艺的进一步完美，以便在较低成本条件下获得更高的衍射效率。复制全息光学元件的衍射效率平均达到80%，又可以使系统有很高的产量。

含有全息光学元件的扫描系统的光学设计和确定的公差是很重要的。光学系统的优化需要控制（有时需要约束）全息光学元件的自由度，以使全息光学元件之间的反馈作用减至最小。对已完工的光学设计性能设置公差就要求对每个全息光学元件的记录设备设置公差，然后将成品全息光学元件放置到光学系统设计中确定公差。利用CODE V光学设计程序可以对这种多重结构布局/膜层的公差设置建模以预测这些复杂系统的最终性能。

2.14 总结

激光扫描系统进一步改进的明显趋势是不断增大的扫描长度，以及每英寸包含更多光斑。设计实例表明了目前扫描物镜的限制，因此，可采用折射透镜、衍射元件和变形反射镜（更靠近扫描器和像平面）的更多组合，继续发展新的概念和不断地提高精度。继续研发更经济的制造方法，从而获得更大孔径的折射透镜，以及实现较低的透镜及反射镜成本。

如果不是受限于光学不变量，一般地，光学系统就是受限于透镜制造、装配、调校和测量精度。对于如柱面和环面等非寻常的表面类型，以及球面和非球面相结合的形式，具有这种专用生产设备的厂商非常有限，所以，专用设备和工装的市场必须足够大，才能得到投资回报。

致谢

非常感谢我的好友和同事James Harder、Eric Ford、David Rowe和Torsten Platz在本章编撰过程中所做的奉献和审校。尤其要感谢我的朋友和导师Gerald Marshall，多年来他一直支持本作者，包括参加许多学术会议，对于加强和扫描领域科技团队的联系起着重要作用。最后但非常重要的是，将我最深切的爱和赞美献给我的妻子Maria，感谢她的鼓励和耐心。

参考文献

1. Hopkins, R.E.; Stephenson, D. Optical systems for laser scanners. In *Optical Scanning*; Marshall, G.F., Ed.; Marcel Dekker: New York, 1991; 27–81.
2. Beiser, L. *Unified Optical Scanning Technology*; John Wiley & Sons: New York, 2003.
3. Siegman, A.E. *Lasers*; University Science Books: Mill Valley, California, 1986.
4. Melles Griot. *Laser Scan Lens Guide*; Melles Griot: Rochester, NY, 1987.
5. Fleischer; Latta; Rabedeau. *IBM Journal of Research and Development*, 1977, 21(5), 479.
6. Hopkins, R.E.; Hanau, R. *MIL-HDBK-141*; *Defense Supply Agency*: Washington, DC, 1962.

7. Kingslake, R. *Optical System Design*; Academic Press: New York, 1983.

8. Hopkins, R.E.; Buzawa, M.J. *Optics for Laser Scanning*, SPIE 1976, *15*(2), 123.

9. Kingslake, R. *Lens Design Fundamentals*; Academic Press: New York, 1978.

10. Smith, W.J. *Modern Optical Engineering*; McGraw-Hill: New York, 1966.

11. Welford, W.T. *Aberrations of Symmetrical Optical Systems*; Academic Press: London, 1974.

12. Levi, L. *Applied Optics, A Guide to Optical System Design/Volume 1*; John Wiley & Sons: New York, 1968; 419.

13. Marshall, G.F. Center-of-scan locus of an oscillating or rotating mirror. *In Recording Systems: High-Resolution Cameras and Recording Devices and Laser Scanning and Recording Systems*, Proc. SPIE Vol. 1987; Beiser, L., Lenz, R.K., Eds.; 1987; 221–232.

14. Marshall, G.F. Geometrical determination of the positional relationship between the incident beam, the scan-axis, and the rotation axis of a prismatic polygonal scanner. In *Optical Scanning 2002*, SPIE Proc. Vol. 4773; Sagan, S., Marshall, G., Beiser, L., Eds.; 2002; 38–51.

15. Sagan, S.F. *Optical Design for Scanning Systems*; SPIE Short Course SC33, February 1997.

16. Beiser, L. *Holographic Scanning*; John Wiley & Sons: New York, 1988.

17. Sagan, S.F.; Rowe, D.M. Holographic laser imaging systems. SPIE Proceedings 1995, *2383*, 398.

18. Kramer, C.J. Holographic deflector for graphic arts system. In *Optical Scanning*; Marshall, G.F., Ed.; Marcel Dekker: New York, 1991; 240.

19. Sagan, S.F.; Rosso, R.S.; Rowe, D.M. Non-contact dimensional measurement system using holographic scanning. *Proceedings of SPIE*, 1997, *3131*, 224–231.

20. Clay, B.R.; Rowe, D.M. Holographic Recording and Scanning System and Method. U.S. Patent 5,182,659, January 26, 1993.

21. Wetherell, W.B. The calculation of image quality. In *Applied Optics and Optical Engineering*; Academic Press: New York, 1980; Vol. 7.

22. Thompson, K.P. *Methods for Optical Design and Analysis—Seminar Notes*; Optical Research Associates: California, 1993.

23. O'Shea, D.C. *Elements of Modern Optical Design*; John Wiley & Sons: New York, 1985; 277.

第3章 数字扫描成像系统的像质

Donald R. Lehmbeck

美国纽约州韦伯斯特市施乐（Xerox）公司（退休）

美国纽约州罗彻斯特理工大学艺术与科学学院（兼职教授）

美国纽约州潘菲尔德市像质技术咨询中心

美国纽约州费尔波特市托里松（Torrey pines）研究中心

John C. Urbach

美国加利福尼亚州波特拉山谷市

3.1 概述

3.1.1 扫描成像系统的成像理论

本章介绍成像质量的基本概念及在扫描成像系统方面的应用。在本次修订中，增加了更多色调方面的内容，包括系统（曲线）图和半色调、新的调制传递函数（Modulation Transfer Function，MTF）近似表达式和目前成像质量工业标准的修订要点及更多参考数据和图表，同时减少了二值成像和综合质量方面的内容。已经增加了许多新的参考文献及其他的技术细节。

本章重点在于讨论输入扫描器。由于对输入扫描器的许多讨论和度量可以直接应用于电子扫描成像系统的其他部分，所以，利用推理方法能够处理输出扫描器。输出扫描器和系统影响引发了很多关于半色调法、色调再现及非均匀性的讨论。本章由10个主要部分组成：从图像扫描和色彩的基本概念和现象，像质的实际问题，到可以产生多级（灰度）信号的输入扫描器的性能，然后是比较特别但常见的二值扫描成像的案例，最后介绍一些具体的专题项目：对成像性能和专门图像处理的各种概括性度量技术。为帮助读者掌握本章内容，本章还阐述了采用心理物理学测量技术评价像质的方法，增加了一些参考数据和图表。

3.1.1.1 研究范围

和其他人一样，这里也沿用半个世纪之前由默茨（Mertz）和格雷（Gray）在1934年发表的经典论文（即本章参考文献[1]）所指出的方式，无须深入探讨该论文及后续发表文章中完整的数学细节，将尝试在像质评价和扫描成像特性方面阐述一些现代化的方法。本书后面将介绍扫描成像系统中使用的许多不同的技术。由于对这些技术进行选择和折中可以得到极多的组合，所以本书不可能仔细列出它们对像质的具体影响。本书只提供一个框架，来划分各种基于上述技术组合的成像质量工程和技术问题。

　　这里的目的并非表示一种扫描器或者技术比另一种扫描器或技术更好，而是给出一种对扫描系统进行评价的方法，以与其他系统进行比较及评估该系统所采用的技术。所以，本章主要是解决如一幅图像的锐度（或清晰度）或者颗粒度，并不是处理如铝反射镜的表面光洁度、驱动电动机的步进均匀性或者电荷耦合器件（Charge-coupled Device，CCD）相机中电荷转换效率等硬件问题。

　　在此认为，扫描是电子成像技术中很普通的内容。一个电子成像系统可以看作是由 10 个基本部分[2]组成的，如图 3.1 所示的流程表。数字摄影和扫描都采用相同类型的 CCD 或 CMOS 传感器，即探测器。两种器件都采用二维像素格式成像，处理器置于传感器上，系统硬件自带系统和计算机脱机模式。两种系统都是利用一维输出来进行图像的二维打印或显示，从而应用于一维电子/计算机存储码流（比特流）。两种系统都使用光学系统和输入光照射以形成拍摄图像，其中包括形成彩色图像的滤光片阵列。一些输入扫描器采用缩小光学系统，非常类似宏观模式的相机，而另外一些采用自聚焦透镜阵列，几乎要接触到反射元件。

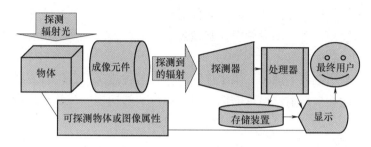

图 3.1　一个成像系统的基本元件

（按照流程图方式排列，类似一个有代表性的扫描器或者数字相机）

　　数字照相与输入扫描技术之间的主要区别：大多数摄影术中的传感器是一个固定的二维阵列的感光单元（即单像素传感器），而在输入扫描技术中，使一长排感光单元移动一个像素宽度（即一个一维阵列或者有可能是三行，每种颜色一行），从而使该阵列的合成尽量满足所需要条件。这样会对扫描电子装置有一定影响，因为实时电路和光机结构的速度有可能造成该长排传感器的定位误差。这种情况不同于二维阵列，造成合成阵列外观不均匀等，对于作为扫描器和其他数字成像装置使用的打印机，也存在由于一维移动阵列而造成的类似不均匀性。有关不均匀性将在本章 3.3.2 节和 3.3.3 节介绍，所以，本章大部分内容同样适用于数字摄影和扫描技术。

3.1.1.2　参考文献问题

　　过去 20 年内，在这方面开展了大量研究，有了很大发展及工程化，但是在下面章节中，只有很少部分被参考引用。本章参考文献［2-18］仅列出了很少几个一般性参考资料，参考文献［19-23］给出了一些初级教程的资料，而其他可能使读者感兴趣的比较专业的重要工作还包括，大规模图像处理技术[17]、扫描器具体像质问题[24-26]、数字半色调技术[27,28]、彩色成像[29-32]及成像质量的各种评价形式[33-39]。

　　当重点强调成像模块和成像系统时，扫描器当然可以用于非成像目的，如数字数据记录和条形码。在此采用的成像技术原理具有通用性，读者可以以不同方式应用一个扫描系统，从而演绎出更多适合这些应用的知识和技术。

3.1.1.3　扫描器类型

所有的输入扫描器都是将一维或二维（常见形式）图像辐照度模式转换成随时间变化的电信号。各种电子相机和电子复印装置中的图像积分和采样系统都设计有如 CCD 阵列之类的传感器。这些扫描器产生的信号可以是如下两种形式之一：

（1）二值输出（一串离散脉冲）；

（2）灰度等级输出（一系列量值连续变化的电信号）。

术语"数字"（digital）在此意指一种体制（或系统），即每个图像元（像素）一定具有离散的空间位置；一种模拟系统是信号电平随时间不断变化，各像元之间没有明显的可区分边界。一个二维模拟系统通常仅在较快的扫描方向模拟，并且是离散的或者在较慢方向上"数字"化，形成多条栅格线。一般地，电视就是以这种方式工作。在一种固态形式的扫描器中，传感器阵列实际上是一种没有移动部件的二维装置。每个独立的探测器是以时序读出数据，同时，在传感器的二维矩阵内一次前进一个栅格。

在其他系统中，使用一种由单行感光元件或传感器组成的固态装置探测信息，一次一个栅格。若采用该系统，或者移动原始像使其通过静止的传感器阵列，或者传感器阵列扫描图像以便在慢扫描方向获取信息。

数字摄影相机采用全数字固态二维采样阵列。在某种意义上，代表着经常遇到的输入扫描器的形式。读者能够根据本章讨论的例子对其他形式的扫描器和数字相机推断出许多技术性能。

3.1.2　扫描像质评价

图 3.2 所示的框图是可以帮助读者理解扫描系统成像质量的框图。左侧代表一个广义扫描系统的主要组成部件，右侧是评价和分析组件。本章将介绍所有这些部件，所以必须要了

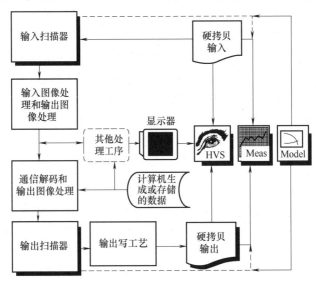

图 3.2　与像质评价方法相关联的扫描成像系统

（HVS 指人类视觉系统；Meas 指硬拷贝和电子成像两种方式的度量方法；
Model 指建模预测成像系统性能而非评价自身的像质）

解它们之间的相互作用。

　　扫描系统的结构布局常需要两种分离的扫描元件：一种是输入扫描器，对于电子数字图像来说，它是为了采集源自原始景物（目标）的输入模拟光学信号，这种情况下表示为硬拷贝输入，如照片；另一种扫描元件是输出扫描器，将源自输入扫描器或者计算机生成或存储的图像数据的数字信号转换成模拟光学信号。这些信号非常适合写或记录在一些光敏介质上以形成可见光图像，此处表示为硬拷贝输出。很明显，这种可见光图像的性质是像质分析的重点，可能是摄影、电子照相或者由各式各样不寻常成像过程形成的某些事物；也可以用一种直接记录设备，如热、电图或喷墨打印机，代替输出扫描器和记录过程。这些设备丝毫不涉及光学扫描技术，所以，不在本书讨论之列。尽管如此，其最终的成像质量必须符合本书的要求。

　　应当注意，图像处理的一些中间步骤会影响输出图像的质量。其中一些与输入扫描器或者初始输入目标的校正有关，另外一些与输出扫描器和输出写过程有关。本章对这些内容会做简要介绍，3.2.2.3 节阐述的数字半色调工艺只是作为校正输出写过程的一个主要例子。在实际应用中，尤其涉及彩色应用时，与某些形式的数据通信和压缩相关联的损耗或改进非常重要。3.7.1 节将对此进行简要回顾。为了使用户具有选择机会或者使图像具有一些特定应用而额外采用的处理技术也必须视为像质评价的一部分，本章给出了几个示例。对图像处理的综合解决技术已超出本章内容，但本章最后，将列出一些参考文献以帮助读者更多地了解扫描成像这一关键领域的内容。

　　评价输出像质量可以采取以下形式：利用人类视觉系统（Human Visual System，HVS）及心理测量法（见 3.8 节），或者采用 3.3～3.5 节部分内容介绍的仪器进行测量，也可以评估扫描器和集成系统测得的性能或对其建模，以预测这些系统组元的成像质量平均值。这些硬件特性将在 3.3～3.5 节介绍。对成像质量的综合描述（3.6 节）主要集中于系统及其组元的建模上，而非图像本身。出于某种目的，例如，为了判断一台复印机的质量，对输入和输出图像进行比较是评价其像质的最重要方法，对此无论采用目视或测量方式都可以。对其他一些应用，只能考虑输出像。在某些情况中，最常用的目视方法（由于只能通过显示观察）是，在部分经过处理的图像与输入的原始图像或者硬拷贝输出之间进行比较。大多数情况下，评价标准取决于图像的应用目的。扫描像以二值（黑和白）成像模式显示具有非常有趣的效应，常常会使毫无思想准备的观察人员大吃一惊，这些内容将在 3.5 节介绍。由于采用物理和目视测量法评价输出和输入像，因此，图 3.1 所示的箭头是从硬拷贝指向这些评价方框。然而，使用模型主要是为了合成成像系统和组件，并用以预测或模拟性能和输出，因此"模型"的箭头指向系统组件。

　　电子图像处理技术和模拟写工艺采用的非扫描器组件对成像质量起着重要作用，因此，其不可避免地包括在扫描成像或成像系统成像质量的目视或仪器测量评估技术中。另一方面，系统或组件建模常常忽略这些组件的影响，需要告诫读者，当依据文献设计、分析和选择系统时要清楚这种差别。

　　恩格尔拉姆（P. Engeldrum）已经阐述过一种模型[12,40-42]，称为像质圆（Image Quality Circle），将所有这些评价技术联系在一起，并将其扩展为一种逻辑结构以评价任何一种成像系统。如图 3.3 所示，环形路径将椭圆形、方形及图 3.2 所示的三种主要评估类别（HVS、仪器测量和模型）相连。在这种模型中，HVS 是被称为"目视算法"的一类模型，根据实际图像参数可以预测人类感知到的图像属性。感知的例子应当包括如暗度、锐度或者粒度（即"感观度"）的主观视觉感受。这些分别与能够引起主观反应的图像密度、边缘轮廓和半色调噪声的实际测量有关。按照恩格尔拉姆分析法，HVS 和大脑组合之外的其余部分，称为"像质模型"。它可以根据预测感知属性之间的关系，预测客户的需求。在此必须指出，这种纯粹属于个人主观因素方面的内容，并不包括在与 HVS 密切相关的"脑"功能中。采用这类分析方法一般归属于心理学领域（量化人们的心理学或者主观反应），这部分内容将在 3.8 节阐述。

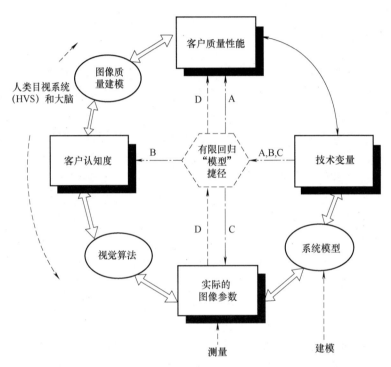

图 3.3   由外轮廓线箭头连接的单元和内"轮辐"组成的图像质量评价总体框架图

[由外轮廓线箭头连接的单元称为"像质圆"（资料源自 Engeldrum, P. G. Psychometric Scanning：A Toolkit for Imaging Systems Development；Imcotek Press：Winchester, MA, 2000；5-17）；内"轮辐"给出了 4 种常用但有限的回归模型捷径，路径 A、B、C 和 D；恩格尔拉姆并没有将后者视为像质圆的一部分，在此增加这一内容是为了说明 3.6 节的例子与框架图的拟合程度；利用标注和该图周围的粗虚线表明了与图 3.2 所示的 HVS、测量和模型单元的联系]

许多作者（见 3.6 节）都试图绕开该框架结构，希望按照图 3.3 所示的循环标出的虚线"路径"找到一条捷径，利用心理学理论创建回归模型，将实际参数（路径 D）或技术变量直接与总的像质评价模型（路径 A）或优先考虑的因素（路径 C）相联系。这已经部分获得成功，不过该循环中还有一些步骤没有成功，且应用范围有限，常常只能适用于特定的实验环境。当然，应用于这些环境中时，这些简化方法还是很有价值的。按照图中的所有步骤进行操作，能够建立一种更全面和更一般性的模型，适用于优先参数和环境完全不同的各种情况。读者需要明白这个道理，并判断一个具体模型对自身需要解决问题的适用性。

3.2　基本概念和效应

3.2.1　数字成像的基本原理

基本的电子成像系统需要完成一系列图像转换，如图 3.4 所示。利用光栅输入扫描器（Raster Input Scanner，RIS）可以将如一张照片或者一页含有文字和线条的资料之类的物体（或目标），从其模拟状态转换成数字形式。当在某一距离上时，极细微的图像区都分别被作为离散像素而被捕获，则认为该图像被"数字化"了，即被采样！然后被量化，换句话说，是按等级数字化，并在随后用各种严格的数字技术进行处理。这种图像被转换成可以显示或传输、编辑的信息，或者通过电子和软件子系统（Electronic and Software System，ESS）可以与其他信息相融合的信息。此后，光栅输出扫描器（Raster Output Scanner，ROS）将数字图像转换为一种模拟形式，一般是通过让调制光入射到一些光敏类型的材料上而使图像得以恢复或再现。对这些材料进行模拟化学或者物理处理，从而将模拟光学图像转换成按照反射率分布的纸上图像或其他显示形式作为最终的输出图像。

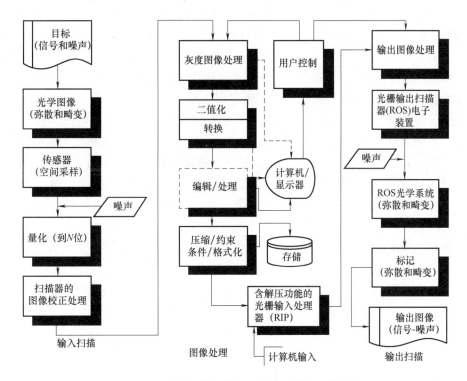

图 3.4　一个典型的扫描电子影印系统的工艺步骤
（用以表明基本的成像效应）

下面假设的光学输出转换过程，也是直接标记过程，且不包含任何光学件（如喷墨打印、热传打印等），可以进行类似处理。人们常常将电子成像或者扫描成像看作数字成像过程，所以，本章真正关心的内容是 A-D 和 D-A 转换的等效成像过程。数字化过程发生在图像处理的过程中。事实上，由于通过计算机可以查看图像，扫描成像就变成人们非常熟悉的方式。

3.2.1.1　数字图像结构

在讨论所有的系统效应和子系统效应之前，将讨论重点放在这种过程的微结构上，尤其是在输入扫描器的 A-D 转换和采样方面。默茨（Moetz）和格雷（Gray）首先以一种全面的方法研究了采样电子图像。

为了理解如何进行采样，现在来讨论图 3.5 所示的例子。图中给出了输入扫描图像转换的 4 个不同方面。图 3.5a 所示为输入目标（或物体）的反射率细微分布：左侧有一个陡峭清晰的边缘，一个"模糊"的边缘（斜坡）和一条窄线。图 3.5b 所示为其光学图像，是输入目标的模糊图像。注意到，现在，两个脉冲的相对高度不同，原来是直线的边缘变成了斜线。图 3.5c 所示为一系列离散信号组成的模糊图像，每个信号中心位于箭头位置。该过程称为采样。

图 3.5c 所示的每个采样都有着与之相关的特定高度或灰度（右侧比例尺）。当每个采样可以作为直流电压或电流读出时，就意味着它们有了层次，因此该系统为模拟系统。如果传感器输出电路中元器件（或装置）能够形成有限的灰度等级，如 10、128 甚至 1000，就可以说信号被数字化了（如果采用的有限灰度等级数目非常大，数字化的信号就非常类似模拟信号）。可以利用数字处理器控制方式进行采样和数字化，从而完成图像数字化过程。图像的每个采样都是一个像元，常称为像素或者图素。一个采样多灰度等级（大于2）数字化图像常常称为灰度图像或灰阶图像（该术语也应用于其他不同的领域，表述一个连续色调的模拟图像）。如果数字化局限于两个灰度等级，则称为二值图像。如约束适合图像色彩深度的灰度等级数目（灰度等级数目的另外一种表示），就可以通过"约束位数"巧妙地控制针对这些不同类型图像的图像处理算法，即整数运算。实际上，这相当于多个数字图像处理电路。另外，算法也可以是浮点运算的，但其结果完全不同于位数约束运算。

一种常用且简单的图像处理形式是从灰度到二值图像的转换，如图 3.5d 所示。在该处理方法中，在某特定的灰度等级位置设定一个阈值，该等级以上（包括该等级）的像素被转为白色或黑色；而灰度值低于该等级的像素转为另一种信号，即黑或白。图 3.5c 中，利用灰度等级比例尺上的箭头表示四种阈值。图 3.5d 中，将该结果重新表示为四行，每一行是由不同二值图像（四种阈值中一个阈值）组成的一个光栅；一个点代表一个黑色像素，没有点的代表白色像素。通常，将像素表述为网格（网格代表着像空间）上一系列彼此相邻的正方形，最好将其想象为在时间和空间上具有一定外形尺寸、属性和性质的点。

每行点列图显示一行采样二值图像。这些点列图与采样箭头的位置有关，如图 3.5c 所示，也与弥散圆的形状和初始文件的特征位置有关。注意，在 85% 阈值位置处，用 2 个像素表示箭头线（即已经在增大）；但在其标识中，更宽和更黑的脉冲没有变化，仍是 5 个像素宽。可以看到，窄脉冲以非对称性形式增大，而以非对称形式开始的宽脉冲以对称形式增大。在将一份模拟文件数字化为有限量像素和灰度等级过程中会遇到颇有特色的问题。可以看到，形成一个阈值二值图像是一个高度非线性过程。由于阈值化而产生的奇异成像特性将在本章 3.5 节详细讨论。

图 3.6 给出了一个实际图像的同类过程。该曲线是字母"I"横截面的单次扫描灰度分布⊖。

⊖　原书此处表达有误，原书作者已做订正。——译者注

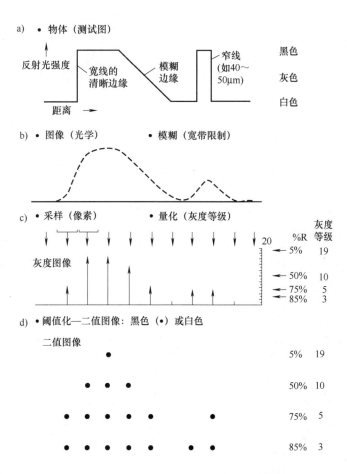

图 3.5　利用二值图像方法得到的数字图像

（利用二值图像方法，根据所选择的阈值形成许多不同的二值图像；图中给出了一个具有微量色调连续
变化的待测物体如何形成单个模糊电子图像的过程）

a）测试图的反射率分布图

b）以相对响应单位（相对毫伏）表示的测视图模拟电子图像的模糊图像

c）采样成像素［上端的每个箭头代表各个像素位置，下端每个箭头的大小代表该像素位置下的响应；
右侧列出反射率百分比和指定的灰度等级响应，较大的灰度等级代表着更黑的部分（反射率更低）］

d）阈值化-二值图像（每一行代表图 c 所示像素对应的不同阈值，
每个黑点代表一个黑色像素，每行的阈值在右侧）

不同的灰度等级代表字母的宽度，在此用标记"阈值"表示如何选择等级，从而使黑色转
换到白色。可以看到，二值图像的宽度处处都可以从 1 个像素变化到 7 个像素，这主要取决
于选择的阈值。

　　图 3.7a 与图 3.5 所示的信息相同，但对原始光学模糊图像已经采用双倍频率进行采样，
因此就具有两倍多的像素，且其高度逐渐变化。在这个具体情况中，提高分辨率主要针对探
测较低灰度等级（接近 0% 阈值）时窄脉冲的二值情况。该图给出了通过增大图像采样的空
间密度应当具有的一般结果。也就是说，采用较高的采样频率可以在灰度和二值图像两个方
面都能观察到稍微更精细的细节。

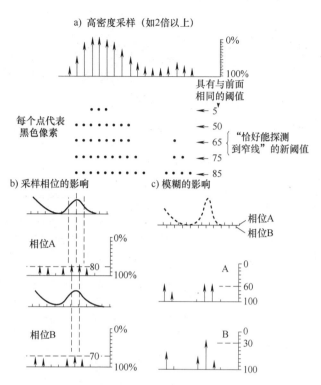

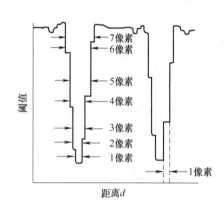

图3.6 一个实际的扫描例子——字母
"I"中心部位的灰度扫描线

（与图3.5c所示不同，采用了另一种表示方法；
在此，采样点被表示为相邻像素和一个像素宽度；
该图像是一个类似六号罗马字体的400DPI扫描）

图3.7 采样分辨率和相位及图像锐化的影响
a）分辨率加倍的影响 b）改变采样相位的影响
c）光学图像锐化的影响

　　然而，在检查各部分的微结构时，并非总是这样。现在，将更仔细地研究两个更窄的脉冲（见图3.7b），观察彼此稍有位移的两个位置处的采样，这称为不同采样相位处采样。在相位A，脉冲已经以下面方式采样：靠近峰值处像素接收的光强度是一样的；在相位B处，其中1个像素被表示在峰值中心。如果是讨论探测相位A和B处信息所需要的阈值，并且采用二值方式表示这些图像，则会得到不同的结果。较低阈值时，相位B探测的脉冲更接近理想值，相位A会显示更宽的脉冲值，即2个像素宽度。

　　下面讨论该采样方法在应用于如传真机或电子复印机一类输入文件扫描器时的效果。当许多输入扫描器中的采样阵列相对于文件压板恒定不变，那么，文件在压板上的放置位置就可以是随机的。即使特定文件满足了纸张格式的要求，纸张上具体细节的位置也可以是随机的。因此，对应细节的采样相位也可以是随机的。所以，图3.7所示的各种效果类型应当可以在一页中随机出现。一个由某些均匀细节组成的文件，绝对不可能在采样图像中以均匀形式出现。如果成像系统产生的是二值结果，那么，在边缘位置和线宽上，会有1个甚至2个像素的误差。这种情况同样适合于一个典型量化的灰度图像，除非这些误差幅值较大。如果采样密度较高，对此更不用在意。事实上，如果以足够高的频率采样，则模拟灰度成像过程是以无法观察到的误差采样（处理）图像的（参考下一节内容）。下面以相同思路，继续讨论模糊效应。图3.7c给出了在窄脉冲下得到的更清晰的图像，并与之前一样，给出的是两个采样相位 A 和 B，间隔是半个像素宽度。需要注意两点：第一，具有较高锐度（即较清晰），则探测时的阈值也较高；第二，与高锐度的影响相比，采样相位对图像的影响更大。图 3.8 所示的高放大率图像可以解释这些影响。

3.2.1.2　采样定理和空间关系

通过以上讨论，从像元层次上初步介绍了采样频率、采样相位和模糊。下面，将重点转向以更正规方式，即所谓的采样定理，进行说明。为此，假设读者对傅里叶分析的概念或者至少对表述时间或空间的频率域方法（如对音频设备进行频率分析），已经有所了解。在这种方法中，将以毫米为单位的距离转换为以每毫米次数为单位的频率。间隔 1mm 的条形码是以每毫米 1 次作为该图形的基频。如果用方波表示该条形码，那么，表示此图形各种谐波的傅里叶级数应当构成等效的频域。

基于上述观点的例子如图 3.9 所示。图 3.9a 所示为一份模拟输入文件（即一个物体）的单光栅式分布函数，用 $f(x)$ 表示。这是一个原理上可以扩展到 $+\infty$ 的信号，并且，分析时可以包含许多不同的频率。也可以认为，它是贯穿原始文件的一个很长的微反射分布。图 3.9b 所示曲线是以 $F(\mu)$ 形式给出了其光谱分量，即与其强度分布相一致的正弦波的相对振幅。可以发现，在该振幅-频率图中有最大频率 w，等于图 3.9a 所示 λ（最小细节的波长）的倒数，也是输入文件中测量出的最高频率。频率 w 称为输入文件带宽极限，所以，输入文件被称为带限。在真实系统中，常常通过采样以控制扫描孔径宽度的方式，来施加这种限制。

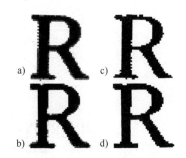

图 3.8　以 400DPI 数字技术扫描 10 点字母 "R" 的数字图像

[主要目的是说明量化和锐化效应；图 a、c 所示是利用具有标准锐度的典型光学系统形成的；图 b、d 所示的锐度经过电子增强（见图 3.32）；图 a、b 所示是采用每像素 2bit 制成的，即包括白、黑和两个灰度等级的四个等级；图 c、d 所示是每像素 1bit 的图像，即只有黑和白二值图像，其阈值设置在图 a、b 所示的两个灰度等级之间；可以看到，得出的图中一些笔画变厚及二值图像中锯齿形会加重，但清晰二值图像中某些部分的锯齿形就会较少]

现在，希望提取该模拟信号，并转换为采样图像。将其乘以一个间隔为 Δx 的系列窄脉冲 $s(x)$，如图 3.9c 所示。$s(x)$ 和 $f(x)$[注] 的乘积是被采样图像，如图 3.9e 所示。为了研究频域中的这种过程，需要确定用于采样的脉冲序列的频率成分，由此产生的频谱如图 3.9d 所示。其自身就是一系列频率间隔为 $1/\Delta x$ 的脉冲。光学科学家可以把其看做是光谱，每个脉冲代表不同的顺序。因此，$1/\Delta x$ 处的尖峰信号代表 1 级光谱，零处的尖峰信号代表 0 级光谱。由于在距离空间采取乘法能够提取出该采样图像，所以，根据卷积定理，在频域，必须将输入文件的光谱与采样函数的光谱进行卷积才能得到采样图像的光谱。卷积结果如图 3.9f 所示。

现在，可以得到输入文件的光谱含量及为了记录该文件所必需的采样间隔之间的关系。由于输入文件的光谱与采样光谱相卷积，所以，输入文件光谱 $F(\mu)$ 的负值一侧从 1 级对折到零级文件光谱的正值一侧。两个光谱系列对折之处正好是零级和 1 级峰值信号中间的位置，该频率（$1/2\Delta x$）称为奈奎斯特（Nyquist）频率，如果讨论零频和奈奎斯特频率之间的

⊖　原书错印为 $yf(x)$。——译者注

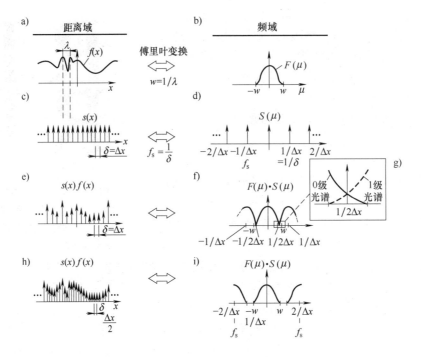

图 3.9 图像傅里叶变换及采样频率的影响

（资料改编自 Gonzalez, R. C., Wintz, P. Digital Image Processing; Addison, Wesley; Reading, MA, 1977; 36-114）

a）原始物体 b）物体的频谱 c）采样函数 d）采样函数的频谱 e）被采样物体 f）采样物体的频谱

g）采样物体频谱的细节 h）以双频方式采样 i）双频采样物体的频谱

部分，如图 3.9g 所示，即包含有零级信息的区域，可以看到，从 1 级的负值侧下降到频率 $[(1-\Delta x)-w]$ 会有"污染"（或"杂值"）。其中，w 是信号的带限。高于该点的频率包含零级和 1 级两种信息，是混合在一起的。这一现象常称为混淆现象。

为避免出现混淆，必须以更精细的采样间隔进行采样，如图 3.9h 所示。间隔取初始方案间隔的 1/2，采样频率高至原来的 2 倍，也使奈奎斯特频率加倍。仅通过增加一个倍数 2，就可以使频谱分隔开。由于在该例中第零级和第一级没有重叠，所以，通过简单地滤除掉非零级的高频信息，就可以相当容易地恢复初始信号。如图 3.10 所示，宽度 ±w 和振幅为 1 的矩形函数乘以采样图像频谱，使原始信号频谱得以恢复。进行傅里叶逆变换，应当重新得到初始信号 [比较图 3.10e 所示曲线和图 3.9a 所示曲线]。

现在，采用采样成像，再次将香农（Shannon）提出的采样定理 [有时称为惠特克-香农（Whittaker-Shannon）采样定理（R. Loce, Personal communication, 2001）] 形式[43]陈述如下：如果一个代表原始物体或者已经被数字化的光学/航拍图像的函数 $f(x)$ 不含有任何高于每毫米 w 次的频率（意味着信号带限是 w），那么，该函数完全由间距小于 $1/2w$ 毫米的一系列点的值决定。按照规则有如下要求：没有量化或者其他噪声，并且该（展开式）系列是无限长的，否则，较小图像边界处的窗效应（windowing effect）可能额外产生某些问题（如图像端部的清晰边缘会引起数字扰动）。实际上，需要它足够长以使这些窗效应忽略不计。

由此可以明显看出，将一块透镜放置在文件与实物之间采样成像之类的过程，即利用一个 CCD 传感器成像的过程，会对信息产生带限作用，并且要考虑锯齿图像保证精确的采样。然而，如果为了避免混淆而对信号采取带限会造成文件（看起来非常重要）的信息丢失。这表现为，当该系统受到限制时，光学图像就会过度模糊。当然，改善这种状况的另外一种方法是提高采样频率，即减小采样间隔。

根据图 3.10 所示的，已经看到，利用频域中的矩形滤波可以完成对原始物体频谱的恢复（见图 3.10d）。该滤波称为再现滤波，并代表一种理想的再现过程。矩形函数在距离域有一个（$\sin x$）$/x$ 的逆变换（见图 3.10c），其过零点距离原点为 $\pm N\Delta x$。其中 $N = 1$，2。在非相干系统中，很难实现具有平 MTF 的矩形和其他滤波，其原因在于（距离域）旁瓣中需要含有负值的光。在工作中，再现滤波不需要精确的矩形，在被再现信号的带宽范围内，应当是比较平并接近值 1.0 的（基本

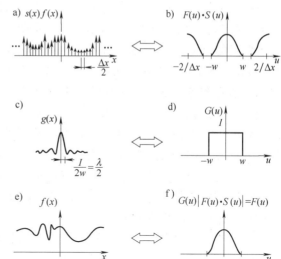

图 3.10　利用正确的采样成像过程恢复原始物体
（资料改编自 Gonzalez，R. C.；Wintz，P. Digital Image Processing；Addison，Wesley：Reading，MA，1977；36-114）
a）以双倍频率采样物体（由图 3.9h）　b）图 a 的频谱（由图 3.9i）　c）矩形频率滤波函数的扩展函数
d）矩形频率函数　e）恢复后的物体函数
f）恢复后的物体频谱

上不可能实现）。不必从两个第一级频谱传输任何能量。如果采样分辨率很高且信号带宽较低，则设计这种再现滤波边缘的自由度较大，所以，这种边缘不必是方形的。从实用观点出发，该滤波常常是输出扫描器（一般是一个激光束扫描器）的 MTF。通常，它不是矩形函数，更多的是高斯（Gaussian）形状。一种非矩形滤波，如由高斯激光束扫描器提供的滤波，替代了准备恢复的频谱形状。由于该频谱是通过再现 MTF 得到的，所以对高频会造成额外的衰减，这就常常需要在实际的过程中进行折中。

3.2.1.3　灰度等级量化：一些限制因素

既然已经明白了一个输入图像的空间或距离尺寸可以数字化为离散像素，那么，就可以继续讨论图像有限量离散灰度等级的量化问题。从实际出发，通过 A-D 转换可以实现这种量化，将信号量化为一些灰度等级，一般是 2 的若干次幂。一种受欢迎的量化法是256 级灰度，即 8bit，这非常适合各种计算机应用和标准数字硬件。为了优化一个系统，可以采用或高或低的量化方法，以达到最优（本章参考文献 [21]，213～227 页给出了一些应用和实验）。

从总体系统工程的角度出发，需要了解对有效量化灰度等级数目的限制。这取决于系统所观察到的输入信号中的噪声（输入限制）或最终输出目的（输出限制），以及能够被人眼识别怎样的灰度等级。这两种方法在上述文献中已经探讨过，并包含有复杂的计算和实验结果。

采用具有各种半色调法的 HVS 响应技术是输出限制法的一种代表，可以较实际地确定扫描成像的量化限制。图 3.11 所示的"视觉极限"结果给出了一些目视可以分辨的灰度等

级与空间频率的关系曲线。该曲线源自一种对目视系统频率响应非常保守的评估，并认为是人眼所需灰度等级数目的上限。图中还给出了 20pixel/mm（约 500pixel/in）数字成像系统［形成 3bit/pixel 和 1bit/pixel（二值）图像］的性能。它是采用一种广义算法从而在不同的空间频率处形成半色调图（见 3.2.2.3 节和本章参考文献［45］）而得到的。在此添加到罗特林图中的二值限制曲线⊖给出了每种频率（其周期为两个半色调单元宽度）有效灰度等级的数目。3bit 限制曲线假设每个半色调单元贡献 2^3 个灰度值，包括黑色和白色。

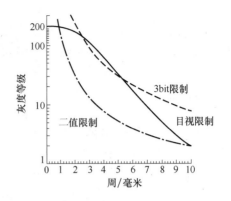

图 3.11 输出量化限制的例子（灰度等级目视可分辨数目与空间频率的函数）及与 3bit/pixel 和 1bit/pixel（二值）图像相对应的曲线
（资料改编自 Roetling, P. C. Visual performance and image coding. Proceedings of the Society of Photo-Optical Instrumentation Engineers on Image Processing, Vol. 74，1976；195-199）

罗特林对视觉响应曲线进行积分[44]，确定平均值 2.8bit/pixel 为眼睛本身一个良好上限。注意到，其广义半色调法采用 3bit/pixel 和 20pixel/mm（约 500pixel/in），也接近重要中频区的视觉极限。一些特殊的半色调技术[7,45]能够在较低频率下每个像素形成不同但更多的灰度等级。

设置量化限制的另一种方法是在输入过程中检验噪声。如此，则量化是输入限制而不是前面方法中视觉完成的输出限制。选择一系列的照片作为输入噪声较低限制（最佳）的实际例子。表述照片中灰度等级有用数目的基本原理包括：将其密度标度量化为若干步，其步长取决于数字成像过程中被扫描照片的噪声（粒度）[46]。简单地说，可以表述为

$$M = \frac{L}{2k\sigma_a} \tag{3.1}$$

式中，L 为图像的密度范围；σ_a 为在每种可分辨灰度等级中孔径面积 A 和标准偏离数目为 k 时测量出的标准密度偏差。

这类量化技术要解决的问题是，通过读取单个像素，如何在已知的输入图像部分可靠地确定某一特定色调。在扫描图像用于从某幅图像中提取光辐射信息时[46]，可靠性必须高；而其他情况，如只是为了艺术目的简单地复制，可靠性可以较低。为了精确控制数字半色调过程（参考稍后内容），可靠性必须相当高。

照片噪声近似随机的非相关噪声。粗略地说，照片噪声（粒度）是密度波动的标准偏离，正比于测量仪或扫描传感器的有效探测面积 a 的二次方根[47,48]，即遵守塞尔温（Selwyn）定律：

$$\sigma_a = S(2a)^{1/2} \tag{3.2}$$

式中，S 为比例常数，称为塞尔温（Selwyn）粒度。对于理想的胶片系列，还与平均密度的二次方根成正比，即遵守西登托夫（Siedentopf）关系式[47,49]。实际上，由于这里要对此进行讨论，所以必须通过经验确定密度关系式。图 3.12 给出了该篇文献报告的可分辨灰度等

⊖ 原图改编自罗特林（Roetling, P. G.）撰写的一篇文章，所以称为罗特林图。——译者注

级的数目，它是不同作者直接测量各类胶片的粒度作为密度的函数而得到的。这些数据满足下列条件：孔径尺寸近似等于胶片可以分辨的最小细节，即胶片扩散函数的直径。下面举一个真实的例子，假设利用一个高质量3.3倍的放大器理想地放大35mm胶片图像。每个像素可分辨灰度等级数的换算是基于如下条件的：塞尔温（Selwyn）定律，99.7%的可靠性（$\pm3\lambda$ 或者 $k=6$），以及随孔径尺寸变化时粒度与密度标度之间的非线性关系。那么，实际的扫描孔径在其二维方向减小为1/3.5，类似直接扫描胶片。

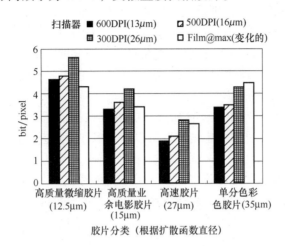

图3.12 输入量化限制实例：4种胶片、放大3.3倍（35mm胶片冲洗成3in×5in照片）作为输入，由其扫描分辨率表示的4种通用系统扫描而得到可分辨灰度等级数目

资料改编自 Altman, J. H.; Zweig, H. J. Effect of spread function on the storage of information on photographic emulsions. Photog. Sci. Eng. 1963, 7, 173-177 and Lehmbeck, D. R. Experimental study of the information storing properties of extended range film. Photog. Sci. Efb. 1967, 11, 270-278。彩色胶片是单分色胶片，其他是黑白胶片。前三种扫描器由于量化限制产生的模糊（单位为 μm）列在括号中，括号前面是扫描频率。根据胶片尺寸缩放传感器的孔径宽度，第四个扫描器的分辨率是可变的，根据缩放后的孔径宽度设置［调整到等于每种胶片模糊函数（扩散函数）的宽度］，表示在标有胶片类型的括号内；假设利用式（3.1）得到的可分辨度具有99.7%的可靠性（即 $k=6$）。

选出4种胶片，分别代表不同类型。其中3种胶片是黑白胶片：（1）一种是具有非常精细粒度的缩微胶片；（2）一种是细粒度的业余胶片；（3）一种是高速业余胶片[50]；（4）另外一种是专用彩色胶片[51]。尽管现已过时不用，但通过这些胶片可以对相关照相材料进行合理的横向对比。选择消费实践中典型的3.3倍放大，粗略计算，用35mm底片可以冲洗出3.5in×5in照片。利用该放大率的倒数将扫描器孔径缩小到胶片尺寸。选择两种最流行的扫描器分辨率600dpi和300dpi。根据胶片尺寸缩放后，将对应的传感器"孔径"宽度（单位为 μm）标注在每类下面的括号内。宽度是采样周期的倒数。一种情况是采用与罗特林（Roetling）可视化计算结果等效的第三种扫描器孔径。也就是说，一个20sample/mm⊖（约500sample/in）的扫描系统采用 50μm×50μm（约2mil⊖×2mil）的孔径。第四种

⊖ sample/mm：采样次数每毫米。

⊜ mil：密耳（毫英寸），1mil≈0.0254mm。

情况称为"Film@ max"，表述为，使用一种与胶片模糊（扩散函数）相匹配的孔径，得到的灰度等级数目列在胶片目录中，并标在每张图下的括号中。这种近似计算是照相和放大过程的过度简单化，明显忽略了非线性和模糊的影响，但提供了一种粗略的初步分析。

通过对图表的分析使人们认识到，图像输入量化限制（Inbound Quantization Limit，IQL）的实际范围几乎都是 2~4bit/pixel（微缩胶片不适合冲洗照片）。对于典型的高质量复制，若采用这三种标准的偏差判据，则输入限制在 600DPI 时会稍微大于 3bit/pixel。与罗特林在视觉输出量化限制（Outbound Quantization Limit，OQL）研究中确定的 2.8bit/pixel 的比率相差不多。魏斯曼（Vaysman）和费莱查尔德（Fairchild）最近的研究[52]选择打印机频率上限为 300DPI，并通过心理物理学研究表明，每个颜色 3bit/pixel 是复制彩色图片的最佳选择。

那么，人们可能会问：为什么会有如此多的输入扫描器运行在 8bit/pixel、10bit/pixel，甚至 12bit/pixel 呢？首先，针对特定情况，可以有许多理由来进行修改，如公差概率大不能可靠地分辨出差别，考虑采用较大采样孔径的某些复制/观察法，应当产生更多输入或输出灰度等级的不同的频率加权及其他许多因素（见本章参考文献［53］第 198 页）。

然而，一个非常现实的理由是，现行的硬接线扫描器不可能适应完全原件中的细节和间隔尺度，而且，未能按照理论的计算值改变性能而达到最优。对于可以适应小范围图像信息、计算密集型、能够较慢地进行离线图像处理的情况［如联合图像专家组（Joint Photographic Experts Group，JPEG）格式及其他有损压缩技术，见 3.7.1 节］，大体上，可以近似地采用上述限制值（例如，8bit 图像采用 10~20 倍 JPEG 压缩可以得到很好的结果，大约是压缩 4bit 多一些，用 3bit 多一些生成图像）。

现行的硬接线实时扫描器必须假设为那种最坏的情况（即 200 灰度等级，见图 3.11）。这种情况则会被向上归入到 256 灰度等级或者 8bit。然而，200 灰度等级并不意味着换算成线性单位是等间隔的，基本上，是按照一个 L^* 的等比例增量相间隔［见式（3.5）和式（3.8）］。

因此，若输入密度为 2.0 或者 $L^* \approx 9$ 及 $0.5L^*$ 的差值（等于全 L^* 标度的 1/200），那么，线性差约为 0.0006。这是 1/1700 或者大于 10bit（1024），应当需要一个 11bit 的系统（不是普通的 A-D 线路）。从实际出发，建议值是 12bit（4096 灰度等级），这可以对高密度区做些加强。若认为 $\Delta L^* = 1$ 恰为明显可分辨（某些条件下是成立的），则上述情况要求大约 870 灰度等级，并且，10bit 就可以满足要求。另一种方法是选择 8bit 并满足视觉要求，在最终数字输出之前，通过扫描器电子组件使线性传感器的响应接近 L^*（一些数字相机和扫描器完成此项任务）。

意识到输入限制、系统选择和输出限制作为必须要考虑的因素，就可以对大的系统工程勾画出一个框架结构，并对系统的成像质量进行优化。信息容量法扩展了这些概念（见 3.6.7 节）。

3.2.2　基本的系统效应

3.2.2.1　模糊

何为模糊？换句话说，就是微图像结构的扩散情况。它是确定一幅图像信息（即图像质量）的一个重要因素。对于输入扫描器，模糊源自光学系统、光敏器件的尺寸和性质、其他电子元件及运动中的机械和计时因素。图像模糊决定着该系统是否产生混淆现象。简单地说，如果一个点像（其分布称为点扩散函数）扩散范围是采样间隔的 2 倍，那么系统不会出现混淆现象。扩散也决定着处理前灰度图像的细节对比度。利用一系列空间频率响应（请参考稍后关于 MTF 的详细讨论）或者其他评价标准（一般是与光学图像清晰度相关的）可以很方便地表述这些元件的级联。在某些方面，通过后续的电路或者计算机处理可以得到补偿。

写光斑的尺寸是造成输出扫描器模糊的原因，如聚焦激光器束腰、调制技术，以及如静电印刷术或者照相胶片之类的标识工艺中图像的扩散。与数据速率相关的光束运动及光敏接收器材料的运动速率，也会影响模糊。与输入扫描器相比，输出扫描器产生的模糊更直接地影响着最终硬拷贝图像展现给人眼视觉系统（HVS）的清晰度。然而，电子输入扫描图像的整体增强，可以让人们在视觉上对（任何一种扫描器中）未受模糊限制影响的输出图像的细节更为关注。

从输入扫描器，经过各种图像处理，再到输出扫描器，然后将图像呈现（标注）在纸上，这个过程中整个系统造成的模糊不容易级联在一起。其原因在于图像信息的干预处理具有严重的非线性。由于标注过程的光斑尺寸小、弥散也小，所以，作为一束模糊输入图像所产生的效果，二值输出的打印边缘还是非常清晰的。然而，在这种情况中，正方形四个角的边缘看上去会有点变成圆的，并且，可能会丢失一些细节，如字母的衬线或者照片的纹理。相反，一个具有较大弥散斑的系统打印一个清晰输入扫描似乎会出现模糊边缘，但由于采样造成的边缘噪声会一起形成模糊，并且不如前者明显。然而，与采样间隔相关的小量弥散会造成周期性图像混淆，尽管输出模糊，但仍能出现摩尔（Moiré）纹⊖。对于一幅图，一旦出现混淆现象，后续的任何处理方法都不可能消除这种周期性的混淆效应。被称为"图形保真"的通用技术，可以处理由于采样不足（或者采样过疏）造成的各种效应，也就是，当输出模糊和采样不足以与目视系统匹配时，二值线性图像呈现明显的阶梯形或者在一条斜线上出现锯齿⊜形状。这些技术非线性地"确定"阶梯形状，并且局部地增加灰度以降低锯齿⊜的可视度（见 3.7.2 节和图 3.43）[55]。另外，混淆也称为杂散响应[13]。

很明显，模糊对整体图像质量具有正反两方面的影响，设计扫描器时需要仔细进行分析折中。

3.2.2.2 系统响应

电子成像系统可采取四种方式，将色调信息显示给眼睛或者通过系统传输色调信息：

1. 利用振幅或者脉冲宽度调制，在每个像素上形成不同强度的信号。

2. 对每个像素进行开或关（一个二能级系统或者二值系统；参考 3.5 节）。

3. 使用半色调法——一种二值成像专用法。决定黑白颜色的阈值以某种结构方式在非常小的图像范围内变化，模拟连续响应。改变该结构可以采用许多很复杂的方法，包括多像素

⊖ 如半色调文件（参考 3.2.2.3 节）和扫描器采样网格之类周期性条纹的叠加会在图像中造成新的又非常明显的周期性条纹，通常称为摩尔纹（或称云纹）[54]。

⊜ 原书将"jagged"错印为"jaggie"。——译者注

⊜ 原书将"jagged"错印为"jaggie"。——译者注

相互作用技术（如误差分散，参考3.2.2.3节最后部分的内容），以及利用亚像素的其他方法（如高寻址率，3.7.2节中介绍的那些技术的延伸内容）。

4. 将3中的半色调概念与1中的变灰度像素相组合，形成混合半色调技术（见本章参考文献［44，45］）。

从硬件观点来看，该系统可设计为以像素为基础的携带灰度信息或者二值（二阶）信息。由于二阶成像系统不能满足许多应用，所以，为了利用半色调法获得伪灰度，要在信息流中添加一些内容。

无论是模拟或者数字成像，宏观色调再现可用以表述所有成像系统响应的基本特性。对于输入扫描器，可以通过绘制一张宏观输出响应曲线图（它是输入光亮度以某种方法表示的函数）表示其特性；而对数字输入扫描器来说，则用电压或者数字灰度等级表示输出特性；对输出扫描器，或许用的是最终纸质图像的黑度或者密度。而如何正确选择单位，取决于所表述系统响应的应用。这类响应曲线的单位应当是密度或光学强度、亮度、视觉亮度或者暗度、灰度等级等的单位。人们常常对此有不同意见。为了进一步说明该问题，请参考图3.13所示。

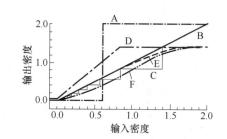

图3.13　一些有代表性的输入/输出密度关系
A—二值图像响应　B—线性成像响应　C—步进式
线性响应　D—饱和限定线性响应　E—渐进到饱
和态的线性响应　F—满足最佳整体可接受性
的理想响应曲线

在此，已经选择采用输出密度的传统摄影特性，利用归一化密度方法绘制出与输入密度的关系曲线。曲线A所示为二值成像系统的情况，输入密度直至0.6，输出都是白色或零密度，但从0.6开始变成黑色，即输出密度为2.0。曲线B所示为当一个系统连续地与输入密度线性响应时的情况。由于输入等于输出，所以，该系统的反射率、辐照度，甚至蒙赛尔（Munsell）色度值（视觉亮度单位），都应当是线性的。

曲线C所示为一个经典的滤色灰度系统（有限量的灰度等级），只采用8个灰度等级线性输出（写）。但是，由于选择密度单位的原因，这种响应形成一系列小的对数形式的阶梯，阶梯尺寸完全不同。如果绘制输出反射率与输入反射率的关系曲线，那么，阶梯的尺寸应当一样。然而，通常目视系统都或多或少以对数或能量形式观察这些色调，因此，密度曲线在更大程度上代表着这种图像的视觉效应。如果选择256灰度等级量化，那么，每一阶梯都应分成32个更小阶梯，因而非常接近连续曲线B。

设计系统色调再现时，可以选择多种形式以适应这种曲线形状。正如曲线A，无须整体系统响应有任何变化，就使最大和最小输入密度发生相当大的变化，所以，对于再现高对比信息的情况，采用二值曲线是比较理想的。

为了再现连续色调图像，输入与输出之间可以有许多不同的关系，图3.13给出了其中的两种。例如，如果输入文件对比度较低，密度为0~0.8，并且，输出过程能够形成如1.4的较高密度，则曲线D能够为多种应用提供一种满意的解决方案。然而，应当通过增大与曲线B相关的斜率来增强对比度。其中，曲线B是所有密度的一对一色调再现。而对于曲线D，在输入密度大于0.8之后做了修整，这就意味着，大于该值的密度不可能被分辨，都以输出密度1.4打印。

在许多传统的成像情况中，输入密度范围大于输出密度范围。系统设计师面临着一个解决动态范围不匹配的问题。一种方法是使系统对密度线性响应，直至达到输出极限。例如，沿着曲线 B 直至输出密度达到 1.4，然后与曲线 D 一致。一般地，在阴影区不会得到满意的结果，其原因已在之前介绍曲线 D 时解释过。一个通用的原则是，重点区域服从线性响应曲线，对曲线 E 所示的非线性部分，或许从输出密度 0.8 开始的阴影部分，逐渐过渡到最大密度。曲线 F 代表一种理想情况，非常接近乔根森（Jorgenson）实现的一种特定情况[56]。乔根森（Jorgenson）发现，在其为光刻应用技术进行大量试验而绘制的曲线中，从心理学考虑，类似曲线 F 的"S"形曲线是一条理想曲线。可以发现，其重点区域更亮，而在与线性响应斜率相平行的部分是中等色调区。然后，与上述情况一样，在输入密度达到其上限值时，快速变为最大输出密度。

3.2.2.3　半色调系统响应

数字成像系统的优点之一是能够完全控制这些曲线的形状，从而使每个用户都能够在某种具体应用中确定一张特定照片的最佳关系。正如下面所述，可以利用数字半色调原理来实现。历史上很重要的色调再现研究大部分是针对照相和图片艺术领域的应用，包括下列作者的研究成果：琼斯（Jones）和纳尔逊（Nelson）[57]、琼斯[58]、巴特尔森（Bartleson）和布雷内曼（Breneman）[59]；由纳尔逊（Nelson）撰写的包含有许多研究成果的两篇优秀评论性文章[60,61]；埃施巴赫（Eschbach）汇编了许多数字半色调技术方面的最新进展[7]。

通过对图 3.14 所示的进行讨论，可以理解半色调过程。上图给出了相对于距离 x 的两类函数，单位宽度为 1 个像素：第一个函数是三个均匀反射率的灰度等级 R1、R2 和 R3；第二个函数 $t(x)$ 是阈值与距离的一条关系曲线，看起来像是一系列上下楼梯，形成半色调图像。其反射率等于或大于该阈值的任何像素都处于打开状态，而低于该阈值的像素处于闭合状态。

图 3.14 所示的简图也是对第二条线上的 R1 及第三条线上的 R2 和 R3 的阈值处理过程的结果。对于这组特定的阈值化曲线，后两条曲线是不可分辨的。由此可以看出，反射率信息转变为宽度信息，因此，半色调化方法是在几个像素范围内增加灰度点或者空间脉冲宽度调制的一种技巧。通常，这类阈值化的图（如屏幕）表现为

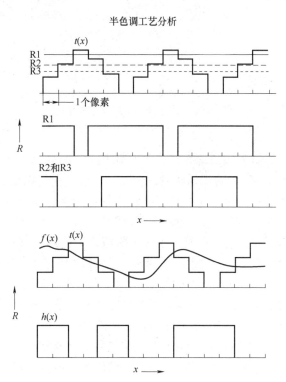

图 3.14　半色调处理过程的图示说明

[每组图形都是反射率 R 与距离 x 的关系曲线；$t(x)$ 是，呈现为一种光栅形状的半色调阈值分布，半色调阈值处理过程会开启该图像之上的图像值（在系统中生成黑色）；上图所示的 R1、R2 和 R3 代表三种不同平均反射率的均匀输入图像，并作为阈值处理之后的半色调点分布于图中；$f(x)$ 代表变输入反射率的图像，$t(x)$ 是不同阈值的图像，$h(x)$ 是由此产生的半色调网点分布；在此，网点表示为不同宽度的方块，代表图像的变化]

二维形式，如图 3.15 所示。

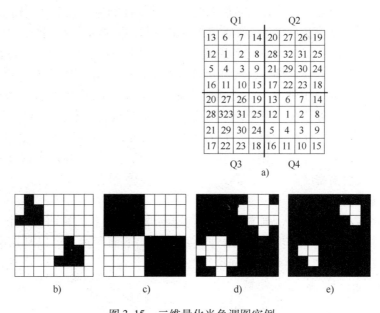

图 3.15　二维量化半色调图实例

（用以解释由此产生的具有不同密度等级的半色调点）

a）8×8 螺旋形半色调矩阵　b）密度为 0.10 或 20% 填充 12/64 个像素
c）密度为 0.30 或者 50% 填充 32/64 个像素　d）密度为 0.50 或者 68%
填充 44/64 个像素　e）密度为 1.00 或者 90% 填充 58/64 个像素

这种阈值化方案模拟打印机 45°屏幕角（screen angle）。由于 45°屏幕（倾斜效应[4]）没有 90°屏幕那样明显，所以，按照可视的观点，认为这种方案是比较好的。利用一连串阈值并使逐个光栅都具有不同的移动因子，也可以很方便地形成其他的屏幕角[62,63]。矩阵每格中的数字代表具有 32 个灰度等级的系统中使系统开或关所需要的阈值。阈值顺序称为点增长模式。下图给出了 4 个阈值化半色调点（b~e）。阵列中一共有 64 个像素，但仅有 32 个不同等级。采用一个 4×8 像素阵列的 32 个值及 4 个像素的移动因子，可以实现图示的 45°屏幕外观。也可以用一个 8×8 像素阵列的 64 个值表示。但后者对应着 90°屏幕显示。有可能替换两个 4×8 阵列之间的阈值顺序，每个阵列最常采用的增长模式是螺旋式的，形成两组不同的 32 阈值阵列。这等效于一个 64 灰度等级并保留了图示的屏显频率。这种屏幕称为"双点屏幕"。有时候，将这种概念扩展到 4 种不同的点增长模式，因而被称为"4 点屏幕"。在这些复杂的多中心点结构中，占有一定百分比范围的点增长模式会产生非常明显的多余的图形。

图 3.15 所示的半色调矩阵代表了某种具体布局中 32 个特定的阈值。矩阵在规格和形状上可有多种选择：不同的等级和阈值的空间顺序，以及一个超晶胞中排列多个完全不同的矩阵。此时，存在许多个形状稍有不同的晶胞（四点屏幕中多于 4 个），并且，每个晶胞都可能包含数目不同的像素。由于有较多晶胞，每个晶胞包含有不同的阈值，所以，可以使设计者采用更多的灰度等级。每个晶胞的大小和形状不同，能够更精确地确定所有超晶胞的中心以形成新的屏幕角，从而会有更合适的屏幕角，如图 3.16 所示。仔细选择这些因子，就可以在表观色调再现曲线范围内，很好地控制图像的粒度、纹理和清晰度。罗特林

（Roetling）[64]及其他研究者将半色调系统能够分辨比半色点屏幕阵列或晶胞尺寸更细小结构的能力表述为"局部打点"。它是成像质量研究领域一个很重要的但经常被错误理解的因子（见本章参考文献［53］第 163 页，本章参考文献［65］第 403 页）。这是将阈值矩阵和图像细节进行高分辨率逐像素比较的结果，可以使高对比图像的细节通过半色调矩阵后保持原状。

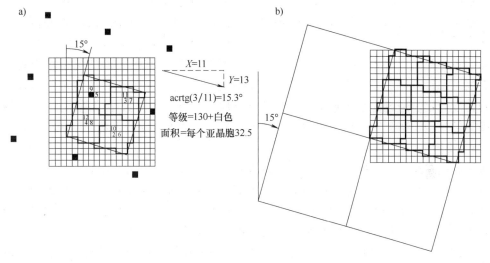

图 3.16　多中心点实例

（资料源自本章参考文献［16］Haines、Wang 和 Knox 编写的第 6 章 412 页）

a）一个典型的表示晶胞中前三个阈值的四点图及表示 15.255°倾角情况下重复图形中心的大黑点

b）九心"超晶胞"（晶胞形状和大小是变化的，从左到右为 26、27、27、27、29、25，27、27、26，倾角为 14.9°）

还可以利用许多更复杂形式的数字半色调方法[66,67]将二值图像转换为伪灰色图像，包括变化的网点结构（即交替重复图形中不同顺序的图形），以及随机半色调法和被称为误差扩散的技术。乌利克尼（Ulichney）的著作《数字半色调技术（Digital Halftoning）》（即本章参考文献［68］）介绍了五种通用半色调技术：

1. 白噪声抖动（包括网线铜版法）

2. 集群点有序抖动

3. 分散点有序抖动［包括"拜尔（Bayer）"抖动］

4. 非对称网格上的有序抖动

5. 蓝噪声抖动（真正的误差扩散）

乌利克尼阐述如下："空间抖动是另一种经常用来称呼数字半色调化概念的名称。它完全等同于一种算法过程，即通过巧妙地安排二值图像像素而造成连续色调图像的错觉"。图 3.15 和图 3.16 所示的过程归属于集群点有序抖动方法类（第 2 类），是一种以 45°倾斜角为基础的矩形网格经典方法。

这些方法中，没有哪一种技术能被称为最好的技术。每种方法在不同的应用领域有不同的优缺点。需要告诫读者的是，半色调方法的许多重要内容在此未做阐述。对于数字半色调技术的总结性内容，请阅读本章参考文献［45］；采用普通的半色调技术实现色彩再现的具体内容，可阅读本章参考文献［69］及其他众多参考文章。例如，图 3.15 所示的密度只适用于利用理想的全黑墨水在没有光散射材料上绘制像素图一类的理想再现情况。实际上，对于任意给定的标识工艺，必须单独地对像素的每种图案进行标定。在大多数情况下，空间分布与输出系统的各种噪声和模糊特性的相互作用，会使确定精确密度关系的数学统计（像素）方式出现错误。由于光在白纸上的散射作用以及墨水和纸的光学反应，在普通的光刻工艺中采用半色调技术也会出现上述情况。这些都影响着输入扫描器"查看"光刻印刷半色调原版的方法。一些文章已经确定了在某些方面（如校正因子[69,70]和空间频率[71-73]）存在的一些关系。所有这些方法都可以达到这种计算效果，纸的侧光散射绝不会在网点之间重新出现。

在生成半色调过程中，写和标记工艺会造成模糊效应。其中多数情况是不对称的，因此，需要对每种点样图（或网点分布模式）及用于产生这些半色调图像的每种抖动方法逐个进行密度标定。通过仔细选择这些点样图分布模式及方法而对数字半色调工艺进行控制，可以满足任何给定图片、标记工艺或者应用所需要的色调再现曲线形状。

3.2.2.4 噪声

电子成像系统产生的噪声有多种形式。首先，数字过程化本身有噪声。一般来说，这种噪声称为与像素位置有关的采样噪声或者与离散电平数有关的量化噪声。较前的讨论已经考虑过这两种噪声。下面阐述的噪声与电子组件（从传感器到放大电路和校正电路）有关。当涉及系统时，通常都把数字组件视为没有误差，因而也不会产生这类噪声。

下面会发现，在一个有代表性的电子系统中，光栅输出扫描器（ROS）常相当于激光光束扫描器。若该系统是要写一份二值文件，那么，与该系统相关的噪声通常都与该光束在成像材料中的指向有关。这被称为抖动，表现为像素位置误差或者某种形式的光栅畸变（参考下一节）。在某些特定条件下，即使在二值化过程中，曝光量变化也会产生噪声。对于含有灰度信息的系统，控制曝光量调制的信号可能有误差，所以，ROS同样会产生类似照片的粒度误差，或者该误差在一个方位上重复出现时造成的条纹误差。最后，要讨论将激光曝光量从ROS转换为可视信号的标记的过程。一般地，标记工艺噪声是由于标记粒子的离散性和随机性所致，因此造成粒度（即误差）。

一个电子成像系统能够增强或衰减早期过程中产生的噪声。倾向于采用各种类型滤波器或者自适应方案以增强细节的系统，也可能会增强噪声。然而，有一些过程（见本章3.7.2节）是通过研究数字图像识别误差，并用一种没有误差的图像代替有误差的图像[55,74]，有时这也称为去噪滤波器方法。

可以用多种方式表示噪声特性，一般地，将一个理想信号输入到系统中，并以其出现的某种误差统计分布来进行描述。对于成像系统，一个理想（没有误差）信号就是绝对均匀、无噪声的输入信号，包括输入扫描器（或打印辊）上一张微观均匀的白纸，或者激光扫描器产生的一系列均匀的激光脉冲，或者利用理想的激光扫描器和特定的标印设备（或压印机）写在光敏材料上的均匀光栅图。一种典型的测量这些系统噪声的方法，是能够以任何可以表述其特性的单位，来评价输出信号的标准偏差。一种更为完整的分析，应当是将其分为空间频率或波动的时间-频率分布。例如，对于照相胶片，应当利用均匀的曝光量成像，使其粒度是密度的方均根（RMS）变化。对于激光光束扫描器，则是所有光栅线像素级面辐射强度的RMS变化。

一般地，某些因素对成像系统的信号会产生有利影响，而对该系统的噪声特性会造成不利影响。例如,在扫描照相胶片时,采样区域越大,则与测微密度计的孔径一样,粒度就越小 [见式 (3.1)]。同时,图像信息更模糊,因而产生较低的对比度和较低的信号电平。通常,信号电平随孔径面积增大,而噪声电平(通过测量信号电平的标准偏差)随孔径面积的二次方根或正方形孔径的长度线性减小。因此,在设计一个扫描系统时,非常重要的,是必须了解图像信息是受到与输入文件或测试物体相关的基本原理产生的噪声限制,还是受系统本身的某些组件产生的噪声的限制。如果是输入限制噪声并且同样被增强。那么,一般来说,通过增强系统某些部分(或组件)来改进带宽或信号,对总的图像信息可能没有什么作用。若是输出写材料产生限制噪声,那么,改进系统上游组件就会受到限制。

在设计一个整体电子成像系统时,应当记住:按照二次方和的二次方根(RSS)计算方法,整个系统的噪声一般是相加的,另外系统中信号的衰减和放大是相乘的。如果一个子系统的输出是另一个子系统的输入,那么,前者的噪声被认为是后者的信号。这就意味着,每个元件的噪声必须逐个系统地进行规划,要考虑到各种放大作用和非线性。对于一个复杂的系统,这样操作起来不很容易。然而,仔细地考虑噪声问题,对于诊断最终的系统质量非常有益。本章后续章节,将进一步定量地阐述各种形式信号和噪声的特性。

3.2.2.5 彩色成像

最近几年,许多研究资料对彩色成像,尤其是数字彩色成像,给予了相当大的关注[5,6,14,29,30]。下面主要阐述对扫描成像质量起着重要作用的一些内容。本章参考文献 [16,30] 对数字彩色成像最新进展做了广泛的评述和调研,参考文献 [75] 对较为传统的彩色再现系统及色度学做了回顾。

3.2.2.5.1 基础知识

包括彩色数字成像在内,有两种基本的成像方法:加色法和减色法。

若是加色法,则通过组合红色(R)、绿色(G)和蓝色(B)微型光形成适当的彩色像素,即具有不同光强度的像素。每种彩色具有大概相等的光强度量,从视觉上讲,就会感觉是一种“白光”。这适用于许多自发光显示,如阴极射线管/电视(CRT/TV)或液晶显示。在这类情况中,像素必须足够小以便眼睛无法单独区分它们。在眼睛的视网膜中被称为“锥细胞”的传感器会探测这些信号,并与 HVS 对红、绿和蓝色的感觉有关。

对于第二种彩色成像法——减色法,利用滤波器依次从白光中除去上述的彩色成分。具体来说,对白光用青色(C)滤光片减除得红色,品红(M)滤光片减除得绿色,黄色(Y)滤光片减除得蓝色。对于成像系统,滤光片的成像区域涂以透明着色剂,可在像素水平调整着色剂的剂量。各滤光片按照色层顺序放置。来自投影灯(透明)的或无尘室的白光,由一张带着图像区域分布着色剂的成像片白纸上反射成像。此时,光到达白纸,而后经过反射到达眼睛,这两个过程都会发生减色。彩色摄影反射印刷和彩色半色调胶印都采用这种方法。

设计用于捕获原始物体色彩的数字彩色成像系统,利用各种可能的方法将物体的反射(或透射)光分解成 R、G 和 B 成分。采用分离的红色、绿色和蓝色图像捕获系统和图像处理通道,并最终相组合以形成全色图像。

视觉响应远比上述的光吸收复杂得多,这包括了人体的神经系统及大脑中的许多特殊过程。通过观察简单的色彩匹配实验结果就可以领会到其复杂性：观察者调整三种原色的强度，直至其混合色与测试色相匹配。这些实验利用单色的测试颜色为专用的彩色光源和特定的观察条件研发出一组颜色匹配函数。为了匹配颜色，某些单色需要进行色光相减（将该光增加到正在被匹配的颜色上）。本章参考文献［4，10，14，29］更广泛地介绍了色配试验，对色度学进行基础介绍。

图 3.17a 和 b 给出了两组此类颜色匹配函数。第一组是利用窄带单原色的实验结果。可以看到，图 a 的第三条曲线上有一个很大的负瓣，表示需要"负光"的区域，也就是说，必须在待测颜色上增加色光以实现匹配。第二组已经成为一种普遍接受的表示方式，作为国际照明委员会（CIE）的 CIE 1931 2°标准比色观测曲线。它是在对多个观测曲线仔细平均后，标准颜色匹配数据的一种线性变换。对于具有正常色觉的人群，其典型值是 92%。这组函数为颜色测量科学的多个领域标准化提供了基础。换句话说，它提供了重要的色度标准。

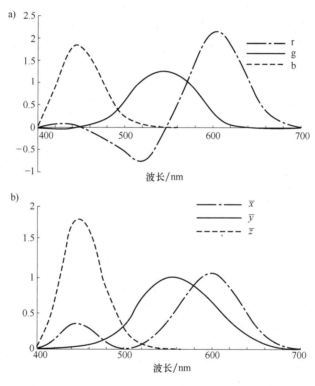

图 3.17　颜色匹配函数

a）直接测量实例（资料源自 Giorgianni，E. J.；Madeen，T. E. Digital Color
Management Encoding Solutions；Addison-Wesley：Reading，MA，1998）
b）变换后的结果，被国际照明委员会选为 2°视场的标准观测曲线

　　理想情况下，一台颜色扫描器记录的信息应等效于一个观测者观察到的信息。实际上，用来成像的透明着色剂材料并不理想。大量的失败源自色彩捕获装置不理想的光谱灵敏度，以及着色剂不理想的光谱反射率和透射率。制造业的具体情况和噪声也限制着大部分扫描器的色彩记录精度。灵敏度和滤光片的理想光谱曲线应当使系统设计尽可能

接近 HVS 的色彩响应。例如，由普通的减法三原色组成的输入原色中，实际应用的品红油墨（吸收绿色），不仅吸收绿光，也吸收一些蓝光。不同的品红含有不同比例的这种有害吸收。大部分蓝青色（油墨）也有类似的有害吸收。而大部分黄色着色剂，吸收程度稍轻。这些有害性质约束着整个输入和输出系统精确全面地再现自然色彩的能力。为了评价彩色记录仪器和扫描装置的色彩质量，已经在质量检验方面做了大量工作（见本书参考文献［32］、参考文献［6］第 5 章、参考文献［21］第 19 章，还可以参考本章表 3.9 给出的 INCTIS-WI 和 ANSI-IT8）。

3.2.2.5.2　色度学和色度图

在对彩色图像质量进行量化方面存在着两大的问题：（1）实际成像系统的色域有限；（2）在一组条件下匹配的颜色，而在另一组条件下总会有一定量的偏差。通常，可以用色度学（颜色计量科学）中一种被称为色度图的颜色解析工具进行表述，如图 3.18 所示。该方法以定量方式表述颜色。由该图可以观察到，监视器能够显示一种特定彩色打印机的不同颜色，以此也有可能展示一个原始物体的颜色。注意到，色域是所用装置按照三维或更多维颜色空间中规定能产生的颜色范围。重要的是，二维表示方法，如图所示，是整个三维颜色空间的一部分，但非常有用。然而，根据色度图推导出的各种变化及相关公式，是当今阐述彩色图像质量的众多文章的基础。它主要是为了便于描述微小色差，如原始物体颜色和再现颜色之间或者同一种颜色两种不同复制品之间的微小色差。

必须提醒读者的是，实际感知的颜色，除了色度图表述的内容外，还包括心理和生理的因素[4]。但它是一个很有用的支点，可以用来描述任何颜色的图像或光源，并且，常常是许多彩色图像出版物印刷的基础。基本色度图有许多不同的表述形式，下面介绍几种主要的。

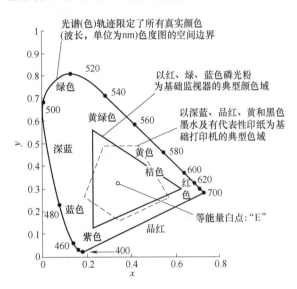

图 3.18　x，y 色度图

（根据色度图推导出的各种变化及相关公式，是当今阐述彩色图像质量众多文章的基础；它主要是为了便于描述微小色差，如原始物体颜色和再现颜色之间或者同一种颜色两种不同复制品之间的微小色差；图中所示的实例给出打印机和监视器两种装置在一定亮度下可能出现的颜色差异；更精确的色度图如图 3.46 所示；资料源自 Adams，R. M.；Weisberg，J. B. The GATF Practical Guide to Color Management；GATF Press，Graphic Arts Technical Foundation：Pittsburgh，PA，2000，which cites data from X-Rite Inc.）

根据本章的需要，首先给出推导色度图并进行相互转换的公式，同时作为测量彩色图像质量的导论。最外层马蹄形曲线称为"光谱（色）轨迹"，代表不同波长单色光源可能形成的大部分饱和颜色，其他所有可能的颜色都位于该曲线内。按照定义，白色或中性色是不饱和色，位于马蹄形曲线中心附近。图 3.47 将给出更精确的光源 A、B 和 C 的光谱，（为了便于参考图中还给出了图 3.18 所示具有相等能量的白色点 E）。依据该光谱图，并利用称为色纯度的物理量可以评价任何色标的饱和（透射或反射）。色纯度可以视为从一定照明度的色标到马蹄形极限曲线之间沿某一矢量的相对距离。根据该矢量与光谱轨迹的交点得到主波长（近似与色彩感知属性相关）。颜色亮度是第三个坐标（图中没有给出），在与平面垂直的轴上。利用主波长和色纯度表述 x，y 形式色度图中的颜色，如 3.9 节图 3.46 所示。可以采用不同的光源，此处选取标准光源"C"（见图 3.47）。由于色调线在这些空间会更弯曲些，所以，这些只是近似关系。

为了理解色度坐标 x 和 y，重新回到图 3.17b。根据曲线 $\bar{x}$、$\bar{y}$ 和 $\bar{z}$，光源 $S(\lambda)$ 的光谱功率和物体 $R(\lambda)$ 的光谱反射率（或透射率），可以进行如下计算：

$$X = k \sum_{\lambda = 380}^{780} S(\lambda) R(\lambda) \bar{x}(\lambda) \tag{3.3a}$$

$$Y = k \sum_{\lambda = 380}^{780} S(\lambda) R(\lambda) \bar{y}(\lambda) \tag{3.3b}$$

$$Z = k \sum_{\lambda = 380}^{780} S(\lambda) R(\lambda) \bar{z}(\lambda) \tag{3.3c}$$

式中，k 的选择原则是，当物体是一个理想白色，即一个理想的各向同性的荧光扩散体，整个可见光光谱范围的反射率都等于 1，并使 $Y = 100$。图 3.47 给出了几种标准光源的光谱分布。

利用这些结果计算图中的色度坐标：

$$x = \frac{X}{(X + Y + Z)} \tag{3.4a}$$

$$y = \frac{Y}{(X + Y + Z)} \tag{3.4b}$$

$$z = \frac{Z}{(X + Y + Z)} \tag{3.4c}$$

最流行的一种变换方式是国际照明委员会（CIE）规定的 $L^* a^* b^*$ 形式（简称为 CIELAB）。由于该颜色空间的距离使视觉感更为均匀，所以，是最受欢迎的一种方式[76,203]。在这种情况下，有

$$L^* = 116(Y/Y_n)^{1/3} - 16 \tag{3.5}$$

这个变量表示消色差的亮度变化。另外，还有

$$a^* = 500 \left[(X/X_n)^{1/3} - (Y/Y_n)^{1/3} \right] \tag{3.6}$$

$$b^* = 500 \left[(Y/Y_n)^{1/3} - (Z/Z_n)^{1/3} \right] \tag{3.7}$$

这两个变量代表着色差信息。式中的 X_n、Y_n 和 Z_n 是参考白（色）的 X、Y 和 Z 三色刺激值，色差表示如下：

$$\Delta E_{ab}^* = \left[(\Delta L^*)^2 + (\Delta a^*)^2 + (\Delta b^*)^2 \right]^{1/2} \tag{3.8}$$

实际上，$\Delta E_{ab}^* = 1$ 的结果近似代表一个恰好能明显感觉到的视觉差（见 3.8 节）。然而，CIELAB 色度图的其他剩余非线性、人眼对许多视觉因素的非凡适应性及经验方面的影响因素，都需要针对具体情况进行试验研究。只有通过实验才能确定严格的公差极限和技术规范。已经研究过一些考虑到此类依赖性和非线性的色貌模型[4,76]。CIE TC1-34 已改为规范化的 CIECAM97s 文件，并拟改编为 CIECAM02 文件（参阅本章参考文献 [4] 的附录 A）。

对于不熟悉传统图形艺术、印刷和照相分析的读者，则广泛使用密度计表述这些成像系

统的特性，测量透射或反射密度 D：

$$D_f = \log 10(1/R_f) \tag{3.9}$$

式中，$R_f = Y/Y_{\text{ref}}$，称为反射率（对胶片或滤光片，则是透射率）因子，可以用%或小数表示。下标"f"表示的是如光源的光学形状和滤光片等许多需要进行规范的因素。例如，"ref"表示多种因素之一，即参考白的 Y 刺激值的计量。由于用来评价扫描器和数码相机的许多测试和测试目标都源自这些知识，所以，这里讨论密度和反射率之间的关系是非常有益的。如图 3.19 所示，可以看出，若采用一级近似（$0.05L^*$ 之内），有一条近似表示密度约为 1.2 时的密度-L^* 关系直线。这对许多图像质量的评价都是非常有用的范围，表示眼睛的响应在密度高于 0.5 时才近似呈现出线性的反射率因子。本章 3.9 节[一]为表 3.8 给出了一个简略的转换表，列出了对应值。

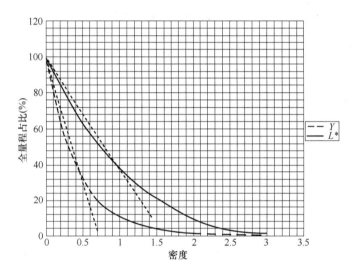

图 3.19　作为密度函数的反射率（以 Y/Y_n% 形式）和 L^*

[参考本章 3.9 节[①]中表 3.8 列出的所有三种数值；可以看到，点虚线与曲线的线性逼近，相交于最大值]
① 原书错印为附录。——译者注

表述颜色的另一种非常重要的方法是蒙赛尔（Munsell）颜色体系该体系是，在三维柱面坐标系中排列着颜色不同的彩条，竖轴代表色调变化（类似亮度），半径代表色品，周长对应的角度位置称为色调。这些表示方法已经标准化，是非常流行的颜色参考基准[76]。

3.3　一些具体问题的考虑 ⬅

对于几种系统的总体设计而言，需要经常考虑的一些实际问题，包括扫描频率的选择、运动误差和其他的非均匀性。下面将概括性地进行介绍。

3.3.1　扫描频率的影响

与前面章节讨论的数字成像一样，一般认为，在形成输出打印或者拍摄输入文件方面（单位是每英寸光栅线数或像素数），空间频率是图像质量的决定因素。当今，已研发出大

一　原书错印为附录。——译者注

量产品并有着非常广泛的应用，因此，扫描频率的范围也非常之大。如从低端的数字相机和传真机、办公扫描器和复印机，到高端的照相制版扫描器，全部采用大量的软件和硬件图像处理系统，以缩放和修改原始拍摄的像素间隔从而生成另外的图片。在用户看到图像之前，再使用具有更多处理和成像功能的系统对图像进行修饰。只有在该阶段，所有信号和噪声的影响才逐渐显现出来，利用本章其他章节阐述的基本原理可以保证整个图像质量符合要求。当然，扫描频率或像素密度是其中一种影响因素，除非是最严格的情况，否则，不能断言该影响因素完全起着主导作用。它仍然是一种重要的影响因素，已经尝试多种 A 类⊖快捷方式实验，以确定像素密度技术变量与整个像质的各指标参数间的联系。

如果将一个扫描成像系统设计成，能使输入扫描不变形，输出再现可以真实地打印出所呈现的全部信息，则扫描频率往往决定着弥散（或模糊），在很大程度上这也控制着系统的整体像质。而情况常常不是这样，因此，扫描频率并非像质的唯一决定性因素。然而，实际系统一般都存在着其大小约等于采样间隔的扩散函数或者弥散，这意味着它们是稍有失真的，且弥散度与间隔有关。但是，可能会有一个大的光斑和小得多的间隔（即没有走样）或者相反的情况（严重走样）。在一定的扫描频率下，仔细优化其他因素，弥散可能对电子成像系统的信息容量产生更大影响。所以，与扫描频率本身相比，弥散对像质性能的影响更大。在一定程度上，灰度信息可用扫描频率代表。在下面进一步阐述成像系统所含信息内容时，将对该内容做进一步探索。

为了对这个巨大而又复杂的问题进行简要介绍，图 3.20 给出了三种较为实用的结果。其中两种是扫描成像或数字成像方面的应用，即数字摄影和印刷制版（数字复印）；最后一种是人类感知的简化表示。图中所示曲线（点虚）是采用数字摄影完成的两个客户可接受性的试验结果，摄像机分辨率不同，用 8bpp（bit/pixel）连续色调打印机打印（图中，A1 源自本章参考文献 [77]，A2 源自本章参考文献 [78]）。标有未涂黑符号的曲线表示数字复印试验，对不同分辨率扫描和不同输出屏幕分辨率打印的输入文件，建议采用可以接受的放大因子。最后，如果注意到以下事实就会正确理解其真实原因：随着三角形符号沿频率轴移动，分别用中等的 6% 和非常敏感的 1% 的对比度探测阈值表示正常和近距离检测时 HVS 的分辨率极限。回到图 3.3 所示内容，两种应用都属于 A 类方法，可以从视觉算法推断出 HVS 极限。

实际上，一个非常普遍采用的方法是设计一个变形（走样）的系统，以便在某一给定扫描频率下产生最小弥散。所以，关于扫描频率的另一主要关注点，是输入周期与记录输入信息的系统的扫描频率之间的相互影响。两者会发生干涉，形成和频与差频的拍频波形图，从而导致一般所说的摩尔（Moiré）现象。因此，扫描频率的微小变化都会对摩尔纹产生很大影响。

选择输出扫描频率的主要考虑是给定灰网（或网屏）所需灰度等级的数目。重新回顾图 3.15 所示的讨论，$4 \times 4 \sim 12 \times 12$ 的点矩阵见表 3.1，打印频率为 $200 \sim 1200$LPI⊖（每毫米 $7.87 \sim 47.2$ 条光栅线）。例如，可以利用阈值为 10×10 的矩阵（最上一行）生成 51 个灰

⊖ 一类半色调结构。——译者注

⊖ LPI：Line Per Inch，每英寸（光栅）线数。

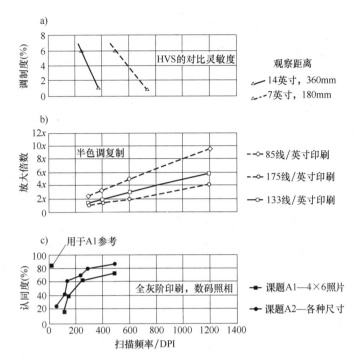

图 3.20 半色调绘画艺术（中图）和数字摄影（下图）采样频率实际结果的
总结和相关的 HVS 对比灵敏度（上图）基准值

[上图资料源自 Adapted from Fairchild, M. D. Color Appearance Models; Addison-Wesley: Reading, MA, 1998; 中图资料源自 Cost, F. Pocket Guide to digital Printing; Delmar Publishers: Albany, NY, 1997; 下图资料源自 Miller, M., Segur, R. Perceived IQ and acceptability of photographic prints originating from different resolution digital devices. Proceedings of IS & T Image Processing, Image Quality, Image Capture Systems (PICS) Conference, Savannah, GA, 1999; 131-137 and Daniels, C. M., Ptucha, R. W., Schaefer, L. The necessary resolution to zoom and crop hardcopy images, Proceedings of IS & T Image Processing,

Image Quality, Image Capture Systems (PICS) Conference, Savannah, Georgia, 143, 1999]

度等级、45°角的网屏（两个 5×10 转移子矩阵），如图 3.15 所示，但分别具有不同的阈值。其网屏频率表示在第九列，采用 8 种不同的打印机扫描频率，变化范围是半色调 28 ~ 170DPI$^{\ominus}$。此外，表中粗线间所标明的近似是视觉系统的有效范围，起点下限大约位于 65DPI（每毫米 2.56 点/mm）的网屏上，以前常用于新闻纸张上，从而会产生明显很粗的半色调。在现代报纸中，已将该值提高到 85 ~ 110DPI（每毫米 3.35 ~ 4.33 个点/mm）。上限代表着材料使用极限，大约 175DPI（每毫米 6.89 个点/mm），对许多光刻工艺，这是很实用的。灰度等级数目列于第 3 ~ 5 行。类似图 3.15 所示，普通的点是单心的。双点灰度等级增加的数目表示为"扩大 2×"行，标示为"扩大 4×"的行代表四点（四心）类型。该表假设像素本质上是二值的。如果采用一种部分灰度或者高寻址输出成像系统，那么，表中的等级数目必须乘以该技术所采用的灰度等级或各像素中的子像素数目。由于实时微处理技术已经使这些方法具备了合理的速度和存储能力，所以，近几年，越来越多地采用这些技术和超晶胞方法扩展灰度等级分辨率。

⊖ DPI: Dot Por Inch，每英寸点数。

表 3.1　半色调图像矩阵的尺寸（以像素数计算）、半色调图像中灰度
等级可能的最大数目及输出扫描频率之间的关系

像素矩阵		4×4	3×3	4×4	6×6	5×5	8×8	6×6	10×10	12×12
角度		45°	90°	90°	45°	90°	45°	90°	45°	45°
灰度等级数目—类型①：普通型		9—A	10—B	17—B	19—A	26—B	33—A③	37—B	51—A	73—A
扩大二倍②		17—C	19—D	33—D	37—C	51—D	65—C	73—D	101—C	145—C
扩大四倍②		33	41—E	65—E	73	101—E	129	145—E	201	289
扫描频率/PPI	1200	426	400	300	282	240	212	200	170	141
	1000	352	333	250	236	200	176	167	142	118
	800	284	267	200	188	160	142	133	114	94
	600	212	200	150	141	120	106	100	85	71
	500	176	166	125	118	100	88	84	71	59
	400	142	133	100	94	80	71	67	57	47
	300	106	100	75	71	60	53	50	43	36
	200	71	67	50	47	40	35	33	28	24

（标注框）实际上限（约200LPI）

（标注框）典型的半色调（约100LPI）

（标注框）半色调网点实际下限（约65LPI）

① 类型是指适用的特定半色调结构 A-E（参考标题字幕）。

② 灰度等级数目比普通半色调灰度像素或多心网点增大 2 倍或 4 倍。

③ 图 3.15 所示的例子。

注：按照 DPI 数列出各项参数［沿着半色调图（第二行）原色角（primary angle）测量］。网点类型分为如下几种（见图 3.15 所示的象限）：（A）普通的 45°半色调，象限 Q1 = Q4，Q2 = Q3；（B）普通的 90°半色调，象限 Q1 = Q2 = Q3 = Q4。半色调灰度等级数目的扩大给出三种新的类型：（C）= A 类，但 Q3 和 Q4 的阈值设置在 Q1 和 Q2 阈值之间的中间值（45°双点）；（D）Q1 = Q4，但 Q2 和 Q3 的阈值设置在 Q1（90°双点）阈值的中间值；（E）Q1 ~ Q4 的阈值单独设置，以便彼此（90°四点）间产生中间灰度等级。灰度值的数目包括白色这一等级。

3.3.2　位置误差或运动缺陷

由于大部分扫描系统的基本运作模式是沿一个方向快速运动或者扫描，而在另一个方向较慢，因此，总是有可能造成运动误差或者其他缺陷的，从而影响像素的正确定位，无法达到预期效果。图 3.21 给出了几种具有周期性光栅间隔误差的例子，包括正弦和锯齿形两种误差分布形式，选择频率 300LPI（每毫米 11.8 条光栅线），间隔误差 ±（10 ~ 40）μm［约 ±（0.4 ~ 1.6）mil］，是指局部光栅线间隔，并非绝对位置精度误差。图示的误差频率是 0.33 周/毫米（8.4 周/英寸）和 0.11 周/毫米（2.5 周/英寸）。

对一个将模拟信号转换成数字信号的输入扫描器，则取模拟文件采样过程中变化的误差。由于采样出现许多错误，所以，当固有的采样误差重复或均匀出现时，运动非线性造成的采样误差最明显，运动误差反而使一个均匀的图样发生不规则变化。彼此平行、带有一定

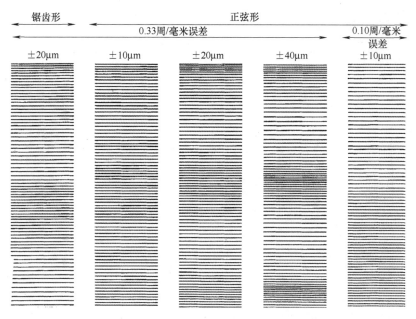

图 3.21　300LPI 光栅在指定的图像运动变化规律下被放大的实例

角度的长线就具备这种条件，原因是每条线都有与其相关的规则的周期性相位误差。因此，运动误差表现为该规则的变化。产生摩尔纹的半色调图像是另一类例子，除非摩尔纹本身并非所期望的，因此，其变化也显得不太重要。

具有随机相位误差的图形，如文本，检测运动误差是更困难的。两个像素那样大的误差是很容易发现的。然而，平均能够形成小于一个像素误差的因素，这一般都很容易增大图像的相位误差和噪声，并且具体是哪些因素要依据统计而知晓。由于沿（已经错位的）给定长度的光栅线的变化是相互有关联的，所以，一个文件中重复出现的多个相同的图像会使人们有机会观察到更小的误差，从而提高发现较小误差的概率。

输出扫描器是将信息绘制在某种形式的图像记录材料上，其运动误差会产生几类缺陷。表 3.2 给出了不同类型光栅畸变量的几种属性：第一行表述一般的误差类型，像素错位误差或者显影的曝光效果起主要作用，或两种因素的某种组合共同作用；第二行是对打印产生影响的简短描述或者名称；第三行表述容易出现的一类误差的空间频率范围，单位是周/毫米；第四行是该类误差能否被理想地描述和建模为一维或二维形式；最后一行，上图表示的是某种具有特定缺陷的图像，而下图表示的是没有缺陷的同一幅图像。

表 3.2　运动不规则性、缺陷或误差对扫描图像外形的影响

误差分类	像素错位误差		两种误差组合		显影曝光误差		
对打印的影响	间隔非均匀性	字符失真/快速扫描抖动	半色调不均匀性	线条黑度的不均匀性	结构化背景	参差不齐/结构化边缘	不清晰的行文本边缘图像
运动误差的典型频率/（周/毫米）	<0.5	0.5～2	0.1～6	0.005～2	0.005～8	1～8	4～20 +

（续）

误差分类	像素错位误差		两种误差组合		显影曝光误差		
误差影响的维数	一维	二维	二维（一维）	一维（二维）	一维	二维	二维
扫描器类型	输入/输出	输入/输出	输入/输出	输入/输出	输出	输出	输出
具有小量或没有缺陷的例子在"订货编号（orno）"中需要空间		Y Y		nnı iiii nn iiii			K K
注释	表示局部缩小和放大是可能的		图示为 2 级，下图所示的误差非常小		表示采用"写白"系统	表示很强的低和高频率，大约 3mm × 3mm 采样	实例：比左边显示的目视弥散结构具有更高的放大率

表中，左边的第 2 列的含义是，如果误差的频率足够低，则影响是改变局部放大率。似乎具有均匀间隔的某种纹理形式或一幅图形会呈现不均匀间隔，该图像一部分的放大率可能与其他部分不同。第 3 列显示具有同类缺陷，但频率更高，大约 1 周/毫米（25 周/英寸）。该误差可以改变一个字符的形状，特别是带有一定角度的线条的形状，如所示字母 Y。

右侧的第 4 栏所示为显影曝光结果，具有明显不同的三种频率范围。这些误差的性质和严重性部分地取决于采用"写白"还是"写黑"的记录系统，以及记录材料的对比度或梯度。其中第一项标示为结构化背景。当光栅线间隔增大或减小时，高斯（Gaussian）分布写光束相叠加的光栅线之间部分的曝光量随该变化增大或减小，从而引起总曝光量的增减，叠加区域会有特别大的增减。由于许多文件是利用激光扫描器创建的，具有较均匀的区域，所以局部区域曝光量的变化会造成输出图像的表观不均匀性。

例如，激光打印机的输出内容一般是面对均匀的白色背景。在许多大型静电复印机中使用的一种正片"写白"电子照相技术，其背景是理想地由均匀分布的光栅线组成的，并使光感应器曝光，从而使放电强度达到无法启动显影工序的水平。随着光栅线间隔增大，其间的曝光量减少，直至不再充分放电感光，因此要使一些弱显影区域吸附色剂，在输出文件页上形成淡淡的线。为此，一些激光打印机采用相反或负形式的"白黑"电子摄影术，黑色输出（无光）形成白色图像，所以，白色背景不会显示由曝光缺陷造成的差异，但深暗色（背景）还会显示。

根据视觉感知的最小调制值及图像记录工艺的梯度，可以推导出这些曝光量的允许范围[79,80]。在 0.5 周/毫米（13 周/英寸）空间频率范围附近，位于标准观察距离的眼睛具有峰值响应。已经表明，在这个范围内，色调再现密度梯度 1~4 的彩色照相系统[81] 所达到的曝光量调制度（0.004~0.001）$\Delta E/E$ 是合理的。

如果扰动频率是 1~8 周/毫米（25~200 周/英寸）数量级，特别是字符边缘较为模糊，不均匀形式的光栅图有可能改变字符附近部分暴露的模糊区域的曝光量，使边缘出现非均匀显影，正如第 7 列锯齿形波浪线所示，粗糙度增大。即使是单个字符边缘处，每根光栅线的曝光量变化都会造成漂移,所以影响是很明显的。在这种情况下,变暗的光栅线从白色空间每侧变宽,最后在某个位置合并,因此影响会更明显。当然,此处的解释说明只是其中包含的几十根光栅线和图像高放大倍率的情况。

最后一列是少量高频率对边缘的扰动,使边缘不太清晰。注意到,由此造成的背景在很大程度上属于一维问题,应当处理光栅线的间隔;而字符畸变、锯齿形或结构化边缘及图像模糊,则是对具有一定角度的光栅线和细节有重大影响的二维效应。许多情况下,后者需要采用二维方式表述其影响程度及目视效果。

字母数字式字符印刷工艺中光栅线的视觉表观黑度,可以近似地表述为字符光栅线的最大密度值与其宽度的乘积。对于许多高对比度成像的情况,众所周知的是,曝光量变化会导致线宽变化。如果两条光栅线的间隔增大,则该区域的平均曝光量减小,而写白系统中的总密度值增大。因此,两种主要的影响因素共同对光栅线黑度的变化起作用:第一,光栅线信息表述其间隔宽度,并打印出实际上更宽的图形;第二,曝光量减少,造成光栅线宽度更宽,某种程度上,造成更严重的显影,即密度更大。在光栅线更密集的区域,情况正好相反,曝光量增大,线宽减小。

如果这些效应出现在一个字符的不同笔画之间或者相邻字符之间,总的效果是局部内容的黑度有变化。一般地,眼睛对几个字符间(即使彼此相隔几英尺)光栅线的黑度差别非常敏感。这意味着,线条展宽和曝光量的综合影响可以形成目视差别的空间频率范围非常大,为0.005~2 周/毫米(0.127~50 周/英寸)。表 3.2 给出的频率涵盖了一个很宽的范围,也包括观察距离的一些变化。这些并不是一个硬性的边界条件,而是表明一个近似范围。

除了正处理的点以外,对半色调非均匀性与光栅线黑度非均匀性的描述是一样的。然而,基本的结果是一定会影响均匀图像小区域黑度的整体外观。半色调工作原理是改变半色调单元覆盖区域的百分比。如果该非均匀度的空间频率范围相当低,则单元尺寸与单元内暗点宽度会以相同速率变化,所以,总的结果是覆盖面积的百分比没有变化,只是点的间隔有非常小的变化。对于这种工艺,变化范围是每毫米十分之几周到几周(每英寸几周到几十周),在半色调图像中表现为色条。

像素位移误差对间隔不均匀性和字符畸变的影响允许程度,在很大程度上取决于具体的应用。除了不同应用需要不同的灵敏度外,其显影或部分显影效果高度依赖所写斑点的分布形状及与其相对应的标记系统的缩放能力。标记系统容易令结果模糊和增大噪声,产生一定程度的覆盖。

3.3.3　其他不均匀性

光栅扫描系统中还有另外几种很重要的非均匀性源:第一,输入扫描器的响应或者输出扫描器的输出曝光,造成像素或光栅线之间的不均匀性。一般地,当记录或显示介质对曝光量的变化很敏感时,会在图像中显现出条纹。例如,对一幅均匀的输入文件,在印刷出的半色调图像中应当有亮或暗的条纹,或者输入扫描器记录的灰色图像中带有较亮或较暗的条纹。对旋转多面体输出扫描器,该问题的一个常见原因是多面体反射镜本身的小反射面之间反射率不同。前面针对运动误差讨论的曝光量公差,也适于此处的讨论。

另外一种形式的不均匀性,有时称为抖动。当光栅线之间无法实现同步时,会出现这种情况。此时,平行于慢扫描方向的一条线,在快扫描方向会出现摆动或抖动。如果抖动较大,会造成特别令人讨厌的结果,自身就使图像显示为锯齿形或者异常结构形状,抖动大小取决于文件、应用及这种影响因素的大小和空间频率。

3.3.3.1 对分色图像中周期非均匀性的认识

对于印刷在纸质材料上的靛青色、品红色、黄色和黑色图像分离的半色调色彩亮度

30%时的可视度周期性变化的研究，已经转换成高质量印刷机技术规范的指导原则[82]（见图3.22）。它们的选择略高于可视度的初始值，特别设置在 $\{(1/3) \times [(2 \times$ "可见但微妙的阈值") + ("明显的阈值")]\}，并且，观察距离和角度范围调整得比试验时更大，实验时数据为 $38 \sim 45 \mathrm{cm}$。打印结果以色亮度单位表示。对可视度的技术要求最终必须转换成工程参数。为了便于说明，此处选择传统的国际照明委员会（CIE）$L^* a^* b^*$ 标准版，表示最小 ΔE_s。它往往也是最苛刻的要求。同时已经根据 ΔE，为其他的色差标准（CMC2：1 和 CIE-94）研制出指导准则[82]，并给出不同的视觉量，高达2倍。

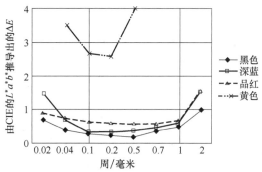

图3.22　根据 CIE 的 $L^* a^* b^*$ 推导出的 ΔE，相对于周期性扰动的有效空间频率而绘制出的黑色、靛青色、品红色和黄色色彩分离中对周期性非均匀度技术要求的导向图

（资料源自 Goodman，N. B.，Perception of spatial color variation caused by mass variations about single separations. Proceedings of IS&T's NIP14：International Conference on Digital Printing Technologies，Toronto，Ontario，Canada，1998；556-559）

为了将这些量转换成能近似表述光学扫描器曝光量变化的一种准则，对于待研的分色来说，根据公式 $\Delta E/(\Delta$ 曝光量$)$，该图中的 ΔE 值必须除以系统响应曲线的斜率。由于是强度和时间变量积分的结果，且两者都源自本节前面讨论的扫描器误差，所以，曝光量 H 代表被研究对象的总的变化。系统响应应当近似等于扫描器与由此产生的成像介质之间所有中间成像系统响应的级联（相乘）斜率，并假设小信号理论认为级联系统是近似线性的。若系统是一个良好的线性工作系统，可使 $\Delta R = \Delta H$，那么，在这种特定情况下，对式（3.5）求导，得

$$\Delta E = \Delta L^* \tag{3.10}$$

并且，$Y/Y_n = R = 0.70$。R 和 H 分别为以十进制数值表示的输出反射率和归一化曝光量值（即两者最大值是1，最小值是0）。$R = 0.70$ 是上述30%半色调的反射率。若 $\Delta E = 0.2$，则得到 $\Delta R = 0.0041$，也等于 ΔH。这的确是一个能够产生视觉误差的非常小的曝光量。

对每一个实际系统，都应研究曝光量、反射率及其他色度单位之间特定的相互关系。线性增益为1.0的假设意味着，不应当认为此假设是理所当然的。还要提醒读者，这些结果是针对一种频率和一种颜色的纯正弦误差，实际的非均匀性会以许多复杂的空间和颜色形式出现。

3.4　产生多级灰度信号的输入扫描器（包括数字相机）特性　←

本节将讨论性能测量和各种算法的基本理论，或者能够表征其特性的度量标准、起主导作用的扫描器因素、测量方面的具体考虑及可能的视觉效果。一般来说，这里讨论是解析和评价系统获取采样图像方面的课题。在这面，起初是以电视中模拟采样图像问题进行的研究。最突出的是谢德（Schade）对军事领域[83,84]及早期显示技术中的探讨[85]。随着计算机

和数字电子技术的发展，该问题逐渐转化为评价数字采样图像采集系统（包括各种照相机及输入扫描器）的一般性课题。现代扫描器与照相机的差别仅仅在于，扫描器移动像元便于在一个方向进行采样；而照相机像元固定不动，是在两个方向对二维阵列传感器进行电子采样。该研究课题分为两类：第一类是能够生成具有大量输出信号等级（如 256 灰度级）的扫描器和照相机，利用普通的成像科学进行线性分析[13]；第二类是二值输出系统，信号或关或开（即完全是非线性的），并采用更为专业的方法[86]，这些方法将在 3.5 节讨论。

近些年，数字相机和大量办公、家用及专业扫描仪的出现，激发了人们表述数字成像装置和系统特性的兴趣。已经研发出几种适合进行一般性图像分析（许多采用扫描器或数字相机）的商业化图像分析包，常常附属于显微镜或者其他光学图像放大系统中。这些软件包中的文件及相关技术资料特别注重扫描器分析或标定[87-89]。该领域已经进行了各种标准化方面的研究[90-93]。关于评价微密度计方面的文章给出了另外的相关信息[94,95]。这些系统都属于特定形式的扫描器，传感器的孔径形状是可变的。这方面的大部分研究工作都涉及透射光扫描器，但也有反射系统方面的内容[96]。许多研究者介绍了数字相机及工业专用扫描器的评价方法[77,93,97]。

3.4.1 色调再现和大面积系统响应

与采用对数响应（如光学密度）的许多成像系统不同，经常利用输出信号（灰度）等级与输出反射率或亮度的关系表述输入扫描器的色调还原特性。其原因是大部分电子成像系统对光强度呈线性响应，因此也是对反射率呈线性响应，图 3.23 给出了三种此类关系。一般地，可以用两个参数——相对于输出灰度等级轴的偏移量 O 及系统增益 Γ（按照图 3.23 所示的公式确定），表述这些曲线。其中，g 为输出灰度等级，R 为相对反射率因子。如果存在偏移量，即使反射率与灰度等级之间符合直线关系，但该系统并非是真正线性的。这条直线必须通过原点才能使系统呈现线性。

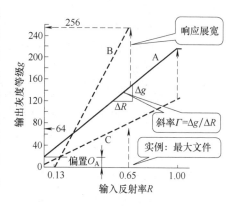

图 3.23 典型的扫描器输入响应
[阐明"增益"（即斜率）"偏移量"和"响应延伸"的定义]

一份文件的最大反射率常常远低于此处所示的 1.0（即 100%）。此外，最弱信号的反射率可能明显高于1%或2%，常常高达 10%。为了使每幅图像都具有最高数目的灰度等级，一些扫描器为完成输入文件反射率的直方图分析提供选项，采用逐像素采样或较少采样。然后，进行分布研究以确定其上限和下限。给出合适的安全因子，再计算出新的偏移量和增益因子，使响应尽可能多地涵盖整个（此处为 256）输出等级，打印该文件最大和最小反射率之间所包含的信息。

其他扫描器可能具有 2~12bit（16~4096 灰度级）的全灰度等级。图 3.23 中，曲线 C 是线性的，即没有偏移量，直线响应直至反射率 1.0（即 100%）。在这种情况下，产生 128 个灰度等级。曲线 A 代表一个更为典型、更具一般性的扫描器的灰度响应，曲线 B 是专门用来处理一份特定输入文件的曲线，其最小反射率为 0.13，而最大反射率为 0.65。可以看到，没有一条曲线是线性的。在后续的分析形式中，如果在正确应用其他测量方法之前必须将非线性响应线性化，那么这一点就变得非常重要。利用响应函数将输出单位逆变换为输入单位就可以完成此项运算。

若是数字扫描器，传感器本身就比较线性，如图3.24所示。图3.24给出了以线性单位勒克斯秒（lx·s）表示的曝光量与以毫伏（mV）为单位表示的输出之间的关系曲线。0到2.2lx·s的响应是严格线性，随着其达到饱和，开始上下跳动。注意，"线性饱和曝光量"和"饱和曝光量"之间的差别，这是一种曲线的线性部分达到最大信号时的图形。通常认为，数字传感器是线性的。但从图3.24所示可以看到，这一点对曲线的大部分是正确的，但并非曲线全段都是线性的。扫描器或摄像机设计师按照意愿会或多或少地选择利用该曲线的非线性高端。对于各种数字相机，技术说明书标明的标准曝光量可能是不一样的，但通常都在线性范围内。

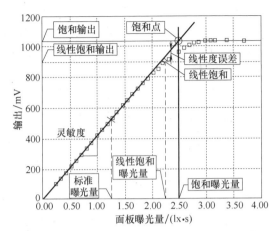

图3.24　扫描器和照相机的传感器对光的基本电子响应曲线（包括线性区和非线性区）

（资料源自 Nakamura，J. Image Sensors and Signal Procedding for Digital Still Cameras；Taylor and Francis：Boca Raton，FL，2006；Mizoguchi，T. Ch6：Evaluation of image sensors，179-203）

视频信号处理电路中电子器件的设计，可能会使等间隔曝光产生不等间隔的电子或数字响应，而在某种单位体制下（视觉或根据材料性质）采用适当的间隔形式更为重要。有时，利用对数A-D转换器生成与反射率对数或反射率倒数的对数（"密度"一样）成正比的信号。印刷制版应用中的一些扫描器就是以这种方式工作的。另一种常用的转换方式是使信号正比于L^*。与输出相比，这两种方式在开始时都需要很多的灰度等级。这些系统都是高度非线性的，但可以非常好地以有限的灰度等级工作，如8bit（256灰度等级），而非前面讨论的10bit或12bit。

许多输入扫描器设计有以逐像素为基础运作的内置标定系统。在这种系统中，设置一个比其他元件具有更高灵敏度的特定传感器元件，调整系统增益、偏移量或者两者使信号衰减或放大，从而保证所有的感光单元（单个传感器元件）对专门标定过的输入有同样的响应，并利用亮暗两种反射率基准（即一种黑白色条）。其中大部分是如光度计和密度计之类的光测量装置。

许多系统中，传感器在一个位置的灵敏度明显高或低于另一位置的灵敏度。下面举例说明一下。具有最高灵敏度的传感器可能以曲线A所示形式工作，而灵敏度较低的感光单元或许如曲线C那样工作。如果是利用具有同样设置的A-D转换器（通常是高速积分电路的情况）获得曲线C，那么，它所包含的最大信号范围就只有120灰度等级。利用数字乘法器可以有效地使每个灰度等级翻倍，因而将灰度等级范围增大到220或者240，取决于如何控制偏移量。值得注意的是，如果一维传感器的某些元件按照曲线C而另一些元件按照曲线A，其他元件在两者之间响应，那么，该系统会表现出一维粒度或不均匀性，其图像取决于各传感器出现的频率，如此会引入一种在一个像素宽的长条空间内变化的量化误差。对于该实例，范围从只有120阶的色条到240阶的其他色条，仍然覆盖具有相同分布的输出色调。

一种测量色调再现的理想方法是扫描一个反射率平稳和从近乎0%连续变化到接近

100%（或者，至少预计系统会遇到的最亮"白色"）的原物体。这里认为反射率是位置的函数，在每一个发生变化的位置上测量扫描器的灰度值，然后，将系统的输出值与每个位置的输入反射率配对，并绘制成图以便使每个灰度响应值与其相关的输入反射率相联系。这样就可以绘制出每个感应单元及多个感应单元不同统计分布的曲线，如图 3.23 所示。

一般地，色调再现质量的经典概念已经扩展到图像采集装置之外的过程和设备，因此，一台扫描器的质量还包括如何将其集成在整个系统（应包括打印机或显示器）中。通过图像处理（包括扫描器硬设备和脱机软件系统两种处理），可以实现这种集成。在摄影术中，经常使用一种多象限琼斯（Jones）图的图表结构以表示将胶片与相机/光学系统、胶片处理、放大机和打印纸，甚至视觉系统集成起来的特性[60,61]。对于输入为相机或扫描器的数字系统，可以绘制类似的系统曲线。一个具有代表性这样的系统实例数据如图 3.25 所示。

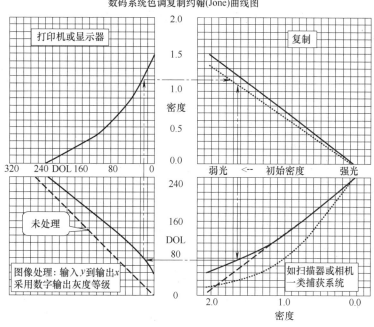

图 3.25 数字成像系统色调响应的琼斯图

［利用四象限 Q1～Q4 表示元件级联：Q1（右下图）是针对数字图像采集系统（扫描器或相机），表示原始测试物体（x 轴）的密度与 DOL（即 y 轴 DOL）的关系；Q2（左下图）针对图像处理，表示相同的 y 轴 DOL 与图像处理 DOL（x 轴 DOL）的关系；Q3（左上图）针对打印机或者显示器，后者也是表示 DOL，是打印机 DOL 与输出的打印密度（y 轴）的关系；Q4（右上图）中的实线（沿着点虚线箭头通过所有 4 个象限以观察级联情况）给出打印密度（y 轴）并与原始待测物体密度（x 轴）比较。这是扫描（或照相）系统的总色调再现。对于点虚线和短画线的含义，参考正文内容］

如图 3.25 所示，以标有"原始物体密度（original density）"的轴为起始轴，分成 4 个象限，按顺时针方向由 Q1（右下图）开始，是正在讨论的扫描器或摄像机数字输出灰度等级（Digital Output Level，DOL）与输入密度（或者等效对数曝光量）的一条关系曲线。这是属于光电转换函数（Optoelectronic Conversion Function，OECF）一类的曲线[65]。在该曲线图中，原始物体密度从右向左逐渐增大（对数曝光量应是从左向右增大），DOL（有时称为数字值或数字灰度值）沿垂直方向增大。虚线表示实际曲线下降到暗区，并由于眩光作用使此处略有"翘尾"。以粗实线表示的密度的对数值与电子输出（各DOL）线性值如此一致就表明，这种扫描器中的即时图像处理系统（on-board image processing）正在形成一种非线性响应（对于上述的线性传感器），以更好地符合某些打印或观察的输出需求。这是一些典型的脱机进行图像处理的数字相机和扫描器。细点虚线表示一个典型扫描器与Ⅲ象限中所示打印机集成后（所谓的一体化系统或数字复印机）的输出。

在许多此类评价中，对其他三个象限的两个做了规定，目的是获得丢失的曲线。假设输出设备（顺时针，Ⅲ象限）是一台对给定输入DOL阵列具有固定密度响应的打印机。并假设，即使最大密度并不匹配，但希望再现（Ⅳ象限）是代表原始物体与打印图像之间的线性关系。剩下的问题就是确定如何进行图像处理（Ⅱ象限）。第一个扫描曲线输入和输出各DOL之间一对一的线性图像处理（短虚线），会很轻地打印，有稍微弯曲的密度再现关系。Ⅱ象限（图像处理）中的实线会在Ⅳ象限中形成所希望的线性密度关系。

第二条扫描曲线（点虚线）线性较差，但包含即时图像处理，事先会使输出产生畸变以补偿严重弯曲的打印机密度响应曲线。这种扫描器响应直接在Ⅳ象限中给出另一种最终的线性色调再现，尽管最大的密度值会稍低些。由于在一体化（复印）系统中不可能采用脱机图像处理技术，所以，在琼斯（Jones）图中，该结果利用了Ⅱ象限中"无图像处理"的短画虚曲线，与图3.26中使用的相同。

大部分扫描器都能以足够小的探测单元或传感器面积对输入粒度响应。因此，单个像素或感光元的测量并不足以对所谓的均匀输入给出真实的面积响应，必须对所有感光元响应进行某种程度的平均。而程度如何取决于输入测试文件及电子系统的粒度和噪声水平。

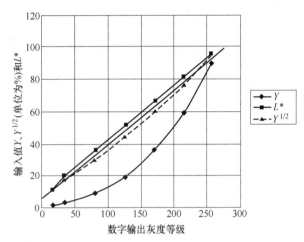

图3.26 根据输入测试目标的反射率值或CIE Y（菱形）、L^*（大正方形）、$Y^{1/2}$（小三角形）预测得到的扫描器输出数字灰度等级（x轴），以及明显与最后两个值吻合的一条点虚直线［纵坐标是按照0~100的比例绘制的输入值，所以，Y（约等于反射率）和$Y^{1/2}$以%表示］

利用传统的灰度图分级表（或阶梯表）或者一批灰度图（一些离散的密度等级）可以提供近似的分析方法，但无法研究每种离散输出的灰度等级。对于近似由20阶0.10反射密度组成的典型分级表，一半的灰度值仅通过4阶，即0、0.1、0.2和0.3的密度（或者50%的反射率），进行测量。因此，平稳变化的密度楔（或密度梯尺），更适合用来对电子输入扫描器进行技术评价。

然而，很难重复加工出合适的密度楔。对于许多应用，通常采用由几种离散密度组成的均匀灰度图，如本章参考文献［97］、图3.48b和图3.49所示的国际标准化组织（International Organization for Standardization，ISO）标准靶板，以及图3.50b所示的（美）电气和电子工程师协会（Institute of Electrical and Electronics Engineers，IEEE）靶板（中图）。尽管如此，密度楔还是有效的（见图 3.50b 上部）。为了精确评价二值扫描成像，必须使用它（参考 3.5.2 节）。

在重新讨论扫描器本身的大面积色调响应时，人们很容易按照线性公式表述传感器本身。但事实是，当今的大部分传感器已经内嵌了图像处理器，采用曲线方式更实际。为了补偿一些普通打印机和显示器的响应，忽略不计眩光作用的扫描器的色调响应常常表示为

$$DOL = H_r^{1/\gamma} \tag{3.11}$$

式中，H_r 为输入的相对曝光量；γ 为为了补偿输出打印机或显示系统经常存在的指数形状曲线而规定的一个常数。例如，对于美国苹果公司 Mac 计算机和 PC 用显示器，γ 取 1.8 和 2.2；而为了模拟 L^* 数值，则定为 3；而对于一般用途的扫描器，可能采用一些混合算法和很少几种其他算法以满足这些条件。图 3.26 给出了一种新型台式扫描仪的结果———一条 x 与 y 的反向型 OECF 曲线[21]，以由此产生的 DOL 作为 x 轴并以各种输入特性作为 y 轴，从而推断出供应商的图像处理情况。该系统的反射率并非是线性性，但在 L^* 或 $\gamma = 2$ 位置几乎是线性的。应当注意，$\gamma = 2$ 是 Mac 和 PC 标准之间的中间值。

没有任何文件的实际反射率是 100%，所以，令最大值等于 100% 输入反射率是对灰度等级的浪费，70%~90% 的某一值更能代表实际文件反射率范围的上限。一些系统会自动调整到输入目标，因此这种严重的非线性很难估算，同时也很难补偿。有关早期对自动阈值或灰度范围调整的讨论，请参考冈萨雷斯（Gonzales）和温茨（Wintz）的研究[98]。由于其与数字相机中彩色图像的质量有关，所以，对该课题较近期的一些评论，请参考休布尔（Hubel）的论述[93]。与许多扫描器一样，大部分业余和一些专业数字相机都属于这种自动范畴。能够自动确定这一点的系统，是针对每个输入进行不同的优化，所以很难从普遍意义上进行评估。

沿正方向出现的偏移量，可能是由系统中电子漂移或杂散光能量造成的（见图 3.25 所示 Q1）。如果没有光线进入传感器而能使电子偏移量置于零，那么，一幅图像产生的任何偏移量都可以归于光学能量。透镜产生的杂散光、眩光的典型值，是整个光能量的 1%~5% 或者更多[96]。当利用电子技术调整均匀杂散光造成的偏移量后，眩光信号就依文件而定的，只有当文件上大面积被白光所环绕，才会表示为暗区中的误差。所以，在利用由白光照明的灰度楔或者分级图进行分析测量的特定情况下，对这种测量效果的校正可能会使文件中由灰色或暗色环照的暗区域产生负偏移量。然而，对于杂散光源自照明系统、光学腔体或其他并不包含文件在内的装置，采用电子校正方式更合适。一些参考文献（如本书参考文献 [96, 97, 99]）已经提出与文件相关的眩光分布的测量方法，包括测量不同宽度的目标时，将周围的光场从黑的变到白光场[96]，以及使用具有不同密度图的白光环绕[97]。

若输入扫描器或许多其他光学系统的照明系统、文件压板及记录物镜设计在一个相对狭小的空间，那么在测试过程会发现让人困惑的一点一般认为这是一类综合腔体效应。在这种情况下，文件本身成为照明系统的一部分，会重新将光反射回灯源、反射装置和系统的其他部件。文件对照明能量的贡献取决于其相对反射率、灯的相对位置、文件散射性质及物镜尺寸和位置等光学布局。事实上，文件的作用类似与位置相关的非线性放大器，影响着系统的总响应。如果利用分级表或灰度楔的尺寸测量其变化，或者分级表和灰度楔周围照明能量在两个不同的测量值之间变化，则有可能得到不同的结果。所以，最好进行一系列测量以便为给定系统确定一个响应范围。这些影响可能处处都会达到百分之几，甚至高达 20%，对文

件产生影响的距离会是几个毫米到几厘米（零点几英寸到一点几英寸多）。由于其在设计上的特殊性，对这种影响的研究文章较少，而对输入扫描器的测量和性能会造成影响，又是一个公认的事实。本书参考文献［100，101］介绍了一种电子校正方法。

3.4.2 MTF 和相关的弥散量

现在，回到弥散（或模糊）的研究上。一般来说，对于任何一类扫描器，影响弥散的因素包括（见表 3.3），光学系统设计残留的弥散、输入阅读期间扫描器元件的运动、电子装置中电路长时间工作、有效扫描孔径（传感器感光单元）的尺寸及信号探测和读出过程的各种电光效应。通过控制模拟和数字两类信号的电路（包括 A-D 转换器），都会一定程度地对工作时间和产生一维弥散的频率响应做出限制性规定。

表 3.3　影响输入扫描器弥散的因素和对表述某些典型案例的 MTF 曲线的要点提示

固态扫描器	• 物镜像差是波长（见图 3.53，如果达到衍射限的情形，如显微光学系统）、视场、方位和焦距的公式（为了使公式有效地适用于具有各种物镜性能的系统，选择图 3.54 所示的 $n=3$ 或 $n=4$） • 传感器：孔径尺寸（见图 3.51）、电荷转移效率（对于 CCD）、电荷扩散、多孔障板泄漏 • 传感器在输入读过程中的移动 • 电子装置的上升时间
飞点激光扫描器	• 光斑在文件位置处的形状和大小（高斯光束见图 3.52） • 物镜像差（如上所述） • 多面体反射镜孔径或等效孔径 • 输入读过程中的移动 • 传感器或探测器电路的上升时间（测量出的频率响应）

为了分析这些影响，参考图 3.5 所示。首先给出一个理想的窄线物体及其成像的实际定义。假设，图 3.5a 右图所示的窄线物体的分布宽度逐渐变小，直至由此产生图 3.5b 所示的进一步变化只是其峰值的高度而其扩展宽度不变的情况。这就是对一条理想窄线的实际定义。按照这种条件，可以认为图 3.5b 右图所示的峰值就是该成像系统线扩散函数的轮廓分布（见图 3.7b，还可以观察到更高的采样分辨率）。

为了严格地定义线扩散函数，应精确地利用一条窄的白线而不是黑线。如果在二维空间输入一个很小的点，则称其整个二维图像为点扩散函数。其是图像任一点处模糊（或弥散）的直接表示，并可以与采样图像中所有像素矩阵进行卷积运算，得到模糊图像的表达式。线扩散函数是扩散的一维形式，从计量的观点来说，通常认为该方法更为实用。对于所讨论的案例，量化后的线扩散函数作为灰度像素的对应分布，如图 3.5c 所示。

为进一步强调典型计量过程中遇到的一些实际问题，对该例提出以下几点看法：第一，图 3.5c 所示的量化后的图像严重不对称，而图 3.5a、b 所示的线的轮廓分布比较对称，主要原因是采样相位的不同。因此，必须通过某种方式调整采样相位以测量线扩散函数（见图 3.7b）。若评价一个固定采样频率的扫描器，该点尤为重要。第二，注意在任何一个相位时的有限信息量。可以看到，图 3.5b 所示的代表窄物体的平滑曲线只需用采样量化图像中三个点表示。

对几种相位进行平均有利于改善计量结果，使该测量的强度分辨率和空间分辨率两方面都能得到提高。最容易的一种方法，是采用一根长窄线并使其相对于采样栅格稍有倾斜，从而使长度的不同部分代表不同的采样相位，从而可以采集到大量的不均匀分布的采样相位。这些分别代表不同的扫描线，同时，覆盖了全部采样相位的整个周期。一个周期等效于一个完整像素的位移。然后，以一种交错的方式将这些结果相组合，得到该线扩散函数较好的评估值。这相当于借助待测图形的一维特性优势提高采样分辨率。之后，将适当移动后每个像素位置记录下的强度，相对于该线（初始）位置绘制出曲线图就可以达到上述目的。为了更形象地说明，参考图 3.7b、c 所示的双相位采样。相位 A 的像素可以与相位 B 的像素相互交错，从而形成两倍空间分辨率的成分，增加相位会进一步提高有效分辨率。

如果没有非线性和非均匀性，那么，与表 3.3 给出的每种影响因素相关的每类线扩散函数都可以在数学上通过彼此的卷积获得总系统的线扩散函数。

3. 4. 2. 1　MTF 法

从工程分析的观点经常会发现，使用扩散函数进行卷积和测量是较困难和麻烦的。采用光学传递函数（Optical Transfer Function，OTF）法，无论从测量还是理论分析的角度来说，都有诸多优点。OTF 是线扩散函数的傅里叶变换，包含表示归一化信号对比度衰减（或者放大率）的模数和表示错位影响的相位。这两者都是空间频率的函数。将信号表示为所示频率正弦分量的调制，就可以将对比度交替变化的函数表述为 MTF。OTF 解析的价值在于，一个线性系统中的所有成分都可以用其 OTF 表述，相乘后便得到总的系统响应。许多期刊文章和参考书都介绍了这种分析方法和理论[13,47,78,102]。

可以用 MTF 的解析形式表述基本的影响因素，其中一小部见表 3.3。为了便于绘图，3.9 节以对数形式得到图 3.51 ~ 图 3.53 所示曲线。图 3.55 给出了几种照片的 MTF 曲线，以便为胶片扫描器的输入信号范围或输出滤波器（将光学信号转换为永久可读的形式）的范围提供一个参考标准。为了理解摄影作品扫描器到桌面或图形扫描器的输出，可以考虑使用一定放大倍率。例如，根据胶片上 80 周/毫米的图形推导出，在一张放大 8 倍的复制品上的空间频率是 10 周/毫米，所以，对于以 35mm 胶片放大 8 × 10 的复制品来说，80 周/毫米胶片的 MTF 是输入信号的上限。其他输出的各 MTF 应当包括如模拟器、投影系统、模拟相应墨水系统和静电系统之类的显示装置。线性扩展函数变换存在着许多实际问题，涉及线性传递函数本身的测量及利用高度量化输入方法获得精确数字傅里叶变换的不确定性。

有几种常用的 OTF 测量方法，包括以下几种：

1. 通过适当补偿有限宽度测量窄线的图像；

2. 直接测量正弦辐射分布的图像[103,104]；

3. 对方波图形进行谐波分析[97,103,104]；

4. 对输入边缘非常清晰的图像边缘轮廓分布求导，得到线扩散函数，然后进行傅里叶变换，并正确地将结果归一化[13,92]（见表 3.9，ISO TC42，WG18 及图 3.48a、b）；

5. 具有几乎是平空间频谱的随机输入（如噪声）目标的光谱分析。

在此，还要指出，与相位相比，模数（即 MTF）对表述成像系统的大部分特性更具有重要意义。而在某些情况下，相位传递函数更重要，可采用逐频分析法认真分析目标和图像的相对位置，或者根据线扩散函数直接计算便可以监测。

一般地，这些方法都会涉及不理想的输入目标，会有很高的空间频率。根据其空间辐射分布傅里叶变化的模数 $M_{in}(f)$ 表示输入目标的频率成分。类似地，得到 $M_{out}(f)$ 以表示输出图像频率分解的特性。将输出调制除以输入调制得到的 MTF 为

$$MTF(f) = \frac{M_{out}(f)}{M_{in}(f)} \tag{3.12}$$

该方法成功与否，取决于能否精确地表述输入和输出特性。

直接完成这种输入和输出的解析方法，包括强度周期性变化的目标成像和逐频测量调制。如果目标是一组纯正弦波形式的反射率或透射率，即丝毫没有可测量的谐波形式且输入扫描器是线性的，那么，很显然可采用逐频分析。正弦分布的调制定义为最大和最小之差除以其和。对每种频率图，测量出最大和最小输出灰度值 g' 及对应的输入反射率（或透射率或强度）R，根据式 (3.13)$^{\ominus}$直接求得调制。展开式 (3.12)$^{\ominus}$的分子和分母，在正弦图形和线性系统情况下，得

$$MTF(F) = \frac{-[g'_{max}(f) - g'_{min}(f)]/[g'_{max}(f) + g'_{min}(f)]}{[R_{max}(f) - R_{min}(f)]/[R_{max}(f) + R_{min}(f)]} \tag{3.13}$$

式中，带撇的量表示已经按照下述方法校正过非线性度的灰度响应。

图 3.27 和图 3.28 给出了该过程的实例。图 3.27a 所示为具有代表性的周期方形波测试靶板（右）及正弦波测试靶板（左）的布局图，以不同形式（如本章参考文献［106］的应用成像）展现当今众所周知的图案[105]。将周期性强度（反射率）分布设置在图形中心的不同框中，不同灰度等级的均匀反射率图形设置在正弦曲线的上，下行以便表述色调响应特性。正方形波采用类似形式的均匀方框，图中没有给出，就此可以随处校正存在的非线性。图 3.27b、c 给出了方波图形中较低和较高频率部分的放大图；图 f、g 给出了待测目标相同部分电子采集图像灰度显示的放大图；图 d、e、h 和 i 给出了上述图形的分布轮廓图。

为了计算 MTF，需要测量每个图形的调制。对于正弦输入图形，确定每种频率多条扫描线的平均最大值和最小值后，可以直接利用式 (3.13)$^{\ominus}$，按照逐频率绘制的这些调制比表示 MTF。若是方波输入，则输入和输出信号必须经过傅里叶变换为其空间频率表达式，并且，式 (3.13)^{四}中只利用了基频的振幅。谢德（Schade）[103] 提出了通过测量每个方波图像的调制（如方波响应）直接计算 MTF 的方法，因此，无须转换就可以对假设理想的输入方波进行展开。

从实用的观点出发，使周期性图形稍微倾斜很重要，如图 3.27d、e 所示那样以涵盖相位分布，参考前面扩散函数讨论时的阐述。根据扫描线交错数据点可以计算出一个新的具有更高分辨率的图像。其中，每个扫描线相对于正弦或方波都有相移。

图 3.28 给出了线性和非线性响应曲线的几个实例，表示具有偏移量的非线性情况下 MTF 解析方法中对输出的校正［如利用式 (3.13)^{五}］。此时，利用响应曲线展开正弦波的最大值和最小值，以便得到输入反射率的最大值和最小值，即线性变量。根据傅里叶变换方

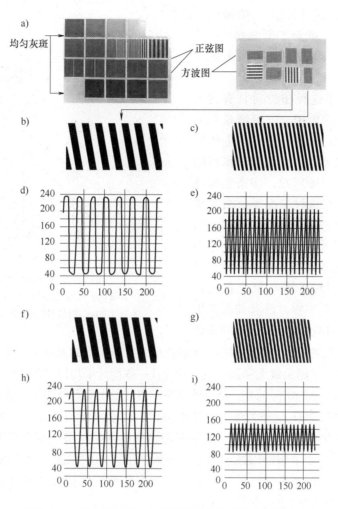

图 3.27　MTF 解析方法中使用的图像和分布轮廓图实例

[图 a 左图所示为整个灰度图及不同频率下正弦反射率分布，右图所示为方形波测试图的频率成分，可以发现图中灰度条稍有倾斜以便测量不同的采样相位；图 b、d、f 和 h 所示为方波图低频部分，如箭头所示；图 c、e、g 和 i 所示为方波图高频部分。图 a 左图所示的测试图的放大图如图 b、c 所示。扫描后图像稍有些模糊（可以在扫描器输出显示器上观察到），如图 f、g 所示。各图像的分布分别如图 d、e、h 和 i 所示。由于是方形波测试图，需专门对其进行分析以补偿文中所述谐波的影响。读者应当忽略再现过程中打印图像出现的少量摩尔效应]

法的需要，为了进行完整的分布解析和得到校正过的调制，必须利用这种运算方法对每个输出灰度等级进行调制。

　　如果该系统的响应曲线是图 3.28 所示的一条呈线性曲线，则无须进行校正。重要的是要记住，当扫描器系统响应可能遵守输出灰度等级与输入图形的反射率、透射率或光强度间的线性关系时，或许由于光学或者电子误差（如眩光、电子偏置等）而造成偏离量。这也是一种非线性，必须补偿。在一个混叠输入扫描系统中，随着感兴趣的频率开始接近采样频率，采样摩尔效应的影响就成为一个问题，采样频率与感兴趣图形的频率之间出现干涉效应。如果图形是方波，则可能会源自更高一级的谐波（如 3 倍、5 倍频的谐波）。当利用图像的采样数据作为式（3.13）[⊖]中最大和最小值计算调制时，就会产生误差。正弦类图形没有谐波，是该方法的一个明显优点。

图3.29给出了这种相位对具有代表性 MTF 曲线影响的例子，表示测量其周期是采样间隔约数的正弦波所产生的误差。现在讨论下述情况：正弦测试图形的频率恰好是采样频率的 1/2，即奈奎斯特（Nyquist）频率。在这种情况下，当采样栅格完全与正弦波连续的峰谷一致时，则得到一个连续波最大调制的很强信号（点 A）。若采样栅格位于正弦图像每个峰谷之间的中点位置（相对于第一个位置相移 90°），则各数据点都一样，没有调制发生（点 B）。对于那种相位能代表正确的正弦

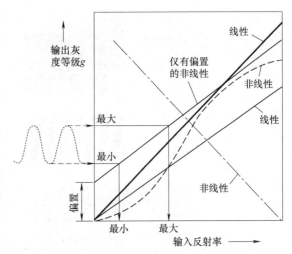

图 3.28　线性和非线性大面积响应曲线实例
（详细说明利用最大值和最小值处的有效
灰度响应，对偏移量输出的调制校正）

波响应，没有对或错的答案，而模拟值或者最高值常常是正确的 MTF，每个相位都可以看作具有自己的正弦波响应。给出最大和最小频率响应及一些统计平均值，都是合法的方法，如何选择取决于测量用途。更为实际的是，可以给出平均值或最大值及所提供数值的误差范围。

另一方面，模拟 MTF 只作为最大值曲线给出，代表采样前的光学函数，所以，对正弦波响应上下边界的描述表明一次 MTF 测量可能出现的误差范围。这里郑重建议，如果测量模拟 MTF，需要采用多个相位以减小误差。在数学上，相位误差（使单相位采样图像 MTF 的含义复杂化）是微观非平稳性的一种形式，利用几种相位信息使其近似符合平稳性原理来正确模拟 MTF，从而减小这种复杂性。

对于高度量化的系统，意味着具有较少的灰度等级，因此，在输入扫描器的设计和测试时，量化影响是一个重要的考虑因素。图3.30所示曲线表示了量化步长 E_q 对使用正弦波测量 MTF 带来的限制。增大输入测试图形正弦信号的对比度可以使计算 MTF 所用的灰度等级数目达到最大；也可以通过重复测量，在信号灰度等级中引入模拟位移而使量化等级逐步出现在先前的离散数字灰度等级之间，从而使其位于正弦分布的不同位置，达到增大的目的。改变光的亮度或电子增益能够实现后一种方法。

要特别注意以下情况：由于实际的 MTF 在视场范围内是变化的，所以，给出的测量值仅适用于 MTF 是常数的小的局部范围（有时，称为图像内的等晕面元或固定不变区）。为了进一步提高该方法的精度，可以从数值上使正弦分布与测量采集数据点拟合，利用由此获得的正弦波确定平均调制。对视频文件中数据的傅里叶变换，可以视为自动完成这种拟合。事实上，对感兴趣空间频率下的傅里叶变换振幅进行适当的归一化，是与视频文件数据实现最佳拟合的正弦波的平均调制。

⊖　原书错印为 3.17。——译者注

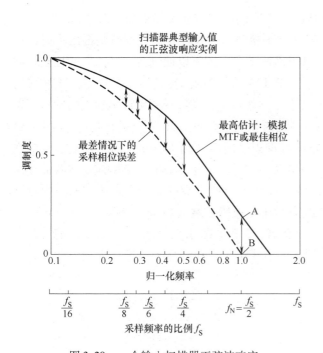

图 3.29　一个输入扫描器正弦波响应
测量值的可能范围

（表示采样过程中可能存在的相位变化造成的不确定性）

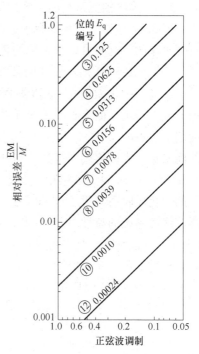

图 3.30　MTF 的测量误差

（体现了不同量化误差时的调制结果；$\overline{M}$ 是
平均调制；每条线上圆圈中的数字表示
系统的量化值，单位为 bit；R_q 为量化
步长，满量程信号是 1.0）

　　纽厄尔（Newell）和特里普利特（Triplett）[104]介绍了用方波测试图形的方法（与正弦波方法不同，其一大优点是比较简单）。还要指出的是，当需要考虑所有的重要细节时，尤其是解析的采样性质、噪声和相位影响时，方波解析方法具有很高精度。分辨率测试板上通常有方波测试图，该图形由两部分组成——前景（如黑色线条）和背景（如白色线条），比正弦波测试图更容易得到。也可以使用两种等级的灰度线条，这取决于要求的对比度。傅里叶变换分析及注意高次谐波已证明是特别有效的方法[97,104]。可以看到，替换输入长度的一般离散傅里叶变换（Discrete Fourier Transform，DFT）算法要比快速傅里叶变换（Fast Fourier Transform，FFT）（其限制是要求两个采样点的功率相同）算法更适用于 MTF 分析。

　　一个成功的实例[104]是，使条形测试图倾斜以便在 8 条扫描线内移动一个像素的相位，并在约 30 条扫描线范围内进行平均，从而减小噪声。采用 DFT 方法并通过改变被采样方波的周数和采用约 1000 个数据点，可以调整到给定条形测试图的精确频率。已经证明，在较常用的 FFT 技术中采用离散余弦变换（Discrete Cosine Transform，DCT）方法，MTF 的精度可以提高百分之几。

　　通常可采用的方法是测量目标中谐波的实际含量，而非假设它是一个理想数学方波的理论谐波。同样，这里可以标定和使用已知光谱含量的其他测试图形，边缘分析技术也很通用[91,92,107]。采用类似的处理方式，如使边缘倾斜 5°，标准化的算法和对边缘质量的技术要求，也能实现很高的精度。

3.4.2.2　人眼视觉系统的空间频率响应

图 3.31 给出了几种人眼视觉系统（HVS）的空间频率响应测量曲线，是实践中人们比较感兴趣的。这些可以与系统的各 MTF 进行对比参考，一些研究人员也由此得出了研究成果[108-114]。图 3.31 所示曲线全部将各自的峰值归一化到 100% 以便进行一目了然的比较。除了不同的归一化因子外，其坐标类似前文式（3.13）⊖所述调制传递因子。然而，MTF 仅适用于线性系统，而人眼不是线性系统。事实上，一般认为视觉系统是由许多独立的频率可选的信道组成的[115,116]，并且在一定环境下这些信道相互组合而给出一个总的响应，如图 3.21 曲线所示。人们将会注意到，当处于 340mm 标准观察距离（约 13.6in）时，视觉系统应在 6 周/度（约 0.34 周/毫弧度）或者 1 周/毫米（约 25 周/英寸）具有最高响应。这些曲线之间的变化反映了测量工作的难度；同时表明，仅利用 MTF，不可能完全表示如人类视觉这样非线性系统的特性[117]。因此，这些曲线为对比度敏感函数（Contrast Sensitivity Function，CSF），而非 MTF。对于渴望利用单一曲线的读者，3.9 节图 3.56 给出了费尔柴尔德（Fairchild）的亮度 CSF。形状与图 3.31 所示的多条曲线类似，同时显示有很大的响应范围，图中也给出了红-绿 CSF 和蓝-黄色 CSF。

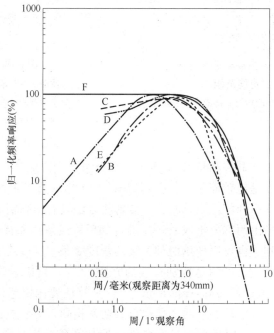

图 3.31　HVS 空间频率响应测量值

[图中给出了实验条件对结果范围的影响。曲线 A，Campbell，本章参考文献 [108]；曲线 B，Patterson，本章参考文献 [114]（Glenn 等,，本章参考文献 [112]）；曲线 C，Watanabe 等，本章参考文献 [111]；曲线 D，Hufnagel（之后 Bryngdahl），本章参考文献 [117]；曲线 E，Gorog 等，本章参考文献 [109]；曲线 F，Dooley 和 Shaw，本章参考文献 [113]。所有测量峰值归一化为 100%，观察距离为 340mm。注意到，底部给出通用的视角比例尺。参考图 3.5 所示，Fairchild 给出的第七条曲线具有较大的响应范围，并显示出两条颜色信道]

⊖　原书错印为 3.17。——译者注

3.4.2.3 电子增强 MTF 法：提高清晰度

这些目视频率响应曲线表明，如果其频率响应在某些位置能够提高，则一个成像系统的性能就可以得到改善。大部分成像光学系统不可能在所选择的频率位置获得想要的放大率，而利用电子增强技术可以使系统对电子扫描器的输出具有此类放大响应。此处放大是指有一个比极低频率响应高得多的频率响应或者远大于单位响应的（单位响应是指在最低频率中最普通的响应）。将数字图像与一个有限脉冲响应（Finite Impulse Response，FIR）电子滤波器（在很强中心峰值反面侧具有负的旁瓣）相卷积，就可以达到上述目的。FIR 电子滤波器的详细内容已经超出本章范围，然而，图 3.32 给出了两种具有代表性的 FIR 电子滤波器对系统 MTF 的影响。

3.4.3 噪声度量

无论扫描器是二值的还是多级灰度的，输入扫描器中的噪声都会以多种形式出现（参考 3.2.2 节），表 3.4 给出了这些噪声的简要概况。这里需要采用专用技术来区分和优化每种测量结果。

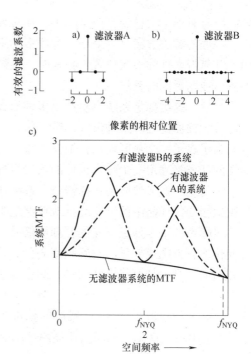

图 3.32 利用 FIR 电子滤波器与输入扫描器相结合以增强扫描系统 MTF 的两个例子
a）"滤波器 A"的一维线扩散函数 b）"滤波器 B"的线扩散函数（与 A 一样，但是，是 4 个像素宽）
c）这些滤波器对一个混叠高质量扫描器 MTF 的影响

表 3.4 输入扫描器中噪声类型和噪声源

名　　称	类　　型
分布	压板固定，随时间变化
工作方式	倍增，相加
空间频率	无色的（白光），彩色的
统计分布	随机，经过精心设计的，与图像相关的
方位取向	快速扫描，慢速扫描，无方向性（二维）
噪声源	传感器，电子系统，运动误差，校准误差，光子，灯，激光控制，光学装置

如表 3.4 所示，噪声有固定和随时间变化两种形式，出现在快扫描或慢扫描方向，是相加噪声源或者倍增噪声源，可以是完全随机的或者精心设计的。根据空间频率，噪声是无色（白）的，即覆盖所有频率具有一定限值；或者含有一些主频，即有色噪声。这些噪声源或是随机的或是有一定确定性，若是后者，可能是某些结构传递了噪声。

噪声源可能是整个系统的许多不同组件，具体取决于扫描器设计，可能是辐射传感器，或者是放大和改变电子信号的电子器件，如 A-D 转换器。其他噪声可能是运动误差、低光能量扫描器中的光子噪声，或者照明灯及激光产生的噪声。正如激光束输入扫描器一样，光学系统有时会不太稳定，产生噪声。在多种扫描器中，都设计了补偿机构，用以校正固定噪声。一般的解决方案是，采用一种或多种不同密度的均匀反射或透射条带，平行于快扫描方向，并靠近文件的输入位置；扫描时，系统存储其反射率，用来校正或标定放大器的增益或偏置，或两者同时补偿。

当然，这类标定系统容易产生多种形式的不稳定性、量化误差及其他种类的噪声。由于大部分扫描器是处理某种形式的数字信号，所以，必须考虑量化噪声。

为了表示一个灰度输出扫描器的噪声特性，需要记录一个均匀输出目标的信号。最有挑战性的任务是确定一个噪声很低的均匀目标，以致使输出信号不包含太多由于输入或文件噪声产生的量。在多数此类扫描器中，系统作用更类似测微密度计，与如照相、平版印刷或其他貌似很均匀样品中的纸质纤维或粒度之类的输入噪声相互作用。

对噪声的基本计量首先需要理解信号的分布变化，包括采集几千个像素数据，并且检查其变化的直方图或变化的空间频率成分。若简要地假设，所处理的噪声源是线性、随机、相加和白的，则一种有代表性的噪声测量方法是下面的计算表达式：

$$\sigma_s^2 = \sigma_t^2 - \sigma_o^2 - \sigma_m^2 - \sigma_q^2 \tag{3.14}$$

式中，σ_s 为扫描器系统（s）噪声的标准偏差；σ_t 为解析期间记录下的总（t）标准偏差；σ_o ⊖ 为采用与像素尺寸相同的孔径测量出的输入物体（o）的标准噪声偏差值；σ_m 为由测量（m）误差造成的标准噪声偏差；σ_q 为与这些信号数字化系统的量化误差（q）有关的标准噪声偏差。该公式假设，所有噪声源彼此无关。事实上，因为各种量化效应可能是某种扫描器设计中的重要特性，所以，消除量化噪声就成为能否利用各种量化效应来表述扫描器性质的首要问题。基本的量化误差[118]为

$$\sigma_q^2 = \frac{2^{-2b}}{12} \tag{3.15}$$

式中，b 为必须被量化的信号的比特数。

式（3.14）⊖中的第二项和第三项表示计量模拟部分的性能，包括传感器放大线路、A-D转换器及系统中导致上述表列噪声的其他组件的性质。σ_q^2 项表述的是扫描器的数字性，当然，对于模拟系统，则不予考虑。当系统噪声相对于空间频率变化较小或者所有子系统空间频率性质的形状相类似时，式（3.14）⊖非常有用。然而，如果扫描器中一个或多个子系统具有很严重的有色噪声，即相对于空间频率具有很鲜明的差别，则分析就需要扩展到频率域。这种方法采用维纳（Wiener）分析法或者功率谱分析法[47,119]。设计带有图 3.32 所示的滤波器类型的系统应当有有色噪声（与空间频率有关的）。对维纳频谱的详细研究已经超出本章范围。然而，很重要的是，在此一定要认识其基本形式，是以波动信号二次方规律分布的空间频率特有的一种归一化形式。该信号常以光学密度 D 表示，但也可能用电压、电流或反射率等表示。归一化包括记录波动的探测孔径的面积，因此，维纳频谱的单位常采用 $[\mu m \, D]^2$，也可以是 $[\mu m \, R]^2$（参阅本章参考文献 [119]；由于与反射率成线性响应关系，更通俗地说，是与辐照度成线性响应关系，所以后一个单位更适用于扫描器）。

⊖ 原书错印为 $\sigma0$。——译者注
⊜ 原书错印为 3.18。——译者注
⊜ 原书错印为 3.18。——译者注

3.5　二值阈值化扫描成像系统的评价　←

3.5.1　评价二值扫描系统的重要性

许多输出扫描器只能接受二值信号，即每个像素或子像素只能开或关，因此，效果图上只涉及黑色或白色像素。一个二值阈值化图像可以直接由扫描器形成，或者，在传输到输出扫描器之前，通过图像处理达到这种状态；也可以是不正确灰度或高度抖动图像处理的简并态，以多种方式使信号过量放大以便看上去类似阈值化图像。无论其如何形成，二值阈值化效果图仍然是当今重要的一类图像，并经常形成令外行都感到非常惊讶的图像特性。理解和量化此类成像技术，已经成为评价输入扫描器到输出扫描器整个系统的重要因素。

如前所述，有两类二值数字图像；阈值化或者抖动。在一阶近似条件下，采用简化假设，用类似评估全灰色系统的方式评估抖动系统（半色调或误差扩散系统）。其基本概念是，在半色调点会聚成簇或误差被扩散的有效抖动范围内，观察者没有觉察到图像抖动。因此，主要是利用其分辨率等于或高于有效抖动区域的仪器和方法来评价这些系统。并这在很大程度上受色调再现和某些形式的图像噪声的限制。对这些测量方法的深入讨论已经超出了本章的内容。本书第 1 版 3.5 节有关于该基本原则的许多内容，2.2.3 节对半色调系统响应和细节再现都进行了讨论，第 2 版只做简单介绍。

为了理解和评价二值图像，需要探讨一些新的概念，并介绍与此相关的解析方法[120]。

3.5.1.1　倾斜线和线阵列

为了充分表述系统某一采样相位范围内的性能，重要的一点是必须在大量的采样相位处测量出图像结构。换句话说，在预先设计的位置，相对于输入图像反复多次进行评价以形成不同采样相位的图像。使某种成分移动不同的量（一个像素的若干分之一）就可以达到此目的。斜线或具有几度倾斜角的直线图像会沿着指定结构边缘形成连续相位。例如，若没有倾斜，一根线在某次测试中可能成像为两个像素宽；而在另一次随机测试中，即在另一个采样相位处，会成像为一个像素宽。

3.5.2　阈值成像色调再现的一般原理和灰度楔的应用

对于二值系统响应，即二值色调再现，最好采用平稳的校准结构完成测试，从而使二值开关结构小尺度切换，如输入特性（反射率）的 1/200。

校准的灰度楔是非常有用的，除了平稳无级地从很低密度变化到很高密度外，类似一个标准（摄影）密度板。理想的话，反射率或透射率会作为距离的函数线性变化，但为了形成灰度楔，实际中常常使其稍具对数形式。利用灰度楔上基准标记给出的透射率或反射率相对于距离的精确测量来标定图像，如图 3.33 上图所示。注意到，图 3.33 下图所示为一个负工作系统（即最大透射率呈现黑色，而最小透射率呈现白色）。

可以测量某一给定灰度阈值条件下灰度楔由黑色转换为白色（或者，一个有噪声的图像是 50% 黑色和 50% 白色）的距离，并转换为透射率或反射率阈值。

3.5.2.1　基本的特征曲线和噪声

需要确定扫描器的基本特性曲线，可以沿灰度楔确定一系列特定的透射率或反射率值，然后，绘制出该阈值设定值（即每个指定透射率或反射率处出现黑转白的值）下的数字输出的灰度等级。这就是二值系统基本特性曲线，表明了输出阈值灰度等级与输入透射率或反射率的关系，并且属于光电转换函数类曲线[65]。

由于这种典型系统中存在噪声影响，包括输入文件中的噪声，所以，沿灰度楔长度方向（图像由白转黑）将不是一条清晰的直线，而是一个噪声区，如图3.33所示。一般将该转换区域中间位置 $(T_2 + T_1)/2$ 确定为平均阈值的透射率或反射率，在此，用灰度楔噪声（Gray Wedge Noise）GWN $= (T_1 - T_2)$ 作为标准。其中，T_2 和 T_1 分别为最小和最大响应的固定概率条件下（如95%白或黑）的透射率。

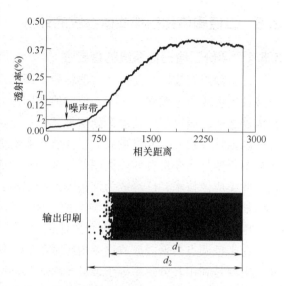

图3.33　灰度楔的透射率分布及对应的输出打印
[二值图像，两者都是距离的函数（任意单位）；
左边最小的点代表单个像素]

3.5.3　二值像质评价：MTF法和弥散法

已知二值阈值图像的开关性质，但并不能采用如MTF一类的线性方法进行分析。为了论述这种非线性，可以对成像性能提出如下三个特有类型的问题：

（1）可探测性。系统可以探测的最小单个细节是怎样的？

（2）细节鉴别力。系统可以掌控的最细小、最复杂的结构或细微纹理（可识别性，分辨率）是怎样的？

（3）再现的保真度。对于较大的细节和结构，该图像与原始输入，如某些宽度合适的线条，如何进行比较？

为了对每个项目进行专门度量，确定了一种与成像应用有关的专用测试目标或者测试图，并针对该测试图定义一组判断其性能的规则，包括确定阈值变化/选择规则及判定指标的相位概率。本书第1版对此有更为完整的描述[35]，包括线宽的可探测性和保真度。

3.5.3.1　分辨率（辨别细节的一种度量）

分辨率是各种成像系统经常用于表述像质的术语，很自然也用于二值电子成像和扫描系统。但由于对阈值和测试图设计特别敏感，因此，使用它时必须非常小心，以避免误导结果。其主要价值是理解精细结构的性能。上述像质评价适用于单个细节，而分辨率则侧重于对多个密接细节的辨别能力，一般认为它是测量截止频率（即一个系统MTF的最高频率）的一种措施。二值系统具有严重的非线性特性，导致无法考虑逐频地完成近似的MTF分析。

分辨率测量的基本概念是，希望（通过稍有些主观的视觉评估）能够探测阈值化视频中一幅图形的可信度，即与测试靶板所呈现图像的相似性。例如，可以确定75%的可信度准则，则该图像表示在合适的空间有5根黑线条和4根白间隔，也可以用50%、95%、100%或其他可信度值。上述的所有度量标准，必须在较大的条形图案采样范围内对每次选择进行测量，从而在整个相位范围内得到一个合适的平均置信度。使条形靶倾斜以保证靶条长度相交于整数倍采样相位是十分方便的方法。包括不寻常和非直观采样图形的文献资料（本章参考文献 [53]）都较详细地阐述了这种测试。由于测试靶基板对光的散射作用，所以在具有良好分辨率图像靶条的白色间隔中可能会形成伪分辨率[121]和灰度[71-73]，并有可能改变预期的阈值结果。

在合适的环境下，二值成像系统具有极强的对比度增强功能。精细选择正确的阈值，即分辨率图像亮暗部分中的一组，就可以将光学或灰度电子图像的1%或2%调制放大为视频位图中很容易分辨的开关图形（即100%调制）。

由于会探测到这些低对比度图形，所以，探测到称为伪分辨率的情况也很正常。此时，输入扫描器造成的模糊（或弥散）是一种特殊情况，会使测试图的亮线条变暗和暗线条变亮[121]。在分辨率测试中还有如下需要考虑的具体措施：

1. 变化阈值并选择被分辨的图形（见图 3.34）。

2. 固定准备采用的靶条间隔和确定探测阈值。

应当指出的是，数字（二值或灰度）系统对角度方位有很强的依赖性。与普通光学系统的分辨率不同，MTF 在 x 和 y 方向相互独立并采用矩形采样网格，所以，事实上，非零或非 90° 方位可能更好。

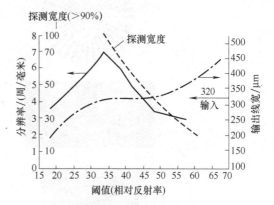

图 3.34　线宽可探测性、保真度和分辨率与二值成像系统中阈值设置之间的函数关系

[资料源自：Lehmbeck, D. R. Imaging Performance Measurement Methods for Scanners that Genereate Binary Output. 43rd Annual Conference of SPIE, Rochester, NY, 1990；202-203；每条曲线上的箭头表示哪一个轴代表该曲线的坐标轴；"输出线宽"（单位为 μm）是针对 320μm "输入线宽" 的图像，如右侧箭头所示；"测量出的线宽" 曲线对应着左侧轴，输入线宽的单位为 μm，并在指定阈值（采样相位的90%）下探测]

分辨率测试板有多种图案形式和基板材料，如前所述，其结果也有很大差别。图 3.35 所示的其中一部分是一些较粗糙的图形，这里并不准备让读者用其进行测试，仅用作说明而已。有两种一般形式：线条间隔单独变化和连续变化。对于前者，会经常遇到几种类型，均为目视系统测试设计，称为美国国家标准局（National Bureau of Standards，NBS）物镜测试图类型（见图 3.35e）、NBS 显微镜测试图类型（见图 3.35b）、美国空军测试板类型（见图 3.35f）、柯布测试图类型（2 根线条，没显示出）及美国国家标准协会（American National Standards Institute，ANSI）分辨率测试板类型（见图 3.35h）。这种形式也包括由朗琴（Ronchi）尺（图中没有给出）或梯形图（图中没有给出）所代表的方波扩展型，是大阵列伊令（Ealing）⊖测试图（见图 3.35g），每个方波有 15 根线条。机读形式也是非常有用的，图形中线条的排列可以按照单直线形式扫描，如图 3.35c 所示。可以发现，无论线条间隔是按照螺旋形还是矩形变化，这些图形之间的差别在于不同图形中线条的纵横比、每种频率的线条数、图形本身的布局及测试靶内不同频率图的实际数值变化。对于多数情况，低对比度测试图或反向测试图（黑白部分交换）比较实用。

第二大类是以赛斯（Sayce）测试图（见图 3.35d）和径向渐变频率图（见图 3.35a）为典型实例的连续变化频率图。若能够得到合适的相位信息（每根黑色线条的坐标）以避

⊖　英国一家公司名称。——译者注

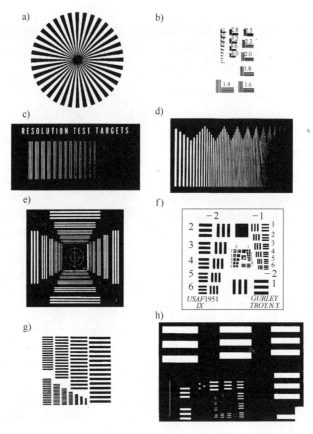

图 3.35　分辨率和相关量测试中常用的不同形式条形图的像

（每种类型的定义和表述，请参考正文内容）

a）径向渐变频率图　b）NBS 显微镜测试图　c）适合机读的测试图

d）赛斯（Sayce）测试图——线性渐变频率图　e）NBS 物镜测试图　f）USAF 测试图

g）伊令（Ealing）测试图　h）ANSI 分辨率测试图一部分

免出现上述的伪分辨率现象，则赛斯测试图非常便于自动读出。

3.5.3.2　线成像的相互影响

下面介绍依据上述所有度量指标对线条或文本成像进行评价的一种措施。首先，针对其中一种主要指标，如线宽保真度，确定一个能够使系统达到最佳性能的固定阈值；再给出该阈值下的其他变量，如可探测性和分辨率的性能。为了了解可探测性、保真度和分辨率之间的相互关系，确定最佳阈值，对三者进行折中，可以绘制一条表示可探测性、保真度和分辨率与阈值的函数关系曲线。图 3.34 所示为一种扫描器的具体例子，这类曲线提供了与弥散或二值系统效应相关的几种观点。显然，该例中的最大保真度在 35%～45%，并随阈值下降到 30%，细线的最高可探测性一直在增大。此类曲线因系统而异，且受控于 MTF 曲线形状、图像处理及电子器件产生的各种非线性的相互作用。

3.5.4　与噪声特性相关的二值成像系统的度量

通常以分布统计方法计量噪声波动的大小并非不适合二值成像系统。对于这些系统，噪声显示像素的错误极性，即黑色像素呈现白色或者白色像素呈现黑色。一般地，需要给出这些错误的分布和位置特性。实际上，解决该问题的方法是在等效的二值成像系统的主应用中，对噪声进行检测，由此产生的度量包括以下几点：

1. 利用 3.5.2 节所述灰度楔确定阈值产生的不确定性范围，这将得到对灰度楔噪声的度量。

2. 线条和字符边缘观察到的噪声，将得到对线条边缘噪声范围的度量。

3. 半色调图像中噪声的特征描述，即半色调粒度。

这些内容依次在下面阐述。

3.5.4.1　灰度楔噪声

图 3.33 给出了一个灰度楔透射率随距离变化的分布函数。分布曲线下面是该灰度楔的阈值化图像，使 x 轴对齐从而与分布曲线中的位置相对应。如前所述，灰度楔噪声 GWN = $T_2 - T_1$。

为了对噪声进行满意的统计度量，用概率分布作为位置 d_1 和 d_2 的判断准则。如图 3.22 所示，这些信号都是 95% 黑的和 95% 白的点。假设噪声是正态分布的，则代表噪声分布上有近似正负两个标准方差的偏离度。

为了用这种度量完整地表述一个二值系统的特性，可以以有效透射率形式绘制噪声带宽度与各独立变量及阈值（转换成透射率）的关系曲线。

3.5.4.2　线条边缘噪声范围的度量

由于多种实际原因，与线条边缘相关的噪声是一种需要直接评价的重要噪声类型。每根线条的图像都有与之相关的显微灰度范围，其强度从白色环绕场逐渐下降到黑色线条。对于与采样矩阵成很小夹角的一条线边缘所成的图像，沿线边缘的灰度分布是变化的，从白色到黑色逐渐增加。在二值系统中，直至沿倾斜边缘达到阈值所对应的局部覆盖位置，这种扫描线都呈现白色，然后转变为黑色。这很像前面度量中灰度楔的情况，随着边缘接近那个阈值会使得二值信号发生变化的临界点，并且噪声产生误差的概率增大。因此，沿着这种稍有倾斜的线条的二值信号，也很像前例中灰度楔的信号的情况，在黑白之间交替。这就是第二种度量的基础，称为线条边缘噪声范围度量。

如图 3.36 所示，有一根输入线相对于几条扫描线都倾斜。该线的二值视频位图如图 3.36 下图所示。垂线标志着该线边缘从一条光栅线中心转换到下一条光栅线中心的位置。在视频位图中，这种转换是有噪声的，并且，图中将由黑到白转换不确定性的两个范围表示为 N_1 和 N_2，用 X_1 和 X_2 处的转换线（虚线）标示噪声转换区域的中心，间隔距离为 ΔX。该度量可以应用于线条或实体边缘，甚至其他任何直的边缘，所以一般称为边缘噪声范围（Edge Noise Range，ENR），简单定义为

$$\text{ENR} = \frac{\sum_{i=1}^{n} N_i}{\sum_{i=1}^{n-1} \Delta X_i} \tag{3.16}$$

分子和分母是一条或多条恒定倾角直线上大量转换点的平均值。ΔX 是每个"步长"的像素数。沿着每个转换区域的线长，从白色区域最后一个黑色像素的像素数目中减去黑色区域第一个白色像素的像素数目，就可以确定区域 N。

图 3.37 给出了 ENR、步长比（或级比）ΔX 与成像系统中噪声 RMS 所占百分比之间的关系，并假设带高斯白噪声。这些关系并不是直观的。例如，如图 3.37 所示，应当注意到，

一根倾角一定的线的噪声 RMS 增大两倍会使线的 ENR 增大 $2\frac{1}{2}$ 倍 ~ 4 倍，具体数值取决于线的斜率及准确的噪声等级。还会注意到，噪声严重依赖线的角度。缓慢倾斜的线不仅会产生较大的绝对范围，而且有较大的相对范围。

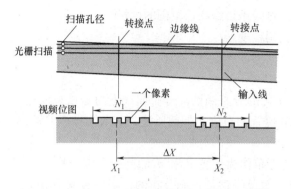

图 3.36　反应噪声影响（即 ENR）的对一根稍有倾斜的线的扫描及对应的二值视频位图

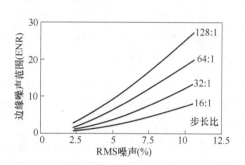

图 3.37　不同步长比下 ENR$^{\ominus}$ 与噪声 RMS 的关系

此时，认为成像系统的 MTF 是理想的。弥散产生的影响，使 MTF 降低，从而使 ENR 增大，高于所示值。

必须注意，文件噪声会沿线边缘额外形成波动，同时增大该范围的长度。

3.5.4.3　半色调或网格式数字图像中的噪声

此即下述的二值情况：灰度扫描器产生一个灰度信号，通过处理再转换为二值半色调信号以便利用二值输出设备打印（也就是说，这不是二值扫描器本身的性质）。扫描一张有代表性的照片并应用前述那种类型的网屏（见 2.2.3 节）产生一种位图：该网屏半色调单元中某些像素的排列并不按照规定的模式增长（见图 3.38）。扫描系统本身的噪声可以造成半色调单元内的阈值效应逐像素变化。前面已经介绍，当被扫描成像的其他均匀输入文件的粒度具有足够对比度以改变每个半色调单元阈值矩阵所形成面积的内部结构时，局部打点机理（the spatial dotting mechanism）就会产生某种误差。有关该机理的内容，请参考 3.2.2.3 节及图 3.14 和图 3.15 所示。

评价这类噪声的方法是，对一系列不同密度的理想均匀试片成像，并利用半色调选择法

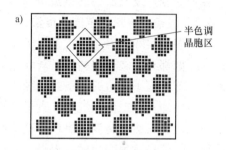

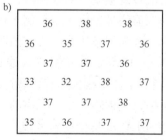

图 3.38　二值半色调图像中的噪声
a）原始文件上一块均匀区域扫描像半色调再现的位图　b）每个单元中黑色像素的数目（其中，各单元黑色像素的平均数目是 36.4，标准偏差的估计值是 1.56 个像素）

　　$\ominus$　原书错印为 LENR。——译者注

对其进行处理，然后，按照覆盖面积的百分比测量由此产生的半色调单元的 RMS 波动。基于输出系统对半色调单元内位图方位不敏感的考虑，这种波动就成为对数字半色调图形粒度的一种合理度量。对于电子图像，可以利用简单的电子计算程序完成计算：搜寻每个半色调单元并计算其覆盖面积，在大量的半色调单元范围内收集统计值。

市场上有许多确定数字图像中粒子评价其统计分布的分析包，如包含在生物学、医学或冶金学应用软件及图像分析包中[87-89]。在这种情况下，"粒子"就是一个其面积与像素数目相对应的半色调点。

如果图像已经打印出来，首先设置微密度计的孔径完全覆盖住一个半色调单元，然后沿着一排排半色调点扫描。以此就可以评价噪声光谱的 RMS 波动或者低频成分，有时也称之为孔径过滤粒度测量。

3.6　成像性能的综合度量　←

已经进行了许多尝试，希望获得像质测量的一般信息并简化为成像性能的单一度量，常采取图 3.3 所示捷径"D"的形式。当没有一种度量（方法）能够为总的主观像质提供单一的通用评价函数（最优值）时，则各种度量法都需要深刻理解具体成像系统及像质的设计和分析，并在有限的应用领域获得了某种程度的成功。然而，最佳图像质量是一种复杂权衡和视觉刺激的心理反应，是一个非常主观、面向应用的问题，本身并非真正适合用来进行解析表述。

相反，在试图帮助工程师控制或设计自己的系统时，将介绍一些度量方法。

在此将阐述一般形式的度量方法，其中许多技术是面向模拟成像系统的，如相机和胶片；另外一些则是适合数字成像系统的。对讨论中的非混叠扫描系统来说，具有大量的灰度等级，因此，可以直接应用模拟度量技术。一般地，应当记住，对于数字成像系统，无论噪声还是空间频率响应（MTF），在慢和快扫描方向都是不对称的。所以，下面阐述的一维方向的内容必须应用于两个方位才能成功地分析数字输入扫描器。如果后续的成像模块（如激光束扫描器）具有灰度输出写能力，并且本身不会产生明显的采样或转换误差（即完全是线性），上述方法稍作修改就可以扩展用于整个成像系统。由于灰度扫描器一般是线性的，所以大部分方法都适用。应用条件是需要采用某些显示或分析技术以便将其他不可视电子图像转换为可视或数字形式。

利用类似图 3.39 所示的曲线可以表述大部分综合度量。图中给出了一些通用的度量，一般地，信号和噪声两者都用 F 表示，如强度、调制或（调制）^{2}，是空间频率 f 的函数。通常，信号 $S(f)$ 曲线是从 0 空间频率时的值降到最大频率 f_{max} 时的值。一个极限函数或者噪声函数 $N(f)$ 如图 3.39 所示。其初始点低于信号初始点，随着空间频率增大，它也以某种形式变化。多种多样的综合（统一）度

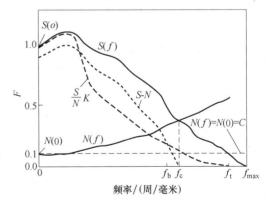

图 3.39　信号 $S(f)$、噪声 $N(f)$ 和两者
关系的各种度量

（都是空间频率的函数；频率轴上的点
表示不同的临界频率值）

量方法包括需要极仔细地考虑下面问题的解决方法：S 与 N 的关系；它们各自的定义；该关系对应的频率范围及频率权重。

3.6.1 基本信噪比

最简单的信号-噪声度量是平均信号电平 $S(o)$ 与该值下波动的标准偏差 $N(0)$ 之比。

如果系统是线性的且是倍增噪声的，则是一种很有用的单值度量指标；若噪声随信号电平变化，则绘制该比值与平均信号电平间的函数曲线从而获得清晰的性能图。图 3.40 给出了一些假设的基本实例：平均信号电平 5% 的倍增噪声（在此代表 100%），以及相加噪声。可以看出，在评价一个实际系统时选择这一特征值的重要性。应当注意，在某些情况下，由于一些重要的设计原因，倍增噪声或相加噪声可能会随信号电平变化。

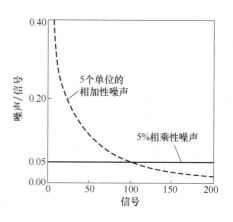

图 3.40　相加噪声或倍增噪声的相对噪声（噪声/信号）与信号电平的函数关系

进行信号与噪声比较时，必须保证采集信号波动的探测器面积适用于信噪比计算，可以是输入或输出像素、半色调单元或者预设人眼视觉扩散函数的尺寸，还要收集感兴趣方向的数据。一般地，扫描成像系统在快和慢扫描方向具有不同的信噪比。

3.6.2 探测量子效率和噪声等效量子

在低光照水平或者严重的噪声受限情况下，采用探测量子效率（Detective Quantum Efficiency，DQE）和噪声等效量子（Noise Equivalent Quanta，NEQ）的概念来进行测量是比较合适的。本章参考文献［47］对这些基本的测量技术已经做了深入讨论。

假设任意输出装置的系统响应增益为常数 r，并且波动分布服从正态统计规律，则有

$$\mathrm{DQE} = \frac{r^2 q}{\sigma_0^2} \qquad (3.17)$$

$$\mathrm{NEQ} = \frac{r^2 q^2}{\sigma_0^2} \qquad (3.18)$$

式中，σ_0 为输出波动分布的标准偏差估算值。DQE，是信号电平平均值 q 除以标准偏差（即方差）的二次方，并且包含一个与具体探测系统的特性放大系数有关的调制因子 r，呈二次方形式。还应当指出的是，由于 q 为绝对曝光量，所以，DQE 是对性能的绝对度量。

为了说明，图 3.39 给出了所有上述结构。

3.6.3 特定的应用程序上下文

前面的描述是针对各种成像系统的基本物理特性的，而对像质综合度量的研究一般包括试图得出一些应用性的主观评价，将主观与客观表述相联系。已经研究过的应用主要包括两大类：一类是对特定类型细节的探测和识别；另一类是呈现各种题材的赏心悦目的效果图。两类对成像都会集中提出一些约束，通常分为显示技术和形成硬拷贝。其中已经采用了许多关于 MTF 的研究成果（见本章参考文献［85，97，122-126］），本节对所有这些研究都有某种程度的兴趣。注意到，与早期软性显示质量的传统研究中使用的每幅图像只有几百根线

的阴极射线管（Cathode Ray Tube，CRT）技术相比，激光束现代扫描技术倾向于生成每英寸几百根线和每幅图像几千根线的硬拷贝。

3.6.4　调制要求的测量

一个通用的方法是将图 3.39 所示的 $N(f)$ 的特性表示为某种类型的"需求函数"。这种函数定义为某种已知成像和观察情况及目标类型所需要的调制量或信号量。在一类应用中，曲线 $N(f)$ 称为阈值可探测性曲线，并通过试验获得。格式一定但空间频率和调制是变化的目标，会被待测系统成像。通常，按照应用条件和判据评价图像，结果表示为每种频率下"恰好被分辨"或"恰好被探测"所需要的输入目标调制。假设，实验的观察条件是最佳的，探测图像中任何目标的阈值都是目标图像调制、观察者视觉系统噪声及观察者之前成像系统噪声的函数。低空间频率时，该曲线在很大程度上受 HVS 限制；而高频时，成像系统噪声及弥散起着约束作用。

这一类型实验包括为分辨三杆分辨率板（或三线条分辨率板）而需要目标调制进行的测量。对于电子成像，应当记住，一个输出扫描器的输出视频不可能直接被观察，所以，系统中必须采用这种方法，包括某种形式的输出（写出或显示），还要额外加强对噪声的限制。输出可以是某种类型的 CRT 显示，如具有灰阶（模拟）响应的视频监视器。另一种可能的输出是静电复印术中或者卤化银胶片及相纸上的激光束扫描器写出。斯科特（Scott）的著作（本章参考文献 ［127］）详细介绍了需求函数的测量方法和应用，如照相胶片；比伯曼（Biberman）的著作（本章参考文献 ［85］）专门在其中第 3 章阐述了软显示的应用。

3.6.5　MTF 曲线下的面积和二次方根积分

在描述一项应用任务时，利用调制可探测性来表述系统特性是可行的；但是，若要预测一个广泛成像任务和课题的总体像质性能，并非总是可行的。研究人员已经通过引入阈值质量因子[128]和 MTF 曲线下面积（Area under the MFT curve，MTFA）[129,130]的概念，将其扩展到更一般的形式。初始时，这些方法是为军事判读任务中使用的普通照相系统研发的[128]，现已推广到电光系统各种形式的识别和像质评价中，主要涉及的是软显示[85]。如图 3.39 所示，该概念相当简单，是曲线 $S(f)$ 与 $N(f)$ 之间的积分面积。也可以这样表达，它是标有 S-N 的曲线下面的面积。对二维情况，有

$$\text{MTFA} = \int_0^{fcx} \int_0^{fcy} [S(f_x,f_y) - N(f_x,f_y)] \mathrm{d}f_x \mathrm{d}f_y \tag{3.19}$$

式中，S 为系统的 MTF；N 为调制可探测率或需求函数；如上所述，f_{cx} 和 f_{cy} 等效于图 3.39 所示 f_c 的二维"交叉"频率。

这种度量方法包括以下各阶段的累积效应：扫描器、胶片、显影、观察过程、成像系统对感知图像贡献的噪声，以及由于将这些影响加入到需求函数 $N(f)$ 而对观察者在心理和生理方面造成的限制。大量的心理评价和关联性研究已经确认这种方法非常适用于军事侦察目标的识别、一般的图像识别及某些字母数字的确认。

目视 MTF 加权的相关方法已经成功应用于一些显示评价，与主观质量具有良好的关联性[123]。许多研究都讨论过比较恒定的噪声因子条件下的像质区别，其中一个是巴腾（Barten）提出的二次方根积分（Square Root Integral，SQRI）模型[124,131]，利用 HVS 的对比（度）灵敏度规定需求函数，以 JND（最小可觉差，Just Noticeable Difference，具体内容见 3.8 节

JND 的定义）为单位来比较两个感兴趣图像。

$$J = \frac{1}{\ln 2}\int_0^{W_{max}} \sqrt{\frac{M(\omega)\,\mathrm{d}(\omega)}{M_t(\omega)\omega}} \qquad (3.20)$$

式中，$M(\omega)$ 为包括显示部分的成像组件的级联 MTF；$M_t(\omega)$ 为 HVS 的阈值 MTF。它们都是角空间频率 ω 的函数。通过理解以下内容可以解释该式的结果：1 JND 代表"相当不明显"，等效于配对比较试验中 75% 正确响应；并注意到，3 JND 代表"明显"，而 10 JND 表示"相当明显"[124,132]。$M_t(\omega)$ 项将 HVS 表述为探测一个角频率为 ω 光栅时的阈值对比度，表示为

$$1/M_t(\omega) = a\omega\exp(-b\omega)\sqrt{1 + c\exp(b\omega)} \qquad (3.21)$$

其中

$$a = \frac{540(1 + 0.7/L)^{-0.2}}{1 + 12/[s_\omega(1 + \omega/3)^2]} \qquad (3.22a)$$

$$b = 0.3(1 + 100/L)^{0.15} \qquad (3.22b)$$

$$c = 0.6 \qquad (3.22c)$$

式中，L 为显示器亮度（cd/m^2）；s_ω 为显示器尺寸或宽度（°）。大量的显示器实验[124]表明，这些公式与感知质量有很强的相关性。图 3.41 给出了其中一种实验结果，图中分辨率、尺寸和投影幻灯片的题材都是不同的，可以看出，公式与数据比较一致。

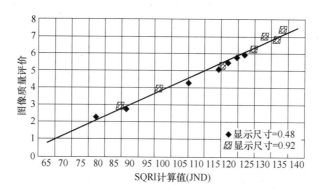

图 3.41　两种不同尺寸的投影幻灯片主观质量的测量值与 SQRI 计算值之间的线性回归分析
（如图所示，具有良好的一致性；资料源自 Barten，P. G. J. The Square Root Integral（SQRI）：A new metric to describe the effect of various display parameters on perceived image quality. Proceedings of SPIE conference on Human Vision，Visual Processing，and Digital Display，Los Angeles，CA，1989，Vol. 1077，73-82）

　　巴滕指出，应当考虑调制阈值函数中的噪声影响，利用二次方根法对加权噪声调制因子求 $M_t(\omega)$[121]。其他作者扩展了这种概念，包括目视机理的基本内容[125,126,133]。

3.6.6　主观像质的度量

　　一些作者，对业余和专业摄影技术遇到的各种事项探讨过像质客观度量与总体图像审美质量之间的一般关系[134-140]，但是支持这些研究的试验很难完成。为了对像质获得非常好的统计度量，需要大量的观察者。正如前面引证的大多数研究工作的评价，与正确识别具体图形相比，不太容易确定总体像质的评估任务，因此，不会采用单一的衡量判据。下面，将讨论几种主要的方法，但不准备全面地进行描述。

早期的研究是将重点集中在与信号或 MTF 相关的变量上。在一系列研究中[134,135]，图 3.39 所示的 S 定义为输出打印（方波）上的反射率调制除以输入文件上的调制（在这些实验中约等于 0.6）。像质的度量定义为该比值减小到 0.5 时的空间频率，即图 3.39 所示的 S 曲线对应的 f_b。在这些研究中，如果这种特性或临界频率是 4～5 周/毫米（100～125 周/英寸），则发展前途有限，但对肖像画，证明 2～3 周/毫米（50～75 周/英寸）就足够了。观察距离不是一个受控变量。利用输入打印调制而非简单的 MTF，则研究内容就包括色调再现及 MTF 的影响。粒度也会有所影响，但在确定临界频率时不会精确纳入计算。

一些研究表明，前面讨论的视觉响应曲线可以与 $S(f)$ 度量相结合以获得总体（图像）质量因子，如由格雷恩（Grane）提出的系统调制传递（System Modulation Transfer，SMT）锐度[139]及由金德伦（Gendron）进一步改进的级联面积调制传递（Cascaded area Modulation Transfer，CMT）锐度[140]。一种称为主观质量因子（Subjective Quality Factor，SQF）[136]的度量参数是以目视 MTF 为基础来确定一种等效传输频带，低（初始）截止频率为 f_i，高截止频率（上限）为 f_1。其中，选择 f_i 恰好低于视觉 MTF 峰值，选择 f_1 是 f_i 的 4 倍（高于两个倍频程）。以正常观察距离［大约 340mm（约 13.4in）］观看的照片，通常选择该范围约为 0.5～2.0 周/毫米（约 13～50 周/英寸）。

对系统的 MTF 进行如下积分：

$$\text{SQF} = \int_{f_x = 0.5}^{2} \int_{f_y = 0.5}^{2} S(f_x, f_y)\, \mathrm{d}(\log_{10} f_x)\, \mathrm{d}(\log_{10} f_y) \tag{3.23}$$

可见该函数与图像像质具有很高的相关度，适用于许多类型的图像和 MTF。有可能采用类似前面 MTF 概念中介绍的需求函数形式，来进一步改善其性能。由于最终照片是被观察的，或是被缩放给成像系统的，所以 SQF 度量适用于最终照片。当包括放大或缩小因素时，空间频率轴要采用适当的缩放因子。

应当注意的是，这种度量在 2 周/毫米（约 50 周/英寸）的通带上限与前面比德尔曼（Biedermann）著作所述自然风景照临界频率（4～5 周/毫米或者 100～125 周/英寸）有明显差别，但与较前肖像照片的结论比较一致，上限临界频率是 2～3 周/毫米（约 50～75 周/英寸）。讨论这两种度量方法的作者承认粒度或噪声的重要性，但并未将粒度直接纳入其算法中。格兰杰（Granger）[141]在有关 SQF 模型的文章中讨论了粒度和数字结构的影响，而在将其纳入模型之前还需要对这些课题做更深入的研究。

很明显，当数字系统中灰度成分和分辨率非常高，使得模拟成像系统无法分辨时，很自然，应当采用这些技术。形成这种同等变换的量化等级范围很宽，一般地，32～512 灰度等级完全可以满足要求，具体数值主要取决于噪声（较高噪声需要很少几个等级）；分辨率范围是 100～1000 像素/英寸（4～40 像素/毫米），具体数值也取决于噪声、题材及观察距离。

另一个量化总体主观像质的相当典型的方法则是，测量在一系列感兴趣的技术变量下获得的一组图像的重要属性；然后，对大量的观察者进行调查（通常是该技术产品的用户），询问用户们对每种图像的总体主观反应；接着，对每种图像的测量属性和平均主观评分完成统计回归，这就是图 3.3 所示的"D 类捷径"。仅利用回归中最重要的项，即表述大多数方差的项，就能推导一个能代表像质的公式。该"度量"可能是视觉感知的，也就是"心（nesses）"的。在这种情况下，其结果是采用恩格尔达姆（Engeldrum）的"成像质量模型"[12,41]，但其中必须包括对像质具有合理影响的所有因素。有时，利用技术变量本身（图 3.3 所示的 A

类捷径），虽然会使由此产生的公式缺乏应用的普遍性，但能够马上给出问题答案。

下面是一个像质模型实例[142]，从 10 种一般的像质属性列表[143]中选择 5 种视觉感知属性［光刻术、电子照相术、喷墨、卤化银（相纸）和染料扩散］，来表述各种条件下获得的 48 辐彩色打印图像。通过调查 61 个观察者总体偏好从而完成线性回归并得到下面的公式：

$$平均偏好 = 8.8 色彩还原 + 5.5 微观均匀性 + 4.4 有效分辨率 +$$
$$3.5 宏观均匀性 + 1.9 光泽均匀性 \tag{3.24}$$

图 3.42 给出了偏好与以两个主要相关因素为基础的一个拟合三维表面间的关系曲线。

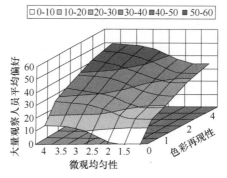

图 3.42　典型像质模型的多变量性质示意图

［可以看到大量观察人员对成像质量的偏好与两个变量——色彩再现性和微观均匀性之间的关系；资料源自 Natale-Hoffman，K.；Dalai，E.；Rasmussen，R.；Sato，M. Proceedings of IS&T Image Processing，Image Quality，Image Capture Systems（PICS）Conference，Savannah，GA，1999，266-273］

已经研发出不同成像环境下表述图像参数实际或测量值与客户优先权间关系的其他回归公式[144]。

$$肖像像质(IQ)指数 = 0.393 \times 10^{-8} \times (100\% 红色的 C^*)^{5.2} +$$
$$69.51 \times \exp(-0.125 \times 60\% 蓝绿色的粒度) -$$
$$0.000173 \times (1.0 中性固体的 H^0 - 305.0)^2 -$$
$$0.409 \times (10\% 蓝色的 C^* - 4.90)^2 +$$
$$47.7 \times \exp(-0.0766 \times 肤色粒度) -$$
$$0.0197 \times (40\% 蓝色的 C^* - 23.5)^2 -$$
$$0.0452 \times (70\% 蓝绿色的 C^* - 36.8)^2 - 15.22$$

研究人员进行了一项对以不同分辨率数字采集装置获得的图像进行的感知图像质量和可接受性的研究[77]，利用具有不同摄影和计算机经验的个人感知的像质，直接进行比较，以具有最佳色调和色彩再现的照片（4in×6in）作为输出观察，其结果如图 3.20 所示。

3.6.7　信息内容和容量

大量成像科学方面的文章是依据信息容量分析成像系统的，并根据不同的信息内容表述其形成的图像。

利用 3.2.2.4 节介绍的噪声基本统计原理和扩散函数的概念，式（3.25）⊖对成像信息

⊖　原书错印为 3.33。——译者注

给出了一个简单的描述[46,50,51]，将成像信息 H 定义为

$$H = a^{-1} \log_2 \left[\frac{\text{正确密度信息的概率}}{\text{一种特定输入密度的概率}} \right] \qquad (3.25)$$

式中，a 为图像中最小可分辨单元的面积（如以采样定理非混叠采样方式为基础的 2×2 个像素）；log 因子的定义就是最传统的定义[145]，此处是指密度信息（若坚持如此，并且是一些有意义的信息，就可以采用其他的信号单元）。为了将其转换为更有用的项，令

$$H = a^{-1} \log_2 \left[\frac{p}{1-M} \right]_{p \to 1} \cong \left[\frac{\log_2 M}{a} \right] \qquad (3.26)$$

分子设置为 p，即在一组灰度等级中探测到一个正确灰度等级的概率（即可信度）。根据 3.2.1.3 节式（3.1），M 是可能被分辨的灰度等级的数目（即量化）。假设，具有高可靠性以致 p 接近 1，则右侧项可以简化。必须利用其孔径面积等于 a 的测量设备计量式（3.1）中标准密度偏差。

比较不同照相材料时，一个很有用的近似表达式是在平均密度近似等于 $1 \sim 1.5$ 情况下，采用标准密度偏差 σ_a，有

$$H = a^{-1} \log_2 \left[\frac{L}{6\sigma_a} \right] \qquad (3.27)$$

式中，k 设置为 ± 3（范围为 6），从而导致 $p = 0.997$（约为 1）；L 为成像材料的密度范围。

由于标准密度偏差在很大程度上取决于平均密度水平，所以比较精确。惯常做法是，测量几个平均密度值的标准偏差，并根据经验将密度范围分成相邻、不相等的可分辨密度等级。当测量每个指定等级时，这些等级相隔 k 个密度标准差[46,50,51]。如果输入扫描器本身噪声严重，则 σ_a 项一定代表输入噪声和扫描器噪声两项内容，这方面内容 3.4.3 节已经讨论过（更多信息请阅读本章参考文献 [46，50，51]）。

另一种方法是利用前面为 MTF、维纳谱及 HVS 研发的全空间频率的概念。其结果以比特/面积的形式直接地将电子图像数据从输入扫描器传输到输出扫描器或其他显示器。这方面的多数研究从摄影过程开始，且已经应用于电子扫描成像。在此，两者都要讨论。以空间频率为基础表示一幅图像信息的基本公式为[146]

$$H_i = \frac{1}{2} \int_{-\infty}^{\infty} \log_2 \left[1 + \frac{\Phi_s(f)}{\Phi_N(f)} \right] \mathrm{d}f \qquad (3.28)$$

式中，H_i 为图像的信息内容；Φ_s 为信号的维纳谱；Φ_N 为系统噪声的维纳谱；f 为空间频率（周/毫米）。为了简单，利用该公式的一维形式讨论基本概念。与之前讨论的一样，若用于成像，这些概念必须扩展到二维，但与处理照片图像不同，不能假设各向均匀同性而将标注方法简化为极坐标形式（径向单位）。对于数字成像，必须保持该图像在正交 x 和 y 方向分离。

另外一些计算信息容量的方法，与空间频率没有明确的依赖关系，而明显地与概率有关[46,50,51,147]。这些方法是讨论量化和得出下式的基础：

$$H_i = N \log_2 (pM) \qquad (3.29)$$

式中，N 为单位面积独立信息存储元数目，可以设置为该图像最小有效存储元面积的倒数，如一些像素或扩散函数；p 为可以区分一个信息元内单个信息的可信度；M 取决于不同灰度等级的统计数。若可信度为 p 时存在着系统噪声，则利用上述存储元面积噪声的测量方法可

以相区分。

将式（3.29）和式（3.1）扩展为图 3.39 所示的"通用"单位，对于最大信号设置 L 等于 S_0 及标准偏差 σ_a 等于 σ_s。选择非混叠系统的扩散函数等于 2×2 个像素，并利用 x 和 y 方向采样频率 f_{sx} 和 f_{sy} 的倒数关系将其转换到频率域，从而获得与采样有关的式（3.29）和式（3.32）的广义形式：

$$H_i = \frac{f_{sx} f_{sy}}{4} \log_2 \left[\frac{S_0}{k\sigma_s} \right] \tag{3.30}$$

式中，S 和 σ_s 具有相同的测量单位。对于某已知应用，通过设置 k 可以确定可信度；而对不同应用，建议 k 值选择范围为 $2^{[45]} \sim 20^{[43]}$。在此，选 $k = 6$，从而使 $p = 0.997$。在此假定在所有的信号水平上，σ_s 都是常数（即相加型噪声）。如果不是这种情况，在确定括号中的量时，则必须考虑 σ_s 对 S 的具体的依赖关系，整个范围内，在每个信号水平上都要测量一定数量的信号标准偏差[46,51]。利用该方法预测图像质量和分辨率[147]，并处理信息的统计性质时，（正如上述）不允许对使用的空间频率有严重影响。

将式（3.31）展开以说明 MTF 对信息内容的影响：

$$H_i = \frac{1}{2} \int_{-\infty}^{\infty} \log_2 \left[1 + \frac{K^2 \Phi_i(f) \, | \, \mathrm{MTF}(f)^2 \, |}{\Phi_N(f)} \right] df \tag{3.31}$$

式中，$\Phi_i(f)$ 为输入场景或文件的维纳谱；$\mathrm{MTF}(f)$ 为含有所有级联组件的成像系统（假设是线性的）的 MTF。为了进一步讨论，需要做一些假设。式中常数 K 实际上是成像系统的增益，将输入谱的单位转换成分母中噪声频谱的单位。例如，当反射率 1（白色灰度级）对应着一个具体扫描器第 256 级数字（8 位）信号时，一份文件的反射率谱可能转换成 256 乘以 K 倍的灰度等级。噪声谱是灰度等级的二次方。

许多作者进一步研究了这些通用公式的应用。其中一些对照应用领域的研究将其用来分析对目视系统的影响[137]，而另一些作者对公式中的一些项赋予严格条件以便适用于数字成像[148,149]。有些作者是针对数字图像的像质度量进行的研究[138]，而另一些研究的重点是相片识别器（判读装置）性能的相互关系[150]。

一些作者认为，按照主观像质或目视判读性，经过正确处理的数字图像与标准模拟图像之间不会有很大差别。利用众多模拟度量方法采用的模拟复原工艺，几乎总能够观察到这些图像。所以，将其中一些工作组合到一个表述图像信息的单一公式中是合理的。这里再假设，当扫描器输出被一个近似线性的显示系统观察或打印时，则其与总体成像质量就具有某种直接的联系。还必须假设，显示系统噪声和 MTF 并非重要因子，或者通过单一级联过程包含在 MTF 或噪声谱中。为了表述和解释所遵循的原理，下面给出的式（3.32）⊖ 采用其通用形式（根据本章参考文献［137］的分析而展开）：

$$H_i = \frac{1}{2} \int_{-\infty}^{\infty} \int_{-\infty}^{\infty} \log_2 \left[1 + \frac{K^2 \Phi_i \, | \, \mathrm{MTF} \, |^2 R_1^2}{\{1 + 12(f_x^2 + f_y^2)\} \{[\Phi_a + \Phi_n + \Phi_q] R_2^2 + \Phi_E\}} df_x df_y \right] \tag{3.32}$$

首先讨论分子。有些作者将成像系统的 MTF 与 HVS 的空间频率响应函数相乘，以便使

⊖ 原书错印为 3.35。——译者注

式（3.31）[⊖]的信号部分有一个合适的权重。克里斯（Kriss）及其同事[137]注意到，与提高眼睛峰值响应相比，大幅度等量提高眼睛峰值响应之外的响应会对总体图像质量具有更大的改善作用。利用眼睛峰值响应得到较大提高的图像是"更清晰"的，但被认为太苛刻。这些结果表明，HVS 的作用不同于一个被动滤光片，而会更多地权衡眼睛响应函数峰值之外的空间频率。

如上所述，由于没有一个很好表述视觉系统适应较高频率的模型，克里斯等人建议利用眼睛频率响应曲线的倒数作为分子中的权重函数 $R_1(f)$。由于并没有假设眼睛会增强噪声，而仅过滤噪声，所以，普通的眼睛响应函数 $R_2(f)$ 应当用于分母从而顾及对噪声的感知。前面公式中的噪声项 Φ_N[⊜]被方括号项乘以 R_2^2 形式所代替。为了限制该函数，令眼睛频率响应曲线的倒数响应 R_1 在 8 周/毫米（约 200 周/英寸）的频率位置等于 0.0。

下面，讨论噪声效应。观察到的主要结果是，目视系统中的噪声在信号频率的一个倍频程内容易影响该信号。可以证明式（3.32）[⊜]分母第一个括号中的求和是对噪声频率的加权，适用于目视系统这种一个倍频程的选频模型[137]。一些作者[116,126,133,151]介绍了目视系统的选频模型，施特罗迈尔（Stromeyer）和朱尔兹（Julesz）[152]首次阐述了目前噪声感知的组成。目视过程中噪声维纳谱 Φ_E 一项已经增加到分母的第二个因子中，以便考虑两个以上的噪声源。由于它是在目视过程中与频率相关的阶段之后产生的，所以，它没有乘以眼睛的频率响应。

分母方括号中的因子包含数字成像系统独有的三项[149]：感兴趣的通带中非混叠信息的维纳谱 Φ_a；电子成像系统中噪声的维纳谱 Φ_n，通常认为是快扫描方向的波动；扫描过程采用由位数决定的量化噪声 Φ_q。因此，已经将摄影图像质量研究中的重要信息（包括视觉模型和心理评估）与适用于电子成像技术的扫描参数组合到式（3.32）[⊛]中。

将信息容量、信息内容及相关度量综合为一种与数字图像像质相关的感知研究，是一项正在进行的课题。其重点会不可避免地放在某些特定类型的成像应用和观察类型上。例如，对于相片判读器使用的航空摄影术方面的内容，已经在图像和与像质度量相关的试验方面建立了完善的数据库[150]。

研究人员已对主观像质评分与基本信息容量的对数之间的关系做过一些试验。根据式（3.1）和式（3.29）的定义对 H_i 取对数表明，图片图像主观像质的相关度大于 0.87[153]。另外，人们对特定的 MTF 和量化误差已做过研究，其结果相对于原始的信息内容进行了归一化。

对上述的相同因子进行各种不同组合，甚至可能获得更高的相关度。数字品质因子（Digital Quality Factor，DQF）定义为[153]

$$\mathrm{DQF} = \left[\frac{\int_0^{f_n} \mathrm{MTF}_s(f)\,\mathrm{MTF}_v(f)\,\mathrm{d}(\log f)}{\int_0^{10} \mathrm{MTF}_v(f)\,\mathrm{d}(\log f)} \right] \log_2 \left[\frac{L}{L/M + 2\sigma} \right] \tag{3.33}$$

⊖　原书错印为 3.34。——译者注

⊜　原书错印为 ΦN。——译者注

⊜　原书错印为 3.35。——译者注

⊛　原书错印为 3.35。——译者注

式中，为了简单起见，保留了原作者采用的一维频率的表述形式，并且角标"s"和"v"分别表示待测系统和视觉作用；L 为输出成像过程的密度范围；f_n 为奈奎斯特（Nyquist）频率；M 为量化等级数目；σ 为利用 $10\,\mu m \times 1000\,\mu m$ 微密度计狭缝测得的数字图像的 RMS 粒度。第一个因子与式（3.24）⊖ 表述的 SQF（主观图像质量因子）有关，第二个因子与式（3.26）⊖ 中图像信息容量的基本定义有关。在这些实验中，以学生作为观察者，并利用人物肖像照片和各种测试图，得到的相关系数是 0.971。然而，必须注意的是，当对不同的成像系统或环境进行比较时，若没有经过心理认证，那么，与这些信息度量相关的信息容量或者其他任何信息量都不能作为像质的测量结果[15,154]。由于系统模型是用于确定 MTF 和信息容量，从而有效地表述技术变量的，所以，这些都是图 3.3 所示 A 类捷径回归模型的良好实例。

综上所述，对具体像质度量技术的简短介绍应当能为读者提供比较适合其需要的一些观点。这些衡量指标的变化及其间存在较大差别正是成像应用和需求多样化的例证。由于这种多样性，加之成像技术的大范围迅速扩大，找不到一个通用的像质度量方法或公式就不足为奇了。

3.7 专业的图像处理技术

大部分扫描得到的图像是以数字形式开始或结束的。这些图像存储在带有其他设备的网络中的大容量的计算机系统中，需要对这些图像进行有效管理。这样也就导致了影响扫描图像质量的其他因素，如在控制图像文件大小上的要求及与设备无关的影响扫描图像质量的因素。控制文件大小的内容属于图像压缩方面的课题[11,155-157]。有几种压缩方法都是以（牺牲）图像质量为代价的。下面给出的第一个例子是关于有损压缩技术的。另一个例子是关于减少采样或是提高灰度分辨率的，也就是提高分辨率的[55]。最后一个色彩管理的例子是具有挑战性的技术，就是找到一种方法，可以保证任何一种扫描器产生的彩色扫描像，在使用不同设计目标和处于不同状态的任何彩色打印设备打印时，看起来都非常好[6,14]。

3.7.1 有损压缩技术

图像压缩技术是一种如何有效表述数字图像的技术，具有下述要求：

1. 减小机内或机外计算机存储器的空间和成本，以及存储所需硬盘空间。
2. 减少一条通信信道中处理、发送或接收图像所需要的带宽和/或时间。
3. 当从存储系统读取信息时，改进有效存取时间。

从图形艺术领域很容易看出改善存储性能的迫切需求。一幅 $8.5in \times 11in$、600×600、32 位彩色图像大约是 $10^9 bit$。即使是高质量便携式业余静态照相机，每幅彩色图像也需要 6MB（$1B = 8bit$），更不用说，传输或存储如此大的文件将会占用大量时间或带宽。为了减少在高度互联的通信和网络领域内所投入的人力物力，许多标准化小组对大量可能的压缩方法的系统化工作进行了主动尝试。

⊖ 原书错印为 3.27。——译者注
⊖ 原书错印为 3.29。——译者注

一般地，压缩技术分为两类：无损压缩和有损压缩。无损压缩技术是利用更好的方法编码图像中高冗余度空间或光谱信息，如文本文档中多个连续的白色像素。由于压缩比可以从某些文本中高于 100∶1 到多幅图片中 1.5∶1 或更低，所以，其压缩结果是变化的。或许，人们最熟悉的是由国际电话电报咨询委员会 ［Comité Consultatif International Téléphonique et Télégraphique，CCITT。它是国际电信联盟电信标准分局 （ITU Telecommunication Standardization Sector，ITU-T） 前身］ 编制的第 3 类和第 4 类传真 （"fax"） 标准，仅适用于二值图像[157]。其他标准包括 JBIG （Joint Bi-level Image Experts Group，联合二值图像专家组） 标准[11,158]，特别适合用于黑白半色调图像，压缩比达 8∶1。而与未压缩的文本相比，最佳的 CCITT 方法是将文件尺寸几乎扩大了 20% [11,159]。表 3.9 给出了各标准组织的链接与最新版本。

所有的压缩技术，从有效编码数据变换 ［即离散余弦变换 （DCT）］ 到实际的符号编码阶段 （已经研发出许多技术） 都包括几种不同的操作步骤，后者包括霍夫曼 （Huffman）[160]、伦佩尔-齐夫 （LZ）[161-163] 和伦佩尔-齐夫-韦尔奇 （LZW） 编码法。这些被认为在完整的压缩方案中是非常重要的。

有损压缩技术会删除原始图像中的某些信息，所以，为了实现压缩的优点而可能造成图像质量下降。从成像质量观点出发，该项技术是很重要的。有时，有损压缩技术称为 "视觉无损 （技术）"。据说，损失的只是原始物体中无法被 HVS 探测到的那部分信息 （参考 3.2.1.3 节的讨论）。例如，简单调用二值成像技术是一种非常好的压缩方法，当扫描白色基板上具有高分辨率的普通黑色文本时，就属于视觉无损情况。如果分辨率足够高，同时消除其中所有的无用灰度等级，那么，就可以将灰度图像从 8bit 减少到 1bit，并保存所有的边缘信息。这种方法并不完全适用于相片，其主要信息都包含在全部损失掉的色调中！大部分有损压缩技术都很复杂，包括先进的信号处理和信息理论[6,17,157]，这些内容已经超出本章讨论的范畴。

众所周知的有损压缩技术是联合图像专家组 （Joint Photographic Experts Group，JPEG） 建议的方法 ［1986 年，在 ISO-IEC/JTC1/SC2/WG10 （见表 3.9） 和 CCITT SGVIII NIC 共同指导下由联合图像专家组制定的一种方法，下面简称为 JPEG 法］[11]，针对的是静止画面、连续色调的单色和彩色图像。若采用 JPEG 技术，则基本算法是对该图像进行 DCT，一次 8×8 个像素元；然后，在每个像素元内，利用与频率相关的眼睛的量化灵敏度 （见图 3.11） 替换信号的逐频量化值。

许多有损压缩技术是可以调整的，这取决于用户需要，因此，压缩量正比于损失量。也可以根据用户的具体要求和设计意图，调整到视觉无损状态或某种可接受的衰减状态。通过对一份频率域的系数表 （称为 Q 表，规定了一些空间频率带每种频率的量化值） 编程，可以对 JPEG 法进行调整，利用将缩放因子应用于 Q 表的方法也能调整。应当利用精确扫描和标识方法及感兴趣的目标完成心理测验 （参考 3.8 节），从而确定发生此类变化时可以接受的性能。JPEG 法还有许多本章无法涵盖的其他性质，通常都可以对原始全色调图片给出一个比较好的压缩数量级[11]，图像质量的视觉损失很小。

正如前面所述，压缩的目的常是为了改善数据通信。就此而论，它与文件格式关系密切。最近几年，业内非常注重互联网和传真两方面的发展，并已经取得重大进步[159,165]。JPEG 和 GIF 法已经广泛应用于互联网领域[165]。通俗地话讲，前者在空间内容方面有损，而后者则在色彩内容方面有损。

研究机构已经制定出彩色传真标准[159,166]。为了有效地进行变换和压缩，规定将色彩、灰度和双色调信息编码在多层结构中，通常称为 TIFF-FX 格式⊖，并归属于混合光栅或 MRC⊖的广泛范畴[159]。

同时还编制出一种新的标准 JPEG 2000[167]，除几处修改外，该标准利用小波作为基础技术并包含几种可选择的文件格式，称为 JP 族文件格式（指由"联合图像专家组"创建的一组文件）。具有扩展名".jpm"的 JPM 文件格式[168]主要压缩涵盖有多区域且每个区域对空间分辨率和色调都有不同需求的复合图像，使用的是多层方法。MRC 格式是通过优质的色彩管理和最佳压缩方式，使图像质量和颜色质量的优化全部在一个软件包完成。MRC 的基本模式就是将一幅含有混合成分的图像分解为三层：双色调（二值）屏蔽层、前色彩层和后色彩层。与以 DCT 算法为基础的基线 JPEG 法相比，JPEG 2000 采用小波方法会更少地形成令人讨厌的图像[168]。

3.7.2 数字图像的非线性增强和恢复

在保持图像质量不变和外观一致性的同时，利用非线性方法可以改变扫描图像的特性，使不同分辨率的输出设备之间具有互换性。当比较位图的直接显示或打印时，通过减小采样效应或者增强图像外观也可以改善成像质量，这也是进行数字图像增强和恢复的主要目的。这些研究课题已经被学术界关注，并成为许多成像和打印机公司的研发目标。洛切（Loce）和多尔蒂（Dougherty）对此做了总结[55]。许多技术属于形态学图像处理范畴[3,169]，将图像视为清晰形状的集合，并与其他清晰形状一起处理。形态学图像处理最经常用于二值图像，模板匹配是其一个很好的例子。也就是说，首先确定一种能够与滤光片形状相匹配的图像形状，然后改变图像形状某些方面的内容。下面给出两个具体实例以解释基本概念。

"图形保真（反锯齿）"技术是一类处理方法：将二值图像中的锯齿状或阶梯状（采样造成的结果或者斜线的"混叠"数字图像）情况降低到不太烦人的视觉形式。图3.43中，利用一个编程控制的滤波器分析一条细线的阶梯状图像以确定锯齿形状（模板匹配），然后逐像素调整，再以新的像素（每个像素都有合适的灰度等级，在当前情况下要在三种灰度等级中选择一种）替换某些全白或全黑的边缘像素。这可以采用普通的灰度写方法，如输出时在一种连续色调打印介质上变化曝光量以打印灰度像素，也可以认为这是振幅调制。利用高寻址能力或高脉冲宽度调制，以及本身具有明显曝光阈值而非连续色调响应的打印过程，可以达到一种类似但常被认为是更令人满意的效果，产生更为清晰的边缘。

评价照片中锯齿形外观恢复程度的方法是，利用一个长微密度计狭缝（其长度能涵盖黑线中心到周围清晰白线之间的空间）沿一条线边缘扫描，由此得到的反射率分布图正比于边缘漂移。这显示出打印和测量过程对增大或减小锯齿形的额外影响，并可以分析其视觉重要成分与合适的 CSF（对比灵敏度函数）之间的关系[170]。一些成分是随机

⊖ 标记图像文件格式。——译者注
⊖ 原意是"医学研究委员会"，这里指一种文件格式。——译者注

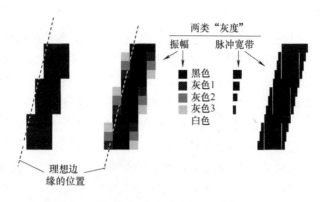

图 3.43 利用振幅或脉冲宽度法实现图形保真

（以一条细白线将由于脉冲宽度变化而变窄的像素所有像素分隔开，只是为了说明每个像素的位置）

的，以标记过程为基础；另一些是周期性的，以斜线角度和由此产生的阶梯形效应的频率为基础。

图 3.44 给出了这类增强和恢复技术对斜体字母"b"的几种具体影响。上图代表计算机初始生成字母的普通位图。可以看到，左侧是直线形式的锯齿形或阶梯形，但笔画是斜的并且整个字母具有各种不希望的效应。利用美国惠普（Hewlett Packard）公司的分辨率增强技术（Resolution Enhancement Technology，RET）使用的观测窗[55,171,172]，如左图所示，使约 200 个基于像素的模板与初始字母"b"中任何一个像素周围的像素相比较。这里只给出其中一部分。如果有，

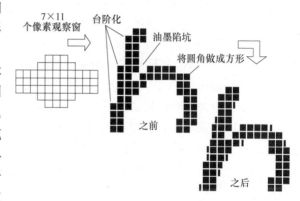

图 3.44 增强斜体字母"b"部分位置的分辨率的实例

（资料源自 Tong, C., Resolution enhancement in laser printers, Proceedings of SPIE conference on color Imaging: Devic-Independent color, Color Hardcopy and Graphic Arts II, San Jose, CA, 1997）

则根据为某种具体的增强方案研发的一系列规则（目前情况中是 RET 算法）做出决定：需要采用多大的模板代替那个像素。如图所示，通过修改水平方向的脉冲宽度以形成本情况中的特征标记，由此产生的宽度未经和经过调制的字母"b"的像素分布如图所示。注意到，可以将一些较窄的像素设置在左侧或右侧。该方法称为脉宽脉位联合调制（Pulse Width and Position Modulation，PWPM）技术。

当标识过程使每个脉冲模糊时，无论是实际上的还是视觉上的，它们都很容易与字母本体合为一体，甚至比此处的位图图像具有更平滑的边缘。在上述技术出现前后，还有许多公司申请并出售了类似的技术专利，包括美国施乐（Xerox）公司[173]、美国国际商业机器（IBM）有限公司[174]、美国德斯蒂尼（Destiny）公司[175]和德国弗拉（DP-Tek）公司[178]等。每家公司都有自己的特色，但现在专利属于美国惠普公司。这些技术产生的视觉效果等效于更高分辨率的照片，并且以其他方式提高了图像质量，如消除油墨坑或使锥形衬线边缘变锐[55]。

3.7.3 色彩管理

正如 3.2.2.5 节所讨论的，无论何种情况，颜色测量系统都是控制色彩复原的关键。

先进的扫描成像系统使输入和输出扫描装置分离，并可接入网络、电子图像档案及印前软件，并可自动管理精确的或令人满意的（两者并不一样）色彩复原过程。这意味着对许多输入、输出和图像处理装置及以各种方法获得的色彩性能进行客观测量，可以实现自动化，或至少是标准化的，并且得到认真控制，以保证一致性[6,14]。

基本的概念就是以与设备无关的形式来编码、变换、存储和处理图像，并利用附带的信息数据以保证恰好在传输给输出设备（即一台特定设备）之前使文件解码。通常利用前面介绍的以 CIELAB（即 $L^* a^* b^*$）为基础的标准彩色空间，将这类设备的特性与客观标准相联系。利用标准化操作系统软件及标准化设备和文件完成该项工作，但这些内容超出了本章范围。对于更详细的内容，请阅读本章参考文献［29，30］和其中引用的文章，设备的具体操作请阅读本章参考文献［23］。

当今，美国柯达（Kodak）公司、日本富士（Fuji）公司和德国阿格法（AGFA）公司利用本公司的照相染料，各自生产出普通的符合 ANSI 规定的标准靶板，称为 IT-8.7（见图3.49）。待测扫描器将之扫描成一份红、绿和蓝色（RGB）像素的文件。利用分光光度计（spectrophotometer）进行测量从而确定所有 264 块色片的 $\mathrm{CIE} L^* a^* b^*$，然后，色彩管理软件对结果进行比较并形成该扫描器性能的源成分谱。

一个众所周知的色彩管理系统是由国际色彩协会（International Color Consortium，ICC）编制的，见表3.9。该方法提供了一种跨平台设备配置文件格式的标准，用来表示彩色装置特性。独立于设备的编码和解码技术，以前主要用于印刷和印前行业，后来应用于解决方案提供商。

如果该颜色特征文件遵循 ICC 规定的格式，则常常称之为"ICC 配置文件"。该文件就是一张查阅表，随同扫描器形成的 RGB（红绿蓝）文件以备用。只要扫描器性能或调试中出现变化，这张表就非常有益于进行校正，同样也为打印机或者监视器创建一份目标文件。至此，已经显示或打印由计算机生成的彩色色片图，并用分光光度计进行测量 $L^* a^* b^*$。再次利用彩色管理软件对已知的输入量和输出量进行比较，形成一个查阅表作为目标配置文件。

彩色管理体系包括两部分：第一部分是上述的配置文件，包含信号处理变换和与变换和装置相关的其他材料和数据，配置文件提供必要的信息以便将装置的色彩值转换到颜色空间（称为配置文件连接空间，ICC 例子中的 $L^* a^* b^*$）中的示值或者反之；第二部分是颜色管理模块（Color Management Module，CMM），利用配置文件完成图像数据的信号处理。

色彩管理文件的进步，尤其是 ICC 的，共同提供了一组很重要的框架和指南[6,14]，使一个开放的色彩管理体系得到重大改进。当然，像图 3.18 所示的色域差别并非色彩管理体系本身能解决的问题。还要注意很重要的一点，不可能消除配置文件标定之间造成的装置特性漂移。据报道[177]（在一个很宽的颜色范围内取平均值），当输入扫描器 $\Delta E_{ab}^* = 0.4$ 时，长期来看，凹版印刷图像的 $\Delta E_{ab}^* = 3.0$，若有偏置则 $\Delta E_{ab}^* = 5.5$（即图像90%的范围）。还有报道，利用色彩管理和 ICC 配置文件改善了系统的结果，从 $\Delta E_{ab}^* = 9$ 降到 $\Delta E_{ab}^* = 5$，并认为，采用高质量的工艺过程，能够很好地达到这一点。同样的，钟（Chung）和郭（Kuo）

发现[182]，在平面形象艺术应用领域，在颜色匹配实验中使用 ICC 配置文件可以获得 $\Delta E_{ab}^{*} = 6.5$ 作为平均值的最佳方案。控制特定的系统组件、颜色或者小的色彩范围及采用较先进的测量技术，可以得到比此值小得多的公差。为了使色彩管理更通用、更容易和更成功，还有许多必须完成的分析和研究工作[176,179-181]。

3.8　评价像质的心理测量法

3.8.1　心理物理学、客户调查和心理量表之间的关系

由于研发的是一种扫描成像系统，所以经常会遇到一些无法根据经验或者参考文献回答的成像质量方面的问题。对"新项目"来说，该问题常常归纳为如何定量确定视觉上看起来非常新颖的"新事物"。问题在于，可能没有人评价过该"新事物"或者从来没有用于"新项目"或者两者兼而有之。但是，在基本的视觉换算训练和工具方面，至少可以向读者提供一些指导。

正如图 3.3 所示的图像质量圆[12,40]和总体框架图，在许多位置都需要对人眼视觉响应量化。有时采用捷径方式，通过客户调查将技术变量（"某种事物"）直接与"某些项目"的客户质量偏爱相联系；有时则通过研发视觉算法，将图像的物理参数，即属性（其他类型的"某种事物"）与人类对这些属性的基本感知相联系，进一步加深理解。研究后面一些关系的科学称为心理物理学。完成工程化的客户调查和心理物理学两方面研究的基础科学是心理测量学⊖。有关该课题已经发表了数以百计的优秀论文和书籍。但由于多种原因，这些文献常常忽略了成像科学工程。本章引用的许多论文利用了某些大公司、政府机构和大学里心理测量学科的丰富资源以开发其自身的算法。恩格尔达姆最近[12]提炼了学术基础概念，并且将许多经典参考资料编纂在一本有用的著作和软件包中，用于研发成像系统。

3.8.2　心理测量法

有多种类型的心理评估方法，选择哪一种方法取决于成像变量的性质及评估目的。本节只能尽量深入地进行介绍。图 3.45 给出了心理实验的框架结构图。从左边两个基本目的出发，每个目的都对应着 3 种基本方法和 6 种类型数据。

样品制备方式、观察者（市场调研中称为"受访者"）数量和选择方法及被显示的图像数目都可能不同，取决于实验目的。一般来说，对待客户-用户体验是更要谨慎的，因为他们看到的图像有限，于是需要较多受访者，如几十到几百个。很容易将重点集中在图 3.3 所示的量化"客户质量优先权"的程序框图上。

有关心理物理学和感知的视觉科学实验非常适合研发图像质量模型，尤其是对图 3.3 所示的视觉算法，以及对 HVS 与图 3.2 所示测量值之间的比较。利用该方法，常常需要很少的观察者就足够了（几个到几十个）。经常选择专家或技术人员作为观察者，并告诉他们：可以忽略样品中的某些缺陷，注意力集中在感兴趣的视觉特性上。并且要求这些观察者尝试进行更多的疲劳试验。另外，用户不可能常来实验室进行客户调查，往往分解为若干次访问。

一般地，应当采用具有良好统计方法的试验，其中已经针对性地定下置信度。对于多数

⊖　原书此处多印了 psychometric。——译者注

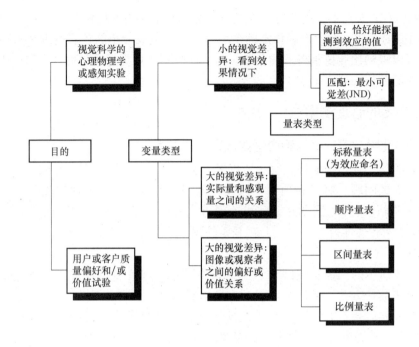

图 3.45　两类不同目的的心理实验可以进一步分为三种变量类型
（分为几种完全不同类型的基本的架构）

客户和一般性实验，寻求 95% 的置信区间是常见的做法（若按照下面所述对量表法进行正确分类，则任何一种基本的统计学书籍都会提供完成此项任务的公式和表格[183]）。这就需要评估观察者之间标准偏差的大小，并利用其值及置信间隔公式确定独立观察的次数（转换为观察者的数量）。由于视觉科学选用具有更好一致性的变量和训练有素的观察者，即具有较小的标准偏差，所以，视觉科学的实验要比客户调查选用更少的受访者。此外，这些实验者往往更愿意采用其他的技术判断因素，如源自其他工作的模型和推理，因此可能需要较少的统计置信度。

无论出于何种目的，必须根据变量和构建的规模类型确定基本方法。如果目的是确定能恰好观察到一些小信号或缺陷（如细裂纹）的目视临界值，则应研究阈值范围（或规模）。与图像样品或观察变量的物理属性相比，该范围可以表明探测概率。也可以期望更容易区别的信号，如具有高分辨率线条的图像，尝试着确定视觉上刚好能区分一个比另一个更暗时的临界值。在匹配实验中，包括确定一个变量或多个变量变化到什么程度都可使两幅图像达到最小可视差（JND）的标准，即刚好彼此不再匹配时的概率。德沃夏克（Dvorak）和哈默里（Hamerly）编写的本章参考文献［184］及哈默里编写的本章参考文献［185］给出了文本和实景 JND 换算量表的实例。

这些实验常常可以揭示视觉的基本机理，在具有良好控制环境的实验条件下，利用具有逐排进行图像比较功能的电子显示器，就可以聘用较少数量的观察者。如果希望用一种很容易控制的电子显示实验替代实际感兴趣的成像实验（如通过投影观察的摄影胶片或者室光下观察的静电复印品），则在任何一种情况下，都必须认真权衡。各种形式的图像噪声、影响人眼视觉（尤其是适应性）的显示因素及周围环境造成的视觉和心理暗示，这些是远比电子显示方法带来的便利更重要的。

　　当视觉变量较大并且其目的是在一个较大范围内比较质量属性时，如图 3.45 下面两个"变量"框所示，确定所希望量表的数学性质及试验程序的一般性质和难度就变得很重要了。在此所示的 4 种基本量表类型都是由史蒂文（Steven）[187-189] 研究成功的，图 3.45 所示是以"数学幂"增加的顺序表示的，并且表 3.5 给出了简短介绍。

表 3.5　量表类型

量表类型	描述和分析
标称类型	类别名称
顺序类型	按变量排序，确定是"大于"或是"小于"（按照可变量表给出任意/未知的距离）
区间类型	将顺序量表 + 差异量量化 $$y = ax + b$$ （可以确定相等的间隔和完成线性变换。平均偏离、标准偏离和相关系数都是适用的。它是许多图像质量分析的基础）
比例类型	规定属性"none"是 0 响应的区间型换算 $$y = ax （即 b = 0）$$ 可以采用区间型量表，具有变异系数和等比率——许多亮度标度就是采用绝对零的例子

　　有大量文章阐述各种量表的形成理论和应用[12]，有些已经作为表中每行的标题，其他的请阅读本章参考文献 [190-199]。下面对这些方法做简要介绍和总结，帮助读者对方法的选择进行完整的梳理。此时，假设采样结果（样品）是"图像"，这些图像可以是彩色条形色片、监视器上的显示、几页文件或者其他的感官刺激。

3.8.3　量表技术

　　表 3.5 给出了各种量表类型的构成方法，并做了简要说明，括号中给出了能够使用的量表类型。在只有采用复杂方法才能推导出一种量表类型的情况下，此内容不会作为重点。恩格尔达姆对所有方法都做了详细讨论[12]，并列出了应用这些方法的参考文献。

3.8.3.1　识别法（标称法）

　　在这种简单的换算法中，观察小组通过识别某些属性名称和利用这些属性采集图像的方式成像。由此产生的标称量表法，在将采集的图像整理成可管理的类别时，非常有用。

3.8.3.2　等序法（顺序法）

　　观察者通过增减被感知的属性量安排一组图像[12,188,190,194]。一般是利用该组的平均分数决定每个样品的顺序。通过计算一致性系数或等级系数来测试观察者之间的一致性，从而理解数据的性质[197]。

3.8.3.3　类型（标称类型、顺序类型、区间类型）

　　观察者常常利用标记分类方式简单地将感兴趣的图像分为不同的属性类型。这种方法非常适合含有大量图像，且其中许多图像属性相当接近的情况。因此，随着时间推移，对于选择哪一种类型，在观察者之间会存在不同意见。如果假设样品的感知属性是正态分布的，就可以选取区间型量表法[199]。

3.8.3.4　图形量尺法（区间量表法）

　　观察者在已经确定为某种属性终点的短直线标度内，放置一个指示器，记录下感兴趣图像属性的量值。利用所有观察者观察到的位置平均值获得每个图像的评分[12]。

3.8.3.5　成对比较（顺序、区间、比例类型）

将所有图像以可能的两两组合方式展示给所有观察者，通常一次一对，有时还带有一幅标准图像，观察者选择其中一幅具有更多感兴趣属性的图像。如果有 N 种不同图像，则有 $N(N-1)/2$ 对。观察者选择每种具体图像（相对于其他每一幅图像）的比例排成一个矩阵，然后，计算出每种图像（即矩阵中的列）的平均分，以确定一个顺序量表[12,191,197,206]。假设感知属性是正态分布的，那么，与分类法一样，就可以确定一个区间量表。利用瑟斯顿（Thurstone）比较判断法则可以完成此项任务，根据表述标准偏差数据集的六种类型条件编制 Z 向偏离表（Z-Deviates）[12,197]，直接得到区间量表。

3.8.3.6　配分量表（区间类型）

给观察者两个样品，如 S1 和 S9，并要求从一组样品中选取第三个样品，其待测表观变量的大小是两个样品的中值，此情况下称为 S5。下面确定 S1 和 S5 之间具有中值的样品称为 S3。接着，确定 S5 与 S9 之间具有中值的样品，称为 S7。以此类推，使用尽可能多的样品和精细量表，直至形成一个完整的区间尺度为止[4]。

3.8.3.7　量值估算（区间量表、比例量表）

要求观察者直接为每个样品感兴趣属性的量值评分[12,187,189,194,195]。评分初始，常常向观察者提供一个参考图像，称为"锚像"，利用它得出一个大小适当、容易记住的分数，如 100，来表示感兴趣的属性。观察者给出的分数是以参考图像为基础的，并要千方百计地对其进行训练以采用能反映比例的值。该方法意味着，零属性给出零响应，这样就构成了比例量表。但实际的观察有时更符合区间量表，并需要测试后进行核对。

3.8.3.8　比例估算（比例量表）

选择一些样品使其对参考图像具有某特定比例，就可以完成这种测试。试验者无须对参考图像指定一个值。另外，可以同时展示给观察者两幅或更多幅特定图像，并要求明确两幅图像相关属性间的明显比例关系[4,195]。

3.8.3.9　语义差别法（顺序量表、区间量表）

该方法一般用于客户调查[190]。选择感兴趣的图像属性，并为其研发一组双向形容词。例如，若属性等级是色调恢复，则形容词可以是如更暗-更亮、高对比度-低对比度、较好的阴影细节-较差的阴影细节这样的成对表述。然后，对试验中的每幅图像都放在每对分值尺度的量表上进行评述。每个量表分别处理为一个区间量表，最后，对受访者为每幅图像和每对形容词的评分进行平均，得到一种分布。

3.8.3.10　利开特（Likert）法（顺序量表）

该方法一般用于客户和态度调查。对一组图像提供一系列有关像质属性的描述，如"这个图像的总色调是理想的""该图像较暗部分的细节很清晰"。受访者根据个人对该属性的感觉力度评价每种描述：完全同意（+2）；同意（+1）；一般（0）；不同意（-1）；完全不同意（-2）。注意，否定描述中数字前面的符号是相反的。调查中采用的描述常源自大量的客户描述意见列表。或许利用之前准备的一组判断，可以决定根据这组图像评分形成最一致意见的那些表述。

3.8.3.11　混合型量表（顺序型、区间型、比例型）

有许多将这些不同方法的较好特性组合在一起的办法，以适应不同的试验约束条件和获得更准确或更为精确的结果，下面列出几种：

1. 成对比较比例量表法。简化为一种区间量表的成对比较法是相当精确的。若设置零值，就转化成独立的比例量化技术（该技术准确但不精确）。这会给出一种高度精确的比例量表。

2. 成对比较 + 分类量表。观察者利用下述类似利开特量化法的技术评估每对比较的质量。采用一种 7 等级量表：最"左侧"为 +3；最"右侧"为 - 3。

3. 成对比较 + 距离。利用距离（如一张纸的线性量表）来评价每对比较之间的差别量，给出与前面讨论的图形评价方法相同的信息。不过这样可以提高成对比较的精确度。

4. 利开特量表 + 特定分类法。各种 9 点对称（绕着中心点）单词量表可以给出被认为是等间距的偏爱分类。巴特利森（Bartleson）建议的一种量表为

至少可以想象出的"…属性"→很小"…属性"→轻度"…属性"→适度"…属性"→平均"…属性"→较高"…属性"→高"…属性"→很高"…属性"→可以想象出的最高"…属性"

还有类似的量表：1 为最坏，2 为差，3 为一般，4 为良好，5 为优良。相关文献中有许多其他类型的量表。

3.8.4　包括统计法在内的试验问题

上述的每种技术都分别应用于众多成像研究中，在数学和方法上都有其独到特性，而该内容已经超出本章讨论的范畴。相关的常用方法的简要归纳见表 3.6（资料源自本章参考文献 [4，10，14，29]，少数是作者自己的经验）。

表 3.6　设计任何有关像质或图像属性的主要试验时应考虑的因素

最 重 要 的	重 要 的
观察任务的复杂性 *	适应的状态
观察持续的时间 *	背景条件
照明条件 *	认知因素（许多）
图像内容 *	上下整体
操作指南（说明书）*	眼镜移动的控制和历史
不会在偏好试验中误导观察者 *	控制
图像数量 *	反馈（积极和消极的影响）
观察者人数 *	照明光的颜色
观察者经验 *	照明光的几何形状
报酬（Rewards）*	观察次数
样品安装/展示/识别的方法 *	观察者的敏锐度
结果的统计学意义 *	观察者的年纪
	观察者的动机
	范围的影响
	回归的影响
	重复率
	筛选色觉缺陷
	环境条件
	试验期间不必要的学习

* 见正文相关内容。

表 3.6 中带 * 的项表示十二个具有重要影响的实际因素，在设计几乎所有有关像质或图像属性的主要试验时都必须考虑。

人们经常忽略结果的统计学意义，但并不应该。对于采集一个连续变量（如暗度）的区间量表实验，可以根据响应直接计算标准偏离量、平均值和随后的置信区间，以确定出现的两个采样按照统计学规律是否不同或者确定一条曲线的拟合质量（请参考有关两种平均值置信度区间内容的统计学一类的书籍，以便对每种样品评分的标准偏差进行估算或确定一种回归的置信度）。

在探测试验中，经常希望知道两幅扫描图像（对于两幅扫描图像，观察到一种缺陷或者一种属性的观察者的两个百分比会不同）彼此间是否具有很大差别（市场研究人员称这种实验为属性采样法实验）。这涉及计算出比例的置信区间，因此要估算比例的标准偏差。这是一种工程上很少采用的方法。如果 p 为探测到的一种属性的观察者的比例，q 为未探测到一种属性的比例（注意，$p + q = 1.0$），n 为观察者数目，假设 n 是很少一部分被采样的人群，则比例的标准误差为

$$S_p = \left[(pq)/n \right]^{0.5} \tag{3.34}$$

以 p 为基础的置信度区间为

$$CI = ZS_p \tag{3.35}$$

假如，置信度为 95% 时，$Z = 1.96$；80% 时，$Z = 1.28$。表 3.7 给出了几种情况，帮助读者了解这些实验的精确度及所需要的观察者人数。第一列是 p 值，表示对感兴趣的属性的观察者的比例。第二列给出希望的置信度，以 % 表示，在许多实验中通常取 95。许多文章和统计表的引证数据表明，80% 大约是最低的置信度。表中给出的数字是第一列中数字的偏离量，表明应当探测到该属性的所有观察者人群的置信区间。未加粗的斜体数字与下列情况对应：当采用表列那么少的观察者人数时，以简单方式所不可能实现的 p 值（如仅利用 4 个人不可能观察到 p 值是 0.99，$p = 0.99$ 应当要 100 人！）。作为例子，若一个采样具有以下属性：90% 的时间都能够观察到并选择 20 名观察者，那么，置信度可以是 80%，表明全部观察者的 82% ~ 98%（0.90 ± 0.08）都应当看到这种属性。置信度 95%，表明 77% ~ 100%（数字是 103%，在此，等效于 100%）的观察者应当观察到该属性。

表 3.7 以比例统计学属性数据 p 为基础的置信度区间

p	置信度（%）	$n = 4$	$n = 8$	$n = 20$	$n = 100$	$n = 500$
0.99	95	*0.10*	*0.07*	*0.04*	**0.02**	**0.01**
	80	*0.06*	*0.05*	*0.03*	**0.01**	**0.005**
0.95	95	*0.21*	*0.15*	**0.10**	**0.04**	**0.02**
	80	*0.13*	*0.09*	**0.06**	**0.03**	**0.01**
0.90	95	*0.29*	**0.21**	**0.13**	**0.06**	**0.03**
	80	*0.17*	**0.12**	**0.08**	**0.04**	**0.02**
0.80	95	**0.39**	**0.28**	**0.18**	**0.08**	**0.03**
	80	**0.23**	**0.17**	**0.11**	**0.05**	**0.02**
0.60	95	**0.48**	**0.34**	**0.22**	**0.10**	**0.04**
	80	**0.31**	**0.21**	**0.13**	**0.06**	**0.02**

（续）

p	置信度（%）	$n=4$	$n=8$	$n=20$	$n=100$	$n=500$
0.50	*95*	**0.49**	**0.35**	**0.22**	**0.10**	**0.04**
	80	**0.32**	**0.23**	**0.14**	**0.06**	**0.03**

注：实验结果中的比例数据在统计学上具有不确定性（"是"或"不"答案的百分比）。表中所有项都给出80%和95% 置信度作为单侧置信区间。它表示，在几个正百分比响应值 p（每行第一列值）和很少几个受访者 n（即被访群体的规模），与第一列 p 值的正负偏离量。未加粗的斜体表示不可能实现的 p 值或者与相关 n 值非常相关的值。

3.9　参考数据和图表

下面汇总了一些图表及早期的一些资料，作者认为，这些对成像质量的工程问题进行初步分析时是非常有用的。不用说，包括相同资料的小型计算机工具库，会是一个很有用的软件包。除了本节列出的资料，本书还提供一些关于评价工程项目价值（或意义）的图表和数据，其指导意义更重要。

这些图表包括，图 3.17——国际照明委员会（CIE）标准观察者颜色匹配函数；图 3.20——扫描频率的影响；图 3.22——非均匀性准则；图 3.30 和图 3.31——MTF，图 3.37——边缘噪声计算；表 3.1——半色调计算；表 3.3——针对本节图 3.51～图 3.54 的说明；表 3.7——比例的置信度区间。

本节将额外提供基本色度学方面的图表，如图 3.46 所示，包括更为精确的 x 和 y 色品图及一种主波长实例和一些标准光源；图 3.47 所示的 4 种标准光源的光谱特性；表 3.8 给

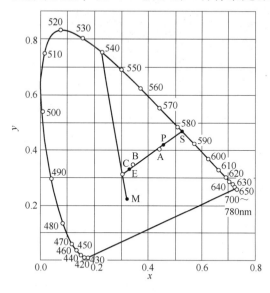

图 3.46　按照 CIE 的 x 和 y 色品图绘制的主要波长与纯度之间的关系

[从光源点 C 开始，过点 P 画一条直线在主波长 582nm 处与光谱（色）轨迹相交，从而确定照明光源 C 下点 P 的主波长；色纯度是由 CP/CS（从光源 C 到 P 的距离除以光源 C 到光谱色轨迹的总距离）确定的百分比；标准光源为 A、B 和 E；对于点 A、B 和 C 处的相对谱能量分布，如图 3.47 所示；点 E 在整个光谱范围相等区间内具有等量辐射；资料源自 Hunter，R. S.；Harold，R. W. The Measurement of Appearance，2nd Ed.；John Wiley and Sons：New York，1987；191]

出了成像变量，即密度或反射率与色度学单位 L^* 之间非常有用的变换关系（还可参考图 3.19 所示）。

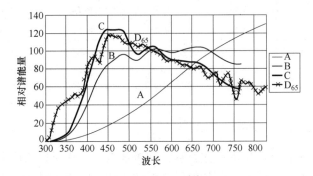

图 3.47　标准光源 A、B、C 和 D_{65} 的相对谱能量分布（波长单位为 nm）

表 3.8　密度、反射率 $[(Y/Y_m) \times 100\%]$ 与 L^* 之间的缩写换算表（密度覆盖范围到 4）

密　　度	$Y(\%)$	L^*	密　　度	$Y(\%)$	L^*
0	100	100	1.4	3.98	23.61
0.05	89.1	95.62	1.5	3.16	20.67
0.1	79.4	91.41	1.6	2.51	17.96
0.15	70.8	87.39	1.7	2	15.49
0.20	63.1	83.49	1.8	1.58	13.11
0.25	56.2	79.73	1.9	1.26	10.99
0.30	50.1	76.13	2.0	1	8.99
0.4	39.8	69.33	2.2	0.631	5.7
0.5	31.6	63.01	2.4	0.398	3.59
0.6	25.1	57.17	2.6	0.251	2.27
0.7	20.0	51.84	2.8	0.158	1.43
0.735	18.4	50.00	3.0	0.1	0.9
0.8	15.8	46.71	3.2	0.063	0.57
0.9	12.6	42.15	3.4	0.04	0.36
1.0	10.0	37.84	3.6	0.025	0.23
1.1	7.94	33.86	3.8	0.016	0.14
1.2	6.31	30.18	4.0	0.01	0.09
1.3	5.01	26.76			

　　如图 3.48 ~ 图 3.50 所示，通过注释表述工业标准测试图的重要结构：图 3.48 和图 3.50 所示为单色图，图 3.49 所示为彩色图（书中印刷成黑白图）。图 3.48a 所示为单色 ISO 12233 反射测试板，用于测试数字静止景物照相机，也适用于测试平板扫描仪的细节再现和

分辨率。图 3.48b 所示适用于 ISO 16067（见表 3.9）规定的方法测量图像单色扫描仪的单色测量板。与二级模式的图 3.48a 所示不同，该图包含一定范围的灰度信息，可用于进行色调响应和 MTF 分析。可以发现，这两种图都含有许多倾斜的边缘和线条（表示大范围的采样相位）及不倾斜的线条。条形图案和边缘倾斜图案适合利用具有一定放大率的监视器直接目测分辨率靶板，也可用于软件分析空间频率响应。

a)

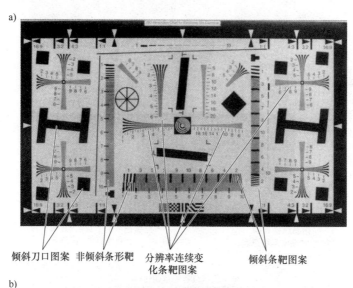

倾斜刀口图案　非倾斜条形靶　分辨率连续变　　　倾斜条靶图案
　　　　　　　　　　　　　化条靶图案

b)

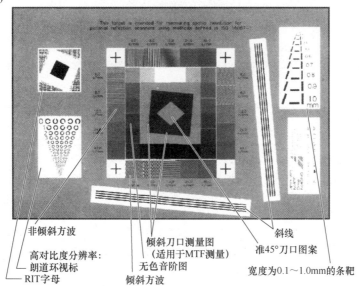

非倾斜方波　　　　　　　　　　　　　　斜线

高对比度分辨率：　　　倾斜刀口测量图
朗道环视标　　　　　　（适用于MTF测量）　　准45°刀口图案
RIT字母　　　　　　无色音阶图　　　　宽度为0.1～1.0mm的条靶
　　　　　　　　倾斜方波

图 3.48　两种分辨率测量板

a）ISO 12233 为数字相机规定的数字分辨率测量板，也适用于测量扫描器

b）利用 ISO 16067-1 规定的方法测量反射式图像扫描仪空间

分辨率的 ISO 测量板的应用图像版[106]（有关标准的要点，见表 3.9；

不要利用测量板的复印件进行测量，其性能会下降很多）

注：RIT，Rochester Institute of Technology，美国罗切斯特理工学院。——译者注

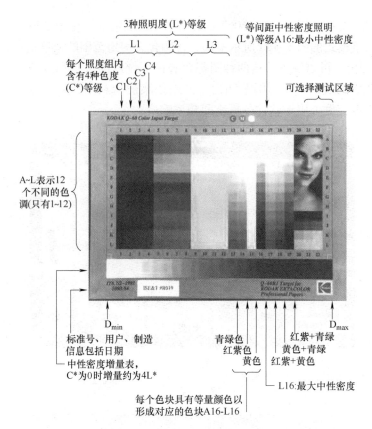

图 3.49　IT8.7/1（透射型）和 IT8.7/2（反射型）扫描器特性测量板的布局图
（颜色的细节描述见本书参考文献 ［23］ 的表 5-1 ~ 表 5-3，或者
ISO IT8.7/1 和 2-1993；注意，不要使用该复印件作为测试图）

表 3.9　扫描图像相关标准

主要标准化组织	下属组织	标准示例或所进行的工作示例	网址和/或地址
ANSI 标准，划归美国印刷设备供应协会（National Printing Equipment and Supply Association，NPES）	图像技术标准化委员会（Committee for Graphic Art Technologies Standards，CGATS）	"CGATS. 4-1993 Graphic Technology—Graphic Arts Reflection Densitometry Measurements—Terminology，Equations，Image Elements and Procedures"	http://www.npes.org/standards/cgats.html 1899 Preston White Dr. Reston，VA 22091
	IT8：数据数字交换和颜色定义委员会（1994 年划归 CGATS）	"IT8.1 Exchange of Color Picture Data IT8.7/2-1993-Reaffirmed 2008 Color Reflection Target for Input Scanner Calibration"	http://www.ansi.org 1819 L St. NW #230 Washington，DC
图形通信协会	美国胶印商业印刷规范组织（General Requirements for Applications in Commercial offset Lithography，GRACoL），2004 年进行重大改组	GRACoL 规则是实践指导（如 SWOP 步骤）	http://www.gracol.org/index.html 1421 Prince St. NW #230 Alexandria，VA

（续）

主要标准化组织	下属组织	标准示例或所进行的工作示例	网址和/或地址
ICC	无	ICC 色彩管理配置文件规范，如 "ICC. 1：2003-09 ver 4. 1. 0"	http://www. color. org/index. xalter 参考上述 ANSI-NPES 地址
ISO/IEC	办公设备联合技术委员会（JTC 1/SC 28）	"ISO 13660-2001 image quality measurement for hard copy output" "ISO 12653-2, 2000 Test target for black and white scanning"	http://www. iso. ch，http://www. iec. ch ISO 秘书处：1，CH. de la Voie-Creuse Case postale 56，CH-1211 Geneva 20，Switzerland IEC 总部：3，Rue de Varembé，PO Box 131 CH-1211 Geneva 20，Switzerland
ISO/IEC	多媒体信息编码技术委员会（JTC 1/SC 29）	声音、图形、多媒体和超媒体信息编码技术，包括二级和每像素有限位数的静止图像	
ISO/IEC	涵盖扫描器和电子静止景物照相机的电子静止景物摄影协会（ISO-TC42-WG18）	"ISO 16067-1&2，2003&4：Electronic scanners for photographic images—Spatial Resolution Measurements" "ISO 21550-2004 Dynamic range measurement" "ISO 20462-3-2005 Psychophysical experimental methods for estimating image quality" "ISO 12233 Photography—Electronic still picture cameras—resolution measurements"	
信息技术国际标准化委员会（International Committee for Information Technology Standards，INCITS），前身是美国国家信息标准化委员会（National Committee for Information Technology Standards，NCITS）' 97-01X3 ' 61-'96	W1（办公设备小组）	包括复印机、多功能设备、传真机、页式印刷机、扫描器和其他办公设备[90]。是 JTC 1/SC 28 合作者，如参与制定 ISO 13660	http://ncits. org/index/htm INCITS 秘书处：1250 Eye St. NW ＃ 200，Washington，DC 20005
ITU-U	联合图像专家小组	"ITU-T Rec. T. 800 and ISO/IEC 15444，Information Technology—Digital compression and coding of continuous tone still images（JPEG 2000）"（见本章参考文献 [93，167，168，180]）	http://www. itu. int/en/ITU-T/Pages/default. aspx Place des Nations，1211 Geneva 20，Switzerland，ATNT. ITU-T
ITU-U	与 ISO/IEC/JTC1 SC29 WG1 合作	"JBIG2 ITU-T Rec. T. 88"	

（续）

主要标准化组织	下属组织	标准示例或所进行的工作示例	网址和/或地址
IEEE	IEEE通信协会传输系统委员会	传真成像，对许多一般扫描应用领域是有意义的，如测试图（见图3.50）	http://www.ieee.com 3 Park Ave., 17th Floor New York, NY 10016

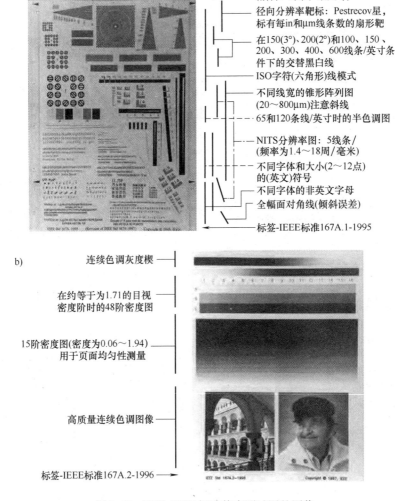

图3.50 两种IEEE标准传真测试图的图像

[现已"撤销"，但还在使用；其中包含许多评价扫描系统性能时非常有价值的元素；为了表明每条注释如何对应测试图元素，相对于测试图图像画一条垂直竖线，沿水平方向给出具体的注释；竖线从左到右顺序排列；目前，利用图a、b所示许多部分，加上其他元素组成一种混合测试图作为美国伊士曼柯达公司数字图像测试板[106]TL.5003（在本章参考文献［106］关键词为Q4.60）；其他分辨率板见图3.34；其他标准测试图的简述见表3.9；注意，不要用复印件作为测试板]

  a）IEEE Std.167A.1-1995-Bi-Level（黑-白）测试板

  b）打印在相纸上的IEEE Std.167A.2-1996高对比度（灰阶）测试板

下面给出一些有用的 MTF 公式及对应的图表（为了便于进行图形级联，按照 log- log 形式绘制）。

图 3.51 给出了两个具有均匀和清晰边界的扩散函数的 MTF。均匀圆盘扩散函数的 MTF 定义为

$$T(N) = \frac{2J_1(Z)}{Z} \tag{3.36}$$

式中，$Z = \pi DN$。N 为频率（周/毫米）；D 为均匀圆盘直径（mm）。

一条均匀狭缝或者一个均匀图像运动的 MTF 定义为

$$T_{\text{slit}}(N) = \frac{\sin \pi DN}{\pi DN} \tag{3.37}$$

式中，D 为狭缝宽度（或者矩形孔径的宽度，或者成像期间的运动长度），其单位为 mm；N 的单位为周/毫米。

图 3.52 给出了高斯扩散函数 $S(r)$ 的 MTF：

$$T(N) = e^{-a^2 N^2} \tag{3.38}$$

式中，$a = \pi/c$，c 为以下列形式表示的高斯扩散函数 $S(r)$ 的宽度：

$$S(r) = 2c^2 e^{-c^2 r^2} = 2c^2 e^{-c^2(x^2 + y^2)} \tag{3.39}$$

式中，r 为半径，因此，$r^2 = x^2 + y^2$；所有量的单位为 mm^2。

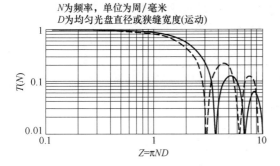

图 3.51 一个均匀圆盘（实线）和狭缝
（虚线）扩散函数的 MTF
（N 为频率，单位为周/毫米；D 为均匀圆盘直径，
或者矩形孔径的宽度，或者运动长度）

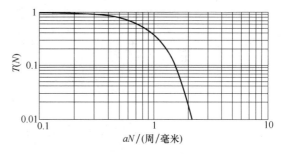

图 3.52 具有高斯扩散函数特性
的成像系统的 MTF

图 3.53 给出了衍射限物镜的 MTF：

$$T(N) = \frac{2}{\pi} \left[\cos^{-1} \gamma - \gamma \sqrt{1 - \gamma^2} \right] \tag{3.40}$$

式中，$\gamma = N\lambda f$（物体位于无穷远）；N 的单位为周/毫米；λ 为光波波长（mm）；f 为孔径比[⊖]，即焦距/孔径直径。

已经有人建议（见本章参考文献 [200]），将式（3.37）中的项增大到 2、3 和 4 次幂

⊖ 应用光学领域称为 F 数。——译者注

（D 为传感器元件之间的间隔），对于某些实际扫描器的 MTF 性能，是非常有用的近似表达式。如图 3.54 所示，n 为 $[\sin\pi DN/\pi DN]^{\ominus}$ 的幂。对于一个理想传感器（传感器宽度 = 阵列间隔，即填充系数为 100%）对所有采样相位取平均值的情况，$n=2$ 是一种很好的近似。若是一些真实的胶片传感器（见本章参考文献 [200]），光学装置还会造成像质恶化，则所示 $n=3$ 的情况具有良好的一致性。最后，一些廉价的平板扫描仪会有更严重的恶化，符合 $n=4$ 的情况。

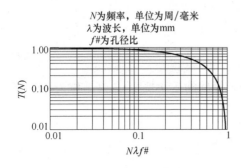

图 3.53　衍射限物镜的 MTF

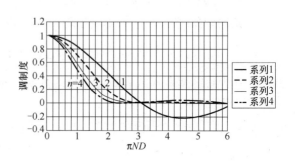

图 3.54　由 $[\sin\pi DN/\pi DN]^n$ 表示一般 MTF 的曲线族
［$n=1\sim4$；$n=1$ 情况已经在前面图 3.51 给出，并进行了解释；$n=3$ 和 $n=4^{\ominus}$ 符合许多实际扫描器的情况］

　　图 3.55 给出了 4 种有代表性的现代胶片的数据，以便较为透彻地说明实际摄影特性范围，从而正确地设置扫描性能，但并不是某种具体胶片的技术说明书。

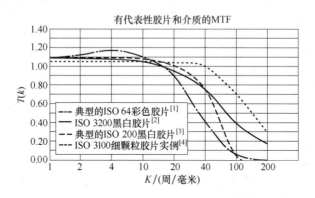

图 3.55　4 种有代表性现代胶片的数据

　　最后，给出与视觉性能相关的参考曲线。图 3.56 所示为最近研发的包括颜色视觉成分的视觉对比灵敏度曲线（与线性系统的 MTF 相关），是在菲尔柴尔德（Fairchild）之后[4]，用图 3.31 所示的视觉频率响应特性的形式绘制的。图 3.57 所示为以线宽函数的形式给出的线亮度的视觉阈，最初是由阿方斯（Alphonse）和鲁宾（Lubin）[125] 在一些显示器实验中用来表述显示器的"接缝可见性"。鲁宾和皮卡（Pica）用图 3.58 所示来说明显示器实验中边

　　⊖　原书错印为 sine。——译者注

　　⊖　原书错印为 N。——译者注

缘对比度阈值的可见性。

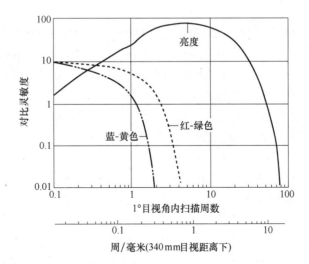

图 3.56　表示亮度的典型视觉空间对比灵敏度函数，以及不变亮度条件下的色彩对比度
（资料源自 Fairchild，M. D.，Color Appearance Models；Addison-Wesley：
Reading，MA，1998）

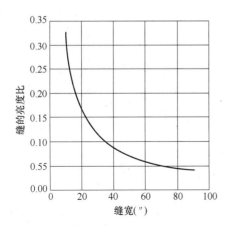

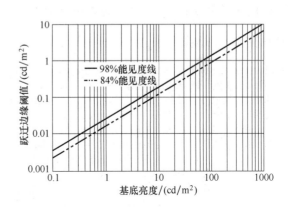

图 3.57　当白或黑色线条设计在相反的背景上，根据 CRT 显示器的接缝可见性推导出的线亮度可见性阈值（是线宽的函数）
（资料源自 Lubin，J.，The use of psychophysical data and models in the analysis of display system performance. In Digital Images and Human Vision；Watson，A. B.，Ed.；MIT Press：Cambridge，MA，1993；163-178.）

图 3.58　一个 $17 \times 5.25°$ CRT 显示器跃迁边缘处亮度差的可见性阈值（84% 探测率 $= dL_{85} = 0.01667 L^{0.8502}$）
（资料源自 Lubin，J.，The use of psychophysical data and models in the analysis of display system performance. In Digital Images and Human Vision；Watson，A. B.，Ed.；MIT Press：Cambridge，MA，1993；163-178.）

　　表 3.9 给出了很实用的参考资料，包括用于解释数字和扫描图像质量方面的标准，使工程师们对一些重要的标准化组织有所认识，并获得一定的指南。

致谢

深深怀念　本章为纪念约翰·乌尔巴赫（John C. Urbach）博士而撰写。2002 年 2 月，约翰博士在患病几个月后，病逝在美国加州波托拉谷（Potola Valley，California）家中。在光学和扫描技术领域，他是一位做出卓越贡献的技术专家。他对复印机研究的杰出贡献，在美国施乐公司工作期间成为通用技术协会顾问，这些经历和他贡献的思路都使他受到业界尊重。如果没有他的努力，是不可能完成本章前期的编写工作，甚至在最后日子里仍不断提供帮助。我们都非常怀念他，以及他的博学、特有的幽默和深刻的洞察力。

诚挚感谢　感谢 Cherie Wright、John Moore、David Lieberman、Roger Triplett 及美国施乐公司战略规划发展部图像科学工程技术中心员工们，对长期准备本章前期编写工作的积极参与和支持，并感谢施乐公司允许本书采用其技术资源。另外，还要感谢美国罗切斯特理工学院（RIT）成像和摄影技术系的同事们在我们修订第 2 版时的大力支持[201]。除了标有注释外，所有的插图都是专门为本章绘制的。然而，对于受到另外一些作者利用图表解释一个复杂主题或者收集有用数据的方式启发而产生的内容，都采用注释的方法（如标出参考文献）标注出他（她）们的贡献，非常感谢为本章提供了思想和数据的这些作者。并且，还要感谢 Martin Banton、Guarav Sharma、Robert Loce 和 Keith Knox 花费大量精力审稿，并给出许多有价值的建议。还要感谢我们各自的妻子 Jane Lehmbeck 和 Mary Urbach 在编写本章第 1 版，以及 Jane 在编写本章第 2 版的过程中给予的支持和鼓励。

参考文献

1. Mertz, P.; Gray, F.A. A theory of scanning and its relation to the characteristics of the transmitted signal in telephotography and television. *Bell System Tech. J.* 1934, 13, 464–515.
2. Hornack, J.P. *Visual Encyclopedia of Imaging Science and Technology;* J. Wiley: New York, 2002—In depth treatment of many topics including section on "Imaging Systems."
3. Dougherty, E.R. *Digital Image Processing Methods;* Marcel Dekker: New York, 1994.
4. Fairchild, M.D. *Color Appearance Models;* Addison-Wesley: Reading, MA, 1998.
5. Eschbach, R.; Braun, K. Eds. *Recent Progress in Color Science;* Society for Imaging Science & Technology: Springfield, VA, 1997.
6. Sharma, G. Ed. *Digital Color Imaging Handbook;* CRC Press: Boca Raton, FL, 2003.
7. Eschbach, R. Ed. *Recent Progress in Digital Halftoning I and II;* Society for Imaging Science & Technology: Springfield, VA, 1994, 1999.
8. Kang, H. *Color Technology for Electronic Imaging Devices;* SPIE Press: Bellingham, WA, 1997.
9. Dougherty, E.R. Ed. *Electronic Imaging Technology;* SPIE Press: Bellingham, WA, 1999.
10. MacAdam, D.L. Ed. *Selected Papers on Colorimetry—Fundamentals, MS 77;* SPIE Press: Bellingham, WA, 1993.
11. Pennebaker, W.; Mitchell, J. *JPEG Still Image Data Compression Standard;* Van Nostrand Reinhold: New York, 1993.
12. Engeldrum, P.G. *Psychometric Scaling: A Toolkit for Imaging Systems Development;* Imcotek Press: Winchester, MA, 2000.
13. Vollmerhausen, R.H.; Driggers, R.G. *Analysis of Sampled Imaging Systems Vol. TT39;* SPIE Press: Bellingham, WA, 2000.
14. Giorgianni, E.J.; Madden, T.E. *Digital Color Management Encoding Solutions;* Addison-Wesley: Reading, MA, 1998.
15. Watson, A.B. Ed. *Digital Images & Human Vision;* MIT Press: Cambridge, MA, 1993.

16. Sharma, G. *Digital Color Imaging Handbook;* CRC Press, Boca Raton, FL, 2003. An excellent in depth review of many topics including: fundamentals, psychophysics, color management, digital color halftones, compression and camera image processing and more.

17. Russ, J.C. *The Image Processing Handbook,* 5th Ed.; Taylor and Francis-CRC: Boca Raton, FL, 2007—In depth discussion of numerous image processing topics.

18. Graham, R. *The Digital Image;* CRC Press-Whittles Publishing: Boca Raton, FL 2005—Excellent tutorial on fundamentals of digital imaging and especially photography.

19. Cost, F. *Pocket Guide to Digital Printing;* Delmar Publishers: Albany, NY, 1997.

20. Ohta, N., Rosen, M. *Color Desktop Printing Technology;* Taylor & Francis-CRC Div: Boca Raton, FL, 2006—Comprehensive overview with useful detail.

21. Gann, R.G. Desktop Scanners Image quality Evaluation; (Prentice Hall PTR, Upper Saddle River, NJ, 1999) overall practical serious-user oriented with especially useful practical tests.

22. Matteson, R. Scanning for the SOHO Small Office and Home Office, Virtualbookworm.com Publishing PO Box 9949, College Station TX 2004—Excellent very basic tutorial on all aspects of scanning.

23. Adams, R.M.; Weisberg, J.B. *The GATF Practical Guide to Color Management;* GATF Press: Pittsburgh, PA, 2000.

24. Sharma, G.; Wang, S.; Sidavanahalli, D.; Knox, K. "The impact of UCR on scanner calibration." Proceedings of IS&T Image Processing, Image Quality, Image Capture, Systems Conference. Portland, OR, 1998; 121–124.

25. Knox, K.T. "Integrating cavity effect in scanners." Proceedings of IS&T/OSA Optics and Imaging in the Information Age, Rochester, NY, 1996; 156–158.

26. Sharma, G.; Knox, K.T. "Influence of resolution on scanner noise perceptibility." Proceedings of IS&T 54th Annual and Image Processing, Image Quality, Image Capture, Systems Conference, Montreal, Quebec, Canada, 2001; 137–141.

27. Loce, R.; Roetling, P.; Lin, Y. Digital halftoning for display and printing of electronic images. In *Electronic Imaging Technology;* Dougherty, E.R., Ed.; SPIE Press: Bellingham, WA, 1999.

28. Lieberman, D.J.; Allebach, J.P. "On the relation between DBS and void and cluster." Proceedings of IS&T's NIP 14: International Conference on Digital Printing Technologies, Toronto, Ontario, Canada, 1998; 290–293.

29. Sharma, G.; Trussell, H.J. Digital color imaging. *IEEE Trans. on Image Proc.* 1997, 6, 901–932.

30. Sharma, G.; Vrhel, M.; Trussell, H.J. Color imaging for multimedia. *Proc. IEEE* 1998, 86, 1088–12108.

31. Jin, E.W.; Feng, X.F.; Newell, J. "The development of a color visual difference model (CVDM)." Proceedings of IS&T Image Processing, Image Quality, Image Capture, Systems Conference, Portland, OR, 1998; 154–158.

32. Sharma, G.; Trussell, H.J. Figures of merit for color scanners. *IEEE Trans. on Image Proc.* 1997, 6, 990–1001.

33. Shaw, R. "Quantum efficiency considerations in the comparison of analog and digital photography." Proceedings of IS&T Image Processing, Image Quality, Image Capture, Systems Conference, Portland, OR, 1998; 165–168.

34. Loce, R.; Lama, W.; Maltz, M. Vibration/banding. In *Electronic Imaging Technology;* Dougherty, E.R. Ed.; SPIE Press: Bellingham, WA, 1999.

35. Dalal, E.N.; Rasmussen, D.R.; Nakaya, F.; Crean, P.; Sato, M. "Evaluating the overall image quality of hardcopy output." Proceedings of IS&T Image Processing, Image Quality, Image Capture, Systems Conference, Portland, OR, 1998; 169–173.

36. Rasmussen, D.R.; Crean, P.; Nakaya, F.; Sato, M.; Dalai, E.N. "Image quality metrics: Applications and requirements." Proceedings of IS&T Image Processing, Image Quality, Image Capture, Systems Conference, Portland, OR, 1998; 174–178.

37. Loce, R.; Dougherty, E. Enhancement of digital documents. In *Electronic Imaging Technology;* Dougherty, E.R., Ed.; SPIE Press: Bellingham, WA, 1999.

38. Lieberman, D.J.; Allebach, J.P. "Image sharpening with reduced sensitivity to noise: A perceptually based approach." Proceedings of IS&T's NIP 14: International Conference on Digital Printing Technologies, Toronto, Ontario, Canada, 1998; 294–297.

39. Keelan, B.W. *Handbook of Image Quality Characterization and Prediction;* Marcell Dekker: New York, 2002—Comprehensive and detailed.

40. Engeldrum, P.G. "A new approach to image quality." Proceedings of the 42nd Annual Meeting of IS&T, 1989; 461–464.

41. Engeldrum, P.G. A framework for image quality models. *Imaging Sci. Technol.* 1995, *39,* 312–323.

42. Engeldrum, P.G. *Psychometric Scaling: A Toolkit for Imaging Systems Development;* IMCOTEK Press: Winchester, MA, 2000; chapter 2, 5–17.

43. Shannon, C.E. A mathematical theory of communication. *Bell System Tech. J.* 1948, *27,* 379, 623.

44. Roetling, "P.G. Visual performance and image coding." Proceedings of the Society of Photo-Optical Instrumentation Engineers on Image Processing, Vol. 74, 1976; 195–199.

45. Roetling, P.G.; Loce, R.P. Digital halftoning. In *Digital Image Processing Methods;* Dougherty, E.R., Ed.; Marcel Dekker: New York, 1994; 363–413.

46. Eyer, J.A. The influence of emulsion granularity on quantitative photographic radiometry. *Photog. Sci. Eng.* 1962, *6,* 71–74.

47. Dainty, J.C.; Shaw, R. *Image Science: Principles, Analysis and Evaluation of Photographic-Type Imaging Processes;* Academic Press: New York, 1974.

48. Selwyn, E.W.H. A theory of graininess. *Photog. J.* 1935, *75,* 571–589.

49. Siedentopf, H. Concerning granularity, resolution, and the enlargement of photographic negatives. *Physik Zeit.* 1937, *38,* 454.

50. Altman, J.H.; Zweig, H.J. Effect of spread function on the storage of information on photographic emulsions. *Photog. Sci. Eng.* 1963, *7,* 173–177.

51. Lehmbeck, D.R. Experimental study of the information storing properties of extended range film. *Photog. Sci. Eng.* 1967, *11,* 270–278.

52. Vaysman, A.; Fairchild, M.D. "Degree of quantization and spatial addressability tradeoffs in the perceived quality of color images." *Proc SPIE* on Color Imaging III 1998, *3300,* 250.

53. Marshall, G. *Handbook of Optical and Laser Scanning,* chapter 3; Marcell Dekker, NY, 2004 (previous edition this book & chapter).

54. Bryngdahl, O.J. *Opt. Soc. Am.* 1976, *66,* 87–98.

55. Loce, R.P.; Dougherty, E.R. *Enhancement and Restoration of Digital Documents;* SPIE Optical Engineering Press: Bellingham, WA, 1997.

56. Jorgensen, G.W. Preferred tone reproduction for black and white halftones. In *Advances in Printing Science and Technology;* Banks, W.H., Ed.; Pentech Press: London, 1977; 109–142.

57. Jones, L.A.; Nelson, C.N. The control of photographic printing by measured characteristics of the negative. *J. Opt. Soc. Am.* 1942, *32,* 558–619.

58. Jones, L.A. Recent developments in the theory and practice of tone reproduction. *Photogr. J.* Sect. B 1949, *89B,* 126–151.

59. Bartleson, C.J.; Breneman, E.J. Brightness perception in complex fields. *J. Opt. Soc. Am.* 1967, *57,* 953–957.

60. Nelson, C.N. Tone reproduction. In *The Theory of Photographic Process,* 4th Ed.; James, T.H., Ed.; Macmillan: New York, 1977; 536–560.

61. Nelson, C.N. The reproduction of tone. In *Neblette's Handbook of Photography and Reprography: Materials, Processes and Systems,* 7th Ed.; Sturge, J.M., Ed.; Van Nostrand Reinhold: New York, 1977; 234–246.

62. Holladay, T.M. An optimum algorithm for halftone generation for displays and hard copies. *Proceedings of the SID* 1980, *21,* 185–192.

63. Roetling, P.G.; Loce, R.P. Digital halftoning. In *Digital Image Processing Methods;* Dougherty, E.R., Ed.; Marcel Dekker: New York, 1994; 392–395.

64. Roetling, P.G. Analysis of detail and spurious signals in halftone images. *J. Appl. Phot. Eng.* 1977, *3,* 12–17.

65. ISO-TC-42, ISO 14524-1999 and 12232:2006(E), International Standards Organization, Geneva, Switzerland, 2006, See Table 10, this chapter. OECF stands for Opto-electronic Conversion Function—As applied to cameras in ISO 14524 which is conceptually the same for scanners. 12232 deals with speed metrics derived from OECF's.

66. Stoffel, J.C. *Graphical and Binary Image Processing and Applications;* Artech House: Norwood, MA, 1982; 285–350.

67. Stoffel, J.C.; Moreland, J.F. A survey of electronic techniques for pictorial image reproduction. *IEEE Trans. Comm.* 1981, *29*, 1898–1925.

68. Ulichney, R. *Digital Halftoning;* The MIT Press: Cambridge, MA, 1987.

69. Clapper, R.; Yule, J.A.C The effect of multiple internal reflections on the densities of halftone prints on paper. *J. Opt. Soc. Am.,* *43,* 600–603, 1953, as explained in Yule, J.A.C. *Principles of Color Reproduction;* John Wiley and Sons: New York, 1967; 214.

70. Yule, J.A.C.; Nielson, W.J. The penetration of light into paper and its effect on halftone reproduction. In *Research Laboratories Communication No. 416;* Kodak Research Laboratories: Rochester, NY, 1951 and in TAGA Proceedings, 1951, *3,* 65–76.

71. Lehmbeck, D.R. "Light scattering model for predicting density relationships in reflection images." Proceedings of 28th Annual Conference of SPSE, Denver, CO, 1975; 155–156.

72. Maltz, M. Light-scattering in xerographic images. *J. Appl. Phot. Eng.* 1983, *9,* 83–89.

73. Kofender, J.L. "The Optical Spread Functions and Noise Characteristics of Selected Paper Substrates Measured in Typical Reflection Optical System Configurations," MS thesis, Rochester Institute of Technology: Rochester, NY, 1987.

74. Klees, K.J.; Holmes, J. "Subjective evaluation of noise filters applied to bi-level images." 25th Fall Symposia of Imaging (papers in summary form only). Springfield, VA, *Soc. Phot. Sci. & Eng.,* 1985.

75. Hunt, R.W.G. *Reproduction of Colour in Photography, Printing & Television,* 5th Ed.; The Fountain Press: Tolworth, England, 1995.

76. Hunt, R.W.G. *Measuring Colour;* Ellis Horwood Limited, Halstead Press, John Wiley & Sons: NY, 1987.

77. Miller, M.; Segur, R. "Perceived IQ and acceptability of photographic prints originating from different resolution digital capture devices." Proceedings of IS&T Image Processing, Image Quality, Image Capture Systems (PICS) Conference, Savannah, GA, 1999; 131–137.

78. Smith, W.J. *Modern Optical Engineering;* McGraw Hill: New York, 1966; 308–324.

79. Bestenreiner, F.; Greis, U.; Helmberger, J.; Stadler, K. Visibility and correction of periodic interference structures in line-by-line recorded images. *J. Appl. Phot. Eng.* 1976, *2,* 86–92.

80. Sonnenberg, H. Laser-scanning parameters and latitudes in laser xerography. *Appl. Opt.* 1982, *21,* 1745–1751.

81. Firth, R.R.; Kessler, D.; Muka, E.; Naor, K.; Owens, J.C. A continuous-tone laser color printer. *J. Imaging Technol.* 1988, *14,* 78–89.

82. Goodman, N.B. "Perception of spatial color variation caused by mass variations about single separations." Proceedings of IS&T's NIP14: International Conference on Digital Printing Technologies, Toronto, Ontario, Canada, 1998; 556–559.

83. Shade, O. Image reproduction by a line raster process. In *Perception of Displayed Information;* Biberman, L.M., Ed.; Plenum Press: New York, 1976; 233–277.

84. Shade, O. Image gradation, graininess and sharpness in TV and motion picture systems. *J. SMPTE* 1953, *67,* 97–164.

85. Biberman, L.M. Ed. *Perception of Displayed Information;* Plenum Press: New York, 1976.

86. Lehmbeck, D.R.; Urbach, J.C. "Scanned Image Quality," Xerox Internal Report X8800370; Xerox Corporation: Webster, NY, 1988.

87. Kipman, Y. Imagexpert Home Page, http://www.imagexpert.com; Nashua NH, 2003 (describes several scanning-based image quality tools).

88. Wolin, D.; Johnson, K.; Kipman, Y. "Importance of objective analysis in IQ evaluation." IS&T's NIP14: International Conference on Digital Print Technologies, Toronto, Ontario, Canada, 1998; 603.

89. Briggs, J.C; Tse, M.K. "Beyond density and color: Print quality measurement using a new handheld instrument." Proceedings of ICIS 02: International Congress of Imaging Science, Tokyo, Japan, May 13–17, 2002, and describes other scanning-based image quality tools at QEA Inc., http://www.qea.com (accessed 2003).

90. Yuasa, M.; Spencer, P. NCITS-W1: "Developing standards for copiers and printers." Proceedings of IS&T Image Processing, Image Quality, Image Capture Systems (PICS) Conference, Savannah GA, 1999; 270.

91. Williams, D. "Debunking of specsmanship: Progress on ISO/TC42 standards for digital capture imaging performance." Proceedings of IS&T Processing Images, Image Quality, Capturing Images Systems Conference (PICS), Rochester, NY, 2003; 77–81.

92. Williams, D. "Benchmarking of the ISO 12233 slanted edge spatial frequency response plug-in." Proceedings of IS&T Image Processing, Image Quality, Image Capture Systems (PICS) Conference, Portland, OR, 1998; 133–136.

93. Hubel, P.M. "Color IQ in digital cameras." Proceedings of IS&T Image Processing, Image Quality, Image Capture Systems (PICS) Conference, 1999; 153.

94. Swing, R.E. *Selected Papers on Microdensitometry;* SPIE Optical Eng Press: Bellingham, WA, 1995.

95. Swing, R.E. *An Introduction to Microdensitometry;* SPIE Optical Eng Press: Bellingham, WA, 1997.

96. Lehmbeck, D.R.; Jakubowski, J.J. Optical-principles and practical considerations for reflection microdensitometry. *J. Appl. Phot. Eng.* 1979, *5*, 63–77.

97. Ptucha, R. "IQ assessment of digital scanners and electronic still cameras." Proceedings of IS&T Image Processing, Image Quality, Image Capture Systems (PICS) Conference, Savannah, GA, 1999; 125.

98. Gonzalez, R.C.; Wintz, P. *Digital Image Processing;* Addison, Wesley: Reading, MA, 1977; 36–114.

99. Jakubowski, J.J. Methodology for quantifying flare in a microdensitometer. *Opt. Eng.* 1980, *19*, 122–131.

100. Knox, K.T. "Integrating cavity effect in scanners." Proceedings of IS&T/OSA Optics and Imaging in the Information Age, Rochester, NY, 1996; 156–158.

101. Knox, K.T. US Patent #5,790,281, August 4, 1998.

102. Perrin, F.H. Methods of appraising photographic systems. *J. SMPTE* 1960, *69*, 151–156, 239–249.

103. Shade, O. *Image Quality, a Comparison of Photographic and Television Systems;* RCA Laboratories: Princeton, NJ, 1975.

104. Newell, J.T.; Triplett, R.L. An MTF analysis metric for digital scanners. *Proceedings of IS&T 47th Annual Conference/ICPS, Rochester, NY,* 1994; 451–455.

105. Lamberts, R.L. The prediction and use of variable transmittance sinusoidal test objects. *Appl. Opt.* 1963, 2, 273–276.

106. Applied Image, on line catalog, (Applied Image Inc., 1653 E. Main Street, Rochester NY USA, 2009, http://www.aig-imaging.com/. Nearly all test patterns referred to in this chapter and various standards are available from this source along with detailed descriptions in their on-line catalog. See also Reference 200.

107. Scott, F.; Scott, R.M.; Shack, R.V. The use of edge gradients in determining modulation transfer functions. *Photog. Sci. Eng.* 1963, *7*, 345–356.

108. Campbell, F.W. *Proc. Australian Physiol. Soc.* 1979, *10*, 1.

109. Gorog, I.; Carlson, C.R.; Cohen, R.W. "Luminance perception—Some new results." In Proceedings, SPSE Conference on Image Analysis and Evaluation; Shaw, R., Ed.; Toronto, Ontario, Canada, 1976; 382–388.

110. Bryngdahl, O. Characteristics of the visual system: Psychophysical measurements of the response to spatial sine-wave stimuli in the photopic region. *J. Opt. Soc. Am.* 1966, *56*, 811–821.

111. Watanabe, H.A.; Mori, T.; Nagata, S.; Hiwatoshi, K. *Vision Res.* 1968, *8*, 1245–1254.

112. Glenn, W.E.; Glenn, G.; Bastian, C.J. "Imaging system design based on psychophysical data." In Proceedings of the SID 1985, *26*, 71–78.

113. Dooley, R.P.; Shaw, R. A statistical model of image noise perception. In *Image Science Mathematics Symposium;* Wilde, C. O., Barrett, E., Eds.; Western Periodicals: Hollywood, CA, 1977; 10–14.

114. Patterson, M. In Proceedings of the SID 1986, *27*, 4.

115. Blakemore, C.; Campbell, F.W. *J. Physio.* 1969, *203*, 237–260.

116. Rogowitz, B.E. *Proceedings of the SID* 1983, *24*, 235–252.

117. Hufnagel, R. In *Perception of Displayed Information;* Biberman, L., Ed.; Plenum Press: New York, 1973; 48.

118. Oppenheim, A.V.; Schafer, R. *Digital Signal Processing;* Prentice-Hall: Englewood Cliffs, NJ, 1975; 413–418.

119. Jones, R.C. New method of describing and measuring the granularity of photographic materials. *J. Opt. Soc. Am.* 1955, *45*, 799–808.

120. Lehmbeck, D.R. *Imaging Performance Measurement Methods for Scanners that Generate Binary Output.* 43rd Annual Conference of SPSE, Rochester, NY, 1990; 202–203.

121. Vollmerhausen, R.H.; Driggers, R.G. *Analysis of Sampled Imaging Systems Vol. TT39;* SPIE Press: Bellingham, WA, 2000; 50–72.

122. Kriss, M. Image structure. In *The Theory of Photographic Process*, 4th Ed.; James, T.H., Ed.; Plenum Press: New York, 1977; Chap. 21, 592–635.

123. Carlson, C.R.; Cohen, R.W. A simple psychophysical model for predicting the visibility of displayed information. *Proc. of SID* 1980, *21*, 229–246.

124. Barten, P.G.J. "The square root integral (SQRI): A new metric to describe the effect of various display parameters on perceived image quality." Proceedings of SPIE conference on Human Vision, Visual Processing, and Digital Display, Los Angeles, CA, 1989; Vol. 1077, 73–82.

125. Lubin, J. The use of psychophysical data and models in the analysis of display system performance. In *Digital Images and Human Vision;* Watson, A.B., Ed.; MIT Press: Cambridge, MA, 1993; 163–178.

126. Daly, S. The visible differences predictor: an algorithm for the assessment of image fidelity. In *Digital Images and Human Vision;* Watson, A.B., Ed.; MIT Press: Cambridge, MA, 1993; 179–206.

127. Scott, F. Three-bar target modulation detectability. *J. Photog. Sci. Eng.* 1966, *10*, 49–52.

128. Charman, W.N.; Olin, A. Image quality criteria for aerial camera systems. *J. Photogr. Sci. Eng.* 1965, *9*, 385–397.

129. Burroughs, H.C.; Fallis, R.F.; Warnock, T.H.; Brit, J.H. *Quantitative Determination of Image Quality,* Boeing Corporation Report D2: 114058–1, 1967.

130. Snyder, H.L. "Display image quality and the eye of the beholder." Proceedings of SPSE Conference on Image Analysis and Evaluation, Shaw, R., Ed.; Toronto, Ontario, Canada, 1976; 341–352.

131. Barten, P.G.J. The SQRI method: A new method for the evaluation of visible resolution on a display. *Proc. SID* 1987, *28*, 253–262.

132. Barten, P.G.J. "Physical model for the contrast sensitivity of the human eye." Proceedings of the SPIE on Human Vision, Visual Processing, and Digital Display III, San Jose, CA, 1992; Vol. 1666, 57–72.

133. Daly, S. "The visible differences predictor: an algorithm for the assessment of image fidelity." Proceedings of the SPIE on Human Vision, Visual Processing, and Digital Display III, San Jose, CA, 1992; Vol. 1666, 2–15.

134. Frieser, H.; Biederman, K. Experiments on image quality in relation to modulation transfer function and graininess of photographs. *J. Phot. Sci. Eng.* 1963, *7*, 28–46.

135. Biederman, K. *J. Photog. Korresp.* 1967, *103*, 41–49.

136. Granger, E.M.; Cupery, K.N. An optical merit function (SQF) which correlates with subjective image judgements. *J. Phot. Sci. Eng.* 1972, *16*, 221–230.

137. Kriss, M.; O'Toole, J.; Kinard, J. "Information capacity as a measure of image structure quality of the photographic image." Proceedings of SPSE Conference on Image Analysis and Evaluation, Toronto, Ontario, Canada, 1976; 122–133.

138. Miyake, Y.; Seidel, K.; Tomamichel, F. Color and tone corrections of digitized color pictures. *J. Photogr. Sci.* 1981, *29*, 111–118.

139. Crane, E.M. *J. SMPTE* 1964, *73*, 643.

140. Gendron, R.G. *J. SMPTE* 1973, *82*, 1009.

141. Granger, E.M. Visual limits to image quality. *J. Proc. Soc. Photo-Opt. Instr. Engrs* 1985, *528*, 95–102.

142. Natale-Hoffman, K.; Dalai, E.; Rasmussen, R.; Sato, M. Proceedings of IS&T Image Processing, Image Quality, Image Capture Systems (PICS) Conference, Savannah, GA, 1999; 266–273.

143. Dalal, E.; Rasmussen, R.; Nakaya, F.; Crean, P.; Sato, M. "Evaluating the overall image quality of hardcopy output." Proceedings of IS&T Image Processing, Image Quality, Image Capture Systems (PICS) Conference, Portland, OR, 1998; 169–173.

144. Inagaki, T.; Miyagi, T.; Sasahara, S.; Matsuzaki, T.; Gotoh, T. Color image quality prediction models for color hard copy. *Proceedings of SPIE* 1997, *2171*, 253–257.

145. Goldman, S. *Information Theory*; Prentice Hall: New York, 1953; 1–63.

146. Felgett, P.B.; Linfoot, E.H.J. *Philos. Trans. R. Soc. London* 1955, *247*, 369–387.

147. McCamy, C.S. On the information in a photomicrograph. *J. Appl. Opt.* 1965, *4*, 405–411.

148. Huck, F.O.; Park, S.K. Optical–mechanical line-scan image process—Its information capacity and efficiency. *J. Appl. Opt.* 1975, *14*, 2508–2520.

149. Huck, F.O.; Park, S.K.; Speray, D.E.; Halyo, N. Information density and efficiency of 2-dimensional (2-D) sampled imagery. *Proc. Soc. Photo-Optical Instrum. Engrs* 1981, *310*, 36–42.

150. Burke, J.J.; Snyder, H.L. Quality metrics of digitally derived imagery and their relation to interpreter performance. *SPIE* 1981, *310*, 16–23.

151. Sachs, M.B.; Nachmias, J.; Robson, J.G. *J. Opt. Soc. Am.* 1971, *61*, 1176.

152. Stromeyer, C.F.; Julesz, B. Spatial frequency masking in vision: critical bands and spread of masking. *J. Opt. Soc. Am.* 1972, *62*, 1221.

153. Miyake, Y.; Inoue, S.; Inui, M.; Kubo, S. An evaluation of image quality for quantized continuous tone image. *J. Imag. Technol.* 1986, *12*, 25–34.

154. Metz, J.H.; Ruchti, S.; Seidel, K. Comparison of image quality and information capacity for different model imaging systems. *J. Photogr. Sci.* 1978, *26*, 229.

155. Hunter, R.; Robinson, A.H. International digital facsimile coding standards. *Proc. IEEE* 1980, *68*(7), 854–867.

156. Rabbani, M. *Image Compression. Fundamentals and International Standards, Short Course Notes*; SPIE: Bellingham, WA, 1995.

157. Rabbani, M.; Jones, P.W. *Digital Image Compression Techniques, TT7*; SPIE Optical Engineering Press: Bellingham, WA, 1991.

158. Joint BiLevel Working Group. *ITU-T Rec. T.82 and T.85*; Telecommunication Standardization Sector of the International Telecommunication Union, March 1995, August 1995.

159. Buckley, R.; Venable, D.; McIntyre, L. "New developments in color facsimile and internet fax." Proceedings of IS&T 5th Annual Color Imaging Conference, Scottsdale, AZ, 1997; 296–300.

160. Huffman, D. A method for the construction of minimum redundancy codes. *Proc. IRE* 1962, *40*, 1098–1101.

161. Lempel, A.; Ziv, J. Compression of 2 dimensional data. *IEEE Trans Info. Theory* 1986, *IT-32* (1), 8–19.

162. Lempel, A.; Ziv, J. Compression of 2 dimensional data. *IEEE Trans Info. Theory* 1977, *IT-23*, 337–343.

163. Lempel, A.; Ziv, J. Compression of 2 dimensional data. *IEEE Trans Info. Theory* 1978, *1T-24*, 530–536.

164. Welch, T. A technique for high performance data compression. *IEEE Trans Comput.* 1984, *17*(6), 8–19.

165. Beretta, G. Compressing images for the internet. *Proc. SPIE, Color Imaging*, III, 1998, *3300*, 405–409.

166. Lee, D.T. Intro to color facsimile: Hardware, software, standards. *Proc. SPIE* 1996, *2658*, 8–19.

167. Marcellin, M.W.; Gornish, M.J.; Bilgin, A.; "Boliek, M.P. An overview of JPEG 2000." SPIE Proceedings of 2000 Data Compression Conference, Snowbird, Utah, 2000, *2658*, 8–30.

168. Sharpe II, L.H.; Buckley, R. "JPEG 2000.jpm file format: a layered imaging architecture for document imaging and basic animation on the web." Proceedings SPIE 45th Annual Meeting, San Diego, CA, 2001; 4115, 47.

169. Dougherty, E.R. Ed. *An Introduction to Morphological Image Processing*; SPIE Optical Engineering Press: Bellingham, WA, 1992.

170. Hamerly, J.R. An analysis of edge raggedness and blur. *J. Appl. Phot. Eng.* 1981, *7*, 148–151.

171. Tung, C. "Resolution enhancement in laser printers." Proceedings of SPIE Conference on Color Imaging: Device-Independent Color, Color Hardcopy, and Graphic Arts II, San Jose, CA, 1997.

172. Tung, C. Piece Wise Print Enhancement. US Patent 4,847,641, July 11, 1989, US Patent 5,005,139, April 2, 1991.

173. Walsh, B.F.; Halpert, D.E. Low Resolution Raster Images, US Patent 4,437,122, March 13, 1984.

174. Bassetti, L.W. Fine Line Enhancement, US Patent 4,544,264 October 1, 1985, Interacting Print Enhancement, US Patent 4,625,222, November 25, 1986.

175. Lung, C.Y. Edge Enhancement Method and Apparatus for Dot Matrix Devices. US Patent 5,029,108, July 2, 1991.

176. Tuijn, W.; Cliquet, C. "Today's image capturing needs: going beyond color management." Proceedings IS&T/SID 5th Color Imaging Conference, Scottsdale, AZ, 1997; 203.

177. Gonzalez, G.; Hecht, T.; Ritzer, A.; Paul, A.; LeNest, J.F.; "Has, M. Color management—How accurate need it be." Proceedings IS&T/SID 5th Color Imaging Conference, Scottsdale, AZ, 1997; 270.

178. Frazier, A.L.; Pierson, J.S. Resolution transforming raster based imaging system, US Patent 5,134,495, July 28, 1992, Interleaving vertical pixels in raster-based laser printers, US Patent 5,193,008, March 9, 1993.

179. Has, M. Color management—Current approaches, standards and future perspectives. IS&T, 11NIP Proceedings, Hilton Head, SC, 1995; 441.

180. Buckley, R. *Recent Progress in Color Management and Communication;* Society for Imaging Science and Technology (IS&T): Springfield, VA, 1998.

181. Newman, T. "Making color plug and play." Proceedings IS&T/SID 5th Color Imaging Conference, Scottsdale, AZ, 1997; 284.

182. Chung, R.; Kuo, S. "Colormatching with ICC Profiles—Take one." Proc. IS&T/SID 4th Color Imaging Conference, Scottsdale, AZ, 1996; 10.

183. Rickmers, A.D.; Todd, H.N. *Statistics, an Introduction;* McGraw Hill: New York, 1967.

184. Dvorak, C.; Hamerly, J. Just noticeable differences for text quality components. *J. Appl. Phot. Eng.* 1983, *9*, 97–100.

185. Hamerly, J. Just noticeable differences for solid area. *J. Appl. Phot. Eng.* 1983, *9*, 14–17.

186. Bartleson, C.J.; Woodbury, W.W. Psychophysical methods for evaluating the quality of color transparencies III. Effect of number of categories, anchors and types of instructions on quality ratings. *J. Photo. Sci. Eng.* 1965, *9*, 323–338.

187. Stevens, S.S. *Psychophysics: Introduction to Its Perceptual, Neural and Social Prospects;* John Wiley and Sons: New York, 1975; Reprinted: Transactions Inc.: New Brunswick, NJ, 1986.

188. Thurstone, L.L. Rank order as a psychophysical method. *J. Exper. Psychol.* 1931, *14*, 187–195.

189. Stevens, S.S. On the theory of scales of measurement. *J. Sci.* 1946, *103*, 677–687.

190. Kress, G. *Marketing Research,* 2nd Ed.; Reston Publishing Co. Inc.: a Prentice Hall Co.: Reston, VA, 1982.

191. Morrissey, J.H. New method for the assignment of psychometric scale values from incomplete paired comparisons. *JOSA* 1955, *45*, 373–389.

192. Bartleson, C.J.; Breneman, E.J. Brightness perception in complex fields. *JOSA* 1967, *57*, 953–960.

193. Bartleson, C.J. The combined influence of sharpness and graininess on the quality of color prints. *J. Photogr. Sci.* 1982, *30*, 33–45.

194. Bartleson, C.J.; Grum, F. Eds. Visual measurements. In *Optical Radiation Measurements,* Academic Press: Orlando, FL, Vol. 5, 1984.

195. Gescheider, G.A. *Psychophysics: The Fundamentals,* 3rd Ed.; Lawrence Erlbaum Assoc. Inc.: Mahwah, NJ, 1997.

196. Guilford, J.P. *Psychometric Methods;* McGraw Hill Book Co.: New York, 1954.

197. Malone, D. Psychometric methods. In *SPSE Handbook of Photographic Science and Engineering,* Chapter 19.4; A Wiley Interscience Publication, John Wiley &Sons: New York, 1973; 1113–1128.

198. Nunnally, J.C.; Bernstein, I.R. *Psychometric Theory,* 3rd Ed.; McGraw Hill Book Co.: New York, 1994.

199. Torgerson, W.S. *Theory and Methods of Scaling;* J. Wiley &Sons: New York, 1958.

200. Koren, N. Making fine prints in your digital darkroom, Understanding image sharpness and MTF; http://www.normankoren.com, validated. 2/11/2009—Good practical and theoretical insights with pointers to a software product "Imatest" used to measure these and many other characteristics of cameras and scanners.

201. A. Davidhazy, Ed. http://www.rit.edu/cias/photo/ipt-faculty/ (Rochester Institute of Technology. Rochester, NY, 2009) which lists faculty and related courses that influenced updates herein.

202. Hunter, R.S.; Harold, R.W. *The Measurement of Appearance,* 2nd Ed.; John Wiley and Sons: New York, 1987; 191.

203. Scheff'e, H. An analysis of variance for paired comparisons. *J. Am. Statist. Assoc.* 1952, *47,* 381–395.

204. Daniels, C.M.; Ptucha, R.W.; Schaefer, L. "The necessary resolution to zoom and crop hardcopy images." Proceedings of IS&T Image Processing, Image Quality, Image Capture Systems (PICS) Conference, Savannah, Georgia, 1999; 143.

205. Nakamura, J. *Image Sensors and Signal Processing for Digital Still Cameras;* Taylor and Francis: Boca Raton, FL, 2006; Mizoguchi, T. Ch 6: Evaluation of image sensors, 179–203.

第4章 多面体反射镜扫描器：
组件、性能和设计

Glenn E. Stutz

美国亚利桑那州菲尼克斯市林肯激光器公司

4.1 概述

多面体反射镜扫描器已经得到广泛应用，包括检验、激光打印、医学成像、激光标刻、激光雷达和显示技术等。自激光首次发现以来，工程师们就努力寻求一种方法以重复的形式来移动激光束输出。

"多面体反射镜扫描器"是指含有3个以上小反射端面的旋转光学元件的一类扫描器。多面体反射镜扫描器三维光学元件通常是一块金属反射镜。多面体反射镜扫描器之外的其他类型扫描器可以仅有一个小反射端面，如五角棱镜、立方分束器或者"单面反射镜式"。本节重点介绍以金属反射镜为光学元件的扫描器。

多面体反射镜扫描器并非唯一能使光束移动的技术，其他技术包括检流计、微反射镜、全息元件、压电反射镜及声-光偏转镜技术，每种技术都有各自的潜在优点。多面体反射镜扫描器特别适用于要求单向扫描、高扫描速率、大孔径、大扫描角或者高通量的情景。在大多数应用中，多面体反射镜扫描器是匹配另一种进行光束控制或目标运动的技术，从而形成第二根轴，利用多面体反射镜扫描器形成光栅图像，获得运动的快速扫描轴。

本章将介绍扫描反射镜类型和制造技术，以及有代表性的技术规范。本章还会介绍扫描反射镜使用的电动机和轴承系统。此外，还有一节介绍关于扫描器设计中如何确定多面体反射镜扫描器及成本动因的相关内容。本章还将阐述如何将扫描器组装成一个包括系统规范和设计方法的扫描系统。最后一节描述扫描系统中的图像缺陷及其补偿方法。

4.2 扫描反射镜类型

有多种扫描反射镜，大致分为如下几种类型：
1. 棱柱式多面体扫描反射镜
2. 锥体式多面体扫描反射镜
3. 单面体扫描反射镜
4. 不规则多面体扫描反射镜

4.2.1 棱柱式多面体扫描反射镜

一个规则的棱柱式多面体的定义为，由一些小平面反射镜组成的平面反射体。这些小反射面平行于一条中心旋转轴并与其保持相等距离（见图4.1）。这些扫描反射镜是在同一像平面上完成重复扫描的。制造此类扫描反射镜最具成本效益。所以，在许多应用中，包括条码扫描和激光打印，都能看到这类扫描镜。图4.2给出了其制造成本低于其他类型扫描反射镜的原因。

图4.1 普通棱柱式多面体扫描反射镜

图4.2 棱柱式多面体反射镜夹具成组加工能够降低制造成本

可以明显看出，在制造工艺流程中，多个棱柱式多面体扫描反射镜可以成组加工移动，从而实现处理工序少、一致性好和加工时间短的优点。

4.2.2 锥体式多面体扫描反射镜

一个规则的锥体式扫描反射镜定义为，由一组小端面反射镜组成的反射镜，并且小端面反射镜相对于旋转轴有相同的倾角，一般是45°（见图4.3）。由于不可能像普通棱柱式多面体扫描反射镜那样成组加工，因此，这类多面体反射镜的制造成本较高。

45°锥体式多面体扫描反射镜的一个重要特性是，在转轴相同转角情况下，输出的扫描角是棱柱式多面体反射镜的一半。若多面体反射镜旋转速度一定，这有益于系统设计师利用这种性质来减小数据传输速率。棱镜式多面体扫描反射镜主要用于与旋转轴垂直的入射光束，而锥体式多面体反射镜则用于与旋转轴相平行的入射光束（见图4.4）。

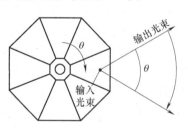

普通的45°锥形多面体反射镜

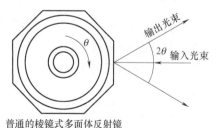

普通的棱镜式多面体反射镜

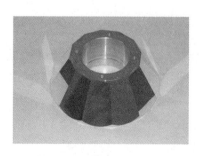

图4.3 规则的锥体式多面体扫描反射镜

图4.4 扫描角与旋转角

4.2.3　单面体扫描反射镜

单面体扫描反射镜是只有一个反射面且中心位于旋转轴上的扫描反射镜。由于只有一个反射面，所以，单面体扫描反射镜并不属于真正的多面体扫描反射镜类型，却是扫描反射镜家族中的一个重要类型。单面体扫描反射镜又称为被截断的反射镜，用于内磁鼓式扫描系统。在一种使用单面体扫描反射镜的典型系统中，激光束沿旋转轴方向透射到单面体反射镜上，随着扫描器旋转，输出光束在内磁鼓上扫描出一个圆。这类扫描系统能够形成非常精确的光点位置并具有极高的分辨率，应用于印前市场。图 4.5 给出了单面体扫描反射镜的例子。

图 4.5　单面体扫描反射镜

4.2.4　不规则多面体扫描反射镜

不规则多面体扫描反射镜是由一组与旋转轴呈不同角度并保持一定距离的平面小反射镜组成的（见图 4.6）。这类扫描反射镜的独特之处在于，无须第二根运动轴就能产生光栅输出。如果小反射镜具有不同角度，由此产生的输出扫描就不会叠加。这类扫描器适用于下列的粗扫描方式：

1. 售货用条形码阅读器
2. 激光热处理系统
3. 低分辨率写入和显示系统

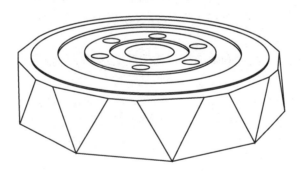

图 4.6　不规则多面体扫描反射镜

与规则多面体扫描反射镜相比，由于其具有非对称性，所以无法像规则多面体反射镜那样成组加工，成本要高得多。其另一缺点是，在旋转期间，多面体反射镜本身动态不平衡，因此应用局限于低速扫描的情况。有一种特殊的设计，即在多面体的每一侧采用相等但反向设置的小反射镜，这有利于解决平衡问题，其结果是每旋转一圈形成两次扫描图像。

上面已经介绍了扫描反射镜的类型。按照逻辑顺序，系统设计的下一步应考虑反射镜的制造材料，换句话说，确定当今最常用的材料。

4.3　材料 ⬅

选择多面体反射镜的材料时，主要考虑的是性能和成本。多面体反射镜最适用的材料是铝、塑料和铍。确定材料时，需要考虑的关键性能是小反射镜端面的畸变/平整度。

铝材料是在成本和性能上很好的折中选项。它具有刚度好、较轻，并且制作工艺成本低廉。如果小反射镜面的畸变不超过 $\lambda/10$，那么，使用铝反射镜的周缘扫描速度上限是 76m/s 的数量级。超过该速度，小反射镜的端面尺寸、反射镜形状和安装方式都对其畸变起着重要作用。若准备以高于该限制的速度进行扫描，建议进行有限元分析。图 4.7 给出了六面体扫描反射镜由于高速旋转而发生变形的例子。

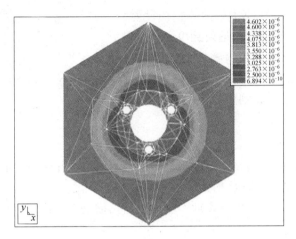

图 4.7　对以 30000r/min 转速旋转的多面体进行有限元分析

使用塑料材料的情况，主要是出于成本因素，并且塑料材料的性能可以满足应用要求。超市便携式条码阅读器及其他短距离、低分辨率扫描应用就是这样的例子。注塑模压成型技术已经成功研发数年了，但制造直径大于 2mm、小反射镜平整度优于 1 个波长的塑料反射镜仍很困难。

铍材料已经成功应用于高速和低畸变扫描情况。这是一种很贵的基板，制造过程会产生有毒尘埃，需要专用的抽气和过滤设备，因而是一种非常昂贵的解决方案，也因此未得到广泛应用。一般地，对铍抛光之前，先镀上一层镍，将铍密封，以防止有毒尘埃的产生。

在某些高速扫描应用中，小反射面平整度略差是可以接受的。在此情况中，必须考虑多面体反射镜结构的整体性。利用下式[1]确定动态应力达到屈服强度（造成永久畸变并很危险地接近断裂速度）时的速度：

$$B = \sqrt{\frac{S}{(7.1e-6)w\left[(3+m)R^2 + (1-m)r^2\right]}} \tag{4.1}$$

式中，B 为最大安全速度（r/min），S 为屈服强度（lb/in^2）；w 为材料密度（lb/in^3）；R 为外周缘半径（in）；r 为内孔半径（in）；m 为泊松比。该公式未给出安全系数，所以，最好考虑到这一点并采用较小的值，以留出适当的安全范围。

4.4　多面体反射镜制造技术 ⬅

铝是多面体反射镜最常用的基板材料，一般采用两种技术制造铝多面体反射镜：普通的抛光技术和单点金刚石切削技术。两种技术都有自身优点，用哪种制造技术取决于应用要求。

4.4.1　传统的抛光技术

本章所说的普通抛光技术是指沥青研磨，采用与玻璃透镜和棱镜几乎完全相同的抛光方式。一种抛光工具覆盖一层沥青，所用抛光材料是由氧化铁和水组成的抛光剂。沥青模与光学件摩擦，通过抛光剂消除材料。利用沥青研磨法能够在一些材料上形成高质量表面。遗憾的是，该方法并不适合铝材料，铝材表面在抛光过程中非常容易形成擦痕。已经研发出新的技术，其抛光质量取决于最小的磨料混合物，但材料的切除速率很低，成本太高。

由于铝材不能直接抛光，所以，抛光之前必须首先镀以其他材料，最常用的方法是化学镀镍。这样可以实现低成本，并使得要求具有优越抛光性能的铝基板容易加工，并且镍层也很耐用。每个小反射镜面都是单独抛光的，其他面被遮挡，如图 4.8 所示。如果多面体反射镜是前面所述规则类型的，则一次可以完成对一组多面体的抛光。

图 4.8　多面体反射镜的普通抛光技术

4.4.2　单点金刚石切削技术

单点金刚石加工技术是利用非常锐利的单晶金刚石切削工具去除材料的工艺。金刚石加工中心可以是车床和磨床形式，利用超精密空气轴承主轴和水压工作台及隔震安装垫，使制造水平达到光学表面的质量要求。图 4.9 所示为正在制造多面体反射镜的金刚石加工中心。

由于单点金刚石切削已实现自动加工，工艺过程比普通抛光时间少得多，所以，已经证明是一种非常有效的光学表面加工方法。一般来说，金刚石切削加工反射镜都使用铝材，但利用其他基板的金刚石切削加工反射镜的效果也令人满意。金刚石切削加工的反射镜的表面质量似乎很完美，但仔细检查，遗留在表面的刀痕也很明显，在表

图 4.9　金刚石加工中心

面会形成一幅光栅图，从而增大了表面散射，特别是对小于500nm波长光的散射。

4.4.3　普通抛光与金刚石切削技术比较

到目前为止，利用金刚石切削技术制造的铝扫描反射镜得到了大量应用，其原因是制造成本低且具有良好性能。然而，抛光反射镜找到了一个更好的商机，其应用量超过金刚石切削技术制造的反射镜，只是成本较高。抛光反射镜适合对散射很敏感的那些应用，如在胶片上的扫描写，其抛光的反射镜能够使表面粗糙度的方均根达到1nm[注]，而金刚石切削反射镜的表面粗糙度的方均根只能达到4nm。短波范围的应用也需要具有较低散射的抛光反射镜表面。光波波长小于400nm的应用常常要求较低散射的抛光反射镜，直至大约500nm的光波波长应用，散射都是一个值得注意的问题。

两类技术加工的表面形成的散射类型各不相同：抛光表面容易形成朗伯（Lamber）散射，造成大量的大角度散射；利用金刚石切削制造的反射表面则会形成大量的小角度散

　　⊖　原书此处采用废止的单位"埃"，本书全部换算为纳米。——译者注

射。小角度散射沿着非常接近光谱反射的方向传播，在光学系统中很难屏蔽掉。

4.5 多面体扫描反射镜的技术规范 ←

除了选择多面体的类型、材料和制造方法外，还需要确定机械方面的技术要求。按照理想情况，多面体反射镜应当达到打印程序规定的精确尺寸和角度。实际上，制造工艺方面的限制使设计师必须对多面体反射镜附加一组公差，并评估这些不理想因素如何影响系统性能。需要对多面体反射镜制定规范的项目包括如下几项：

1. 小反射面间夹角的一致性
2. 尖塔差
3. 小反射面对旋转轴的一致性（总体一致性和相邻小反射面的一致性）
4. 小反射面半径
ⅰ. 标称公差
ⅱ. 所有小反射面的公差变化
5. 面形（包括光焦度和不规则度）
6. 表面质量和散射

4.5.1 小反射面间夹角的一致性

小反射面之间角度的一致性 Δ，定义为多面体反射镜相邻小反射面标称角度值 ψ 的变化（见图4.10）。多面体反射镜旋转时，角度的这种变化会造成两个相邻小反射镜面间的时间变化。角度变化范围的典型值是 $\pm(5'' \sim 30'')$。扫描传感器和/或者编码器的使用初期，大部分扫描系统对该误差不敏感。

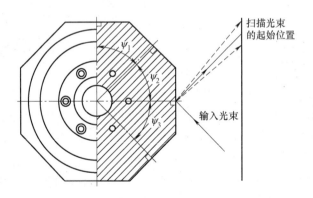

图4.10 小反射面夹角的一致性

像其他所有的角度公差一样，这种不一致性也是一种机械计量。由于在机械公差与光学效果之间有一个2倍关系，所以，系统设计师要求每个人都要注意机械而非光学方面的这些误差。

4.5.2 尖塔差

尖塔差定义为实际小反射面和标准反射面之间夹角与设计角度的平均偏离量 Ω（见图4.11）。这种偏差会造成输出光束的方向差，也会使扫描线呈弓形弯曲。这种角度误差的典型值（机械方面的技术要求）是 $\pm 1'$。

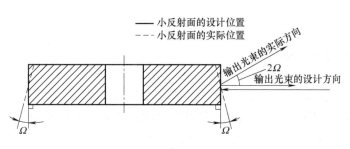

图 4.11　尖塔差

4.5.3　小反射面与光轴的一致性

这种偏差定义为一个多面体反射镜所有小反射面尖塔差的总变化量（见图 4.12）。对于反射镜，这是一个至关重要的技术要求，对稍后讨论的扫描器动态跟踪的技术条件有一定影响，其典型值（机械方面的技术要求）是 $2'' \sim 60''$。

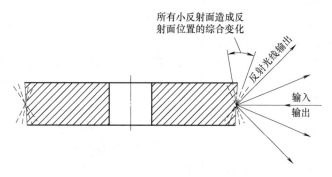

图 4.12　小反射面对旋转轴的一致性

另一个与此有关的参数是相邻小反射面对旋转轴的一致性，定义为多面体反射镜一个小反射面与相邻小反射面锥角的最大差值，其典型值（机械方面技术要求）是 $1'' \sim 30''$。

光学扫描系统可以采用校正装置使该值减小。系统分辨率对确定实际需要值起着很大作用。胶片记录应用对该项技术要求最苛刻，而被动读系统的要求最宽松。

4.5.4　小反射面半径

小反射面半径（指一些厂商加工的小反射面高度）定义为多面体反射镜中心到小反射面的距离。规定半径变化及平均半径的公差非常重要。由于该指标决定着小反射面在光学系统中的位置，必须给出小反射面的平均半径。多面体反射镜小反射面的半径变化会造成不同小反射面焦平面的位置变化，从而造成扫描线的速度变化，一般变化都较小，并表现为抖动误差。小反射面半径平均位置的典型值是 $\pm 60 \mu m$，多面体反射镜小反射镜半径变化的典型值是 $\pm 25 \mu m$。

4.5.5　小反射面面形精度

面形精度指的是多面体反射镜小反射面的宏观形状，定义为对理想平面的偏差量。多面体反射镜小反射面的平整度对光束像差和传播方向都有影响。像差会影响扫描系统最终聚焦光斑的大小。方向误差则造成扫描速度变化。

以下因素会影响多面体反射镜小反射面的平整度：

1. 初始的制造公差
2. 装配应力产生的畸变
3. 高速旋转形成的畸变
4. 消除持续应力产生的畸变

通常利用干涉仪测量静态平整度，以光波波长 λ（或者小数）表示。对于波长为 633nm，平整度的典型技术要求是 $\lambda/8$。可以用多种形式表示平整度的偏离量，它取决于制造该表面的方式。例如，利用普通抛光技术制造的反射镜表面以标准球形式（凸或凹球）表示平面偏离，用金刚石切削技术制造的表面通常以标准柱面形式（凸或凹柱面）表示平面偏离。一般地，会对多面体反射镜提出两个与平整度有关的技术要求：表面光焦度和不规则度。不规则度定义为与最佳拟合球面的偏离量。另一种常用方法是根据光焦度和 PV- 光焦度（峰谷误差负光焦度）表示光学表面，区分规则和不规则形状。对印刷行业使用的多面体反射镜则规定为工作波长的 $\lambda/10 \sim \lambda/8$。

4.5.6　表面质量与散射

一块理想的光学反射面会反射所有的入射光而不会造成任何散射。实际上，光学表面存在不同程度的多种缺陷。美国军标 MIL- PRF- 13830B 规定了对表面缺陷擦痕和麻点的技术要求，并在光学行业得到广泛应用。这种确定质量的方法包括对表面的仔细检查，并给出单位面积的擦痕和麻点等级。以普通抛光方法加工的高质量多面体的质量等级典型值是 40 ~ 20 个擦痕和麻点。

另外，利用机械加工技术制造的光学表面精确和规律地分布着刀具痕迹，频率足够高，高度误差相当低，以至于在可见光和红外波段呈现出平面反射镜的特性。为此，在表面质量检验中必须额外补充擦痕和麻点的技术要求。对于总体表面质量，一个较为有代表性的定义是方均根（RMS）表面粗糙度（简称 RMS 粗糙度），可以通过机械或光学轮廓仪直接测量，或测量表面散射进行间接测量。

为了测量表面散射并给出与之对应的 RMS 粗糙度值，需要一台专用的测试系统。必须利用不同的计量方法测量利用金刚石切削技术和普通抛光技术加工的反射镜的散射。金刚石切削技术产生的表面，在反射光束附近一个很窄的锥角内，有相当大的散射能量。而普通抛光方法制造的反射镜产生的大部分散射能量分布在比反射光束发散角大得多的锥角内。

利用积分球（对应一个很宽的锥角）可以测试普通抛光法得到的反射镜（见图 4.13），测试中汇聚的是 4°~180°锥角范围内的散射光。可以组合利用积分球和一个小角度测试设备测试由金刚石切削技术制造的反射镜（见图 4.14），测试中汇聚的是 0.4°~4°锥角范围内的散射光。

已经研发得到 RMS 粗糙度与入射光中总积分散射光之间的关系[2]：

$$\text{RMS 粗糙度} = \frac{\lambda \sqrt{\ln(1 - \text{TIS})}}{4\pi}$$

$$(4.2)$$

式中，TIS 为总的积分散射。

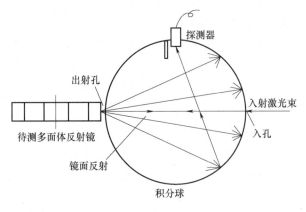

图 4.13　大角度散射的测试

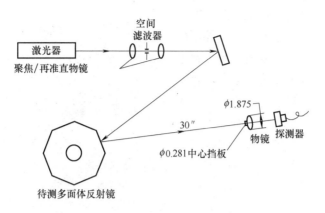

图 4.14　小角度散射的测试

综合擦痕、麻点及 RMS 粗糙度的检验，可以非常好地表述比面形频率更高的表面结构。

4.6　镀膜

多面体反射镜镀光学膜有两个主要功能：提高表面反射率和/或耐用性。对金刚石切削技术制造的多面体反射镜，基板通常采用铝材料（材料本身在大部分可见光光谱范围内都具有良好的反射）。如果没有镀膜，那么铝表面太软，即使极轻的清洁也容易擦伤，所以，一种解决措施是涂镀一层薄的一氧化硅材料（一种介质材料）作为表面保护层。一般地，光学厚度大约是半个工作波长。这种材料比基层的铝耐用，并可以清洁，该膜层称为铝保护膜，在 450～650nm 光谱范围内的反射率大于 88%。

铝保护膜适合于许多应用，由于制作简单，所以比较廉价。然而，众多应用中，要求不同波长情况下有更高的反射率性能，因此需要镀增强膜。

大部分应用中涂镀的第一层是结合层，如铝、银或金。该金属层上面的膜层是介质膜层。一般来说，要根据工作波长选择金属层。如前所述，在可见光光谱，选择铝材料较好。通过连续镀介质层可以提高这种材料在紫外波段的反射率，因此，也用于紫外领域。黄金材料用作大于 600nm 光谱范围的基底材料，在波长 600nm 处反射率很高（90%），从 1～10.6μm 都有非常高的反射率（>98%）。

银材料在一个很宽的光谱范围内都呈现出非常理想的反射率，经常认为是多面体反射镜的理想镀膜材料。然而从实际来说，选择银作为长期使用的镀膜材料常常令人失望：稍微有个小孔（或者由于清洁造成很小的擦痕）就会使银暴露于大气环境中，并与大气相互反应，经过一段时间（几天或者几星期），就会扩散使缺陷扩大。初始时铝的反射率比银稍低，但一段时间后的表现会远远优于银。

用于保护表面和提高反射率的普通介质材料是一氧化硅、二氧化硅、二氧化铪和二氧化钛。高折射率和低折射率材料组合成 1/4 波长膜系可以提高工作波长范围内的反射率。术语"1/4 波长膜系"是指高低折射率材料交替涂镀的膜层系列，厚度是光学工作波长的 1/4。可以根据不同应用条件下需要提高的基底金属反射率对 1/4 波长膜系进行专门设计，大部分公司会提供适合不同波长的各种标准反射率。

镀膜工艺是在图 4.15 所示的真空镀膜箱中完成的。由于多面体光学面位于外围圆周上，所以，需要设计专用镀膜工装。镀膜时，将多面体反射镜置于镀膜支架上，将支架置于蒸镀源上面的镀膜箱中。镀膜时，支架随驱动机构以固定速度旋转，所有小反射面都将镀以相同厚度的膜层材料。旋转速度要足够快，要使旋转一圈的时间仅占镀一层膜所用时间的很少部分。否则，依靠镀膜机控制快门（shutter）的开关时间来控制，多面体反射镜各面的膜层厚度变化会非常大。

图 4.15　镀膜机

小反射面及小反射面间反射率均匀性，是多面体反射镜的重要技术指标，它会影响图像读和写的精度。实际上，较大型多面体反射镜的小反射面（如几 in^2）反射率的均匀性很难达到较小尺寸小反射面（如 $0.5in^2$）的水平。镀膜前，表面的清洁、镀膜机镀膜速率随位置和时间的变化必须保持一致。

为了获得良好的附着力和膜层密度，会对材料高温加热，但铝材料多面体在镀膜工艺中不可以高温加热。在加热过程中，多面体反射镜形状对轻微的应力变化都很敏感，会造成小反射面的平整度变化。为了保证平整度，应保证多面体反射镜在低于 225℃ 温度条件下进行镀膜。

为了使多面体反射镜具有理想的膜层性质，镀膜前的表面清洁至关重要。无论何种加工方法，在镀膜之前，在检验、传送后及安放在镀膜罩内的过程中，都要对多面体反射镜小心处理。多面体反射镜必须充分进行清洁，将其他物质清除，不然将影响表面质量、膜层附着力或者镀膜系统脱气。

需要使用一些工装和设备测量膜层的光学性能，常用的仪器是分光光度计和激光反射仪。首先介绍利用分光光度计获得反射率与波长的相关信息。设计有反射率测量附件的大部分分光光度计仅限于用于测量直径 $1\sim2in$ 数量级的小尺寸样品，因此一般不适合用来测量多面体。一般，在镀多面体反射镜膜系的同时，涂镀一块测试样片，以此代表真实零件的膜层性能。只要测试样片与多面体反射镜具有相似的表面制造工艺和质量，该方法就能够真实地表述多面体反射镜的表面性能。这就意味着，用金刚石切削法加工的测试样片代表以相同技术制造的多面体反射镜；而以普通抛光技术制造的多面体反射镜，应当采用与之同时加工的测试样片。

激光反射仪将某种波长的反射光束与入射光束比较，并设定为在 S 或 P 偏振角范围内测试。该方法非常适合用来确定某特定波长下的表面性能，但无法提供宽带信息。

4.7　电动机和轴承系统 ←

多面体反射镜需要配置轴承系统和驱动机构，而成为具有一定功能的扫描器。驱动机构包括气动系统、交流磁滞同步电动机和直流无刷电动机。其中大部分应用中的轴系是滚珠轴承、静压空气轴承或者气动轴承。

4.7.1　气动驱动装置

当今，许多扫描反射镜技术都是从为高速摄影行业研发的超高速多面体/涡轮电动机演化而来的。压缩空气涡轮机转多面体反射镜，提供了一种极具吸引力的方式，其速度远高于电动机。涡轮机驱动的优点如下：

1. 可以使扫描反射镜具有大驱动功率、加速快，并具有很高的速度（高达 1000000r/min）
2. 体积小和重量轻，与传输功率相称
3. 可安装轴密封环，使扫描反射镜工作在局部真空环境中

其缺点如下：

1. 需要压缩气源
2. 异步设备
3. 价格高
4. 总的寿命较短

对于气动驱动，建议只是用于需要短工作周期及必须采用超高速的情况。

4.7.2　磁滞同步电动机

磁滞同步电动机的转子，通常是用一片合金硬化钢（主要是钴合金）制造而成的。其本身具有磁滞损耗性质。其对磁通量的磁阻影响转子力矩与驱动电流同步。该力矩使得电动机开始旋转，当转子接近定子磁链旋转速度时，就变为永久磁性并"锁定"为同步驱动。如果关闭电动机并重新起动，则定子磁链使转子退磁，再次出现磁滞。同步工作模式比磁滞或起动模式效率高，并且许多系统在电动机锁定后，利用同步探测器减小驱动电流以节省能量和减少发热。

交流磁滞同步电动机具有相位抖动（速度偏差）特性，仿佛被一根弹簧耦合驱动的波形。同步期间，转子相位以某种速率前后抖动，该速率取决于"弹簧劲度系数"（即通量密度）及系统的转矩/惯量比。一般地，这种相位抖动频率是 0.5～3Hz，抖动量是几度（峰值间 1°～6°）。理想条件下，该抖动量可以阻尼至零，然而这只是完美情况。可以预料，由于输入时瞬时产生的不稳定电流、对组件的机械冲击、电动机轴承阻力矩的变化等因素，会造成抖动连续再现。对许多系统，相位抖动造成 0.01%～0.5% 的小速度误差是可以接受的，否则，需要设计一条反馈回路以达到该水平。

4.7.3　直流无刷电动机

至今，直流无刷电动机是最经常用于驱动多面体反射镜扫描器的电动机。这种电动机包括永磁体转子和提供变化磁力的定子。电动机磁体由不同材料组成，包括金属钕和铁酸盐，使用哪种材料取决于具体应用。转子的磁极数目取决于工作速度。低速电动机往往有较高的极数（8～12），而较高速度的电动机（>10000r/min）有较低的极数（4～6）。低速时采用多极数的原因是为了实现较平稳的旋转。若速度较高，则不需要较多的极数；并且，由于极数少，定子磁通变化的速度相对较小，这样的电动机损耗也小。

直流无刷电动机不存在交流磁滞同步电动机那样的速度偏差问题，所以用来驱动电动机的控制装置可以实现更紧凑的控制回路。由于转矩能够快速改变速度，所以，这些电动机会呈现高频率的变化。这种高频的速度变化称作抖动，其量值与惯量及每转反馈脉冲的数目有关。在较高速度时，惯量可使旋转平顺并限制抖动量。速度较低时，反馈的脉冲数有助于保

持控制回路误差较小，所以，当电动机出现校正转矩时速度抖动较小。较高速度时采用霍尔（Hall）传感器，以便将磁性位置反馈给控制器。在低速时，惯量较低，因为控制器会追踪霍尔传感器的定位误差和触发误差，所以霍尔传感器会引起抖动。速度较低时，需要在转子上设计一个编码器以实现低水平抖动。增量式编码器甚至可以减小由盘质量、轴对准及元件质量不良造成的抖动误差。

4.7.4 轴承类型

多面体反射镜扫描器需要轴承支撑系统以使转子旋转。扫描器最常使用的几类轴承如下：

1. 滚珠轴承
2. 静压空气轴承
3. 气动轴承

这三类轴系在本书其他章节将详细讨论。由于价格低廉，滚珠轴承得到了广泛应用。无论单向扫描还是交叉扫描，若运转速度低于20000r/min或者允许轴承可以有不可重复误差，都可以把滚珠轴承作为候选对象。

从20世纪80年代开始，激光扫描就大量采用气动轴承。气动轴承旋转时会自身形成气压。对于径向轴承（或向心轴承），通常设计有两个密接柱体。止推轴承（或轴向轴承）则是空气推力轴承或者磁轴承。与普通的滚珠轴承和静压空气轴承系统相比，这些轴承系统具有许多优点。气动轴承允许的速度范围约为4000~100000r/min，该轴承只是比等效的滚珠轴承系统稍微贵一些，但运行时没有磨损，不需要外部加压装置。已经研发出可以承受20000次起动-停止的此类轴承。气动轴承的应用的确受到限制，不能很好地适用于较脏的环境条件。许多设计要求运行期间不断交换外面的空气，因此，会吸入外部脏污。轴承硬度有限，大多数的设计不能承受高冲击负载。由于缺乏支撑并需要承受恒定的起动和制动作用，所以，许多应用限定了光学件的重量。在起动和制动过程中，重量过大会加快轴承受损。

静压空气轴承能够提供最好的性能，但成本高。静压空气轴承采用压缩空气、密接止推（轴向）和向心（径向）轴承表面支撑转子。压缩空气时，轴承并不接触零件，因此，有特别长的寿命。这种轴承刚性非常好，摆动角误差小于1″。能够承受很重的负载，并且起动和关闭时没有磨损。然而，需要外部设备向轴承施压，增加了系统复杂性及成本。

4.8 扫描器技术规范

确定了多面体反射镜、电动机及轴承系统之后，就要考虑这些组件的封装了。获得高性能扫描器的关键因素之一，是如何高质量地将扫描反射镜安装在旋转轴上。

为了保持小反射面在多面体反射镜制造期间的平整度，尤其要求平整度优于λ/8时，必须仔细地将多面体反射镜紧固在驱动轴上。反射镜与转子间的界面切记不能在多面体反射镜内引起应力，应力会传递给小反射面。

图4.16给出了一种典型的装配方案，多面体反射镜的基准面和安装底座的定位环面都要经过精磨，使两个表面完全相接触时变形最小。

为了精确安装反射镜基准面和转子底座表面，同样很重要的因素是装配件的清洁度及紧固螺钉采用合适的转矩。在低速和中速应用中，可以采用上述方式固定多面体，当周缘速度接近 76m/s 时，需要考虑其他的装配方法。

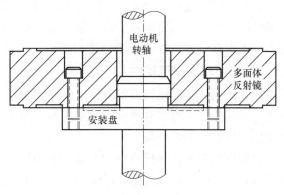

图 4.16　反射镜/转子界面

　　在许多应用中，只要所有小反射镜面变化同样的量，就允许其有一些畸变。在这类应用中，用螺钉沿多面体反射镜顶点对称安装。与此相比，其他的安装方法对小反射面的形状变化要求苛刻，并且需要采用正确的径向对称安装方法，如夹持固定法。这种方法已经得到成功应用，但需要采用由（能够产生弹力的）塑料材料或成型铝材制成的径向固定装置。

　　一旦多面体反射镜与电动机和轴承系统装配在一起，就可以称之为多面体反射镜扫描器。用下列技术规范定义扫描器组件：

1. 动态跟踪误差
2. 抖动
3. 速度稳定性
4. 平衡
5. 垂直度
6. 时间同步

4.8.1　动态跟踪误差

　　动态跟踪误差定义为，与扫描方向相垂直的小反射面机械角度的总变化量，如图 4.17 所示。若一束光以 10″动态跟踪误差照射多面体反射镜，那么，垂直于扫描方向的所有小反射面以 20″误差形成扫描包迹线。其原因是旋转反射镜反射造成的角度倍增效应。

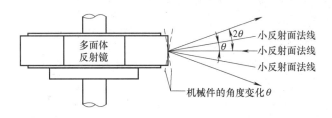

图 4.17　动态跟踪误差

　　有四种因素对动态跟踪误差有重大影响。第一种是多面体反射镜本身，每个小反射面的角度都不相同，并有残余的尖塔差。第二种源自多面体反射镜与旋转轴的装配，如果安装的多面体反射镜不是理想地垂直于旋转轴的，则小反射面（在 1 圈内）将会以正弦形式改变其指向。这两种影响产生的误差是固定的，会重复出现。第三种因素是轴承支撑系统造成的随机和不可重复的误差，对于滚珠轴承组件数量级是 1″~2″，对空气轴承组件则小于 1″。第四种是可重复误差，源自研磨工序对旋转轴安装底座的影响，要求该底座垂直于旋转轴。由于研磨公差，一般会造成几个角秒的误差。

在激光写系统中，动态跟踪误差的可重复量（往往是较大）将表现为一条带状伪影，线条间隔不均匀，多面体每旋转一圈，都会重复出现。如果需要，利用主动或被动方法可以减小动态跟踪误差，4.12.1 节将进行讨论。

4.8.2 抖动和速度稳定性

由于多面体反射镜扫描器的速度误差影响写应用的像素位置和读应用的观察角，所以使该误差尽可能小显得非常重要。速度误差有两种形式：可重复和不可重复。可重复误差的处理要比不可重复误差容易。

对速度误差的技术规范分为高频（抖动）和低频（速度稳定性）两种情况。高频范围从逐像素到每圈一次，低频范围是若干圈一次。扫描系统中的许多因素都对抖动或速度稳定性误差有贡献，如表 4.1 所示。

表 4.1　抖动或速度稳定性误差的因素

主要原因	• 光学系统	扫描物镜固定形状误差
	• 电子驱动装置的稳定性	频率和相位的稳定性
		电压的稳定性
		噪声
	• 电动机特性	交流电动机的速度偏差（低频）
		嵌齿效应（高频）
	• 轴承性能	由于润滑油变化引起阻力矩变化
		由于磨损和/或不洁造成表面粗糙度变化
		轴承负载
	• 多面体反射镜特性	平整度
		小反射面的半径变化（到旋转中心的距离）
	• 环境（外部冲击和振动）	
	• 解码误差——由于码盘定中心造成的正弦波误差	
次要原因	• 反射率均匀性	
	• SOS 探测器/放大器噪声	
	• 小反射面（多面体）表面粗糙度	
	• 光路中空气扰动	
	• 多面体反射镜/电动机跟踪精度	
	• 激光指向误差（动态）	

这是一份很长但并非详尽无遗的关于能够或可能造成速度误差的因素的列表。很明显，这些是关于整个扫描器光学系统的，并会影响速度稳定性的测量和结果。

4.8.3 平衡

多面体反射镜扫描器是高速运转的旋转装置，需要正确地进行平衡以降低运转期间产生的不平衡力，为此要求使用双面平衡系统，将传感器放置在其中两个分别设置了不同校正重量的平面内。传感器可以记录下不平衡量和相位。

利用不同的加重或减重方法使扫描器平衡，最常用的技术如下：

1. 钻孔平衡法
2. 环氧树脂平衡法
3. 螺钉平衡法
4. 研磨平衡法

高速运行时的理想方法，是利用研磨或钻孔法去除材料。增加材料的方法存在固定方法不当及如何增减粘结剂的风险。

一般地，不平衡度是以 mg·mm 为单位的，表示质量（或重量）乘以至转轴的距离。例如，100mg·mm 不平衡量表明转子一侧在 1mm 半径处有超过 100mg 的等效质量。对于小型高速扫描器，典型值是 10~100mg·mm。不平衡对扫描器造成的影响是振动。测量出该振动，并据此计算扫描器实际的不平衡度。

4.8.4　垂直度

扫描器的另一个重要参数是转轴相对于安装基面的垂直度。该参数，对保证光束经过多面体反射镜反射后具有正确指向及降低由于偏离多面体反射镜旋转面而造成扫描线的弓形弯曲度，都很重要。对于垂直度的典型技术要求是 $3'~5'$。

4.8.5　时间同步

在某些应用中，扫描器由静止状态至达到工作速度所需要时间是一个很重要的参数。该参数是电动机/线圈、有效电流、电动机惯量及接近工作速度时必须克服的空气阻力的函数。其典型值是 3~60s。

4.9　扫描器的成本因素　⬅

多面体反射镜扫描器可以是低成本、易制造的组件，也可以是高成本、最先进的设备。所以，设计扫描系统时，了解成本动因非常重要，应当通过系统级折中使总成本降至最低。扫描器组件的成本动因包括如下几项：

1. 多面体反射镜形状
2. 小反射面数目
3. 制造方法，是普通抛光或是金刚石切削
4. 光学技术要求，包括面形、表面粗糙度及擦痕/麻点
5. 镀膜技术要求
6. 多面体反射镜尺寸
7. 轴承系统类型
8. 速度
9. 速度稳定性
10. 动态跟踪技术要求

前面章节已经讨论了各种形状的多面体反射镜。为了降低成本，如果可能，建议选择规则多面体或者单面体反射镜。其他形状的多面体反射镜会有惩罚成本，即能或不能根据应用进行调整。当多面体反射镜要制造多个小反射面时，小反射面越少成本越低。对于金刚石切削加工的多面体反射镜，这方面的成本占比不大；但对普通抛光的多面体反射镜的成本，就会有很大影响。

选择金刚石切削还是普通抛光技术，对扫描器成本的影响是主要的。金刚石切削加工的反射镜成本最低，其RMS表面粗糙度大于4nm⊖。普通抛光加工的多面体反射镜成本较高，但RMS表面粗糙度能够提高到1nm。除大部分对散射比较敏感的短波系统外，所有别的扫描系统都可以使用金刚石切削技术制造的多面体反射镜。

对表面面形的技术要求，对成本也有很大影响。通常，波长为633nm时，规定每英寸光学表面的面形值是$\lambda/4$；若面形值减小至$\lambda/20$时，需要额外增加成本。擦痕/麻点的标准值是80/50，当降到10/5，会使成本相当高。

多面体反射镜镀膜对成本影响较小。简单为铝材镀一氧化硅保护膜成本最低。由于对反射率有较高技术的要求，更多地需要镀介质膜层以提高反射率，因而，增加了镀膜的时间，也提高了成本。金膜层是另外一种较昂贵的红外膜系，在红外光谱范围内具有高反射率，因此，也是一种值得经常使用的材料。

轴承的选择对成本也有很大影响。在速度500～4000r/min范围内，可以在滚珠轴承和静压空气轴承之间选择。安装滚珠轴承的扫描器成本较低并适合许多应用，但易于损伤，形成多种振动频率，导致电动机速度不稳定。静态空气轴承成本高并需要支承设备，其扫描性能也达到最高。

适合速度为4000～20000r/min的轴承，有滚珠轴承、气动轴承和静压空气轴承。选择的原则基于成本和性能，如速度稳定性和动态跟踪误差。速度高于20000r/min，最好选择气动轴承，这样的轴承成本较低，并且在该速度下的工作寿命长。当速度高于20000r/min时，滚珠轴承开始出现寿命问题，使用静压空气轴承也不具成本效益。

速度稳定性的标准技术条件是一个关于速度和反射镜负载的函数。如果速度太低或者反射镜负载太小，则需要一个编码器以实现速度的高稳定性。本书提到的速度稳定性是指，对扫描器同一小反射面所反射光束在500～1000圈范围内扫描通过像面内两个静止探测器时的时间变化的量。工作速度高于4000r/min的扫描器很容易实现0.02%的速度稳定性。对大多数装置，以增加成本为代价，可以提高到0.002%。低于4000r/min，反射镜负载就显得非常重要了。反射镜越轻和速度越慢，实现高速度稳定性就越困难。

最后一个重要的成本动因，是组件的跟踪技术要求。低成本组件的机械跟踪误差是45″，但某些供应商以较高的成本价格使其达到高于1″的要求。该技术条件是一个至关重要的成本动因，建议仔细考虑实际需求以获得最具成本效益的设计。

4.10 系统设计方面的考虑

以多面体反射镜技术为基础的激光扫描系统，根据其技术要求，可以有最简单到特别复杂的多种形式。首先考虑的是读或写系统。与读系统相比，写系统对性能有更高要求。其原因在于写系统误差容易显现，而读系统中同等水平的误差一般不足以影响数据的集成。然而，一个读系统为了处理采集到的目标散射回来的光，会大大增加复杂度。

读系统使用的是与扫描系统分离的外部采集系统，或者是内置采集系统（散射光通过该装置返回到扫描系统，并被多面体反射镜扫描器消旋）。由于较少的后向散射光和减弱重

⊖ 原书采用单位"埃"。——译者注

影要求，内置采集系统对扫描系统的要求越来越高。对于激光雷达系统，扫描系统经常要包含一个发射激光束的扫描系统和一个利用同步扫描器解决该问题的分离式接收装置。然而，这是一个非常昂贵的解决方案。激光雷达采取的另一种方法是将小反射面宽度增大，并将发射和接收孔径分开。那么，必须仔细进行设计以确保设计距离范围内的瞬时接收视场能覆盖发射器的输出范围。这部分内容将在本书"激光雷达"一章较详细阐述。

开始系统设计时，除具备系统结构布局的基本知识外，还要给出一张完整的性能技术要求。表4.2给出了一些重要的参数即典型值。

表 4. 2　重要参数列表

波长		$350 \sim 10600nm$
可分辨的点数		$100 \sim 50000$
光斑尺寸		$1 \sim 25000 \mu m$
扫描过程中光斑尺寸的变化		$\leqslant 5\% \sim 15\%$
扫描长度		$1 \sim 2000mm$
远心（度）		$0.5° \sim 30°$
弓形弯曲		$\leqslant 0.001\%$扫描线长度
扫描效率		$30\% \sim 90\%$
强度不均匀性		$\leqslant 2\% \sim \leqslant 10\%$
像素位置精度	● 抖动	$\leqslant 0.002\% \sim \leqslant 0.02\%$
	● 交叉扫描误差	$\leqslant$（扫描线间隔的）$1\% \sim \leqslant 25\%$
散射		$\leqslant 0.2\% \sim \leqslant 5\%$
数据传输速率		—
激光噪声等级		—
环境因素和系统界面		—

表4.2给出了扫描系统的主要技术要求。有些扫描系统基于其读或写的特有性质，还额外提出一些技术条件。

激光扫描器中使用的光学系统分为两类：物镜前扫描系统和物镜后扫描系统。物镜前扫描系统利用多面体反射镜使光束偏转，然后由物镜或曲面反射镜成像（见图4.18）。在该方法中，确定焦平面的功能由称为扫描物镜的透镜而非扫描小反射面完成。采用这种方式时，所期望的一些性质可以通过设计扫描物镜实现。一个具有代表性的实例称为 $F\text{-}\theta$ 物镜设计，具有以下特性：

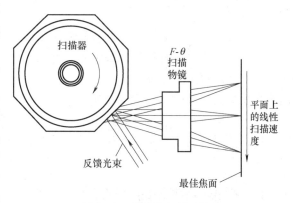

图 4. 18　物镜前扫描系统

1. 平面焦平面

2. 整个扫描过程中光点大小（直径）均匀

3. 扫描平面内光点具有线性扫描速度

通常，希望扫描光点在扫描平面内以固定的速度高精度地移动。多面体反射镜偏转装置的角速度稳定性是 0.002% ~ 0.05%，具体数值取决于扫描器的速度和惯量。然而，如果不借助 $F\text{-}\theta$ 物镜，那么，光点速度在平面焦面上的变化正比于扫描角正切。对于有几度扫描角的系统，这意味着有百分之几的变化。

物镜后扫描方式利用多面体反射镜使一束聚焦光束在焦平面内偏转（见图 4.19）。其确定焦平面的功能是由多面体反射镜完成的，并且，成像物镜具有一种较简单的结构形式，放置在多面体反射镜之前。

物镜后扫描器的焦平面是一个曲面，曲率中心位于多面体反射镜小反射面中心。

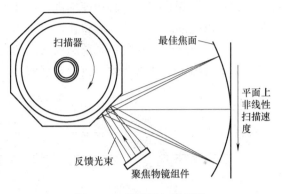

图 4.19　物镜后扫描系统

这类扫描系统一般应用于需要使扫描面弯曲以便与焦面相匹配的情况。否则，在扫描过程中，光点尺寸和速度都会变化。这类扫描方式最流行的系统设计是鼓形（或滚筒）扫描器，采用一块单面体反射镜，并与扫描轴上的光源成 45°夹角。反射镜旋转时，焦面形成在转鼓内侧，胶片或其他柔性介质放置在该转鼓上成像。

物镜后扫描技术应用在大于 25000 点的超高分辨率系统中。为印前行业设计的扫描器常常采用这类技术。

设计扫描系统要考虑的另一个因素，是需要的远心度。对于扫描线上的所有点，如果扫描系统输出都以 90°角透射到像平面上，则认为该系统是远心系统。若像面可以弯曲以截获扫描器的输出光束，则物镜后扫描器可以采用远心系统。如果需要平面像面，那么，物镜前扫描系统就需要一个比扫描平面稍大的扫描物镜以满足远心的技术要求。为此，就要提高扫描物镜的成本，使之成为非常昂贵的系统。通常，在系统技术条件中会给出一定的远心度偏离量。

在写应用中，需要确定如何有效使用多面体的小反射面。扫描系统可以是欠补偿或过补偿设计的。其中，欠补偿设计最常用。并且，由于小反射面尺寸合适而不会浪费激光能量。所以，当系统以最大角度扫描时，激光束不会超出小反射面边缘。对于过补偿设计，确定多面体小反射面尺寸时，一定要使光束对整个扫描角都能完全布满多面体小反射面。对于许多应用，由于极少浪费能量，并且小反射面边缘的衍射最小，所以，更愿意采用欠补偿设计方案。过补偿设计的优点是占空比接近 100%。占空因数是主动扫描时间与小反射面全部时间之比。

4.11　多面体反射镜的尺寸计算　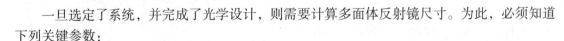

一旦选定了系统，并完成了光学设计，则需要计算多面体反射镜尺寸。为此，必须知道下列关键参数：

1. 扫描角 θ
2. 光束进给角（beam feed angle）α

3. 波长 λ

4. 占空比期望值 C

如图4.20所示，θ 为主动扫描全量程，单位是°。θ 值一般为 $5° \sim 70°$。α 为光束进给角，表示入射到多面体上的光束与从多面体出射的光束中心线间的夹角，单位为°。需要花费一定代价才能使该角度尽可能小，从而减小多面体尺寸。在某些扫描器应用中，光束进给角是 0，利用位于扫描中心或者与扫描后出射光束稍有夹角的分束镜引入光束。λ 为工作波长，单位为 μm，用以计算光束（在扫描面上的光点尺寸已知）在多面体反射镜上的尺寸。C 为占空比，表示主动扫描时间与整体时间之比，一般占空比为 $30\% \sim 90\%$。然而，占空比越大，多面体反

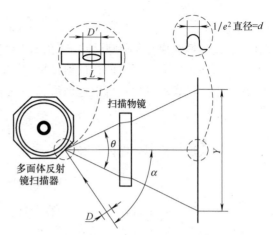

图 4.20　扫描角示意图

射镜越大也越贵。除单面体转鼓扫描器外，所有的普通扫描系统从一个小反射面转到下一个小反射面都需要一定时间。假设所讨论的是欠补偿设计，这意味着，在一定时间内只有一个小反射面扫描像面。

根据下式给出的折中来确定需要的小反射面数目：

$$n = \frac{720C}{\theta} \tag{4.3}$$

如果由该公式获得一个非整数结果，则意味着在满足占空比的同时满足光学扫描角是不实际的。下一步是根据前面的计算在其结果附近确定一个整数小反射镜面数目，并规定扫描角或者占空比，以及确定剩下的另一个变量：

$$C = \frac{n\theta}{720} \tag{4.4}$$

若是写应用，一旦确定了占空比、扫描角和小反射面的数目，就可以计算入射到小反射面上的光束直径 D。下式假设光束是高斯分布的，并且光束尺寸是指光强度满足 $1/e^2$ 条件的位置，则有

$$D = \frac{1.27\lambda F}{d} \tag{4.5}$$

式中，D 为光束直径（mm）；F 为扫描物镜焦距（mm）；d 为扫描平面内 $1/e^2$ 光束强度位置处的直径（μm）。

利用下式可以确定没有扫描物镜时的多面体反射镜尺寸：

$$D = \frac{1.27\lambda T}{d} \tag{4.6}$$

式中，T 为多面体反射镜到焦面的距离（mm）；d 为焦面处 $1/e^2$ 光束直径（μm）。

对于读系统，可以根据限制系统的孔径选择 D 值，该直径上的光强度分布不再符合高斯分布，而是平顶型（top-hat）的。

由于小反射面尺寸取决于入射到小反射面上的光束轨迹，所以，必须考虑进给角对 D

的影响。D'为投影在多面体反射镜小反射面上的光束轨迹。它考虑到了由光束进给角造成的直径切趾，以及光束在小反射面上按余弦形式的增长。计算光束轨迹的公式为

$$D' = \frac{1.5D}{\cos(\alpha/2)} \qquad (4.7)$$

该计算假设高斯光束是TEM00模式，在$1.5 \times 1/e^2$直径处切趾。如果应用允许扫描初始和结束时有更大切趾，那么，多面体反射镜尺寸可以进一步减小。

根据下面光束轨迹公式可以近似得到小反射面的长度L（mm）[3]，即

$$L = \frac{D'}{1-C} \qquad (4.8)$$

由以下式近似得到多面体直径：

$$\text{Diam}_{\text{inscribed}} \approx \frac{L}{\tan(180/n)} \qquad (4.9)$$

如果多面体反射镜直径过大，则有三种选择：第一，减小占空比，以及承受较高速度和突发数据传输率；第二，减小光束进给角；第三，通过减小1.5倍乘法器而允许扫描期间有更大的光强度变化，从而也减小了小反射面的长度。

4.12　使扫描系统图像缺陷最小化的措施

为了设计一个能精确再现（或复制）目标信息的扫描系统，必须了解扫描系统能产生的产品类型及其可见度阈值。根据不同应用，可以适当地降低产品的技术要求，如印前成像装置对激光打印机就会有不同的要求。本节主要针对写应用。与写应用相关的许多缺陷也会出现在读应用中。

4.12.1　带状缺陷

带状缺陷是扫描系统最常见的扫描缺陷之一，是两线间或输出光强度间的周期性变化。人眼对周期性误差非常敏感，灵敏度与频率有关，必须特别小心地将峰值频率范围内的扫描误差降至最小[4]。对于连续色调和半色调打印机，需要将行与行之间的位置误差减小到小于行间隔的0.5%。在其他应用中，只要没有明显观察到带状缺陷，该误差可以大到10%~20%。

产生带状缺陷的原因包括反射率变化、小反射面之间的动态跟踪误差、机械振动、电噪声及二级轴平移误差。正确地对多面体反射镜镀膜，可以很容易地解决其反射率变化问题，从而避免出现上述误差。除了最苛刻的应用要求，规定小反射面的反射率变化小于1%基本上就能满足所有的应用。

对多面体反射镜进行改进或者对误差进行补偿，都可以减小动态跟踪误差。但无论采取哪一种方法都会提高系统成本。因此，必须在追求改善多面体扫描器性能与由于系统复杂而增加成本这两方面进行权衡，从而选择一种折中方案。

动态跟踪误差补偿可以是主动或被动形式的。主动技术是采用主动元件使光束移动以补偿误差，被动技术则是利用光学系统设计使误差降至最小。主动校正技术补偿重复误差，而非扫描线内变化的误差。被动补偿技术可以补偿重复和非重复两种误差。

主动校正技术一般是在扫描之间对垂直于扫描方向（交叉扫描）的光束位置误差进行采样，并在多面体反射镜之前，通过控制系统的光束转向来改变光束方向。由于控制光束转

向的元件的频率响应是受限的，所以这些技术主要应用于低速系统。因为采用主动校正系统会增加复杂性，有较高成本，并且，无法校正扫描期间出现的变化，因此很少使用。

被动校正技术的应用相当普遍，其基本概念如图 4.21 所示，是以某一放大率将多面体反射镜小反射面成像在交叉扫描轴处的扫描面上。一般地，利用一块柱面透镜元件在多面体小反射面上形成一条聚焦线。可以利用多种元件完成该扫描线在交叉扫描轴

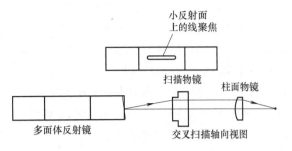

图 4.21　被动式交叉扫描校正

处的其余部分。常用的方法包括，在多面体反射镜附近设计一块环形元件，或者在扫描平面附近设计一块柱面透镜，或者在扫描面附近放置一块柱面反射镜[5,6]。这些补偿方法都会使性能有重大改善，但是会因为光瞳漂移而无法得到理想补偿。光瞳漂移是由于多面体反射镜是绕其中心而非小反射面旋转造成的。旋转期间，由于小反射面顶点（位置）变化，物点在小反射面转动期间则会来回移动。

带状缺陷不一定源自光学效应，其他误差源，如振动或电子噪声也会造成该误差。旋转装置可以产生机械振动，并被扫描系统平台放大。如果该平台没有与像面牢固耦合，则扫描器与图像之间的相对运动会形成带状缺陷产品。

激光器或激光器电源会产生电子噪声。这种噪声直接调制激光器输出或者影响外部调制器件，如声-光调制器的性能。连续色调的应用对电子噪声特别敏感，峰值功率达到 0.5% 数量级的重复噪声造成的影响就很明显。如果频率接近或者整数倍于转速，则电子噪声会造成带状误差。

在大多数扫描系统中，利用机械装置，如平移台、直接驱动辊或者皮带驱动辊，来控制图像的第二轴（或称为次轴）。那么，必须规定对第二轴的速度稳定性与扫描器装置具有相同的技术要求，第二轴的速度误差会直接影响图像的带状误差。

本节已经指出，存在各种带状误差源，扫描系统出现这种缺陷时很难从根本上消除。所以，设计阶段一定要正确规定所有对此问题有影响的元件的技术要求。

4.12.2　抖动

抖动是指像素位置沿扫描方向的高频变化。在印制品成为可视产品之前，允许不同系统具有不同等级的抖动。对于非常重视像素位置的输出扫描器一般要求 0.1 个像素的精度；而在许多应用中，目视图像输出允许 1 个像素的精度。抖动有随机和可重复两种。与周期性抖动相比，随机抖动在视觉上并不太令人讨厌。

大多数低速扫描系统使用的滚珠轴承会产生随机抖动误差，其大小取决于转子惯量、所选择的滚珠轴承及轴承的安装方法。通常，误差足够小的话，不足以引起重视。如果系统对滚珠轴承误差较敏感，可以采用静压空气轴承。

直流无刷电动机的电动机齿槽也会形成每圈一次的抖动误差。电动机控制器可以以适当的反馈速率（编码器或者起始扫描反馈）减小这些误差，但不能完全消除。低速应用中控制该误差的方法是，根据编码器提供的实际扫描器位置信息重新定时输出数据。消除这些误差的唯一方式是确定一种具有零齿槽转矩的电动机。有一类接近零齿槽转矩的无齿电动机，

价格很贵，但进入市场时，可能比较实惠。

多面体反射镜平整度变化可以形成每圈一次或更高频率的周期性抖动。小反射面弯曲会造成反射角的小量偏离。如果每个小反射面的弯曲都不一样，就会造成扫描起动与结束之间的时间变化不同。一种特殊情况是，当所有的小反射面具有相同的弯曲，则不会对抖动有贡献。对于大多数应用，规定小反射面的平整度达到 $\lambda/8$ 数量级就足够了。

若采用物镜后扫描方式，系统小反射面的半径变化会造成光束在扫描平面内位移[7]。对于大多数应用，认为小反射面的半径变化小于 $25\,\mu m$ 是可以接受的。

4.12.3 散射和鬼像

光学系统中存在许多散射光源和鬼像源。通过镀膜及采用遮光板可以控制绝大部分鬼像。例如，如果杂散光位于扫描像平面之外，则设计一个出射狭缝就可以非常好地得到消除。扫描物镜系统的内表面，就存在使用遮光板难以消除的重影问题。为了将反射减小到接近零，需要镀高质量增透膜。

正如本章前面所述，多面体反射镜表面能够产生散射。对于散射特别敏感的应用，金刚石切削技术制造的反射表面产生的散射太大，也会产生大量难以利用遮光板消除的近角度散射。普通抛光多面体反射镜造成宽角度散射，并且总积分散射的幅值很小。

如果该系统设计了出射窗或者有一个非常靠近扫描平面的透镜，那么，该元件的清洁度就非常重要了。由于在光学系统中该位置处的光斑尺寸一般都很小，所以，此元件上的尘粒能够形成局部散射。若重复扫描，就会形成一条扫描线，并被成像。

在许多系统中，多面体反射镜相邻表面很容易成为有问题表面，对目标面有很高的反射，并通过系统反射回到下一个小反射面。这类杂散光的问题在于其可能位于轴上。最佳解决方法是，使扫描平面相对于扫描系统倾斜一个角度，以便使扫描面的反射偏离该平面。另一种方法是对多面体反射镜进行有效屏蔽，从而仅留下主动扫描孔径工作。

当光束通过多面体反射镜边缘传播时，扫描之间的时间是另一个散射源。多面体反射镜的边缘和扫描物镜的镜座侧边，将会散射光。在扫描之间关闭光束并恰在起动扫描传感器之前利用时间间隔计数器打开光束，将会消除这种可能的误差源。

声-光调制器会产生一些不良效应：晶体产生的散射限制消光系数。当连续色调应用中由黑色转换到灰色时，长延迟时间能够造成拖尾。使用晶体还会产生声场反射，并表现为鬼像形式。调制器供应领域的应用工程师应注意避免这类问题影响扫描系统。

4.12.4 光强度变化

激光强度的变化会形成与变化频率相关的各种不同图像。与高频变化相比，缓慢变化扰动造成的麻烦更小些。在整个图像范围内，百分之几数量级的强度变化是可以接受的，而可能需要控制局部光强度变化小于 0.5%。

扫描物镜镀膜及多面体反射镜之后其他元件的膜层都会在扫描过程中造成扫描平面的光强度变化。为了控制这种变化，需要对透射和反射均匀度提出技术要求。

4.12.5 畸变

扫描系统一般采用具有 $F\text{-}\theta$ 特性的扫描物镜，来控制物镜畸变而使图像高度正比于扫描角，这种性质保证系统以固定不变的速度做线性扫描。这些物镜并非是理想系统，但确实可以将非线性降至 0.01%~0.1%。除了最苛刻的应用外，几乎能满足所有应用。这些残余误差是重复误差性质的，所以，对于驻留时间差可以使用光强度补偿或者对于像素位置差采用变时钟方案以消除这些误差。

4.12.6 弓形弯曲

弓形弯曲定义为扫描线的直线度变化，在扫描过程中，通常是一个缓慢变化的函数。在引起视觉麻烦之前，可以允许有大量的弓形弯曲。大部分应用中，要求弓形弯曲误差是扫描线长度的 0.05% 就足够了。如果系统设计能使光束与扫描同轴，那么，弓形弯曲误差就是由光束对准误差造成的。一般能够调校到很精密的数量级，所以，在多面体反射镜扫描系统中，不会成为严重问题。计算弓形弯曲误差的公式如下：

$$E = F\sin\beta\left(\frac{1}{\cos\theta} - 1\right) \tag{4.10}$$

式中，F 为扫描物镜焦距；E 为光点位移，是视场角 θ 的函数；β 为入射光束与垂直于旋转轴的平面间的夹角[8]。

4.13 总结

本章介绍了多面体反射镜扫描器及以此为基础的扫描系统中的组件、性能特性和设计方法。在与（读和写应用两个领域中）其他技术的不断竞争中，这种技术不断发展和繁荣。完全有理由相信，本章阐述的性能在不久的未来会得到重大改进。然而，一个系统设计师必须做到系统产品的不断更新换代，深入了解产品及其缺陷的根本原因，这样有助于减少新系统的研发时间。

致谢

作者非常感谢 Randy Sherman 对本章的贡献，以及 Steve Lock 和 Jim Oschmann 的技术审校。还非常感谢美国林肯激光公司的 Luis Gomez 提供插图、Steven Stewart 提供封面，以及林肯激光公司的其他免费照片。

参考文献

1. Oberg, E. *Machinery's Handbook,* 23rd Ed; Industrial Press: New York, 1988; 196.
2. Bennett, J.M.; Mattsson, L. *Introduction to Surface Roughness and Scattering;* Optical Society of America: Washington, DC, 1989; 50–52.
3. Beiser, L. Design equations for a polygon laser scanner. In *Beam Deflection and Scanning Technologies*; Marshall, G.F., Beiser, L., Eds; *Proc. SPIE* 1454; 1991; 60–65.
4. Bestenreiner, F.; Greis, U.; Helmberger, J.; Stadler, K. Visibility and corrections of periodic interference structures in line-by-line recorded images. *J. Appl. Phot. Eng.* 1976, 2, 86–92.
5. Fleischer, J. Light Scanning and Printing Systems. US Patent 3,750,189, July 1973.
6. Brueggemann, H. Scanner with reflective pyramid error compensation. US Patent 4,247,160, January 1981.
7. Horikawa, H.; Sugisaki, I.; Tashiro, M. Relationship between fluctuation in mirror radius (within polygon) and the jitter. In *Beam Deflection and Scanning Technologies*; Marshall, G.F., Beiser, L., Eds; *Proc. SPIE* 1454; 1991; 46–59.
8. Hopkins, R.; Stephenson, D. Optical systems for laser scanners. In *Optical Scanning*; Marcel Dekker: New York, 1991; 46.

第5章 高性能多面体反射镜扫描器的电动机和控制器（驱动器）

Emery Erdelyi

美国 Axsys 技术有限公司，加利福尼亚州圣地亚哥市

Gerald A. Rynkowski

美国 Axsys 技术有限公司，密歇根州罗彻斯特山市

5.1 概述

本章更新和扩展了由杰拉尔德·仁科斯基（Gerald A. Rynkowski）编著的《光学扫描技术（Optical Scanning）》的内容[1]，重点放在无刷直流电动机及专为旋转扫描应用设计的电子控制装置。为了澄清或说明控制概念，本章编入了与多面体反射镜扫描技术相关的背景课题的内容。本章没有与电动机和控制器直接关联的课题，如对空气轴承设计的讨论。这些内容本书其他章节将会较详细地阐述，本章不做累述。

廉价无刷直流电动机的实用性、扫描器控制装置的不断改进和驱动电子装置的小型化，大大促进了许多新型应用领域中光机扫描技术的尽快实现。由于成本上的优势，相对于固态技术，光机扫描技术仍具有极大竞争力。本章增加了一些新的应用实例以进一步凸显无刷直流电动机和小型集成控制系统在军事和民用中的应用趋势。

过去35年，已经设计、研发和制造出各种形状和结构布局的多面体反射镜扫描器，并应用于军事侦察、地球资源研究、热成像、胶片记录仪、激光打印机、飞行模拟器和光学检验系统等。在此仅列出几个众所周知的应用领域。这些扫描器的一个共同特点就是要求精确控制多面体反射镜的旋转，来控制光束扫描。近几年电动机和控制系统的发展大大改进了这些扫描器的性能和效率，同时降低了系统成本并减小了系统尺寸。

本章通过对具体项目的讨论介绍当今多面体反射镜扫描器中正在应用的电动机和控制技术的发展趋势。此外，为了帮助光机设计师理解这些重要领域中的扫描系统设计，将进一步阐述电动机特性、控制技术及系统模型。

5.2 多面体反射镜扫描器的基础知识

尽管其他书籍也有关于多面体反射镜几何形状及扫描光学系统的讨论，但由于这些内容影响到扫描电动机和控制系统的选择，所以先回顾和评述基本的多面体反射镜结构布局和光学系统设计是非常有益的。此外，下一节将较详细介绍胶片记录系统，以说明扫描器电动机和控制器对系统总体性能的影响。

5.2.1　多面体反射镜扫描器结构布局

　　一般地，有三种类型的扫描反射镜结构被广泛应用于准直或会聚、被动或激光扫描的光学系统。这些旋转反射镜的旋转（多面体）轴位于电光系统中心，利用其几何形状及绕其轴旋转的优点，将获取的光学信号导向探测器或控制经调制的输出激光光束。

　　最常用的三种扫描器光束偏转器件是，规则多面体、锥体和单反射面悬臂式结构。通常，系统工程师最喜欢使用规则多面体反射镜扫描器，并用于准直或会聚光束扫描方案中。图 5.1 和图 5.2 给出了六边形多面体反射镜的两种布局，转轴垂直于页面。如图 5.1 所示，准直光束入射到的小反射面，然后反射到凹面反射镜上并形成一个弯曲的焦面。

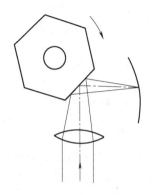

图 5.1　准直光束扫描

（资料源自 Speedring Systems Group. "Ultra precise bearings for high speed use", 102-1；"Gas bearing design considerations," 102-2；"Rotating mirror scanners", 101-1, 101-2, 101-3. Technical Bulletins：Rochester Hills, MI）

图 5.2　会聚光束扫描

（资料源自 Marshall, G. F.；Rynkowski, G. A. Eds, Optical Scanning；Marcel Dekker, Inc.：New York, 1991）

　　图 5.2 给出了一个物镜系统，在小扫描反射面反射光束之前，首先将准直光束聚焦，并会聚成一个焦点。比较两种结构布局，显然，聚焦后的两种像面都是曲面的，从而给系统设计师提出了一个像面校正的问题。一般地，利用合适的平场校正透镜系统可以从光学上进行校正，或许也可以使记录表面弯曲以与焦面保持一致。

　　对于多面体反射镜，这两种方案的另一区别是，会聚光束（见图 5.2）在小反射面上的投射面积比准直光束小。然而，还是希望最大限度地利用小反射面的面积，原因在于小反射面平面度的不规则性容易被均衡计算，从而使出射光束扫描角的调制降至最低。大部分精密的多面体反射镜扫描系统采用准直扫描光束方案，利用了较大比例的小反射面面积。

　　图 5.3 给出了一个锥体反射镜扫描器，通常采用的是平行旋转光轴，但并不是重合的。注意到，无论准直还是会聚布局都可以采用这种设计。

　　图 5.4 给出了一台规则多面体反射镜扫描器，光轴正交于旋转轴或说两者夹角是 90°。注意到，当光轴与旋转轴垂直时，光束在其上发生后向反射。

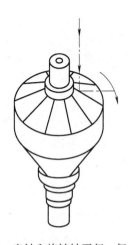

图 5.3　光轴和旋转轴平行，但不重合

（资料源自 Speedring Systems Group. "Ultra precise bearings for high speed use"，102-1；"Gas bearing design considerations，" 102-2；"Rotating mirror scanners"，101-1，101-2，101-3. Technical Bulletins：Rochester Hills，MI)

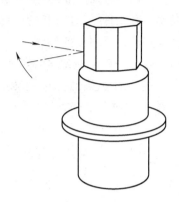

图 5.4　光轴和旋转轴正交

（资料源自 Marshall，G. F.；Rynkowski，G. A. Eds. Optical Scanning；Marcel Dekker，Inc.：New York，1991）

　　图 5.5 给出了单反射面悬臂形式的扫描器，光束与旋转轴一致，并由一个 45°角的小反射面反射，因此，形成一个连续的 360°扫描角和一条圆形扫描焦线。

　　上述布局方案已经应用在长焦距和大孔径的被动式红外扫描系统中，已制造出了 9in 通光孔径的该结构形式的扫描器，具有高集光效率。

　　这种类型的光束偏转器也多应用在打印机领域的照排机扫描系统中，许多设备设计有"内滚筒"，可以将面积较大的胶片放置在一个圆柱体的内表面上。单反射面型光束偏转器以高速旋转，并使激光光斑在沿滚筒长度方向传播中扫描通过胶片宽度。图 5.6 给出了为旋转速度超过 30000r/min 设计的单反射面型光束偏转装置。

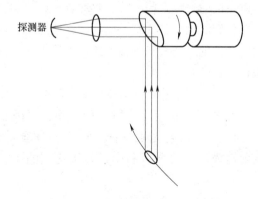

探测器

图 5.5　光轴和旋转轴平行并重合

（资料源自 Marshall，G. F.；Rynkowski，G. A. Eds. Optical Scanning；Marcel Dekker，Inc.：New York，1991）

图 5.6　单反射面型光束偏转装置

5.2.2　多面体反射镜的旋转与扫描角的关系

至此，值得注意的是实现小反射面角和扫描角之间的关系。小反射面的角度定义为 $360°/N$（N 为小反射面面数），则光学扫描角（°）表示为

$$\frac{720}{N}$$

式中，$N \geqslant 2$。可以看出，若 $N \geqslant 2$，光学扫描角是轴倾角的 2 倍。当将轴倾角与小反射面参数联系在一起时，一定要注意这种倍角效应及对聚焦光斑在焦面上角度位置的影响。

光学倍角效应对控制多面体反射镜旋转速度设置了更高的要求，要想达到所希望的系统精度，一定要认真考虑该问题。

扫描器旋转速度（r/min）为

$$\frac{60W}{N}$$

式中，W 为线扫描（line/s，行每秒）；N 为小反射面数目。

增加小反射面数目可以降低对电动机速度的技术要求及减小最大扫描角。然而，某些情况下，扫描角的这些作用会受到孔径尺寸和允许的渐晕量的限制。实际中，光学设计一般会控制小反射面的数目，因此，必须选择电动机和控制器以适应光学系统设计。图 5.7 给出了一个小型 12 面多面体反射镜。

图 5.7　12 面多面体反射镜

5.2.3　多面体反射镜旋转速度的考虑

根据光学设计确定多面体反射镜允许的旋转速度范围时，应避免采用要求非常低速或非常高速的总体布局方案。当速度低于 60r/min 时，会出现电动机可控性问题；若规定速度高于 60000r/min，则电动机效率会出现问题。为了对很低的多面体旋转速度进行良好的速度调节，常常需要专用的电动机和专门的控制设计，因而导致系统成本增加。以 60r/min 速度旋转的多面体及规定 10ppm（即 0.001%，ppm 为百万分之一）的速度调节要求，可能会需要一个以正弦模式驱动的无槽无刷直流电动机和复杂的控制器设计，从而达到上述这种数量级的参数性能。

与低速设计相关的另一种复杂化设计，涉及选择速度反馈装置。该反馈装置常常会是一个光学编码器（见图 5.8）。其具有两种功能：作为转速计，监控多面体反射镜速度；在某些系统中，用作位置传感器，以报告多面体反射镜至扫描处理电子器件的真实位置。目前的高性能速度控制系统采用锁相环（回路）技术以实现良好的瞬时和长期速度调节。这些系统将一种稳定的基准信号与多面体反射镜编码器信号进行比较，产生误差信号，

图 5.8　光学编码器、码盘和读出电路装置

并用于调节多面体反射镜的速度。为了在低速下获得良好的速度控制，需要一个高分辨率、高精度编码器。

根据多面体反射镜的惯量、轴承摩擦力及扰动程度，一个60r/min转速的扫描器，其编码器的线密度可能需要大于每圈10000行（line）。由于码盘图形和边缘探测功能必须更精确，所以，每圈大于几千行的光学编码器会增大系统成本。

随着多面体反射镜运转速度增大，为了获得同等水平的性能（假设其他因素一样），每圈只需要从编码器获取少数几个脉冲。原因在于，较高速度时，较低分辨率的编码器每秒钟仍然可以产生足量脉冲或"速度刷新"，并且只需要一个合理的实现快速控制回路的带宽。由于控制回路对速度的短期扰动较敏感，不可能利用多面体反射镜的惯量使其得到完全衰减，所以，建议采用较高的控制系统带宽。

控制系统，会在编码器脉冲之间接收到相位检测器给出的多面体反射镜的平均速度值，但直至下一个脉冲到达并更新了由编码器脉冲相位（相对于基准钟）确定的速度为止，基本上都是开环工作的。在速度周期性更新期间，多面体反射镜的速度一般从设置点（和最后的更新点）开始减小，至下一个编码脉冲到达且控制系统开始校正为止。所以，控制系统为了实现特定的更新率或带宽，较慢速度的多面体反射镜需要较高分辨率的编码器，也相应地具有较好的图形精度。

在相邻的编码器更新数据之间的实际速度的变化，是多种因素的函数，包括运行速度、总的扫描器转动惯量、扰动量值和频率、控制系统增益及摩擦力。一般地，较高的多面体反射镜及电动机惯量，以及较低的轴承与游隙摩擦力，是有益的。这还会减小扫描器中存在的瞬间速度变化。5.5节将对此更详细地讨论，并介绍控制系统的设计。

另一种极端情况，高旋转速度要求多面体和整个旋转组件具有极低的失调性，理想状态下，要小于$10ozf \cdot \mu in^{\ominus}$。实际上，就是要求扫描器必须在两个平面内达到平衡：多面体反射镜；电动机、编码器位置。这不仅是为了保持旋转组件的机械完整性和寿命，也是确保扫描器在转的一圈内实现精确的速度控制。造成编码器同心度误差的任何不平衡情况，都将引起正弦形式的扫描器速度变化。该结论特别适合空气轴承扫描器，原因是此类轴承刚性较低，并允许产生较大的同心度误差。

此外，电动机效率在高速情况下会产生不利影响，当换相频率大于1000Hz时更为严重。为了有效地高速运转，需要对电动机进行专门设计，一般需要较长的研发时间，因此也有较高的单位成本。

5.3　案例研究：胶片记录系统

从讨论扫描器参数及动态性能要求（包括电动机和控制系统设计）的目的出发，选择胶片记录扫描系统作为基准子系统。图5.9给出了一个将高分辨率视频或数据记录在胶片上的激光记录系统。多面体旋转反射镜（转镜），利用一束强度经过调制的聚焦激光光束，在胶片面上形成一条线扫描。该激光束对胶片的曝光量，正比于视频或数字的光强度调制。通过胶片匀速运动实现行间扫描，并且，记录数据的连续长度仅受胶片长度的限制。胶片控制器精确控制胶片速度，与多面体反射镜的旋转同步。扩展和准直激光束，是光强度经过视频或数据调制，然后转镜小反射面扫描到胶片平面。利用一块场校正镜（F-θ）使光束聚焦，

$\ominus$　ozf · μin：盎司力微英寸，1ozf · μin = 7.0616 × 10^{-9}N · m。原书均写为oz · μin。——译者注

在该扫描角下形成线性扫描，因此，在胶片平面上沿该扫描线方向形成均匀的光点。

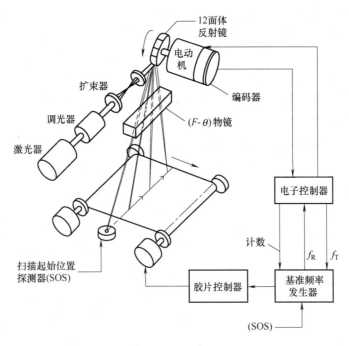

图 5.9　胶片记录系统

（资料源自 Marshall，G. F.；Rynkowski，G. A. Eds. Optical Scanning；Marcel Dekker，Inc.：New York，1991）

扫描组件包括一个需要完成光学扫描功能的 12 面多面体。利用外部加压的气动轴承支撑，旋转反射镜及驱动电动机转子和一个精密的光学测速计。电子控制器精确控制电动机速度，并精确控制基准频率同步发生器与高密度数据跟踪用光学编码器同步。编码器还提供一个用于识别小反射面的标志脉冲、某些光栅扫描系统所需要的同步场频偏离量及像元配准和胶片驱动电动机的控制。

5.3.1　系统性能技术要求

下面讨论前述数字胶片记录仪的系统性能参数，见表 5.1。其代表着最新胶片记录系统的性能。

表 5.1　胶片记录系统的技术要求

线分辨率（两个方向）	10000pixel/line
线扫描长度	13.97cm
扫描速率	1200line/s
胶片速度	1.6764cm/s
像素频率（时钟）	12MHz
像素直径	$1/e^2$ 处 10μm
像素间隔	13.97μm

（资料源自 Marshall，G. F.；Rynkowski，G. A. Eds. Optical Scanning；Makker，Inc.：New York，1991）

由于光学、扫描和胶片传输误差在记录介质上都变得极为明显，因此，应在胶片平面处确定系统分辨率。如果 $1/e^2$ 辐照度处光点直径是 $10\mu m$，则要求其扫描平面上每行有 10000 个像素（即 10000pixel/line）的数字数据。若扫描线长度是 13.97cm，可以计算出，由于必须是扫描线之间间隔，因此，像素间隔（中心之间）一定是 $13.97\mu m$。即使保守些，可以规定线间隔变化或胶片传输抖动误差小于 $\pm 5ppm$（光点名义尺寸的 1/2）。如果保持一个合理的吞吐率，则要求扫描速率 1200line/s，因此，计算出的像素频率是 12MHz（1200line/s × 10000pixel/line），需要的胶片速度是 1.6764cm/s（1200line/s × 13.97μm/line）。

5.3.2　转镜系统参数

多面体反射镜的技术要求，取决于光学系统设计设置的驱动形式、固定方式和功能特性。至此，光学工程师一定对光学元件做了优化设计，包括多面体反射镜类型、小反射面数目、小反射面宽度和高度、多面体反射镜的内切圆直径、小反射面平面度和反射率，以及旋转速度。由于技术条件与高精度需求互相关联，转镜系统被定义为扫描器的子系统。扫描器设计师可以根据光学系统和扫描系统性能要求的约束条件做出折中处理。

胶片记录仪实例中的扫描器子系统包括，一块铍扫描反射镜及悬浮在静压气体轴承上的镜座，并且由一个伺服控制交流同步电动机驱动。$F\text{-}\theta$ 物镜有 60° 的光学扫描入射角，多面体小反射镜的面角是 30°，所以，小反射面的数目是 12，电动机速度为 100r/s 或 6000r/min，每秒形成 1200 条扫描线。表 5.2 给出了多面体扫描反射镜系统的技术规范。

表 5.2　胶片记录仪多面体反射镜系统的技术规范

小反射面数目	12
面角	30°
内切圆直径	4.0in
小反射面高度	0.5in
小反射面反射率	89% ~ 95%
小反射面平面度	$\lambda/20$
小反射面质量	符合标准 MIL-F-48616
扫描速率	每秒扫描 1200
旋转速度	6000r/min

（资料源自 Marshall, G. F.; Rynkowski, G. A. Eds. Optical Scanning; Makker, Inc.: New York, 1991）

5.3.3　扫描器公差

根据胶片平面位置处允许的静态和动态像素位置误差确定扫描器的公差规范。最大误差源自光学系统和扫描子系统的配置状况，以及工作元件和参考基准之间预先确定的量。可接受的变化量常常规定为下述量的百分比：像素间夹角、像素直径、像素间隔或一圈或多圈内的电动机调速（稳定性）。为方便制造、计量、检验和测试扫描系统组件，必须将上述变量转换为有意义和可量化的单位。

在此关心的是如何将扫描系统（最终确定扫描图像质量）的技术要求与电动机和控制系统的性能要求相联系。很明显（见表 5.3），多面体反射镜转动的控制对扫描系统性能起主要作用。为了达到精确的像素位置精度，必须仔细设计电动机和控制系统。

表 5.3　胶片记录仪扫描特性和公差

特　性		公　差	备　注
多面体反射镜	小反射面数目	不适用	取决于扫描角
	面角	±10″	一个像素间夹角
	直径	不适用	受控于小反射面宽度尺寸
	小反射面宽度	1.035mm	0.020in 倒边
	小反射面高度	0.5mm	0.020in 倒边
	平面度	最大 $\lambda/20$	控制光斑尺寸
	反射率	±3%	公差
	顶角	1.00″	总变化量——行间夹角 10%
调速	1 圈	±10ppm	±1.08″/line
	多圈（长期）	±50ppm	±5.40″/line

（资料源自 Marshall, G. F. ; Rynkowski, G. A. Eds. Optical Scanning; Makker, Inc. : New York, 1991）

注：任意 12 条扫描线的扫描误差 ≤ ±12.96″。

　　要达到表 5.1 给出的性能目标，必须精确闭环控制电动机速度。为了实现 13.97μm 像素间隔所需要的调速水平，需要一个以石英振荡器频率为基准的锁相闭环控制系统。扫描器转一圈及将整页图像写在胶片上所需要的时间内，13.97μm 像素间隔的技术要求换算为对多面体调速的技术要求是 10ppm（0.001%）。多面体反射镜旋转 1 周的速度变化将形成不均匀的扫描线长度，显示为胶片边缘换相起动扫描的一种变化。在旋转许多圈后会出现较慢的速度改变，但仍会在同一胶片画面内形成其他不良的图像和畸变。

　　打印图像中的细微变化，如阴影和黑带，也是由扫描器的短期速度变化所致的，可能在旋转几圈后出现。并且，人眼能明显感觉到这些细微化，而对图像的另外细微变化则不这么敏感。

5.3.4　高性能界定

　　表 5.4 列出了胶片记录系统的性能，并与当今制造出的具有十分高分辨率和最高扫描速度的系统所要求的十分先进的记录系统进行了比较。注意到，先进系统的多面体反射镜的每圈的调速公差要求是小于 1ppm（0.0001%）。

表 5.4　扫描器性能比较

特　性	标准系统	先进系统
小反射面数目	12	20
小反射面公差	±10″	±1″
顶角误差	±0.4″	±0.2″
速度	6000r/min	28800r/min
扫描速率	每秒扫描 1200 次	每秒扫描 9600 次
调速公差/圈	<10ppm	<1ppm
像素/扫描线	10000	50000
像素/抖动/圈	< ±25ns	< ±2ns
像素时钟	12MHz	480MHz

（资料源自 Marshall, G. F. ; Rynkowski, G. A. Eds. Optical Scanning; Makker, Inc. : New York, 1991）

5.4 电动机

5.4.1 技术要求

对于要求高扫描速度和超常精度的最苛刻扫描应用，安装电动机转子后，一定不能降低集成多面体反射镜、镜座和轴承组件的精度。因此，选择电动机转子显得极为重要。

在强度和温度方面，任何安装在镜座上的电动机转子都必须具有非常稳定和可预测的性能。若可能，整个转子应采用同质材料。如果转子的机械结构较复杂，并包括叠片和绕组，则高速运转时，该组件不可能保持精确平衡（小于 $20 \text{ozf} \cdot \mu \text{in}$）。此外，热膨胀和高离心力可能导致转子位移，这对空气轴承扫描器或许造成灾难性的故障。

对于安装有高速和低速空气轴承或使用球轴承的扫描器，可以设计采用两种电动机，分别是磁滞同步电动机和无刷直流电动机。图 5.10 所示的高速无刷直流电动机，设计有换相用积分霍尔传感器及在黄铜编码器转子中心体上装有相关的转子磁体。图 5.11 所示的磁滞同步电动机有两个主要组件：定子和磁滞环转子。

图 5.10　无刷直流电动机的定子和转子

图 5.11　磁滞同步电动机的定子和转子
（资料源自 Rotors，H. C. "The hysteresis motor-advances which permit economical fractional horsepower ratings"，AIEE Technical Paper 47-218，1947）

5.4.2 磁滞同步电动机

利用磁滞同步电动机（见图 5.11）很容易使扫描器转子在高速运转时获得难以实现的机械稳定性。磁滞转子的设计非常简单，包括将一个淬火钴钢圆柱体热装（先加热再冷却收缩）于转子轴。为了安全和可靠起见，需要仔细计算离心力和热膨胀对转子和轴的影响。这类转子非常适合 $1000 \sim 120000 \text{r/min}$ 的高速运行情况。输出功率高达 2.2kW 的电动机已成功应用于大孔径、转速为 6000r/min 的红外（Infrared Radiation，IR）扫描系统。

磁滞同步电动机的工作性能取决于电动机材料磁体的磁滞特性。随着对定子提供一定供电而产生磁力（与磁阻式电动机不同），并施加到钴钢转子环或柱体上。由此感应产生的转子磁通量密度与定子线圈电流的关系如图 5.12 所示。

如图 5.12 所示，正弦电流从零开始，沿着初始磁化曲线增大到点 a，至此，使材料磁化到与正弦曲线峰值相应的磁通量水平。随着电流降至零，转子在点 b 仍保持磁化状态。如果该位置的电流始终保持为零，那么，转子将永久保持点 b 的磁化通量水平。然而，随着电流反向，磁通量在一定的负电流作用下降到零，如点 c 所示。进一步减小电流（负方向）

会使磁通量方向反向，如点 d 所示，对应着负的电流峰值。该过程继续到点 e，并返回到点 a，完成一个周期的循环，称为磁滞回线。在物理学中，磁滞定义为磁力变化后磁化现象滞后。

以此类推，随磁力轴旋转，转子磁滞力将使转子随旋转磁场方向加速。随着转子加速，其速度将加大直至达到与旋转磁场同步。至此，转子为永磁体并与旋转磁场同步。

可以用下列公式计算转子的同步速度（r/min）：

$$\frac{120f}{N}$$

式中，f 为线频率（Hz）；N 为极数。

图 5.13 给出了磁滞同步电动机转速与转矩特性的典型关系曲线。

图 5.13 中，如果对电动机定子绕组施加一个固定的电压和频率，则点 A 处将形成一个与起动转矩 T_s 相等的加速转矩。随着电动机速度增大，到达曲线上的最大转矩工作点 B 处，并继续通过点 C，此时达到同步。最后的工作点 D 的位置，取决于在转矩水平 T_0 时的工作负载转矩。注意到，如果工作负载转矩大于同步转矩，将无法达到同步速度。

图 5.14 给出了同步旋转的定子磁场与转子磁场的一种矢量表示。注意到，转子磁场矢量滞后定子磁场一个 α 角。工作转矩（电动机同步产生的）正比于角度 α（电角度）。如果负载转矩和定子频率绝对固定不变，那么定子磁场与转子磁场频率相等。

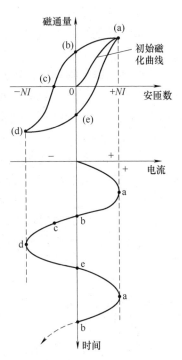

图 5.12　磁体磁滞曲线
（资料源自 Lloyd，T. C. Electric Motors and Their Applications；Wiley；New York，1969）

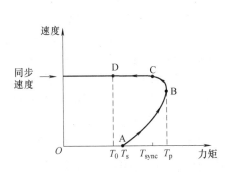

图 5.13　磁滞同步电动机转速与转矩特性的典型关系曲线
（资料源自 Lloyd，T. C. Electric Motors and Their Applications；Wiley：New York，1969）

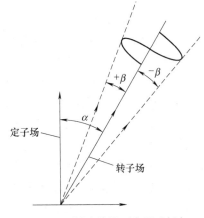

图 5.14　同步旋转下定子磁场与转子磁场的矢量关系
（资料源自 Lloyd，T. C. Electric Motors and Their Applications；Wiley：New York，1969）

然而，转矩角应当是正弦调制的，如图 5.14 所示（转矩角变化 $\pm\beta$），转子磁场矢量在

平均角 α 前和后变化。长期平均速度将与施加的定子电源频率一样稳定，而瞬时速度是以一对一方式工作的正弦波导数。系统惯量无法衰减转矩扰动造成的影响，因此也需调制转轴速度。

当电动机以低损耗和低阻尼系数的系统形式工作时，可以观察到磁滞同步电动机（和其他次级装置及系统）具有一种称为"速度偏差"的特性。如果内力或外力作用使系统受到扰动，电动机转子以正弦波形式振荡，这与图 5.14 所示的不同。若长期保持这种扰动，就会长期保持该振荡。

然而，如果不是长期保持这种扰动，振荡将逐渐消失，振幅基本上趋于零。转子的电阻率、转子-定子的耦合系数及驱动源和定子的阻抗都会影响电极的内部阻尼系数。对于典型的开路运行情景（没有外部速度或位置反馈），则不可能对振荡进行预测。所以，若存在未知的干扰源，可能会突然出现振荡。一般地，转轴的振荡量是 $1° \sim 10°$，并且，就现实层面而言，很难计算。然而，可以根据下式估算出旋转振荡（速度偏差）角频率 ω_n[⊖]：

$$\omega_n = \sqrt{\frac{K}{J}}$$

式中，ω_n 为固有的振荡角频率（rad/s）；K 为电动机刚度（ozf·in，即转动 $\Delta\alpha$ 需要的 ΔT）；J 为转轴的转动惯量（ozf·in·s^2）[⊖]。

设置正弦函数的微分值等于零，已确定为最大的瞬时速度，然后计算最大的位置变化速度（rad/s）：

$$\pm A_p \omega_n$$

式中，$A_p = \pm\beta$[⊖]；ω_n 为振荡角频率（rad/s）。

速度的最大变化常以百分比形式表示为相对于电动机标称运转速度的变化量，即调速或速度变化（%）：

$$100\left(\frac{A_p \omega_n}{\omega_s}\right)$$

式中，ω_s 为标称运行角频率（rad/s）。

图 5.15 给出了一个具有代表性的开环扫描系统转速百分比变化与转速（r/min）关系的两条曲线：最大角位移是 $1°$ 和 $5°$。用于计算的四极电动机的峰值转矩是 10ozf·in 和总惯量 0.076ozf·in·s^2。注意到，对 $1°$ 峰值角位移，所有大于 3000r/min 的转速，其转速变化是 0.05%；而峰值角位移增大到 $5°$，只有转速大于 14000r/min 才能获得 0.05% 的转速变化量。如图 5.15 所示，对一个在高于 3000r/min 转速下运转的典型开环扫描系统，系统设计师可认为转速变化量能低至 0.05%，也能高达 0.25%。总之，如果一定要保证转速变化量小于 0.05%（500r/min），就必须利用相位位置反馈技术，来闭环控制电动机转速。

精密扫描器采用磁滞同步电动机的另一优点是，当转子与旋转的定子磁场同步时几乎没有转子涡流。这些电流形成越来越高的 I^2R[⊗] 电动机损耗，而导致的梯度温升会使转子、转

⊖ 原书作者对此处有修正。——译者注

⊖ ozf·in·s^2：盎司力英寸秒二次方，1ozf·in·$s^2 = 0.007064$kg·m^2。

⊖ 原书作者对此稍有订正。——译者注

⊗ 原书此处多印一个"?"。——译者注

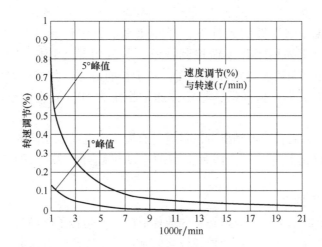

图 5.15　转速调节与转速之间的关系

（资料源自 Marshall, G. F.；Rynkowski, G. A. Eds. Optical Scanning;

Marcel Dekker, Inc.：New York, 1991）

轴变形，尤其对空气轴承产生不利影响。产生转子涡流的主要原因是，当转子经过定子狭缝时会出现杂乱的磁通量变化。这些寄生损失通常称为"齿槽效应损失"，并且高速旋转时非常大。正如早期设计经常看到的，这些损失会导致装置效率很低。对定子仔细进行设计，在某种程度上可以将这些损失降至最低，从而使转子、转轴的主要热源来自定子的空气轴承间隙或空气摩擦。利用水冷或气冷定子机座的方法能够使转子、转轴温度的升高达到最少，从而进一步减少定子损耗所残留的热量，并从轴承、转子系统中排除掉。

总之，交流磁滞同步电动机，是早期多面体反射镜扫描器，尤其是高速旋转应用的一种顺理成章的选择。结构简单、可靠性高和免维护是其主要优点。此外，由于长时间下的转轴速度由励磁频率确定，所以无须速度控制系统，使得产品成本较低。然而，随着对扫描器速度控制的要求越来越苛刻，需要增加如光学编码器之类的反馈装置，以控制该类电动机出现的短期速度变化或"速度偏差"。这样增大了控制系统的复杂度，为精密扫描应用无刷直流电动机铺平道路。

5.4.3　无刷直流电动机特性

无刷直流电动机（见图 5.10）非常适用于 0～80000r/min 的转速范围，与用电刷换向的直流电动机具有类似性质，所以能够应用于相同领域。由于具有近乎理想的线性控制特性，因而也非常适合速度和位置伺服应用，其线性控制特性指产生的转矩正比于施加电流。

由于无须电刷和集电环，可以使其具有较小的电磁干扰、较高的旋转速度和可靠性，并且绝对不会由于电刷磨损而产生材料碎屑。其采用磁性或光学转子位置传感器，以控制电子换相逻辑开关顺序，从而实现换相开关功能。实际上，给定子绕组加一个直流电流，产生的磁场作用于转子永磁体而使其旋转。当转子磁场与定子磁场一致，电流换向，使得定子磁场旋转，转子随之旋转。

转子继续加速直至电动机输出转矩等于负载转矩。如果未施加负载，则电动机速度一直增加至反向电动势（Back Electromotive Force，BEMF）形成的电压等于定子电压减去直流绕组的电压降。至此，由于电动机反向电动势固定不变，从而使转子速度达到平衡状态。

在电源供给和温度都受控的条件下，开环速度的稳定性和变化量一般是 1% ~ 5%，所以，这类装置通常都采用闭环反馈控制技术。若采用此运转模式，特别是锁相环的，则可以获得 1ppm 的短期速度稳定性。然而，对于长期情况，其速度稳定性和精度与参考电源的相当；对于石英晶体振荡器，稳定性通常指定为 50ppm 或更小，用于锁相环速度控制系统。

通过正确换相，无刷直流电动机可以具有与有刷直流电动机相同的特性。进行伺服分析时，这两种装置可以视为等效的。两种类型的电动机都可以采用下面讨论的同一组参数表述。

5.4.3.1 转矩和绕组特性

无刷直流电动机的基本转矩波形是正弦或梯形的，这是转子磁场与定子磁场相互作用的结果。基本转矩定义为，当电动机两根导线之间施加一个固定的直流电流时，相对于转子位置产生的输出转矩。采用固定电流驱动，则转矩波形与电动机两个绕组导线所产生的反向电动势的波形一致。反向电动势的波形频率等于电动机中极对数乘以速度（r/s）。使电动机以某一固定速度旋转，很容易观察到反向电动势波形。事实上，常常在测试期间用其表示电动机特性。

无刷直流电动机的转矩、速度特性，类似使用普通有刷直流电动机。电子激励电流可以是方波或正弦波的，并应按照某种顺序施加，从而为转轴转动提供恒定的输出转矩。由于方波激励的换相角有限，所以，输出转矩的波动很小。

换相角定义为，进行绕组换相之前转子必须旋转的角度。波动转矩一般表示为平均值-峰值的百分比，并且当采用一个阶跃函数进行绕组换相（通过固态开关电切换方式或电刷机械式）时才会出现这种现象。若为方波激励设计的无电刷直流电动机，则可通过大幅增加相数来减小换相角，从而使波动转矩降至最小。并且，这样还可以提高电动机效率。对于两相无刷电动机，换相角是电角度 90°，产生最大波动转矩，17% 平均-峰值比。图 5.16 给出了一个绕组为三角形联结的三相电动机，换相角是电角度 60°，波动转矩约为 7% 平均-峰值比。由于同时使用 2/3 的绕组，所以，与两相电动机使用的 1/2 相比，三相电动机效率更高。

图 5.16 所示的转矩波形呈正弦形状。若采用方波激励形式，则梯形转矩波形能够改善转矩的均匀性。采用一种凸极结构及必要的层叠、绕组布局，可以得到梯形转矩波形。实际上，梯形转矩波形并没有理想的平顶，因此，通过减小转矩波动而获得的益处可能较小。

三相无刷电动机的换相点和输出转矩如图 5.16 所示。以适当的顺序和极性激励每相（绕组），从而产生图 5.16 下图所示的总转矩，等效于电流乘以电动机的转

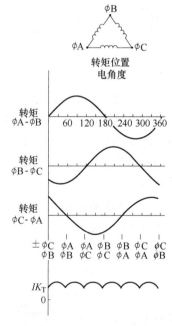

图 5.16 三相电动机转矩和换相点
（资料源自 Axsys Technologies Motion Control Products Division，San Diego，CA，Brushless Motor Sourcebook；Axsys：San Diego，CA，1998）

矩灵敏度（即 IK_{T}）。

5.4.3.2　无刷电动机电路模型

图 5.17 给出了无刷直流电动机的等效电路模型，用于研究电气和转速-转矩的特征方程，从而预测某具体应用的电动机性能。

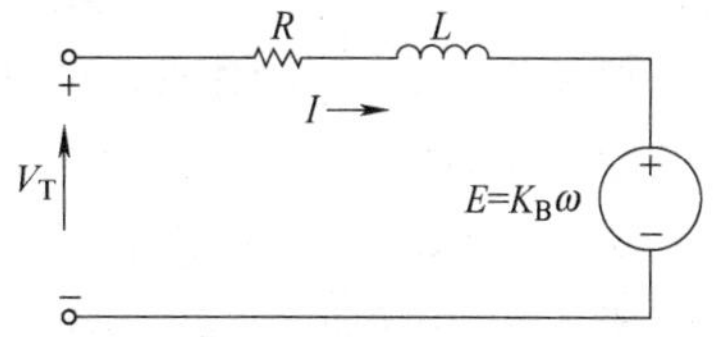

电气方程为

$$V_{\mathrm{T}} = IR + L\frac{\mathrm{d}L}{\mathrm{d}t} + K_{\mathrm{B}}\omega \qquad (5.1)$$

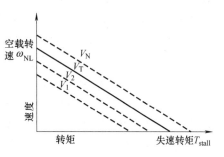

图 5.17　无刷直流电动机等效电路
（资料源自 Axsys Technologies Motion Control Products Division，San Diego，CA，Brushless Motor Sourcebook；Axsys：San Diego，CA，1998）

式中，V_{T} 为主动（或正在工作的）换相相位间的终端电压；I 为电动机中相电流之和；R 为主动换相相位的等效输入电阻；L 为主动换相相位的等效输入电感系数；K_{B} 为反向电动势系数；ω 为电动机的角速度。

如果无刷直流电动机的电气时间常数远小于换相周期，则表述电动机电压的稳态方程为

$$V_{\mathrm{T}} = IR + K_{\mathrm{B}}\omega \qquad (5.2)$$

无刷直流电动机的转矩正比于输入电流，因此有

$$T = IK_{\mathrm{T}}$$

式中，K_{T} 为转矩灵敏度（ozf·in/A）。

求解 I 并代入式（5.2），得

$$V_{\mathrm{T}} = \frac{TR}{K_{\mathrm{T}}} + K_{\mathrm{B}}\omega \qquad (5.3)$$

式中，第一项代表产生一定转矩所需要的电压；第二项是在所期望的转速下克服绕组反向电动势所需要的电压。求解转子转速方程，得

$$\omega = \left(\frac{V_{\mathrm{T}}}{K_{\mathrm{B}}}\right) - \left(\frac{TR}{K_{\mathrm{B}}K_{\mathrm{T}}}\right) \qquad (5.4)$$

式（5.4）表示一个永磁直流电动机的转速-转矩关系式。图 5.18 给出了由该公式计算出的一组转速-转矩曲线。将 $T=0$ 代入式（5.4）便得到空载转速：

$$\omega_{\mathrm{NL}} = \frac{V_{\mathrm{T}}}{K_{\mathrm{B}}}$$

将 $\omega=0$ 代入式（5.4）可以得到失速转矩（也称为堵转力矩）：

$$T_{\mathrm{stall}} = \frac{K_{\mathrm{T}}V_{\mathrm{T}}}{R} = IK_{\mathrm{T}}$$

图 5.18 所示的平行线速度曲线的斜率可以用空载转速乘以失速转矩表示：

$$\frac{R}{K_{\mathrm{B}}K_{\mathrm{T}}} = \omega_{\mathrm{NL}}T_{\mathrm{stall}}$$

图 5.18　直流电动机的特征曲线
（资料源自 Axsys Technologies Motion Control Products Division，San Diego，CA，Brushless Motor Sourcebook；Axsys：San Diego，CA，1998）

由于转速-转矩曲线呈线性，所以，无须利用这种形式预测电动机性能。系统设计师可以根据制造商提供的电动机基本参数计算伺服系统性能所需要的信息。

5.4.3.3 绕组布局

尽管两相电动机有其独特优点，并在低速领域已经得到应用，然而，目前几乎所有的无刷电动机和驱动装置都是三相结构的。如图5.19所示，三相绕组可以是三角形联结或星形联结的。

可以以全开、全闭或正弦函数的形式切换绕组中的励磁电流，使用那种取决于具体应用。由于采用开关式驱动电路可以获得最有高效率，所以它是最经常采用的驱动系统。每个相位（绕组）终端需要两个开关，所以，无论是三角形联结还是星形联结的，仅需6个开关。

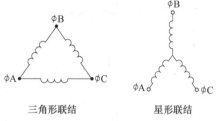

图5.19 三相电动机绕组的结构布局

三角形联结的3个绕组首尾相接，无论哪一对终端与电源相连，电流都会流过所有的3个绕组。由于每相内阻都相同，造成电流分配不均，2/3的电流流过1个绕组，1/3电流流过与其平行的2个串联绕组。其结果是，在绕组换相时，全部电流只有1/3从一个绕组切换到另一个绕组。

对于星形联结绕组，电流流过其中2个绕组，第3个绕组无电流通过。随着绕组换相，全负载电流一定会从一个终端切换到另一个终端。由于绕组的电气时间常数一定，所以，电流达到满负荷需要一定的时间。对于高速运转电动机，电气时间常数（$T_E = L/R$）能够根据达到的全负载值来限制换相间隔时间的切换电流，因而也就限制了所产生的转矩。这正是高速应用中优先采用三角形联结绕组的理由之一。其他要考虑的是制造方面的因素，要使三角形联结绕组具有低反向电动势常数、低电阻和低电感。如果反向电动势常数较低，就可以使用较普通的低压电源，且无须使用切换高电压的固态开关。除高速应用外，对于需要形成梯形转矩波形的无刷电动机应用，星形联结绕组能够提供较高的效率，因此优先选用。

5.4.3.4 换相传感器的定时和定位

无刷直流电动机，只有绕组能够正确换相时才具有直流电动机的功能特性。正确换相意味着按照正确的时间、极性和顺序施加绕组电流。正确的换相包括定子绕组的励磁时间和顺序。根据形成最佳转矩的转子位置，来确定绕组励磁的时间。励磁时序控制着产生转矩的极性，即旋转方向。转子位置传感器提供正确换相所需的信息。换相逻辑器件对传感器输出信号译码，并送至电源驱动电路，进而使控制绕组电流的固态开关动作。

实现正确换相时序的一种有效方法，是将位置传感器调校到与反向电动势波形一致。由于反向电动势波形在量值上等效于转矩波形，所以，可以利用另一台电动机以定速形式驱动待测电动机，并将位置传感器调校到出现反向电动势波形。如果已经实现了正确换相，则传感器应与对应的反向电动势波形相关的转换点是重合的。对于需要最佳转换点的一些高精度要求情况，电动机应当在其额定负载点工作，然后，调整位置传感器直至绕组电流平均值为最小。

图5.16给出了一个三相无刷电动机的换相点和输出转矩，换相角是电角度60°。绕组在峰值转矩位置之前电角度30°处通电，而在峰值转矩位置之后电角度30°位置关闭。为了连续旋转，负转矩峰值时必须反转电流极性。为了识别6个换相点中的每一个点，最少需要3种逻辑信号，如图5.20所示。这些逻辑信号分别由3个间隔电角度60°的传感器产生，占空

比是 50%。

如图 5.16 和图 5.20 所示，已将传感器 S1 调校到 $\phi A-\phi B$ 为零转矩位置。对 $\phi A-\phi B$ 终端施加恒定电流也可以达到这种情况。转子旋转到 $\phi A-\phi B$ 零转矩位置，然后停止。传感器 S1 的定位恰好使其输出从低逻辑状态切换到高逻辑状态。传感器 S2 和 S3 分别定位在相距 S1 为电角度 120° 和 240°（顺时针或者逆时针方向，取决于旋转方向）的位置，电动机的基本换相被确定。

5.4.3.5　转子布局

常应用于扫描器的无刷直流电动机的转子（见图 5.21）有两种形式：对于外转子的，具有稀土钐钴永磁体刚性环或杯；对于内转子的，一般固定到一个转子中心体上。由于内转子形式的转子直径小，具有较小的离心力，所以它适用于较高转速的应用。

由于环氧树脂和其他粘结剂具有弹性，并需要仔细权衡稳定性和可靠性，所以，直流无刷电动机转子的工作速度一般小于磁滞电动机的期望值。然而，在许多高速应用中，直流无刷电动机技术已经代替其他类型的电动机。利用不锈钢套可以加固转子磁体，同时改善高速状态下转子的机械特性。此外，为高速应用已研发出环状磁体转子，使直流无刷电动机能以高于 80000r/min 的速度运转。对于这种转子，会使用一个强大的电磁体磁极片使环形转子材料磁化，将极位置和极性固化在转子环中。实际上，这类转子设计已经用于驱动激光投影系统中的精密多面体反射镜扫描器，转速为 81000r/min。

图 5.10 给出了一种低成本、高转速无刷直流电动机，已经成功应用于一些扫描器设计中。简单的定子设计（机器绕制线圈绕组）和廉价的环形磁体转子，使得这种电动机制造成本低并牢固可靠。还可以利用不锈钢套进一步增强转子磁体。

换相传感器（霍尔效应器件）放置在定子槽内，不需要做任何时间调整。若连续工作，该电动机可至少提供 50W 的功率。如图 5.10 所示，转子中心体上安装了环状磁体和光学编码器。

图 5.22 给出了微型 8 极无刷直流电动机，它适合小功率扫描器的驱动应用。与图 5.10 所示的低成本电动机相比，此电动机的定子结构要复杂得多，主要用于必须具有最小齿槽转矩的较低速度的情况。设计一种专用竖轴式光学编码器而非霍尔传感器，就可以实现这种结构的绕组换相。

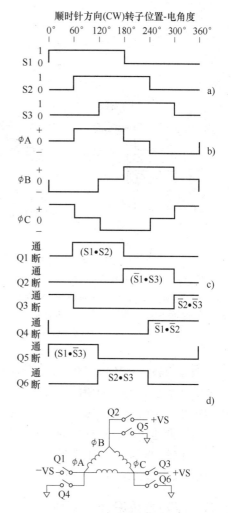

图 5.20　三相电动机换相逻辑和激励
（资料源自 Axsys Technologies Motion Control Products Division, San Diego, CA, Brushless Motor Sourcebook; Axsys: San Diego, CA, 1998）

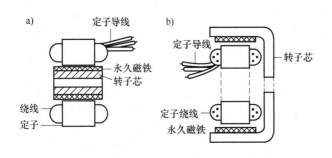

图5.21 无刷直流电动机结构

a）内转子无刷直流电动机 b）外转子无刷直流电动机

（资料源自 Axsys Technologies Motion Control Products

Division，San Diego，CA，Brushless Motor Sourcebook；

Axsys：San Diego，CA，1998）

图5.22 低速无刷直流电动机

通过与转子磁体位置相关的旋转编码器，就可能完成换相时间调整。为了使转矩波动和功率消耗最小，要在期望的运转速度下实现最佳时序。转子组件是一种常规设计，每个磁体块固定在一个转子中心体上，然后研磨加工到最终尺寸。

对于低速应用，较理想的是利用最多极数的电动机，以与规定的物理尺寸和电气参数相一致。系统的转动惯量更容易使换相角变小，由此产生的较高波动转矩频率也得到衰减，从而使电动机在转动一圈的速度比较稳定。

5.5 控制系统设计

精密多面体反射镜的旋转对控制系统的基本要求：无论是对胶片平面、探测器阵列，还是被照明的远距离目标，都能够为精确扫描对准进行同步和速度控制。为此，采用反馈控制原理实现同步、速度和相位（轴角）的控制。

对于胶片记录仪的例子（见图5.9），要求进行速度控制以实现精确的像素定位、可重复性、线性及行间像素对准和同步。为了精确定位胶片平面一行内数据像素的位置，系统必须生成与小反射面角具有精确空间关系的脉冲。根据一一对应原则，利用这些脉冲来选通或关闭投影到光敏胶片表面的光强度经调制的视频图像。由于在胶片记录仪实例中，每转一圈会有120000个像素（12×10000），所以，转轴每旋转10″，应需要一个时钟脉冲。

光学编码器非常适合承担该任务，可精确生成时间脉冲和位置脉冲。然而，增量高密度数据跟踪编码器很贵、孔径大，并很难与转镜、电动机、转轴集成组件进行机械连接。

为了解决这些问题，已经为系统设计了一种具有6000ppr⊖的小型、廉价、低密度光学

⊖ ppr：pulse per revolution，每转1圈的脉冲数。

编码器。利用电子技术使编码器数据跟踪频率（6000ppr）倍增 20 倍就可以获得所需要的 120000ppr 的像素时钟脉冲。使用锁频/锁相技术将编码器数据磁道（600kHz）与一个精密稳定的晶体振荡器锁定在一起。在小反射面法线方向，利用第二编码器磁道精确设置一个标志脉冲，因此，可以提供开始扫描同步［见图 5.9，扫描起始位置（SOS）探测器］和像素对准信号。

产生像素时钟脉冲的系统对转镜组件的性能精度、编码器设计和调整及晶体振荡器的稳定性都有重要影响。尽管如此，已通过光学技术测量出，扫描器旋转一圈，速度控制和抖动的变化小于 ±10ppm。

5.5.1　交流同步电动机控制系统

磁滞同步电动机，速度控制有其固有特性，即长期运行速度精确受控于施加频率。如图 5.14 所示，正如前面所述，定子磁场和转子磁场一起旋转（以施加频率的整数倍关系），转子滞后一个转矩角 α，并且可能会有 $\pm\beta$ 的调制。控制系统的任务是固定转子的矢量位置，所以，消除了速度偏差及其他的速度变化。

为了实现锁相控制，用竖式增量编码器测量转镜旋转频率和相位，再利用相位鉴频器（frequency/phase comparator，具有图 5.23 所示的传输特性），将编码器脉冲的频率和相位与稳定的基准频率进行比较。相位鉴频器具有奇特的传输特性，可以使器件的输出在两个输入频率相等之前处于饱和状态，这就是比较器的频率探测模式。饱和值可以是正的或负的，并有益于确定电动机速度是否过高或过低。假设，电动机已经达到同步速度，则测速计频率等于基准频率，相位鉴频器将以这样的相位比较器模式运行。在这种模式下，相位比较器的输出是一个正比于 f_T 与 f_R 相位差的模拟电压。若频率和相位差为零，则两个信号处于边锁状态，相位比较器的输出电压是零。无论转镜应加速还是减速，相位比较器的误差电压在基准频率电角度 $\pm 360°$ 范围内都正比于相位差。

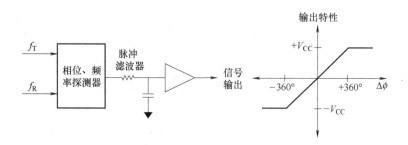

图 5.23　相位、频率探测器（比较器）性能

如图 5.24 所示，利用一个比例-积分-微分（Proportional-Integral-Derivative，PID）控制器补偿方案处理相位比较器误差，并加到相位调制器的控制输入上。

将校正相位误差的相位调制器的输出频率施加到电动机上，因此，形成编码器到相位鉴频器的位置控制回路。该系统的开环直流增益主要取决于编码器、相位鉴频器、积分器和相位调制器增益的乘积。积分器的高直流增益（100dB）能够将 f_R 与 f_T 之间的相位误差降到零，从而形成近乎理想的同步。微分增益常数可以提供足够的阻尼以消除"速度偏差"，并改善总的动态性能，使速度变化小于 1ppm。

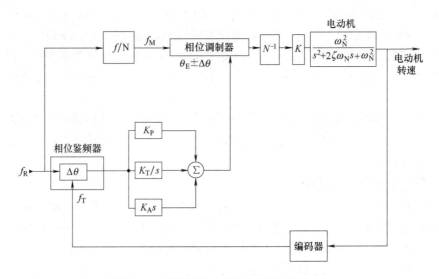

图 5.24　磁滞同步电动机的控制系统框图

（资料源自 Marshall，G. F.；Rynkowski，G. A. Eds. Optical Scanning；

Marcel Dekker，Inc.：New York，1991）

5.5.2　无刷直流电动机控制系统

无刷直流电动机的转速是电动机电压的函数；而不像磁滞同步电动机那样，是以频率、相位为驱动的函数。所以，无刷直流电动机的转速控制与磁滞同步电动机的不同。两者采用了相同的速度、位置反馈控制原理，如图 5.25 所示。除了电动机传递函数和增加了直流功率放大器外，闭环框图中的部分是基本相同的。无刷直流电动机传递函数的详细内容如图 5.26 所示。为简单起见，其中省略了换相和脉冲宽度调制电路。在后续讨论中，将介绍这部分内容。

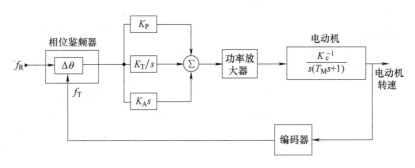

图 5.25　无刷直流电动机的控制系统框图

如前所述，为了完成锁相控制，利用轴装增量编码器测量出转轴的频率和相位，再用相位鉴频器（具有图 5.23 所示的传输特性）对编码器脉冲的频率和相位与基准频率相比较。相位鉴频器具有独特的传输特性：在两个输入频率相等之前，能够使器件的输出处于饱和状态。饱和量可以是正值或负值的，这非常有益于确定电动机转速是否过高或过低。

若基准信号与编码器信号之间没有频率差，控制器将使电动机加速或减速。此时，利用

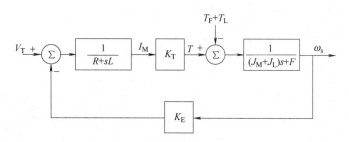

图 5.26　直流电动机的传递函数框图

相位鉴频器对每一个标准脉冲周期进行相位测量，并产生一个与相位误差成正比的输出电压。

　　然后，类似磁滞同步电动机控制系统（见图 5.24），利用 PID 控制器和补偿器处理相位误差信号。

　　图 5.26 所示的直流电动机传递函数将电动机角速度 ω_s 与施加的终端电压 V_T 联系在一起。各参数定义（对于三相三角形联结电动机或三相星形联结电动机任意两根导线）：R 为电动机绕组的电阻（Ω）；L 为电动机电感（H）；I_M 为电动机电流（A）；K_T 为电动机转矩灵敏度（$ozf \cdot in/A$）；K_B 为电动机反向电动势常数 $[V/(rad/s)]$；J_M 为电动机转动惯量（$ozf \cdot in \cdot s^2$）；J_L 为负载转动惯量（$ozf \cdot in \cdot s^2$）；$T_F + T_L$ 为摩擦转矩和负载转矩之和（$ozf \cdot in$）；F 为电动机阻尼系数。

　　随着控制系统起动，误差信号被功率放大器放大，从而使电动机加速到 f_T，f_T 大于（超过）f_R。此时，误差信号反转极性，电动机速度减小，直至 $f_T = f_R$，最后，达到相位鉴频器误差电压等于零的平衡点，积分器的输出电压调控电动机转速。此外，积分器的高直流增益可保持 f_T 与 f_R 之间零相位差，形成同步锁相。

　　为了确保稳定和精确的速度控制，并确定增益系数 K_P、K_I 和 K_A 的大小，应当对电动机和负载特性建模。一些非常有用的模拟软件程序，如 SIMULINK（美国马萨诸塞州内蒂克市 MathWorks 公司出品）非常适合系统设计师使用，能够对各种控制方案的快速检测从而大幅减少研发时间。

　　综上所述，若为所承担的扫描应用项目进行精心设计，则无刷直流电动机完全能够满足或超过交流磁滞同步电动机的性能，但不包括最高速度方面的应用。本章最后讨论的所有成功应用的扫描产品均采用无刷直流电动机技术。

5.6　应用实例

　　下面将介绍过去几年研发的几种扫描器和控制系统（诸多产品中的典型代表）。整个行业的发展趋势反映出终端用户市场的要求：希望提高性能，减小辅助（电子）器件的尺寸，降低功耗和扫描器子系统的成本。

　　幸运的是，电子和自动化器件消费市场可以大量提供能够减小扫描系统尺寸和成本的电子器件。由于无刷直流电动机技术的发展，在扫描器控制电子装置的微型化和降低功耗方面也取得了很大进步。随着无刷直流电动机电子驱动装置成本和复杂度接近普通直流电动机，无刷电动机技术或许会替代扫描子系统中所有其他类型电动机，主要原因是能够提供更高的效率及稳定性。如前所述，这些性质之前只有交流电动机才能提供。

5.6.1　军用车辆热成像扫描器

图 5.27 给出了安装在军用车辆热像仪中的小型 12 面体扫描器。这种紧凑的球轴承扫描器以 600r/min 的速度工作，与红外探测器阵列一起完成场扫描功能。电动机和控制系统的设计，保证了多面体反射镜的速度变化小于 15ppm（0.0015%）。此外，控制系统在有基座扰动（车辆运动，其扰动传递到扫描器）时也必须满足规定的速度变化量。在这些小型扫描器中，利用一种高分辨率编码器和轻质多面体反射镜设计及灵活的控制系统，解决了这些挑战性问题。

图 5.27　军用车辆热像仪扫描器

该扫描器采用小型低电压无刷直流电动机，低转速时具有最佳低齿槽转矩，并平稳运转。光学编码盘上有三个专用换相磁道，还有一个具备 3000 个计数位的高分辨率转速计磁道和一个指示器，共同完成电动机换相。

控制系统中心是一个单芯片电动机驱动器，它可解码来自编码器的换相信息，并产生三相电动机正确运转所必需的电流波形。这类电动机驱动器的集成电路（IC）是计算机硬盘驱动和光盘（CD）应用中常见的装置。电动机驱动器使一束与其输入位置额定电压成正比的电流流过绕组，同时具有制动特性而使电动机减速，以便在扰动影响下能较好地控制多面体反射镜转速。

正如前面所述，利用锁相环调速法可以实现严格的速度控制。当转速达到 600r/min 时，3000 行光学编码器产生 30kHz 的转速计频率，与相位鉴频器电路中外部形成的基准频率相比较。由此产生的任何相位误差都会被放大和过滤，然后送到电动机驱动器，使电流增大或减小以保持速度不变和使相位误差降至最小。如果电动机控制电压低于预定水平，表明扫描器的运转速度高于基准速度，那么，控制系统采用动态制动措施而使电动机和多面体反射镜迅速减速。

控制器（驱动器）原理框图如图 5.28 所示。

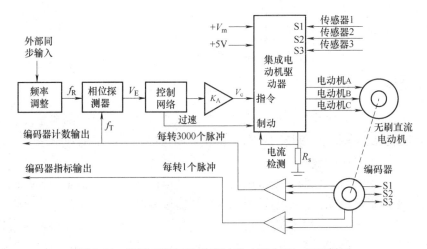

图 5.28　军用车辆扫描仪控制器（驱动器）原理框图

5.6.2　便携式热成像扫描仪

图 5.29 所示为一种小型低成本军用热瞄准装置的多面体反射镜扫描系统，主要应用于小型武器系统。这种较低成本装置制定的技术规范提出了许多独特且很高的技术条件，必须同时满足以下要求：大范围工作温度、精确的扫描速度、低交叉扫描误差和功耗。此外，扫描器的高分辨率成像系统还必须在承受一定等级的冲击和振动条件下满足苛刻的性能要求。特别是要确保多面体反射镜在恶劣环境中的机械稳定性。表 5.5 给出了该扫描器的技术条件。

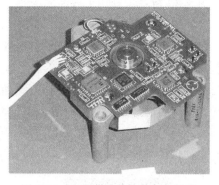

图 5.29　电池供电热成像仪扫描器

表 5.5　电池供电扫描器的技术条件

工作温度	−40 ~ +75℃
多面体反射镜转动速度	600r/min
抖动（一圈）	小于 15ppm（0.0015%）
编码器输出	1500ppr，并指示
输入电压	DC +10V 和 +5V
最大冲击量	500g（0.5ms）

为了最大化电池使用寿命，技术条件规定：在极端低温条件下同步工作时，扫描器的总功耗量要低于 0.4W。

为了满足该应用提出的在低功率和齿槽转矩方面的技术要求，专门设计一种类似图 5.22 所示的小型低速无刷直流电动机。这里选用一种新型的单芯片电动机驱动器，并采用脉宽调制（PWM）控制，从而提高驱动效率和满足功耗的要求。在电动机负载增大和驱动器必须提供更大电流以保证转速不变的情况下，驱动器脉宽调制（PWM）在效率上的优势会更为明显。这里采用如军用车辆扫描器中的线性电动机驱动器，驱动器电源部分的散热形式也会增加额外的功耗。

利用与图 5.28 所示的军用车辆扫描器的相同控制方案，可以有效实现调速。光学编码器转速计磁道线密度降到每圈 1500 计数位以满足成像系统的界面技术要求。在 600r/min 时，编码器转速计磁道形成 15kHz 的脉冲频率，以足够高的速率保持对多面体反射镜的精确速度控制。

这里，优化了锁相环控制系统，以便在受到基座扰动影响时保持编码器转速计与同步基准锁相，从而避免摄像系统在车辆移动或受到振动情况下丢失图像。如何提供精确的转速控制，是控制系统设计的一大挑战，同时还需要排除基座的扰动。为了克服扰动引发的转速变化，必须将扫描器总的转动惯量降至最低，以便电动机转矩能够加速或减速多面体反射镜。另外，扫描器内转动惯量的作用是减少轴承和电动机转矩波动造成的影响（会降低转速的稳定性）。这里采用了一种折中设计方案满足了两种需求，以及对扫描器提出的性能技术要求。

为了降低成本并更新控制系统的电子设计，研发了一种新的控制器（驱动器）电路板，如图5.30所示。利用工业品质级器件替代陈旧的陶瓷封装形式的军用级的集成电路，从而大大节约了成本。采用塑料封装的工业集成电路可以满足对扫描器性能和环境提出的技术要求，并解决了电子元器件领域零件过时问题。

5.6.3　高速单反射面扫描器

图5.31所示为为印刷出版行业照排机（生产制版的输出设备）成功研制的一种扫描器。单反射面反射镜高速旋转，类似图5.9所示的胶片记录系统，使光强度调制后的一束激光束沿胶片扫描，不同的是胶片一般位于圆形滚筒内侧，并且没有$F\text{-}\theta$物镜。此外，胶片不动，扫描器控制滚筒长度，滚筒位于由一种滚珠丝杠结构驱动的精密直线轴承上。

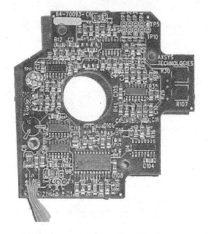

图5.30　低成本扫描器控制装置　　　　图5.31　高速扫描器和控制器（驱动器）

为了提高转速的稳定性和交叉扫描精度及延长轴承寿命，采用自泵锥形空气轴承支撑扫描器的旋转元件。这类轴承具有良好的高速稳定性和较小的摩擦力，使用寿命非常长。由于无须供应外部空气，所以，空气轴承的自泵运转是降低扫描器成本的主要因素。这类扫描器的某些型号以60000r/min运转，实现了图5.10所示高速电动机的设计。图5.9所示的低成本光学编码器可以提供每转2000个脉冲以有效控制速度，并将反射镜位置信息传输给成像系统。能够成功设计出这种扫描器的部分原因，是低成本单板控制器的成功研制，下一节将对此进行详细讨论。图5.33给出了该扫描器和控制系统框图。

5.6.4　多功能单板控制器和驱动器

为了满足小型、多功能、廉价电动机驱动器和速度控制器方面的要求，成功研发出了一种可为三相无刷电动机扫描器提供100W功率的电路。实现精密的扫描器速度控制所需的所有功能都已经集成在一个装置中。基准频率生成器、锁相环控制器及电动机驱动器组装在一块4in×8in的低成本电路板上。该低成本控制器设计具有相当好的灵活性。因此，无须对电路进行任何修改，就可以直接用于许多扫描应用。为了将合适的频率传输给相位比较器电路，在该电路板上设置了一些跳线器来改变数字逻辑，从而实现了多种编码器分辨率和基准频率。

在相当多的激光扫描应用中，这种单板控制器已经用来驱动扫描转速为3000～81000r/min的单反射面和多面体反射镜扫描器。并且，实践证明，其具有良好的速度稳定性，由其驱动的许多空气轴承扫描器，旋转一圈的速度波动只有百万分之几。这种成功的设计已经应用于出版印刷行业，集成到全世界的千万台扫描系统中。该控制器如图 5.32 所示。

如图 5.33 所示，其电路功能分为以下四块：

1. 基准频率发生器和外同步处理电路。
2. 相位检测器和脉宽调制同步电路。
3. PID 控制电路。
4. 无刷电动机控制器和场效应晶体管（FET）功率开关。

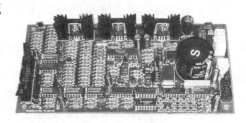

图 5.32　单板扫描器的控制器和驱动器

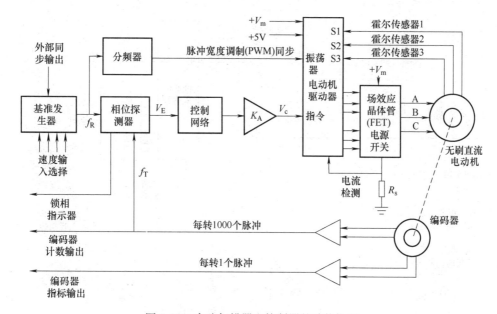

图 5.33　高速扫描器和控制器的功能框图

控制器的基准频率发生器和外同步处理电路的作用，是向相位比较器提供精确和稳定的频率基准。一个单板石英基准振荡器和可编程分频器为扫描器提供 16 种可供选择的工作速度，也可以应用成像系统控制器外部基准频率使速度在一个很宽的范围内连续变化。若利用这种方式，就可以通过调整系统的光学参数来实现扫描速度的精确调整。

相位检测器和频率比较电路产生速度误差电压，然后误差电压被放大，并送到伺服补偿网络。正如前面讨论和图 5.23 所示，由于在两个频率 f_R 和 f_T 完全相等之前输出处于饱和状态，所以，相位检测器具有很高增益。这种特性使得锁相环速度控制系统的精确性很好。

为提供最佳调速技术而研发的另一项有用的发明，是使脉宽调制振荡器与相位检测器基准频率同步。从而保证由差频产生的噪声不会与扫描器速度控制电路发生干扰。同步时，两个频率相加或相减（差频），保持常数不变。稳定的差频可能被滤掉，或者仅作为直流偏置出现，并从速度控制信号中去掉。PID 伺服控制器类似前面章节所述，采用类似图 5.25 所示的布局。由于大部分利用这种控制器的扫描系统是应用于稳定的受控环境的，所以伺服控制电路是针对速度控制变化而非响应时间进行优化的。在这些应用中，扫描器的转子和多面体反射镜具有的高旋转惯量有利于调速。

电子驱动器和功率输出部分由单板（单芯片）控制器和离散场效应晶体管功率开关组成。

利用适量的空气强制制冷，场效应晶体管功率开关能够持续流过高达4A电流，以及瞬时较高的电动机起动电流（6A）。利用脉宽调制控制技术，通过驱动器集成电路调节电动机电流，从而保证向电动机高效供电，并使控制器发热量最小。

对于某些高速多面体反射镜扫描应用，扫描器结构内不可能包含光学编码器。在这种情况下，可以利用多面体反射镜小反射面频率作为速度反馈传感器，如图5.34所示。为了提供精确的速度控制，光学脉冲频率应当等于或大于1kHz。

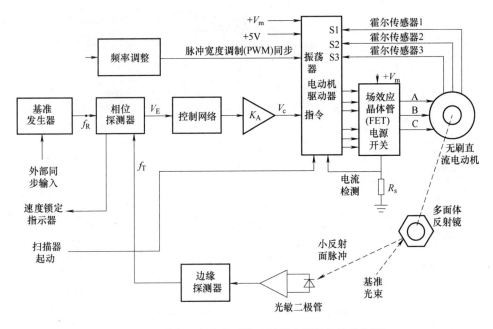

图5.34　适合于高速多面体反射镜应用的扫描控制器

5.7　总结

过去十几年，低成本无刷直流电动机和驱动器的实用性对旋转扫描器设计产生了重大影响，尤为重要的是电动机驱动器的尺寸明显减小，成本显著降低。无刷直流电动机及电动机驱动器的功效能够得到较高的机械功率输出，而温升最小。对于许多多面体反射镜扫描应用，现在较实用的是将驱动器和控制功能直接集成在扫描器或电动机上。

致谢

非常感谢 Gerald A. Rynkowski 先生为本章提供的资料。他在控制系统和光机扫描技术方面具有多年经验和渊博知识，已经成功研发出许多民用和军用扫描系统。

还要感谢美国 S-Domain 公司（加利福尼亚州圣地亚哥市）的 David Fleming 先生和美国 Buehler Motor 公司（北卡莱罗纳州凯里市）的 Qunshan Du 先生为审验本章内容的准确性做出的有益贡献。

参考文献

1. Marshall, G.F.; Rynkowski, G.A. Eds. *Optical Scanning*; Marcel Dekker, Inc.: New York, 1991.
2. Speedring Systems Group. "Ultra precise bearings for high speed use," 102–1; "Gas bearing design considerations," 102–2; "Rotating mirror scanners," 101–1,101–2, 101–3. Technical Bulletins:Rochester Hills, MI.
3. Roters, H. C. "The hysteresis motor—advances which permit economical fractional horsepower ratings," AIEE Technical Paper 47–218, 1947.
4. Lloyd, T.C. *Electric Motors and Their Applications;* Wiley: New York, 1969.
5. Axsys Technologies Motion Control Products Division, San Diego, CA. *Brushless Motor Sourcebook;* Axsys: San Diego, CA, 1998.

第6章　旋转扫描器的轴承系统

Chris Gerrard

英国多塞特郡普尔市 GSI 集团公司西风空气轴承分部

6.1　概述

　　尽管旋转扫描器的形式有很多种，但平稳旋转一块反射或全息光学元件的基本原理都是一样的，光学件必须环绕着具有高度重复性和某一速度稳定性的固定转轴旋转。从最广泛意义上来说，要根据这些技术要求选定扫描器组件的轴承类型，其他要考虑的因素还包括成套产品价格、最高速度、热量和环境问题及寿命。

　　由于扫描器组件内不同元件之间的相互作用，所以离散元件都设计为一个整体。必须理解转轴与轴承系统间的动态作用及它们共同对其他零件（如电动机、编码器和光学件）的影响。

　　本章主要是为该领域的初级机械设计师合理确定轴承、转轴系统，以及进行必要的折中和权衡提供参考意见。空气轴承（也称气压轴承）的最新进展提高了其性能。所以，尽管本章对各种轴承设计都会讨论，但重点是介绍这种技术而非球轴承的设计。有关球轴承设计原则的更详细分析，见本章参考文献［1］。

6.2　旋转扫描器的轴承类型

　　设计一台新型旋转类产品时，大部分设计者习惯上的第一选择是某种形式的滚动轴承。由于该类轴承容易获得、易于集成，一般来说比较便宜，因此算是旋转扫描器的理想方案。该类轴承也的确成功应用于早期的内筒平板激光照排机及激光打印机、绘图机、传真机和复印机中。

　　然而，随着高分辨率和高生产率的要求愈加迫切，仪器设计者必须研发出能够替代传统球轴承组件的解决方案。下面将简要介绍可以作为备选方案的主要轴承类型。

6.2.1　气体润滑轴承

　　气体润滑的轴承，更具体地说是空气润滑的轴承，已经较广泛地用于照排和激光打印行业，对于高品质扫描器而言其已被视为行业标准。这类轴承主要采用自作用或气动设计形式，转轴与轴承之间形成内部空气膜，利用外部压缩空气轴承（需要某种形式的压缩机）也可以设计较大规模的结构。每种形式都有其自身优点，本章都将详细介绍。

6.2.2　油润滑轴承

　　润滑油轴承是一种自作用轴承，可用于旋转扫描器中，静态油泄漏是其主要缺点，因此，只限于一些特定应用中。

6.2.3　磁力轴承

由于电子控制技术的巨大进步，可以使转轴在磁场内的位置保持不变，因此，有源磁悬浮轴承的利用（转轴由强大的磁场支撑）正在成为现实。无源磁悬浮轴承和空气动静压轴承混合技术也在应用中。

6.2.4　球轴承

对某些要求不高的应用，角接触球轴承（或向心推力球轴承）仍然是理想选择，尤其适合最近利用陶瓷球轴承技术及改进后的润滑剂所研发成功的混合轴承。这些产品主要应用于一些台式激光打印机、传真机和大部分条形码扫描器系统。

6.3　轴承选择原则

在介绍每类轴承的技术细节之前，首先对每种技术的优缺点进行比较，以便使设计者能够快速做出正确选择，然后继续讨论本章的相关部分。图 6.1 给出了旋转扫描器最可能采用的轴承系统的比较，主要包括以下内容：旋转精度、最大速度能力、相对价格和寿命。

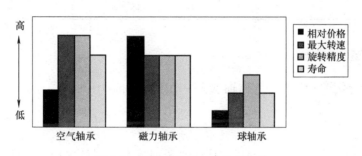

图 6.1　轴承系统的一般性能比较

如图 6.1 所示，可以明显看出，对于大多数高精度扫描器应用，空气轴承技术是最实用的；而对技术要求较低的产品，基于球轴承的设计是最具成本效益的。然而，如果扫描器是在特定条件下工作的，对轴承系统可能有额外的要求，那么，必须更仔细地进行比较。表 6.1 给出了更为详细的内容，并比较了空气静压轴承与空气动压轴承（self-acting air bearing）的优缺点。

表 6.1　轴承系统的详细比较

参　数		空 气 轴 承		润滑油轴承	有源磁悬浮轴承	角接触球轴承
		动　压	静　压			
旋转精度		优	优	良	良	一般
转速	<1000r/min	差	优	优	良	一般
	1000～30000r/min	优	优	一般	良	良
	>30000r/min	优	优	差	优	差
低振动		优	优	优	优	一般
抗冲击性		一般	良	优	良	良

（续）

参　数	空 气 轴 承		润滑油轴承	有源磁悬浮轴承	角接触球轴承
	动　压	静　压			
频繁起停	良	优	优	优	良
低起动转矩	一般	优	良	优	良
长寿命（>20000h）	良	优	优	优	差
宽温度范围	良	优	一般	优	一般
对环境的污染	优	良	差	优	差
抗灰尘侵入	一般	优	良	良	良
高轴向/径向载荷	一般	良	优	良	优
高轴向/径向刚性	一般	优	优	良	良
包络空间小	良	一般	良	一般	优
产生热量少	良	良	差	优	良
在局部真空条件下运转	差	一般	一般	优	一般
低运营成本	优	一般	良	一般	良

6.4　气体轴承 ⬅

本节将详细介绍两种类型的气体轴承——动压轴承和静压轴承，还会讨论两种类型的典型机械结构。

6.4.1　背景

用某种气体作为润滑剂，是动压流体膜轴承研发会很自然采用的一种方案。对气体润滑轴承特性的研究可以追溯到1897年金斯伯里（Kingsbury）的工作[2]。之后，1913年，哈里森（Harrison）提出一种能够解释气体润滑轴承性能的近似理论（主要用于阐述可压缩性影响）。

初始，该理论明确指出，制造气体轴承必须有特别高的精度，为此，该概念被搁置了40年。在20世纪50年代，出现了许多新的研究领域，其中最著名的是在原子能科学方面。期间，一直在建设一些核反应堆，对放射性环境的研究需要使气体流经原子反应堆；并且，对循环泵的要求很高，有的要求功率大于100hp⊖。最初设计的循环泵是使用传统的润滑剂的。遗憾的是，很快发现辐射环境会使润滑剂固化，造成轴承无法运转。

气体循环泵的失败严重影响着原子能科学的进展，而后为寻求一种解决方法又进行了大量研究。显然，适合循环泵的唯一一种润滑剂是放射性气体本身，正如以往所做，发明源于需要（或者说，需求是发明之母）。

气体轴承的早期研究工作是由哈韦尔（Harwell）完成的，之后该项工作交给了一些主要的航空发动机制造商。当时，只有这些公司才有能够加工所需精度等级的设备。早期的结

⊖　hp：马力，1hp＝746W。

果令人鼓舞，然而，在众多研究机构解决了轴承咬卡问题之后，很清楚又遇到了被称为半速涡动的轴承不稳定性问题。要达到所希望的速度，必须解决该问题。最终提出一些建议，设计的循环泵能够控制温度高达 500℃ 和压力为 350lbf/in² [注] （原书用 psig）的辐射气体。法国 Societe Rateau 公司为反应堆项目"龙"投资建造了最大的循环泵之一。该泵在功率 120hp 以 12000r/min 的转速来循环温度为 350℃ 和压力为 289lbf/in² 的氦气。

与此同时，惯性导航领域在气体润滑方面提出了更高的需求，用其代替微型球轴承使仪器精度有了明显改善。

在上述研发的初期阶段，理论只能提供一定的指导意义，而需求才促进了大量的理论和实验研究。在许多至关重要的理论贡献者中，或许应当特别提到 1961 年发表下述论文的雷蒙蒂（Raimondi）先生："有限长度气体润滑全围式滑动轴承的数值解（A numerical solution for the gas lubricated full journal bearing of finite length"[4]。已经得到证明，采用该论文中计算机生成的设计图，使空气动压轴承的理论与实践之间获得了良好一致。遗憾的是，在这个阶段，半速涡动（效应）使其无法做出精确预言，解决方案在很大程度上只能依赖实践经验。

在研究空气动压轴承的同时，人们还研究了静压轴承的理论性能。这类轴承相对易于控制，并且研究出的许多有价值的贡献有助于工程师们努力创造新的实用的气体润滑轴承。

最早的一种实用静压空气轴承是用在牙科领域。20 世纪 60 年代，英国西风空气轴承（Westwind Air Bearings）公司生产的牙钻证明这一技术在该领域的成功应用，转速为 500000r/min，具有最小振动。其他应用包括机床工业领域的精磨和钻床主轴。

只是在近期，空气动压轴承在激光扫描领域才再次脱颖而出。空气动压轴承的特性非常适合以下特定应用：高速旋转、非常小的振动及没有丝毫的环境污染。图 6.2 所示为内滚筒式激光扫描市场中使用的典型气动扫描器和部件。

图 6.2　高速内滚筒式气动
扫描器及相关零件

6.4.2　基础知识

气体的某些基本特性可以解释为什么气体轴承特别适合高速旋转扫描器。

6.4.2.1　低热量产生

即使与最轻的仪表轴承油相比，气体轴承主轴中使用的普通气体的动态黏度也要低几个数量级（见表 6.2）。由如下描述径向滑动轴承功率损耗公式可以看出低黏度的主要优点：

$$P_{\text{loss}} = \frac{\pi \mu D^3 L \omega^2}{4c} \tag{6.1}$$

式中，μ 为液体或气体黏度；D 为转轴直径；L 为径向滑动轴承长度；ω 为转轴角速度；c 为转轴与径向滑动轴承之间的径向间隙。

⊖　lbf/in²：磅力每二次方英寸，1lbf/in² = 6. 895kPa。

表 6.2 油与几种气体的黏度（单位：cP①）

液体或气体	温　度	
	27℃	100℃
仪表油	70	5.5
氩气	0.022	0.027
空气/氮气	0.018	0.021
氮气	0.017	0.021

① cP：厘泊，$1cP = 10^{-3} Pa \cdot s$。

很容易看出功耗与润滑剂黏度的比例关系，与相同转轴直径的油润滑轴承相比，气体轴承允许以较高的速度运转。图 6.3 给出了普通空气轴承转轴尺寸下径向滑动轴承的温升曲线。此外，由于式（6.1）中是三次方关系，因此，转轴直径对发热具有严重影响。

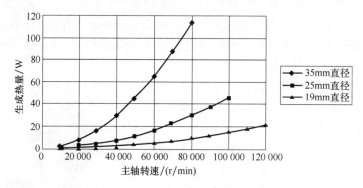

图 6.3 不同转轴直径下，空气轴承滑动生热与转轴转速的关系（$c = 12.7 \mu m$，$L/D = 1$）

同样，下式给出止推轴承的功耗[5]：

$$P_{loss} = \frac{\pi \mu \omega^2}{2h}(b^4 - a^4) \tag{6.2}$$

式中，b 为止推轴承外径；a 为止推轴承内径；h 为转轴与轴承表面之间间隙。

6.4.2.2 宽温度范围

表 6.2 给出的气体的另一个重要性质，即黏度随温度变化很小。因此，气体轴承具有很宽的工作温度范围。通常，轴承和转轴材料的机械性质是限制最高工作温度的因素。这种约束可能是由于转轴和轴颈不同的热膨胀所致，使间隙改变到无法接受的程度，甚至是由于轴承材料的最大热导使热量传输到轴承系统之外。

6.4.2.3 对环境无污染

对于气体动压轴承，其周围气体被用作润滑剂，普通旋转扫描器一般使用空气，不会出现气体污染（假设轴承材料不会与气体发生化学反应）。若是空气静压轴承，压缩气（对于普通扫描器，一般是空气）将通过风吹来清洁轴承，与环境无害混合。另一优点是防止尘埃或其他微粒入侵，从而避免由于堵塞转轴与轴承之间间隙而使转轴和轴承组件损伤。

6.4.2.4 平稳度的重复性

旋转过程中，转轴轴颈与轴承没有实际接触，所以，旋转轴或转轴轨道的寿命不会受到影响，保证光学性能重复不变。转轴旋转一圈的平稳度，保证了光学元件具有最小的交叉扫描误差。

6.4.2.5　旋转精度

由于轴颈周围充满气体来润滑，利用轴颈可以确定轴承的平均中心线，所以也能适应制造过程中形成的局部不规则度。一般说来，轴心轨迹精度等级要优于轴承圆度的测量值。

6.4.2.6　噪声和振动

特别是对于空气动压轴承，轴承系统造成的噪声几乎听不见。其主要噪声源自光学元件的空气阻力。气膜的阻尼性质保证转轴的任何振动都会衰减传递给轴承。

6.4.3　空气静压轴承

必须向轴承径向和轴向间隙提供一定量的压缩气体，以支撑空气静压轴承的转轴载荷。虽然，这里提供的提升压力或浮动压力是非常低的，但为了获得有效的载荷和刚性，通常为 $3 \sim 6 bar^{\ominus}$。

对于空气静压轴承，需要使用一个外部压缩机，这对许多旋转扫描应用来说，是一大劣势。这是因为扫描系统其他部分一般不需要压缩空气，与压缩机有关的噪声、振动对扫描系统来说是要抑制的，并且还有过高的成本问题。然而，若旋转大型悬臂式光学元件，特别是当需要很低的工作速度（如每分钟几百圈）时，事实证明，空气静压轴承非常适合这种高径向和轴向载荷的情况。

空气静压轴承的另一优点是转轴在任何方向的旋转性能都一样。一般来说，这对动压轴承是不可能的。如果要求静压主轴用在不同种类的扫描产品中，并在不同的方向都能良好地运转，利用的就是这种性质。最后，尽管轴承端部排出的气体会额外造成噪声，但自清洁效应能够防止扫描器中形成的尘粒淀积在其内（特别是纸屑和碳粉）。

下面介绍一般的设计原则，并对其结构进行介绍。

6.4.3.1　空气静压圆柱轴承

空气静压轴承的一般工作原理如图 6.4 所示。轴承由一个环状圆形气缸组成，包括两组孔口（喷孔），轴承两端各有一排。

孔口提供压力为 P_s 的气体，并将压力为 P_a 的气体排放到大气中。若转轴上没有载荷（自身重量忽略不计），则转轴与轴承间隙中的阀后压力在圆周周围处处相等，如轴承孔口横截面所示。相关压力沿轴承方向分布图表明，气体流向轴承端部直至以大气压 P_a 排出为止，排放压力 P_d 随之缓慢下降。换句话说，孔口面与轴承端面之间具有一股恒定的气流，而孔口面间的区域保持压力不变。

当转轴承受径向载荷时，就会在力的方向上移动，从而减小了转轴与轴承间的间隙。局部气流减少，致使压力增大了（$P_{d1} - P_a$）；而转轴另一侧气流增加，造成压力减小了（$P_{d5} - P_a$），由此形成的压差使转轴能够承载所施加的载荷，避免两个零件表面接触。去除载荷，则压力分布使转轴恢复到中心位置。

实际上，由于每排只有较少数量的孔口，一般是 $8 \sim 12$ 个，所以分散效应减小了两排孔口之间的有效压力区域。轴承周围的气流从高压区流向低压区，也会使载荷承担能力稍有下降。尽管还有其他方法将气体输送到轴承中，如槽送法或使用多孔材料，但离散喷射孔方法

　　$\ominus$　bar：巴，$1 bar = 10^5 Pa$。

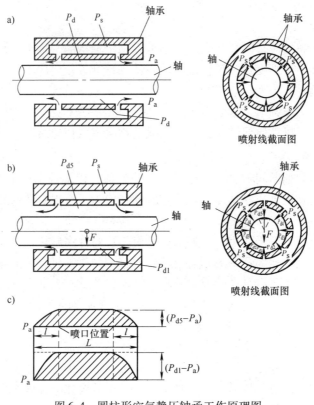

图 6.4　圆柱形空气静压轴承工作原理图

a）无载荷　b）有载荷　c）有载荷时的压力分布图

仍是该领域最受欢迎的技术。

6.4.3.1.1　载荷能力

表示圆柱空气静压轴承径向载荷能力的标准公式为

$$W = C_L (P_s - P_a) LD$$

式中，W 为载荷；P_s 为供气压力；P_a 为环境压力；L 为轴承长度；D 为轴承直径；C_L 为无量纲载荷系数。载荷系数 C_L 受限于不同参数，包括偏心率比、排放压力 P_d、孔口数目（分散效应）及孔口相对于轴承端面的位置。正如夏尔斯（Shires）所述[6]，可以采用几种方法确定这些效应。

为了确定最大载荷能力的实际值，设计人员必须确定，在轴承或转轴由于局部不规则的条件下表面实际接触之前，轴承表面与转轴的最近距离。也就是说，平衡度、转轴圆柱度、轴承椭圆度及转轴对轴承的垂直度都会影响载荷能力。这种偏移称为转轴在轴承中的偏心率比 ε，旋转时的最大值是 0.5，即转轴偏离了半个径向间隙。图 6.5 给出了旋转扫描器载荷能力相对于转轴直径的曲线关系，两条曲线采用不同的轴承长度-直径比，并有 $\varepsilon = 0.5$，孔口位置为 $0.25L$，$P_s = 5.5\text{bar}^{\ominus}$。

⊖　原书单位为 bar g，g 指表压力。——译者注

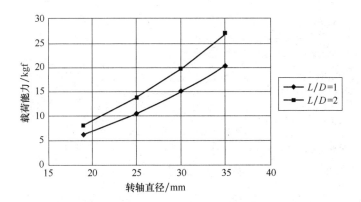

图 6.5　载荷能力与转轴直径

6.4.3.1.2　径向刚性

在低偏心率比时，轴承的径向刚性是个常数，根据如下公式可以很容易算出：

$$K = \frac{W_e}{\varepsilon C_0}$$

式中，K 为刚性；$\varepsilon = 0.1$；W_e 为 $\varepsilon = 0.1$ 时的载荷能力；C_0 为转轴与轴承之间的径向间隙。图 6.6 给出了间隙变化对各种尺寸转轴径向刚性的影响。

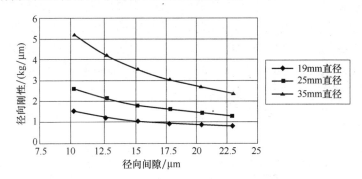

图 6.6　不同转轴直径的径向刚性与间隙之间的关系（$\varepsilon = 0.1$，$L/D = 1$，$P_s = 5.5\text{bar}$）

6.4.3.1.3　热量生成

乍一看，设计师应当尽可能保持小的径向间隙以保证具有最好的刚性。但是，需要权衡的是，按照式（6.1），轴承发热量反比于间隙，这两种因素之间必须进行折中。图 6.7 给出了普通尺寸转轴的轴承发热量与间隙的关系曲线。

对不同结构的主轴，对 1cm^2 轴承表面的发热量有严格限制，为保证转轴与轴承之间具有合理间隙（由于热膨胀），必须在其表面添加冷却液。

6.4.3.1.4　轴承气流

计算气流之前，另一种必须考虑的设计因素是节流孔口的自身形状。有两种常见类型的分立式节流孔口：环面节流和小孔节流。图 6.8 给出了它们的简化结构。

对于环面节流，最小气流截面受制于轴承的径向间隙 c。通流面积按长度等于径向间隙 c 的空心圆柱体的表面面积计算：

$$A = \pi d c$$

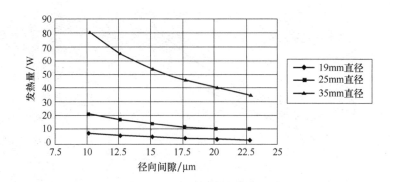

图 6.7　径向滑动轴承发热量与径向间隙的关系（60000r/min，$L/D=1$）

对于小孔节流（或简单的喷孔），最小气流截面受制于孔口直径本身，因此，通流面积按孔口的截面面积计算：

$$A = \frac{\pi d^2}{4}$$

显然，如果间隙非常大，环面节流孔口甚至会像简单的喷孔一样工作，当然，这种情况非常罕见。

为了更好地控制气流，最好采用小孔节流，这是因为可以减小分散效应而具有更高刚性。环面节流孔口具有较高阻尼，可以降低产生不稳定的可能。如果轴承设计中气室体积太大，并可以听到自身诱发的类似气锤的声音，就会出现这种不稳定性或共振。

图 6.9 给出了直径为 0.16mm 小孔节流孔口和环面节流孔口及 25mm 直径轴承所对应的气流曲线。

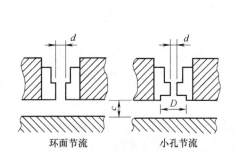

图 6.8　两种类型的节流孔口

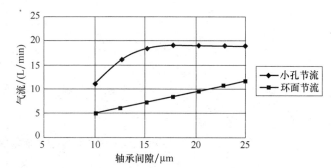

图 6.9　25mm 直径轴承气流与轴承间隙的关系
（$L/D=1$，$P_s=5.5$bar，16 个孔口，孔口直径 $d=0.16$mm）

6.4.3.2　空气静压止推轴承

空气静压止推轴承系统（或空气静压轴向轴承系统）由两块反向放置的圆形止推板组成，形成转轴的轴向气道，利用一块厚度比气道稍大的垫片控制表面间隙，并放置在转轴外径附近。

图 6.10 给出了止推板结构，一条很窄的沟槽将一排环形分立孔口连在一起。设计沟槽的目的是为了在孔口节圆环直径（Pitch Circle Diameter，PCD）附近形成一个压力环以

获得最佳性能，尤其在转轴气道几乎触及止推端面的情况下。图中同时给出了相关的压力分布。

为了稳定，反向放置两块止推板，将转轴气道置于其中。与圆柱形轴承工作机理类似，当转轴上施以轴向载荷，该转轴会移向止推轴承一端，孔口气流会减弱，造成该轴承端面上的压力增大，从而在转轴气道上形成一个反向力，防止向更靠近轴承表面的方向移动。这种反向作用也同时发生在其他轴承端面上，减小了其他转轴气道端面上的作用力。

如图 6.11a 所示，可以更清楚地理解这种机理。图中，两种端面的载荷能力曲线的相交之处是转轴气道的平衡位置。也可以采用其他形式的止推轴承，如中心输气或轴颈输气，但各孔口圆环形分布的结构最适合这个领域的应用。

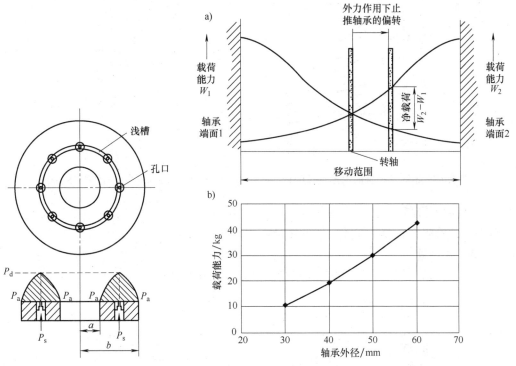

图 6.10　空气静压止推轴承　　图 6.11　止推轴承轴向特性，以及轴向载荷能力与轴承外径的关系

a) 轴承特性　　b) 轴向载荷能力与轴承外径的关系

（$b/a = 1.6$，$P_s = 5.5$bar，8 个孔口，孔口直径 $d = 0.27$mm）

6.4.3.2.1　载荷能力

一块止推板的载荷能力可以表示为以下形式[5]：

$$W = \frac{(P_d - P_a)\pi(b-a)^2}{\ln(b/a)}$$

式中，P_d 为下游气压；P_a 为环境气压；b 为止推板外径；a 为止推板内径。可以根据某些因素估算下游气压 P_d，该内容已超出本章研究范围（见本章参考文献 [5]）。如图 6.11a 所示，反向止推板组件的最大载荷能力是 $(W_2 - W_1)$，此时转轮几乎与端面 2 相接触。

图 6.11b 给出了扫描应用中轴向滑动轴承的典型载荷值，外径与内径之比是固定值 1.6。

6.4.3.2.2 轴向刚性

利用如下公式计算轴向刚性：

$$K = \frac{W_2 - W_1}{\delta}$$

式中，W_2 为端面 2 在（平衡位置 $-\delta$）的位置时的载荷能力；W_1 为端面 2 在（平衡位置 $+\delta$）的位置时的载荷能力；δ 为外部施加载荷移动的距离。应当注意，通常是在 δ 小于轴向游隙（或轴端浮动）10% 条件下计算最大刚性 K。

图 6.12 给出了一组不同轴承直径的轴向刚性与轴向间隙的关系曲线。可以看出，中心线（或平衡位置）的刚性在很大程度上依赖转轴与轴承之间的间隙。

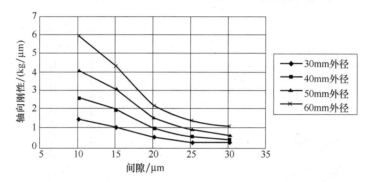

图 6.12　不同外径轴向滑动轴承的轴向刚性与间隙的关系（$a/b = 1.6$，$P_s = 5.5\text{bar}$）

为了获得最佳刚性，必须考虑孔口数量、孔口位置和沟槽尺寸。若在最小气流条件下得到最高刚性，希望具有较小间隙，但发热量可能最高。

6.4.3.2.3 发热量

利用式（6.2）计算出的间隙与发热量的关系如图 6.13 所示。

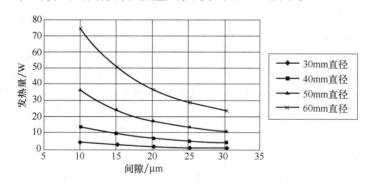

图 6.13　不同外径轴向滑动轴承的发热量与间隙的函数关系（60000r/min，$b/a = 1.6$）

6.4.3.3 空气静压轴承扫描器结构

图 6.14 给出了一种典型的气体静压轴承多面体反射镜扫描器（结构），多面体反射镜安装在转轴前面一块可移动的螺纹底座上。为了抵消多面体反射镜重量带来的影响，将轴向滑动轴承设置在转轴后端，靠近无刷直流电动机。为将使气流降至最小，采用长的单径向轴承设计，只有两排孔口。而为获得最大的径向刚性和载荷能力，可以采用 4 排孔口、双轴承系统，但会具有较大气流。在转轴后部安装一个光学编码器系统以实现高精度的速度控制。

一般地，轴承材料采用铜锡合金，而转轴材料是不锈钢。

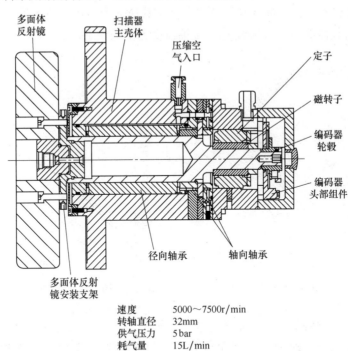

速度　　　　5000~7500r/min
转轴直径　　32mm
供气压力　　5bar
耗气量　　　15L/min

图 6.14　气体静压多面体反射镜扫描器

(转速为 5000~7500r/min，转轴直径为 32mm，P_s=5bar，空气消耗量为 15L/min)

6.4.4　气体动压轴承

最近几年，气体动压轴承（或气动轴承）的应用越来越广，在本领域逐渐代替球轴承或空气静压轴承组件。一般来说，气体动压轴承的加工误差非常小。近几年，该技术的进一步研发利用，也得益于高精度计算机数控（Computer Numerical Control，CNC）机床价格日益降低。

最简单的气体动压轴承，如图 6.15 所示。其有一根圆管，转轴在圆管内旋转。如果在图示的转轴上施加载荷 W，则造成转轴偏离中心 εh_0。由于气体黏性的剪力作用，变小的间隙中的压力增大，类似润滑油轴承机理，形成"楔形"。高压区使转轴悬浮，因此，能够丝毫不与轴承面接触而旋转。

由于气体黏度低，所以，轴枢间的间隙必然非常小，一般来说起效时为几微米。显然，当转轴静止不动时，没有黏性剪力或支撑压力，轴枢与轴承相接触。为了避免转轴开始旋转时两表面损伤，需要利用高转矩电动机以便在很短时间内使转轴加速到悬浮转速。对于扫描器组件内常用的转轴直径，该转速的典型值是几百转每分钟。

很明显，与液体相比，气体是可压缩的，因此，能够减小压力楔效应，由此得到的载荷计算也较复杂。然而，能够利用压缩系数 Λ 作为轴承性能的一种保证因素[6]，有

$$\frac{\Lambda}{6}=\frac{\mu\omega[r]^2}{P_a[c]^2} \tag{6.3}$$

式中，μ 为粘度；ω 为转轴角速度；P_a 为环境压力；r 为转轴半径；c 为轴承间隙。

如图 6.16 所示，可压缩和不可压缩流体在固定偏心率条件下，其载荷能力随压缩系数 Λ 增大而变化。可以看出，气体在高压缩率条件下载荷能力与该系数无关，具体来说，这意味着已经达到径向载荷能力（和刚性）与转轴速度无关的状态。

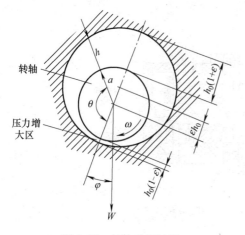
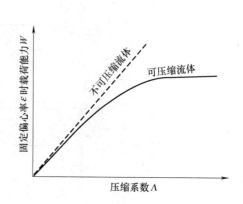

图 6.15　气体动压轴承　　　　　图 6.16　载荷能力随压缩系数的变化

如图 6.15 所示，当载荷 W 施加到转轴上，轴枢与轴承之间最接近处并非正对着 W 的位置，而有一个偏角 φ。理论上，该角度在 $0° \sim 90°$ 的范围变化，具体数值取决于压缩系数。

载荷能力。与空气静压轴承相比，由于受压缩系数的影响，评价气体动压轴承的载荷能力更为复杂。然而，雷蒙蒂（Raimondi）[4] 利用下面无量纲数组求得数值解，并给出了设计表。载荷比为

$$\frac{P}{P_{a}} = \frac{W}{2rLP_{a}}$$

式中，P 为轴承气压；P_{a} 环境气压；W 为载荷能力；r 为转轴半径；L 为轴承长度；Λ 为不同偏心率的压缩系数 [见式（6.3）]。图 6.17 给出了 $L/D = 2$（对于实际的气体动压轴承，这或许是最小值）条件下轴承的雷蒙蒂曲线。若已经计算出压缩系数，并确定了实际的最大偏心率，则可以推导出载荷能力。

遗憾的是，按照对载荷能力的解释，很明显，如果对气体动压轴承转轴没有施加载荷，就不会产生楔形效应和相关的压力影响，转轴基本上是不稳定的。为了解决不稳定问题，设计师必须在转轴轴承中设计某种类型的表面，使其在没有载荷时也能形成楔形效应。显然，如果转轴是水平旋转的，转轴本身重量就会形成一个小的偏心量，但此情况并不多见。此外，正确设计表面形状可以大大降低固定偏心度条件下载荷的影响（在高压缩系数下与转速无关）。

扫描器用气体动压轴承主要使用两种结构形式：螺旋槽式轴承和叶式轴承（lobed bearing）。

6.4.4.1　螺旋槽式轴承

任何一个表面都能加工出一系列槽，通常制造在轴枢内，其中一端与大气相连。旋转中，黏性剪力将气体吸入这些槽内，在封闭端形成压力区（见图 6.18）。轴枢槽几何尺寸的

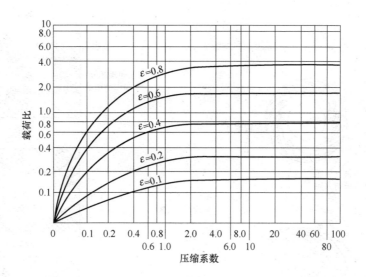

图 6.17　$L/D=2$ 条件下轴承的载荷能力与压缩系数的关系

重要参数：槽角 α，槽数 N，槽深比 h_0/h，槽长比 L_g/L 及槽宽比 $W_1/(W_1+W_2)$。

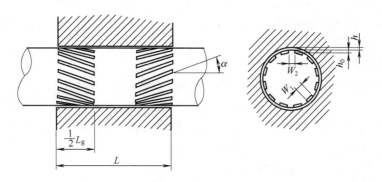

图 6.18　螺旋槽式人字槽径向轴承转轴

　　使用由式（6.3）计算出的压缩系数，同时利用合适的曲线表[7]，就可以得到最佳结合形状。

　　上述概念也适用于平面止推轴承，在表面上有一系列槽，螺旋线方向指向中心，在封闭的内端形成压力区。图 6.19 给出了泵入型螺旋槽环形平面止推轴承的气压分布的典型例子。止推槽几何形状的重要参数：内外径比$(r_\mathrm{b}-r_\mathrm{i})/(r_\mathrm{b}-r_\mathrm{a})$，槽宽比 W_1/W_2，槽深比 h_0/h，以及槽角 θ。惠特利（Whitley）和威廉姆斯（Williams）[8]已经确定了这些参数的实际值，并由此确定载荷能力和刚性。

　　螺旋槽技术适用于三种基本的轴承类型：径向轴承和平面止推轴承、锥形轴承或球形轴承，如图 6.20 所示。

　　锥形和球形两类轴承具有只需要一组槽的优点，使得结构更为紧凑，尤其适合将一台电动机设置在轴承之间的情况。但是，精确制造轴承表面是很大的挑战，对半球形的更是如此。

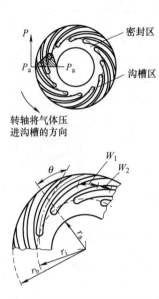

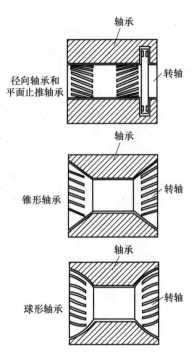

图 6.19 泵入型螺旋槽环形平面止推轴承　　　　　图 6.20 螺旋槽式轴承类型

6.4.4.2　叶式轴承

另一类气体动压轴承结构是叶式轴承或转轴。其非圆形，旋转时，沿轴承旋转方向形成一个或多个加压区。图 6.21 给出了一种典型的形式（Westwind Patent No. EP0705393，见本章参考文献 [9]），具有三个气叶⊖和一个稳定槽，从而形成小的转轴偏心度以保持稳定性。

该设计的优点是制造简单，在很宽的转速范围内具有稳定的性能。由于轴承中心线间隔大，所以，非常适合支撑悬臂式光学件。

另外，转轴也可以采用类似的轴叶形状，利用最新式数控凸轮磨床较容易在转轴上制造出这种形状。然而，在各种设计中，仍然需要某些螺旋槽式止推轴承。

6.4.4.3　主（转）轴结构

图 6.22 给出了一种有代表性的悬臂式多面体反射镜扫描器装置，采用了叶式气体动压径向轴承和螺旋槽式气体动压止推轴承。为了平衡多面体反射镜在转轴前部的重量，将轴向轴承和电

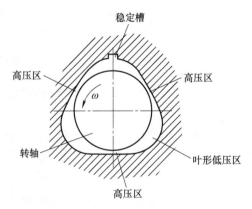

图 6.21 三气叶气体动压轴承

动机连同编码器一起放置在转轴后部。为了完成垂直运转，在主轴后部额外增加一对相斥磁体（一个位于轴上，一个位于壳体内），以此提供向上的力，进而减小下止推板的起动摩擦

⊖　英国西风公司中文网站翻译为"瓣片"。——译者注

转矩。

　　为了反复进行大量的停止/起动操作，需要在轴承表面涂镀某种形式的低摩擦力耐磨材料，或许包括 PTEF（聚四氟乙烯，也称为特氟龙）。为了在很宽的温度范围内能够保持正确的轴隙，选择合适的转轴和轴承材料非常重要。

　　对于同心安装的多面体反射镜扫描器，锥形轴承具有紧凑形状，因此，采用锥形螺旋槽式轴承设计或许是最实际的方法，如图 6.23 所示，可以将电动机安装在轴承之间。在这种情况下，转子绕静止的中央定子旋转。

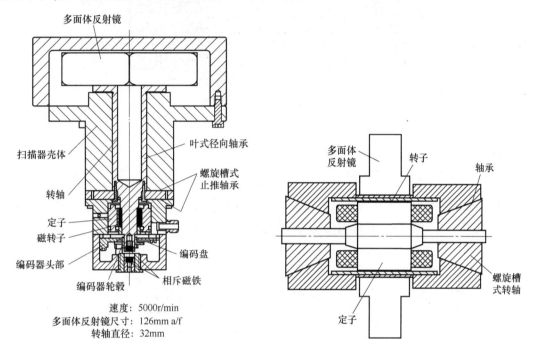

图 6.22　采用气体动压轴承的多面体反射镜扫描器　　图 6.23　采用锥形气体动压轴承的扫描器

　　当今的许多应用，都需要采用多面体反射镜光学元件。基于其自身性质，必须安装在转轴前端。图 6.24 给出了一种典型的扫描器的剖面图，采用了叶式气体动压径向轴承和螺旋槽式气体动压止推轴承。这里注意到，止推轴承设置在主轴前端，靠近光学元件。由于多面体反射镜扫描系统对轴向移动很敏感（会使输出光束错位），要使径向轴承系统内发热造成的转轴轴向膨胀降至最小。

6.4.5　气体动静压混合轴承

　　有一种特殊形式的径向轴承，综合应用了气体静压和动压技术。在气体动压轴承的设计中，如果稍微增大两排孔口之间的间隔，在转轴高速旋转下，就会使其刚性和载荷能力有很大提高。一般来说，长度与直径之比取 2 是比较理想的，孔口至轴承端部距离大约是轴承长度的 1/8。为了显著提高气体动静压混合轴承的性能，必须保证轴隙最小。

　　正如前面对气体动压轴承性能的讨论，利用雷蒙蒂（Raimondi）曲线，可以计算出载荷能力的提高量，并加到静压载荷能力的计算中。图 6.25 给出了三种不同长度的轴承随转速增大而使径向轴承刚性得到改善的情况（假设在整个速度变化范围内，轴承间隙保持不

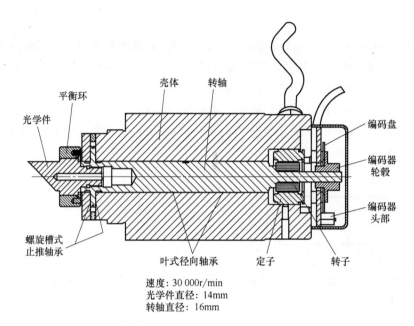

速度：30 000r/min
光学件直径：14mm
转轴直径：16mm

图6.24　气体动压轴承多面体反射镜扫描器

变）。该情况非常有利于提高气膜临界速度，因而有益于提高主轴的最大工作速度。这方面的内容将在6.4.6节"轴承和转轴的动力学理论"中讨论$^{\ominus}$。

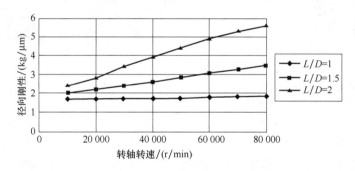

图6.25　25mm转轴直径下不同长度动静压混合轴承的径向刚性与转轴转速的关系

6.4.6　轴承和转轴的动力学理论

　　无论选择哪种气体轴承系统，都必须考虑轴承和转轴的动力学原理，尤其是要考虑同步涡动、半速涡动和转轴固有频率这几方面，以便实现高速运转。

6.4.6.1　同步涡动

　　在转轴高速旋转时，如转轴本身不平衡，会出现同步涡动现象。由于非平衡力正比于速度的二次方，因此，会随速度迅速增大。所以，必须仔细进行动平衡以使这些力降至最小。一般地，为了满足性能要求，平衡标准应优于$0.4G^{\ominus}$（国际标准ISO 1940），其中包括一种

　$\ominus$　原书错印为4.6节。——译者注

　$\ominus$　G：转轴的平衡精度等级，单位为mm/s。

双面平衡法（平衡方面的更详细内容可参考 6.4.6.4 节）。

然而，在气体静压轴承系统中，由于气膜系统的固有共振频率的作用，还会遇到另一种现象。即，随着接近这些频率，会几乎完全没有阻尼，不平衡力急剧增大。然而，转轴能够以这些频率转动，并以"超临界"模式非常好地工作，此时，转轴绕着其质心而非几何中心旋转。

可以按照如下几个公式来计算出现固有共振频率时的速度。其中，ω_1 为柱形涡动模式时的速度，ω_2 为锥形涡动模式时的速度。

$$\omega_1^2 = \frac{2k}{m}$$

式中，k 为气膜刚性；m 为转轴质量。

$$\omega_2^2 = \frac{2kJ^2}{I - I_0}$$

式中，J 为轴承中心距的 1/2；I 为转轴的横向转动惯量；I_0 为转轴的极转动惯量。显然，为了达到最大转轴转速，需要达到尽可能高的径向刚性，并使转轴质量最小。

6.4.6.2　半速涡动

无论是空气静压轴承，还是空气动压轴承，都会遇到这种严重的有害现象。一般来说，这是限制转速的一个参数。对于空气静压轴承，实际上，在稍低于 2 倍气膜固有频率时的某种转速下会出现此现象，通常大约是 1.8 倍。对于空气动压轴承，很难预测出现该现象时的转速，但螺旋槽式轴承系统几乎不会遇到这个问题。当转子涡动转速为转子工作转速的 1/2 时，会出现半速涡动。此时，转轴会增大其运转轨迹但不进一步增大转速，并迅速与轴承表面接触，造成咬卡。

6.4.6.3　转轴固有频率

与其他轴承系统一样，必须应用正常程序来计算转轴的固有频率，而一定要考虑其他组件的质量（重量）的影响，如电动机、编码盘，最重要的是光学件及其镜座。

对于一些小的转轴扫描器，固有频率通常都会优于工作转速范围所对应的频率，或许是 2 ~ 3 倍；而对大型转轴，应当要求固有频率与工作频率相匹配。一般地，转轴不应以超出其固有频率 80% 的状态运转。

可以根据均匀转轴（简单支撑在短轴承上）的通用公式计算转轴的临界转速：

$$\omega_{\mathrm{crit}} = \frac{\pi^2}{l^2}\sqrt{\frac{EI}{m}}$$

式中，l 为轴承间距离；E 为弹性模数；I 为转动惯量；m 为转轴质量。由公式可知，要实现高速运转，必须使转轴质量和轴承间距最小。

6.4.6.4　转轴平衡

为了让主轴成功高速运转，首先应使转轴及相关光学组件保持动平衡。尽管组件都是精密制造的，但其周围总会残留一定的不平衡量，必须加以校正。在转轴或光学组件适当位置增减材料就可以实现这一点。

1. 增加材料：通常，将预先加工有螺纹的具有一定重量的螺钉加载到转轴或光学组件的非工作位置。在一些自动平衡工艺中，可以将适量的快速固化胶增加到转轴的适当位置。

2. 除去材料：该方法需要真正地从转轴或光学组件中去除材料，并且，利用小型磨轮或钻床就能实现。

两种方法各有优点，选择那种方法取决于具体的应用。利用这些技术可能需要进行一定的折中调整，这是因为需要增减材料的精确的非平衡位置或许在转轴（轴枢、电动机转子等）或光学表面上而无法操作。在这种情况下，就必须选择最近的最方便的平面，所以也需要校正由此产生的各种问题。

必须利用高度灵敏的平衡仪检测并显示残余的不平衡量。如图6.26a所示，一台典型的检测气动单反射镜扫描器的双平面平衡机，正准备对光学组件（去除法）进行最终的平衡。支撑扫描器的每一个夹持组件都设计有变量传感器，可将信号反馈给图6.26b所示的分析设备。平衡机上还安装了转轴位置传感器，能够计算不平衡量的角度位置。该设备可以显示不平衡量数值，单位为g·mm（质量×半径）；并且还会显示相对于转轴上基准点在两个平面内的角位置。由于平衡仪受响应速度的限制，进行平衡实验的旋转速度要远低于最高运转速度，并需要在传感器与夹持器组件本身的固有频率之间确定一个"最佳值"，转速为10000～20000r/min比较好。

a) 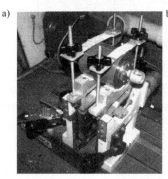　b)

图6.26　双平面平衡机和工业用平衡机

a）双平面平衡机　b）工业用平衡机

6.4.7　转轴组件

虽然本章主要讨论的是用于扫描器的不同类型的轴承，但重要的是要认识到，安装在转轴上的所有组件都将对扫描器性能产生影响。正如前面章节所述，转子组件的总质量影响转轴的固有频率和圆柱涡轮频率，因此，一定要尽量少地在转子上额外增加质量。这里需要强调的另一个问题是，高速旋转时，转轴会对这些额外增加的零件施加力。

6.4.7.1　光学件和镜座

安装在旋转扫描器上的光学元件可以分为三种基本类型：多面体反射镜、单反射镜和全息元件（或全息盘）。所有这些光学元件应用于不同的特定领域，本书其他章节将做更深入的讨论。然而，一般地，选择怎样的光学元件会直接影响扫描器轴承的设计类型。

6.4.7.1.1　多面体反射镜

正如4.4.3节所述，可以将多面体反射镜安装在主轴前面（见图6.22）或轴承系统中心（见图6.23）。从轴承稳定性方面考虑，紧固扫描器壳体的大尺寸边框可能会造成光学畸变，所以，中心安装的锥形轴承系统较适合小型、高速的多面体反射镜（对边宽度小于100mm）。

由于比较接近电动机转子，所以，多面体反射镜还会发生热畸变。紧凑的空间或许是其最大优点，在扫描领域具有广泛应用，所以要考虑其热畸变问题。

直径较大（对边宽度大于 100mm）且小反射面间隔较厚的多面体反射镜更适合安装在主轴前端。该形式较适于低速运转的情况（小于 30000r/min），但需要采用大量的轴承系统以支撑所悬挂的质量。在一个位置上，因起动转矩很高和载荷能力不足，即使采用大型气体动压轴承也不完全合适，而必须选择气体静压轴承系统或气体动静压混合轴承系统（见图 6.14）。

无论选择何种系统，必须考虑多面体反射镜的镜架设计。不管采用螺钉还是焊接方式，多面体反射镜的连接方法都不能影响小反射面的光学性质，包括静态和动态两个方面。多面体反射镜及镜座材料的选择，必须考虑轴承系统支撑的总附加质量、产生的旋转应力及轮轴与镜座之间的热特性。大部分扫描器多面体反射镜和镜座都采用高等级的铝材料。

梯形多面体反射镜，即小反射面不与旋转轴平行的多面体反射镜，一般安装在转轴前端以便反射轴向入射的激光束。

6.4.7.1.2　单面反射镜

单面反射镜或具有单个小反射面的反射光学元件常用于下列情况：光学装置的出射光束入射到圆形表面而非平面上，如滚筒式照排机，但该输出光束通过一个 $F\text{-}\theta$ 物镜后，也可以用于平面。此器件可以是简单的暴露式反射面形式或比较复杂的玻璃形式，如棱镜。通常，入射激光束平行于转轴，因此，所有单面反射镜都需要安装在主（转）轴前面。

对于光学玻璃反射镜，即使是铝和铍材料的反射镜，都需要特别注意光学支架的设计。与多面体反射镜（主要是定位方面会有些麻烦）不同，大部分光学元件选择玻璃式的以保证其光学性质，而不是从容易安装角度考虑如何选择。图 6.27a 和 b 给出了固定玻璃棱镜的两种镜座形式。图 6.27a 所示为用光学玻璃 BK7 制造的立方棱镜，利用两个未参与光学作用的侧面将其固定在伸出的镜座支架上。如图 6.27 所示，其中的几个镜座有正方形边棱，将产生噪声和偏差。

图 6.27　五种反射镜

a）立方棱镜　b）球棱镜　c）暴露式单面反射镜　d）安装有 45°反射镜的球形镜座　e）五角棱镜

图 6.27b 给出了一种改进型的棱镜。将固定在镜座中所有未参与光学效应的光学元件的边角研磨成球形，并称为球形棱镜（ball prism）。其镜座形状也更符合空气动力学原理可以减小扰动。在这两种情况下，光学镜座采用高强度不锈钢材料。与铝材相比，尽管这样会额外增加转轴组件重量，但在 30000 ~ 60000r/min 的转速下，只有采用钢材料才能承受伸出支架所施加的很大的力。

图 6.27c 给出了一种简单暴露式铝反射镜。其安装技术较容易，可以在反射镜柱形背面加工螺纹，但反射镜形状不对称，存在不平衡问题，需要校正。必须在组件上增加一个铝环，如图所示，在适当位置增加一些重金属销钉。此外，这种暴露式反射镜的作用相当于一种泵浦形式，不仅会增大反射镜周围的涡流，而且将主动吸附尘粒到反射镜表面上。

若应用的转速更高，可以采用图 6.27d 所示的改进型角（反射）镜设计。整个反射镜隐装在一个设计有入射窗和出射窗的球形镜座中，从而避免了上述的泵浦效应。由于出射窗将大量的离心力作用在镜座边棱，所以要对其进行应力分析，尤其对出射窗周围进行的应力分析至关重要。另外，根据需要，可将重金属销钉增加到组件端面上，以平衡光学反射镜和镜座组装后造成的不对称，这一点也非常关键。

对直径达 30mm 的大通光孔径，旋转离心力使反射镜表面产生的光学畸变，是需要应对的另一个挑战。由于具有较大的弹性模数-密度比，所以，利用铍而不是铝材料会大大降低偏差量，但成本较高。另外，铍的加工工艺有害健康，其制造技术也是一个问题。

如果应用是针对一种固定速度的，则可采用的另一个解决措施是使光学元件表面偏置。其中包括，将光学元件表面加工成凹面，达到所需转速时变成一个平面。进行这种处理将会增加成本，但采用铝而不是铍基板，会大大减少光学组件的总成本。

显然，球形镜座增加的重量将降低转轴组件的最高速度，图 6.28 给出了适用于不同类型和尺寸的光学元件的最大转速。

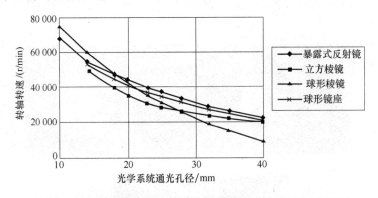

图 6.28　不同类型单面反射镜速度与光学元件尺寸之间的关系

本节未涉及的一种光学元件是五角棱镜（见图 6.27e）。它是一种具有两个内反射面的特殊类型棱镜。该棱镜的奇特性质是可以校正被称为"跳动"的转轴误差。这种"跳动"是转轴绕其纵轴的一种随机圆锥运动。这种现象更多地出现在球轴承扫描器中，但如果空气轴承的质量较差也会出现。由于其重量较大，加工工艺昂贵并具有难以安装的形状，所以，现代扫描器设计很少使用。

6.4.7.1.3　单面反射镜的固定

最近越来越多的应用要求使用较大尺寸的光学元件且需要实现较高转速,因此,将单面玻璃反射镜粘结(固定)在金属镜座内的工艺成为主要研究焦点。这种情况下,不仅要求具有最佳的光学性能,还必须考虑粘结处应力的安全问题。高速运转时,尤其对图 6.27b 所示的设计,随着悬臂端沿径向偏离旋转中心线,在没有粘结一侧的支架内会产生很大的离心力,这种应力通过粘结膜传输给光学反射镜表面,因此,膜必须能够适应这种形变而不使表面脱落。图 6.29 所示的有限元分析(FEA)给出了高速运转光学元件产生应力的一个例子。可以观察到,最大应力出现在光学元件底部,最小应力在边棱周围。

粘结(固定)过程需要考虑以下的因素:

1. 正确选择适合两种材料表面的粘结剂,包括厂商提供的相关材料性质的可靠数据。
2. 组件可以承受的最高工作温度。
3. 粘结前表面的制备和清洁。
4. 粘结剂的均匀混合和扩散。
5. 粘结剂的固化时间、温度与残余应力。
6. 在工艺过程中,要使粘结剂中的滞留空气(或内部气泡)最少。

对完工的光学组件进行目视检查,常常能够发现一些工艺问题。如图 6.30 所示,在光学件一侧和支架悬臂一侧之间的粘结区域,表面的大部分区域粘结都很好,只有很少气泡;然而,在一条边棱处有几个大的气泡,转动期间,可能会造成粘结失效。

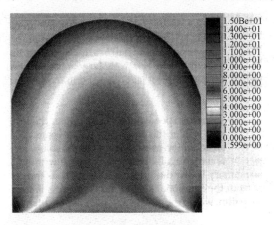

图 6.29　棱镜的有限元分析　　　　图 6.30　棱镜和支架间的粘结区

6.4.7.1.4　全息光盘

某些扫描应用要求全息光盘以较低速度旋转。通常,该装置的外径较大,并有一个小孔,非常适合安装在主转轴的前端。该光盘一般是将全息元件夹在两块玻璃之间,所以重量大。对于这种情况,空气静压或动压的扫描器都可以使用,如何选择具体取决于光盘必须承受的最低和最高转速。

根据全息光盘的原理,其扫描过程在原理方面与旋转单面反射镜和多面体反射镜不同,所以,在该领域,许多全息光盘扫描器仍然采用球轴承。

6.4.7.2　电动机

对于大部分扫描技术,需要采用某种形式的同步电动机以确保速度控制满足设计要求。

两种设计中常用的是磁滞电动机和无刷直流电动机。由于无损耗零件，所以，空气轴承系统没有电刷和集电环是一个明显优势。在两种情况下，电动机的机械结构很简单，根据其综合性质，非常适合用于高速旋转。

无刷直流电动机定子由层叠绕组组成，设计采用"霍尔（Hall）效应"器件以便进行绕组的整流。按最简单形式，其转子是一个利用熔结钐钴材料制成的圆柱形空心管；然后，在强大的磁场夹具中将其磁化到所需的极数。为了能够承受高离心力，一般地，将这种材料包裹在另一种薄钢管之内，图6.31给出了几种典型的无刷直流电动机。

电动机转子部分可以直接安装在扫描器转轴上。在设计较大电动机时，采用独立的磁体对而非熔结材料，但是，仍需要一个钢或碳纤维密封环，避免高速运转时磁体与转轴分离。

最近几年，无刷直流电动机已经得到了越来越广泛的应用，尤其适合空气动压的扫描器。空气动压轴承需要在轴承表面受到损伤之前极快加速，并达到悬浮速度。一般地，要求这类电动机具有高起动转矩。此外，采用稀土永磁材料，那么功率密度很高，所用磁性材料也降

图6.31　无刷直流电动机零件

至最少，转子的重量也随之减轻。这一点对悬臂转子的设计尤为重要。并且，与绕中心旋转的电动机主轴相比，悬臂转子的设计更为困难。

磁滞电动机有一个层叠绕组定子，没有霍尔器件，转子有一个由淬火钴钢材料制成的薄柱体。这种转子可以直接烧嵌在扫描器转轴上。与无刷直流电动机中永磁材料形成转矩的方式不同，由于磁滞效应，定子磁场会在钴钢产生感应磁场。由于这类转子几乎没有涡动，产生的热量非常小，所以，特别适于绕中心旋转的多面体反射镜转轴。另外，该转子的低发热量显得至关重要。

6.4.7.3　编码器

许多高质量扫描系统需要对速度进行非常精确地控制，一般小于10ppm（百万分之一）。利用开环控制系统，可以对无刷直流电动机实现约2%的速度控制。如果设计一个增量编码器，就可以精确测量电动机和转轴在每一圈中的位置，进而利用一个锁相环控制器进行控制。若仔细优化，能够得到高于5ppm的结果。

图6.32给出了典型的编码盘/转轴组件及头部组件。头部装置包括一个发光二极管和接收器组件，关键是精密玻璃光盘上刻制的精细光栅。一般光栅是每圈200～1400线。此外，还有第二通道，提供每圈一次的标志脉冲，常用作扫描起始过程的触发脉冲。

图6.32　光学编码器组件的零件

玻璃码盘极精确地安装在一个铝材料轴上，通常是在转子和定子完成装配后，将码盘/转轴组件固定在转轴端部，然后对头部组件进行最终调整。然而，从转轴的力学角度考虑，这会额外增加重量，即使是较轻的结构，也必须进行设计计算。

玻璃码盘的强度也是限制扫描器最大速度的一个因素。对于超高速的特殊应用，必须使用金属光栅码盘。然而，由于结构原因，金属码盘不可能具有很高的光栅线数。

为了成功应用于高精度设备中，码盘应具有很好的同心度，径向跳动要小于 $5\mu m$，电子防抖要小于 2ns。

6.5　球轴承

在过去 50 年，球轴承的质量得到了极大改善，其设计也更为精益求精。主要生产商提供了详细的设计使用标准及球轴承的综合特性数据。因此，本章并不准备详细介绍这些信息，但简要回顾其在旋转扫描器领域中的应用会非常有利于理解该轴承技术的优缺点。

6.5.1　轴承设计

对精密高速球轴承扫描器，通常选择角接触向心轴承，如图 6.33 所示。一般，采用的接触角是 12°～25°，角度越大，推力越大。

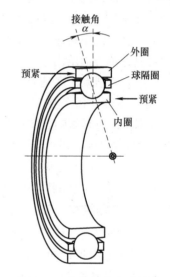

为了保证有精确的旋转轴，需要成对使用该轴承。利用轴向预紧力可以完全消除转轴/轴承系统中的游隙。在内外圈之间使用不同长度的隔圈，或者在外端面与轴承座间设计盘簧，就可以在轴承组件中形成预紧力。

通常，指定使用 ABEC5 和 ABEC7[⊖] 等级的高质量轴承，保证重要的机械公差控制到规定标准，尤其是如径向跳动这一类参数（对转轴的抖动性质有很大影响）。一般地，要使用不太稠的润滑油进行润滑，密封在轴承内以避免泄漏。然而，润滑油的蒸发是需要考虑的主要问题，这会影响轴承寿命。

近期，球轴承的研究成果之一是利用新材料提高总体性能。利用氮化硅材料制成的陶瓷球可以替代轴承中钢球，称为混合陶瓷球轴承。这类轴承可以从大部分厂商购得，优点如下：

图 6.33　角接触向心球轴承

1. 提高了陶瓷与钢材料间的转动特性，因而大大延长了轴承寿命。

2. 陶瓷球减小了密度，因此具有更高速率和更小离心力。

3. 陶瓷球的热膨胀系数较低，从而减小了轴承预紧力的变化。

4. 陶瓷的较高弹性模量使轴承具有较高刚性。

如图 6.34 所示，普通内孔直径条件下，混合陶瓷球轴承的最高速度相对于标准的精密钢球轴承有改善。这些特性是基于采用润滑油润滑并且忽略预紧力和其他的结构限制得出的，并且这些根据有代表性厂商提供的数据得出。

改变内外圈材料，从典型的 440MPa 结构钢到更好的结构钢，如高氮不锈钢，可以使性能得到进一步改进。即使较低工作温度和较高接触压力条件下，这样仍然可以进一步提高最高速度值，如图 6.34 "混合超精密陶瓷球轴承" 曲线所示。

⊖　ABEC：＜美＞环形轴承工程师委员会，Annular Bearing Engineers Committee。——译者注

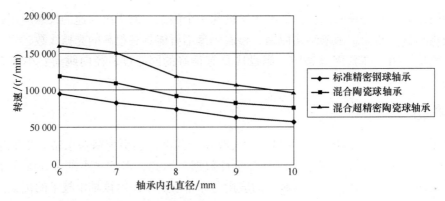

图6.34   不同球轴承的最高转速与内孔直径的关系（润滑油润滑）

图6.35 给出了陶瓷球和钢球轴承运转寿命的变化，表明两种材料在不同DN值⊖时的工作寿命期望值（使用高速润滑油）。该曲线只是单方面给出了润滑油寿命改进后的结果，这是因为每种应用、环境、任务的具体情况都会对DN值有影响。图中所示的高DN值也展示出合成润滑油技术方面的最新进展，轴承

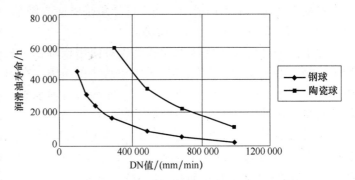

图6.35   钢球和陶瓷球的润滑油寿命与DN值的关系

不必采用油雾润滑就能以高于1000000的DN值运转。上述信息源自厂商提供的数据。

6.5.2   扫描器结构

由于球轴承结构紧凑，所以在扫描器设计中可以采用各种布局的球轴承。多面体反射镜可以是同心、悬臂或隐含式安装的，如图6.36所示，多面体反射镜和电动机组件置于俩轴承之间。为使寿命最长，就要保持较低的球表面速度，所以，无论选择何种结构布局，都应将安装在轴承孔中的转轴尽量设计得细。这可能会导致另一个问题：由于刚性低而易使转轴达到临界速度。对于非常紧凑的设计，如激光打

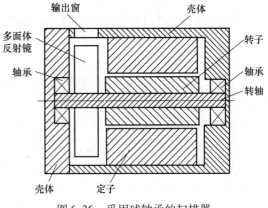

图6.36   采用球轴承的扫描器

印机，需采用如"薄饼式"或径向绕组电动机之类的专用电动机技术。

6.6   磁力轴承   ←

磁力轴承又称磁悬浮轴承。近些年，已经研发出有源磁悬浮轴承，并成功商用于相关制

⊖   轴承外径（mm）乘转速（r/min）。——译者注

造设备的高速铝布线应用，尤其是近年将其商用于半导体工业的涡轮分子真空泵。在此之前，磁力轴承技术局限于航天和卫星行业的某些特定的应用。商业化的成功主要取决于轴承中电子控制系统的改进，这得益于功能强大的超快速处理芯片。近些年芯片成本下降，使得磁力轴承的最大不利之处——整个控制系统的价格，能够大幅度下降。

现在，这些系统应用在进一步降低电子工业成本的各种应用中。不久，磁力轴承系统也将出现在与扫描相关的某些应用中，特别是真空条件的应用。

6.6.1　设计原理

有源磁力轴承的原理比较简单。如图 6.37 所示，这类径向滑动轴承有固定在转轴上的叠片铁心，周围有对应固定不动的定子绕组，一旦通电就会使转轴保持在其磁中心。一个紧靠轴承的位移传感器持续监控转轴位置：当外力使转轴移离中心，与传感器相连的控制器反馈系统就会调整定子中的电流，从而将转轴移回到磁中心。一般地，反馈系统每隔 $100\mu s$ 校正一次转轴位置。显然，该系统本身是不稳定的，甚至会出现传感器或电源故障，所以，需要采用相应的止动轴承以避免转轴触到定子线圈而造成瞬时伤害。

这类轴承的主要技术优势如下：

1. 转轴与定子线圈之间有很大间隙。这样，使轴承内热量降至最低，从而降低了主轴工作所需电动机功率。

2. 主动阻尼控制。这样，可以利用转轴临界值驱动转轴，这是其他类型轴承系统不可能实现的。

3. 在真空条件下运行，不会污染环境。

6.6.2　扫描器结构

图 6.37 给出了使用磁力轴承的主轴的剖面示意图，包括两个径向磁力轴承和一个双向止推磁力轴承，而在止推轴承与后轴承之间有一个高频电动机。在前轴承前面，设计有几个位置传感器倾斜 45°（相对于轴线）监视转轴，从而为控制器提供径向和轴向位移信息，并且，靠近后轴承外端也设计有一些监测径向位移的传感器。

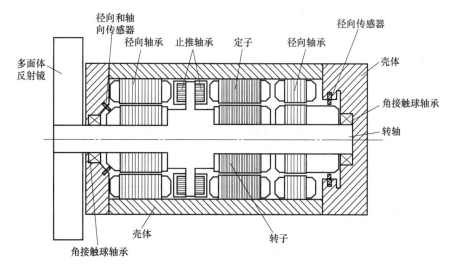

图 6.37　使用磁力轴承的扫描器主轴

为防止过载或出现电源故障，在转轴两端各设计有一个小的角接触球轴承，正常运行条件下，其与转轴的间隙约为0.1~0.2mm。一般地，系统控制器可以保持转轴的径向跳动小于1μm。

6.7 光学扫描误差

光学反射镜旋转会使扫描系统存在一定误差，表现为输出光束有一定量的可识别误差。这些误差的成因可以追溯到与轴承或光学相关的问题。

6.7.1 与轴承相关的误差

转轴旋转造成的误差可以再分为两类：同步运动的（可重复）和异步运动的（不可重复）。对于同步误差，转轴一般绕其中心进行某种形式的规则的圆锥运动（或摆动），可能的原因如下：

1. 转轴组件平衡度较差。

2. 以接近轴向或径向轴承的某一谐振速度运转，使残存的转轴不平衡度被放大。

3. 轴承或转轴的制造误差，如椭圆度或未对准。

4. 转子通过线圈时形成的磁脉冲。

很难根据其本身性质确定异步误差，并且，转轴很可能出现一种与随机因素及轴承类型有关的不规则运动。

对于气体轴承系统，无论何种原因造成半速涡动都将导致转轴在轴承失效之前出现奇怪的运动现象。轴承失效可能是由于扫描期内的热效应造成过大间隙、转轴过高速度所致，或者空气静压轴承扫描器内供应的气压突然下降所致。此外，使用空气静压轴承的扫描器会因出现的气锤现象而在转轴上形成异步误差。

对于使用球轴承的扫描器，具有同步误差的球轴承轨道的制造误差可以造成异步误差。

对于每种轴承系统，灰尘进入轴承内都会造成间歇性的运动误差，最终导致轴承过早老化。

最后，电动机自身会造成具有独特形式的异步误差，通常称为"抖动"。这是由于控制旋转运动的反馈系统企图校正速度变化的结果，原因主要是光学元件偏差，且偏差总是大于或小于实际速度的目标值。采用设计有编码器反馈电路的闭环系统，以及减小光学元件周围的湍流影响，可以使其降至最小。

6.7.2 与光学元件相关的误差

虽然多面体反射镜和单面反射镜两者都会遇到许多相同的误差问题，但对扫描系统的影响需要分别进行分析。

6.7.2.1 多面体反射镜

1. 安装。多面体反射镜与转轴轴线未对准，可能是产生跟踪误差的最大原因。为了使这种倾斜效应减至最小，需要极精确地制造多面体反射镜安装孔和转轴上的轮毂。影响：重复的摇摆图形。

2. 制造。误差包括塔差（小反射面相对于基面的误差）、小反射面间误差、分角误差及小反射面平面度误差。影响：可重复的位置误差。

3. 动态畸变。由于发热而使温度升高而形变，或者机械应力产生几何形状变形。影响：

位置跟踪误差随速度和时间出现变化。

6.7.2.2　单面反射镜

1. 安装。仅会造成小反射面的角度固定地有些许变化且每圈都出现，一般不会影响扫描过程。影响：光束有小的固定的位置变化。

2. 制造。误差包括反射面平面度、偏转角、波前畸变和像散。影响：光斑质量和聚焦随速度和时间变化。

3. 动态畸变。由于发热使温度升高或机械应力，而出现像散和平面度变化。影响：光斑质量和聚焦随速度和时间变化。

6.7.3　误差校正

6.7.3.1　多面体反射镜

将转轴安装在自己的轴承系统中，现场加工多面体反射镜的衬套，从而使安装误差减至最小。这种装配方式非常有利于校正与轴承相关的许多同步误差及机械误差。另一个可能方式是，利用一个可调整量微调多面体反射镜相对于转轴的倾斜角；用隔热材料制造支架（或底座），以阻止热量传输给多面体反射镜。

对于同步误差，在光束到达多面体反射镜小反射面之前，利用一种主动校正系统对光路稍微做些调整，以补偿光束误差。可以事先编程并永久使用；或者，对于较复杂系统，设计一个小反射面误差探测器以便不断地修正误差补偿系统。

6.7.3.2　单面反射镜

误差校正更多地局限用于单面反射镜的光学系统。为了校正动态光机畸变，可以使用偏置光学元件，从而在一个指定的小速度范围内使正确的形状发生变形。但是，通常这只能应用于暴露在外的小反射面反射镜，不适合棱镜。然而，许多同步误差出现在每条扫描线上时并非很明显，一般不会造成扫描线弯曲。

正如本章前面所述，利用五角棱镜可以大大减小轴承产生的抖动误差。在较高精度的使用球轴承的扫描器的设计中，抖动是主要问题，所以非常适合采用这种方案。

6.8　总结

本章从轴承系统的理论和实践两个方面给出了相当丰富的内容，从而使设计师能够更好地理解和正确地确定扫描装置需要的轴承系统。如果选择空气轴承，由于设计和制造都比较复杂，在大多数情况下，会认为购买更方便而非制造扫描装置。本章列出的图表及相关理论应当为如载荷、刚性和发热等重要参数给出了非常有价值的数据，这些参数对设备的其他零件都会有影响，在设计过程中必须加以考虑。

如果设计人员选择使用球轴承，那么采取制造而非购买的方案更为现实，因为设计数据和零件两者都是已经具备的。然而，光学元件和镜座的设计是整个扫描器中最具挑战性的部分，不可等闲视之。

致谢

作者要感谢英国西风空气轴承（Westwind Air Bearing）公司的许多同事和迈克先生（Mike Tempest，前总工程师，已退休）的帮助和支持。此外，作者还非常感谢迈克先生和罗恩·伍利先生［Ron Woolley，英国拉姆西流体膜器件（Fluid Film Devices of Romsey）公司总经理] 在出版前对内容的审校。

参考文献 ←

1. Shepherd, J. Bearings for rotary scanners. In Marshall, G. *Optical Scanning;* Marcel Dekker, Inc.: New York, 1991; Chap. 9.
2. Kingsbury, A. Experiments with an air lubricated journal. *J. Am. Soc. Nav. Eng.* 1897, *9,* 267–292.
3. Harrison, W.J. The hydrodynamic theory of lubrication with special reference to air as a lubricant. *Trans. Camb. Phil. Soc.* 1913, *22, 39.*
4. Raimondi, A.A. A numerical solution for the gas lubricated full journal bearing of finite length. *Trans. A. S. L. E.* 1961, 4(1).
5. Powell, J.W. *The Design of Aerostatic Bearings;* The Machinery Publishing Co.: Brighton, UK, 1970.
6. Grassam, N.S.; Powell, J.W. Eds. *Gas Lubricated Bearings;* Butterworth: London, 1964.
7. Hamrock, B.J. *Fundamentals of Fluid Film Lubrication;* McGraw-Hill, 1994.
8. Whitley, S.; Williams, L.G. The gas lubricated spiral-groove thrust bearing. U. K. A. E. A. I. G. Rep. 28 RD/CA, 1959.
9. Westwind Air Bearings Ltd. An improved bearing. (European EP) Patent No. 0705393, May 1994. Corresponding U.S. Patent No. 5593230.

第7章 物镜前多面体反射镜扫描技术

Gerald F. Marshall

美国密歇根州奈尔斯市光学元件顾问公司

7.1 概述

凯斯勒（Kessler）[1]和拜泽尔（Beiser）[2,3]阐述过普通棱柱式多面体反射镜（转鼓）扫描系统的设计公式。拜泽尔的分析方法是一种综合方法，以分辨率为系统性能设计和分析的重要判据。所以，本章中术语"多面体反射镜（转鼓）扫描器（polygonal scanner）"均指普通棱柱形多面体反射镜扫描器。

本章主要目的，是使读者对入射光束宽度（直径）D、入射光束偏角 2β（入射光束偏离 x 轴的角度）和多面体反射镜扫描器中小反射镜的面数 N 变化造成的影响，有一个综合的理解，丝毫未涉及以分辨率为基础的性能评价。本章的图、表、公式和坐标系有助于深入理解上述内容。

选择笛卡儿直角坐标轴 Ox 和 Oy 表述直线、轨迹的方程式及重要点的坐标，原点 O 与普通棱柱多面体反射镜扫描器的旋转轴重合，x 轴（Ox）平行于物镜光轴。

与物镜前多面体反射镜扫描系统相关的内容分为不同的三个课题，本章列为三个独立的小节：7.2 节、7.3 节和 7.4 节。为了方便仅对其中某一节内容感兴趣的读者阅读，每一节都会重复给出对相关参数等的定义，这样读者不必再去阅读前一节或后一节的内容。这三个课题分别是，多面体反射镜扫描系统的公式和坐标系、瞬时扫描中心（Instantaneous Center of Scan，ICS）及图像幅面（image field format）外固定的鬼像。

7.1.1 多面体反射镜扫描系统的公式和坐标

多面体反射镜扫描器小反射面的中点（位置）方位能使准直入射光束反射后平行于 x 轴，并确定为扫描轴，同时，两者都要平行于物镜光轴（见图 7.1）。

如果准直入射光束的偏角为 2β，则表述扫描器扫描轴、入射光束、反射镜小反射面和物镜光轴的公式均相对于多面体反射镜扫描器的旋转轴 O，这些也是一些重要的点，有精确坐标[4]。

7.1.2 瞬时扫描中心

本章给出了六面体和十二面体棱柱形多面体反射镜扫描器瞬时扫描中心轨迹的参量方程推导[5]。图表述不同入射光束偏角 2β 的轨迹特性变化。

7.1.3 图像幅面外的稳定鬼像

本章介绍了一种图形显示技术，给出了可以允许入射光束偏角 2β 的角度变化范围，该角度变化范围要保证鬼像位于扫描视场的图像幅面之外[6]。

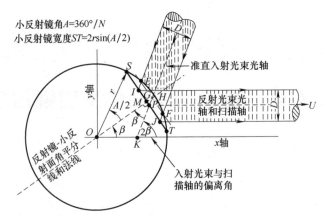

图7.1　光束在多面体反射镜扫描器小反射面 ST 中点位置的反射图
（入射点 P 处的更详细情况见图7.2）

7.2　多面体反射镜扫描系统的公式和坐标　⬅

笛卡儿直角坐标系原点，可以选为多面体反射镜扫描器的旋转轴 O，或者选为反射镜小反射面上的入射点 P；两种方法对于给定的研究都有一定的优点。本节选择旋转轴 O 作为原点[4]。

图7.1 给出了一个普通棱柱形多面体反射镜扫描器一个小反射面 ST 的情况。该多面体反射镜具有 N 个小反射面，其外接圆半径为 r。设置小反射面 ST 的方位使准直入射光束（与 x 轴的偏离角为 2β）反射后平行于 x 轴。光束宽度为 D（见本章7.2.5节）。

7.2.1　本节目的

本节的目的，是介绍一些重要点的精确坐标、这些点之间的距离及三条轴线（入射光束、扫描光束和物镜光轴）相对于多面体反射镜扫描器旋转轴 O 的公式，从而省去人工或计算机辅助迭代技术。此外，本章还为多面体反射镜扫描系统的光机设计布局的约束情况提供意想不到的有趣见解。

7.2.2　中点和扫描轴

图7.1 给出了多面体反射镜扫描器一个小反射面 ST 的中点的位置情况，一束准直入射光束反射后平行于 x 轴，中点位置处的反射光束光轴 PU 确定为扫描轴。

7.2.3　反射镜面角 A

从该中点位置开始，反射光束绕扫描轴以角 ±A 进行对称扫描。A 称为面角，是小反射面 ST 相对于多面体反射镜扫描器旋转轴 O 的张角：

$$A = \frac{360°}{N} \tag{7.1}$$

7.2.4　反射镜小反射面宽度

一个普通棱柱形多面体反射镜扫描器小反射面 ST 的切线宽度为

$$ST = 2r\sin\left(\frac{A}{2}\right) = 2r\sin\left(\frac{180°}{N}\right) \tag{7.2}^{\ominus}$$

⊖　原书此公式中180后漏印单位°。——译者注

7.2.5　光束宽度（直径）D

D 表示的高斯（Gaussian）激光束宽度，是标准的"$1/e^2$ 束宽"加上系统设计师确定的安全边缘。这样可以保证多面体反射镜扫描器旋转时，小反射面边棱对高斯光束造成的单侧切趾效应最小。如果 2β、N 和 r 一定，那么，预留的安全边缘与所期望的扫描系统的扫描占空比（扫描效率）η 是密不可分的。多面体反射镜旋转时，若光束受到边棱单侧切趾，则从光学角度考虑，D 要比 $1/e^2$ 束宽大 40%[2,3]。

D_{1/e^2} 表示的束宽是满足一定能量条件下的光束宽度（直径），即在该光束直径之外，高斯分布的激光束能量是总能量的 $1/e^2$。对于高斯分布，则意味着，与其直接对应的唯一结论是，该激光束宽度位置处的辐照度已经降低到轴上激光束最大辐照度的 $1/e^2$（见本书第 1 章）。

图 7.1 给出了处于中点位置的多面体反射镜扫描器：

1. 入射光束宽度 D 的界限已设计好，并在点 E 和 F 与外接圆相交，从而使 SE 和 ET 相等，进而保证反射光束的有效角扫描动作以扫描轴对称。

2. 图 7.1 和图 7.2 中，具有一定束宽 D 的入射光束的轴线在点 G 与反射镜小反射面平分线 OMH 相交，传播到反射镜小反射面上的光束在点 P 相交，点 G 也是弦 EF 的中点。若光束宽度无限小，则点 G 与 H 重合。随着光束宽度增大，与点 P 一样，点 G 接近点 M。

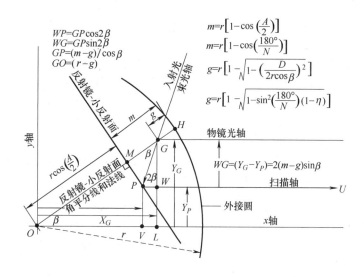

$$m=r\left[1-\cos\left(\frac{A}{2}\right)\right]$$
$$m=r\left[1-\cos\left(\frac{180°}{N}\right)\right]$$
$$g=r\left[1-\sqrt{1-\left(\frac{D}{2r\cos\beta}\right)^2}\right]$$
$$g=r\left[1-\sqrt{1-\sin^2\left(\frac{180°}{N}\right)(1-\eta)}\right]$$

$WP=GP\cos2\beta$
$WG=GP\sin2\beta$
$GP=(m-g)/\cos\beta$
$GO=(r-g)$

$WG=(Y_G-Y_P)=2(m-g)\sin\beta$

图 7.2　确定点 G、P 坐标（即 X_G、Y_G 和 X_P、Y_P）

7.2.6　扫描占空比（扫描效率）

多面体反射镜扫描器的扫描占空比 η，定义为光束宽度 D 未受到小反射面边棱切割条件下的有效扫描角与光束宽度无限小条件下全扫描角 $\pm A$ 之比。假设多面体反射镜扫描器位于其中点位置（见本书第 2 章），子午面内入射光束在小反射面上的投影宽度小于小反射面宽度。并且，此后述及的宽度均指子午面内宽度。

扫描占空比可以表示为[4]

$$\eta = 1 - \frac{\arcsin[\, D/(2r\cos\beta)\,]}{180°/N} \tag{7.3}$$

已知或选择合适的 r、N、β 和 D 值，可以确定 η。另外，选择合适的 r、N、β 和 η 值，变换式（7.3），可以确定需要的入射光束宽度 D：

$$D = (2r\cos\beta)\sin[\,(180°/N)(1-\eta)\,] \tag{7.4}$$

更简单的，如果 W 代表小反射面的子午宽度，则该表达式近似等于[2,3]

$$D_{\text{approx}} = W(\cos\beta)(1-\eta) \tag{7.5}$$

将式（7.5）除以式（7.4），得

$$\frac{D_{\text{approx}}}{D} = \frac{[\,\sin(180°/N)\,](1-\eta)}{\sin[\,(180°/N)(1-\eta)\,]} \tag{7.6}$$

D_{approx} 与 D 的接近度见表 7.1。

表 7.1　不同扫描占空比 η 条件下，D_{approx}/D 与小反射面数目 N 的关系

	η				
	0.00	0.25	0.50	0.75	1.00
$N=3$	1.00	0.92	0.87	0.84	0.83
$N=6$	1.00	0.98	0.97	0.96	0.95
$N=12$	1.00	0.99	0.99	0.99	0.97
$N=18$	1.00	1.00	1.00	1.00	1.00
$N=24$	1.00	1.00	1.00	1.00	1.00

使多面体反射镜扫描器位于中点位置，则有以下特性：

1. 若入射光束宽度无限小（$D=0$），则多面体反射镜扫描器的外接圆与光轴在点 H 相交，与小反射面弧高 MH 在顶点相交。忽略不可避免的小反射面边棱的制造误差，扫描占空比是 100%（即 $\eta=1$）。

2. 如果有限宽度为 D 的入射光束在小反射面上的投影恰好等于小反射面的子午宽度 [即 $D=2r\sin(A/2)$]，则光束光轴指向弧高 MH 的基点 M。扫描占空比是 0%（即 $\eta=0$）。同时，点 P 与 M 重合，是反射镜小反射面弦长 ST 的中点。

3. 若有限光束宽度为 D，且其投影宽度小于小反射面宽度 [即 $D<2r\sin(A/2)$]，则光束光轴通过弦长 EF 中点 G，并位于小反射面弦高 MH 上，同时与小反射面在点 P 相交。扫描占空比是一个有限值（即 $1>\eta>0$），见式（7.3）及图 7.1 和图 7.2。

7.2.7　弦高（垂度）

如图 7.2 所示，可以证明[4]弦高 $MH=m$，有

$$m = r\left[1-\cos\left(\frac{A}{2}\right)\right] = r\left[1-\cos\left(\frac{180°}{N}\right)\right] \tag{7.7}^{\ominus}$$

若弦高 $GH=g$，则由 r、D 和 β 得

$$g = r\left(1-\sqrt{1-\left(\frac{D}{2r\cos\beta}\right)^2}\right) \tag{7.8}$$

⊖　原书作者对式（7.7）、式（7.9）、式（7.10）、式（7.12）和式（7.13）稍有修改。——译者注

或者由式（7.7）和式（7.8）得

$$(m-g) = r \left[-\cos\left(\frac{180°}{N}\right) + \sqrt{1 - \left(\frac{D}{2r\cos\beta}\right)^2} \right] \tag{7.9}$$

$$(r-g) = r\sqrt{1 - \left(\frac{D}{2r\cos\beta}\right)^2} \tag{7.10}$$

同样，由 r、N 和 η 得

$$g = r \left[1 - \sqrt{1 - \left(\frac{D}{2r\cos\beta}\right)^2} \right] \tag{7.11}$$

$$(m-g) = r \left[-\cos\left(\frac{180°}{N}\right) + \sqrt{1 - \left(\frac{D}{2r\cos\beta}\right)^2} \right] \tag{7.12}$$

$$(r-g) = r\sqrt{1 - \left\{ \sin\left[\left(\frac{180°}{N}\right)(1-\eta) \right] \right\}^2} \tag{7.13}$$

如图 7.2 和图 7.4 所示。

7.2.8　G 的坐标

根据图 7.2 所示，有

$$X_G = (r-g)\cos\beta \tag{7.14}$$

和

$$Y_G = (r-g)\sin\beta \tag{7.15}$$

根据式（7.10），替换 $(r-g)$，并用 r、D 和 β 表示 X_G 和 Y_G，有

$$X_G = r \left[\sqrt{1 - \left(\frac{D}{2r\cos\beta}\right)^2} \right] \cos\beta \tag{7.16}$$

和

$$Y_G = r \left[\sqrt{1 - \left(\frac{D}{2r\cos\beta}\right)^2} \right] \sin\beta \tag{7.17}$$

同样，根据式（7.10）替换 $(r-g)$，用 r、N 和 η 表示 X_G 和 Y_G，有

$$X_G = r \left(\sqrt{1 - \left\{ \sin\left[\left(\frac{180°}{N}\right)(1-\eta) \right] \right\}^2} \right) \cos\beta \tag{7.18}$$

和

$$Y_G = r \left(\sqrt{1 - \left\{ \sin\left[\left(\frac{180°}{N}\right)(1-\eta) \right] \right\}^2} \right) \sin\beta \tag{7.19}^{\ominus}$$

7.2.9　P 的坐标

根据图 7.2 所示，得

$$X_P = X_G - (m-g)\left(\frac{\cos 2\beta}{\cos\beta}\right) \tag{7.20}$$

$\ominus$　原书作者对式（7.19）稍有修改。——译者注

和

$$Y_P = Y_G - 2(m-g)\sin\beta \tag{7.21}$$

由式（7.14）和式（7.15）替换 X_G 和 Y_G，得

$$X_P = (r-g)\cos\beta - (m-g)\left(\frac{\cos2\beta}{\cos\beta}\right) \tag{7.22}$$

和

$$Y_P = (r+g-2m)\sin\beta \tag{7.23}^{\ominus}$$

由式（7.9）和式（7.10）替换式（7.22）和式（7.23）中的 $(m-g)$ 和 $(r-g)$，得到用 r、D 和 β 表示 X_P 和 Y_P 的形式：

$$X_P = \left(\frac{r}{\cos\beta}\right)\left[\cos\left(\frac{180°}{N}\right)\cos2\beta + \sin2\beta\sqrt{1-\left(\frac{D}{2r\cos\beta}\right)^2}\right] \tag{7.24}$$

和

$$Y_P = (r\sin\beta)\left[2\cos\left(\frac{180°}{N}\right) - \sqrt{1-\left(\frac{D}{2r\cos\beta}\right)^2}\right] \tag{7.25}$$

将式（7.12）和式（7.13）中的 $(m-g)$ 和 $(r-g)$ 代入式（7.22）和式（7.23），得到用 r、N 和 η 表示 X_P 和 Y_P 的坐标：

$$X_P = \left(\frac{r}{\cos\beta}\right)\left[\cos\left(\frac{180°}{N}\right)\cos2\beta + \sin2\beta\sqrt{1-\left\{\sin\left[\left(\frac{180°}{N}\right)(1-\eta)\right]\right\}^2}\right] \tag{7.26}$$

$$Y_P = (r\sin\beta)\left[2\cos\left(\frac{180°}{N}\right) - \sqrt{1-\left\{\sin\left[\left(\frac{180°}{N}\right)(1-\eta)\right]\right\}^2}\right] \tag{7.27}$$

7.2.10　物镜光轴

物镜光轴平行于 x 轴和扫描轴，并通过点 G，从而保证扫描光束宽度 D 对称地扫过物镜孔径（见图 7.1～图 7.3）

物镜光轴与扫描轴的间隔为

$$WG = 2(m-g)\sin\beta \tag{7.28}$$

如果入射光束宽度无限小，则 G 与 H 重合（$g=0$），物镜光轴与扫描轴间隔 WG 达到最大值：

$$WG_{\max} = 2m(\sin\beta) \tag{7.29}$$

根据式（7.7），替换参数 m，得

$$WG_{\max} = 2r\left[1-\cos\left(\frac{180°}{N}\right)\right]\sin\beta \tag{7.30}$$

随着 G 和 P 同时接近 M，物镜光轴和扫描轴沿 y 轴方向以相同速率相向移动，直至在点 M 重合。

若入射光束具有一定宽度 D，光束在反射面上的投影宽度恰好等于小反射面弦长 ST，则 G 和 P 点与 M 点重合，即 $m=g$，$(m-g)=0$。

$\ominus$　原书作者对该公式做了修订。——译者注

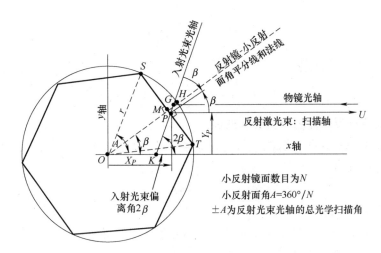

图 7.3　六面体反射镜扫描器头部六个小反射面的中点分布图

（入射光束光轴反射后与扫描轴方向一致；为了避免画面拥挤，未画出束宽为 D 的光束边界）

将 $(m-g)=0$ 代入式（7.28），得

$$WG_{min} = 0 \tag{7.31}$$

7.2.11　公式

除入射光束外，扫描轴和物镜光轴都平行于 x 轴，因此公式与 x 无关。

7.2.11.1　扫描轴 *PU*

扫描轴公式对应着式（7.23）给出的 Y_P，即

$$Y_P = (r + g - 2m)\sin\beta \tag{7.32}^{\ominus}$$

参考式（7.25）和式（7.27）。

反过来，假设已知入射光束的偏角 β，则 Y_P 代表旋转轴偏离扫描轴 *PU* 的距离（见本章 7.2.12 节和 7.4.9 节）。

7.2.11.2　物镜光轴

物镜光轴公式与式（7.15）给出的 Y_G 对应，即

$$Y_G = (r - g)\sin\beta \tag{7.33}$$

由式（7.17），利用参数 r、D 和 β 表示 Y_G，得

$$Y_G = r\sqrt{1 - \left(\frac{D}{2r\cos\beta}\right)^2}\sin\beta \tag{7.34}$$

由式（7.19），用参数 r、N 和 η 表示 Y_G，得

$$Y_G = r\sqrt{1 - \left\{\sin\left[\left(\frac{180°}{N}\right)(1-\eta)\right]\right\}^2}\sin\beta \tag{7.35}$$

7.2.11.3　过 *GP* 的入射光轴

$$y = (\text{tg}2\beta)x - (r - g)[(\text{tg}2\beta)(\cos\beta) + \sin\beta] \tag{7.36}$$

用 r、D 和 β 表示式（7.10）中的 $(r-g)$，即

$$(r-g) = \sqrt{1 - \left(\frac{D}{2r\cos\beta}\right)^2} \qquad (7.37)$$

另外，根据 r、N 和 η 表示式（7.13）中的 $(r-g)$，即

$$(r-g) = r\sqrt{1 - \left\{\sin\left[\left(\frac{180°}{N}\right)(1-\eta)\right]\right\}^2} \qquad (7.38)^{\ominus}$$

7.2.11.4 反射镜小反射面的平分线和法线

反射镜小反射面平分线和法线线性方程的斜率是 tgβ，没有交点，并且通过旋转轴 O，是坐标系原点，因此有

$$y = x\mathrm{tg}\beta \qquad (7.39)$$

7.2.12 另一种解析方法

另一种分析方法是，在多面体反射镜扫描器处于中点位置时，将原点设置在小反射面的入射点 P 处，笛卡儿直角坐标轴是 Px 和 Py（见图 7.4）。在这种方法中，扫描轴与横坐标，即 x 轴（Px）重合。纵坐标是 y 轴（Py）。参考本章 7.2 节第 1 段内容。

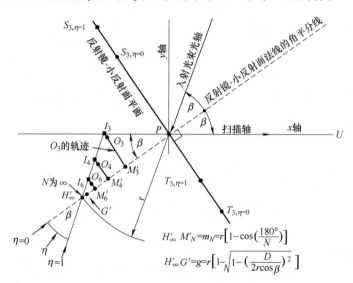

图 7.4　多面体反射镜扫描器处于中点位置时，旋转轴 O_N 相对于小反射面入射点 P 的轨迹 [I_3 是三面体反射镜（$N=3$）在光束宽度无限小时的旋转轴 O_3，因此，$\eta=1$；随着束宽增大，O_3 沿 $I_3 M'_3$ 移向 M'_3，此时 $\eta=0$；同样，对于 I_4 和 I_6，O_4 和 O_6 分别沿着 $I_4 M'_4$ 和 $I_6 M'_6$ 移动]

该方法一个最明显的优点是，扫描轴、入射光束光轴和小反射面平面的公式都通过原点 P。该方法的目的是相对于入射点 P 和扫描轴 Px 确定多面体反射镜扫描器旋转轴 O 的坐标 (X_O, Y_O)。

这种方法提供一个可视化有限区域，当激光束宽度为 D 和扫描占空比为 η（$0 \leqslant \eta \leqslant 1$），且小反射面数目 N 变化（$3 \leqslant N < \infty$）时，该区域是多面体反射镜扫描器旋转轴 O_N 相对于固定点 P 的一组轨迹，假设已知多面体反射镜的外接圆半径 r（见图 7.4）[4]。

$\ominus$　原书作者对该公式做了修订。——译者注

根据 7.2.8 节和 7.2.11 节已经给出的公式，并通过原点 O 到原点 P 的转换，可以得到所有这些坐标和公式。

7.2.13　图 7.4 的特点

图 7.4 中，为了避免太拥挤，省略了 $N=5$ 和 $N>6$ 的轨迹。由于与图 7.2 所示的对应的字母有直接但不明显的关系，所以某些加了撇。[一]

这组关于旋转轴 O_N 位置的曲线局限于三角形 $M'_\infty M'_3 I_3$ 中一组直角三角形 $M'_\infty M'_N I_N$ 的平行底边 $I_N M'_N$，并且，这些底边平行于小反射面 ST（见表 7.2）。

表 7.2　小反射面宽度 W_N，轨迹长度 $I_N M'_N$ 与小反射面数目 N 的关系　　（$r=50\text{mm}$）

	N			
	6	12	18	24
$W_N = S_N T_N/\text{mm}$	50.00	25.90	17.40	13.10
$I_N M'_N/\text{mm}$	3.87	0.46	0.13	0.06
$[S_N T_N]/[I_N M'_N]$	12.90	56.70	130.00	232.00
$[m_N - m_{N+6}]/\text{mm}$	5.00	0.94	0.33	0.15

$$I_N M'_N = m_N \text{tg}\beta = r\left[1 - \cos\left(\frac{180°}{N}\right)\right]\text{tg}\beta \tag{7.40 一}$$

随着小反射面数目增加，底边 $I_N M'_N$[二] 至三角形顶点 H'_∞ 的距离逐渐变小。利用下列公式可以计算每隔六个底边之间的距离：

$$[m_N - m_{N+6}] = r\left[\cos\left(\frac{180°}{N+6}\right) - \cos\left(\frac{180°}{N}\right)\right] \tag{7.41}$$

同时，随着小反射面数目 N 增大，小反射面宽度 $S_N T_N$ 缓慢变短：

$$S_N T_N = 2r\sin\left(\frac{180°}{N}\right) \tag{7.42}$$

由式（7.42）和式（7.40），利用下列公式计算小反射面宽度 $S_N T_N$ 与轨迹 $I_N M'_N$ 长度之比（入射光束偏角 $2\beta = +A$）：

$$\frac{S_N T_N}{I_N M'_N} = 2\text{ctg}^2\left(\frac{90°}{N}\right) \tag{7.43}$$

旋转轴在轨迹 $I_N M'_N$ 上的位置取决于扫描占空比（$0 < \eta < 1$）。从 H'_∞ 到 $I_N M'_N$ 的一簇直线代表具有固定扫描占空比 η 的一组数值。旋转轴 O_N[四] 位于 η 值扇线与底边 $I_N M'_N$ 的交点上。

一组平行于 $H'_\infty I_3$ 的直线代表具有固定束宽 D 的一组数值，旋转轴 O_N 位于一条固定 D 值的平行线与底边 $I_N M'_N$ 的交点上。旋转轴 O_N 不可能位于 M'_N 之外，因为 M'_N 表示了入射光束宽度投影等于小反射面宽度的位置。

由 N 和 η 值可知，所有的小反射面宽度 $S_N T_N$ 都位于 $S_{3,\eta=1}$ 与 $T_{3,\eta=0}$ 点之间。小反射面 ST

一　原文作者对本节 M'_N 的标注方式做了订正。——译者注

二　原书作者此处对该公式做了修订。——译者注

三　原书错印为 $I_n M_n$。——译者注

四　原书错印为 O_n。——译者注

的位置范围直接与 O_N 的轨迹范围，即底边 $I_N M'_N$ 的长度，相对应。一个很奇异的特点是，只有当 $N=3$ 和 $D=0$ 时，即入射光束宽度无限小时，旋转轴 O 才位于扫描轴上。

7.2.14 小结

如果能够直观地观察到改变光学扫描系统可控参数 N、β、D、η 和 r 带来的影响，将非常有利于设计工作，特别是显式坐标表达式和公式使设计人员不必采用人工或计算机辅助迭代技术。

7.3 瞬时扫描中心

反射式扫描装置，包括谐振式、检流计式和多面体反射镜式，都设计有一个平面反射镜围绕一根轴摆动或旋转。反射镜旋转使入射光束发生偏转。当满足如下两个条件时，无论反射镜处于什么角度位置，瞬时旋转中心（ICS）都处于旋转轴 O 上一个固定点：

（1）旋转轴 O 与反射镜表面重合。

（2）入射光束指向旋转轴。

这两个条件很难实现和满足，因此，瞬时扫描中心相对于旋转轴 O 会有偏移，是一条轨迹（见图 7.5）[5]。

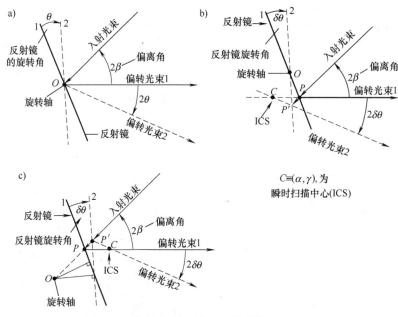

图 7.5　瞬时扫描中心相对于旋转轴 O 的偏移

a）转轴位于反射镜的反射面内，并且入射光束指向反射镜 O 的反射轴

b）转轴位于反射镜的反射面内，但入射光束指向转轴 O 的一侧

c）入射光束指向转轴，但转轴 O 偏离反射镜的反射面

7.3.1 本节目的

本节主要介绍，对于入射光束偏角 2β（入射光束与扫描轴之间的夹角），多面体反射镜扫描器瞬时扫描中心轨迹的特性。针对几种入射光束偏角，分别研究和阐述了六面体和十二面体普通棱柱形多面体反射镜扫描器的瞬时扫描中心的轨迹，从而对扫描器全量程（$\pm A$）

扫描时偏转光束光路长度的不对称性有一个直观的视觉分析。设计多面体反射镜扫描系统时，这些特性会为设计师提供非常感兴趣的见解。

7.3.2　瞬时扫描中心的轨迹

图 7.5a 中，反射光束的扫描中心是旋转轴 O 上的一个固定点，原因是满足下述两个条件：

（1）旋转轴位于反射镜的反射面上。

（2）入射光束指向反射镜旋转轴 O。

图 7.5b 中，旋转轴位于反射镜反射面上，而入射光束指向旋转轴一侧，所以扫描中心不是一个固定点。然而，在 $C \equiv (\alpha, \gamma)$ 点处有一个瞬时扫描中心，因此有一条扫描轨迹。

图 7.5c 中，虽然入射光束指向旋转轴，但旋转轴 O 远离反射镜反射面，所以扫描中心也不是固定不变的点。同样，在 $C \equiv (\alpha, \gamma)$ 点处有一个瞬时扫描中心，而有一条扫描轨迹。

7.3.3　中点和扫描轴

图 7.6 给出了位于中点位置的六面体扫描器的截面，入射光束偏角 $2\beta = 70°$。由下面两条来确定中点位置：

（1）多面体反射镜扫描器的方位设置，使其中一个小反射面的反射光束平行于 x 轴（反射后的光束确定扫描轴）。

（2）多面体反射镜旋转时，旋转轴 O 偏离扫描轴一定距离，因此反射光束可以绕扫描轴以对称角度 $\pm A$ 扫描。

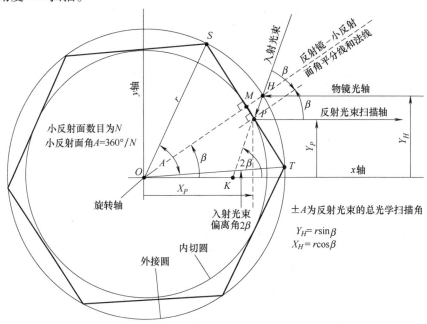

图 7.6　六面体扫描器位于中点位置的缩放截面图
（偏角为 2β 的入射光束反射后，同时平行于物镜光轴和 x 轴；该反射光束确定扫描轴）

7.3.4 瞬时扫描中心坐标的推导

下面讨论具有 N 个小反射面、外接圆半径为 r 的普通棱柱式多面体反射镜扫描器（见图7.6）。为了推导重要点的扫描线、轨迹公式和坐标，选择笛卡尔直角坐标轴 Ox 和 Oy，原点 O 与多面体反射镜扫描器的旋转轴重合，x 轴（Ox）与物镜光轴平行。小反射面面角 A，即小反射面相对于旋转轴 O 的张角等于 $360°/N$。为了简单起见，假设光束宽度（直径）无限小，因此，一条光线可以代表入射光束。本章7.3.10节将讨论有限束宽 D 瞬时扫描中心的轨迹。

现在，一束入射到多面体反射镜扫描器小反射面（处于中点位置）的光束，入射光束偏角为 $2\beta = 70°$（见图7.6）。在入射光束上的点 H，多面体反射镜扫描器的外接圆和小反射面平分线 OM 与入射光束相交。

图7.7给出了多面体反射镜一个小反射面在沿逆时针方向旋转 θ 后的位置图，反射后光束的位置和方向已经偏转了 2θ。

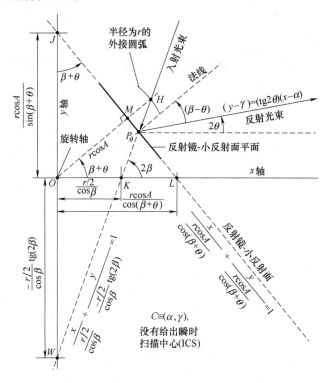

图7.7　图7.6所示多面体反射镜扫描器一个小反射面三个重要公式的三角图形
（小反射面沿逆时针方向旋转了角 θ）

反射光束通过瞬时扫描中心坐标 (α, γ) 的线性公式表示如下：

$$(y - \gamma) = [\, \mathrm{tg}(2\theta) \,](x - \alpha) \tag{7.44}$$

以交点形式表示入射光束的线性公式为

$$\frac{x}{(r/2)/\cos\beta} + \frac{y}{-(r/2)\mathrm{tg}(2\beta)/\cos\beta} = 1 \tag{7.45}$$

以交点形式表示的小反射面与入射面的交线方程为

$$\frac{x}{r\cos A/\cos(\beta+\theta)} + \frac{y}{r\cos A/\sin(\beta+\theta)} = 1 \tag{7.46}$$

由式（7.44）～式（7.46），可以确定坐标 α 和 γ。该方法是将式（7.44）和式（7.45）相对于 θ 求微分。应当记住，α 和 γ 不是变量，任何时候都是常量。

因此，对式（7.44）求导，得

$$(x - \alpha) = \frac{(\cos 2\theta)^2 (y' - x'\mathrm{tg}2\theta)}{2} \tag{7.47}$$

对式（7.45）求导，得

$$y' = x'\mathrm{tg}2\beta \tag{7.48}$$

7.3.5　求解

求解 $(x - \alpha)$ 和 $(y - \gamma)$

消除式（7.47）和式（7.48）中的 y'，得

$$(x - \alpha) = \frac{x'\cos^2 2\theta(\mathrm{tg}2\beta - \mathrm{tg}2\theta)}{2} \tag{7.49}$$

由式（7.44），替换式（7.49）中 $(x - \alpha)$，得

$$(y - \gamma) = \frac{x'(\sin 2\theta)(\cos 2\theta)(\mathrm{tg}2\beta - \mathrm{tg}2\theta)}{2} \tag{7.50}$$

式（7.49）和式（7.50）表明，需要进一步求解，用只含有 r、A、β 和 θ 的表达式替换式中的 x、y 和 y'。

求解 x、y 和 y'

注意到，式（7.45）和式（7.46）都不包含瞬时扫描中心坐标 α 和 γ，因此，求解 x 和 y，得到下面以 r、θ、A 和 β 形式表达的参量方程式：

$$x = \frac{r[\cos A/(\mathrm{tg}2\beta) + \sin(\beta+\theta)/(2\cos\beta)]}{[\sin(\beta+\theta) + \cos(\beta+\theta)/(\mathrm{tg}2\beta)]} \tag{7.51}$$

同样

$$y = \frac{r[\cos A - \sin(\beta+\theta)/(2\cos\beta)]}{[\sin(\beta+\theta) + \cos(\beta+\theta)/(\mathrm{tg}2\beta)]} \tag{7.52}$$

式（7.51）和式（7.52）还表示随角度 θ 变化及反射光束扫描而形成的入射点 P 的轨迹 $(X_{P_\theta}, Y_{P_\theta})$。点 P 本身位于入射光束的线段 HP 上（见图 7.6 和图 7.7）。

7.3.6　表格程序

式（7.51）相对于 θ 微分，得到导数 x'。有可能形成一个显式表达式，但是，当利用计算机制表程序时，却显得并非必要。利用制表程序获得的以 θ 为变量的表格数据是式（7.49）和式（7.50）中 $(x - \alpha)$ 和 $(y - \gamma)$ 的值，以及式（7.51）和式（7.52）中 x 和 y 的值及导数 x' 的值。因此，可以导出坐标 α 和 γ，并绘制出曲线（见图 7.8～图 7.12）。

7.3.7　瞬时扫描中心

图 7.8～图 7.11 给出了 4 种入射光束偏角，即 $2\beta = 0°$、$2\beta = 70°$、$2\beta = 100°$ 和 $2\beta = 140°$[⊖] 条件下，瞬时扫描中心轨迹。轨迹上的数据对应着多面体反射镜扫描器的机械旋转角

⊖ 原书错印为 β。——译者注

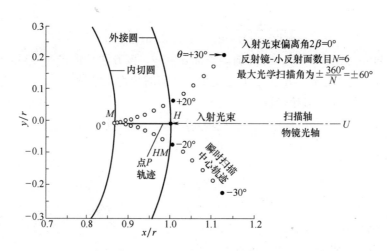

图 7.8　六面体反射镜扫描器在入射光束偏角 $2\beta = 0°$ 条件下瞬时扫描中心的轨迹

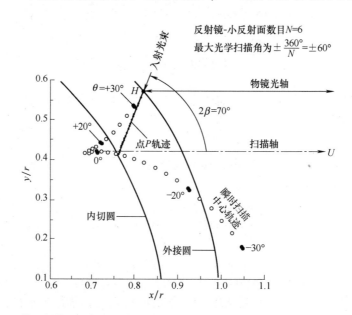

图 7.9　六面体反射镜扫描器在入射光束偏角是锐角 $2\beta = 70°$ 条件下瞬时扫描中心的轨迹

θ，距其中心位置有 $2°$ 的间隔。

应当注意，瞬时扫描中心轨迹上任一点的切线都是旋转角 θ 后反射光束的位置和方向。当外接圆上小反射面边棱 S 和 T 位于入射光束上的固定点 H 时，也同时位于瞬时扫描中心轨迹上，此时的切线代表全光学扫描角 $\pm A(\theta = \pm A/2)$ 时的反射光束（见图 7.6 ~ 图 7.8）。

图 7.8 所示的瞬时扫描中心轨迹表明，对于一种不可能的入射光束（偏角 $2\beta = 0°$），也会呈现出预期的对称性。瞬时扫描中心轨迹的峰尖与多面体反射镜扫描器的内接圆相交，并且轨迹延长到外接圆之外。

图 7.9 给出了一种实际入射光束（偏角 $2\beta = 70°$）瞬时扫描中心轨迹的不对称性，其轨迹峰尖位于多面体反射镜扫描器内接圆内，轨迹一端在外接圆之外，另一个端位于两圆之间。瞬时扫描中心轨迹在数据点 $\theta = 0°$ 处的切线与扫描轴一致。

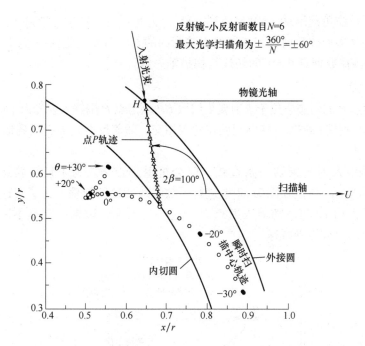

图 7.10　六面体反射镜扫描器在入射光束偏角是钝角 $2\beta = 100°$ 件下瞬时扫描中心的轨迹

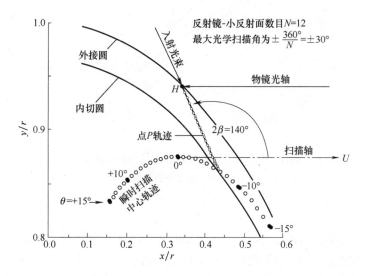

图 7.11　十二面体反射镜扫描器在入射光束偏角是钝角 $2\beta = 140°$ 条件下瞬时扫描中心的轨迹
（ICS 轨迹的切线表示反射光束的位置和方向）

　　图 7.10 给出了偏角 $2\beta = 100°$ 入射光束瞬时扫描中心的不对称性。瞬时扫描中心轨迹的峰尖位于多面体反射镜扫描器的内接圆内，对于 $\theta = +30°$，其轨迹一端也位于内接圆内；而 $\theta = -30°$ 时，轨迹另一端位于内接圆和外接圆之间。瞬时扫描中心轨迹在数据点 $\theta = 0°$ 处的切线与扫描轴相对应。

　　图 7.11 给出了十二面体反射镜扫描器（$N = 12$）在入射光束偏角 $2\beta = 140°$ 时瞬时扫描中心轨迹严重不对称的情况。造成该现象的部分原因是，由于多面体反射镜面数由 6 增加到

12，使整体机械扫描角范围从 ±30°减小到 ±15°，为此瞬时扫描中心轨迹不再出现峰尖。瞬时扫描中心轨迹从多面体反射镜扫描器的内接圆内的 $\theta = +15°$ 变化到内接圆与外接圆之间的 $\theta = -15°$，其轨迹在数据点 $\theta = 0°$ 的切线与扫描轴一致。

7.3.8　点 P 轨迹

显然，入射点 P 的轨迹应位于入射光束线段 HP 上。点 P 围绕入射光束上固定点 H 前后移动，并与多面体反射镜扫描器外接圆圆周在此点相交。随着反射光束扫描到最大角度 $\pm A$，点 P 轨迹自身相重叠。

点 P 轨迹是沿入射光束的一条直线，但会折返到点 H。为了使该轨迹明显可视，图 7.10 所示的数据坐标 y/r 值在图 7.12 中进行了数学线性拉伸处理。为了表述得更清晰，x/r 轴的比例放大了大约 10 倍。随着入射点 P 扫过小反射面，数据中明显不同的间距（间隔 2°）表明是快速加速或缓慢减速。

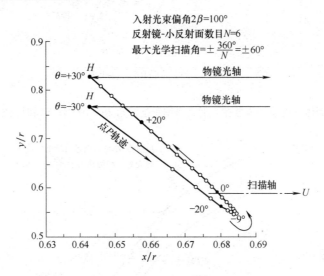

图7.12　图 7.10 所示入射光束偏角 $2\beta = 100°$ 条件下点 P 的轨迹
（为了观察方便和清晰，横坐标数据和比例做了调整）

7.3.9　偏角限制

当入射面垂直于旋转轴时，入射光束不可能位于扫描角范围内，所以，一束直径无限小光束的最小偏角 $[2\beta]_{min}$ 将永远等于或大于（或永远都不小于）半光学扫描角 $+A$。

当入射光束以半光学扫描角 $-A$ 入射时，光束直径无限小的入射光束具有最大偏角 $[2\beta]_{max}$，偏角上限等于或小于 $(180° - A)$。

因此，2β 的范围为

$$\frac{360°}{N} \leq 2\beta \leq 180°\left(1 - \frac{2}{N}\right), \quad N \geq 4 \tag{7.53}$$

真实的入射光束都有一定宽度（直径），这会使最低限制 360°/N 增大，最高限制 180°(1 - 2/N)减小（见本章 7.2.6 和 7.4.8 节关于扫描占空比 η 的内容）。

对偏角限制范围的表述为扫描系统的设计提供了非常有用的指导。尽管在设计过程中，会努力使入射光束的偏角 2β 接近反射光束半扫描角 $+A$。但由于封装原因，在有些场合，这是不可能的。

7.3.10　有限束宽 D

为了简单起见，假设光束宽度无限小（见本章7.3.4节），以便使物镜光轴通过入射光束上的固定点 H，并与多面体反射镜扫描器外接圆相交于中点。如果入射光束有限宽度为 D，为了使入射光束能够通过点 G 需要向左漂移，所以必须用 $r(1-g/r)$ 代替式（7.45）中的半径 r。尺寸 g 如图 7.2（见本章7.2节）所示。式（7.46）中的 r 保持不变。

若光束有限宽度为 D，图 7.8~7.11 所示瞬时扫描中心轨迹峰尖形状的基本特性不会改变，但不包括图 7.8 所示的对称性；在与小反射面平行的向上方向，稍微有少量偏移 $g\mathrm{tg}\beta$（见图 7.2）。扫描轴线升高，物镜轴线降低，相对于坐标轴 x/r 和 y/r 都有一个移动量 $g\sin\beta$。根据本章7.2.9节和7.2.8节的图 7.2 所示和式（7.21）及式（7.15）可以推导出这些位移量。

7.3.11　注释

偏角大于零的瞬时扫描中心曲线可以显示出意义非凡的非对称峰尖特性，从而对造成物镜前扫描系统像面非对称像差增大的瞳孔移动能有更清晰的了解。

7.3.12　小结

这里，非常希望能够通过对有限宽度（直径）真实光束的分析，获得与上述内容相同的瞬时扫描中心的基本特性；最终关心的是瞬时扫描中心的轨迹，从而使光学系统设计师较深入地了解入瞳的不对称漂移状况。无论瞬时扫描中心轨迹如何，都可以使像面上的像差减至最小而使设计得到优化。

7.4　图像幅面外的稳定鬼像

光学表面反射和散射的光线会造成鬼像，尤其在扫描像面的图像幅面之内，所以非常不希望存在该现象。为了减小这种影响甚至消除图像幅面内的鬼像，人们尝试了各种新的设计。其中非常令人瞩目的是本章参考文献［7，8］给出的例子，将入射光束相对于扫描轴的偏角 2β 限制在一定范围内，使静止的鬼像形成在普通棱柱形多面体反射镜扫描系统的扫描像面的图像幅面之外[6]。

7.4.1　本节目的

本节将介绍由扫描像面本身的散射光线形成的静止鬼像，目的是目视确定入射光束偏角 2β 的角度范围和限制（本章没有具体阐述，请参考本章参考文献［7，8］），从而确保静止的鬼像位于图像幅面之外。

7.4.2　稳定鬼像

人们或许希望像面中的鬼像源自非运动光学元件，并且起初认为鬼像不会来自如多面体反射镜扫描器之类的旋转光学元件，如果是旋转光学元件的则一定不是静止鬼像。然而，旋转多面体反射镜扫描器使像面本身产生的有害漫反射光同步反向旋转（反向扫描），并被小反射面再次定向反射。这些经过二次镜面反射的光线又通过物镜前光学扫描系统的光学元件传输，在像面上形成静止的鬼像。

7.4.3　面角 A

面角 A 是小反射面相对于旋转轴 O 的张角：

$$A = \frac{360°}{N} \qquad (7.54)$$

式中，N 为小反射面面数。这里，令 $N = 10$，则

$$A = 36°, \quad 2A = 72° \qquad (7.55)$$

7.4.4　小反射面间的切线角

反射镜小反射面之间的切线角，是相邻两个小反射面法线在垂直于旋转轴的平面内的夹角，用 A 表示。对于普通的棱柱形多面体反射镜扫描器，从几何角度考虑，小反射面面角和小反射面之间的切线角是一样的。

7.4.5　扫描轴

扫描轴是光束绕其进行对称角扫描（$\pm A$）的轴（参考本章 7.22 和 7.3.3 节）。

7.4.6　偏角 2β

入射光束偏角 2β 是入射光束与扫描轴的夹角。

7.4.7　中点位置

扫描器的中点位置，是多面体反射镜扫描器的小反射面上使入射光束经反射形成的反射光束与扫描轴共线的位置。扫描轴平行于物镜光轴（参考本章 7.2.2 和 7.3.3 节，以及图 7.1）。

7.4.8　扫描占空比（扫描效率）η

多面体反射镜扫描器可能的最大占空比 η，是有效扫描角（即束宽 D 完全没有受到小反射面边棱的切割）与一束束宽无限小（即 $D = 0$）的光束的全扫描角 $\pm A$ 之比。此时，假定多面体反射镜扫描器处于中点位置时，光束子午面宽度的投影小于小反射面子午面宽度。

$$\eta = 1 - \frac{\arcsin\left(\dfrac{D}{2r\cos\beta}\right)}{\dfrac{180°}{N}} \qquad (7.56)$$

式中，r 为多面体反射镜扫描器外接圆半径（见本章 7.2.6 节）。由式（7.56）可以看出，对具有一定束宽 D 的光束，其扫描占空比 η 随偏角 2β 和小反射面面数 N 增大而减小。

7.4.9　旋转轴偏心距

旋转轴偏心距 Y_P 是，在多面体反射镜扫描器处于中点位置时，旋转轴偏离扫描轴的距离（见图 7.2 和图 7.3）。

旋转轴偏心距 Y_P 的大小取决于小反射面面数 N、入射光束偏角 2β 和束宽 D。将本章 7.2 节中式（7.25）加一负号，重写如下[⊖]：

$$Y_P = -r\sin\beta\left[2\cos\left(\frac{180°}{N}\right) - \sqrt{1 - \left(\frac{D}{\cos\beta}\right)^2}\right] \qquad (7.57)$$

式中，r 为多面体反射镜扫描器外接圆半径。

将 7.2 节包含有扫描占空比 η 的式（7.27）重写如下[⊜]：

⊖　原书作者此处做了修订。——译者注

⊜　原书作者此处做了修订。——译者注

$$Y_P = -r\sin\beta\left[2\cos\left(\frac{180°}{N}\right) - \sqrt{1 - \left\{\sin\left[\left(\frac{180°}{N}\right)(1-\eta)\right]\right\}^2}\right] \quad (7.58)$$

若束宽无限小（即 $D = 0$），或者扫描占空比为 100%（即 $\eta = 1$），则式（7.57）和式（7.58）简化为

$$Y_p = -r\sin\beta\left[2\cos\left(\frac{180°}{N}\right) - 1\right], \quad N \geqslant 3 \quad (7.59)$$

由式（7.59）、表7.3 和图 7.13 ~ 图 7.16 所示可以看出，随入射光束偏角 2β 增大和/或小反射面面数 N 增大，旋转轴偏心距 Y_P 也会增大。

表 7.3　入射光束偏角 2β 及可以达到的最大扫描占空比 η

入射光束偏角 2β	可能达到的最大扫描占空比 η	旋转轴偏心距 Y_P，即到扫描轴的距离	图
27°	93.5%	$-0.211r$	图 7.13
52°	92.9%	$-0.395r$	图 7.14
92°	90.8%	$-0.649r$	图 7.15
124°	86.4%	$-0.797r$	图 7.16
164°	54.1%	$-0.904r$	—

当 $N = 3$，由式（7.59）得到 $Y_P = 0$。这意味着，旋转轴位于扫描线上（见图 7.4 和 7.2.13 节）。

7.4.10　选择入射光束偏角 2β

从设计对称性考虑，理想情况是入射光束沿扫描轴传播，然而，这将会遮挡反射扫描光束。因此，如果图像幅面视场角是 2ω，那么，入射光束偏角 2β 至少应稍大于图像幅面的半视场角 ω，以避免上述物理干涉（见图 7.13），即

$$2\beta > \omega \quad (7.60)$$

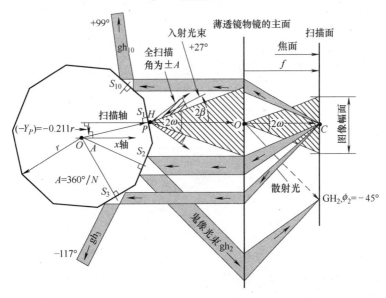

图 7.13　点 C 处的散射光束在经过小反射面 S_2 再次反射后形成一个视场角 $\phi_2 = -45°$ 的稳定鬼像 GH_2

利用式（7.56）和式（7.57），并且，$N=10$，$r=25\text{mm}$ 和 $D=1\text{mm}$，就可以获得表 7.3 所示的数据。

7.4.11 杂散光束 gh 和鬼像 GH

被扫描表面形成的散射光束会重新返回到物镜，再次准直后，又传输到多面体反射镜扫描器的小反射面上，经过反射形成杂散光束（或鬼像光束）。如图 7.13 ~ 图 7.16 所示，用 gh 表示这些杂散光束，下标用以区别杂散光束源自哪个小反射面。

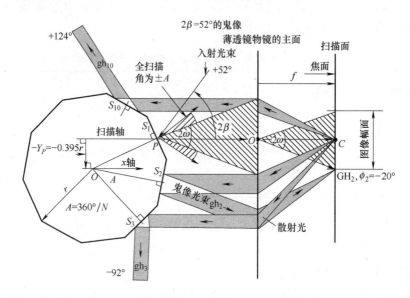

图 7.14　小反射面 S_2 在图像幅面较低边缘处形成点 C 散射光束的视场角 $\phi_2 = -20°$ 的稳定鬼像 GH_2

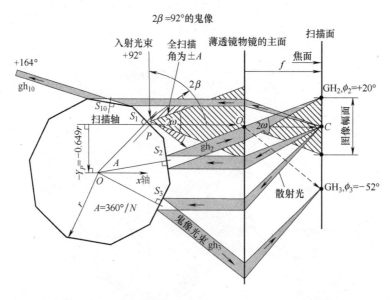

图 7.15　杂散光束 gh_2 和 gh_3 通过物镜，在图像幅面上边缘位置形成的视场角 $\phi_2 = +20°$ 的稳定鬼像 GH_2，以及在下侧位置形成的视场角 $\phi_3 = -52°$ 的稳定鬼像 GH_3

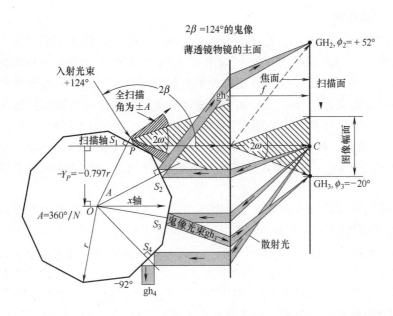

图 7.16　杂散光束 gh$_2$ 和 gh$_3$ 通过物镜，在图像幅面下边缘位置形成的视场角

$\phi_3 = -\omega = -20°$ 的稳定鬼像 GH$_3$，在上侧位置形成的视场角 $\phi_2 = +52°$ 的稳定鬼像 GH$_2$

只有当杂散光束 gh 是由角度远小于 90° 的多面体反射镜扫描器的某小反射面反射时，即指向物镜的小反射面反射时，才有机会通过物镜向后传播，并聚焦在像面上，形成稳定的点鬼像 GH。其角标是产生该杂散光束的小反射面的序号。

如果这些杂散光束源自角度远大于 90° 的多面体反射镜扫描器的某小反射面，即远离物镜，那么，这些光束没有机会通过物镜向后传播，不会形成稳定的鬼像 GH。

7.4.12　鬼像视场角 ϕ

无论杂散光束是否在图像幅面内形成稳定的鬼像，其视场角 ϕ 都为 $2A$ 的倍数，远大于入射光束偏角 2β，并位于其两侧。其原因是一个普通的棱柱形多面体反射镜扫描器小反射面间切线角是 A，因此有

$$\phi = 2\beta \pm n(2A), \qquad |2\beta \pm n(2A)| < 90° \tag{7.61}$$

式中，n 为整数。

在本章 7.4.3 节中有 $N = 10$，所以 $2A = 72°^{\ominus}$。因此，图 7.13 ~ 7.16 所示的都有杂散光束，与入射光束偏角 2β 相差 72°。

若 $n = 0$，则式（7.61）代表后反射杂散光束的视场角 ϕ 与入射光束共线。在这种情况下，杂散光束 gh$_1$ 无影响，为了避免混淆，没有在图中标出。

如果增大入射光束偏角 2β，如沿逆时针方向 25°，并且，重新将多面体反射镜扫描器设置到中间点位置，则所有杂散光束的视场角 ϕ 都将沿逆时针方向旋转 25°，而多面反射镜扫描器只需要旋转 12.5°；如果是沿顺时针方向，同理类推。

$\ominus$　此处将 $2A$ 错印为 24。——译者注

7.4.13　入射光束位置

下面将依次讨论图7.13~图7.16所示情况，表7.3给出的前4个重要的入射光束偏角的位置，偏角为27°、52°、92°和124°；给出了多面体反射镜扫描器在中点位置和旋转轴偏离距离 Y_P 情况下的不同方位，从而使反射光束与扫描轴共线，并聚焦在图像幅面的中心点 C 处。点 C 的散射光束 gh_2、gh_3、gh_4 和 gh_{10} 通过物镜与多面体反射镜扫描器的小反射面相交，再次被反射。下标与小反射面的顺序号相对应。

图7.13中，杂散光束 gh_2 返回通过物镜，在图像幅面下侧形成鬼像 GH_2。图中未给出小反射面 S_1 反射的光束 gh_1，以避免太过密集，该光束是一束与入射光束光路共线返回的杂散光光束。

如式（7.61）所预计，由5个小反射面 S_{10}、S_1、S_2、S_3 和 S_4 反射的连续杂散光束之间的夹角是 $2A$（见图7.13~图7.16）。

应当注意，表述全扫描角 $\pm A$ 的扇形图与图像幅面扫描角 $\pm\omega$ 的顶点不重合，与小反射面表面也不相交，两个顶点位于两个不同位置上。前一顶点位于入射光束轴上，并在多面体反射镜扫描器外接圆的交点处；后一顶点位于下侧，外接圆之内和扫描轴之上。通过图7.16所示可以较好地观察其差别（参考本章7.3节）。

7.4.14　图像幅面的扫描占空比 η_ω

图像幅面扫描占空比 η_ω 定义为图像幅面的视场角 2ω 与多面体反射镜扫描器全扫描角 $2A$ 之比。一定不要与可能的最大扫描占空比（扫描效率）η 相混淆。图像幅面扫描占空比 η_ω 取决于图像幅面的视场角 2ω：

$$\eta_\omega = \frac{2\omega}{2A} = \frac{\omega}{A} \tag{7.62}$$

在图7.13~图7.16中，$2\omega = \pm20°$（共40°）。将 A 和 ω 代入式（7.62）中，从而得到

$$\eta_\omega = \frac{20°}{36°} \approx 55.6\% \tag{7.63}$$

由于上述图像字段格式的扫描占空比取 $\eta_\omega = 55.6\%$，大于表7.3给出的入射光束偏角 $2\beta = 164°$ 可能的最大扫描占空比54.1%，所以该偏角是无关偏角，图中没有给出。图像字段格式的扫描占空比 η_ω 一定要小于扫描效率 $\eta^{\ominus}$。

7.4.15　入射光束偏角 27°

为了避免出现对扫描光束不利的遮拦效果，图7.13所示的27°入射光束偏角完全处于图像幅面半视场角 $\omega = +20°$ 之外，而小于十面体反射镜扫描器的半扫描角 $A = +36°$。

如果杂散光束 gh_2 通过物镜传播，那么，只有一个稳定的鬼像出现在视场角 $\phi_2 = -45°$ 处，位于图像幅面之外，并低于图像幅面25°。

根据式（7.61），小反射面 S_{10} 和 S_3 形成的杂散光束 gh_{10} 和 gh_3 的视场角分别是 $\phi_{10} = +99°$ 和 $\phi_3 = -117°$，所以这些杂散光束是无害光束（$|\phi| > 90°$）。

7.4.16　入射光束偏角 52°

图7.13中，入射光束偏角是27°。令入射光束偏角 2β 及伴随产生的杂散光束 gh 和鬼像

$\ominus$　原书作者此处稍有修订。——译者注

GH 沿逆时针方向旋转 $+25°$。如果杂散光束 gh_2 通过物镜传播，则图 7.13 所示 $\phi_2 = -45°$ 鬼像 GH_2 的位置将上移至图像幅面最低边缘位置（$-\omega = -20°$），即 $\phi_2 = (-45° + 25°) = -20°$。入射光束偏角增大到 $2\beta = (+27° + 25°) = +52°$，如图 7.14 所示。

根据式（7.61），由小反射面 S_{10} 和 S_3 反射产生的杂散光束 gh_{10} 和 gh_3 的视场角分别变为 $\phi_{10} = +124°$ 和 $\phi_3 = -92°$。这些杂散光束是无害光束（$|\phi| > 90°$）。

7.4.17　入射光束偏角 92°

图 7.14 中，入射光束偏角是 52°。令入射光束偏角 2β 及伴随产生的杂散光 gh 和鬼像 GH 沿逆时针方向旋转 $+40°$。如果杂散光光束 gh_2 通过物镜传播，则图 7.13 所示鬼像 GH_2（$\phi_2 = -\omega = -20°$）将上移到图像幅面视场上边缘位置（$+\omega = +20°$），即 $\phi_2 = (-\omega + 40°) = +20°$。入射光束偏角增大到 $2\beta = (+52° + 40°) = 92°$，如图 7.15 所示。

对于入射光束偏角 27° 和 52°，图像幅面内只有一个稳定的鬼像，即 GH_2。随着鬼像 GH_2 移向图像幅面的上边缘，图像幅面内会出现第二个鬼像 GH_3，位于下侧一个视场角位置 $\phi_3 = -52°$。注意到，正如所预料，$(\phi_2 - \phi_3) = 2A = 72°$。

根据式（7.61），小反射面 S_{10} 对应的杂散光束视场角 $\phi_{10} = +164°$，是无害光束（$|\phi| > 90°$）。

7.4.18　入射光束偏角 124°

图 7.15 中，入射光束偏角是 92°。令入射光束偏角 2β 及伴随产生的杂散光束 gh 和鬼像 GH 沿逆时针方向旋转 $+32°$。如果杂散光光束通过物镜传播，则图 7.15 所示鬼像 GH_3（$\phi_3 = -52°$）将移至图像幅面视场下侧边缘（$-\omega = -20°$），即 $\phi_3 = (-52° + 32°) = -20°$。入射光束偏角增大到 $2\beta = (+92° + 32°) = +124°$，如图 7.16 所示。

对于入射光束偏角 52° 和 92°，有两个稳定的鬼像 GH_2 和 GH_3。随着鬼像 GH_3 移动到图像幅面下边缘，鬼像 GH_2 随之移动到图像幅面上侧一个位置，$\phi_2 = +52°$。同样注意到，$(\phi_2 - \phi_3) = 2A = 72°$，与预料一致。根据式（7.61），小反射面 S_4 对应的杂散光束 gh_4 的视场角 $\phi_4 = -92°$，是无害光束（$|\phi| > 90°$）。

将这个 72° 与图 7.15 所示的杂散光束 gh_{10} 视场角 $\phi_{10} = 164°$ 简单相加，得到反射角 236°，因此不可能形成鬼像 GH_{10}。

认真审查图 7.13 ～ 图 7.16 所示后发现，随入射光束偏角 2β 增大，扫描器全扫描角 $2A$ 的扫描中心从图像幅面扫描角 2ω 的扫描中心开始不断地替换和移动，原因是瞬时扫描中心是一条轨迹（见本章 7.3.2 节、图 7.4 和参考文献 [5]）。

7.4.19　图像幅面内的鬼像

对图 7.14 和图 7.15 所示分析后表明，若使鬼像 GH_2 位于图像幅面上下边缘位置，则要求入射光束偏角为[注]

$$2\beta = 2A \pm \omega \qquad (7.64)$$

因此，根据式（7.61），在图像幅面内能够形成鬼像的 2β 范围为

$$n(2A) - \omega < 2\beta < n(2A) + \omega \qquad (7.65)$$

式中，n 为零或正整数；$A \geqslant \omega$；$2\beta < 180°$。

代入 $\omega = 20°$ 和 $2A = 72°$，得

[注]　原书作者对此处稍有修订。——译者注

$$n = 0 \qquad\qquad -20° < 2\beta < +20° \tag{7.66}$$

$$n = 1 \qquad\qquad +52° < 2\beta < +92° \tag{7.67}$$

$$n = 2 \qquad\qquad +124° < 2\beta < +164° \tag{7.68}$$

各种情况的范围都是40°，理所当然，等于2ω。

对于$2\beta = 164°$情况，由于其可能的最大扫描效率$\eta^{\ominus}$，其小于所要求的图像幅面占空比η_ω（见表7.3），不满足需求，所以不予讨论。

7.4.20 图像幅面外的鬼像

对式（7.66）~式（7.68）分析后表明，当入射光束偏角位于$+20°$ ~ $+52°$，图像幅面中不会出现鬼像。但是，当入射光束偏角位于$+92°$ ~ $+124°$，每种情况都会在32°范围内形成鬼像[2]。

因此，为了确保鬼像位于图像幅面之外，必须满足下列条件：

$$n(2A) + \omega < 2\beta < (n+1)(2A) - \omega \tag{7.69}$$

式中，n为零或正整数；$A \geqslant \omega$；$2\beta < 180°$。

令ρ代表图像幅面外鬼像的角范围$^{\ominus}$，则

$$\rho = 2A - 2\omega = 2(A - \omega) = 2(360°/N - \omega) \tag{7.70}$$

ρ与n无关。

7.4.21 小反射面数目

由于$A \geqslant \omega$，所以，随着小反射面数目N增大，杂散光束gh数目也增大，扫描像面上出现多个鬼像GH的可能性更大。在本例中，$N = 18$时，是一个临界情况，$A = +\omega = +20°$。

将A和ω值代入式（7.69）和式（7.70）$^{\ominus}$，得到图7.17所示情况。

$$n = 0 \qquad\qquad 2\beta = 20° \tag{7.71}$$

$$n = 1 \qquad\qquad 2\beta = 60° \tag{7.72}$$

$$n = 2 \qquad\qquad 2\beta = 100° \tag{7.73}^{\text{⑭}}$$

角度范围为
$$\rho = 0°$$

因此，入射光束偏角2β的位置公差是零。为了使入射光束有一个适当的位置公差，有

$$A > \omega \tag{7.74}$$

代入$A = 360°/N$，得到下面一般条件：

$$\frac{360°}{N} > \omega \tag{7.75}$$

图7.17中，P为扫描器小反射面上的入射点。所示的图像幅面视场角是$2\omega = 40°$。若是18面体反射镜，角范围是零。理论上，当入射光束偏角$2\beta = +\omega$、$+3\omega$、$+5\omega$、$+7\omega$…（同时要满足$2\beta < 180°$条件），则分别在图像幅面上边缘和下边缘形成鬼像GH_2和GH_{18}，$\phi_2 = +\omega$，$\phi_{18} = -\omega$。

⊖ 原书作者对此段稍有修订。——译者注

⊜ 原书作者对此处稍有修订。——译者注

⊜ 原书错印为（69）和（70）。——译者注

⑭ 原书作者对上面公式有修订。——译者注

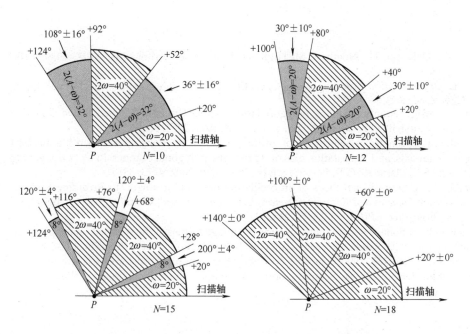

图 7.17　为了确保稳定的鬼像 GH 位于图像幅面之外，
入射光束偏角 2β 的角度范围 ρ 为 32°、20°、8° 和 0° 的情况
（图中给出了 10 面体、12 面体、15 面体和 18 面体反射镜扫描器的角度范围 ρ）

7.4.22　扫描器和物镜直径

至此，并没有讨论物镜、扫描器直径，也没有分析扫描器附近孔径的影响或者性能，这些内容超出了本章的研究范围，但都是很重要的课题[2]。

扫描器直径相对于物镜直径越小，产生杂散光束并在扫描像面上形成鬼像的机会就越大。同样，扫描器越接近物镜，杂散光束在扫描像面上产生鬼像的机会也越大。

7.4.23　注释

为了避免在图像幅面内出现鬼像，入射光束偏角可以不只有一个角度区，并要有合适的扫描占空比 η。占空比主要取决于束宽 D、多面体反射镜扫描器直径 2r 和小反射面数目 N（见图 7.17，表 7.3）[2]。

7.4.24　小结

在刚开始光学系统设计的阶段，设计师就必须考虑稳定鬼像在成像面内的概率及其位置。

致谢

非常感谢 Leo Beiser 和 Stephen Sagan 两位学者，他们花费了大量时间审校本章内容，并给出了许多宝贵建议。感谢澳大利亚联邦科学与工业研究组织（CSICO）光机系统设计领域的工程师们，他们帮助求解并得到有限宽度光束的显式表达式"多面体反射镜扫描系统的坐标和公式"，如 7.2 节所述。

参考文献

1. Kessler, D.; DeJaeger, D.; Noethen, M. High resolution laser writer. *Proc. SPIE*, 1989, *1079*, 27–35.
2. Beiser, L. *Unified Optical Scanning Technology;* IEEE Press, Wiley-Interscience, John Wiley & Sons: New York, 2003.
3. Beiser, L. Design equations for a polygon laser scanner. In *Beam Deflection and Scanning Technologies;* Marshall, G.F.; Beiser, L., Eds.; *Proc. SPIE* 1991, *1454*, 60–66.
4. Marshall, G.F. Geometrical determination of the positional relationship between the incident beam, the scan-axis, and the rotation axis of a prismatic polygonal scanner. In *Optical Scanning 2002;* Sagan, S.F.; Marshall, G.F.; Beiser, L., Eds.; *Proc. SPIE* 2002, *4773*, 38–51.
5. Marshall, G.F. Center-of-scan locus of an oscillating or rotating mirror. In *Recording Systems: High-Resolution Cameras and Recording Devices; Laser Scanning and Recording Systems;* Beiser, L.; Lenz, R.K., Eds.; *Proc. SPIE* 1993, *1987*, 221–232.
6. Marshall, G.F. Stationary ghost images outside the image format of the scanned image plane. In *Optical Scanning 2002;* Sagan, S.F.; Marshall, G.F.; Beiser, L., Eds.; *Proc. SPIE 4773*, 132–140.
7. U.S. patent no. 5,191,463, 1990. Scanning optical system, in which ghost image is eliminated.
8. U.S. patent no. 4,993,792, 1986. Scanning optical system, in which ghost image is eliminated.

第8章 振镜扫描器(检流计)和共振振镜扫描器

Jean Montagu

美国马萨诸塞州剑桥市工程顾问

8.1 概述

本节的目的是帮助读者较深入理解与目前流行的振镜扫描器设计和应用相关的参数。并通过了解其设计思路，使系统工程师能在所提供的众多变量之间给出最理想的选择。

当设计师在分析现行振镜扫描器的局限性及其应用时，本章还希望介绍的内容可以激发他们进一步扩展该技术或推动不同技术进展的热情。

本章是杰拉尔德·马歇尔（Gerald F. Marshall）先生编著的系列文献的第三部（前两部为本章参考文献[1,2]），关注的是光学扫描领域。研发振镜扫描器是为了满足某些特定科学技术的应用需要，是过去和未来发展的基础，因此对这些应用进行回顾和评述是有益的。

显然，本章以循序渐进的方式介绍各种内容，并且在本章参考文献中还可以找到更深入的阐述。读者常会参考他之前文献（即本章参考文献[1,2]）。本章8.2.1.4节反射镜和8.2.2.3节⊖感应动圈，再次介绍了之前的内容，而这些是系统设计师经常会忽视的重要课题，并且还没有什么重要进展。有时，为了前后一致地表述新材料，会从之前文献中引用一些材料。本章8.2.1.3节轴承和8.2.1.6节⊜动态性能，包括之前系列文献中介绍的一些材料和新的材料。

此外，与之前文献相比，本章内容是按照相反顺序进行编排的，前面回顾和评述了元件方面的技术，后面则阐述了新的应用。在阐述这方面的基础知识时，除了向读者介绍较早的内容外，还会讨论早期应用的重要发展。

过去十年，技术已经有了很大进步，扫描器市场和使用方式都发生了重要变化，并出现了具有意想不到的性能和设计的各种振镜扫描器。相关竞争性技术性能的改善，吸引了原属于机械式的振镜扫描器领域的应用。现在，线性和二维固态阵列主导着目视和夜视市场，包括军用和民用两个方面。数字微镜器件（Digital Micromirror Device，DMD）和液晶显示

⊖ 原书错印为 8.2.23 节。——译者注

⊜ 原书错印为 8.2.16 节。——译者注

（Liquid Crystal Display，LCD）也已经占据了图像投影领域，因而不再使用振镜扫描器。

另一方面，工业计算机控制技术的发展非常有利于激光微加工工业。它既能满足高度灵活性的要求，也便于进行数字控制，同时，有利于检流计制造商进一步改善其产品性能。

扫描器性能的提高、更多的选择及更经济的相关技术已经扩展了扫描器的市场，并激发了新的应用，反过来又为新产品研发提供了机会。

8.1.1 发展史

1880 年，法国生物学家和物理学家雅克·达松瓦尔（Jacques d'Arsonval）发明了第一台实用的检流计。起初，它是用作静态测量仪的；当检流计在有声电影中用于制作声轨（声道）时，人们就较早认识到其动态和光学扫描能力。到 1960 年年底，利用带宽高达 20kHz 的微型检流计，便可以将波形记录在对紫外光敏感的相纸上。

20 世纪 60 年代末期，激光器的发明使检流计的应用扩展到了印刷业。第一个设计是开环扫描器，但在 20 世纪 70 年代初期，为了满足更大带宽和更高定位精度的需求，称为闭环扫描器的位置伺服装置占据主导地位。

伺服的扫描器能够满足装置的精度要求，它连着位置传感器，与力矩电动机相分离的情况不同。下一个挑战是使惯量最小和刚性最佳，在很大程度上是通过下列方式解决串扰问题：采用动磁式（旋转磁体）的力矩电动机，以及对载荷与电枢进行平衡。

若要求较高速度和精度，则需要精心设计扫描系统的所有结构模块。扫描器性能的演化包括其各个组件的演化，这些组件包括力矩电动机、传感器、放大器和计算机。

20 世纪 60 年代初期，第一个里程碑是成功地研发了动铁振镜，提供了一种紧凑的力矩电动机。这种紧凑、高效和经济的扫描器设计已经超出了当时动圈的性能。

20 世纪 80 年代末期，第二个里程碑源自高能量永磁体的成功商业化，能研发出具有非常大峰值扭矩的力矩电动机。同一时期，以更高性能的电子元器件设计出新型传感器。

20 世纪最后十年，第三个里程碑是由于计算机性能的提高，从而降低了对即使是最佳检流计缺点的要求。普通个人计算机（PC）的时钟频率已经达到兆赫级，能够实时补偿位置编码器的不足及优化周期性和非周期性电枢运动的动态特性，也简化了整个系统的集成。

高能量永磁材料的商业化开启了共振振镜扫描器（或称共振型扫描振镜）的研发，但是，创新性设计和个人计算机的广泛应用构成了当今最新设备的基础。

在编写本章时，所有高性能光学扫描器都具有一个共同的设计风格：一台采用力矩电动机；为了高精度地动作，利用陶瓷可变电容器组成一个位置传感器；对于要求不太高的应用，可设置光学传感器。检流计的性能受限于下列参数，下面将详细讨论：

1. 磁性结构（尤其是驱动线圈）的热阻。该参数限制磁电动机的有效力矩，并使位置传感器产生不可预知的热漂移。

2. 位置传感器的热稳定性。

3. 电枢和载荷的机械共振。该参数使系统无法达到实现有效力矩应当达到的瞬态响应。如果元件是稳定的，专业伺服系统设计师能够正确地优化系统的性能。

将所有这些专业综合在一起、优化结构布局、反射镜设计和安装、漂移补偿和软件编写等方面的能力已经成为一种专业，因此，经常是选择一个完全集成后的子系统而不仅是一个扫描器。图 8.1 给出了所有这些元件。

应用是扫描器进步的动力，因此，最后一节将介绍最新应用。

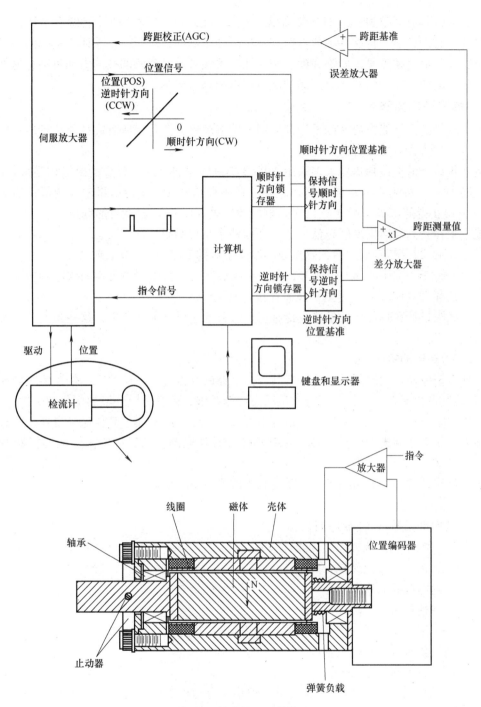

图 8.1　检流计和系统管理

8.2　组件和设计问题 ⬅

　　扫描器就像老兵一样——"老兵不死，只是慢慢凋零"。动圈式和动铁式扫描器及设计有叠片式定子的某些四极步进电动机仍然适用。由于其工装（成本）已被均摊，所以，价格便宜，非常具有竞争力。本书参考文献［1，2］已经对其设计和性能做过了评价，在此不再赘述。它们的显著特性并不能补偿其不足之处。例如，对于以铁质体为基础的扫描器和柔性电枢，其显著缺点是铁质饱和度、非线性、很强且不可预测的径向力和抖动；另外动圈的具有较差的热性能，以及具有高昂的准入成本和制造成本。

8.2.1 检流计扫描器

所有现代的高性能检流计的设计都采用力矩电动机，并且，所有高性能位置传感器都采用双片或四片陶瓷可变电容器。

近些年设计的振镜扫描器大多采用 NdFeB 类永磁材料。这类合金的磁能积是最好的 Al-NiCo 磁性材料（称为磁钢）的 5 倍。此外，它还有其他优点，但居里温度较低，如从韩国 Ugimag 公司获得的 45% MgO（氧化镁）材料的居里（Curie）温度可能低至 310℃[3]。

能量乘积越高，居里温度越低[3]，下面是两个重要结果：

1. 在温度 22 ~ 85℃ 范围内，磁化强度温度系数的典型值是 − 0.8%/℃；

2. 当该材料被加热到 80 ~ 100℃，甚至更高温度时，会出现不可逆的磁通量损耗。具体范围与所选择的具体合金（类型）及磁体设计有关。

由于线圈设计和热传导性是造成传感器热漂移的主要原因，所以，这些参数是检流计的重要特性。

8.2.1.1 力矩电动机

选择力矩电动机的原因是，能够将其与扫描器的其他元件、反射镜、位置传感器和电子驱动器/控制器集成在一起，并同时满足动态性能要求，以及适应环境的变化和干扰。

理想力矩电动机应具备的特性包括许多方面，实际上经常通过其他途径得到一些必要的系统性能，从而达到折中。具备环境控制功能和补偿电路，已经成为高性能扫描器的标准特征。

理想检流计或共振振镜扫描器的驱动装置应具有下列性质：

1. 高转矩-惯量比

2. 电气时间常数（电感/电阻）低

3. 转矩、电流和角位置之间为线性关系

4. 无交叉耦合力或交叉耦合励磁

5. 没有迟滞或间断现象

6. 没有弹性约束

7. 具备一定机械阻尼，但必须是固定和均匀的

8. 很高的扭转强度和抗弯强度

9. 电枢经过平衡

10. 功率损耗低，评价函数为，转矩/（惯量 × 电动机功率$^{1/2}$）

11. 不受热膨胀限制

12. 良好的散热能力

13. 具备退磁保护

14. 安装和使用简单

15. 对射频（RF）和其他环境干扰不敏感

16. 对外界扰动不敏感

17. 没有自感干扰

18. 参数稳定不变且寿命无限长

19. 小巧、轻便和价格低

此外，对共振振镜扫描器，沿旋转轴方向的阻尼应降至最小，而其他方向的自由度应当高。

8.2.1.1.1　力矩电动机

高性能稀土磁体几乎没有径向力，对力矩电动机颇具吸引力。表 8.1 ~ 8.3 给出的装置用的就是这类磁体。这些装置具有较低电感系数和大的空气间隙，且电气连接简单。

表 8.1　转动惯量小于 $1g \cdot cm^2$ 的力矩电动机扫描检流计的性能比较

	型　号						
	6200	6210	6220	RZ-15	6860	TGV-1	6230
力矩电动机							
转子转动惯量/$(g \cdot cm^2)$	0.012	0.02	0.14	0.34	0.6	0.65	1
转矩常数/$(gf \cdot cm/A)$	10.8	25	57	40	93	123	114
阻抗/Ω	2.4	4.1	3.4	1.3	1.5	1.4	1.4
热阻/$(\text{℃}/W)$	7.5	4	2		1.5		1
力矩电动机的质量因数							
转矩/（惯量 × 功率$^{1/2}$)	580	625	221	103	126	160	96.3
传感器							
传感器形式	光学式	光学式	光学式	电容式	电容式	电容式	电容式
光学灵敏度/$(\mu A/°)$	24	24	22.8	100	29	50	23.4
增益漂移/$(ppm/\text{℃})$	75	75	75	50	50	不适用	25
零点漂移/$(\mu rad/\text{℃})$	50	50	50	25	30	不适用	150
重复性/μrad	30	30	30	6	16	4	30
动态性能							
小角度阶跃响应/ms	0.175	0.175	0.25	0.25	0.5	0.18	0.3

注：1. 角偏移：所有扫描器都做旋转 60° 的光学跳动（pick to pick，ptp），是机械运动，为最小值。

　　2. 不适用，是指扫描器有内置参考（原书将 fiducial 错印为 feducial。——译者注）基准。

　　3. 所有角度都是光学含义的角度。

　　4. 所有光学探测器的线性大于 98%，所有电容探测器的线性大于 99.5%。

表 8.2　转动惯量大于 $1g \cdot cm^2$ 的力矩电动机扫描检流计的性能比较

	型　号								
	M2	VM2000	6870	TGV-2	6450	M3	RZ-30	6880	TGV-3	TGV-4
力矩电动机									
转子转动惯量/$(g \cdot cm^2)$	1.7	1.7	2	2.3	2.4	4	5.9	6.4	7.4	14
转矩常数/$(gf \cdot cm/A)$	230		180	335	450	500	278	254	550	650
阻抗/Ω	4.5		1.4	2.6	4	4.8	3	1	2.6	2.7
热阻/$(\text{℃}/W)$	2.5		1		5	1.4		0.75	0.7	0.7

（续）

	型号									
	M2	VM2000	6870	TGV-2	6450	M3	RZ-30	6880	TGV-3	TGV-4
力矩电动机①的质量因数										
转矩/(惯量×功率$^{1/2}$)	63.8		76	90	93.7	57	27.2	39.7	46.1	28.3
传感器										
光学灵敏度/(μA/°)	11		29	100	43	11	150	44	100	100
增益漂移/(ppm/℃)	-60	100	50	不适用	50	60	30	50	不适用	不适用
零点漂移/(μrad/℃)	18	30	30	不适用	30	18	10	20	不适用	不适用
重复性/μrad	12		16	2	4	2	2	16	2	2
动态性能										
小角度阶跃响应/ms		0.3	0.7	0.3			0.6			

① 动圈力矩电动机。

注：1. 角偏移：所有扫描器都做旋转60°的光学跳动，是机械运动，为最小值。

2. 不适用，是指扫描器有内置参考（原书将 fiducial 错印为 feducial。——译者注）基准。

3. 所有角度都是光学含义的角度。

4. 所有光学探测器的线性大于98%，所有电容探测器的线性大于99.5%；

5. 所有传感器都是电容式探测器。

表8.3 使用挠性支撑①的力矩电动机检流计的性能

	型号		
	Harmonicscan	FM200	Slowscan
力矩电动机			
转子转动惯量/(g·cm^2)	0.3	2.5	8.25
转矩常数/(gf·cm/A)	120	230	278
阻抗/Ω	1.3	4.5	5.5
传感器			
光学灵敏度/(μA/°)	70		90
增益漂移/(ppm/℃)	50	100	50
零点漂移/(μrad/℃)	25	30	25
重复性/μrad	5	1	2
轴承性能			
抖动/μrad	4	1	1.7
摆动/μrad	1	0.5	0
性能			
小角度阶跃响应/ms	0.2	0.6	1.3

① 原书用词为 flexural bearing，对应中文为柔性轴承，但是参考后面的叙述，翻译为挠性支撑，请读者注意。——译者注

注：1. 角偏移：所有扫描器都做旋转60°的光学跳动，是机械运动，为最小值。

2. 所有电容探测器的线性度大于99.5%。

3. 所有角度都是光学含义的角度。

驱动是由内而外的普通达松瓦尔 (d'Arsonval) 运动, 如图 8.2 所示。可以根据两个磁场的相互作用或一个磁场对电流的作用来计算转矩, 下面的介绍采用后一种方法。

若线圈总匝数为 N, 并且导线相对于对称面 45° 放置, 则可以推导出式 (8.1)。式 (8.2) 给出了图 8.3 所示线圈的装置 (导线相对于对称面 ±45° 缠绕, 并均匀分布) 产生的转矩。假设 D 为线圈的平均直径。另外, 要求线圈紧密绕缠, 并且, 面对转子磁场最高一侧:

$$T = 0.90KB_rLNID\cos\gamma \tag{8.1}$$

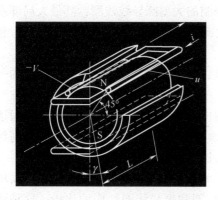

图 8.2 达松瓦尔 (d'Arsonval) 运动

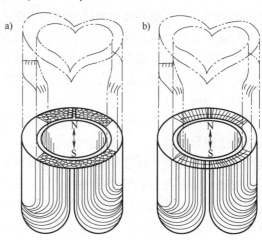

图 8.3 绕制的绕组线圈
a) 利用圆导线绕制的绕组线圈 b) 利用带状导线绕制的绕组线圈

外壳将永磁体和绕组的磁路闭环。较理想材料是高密度 50/50 镍铁烧结合金。诸如 C1020 之类的低碳冷轧钢和其他类型钢材具有类似磁性, 但从经济考虑, 加工出成品零件不太合算。若使用稀土磁体作为转子, 建议径向厚度约为转子直径的 1/4。

式 (8.1) 中的常数 K 视为线圈相对于磁体的间隔, 表示为

$$K = \frac{1}{1 + 2g\dfrac{B_r}{\mu H_c}d} \tag{8.2}$$

若是稀土永磁材料, 则

$$\frac{B_r}{\mu H_c} = 1.1 \tag{8.3}$$

式中, B_r 为磁体自身的磁通密度, 即转子材料的剩磁; H_c 为转子材料的退磁力, 即矫顽力; μ 为空气的磁导率; g 为转子与外壳层之间的径向间隔; d 为磁体直径。实际上, $1/2 < K < 1$。显然, 若线圈匝数和阻抗一定, 非常有利于减少径向间隙。

稀土磁体自身有很高的矫顽力, 几乎不受退磁的影响, 因此, 能够安全地产生极高的转矩。由于该转矩与装置的冷却能力有关, 以防止位置传感器突然失效或产生过度的热漂移, 因此, 其仅受限于线圈设计和结构 (形式)。线圈和传感器设计是检流计和电枢刚性的重要特征。下面将进行介绍。

8.2.1.1.2 绕组结构

自发明电磁装置以来, 电磁装置中线圈绕组的间隔一直是大量文章和研究资料所关注的

问题。罗特斯（Roters）概括性地介绍了该课题[4]，早期的一些专利[5]也验证了一个认识：线圈的有效匝数密度和散热结构是电机的重要参数。霍奇斯（Hodges）[6]详细阐述了将圆导线绕制的绕组线圈制成具有最小截面形式所拥有的优越性。他还介绍了采用该方法会使热导率提高3倍。

罗特斯[4]指出，绕组线圈的"阻抗密度"和"热导率"与线圈"铜占比"几乎成正比。优化线圈"铜占比"而丝毫不损害其可靠性或成本，已经成为光学扫描器制造商的追寻目标。

线圈的热阻主要是由导线的电绝缘性能、铜占比及封装。这里要求绝缘和封装层的体积尽量小。对这些装置，单绝缘层的体积就约占线圈体积的20%。

封装也被视为另一个重要因素。按照五点梅花形绕制的大型圆导线线圈，其最大局部占比是90.69%；而分层绕法达到的最大值是78.5%。大部分普通线圈的小于60%，因此，相应铜占比低于50%。

已经研发出两种技术来改善检流计线圈铜占比和热阻。霍奇斯[6]和霍特曼[7]提出的一种技术是将线圈致密压紧。

他们建议，首先利用普通的单层绝缘带胶圆导线制成线圈，再压制成最终形状，从而达到较高的密度。与五点梅花形绕法相比，选择适当绝缘层和柔性导线可以将铜占比提高约20%。由此表明，若基线圈是随机缠绕，线圈中的铜占比可能从50%提高到70%。

利用低纵横比的带状导线可以获得稍高的铜占比。此外，该结构还有最佳热阻和较简单的结构。图8.3给出了具有（近似）相同阻抗的普通线圈和带状线圈结构的比较。这种线圈结构的热导率比普通随机绕法得到的线圈高4倍，比致密压制的线圈高50%。

8.2.1.1.3 散热

扫描器温度升高会造成热失控从而导致众多不利后果，所以散热系数是一个重要参数。温度升高会直接影响以下几方面。

1. 线圈阻抗会随温度升高而增大，温度与阻抗关系为

$$R_T = R_{25}(1 + 0.0039\Delta T) \tag{8.4}$$

式中，ΔT为偏离25℃阻抗值的温度变化。

2. 磁体（铁心）放置在线圈中，所以线圈的热导率对铁心的温度有重大影响。线圈平均温度的升高或许并不高，但这个温度并不能代表线圈的中心温度和铁心温度。

3. 硬磁材料的温度稳定性与磁能积成反比。各种类型的磁钢（AlNiCo）最稳定，然后是钐钴合物，最后是钕铁硼合金（NdFeB）。大部分扫描器设计采用较高磁能积的钕铁硼材料。该材料具有很高的负温度灵敏度，所以，根据本章参考文献［3］的数据，可以近似推导出22~85℃温度范围内的磁场：

$$B_T = B_{22}(1 - 0.008\Delta T) \tag{8.5}$$

4. 位置传感器和力矩电动机的热耦合。保持对称和合理的安装设计，对最小化传感器热漂移起着重要作用。一家制造商利用悬浮技术有效地将力矩电动机与传感器隔开。

由于市场竞争，许多生产厂商尤为关注扫描器的散热系数。设计时，最好向供销商咨询具体测量方法，并判断其产品是否适合。

装置被通电并保持一个大的固定温度的热表面。线圈阻抗变化会导致温度变化，选择线圈最佳匝数至关重要，因此，散热系数也常被定义为"线圈与外壳（表面）之比"。可以将

检流计定子视为一台烤箱，相当于将一个热敏电阻放置在模拟电枢内，从而得到一些非常重要的数据。以这种方法得到的散热系数可能是线圈与外壳面比值的 1/2。

8.2.1.2　位置传感器

最简单和最经济的位置传感器是扭杆。力矩电动机带动扭杆并定位反射镜，形成一个带宽和位置精度非常匹配的二阶系统。该装置最好利用非常稳定的磁钢材料磁体，一般具有良好的温度稳定性，约 150ppm/℃。

大部分高性能扫描器是闭环伺服系统的，并且必然传递带宽和位置精度信息。采用高磁能磁体的力矩电动机非常强大，能够传递带宽信息，但钕铁硼合金材料对温度很敏感；电动机依靠位置传感器来检测位置精度。

8.2.1.2.1　增益和指向稳定性方面的考虑

检流计分为两类：图像/位置采集类型；指向/选择/激光微机械加工类型。它们都需要对系统进行标定和对漂移进行补偿。在预先确定先进的定位系统的公差时，要明确要求光束绝对准确定位。

例如，随着技术的进步，基因芯片（生物芯片）中生物载体的密度已经从目前每扫描线 4 000 个像素提高到 10 000 个，每个芯片的扫描线数从 4 000 增加到 10 000，每个像素都必须准确定位。

在平板显示或硅器件制造过程中，如动态随机存储器（Dynamic Random Access Memory，DRAM）、微机电系统（Micro-Electro-Mechanical System，MEMS）（如气囊加速计）批量微调或硅板电路中电阻的微调工艺，采用的高精度激光微加工系统都需要很高的精度、稳定的增益和准确的指向。这些应用通常要求寻址误差是视场的 1/20 000 或者说达到 50ppm 数量级，一些特殊应用则要求更高，可能高 2 ~ 4 倍。

寻址误差有如下几个来源：

1. 无法将工件相对于扫描器的基准轴准确放置在视场内。比较实际的方法是植入基准标记以便光学对准和标定。

2. 环境和应用条件不允许设计具有足够刚性的结构。

3. 对某些应用，扫描器/传感器漂移可能超出了可以接受的公差范围。对此，需要针对漂移设置闭环系统。

只有"开环漂移传感器"的扫描器，不能满足上面介绍的两种应用。应当明白，为了满足必要的指向精度，必须对温度进行调整。下面的案例就说明了这一点。

首先，讨论如下应用：光学扫描角为 0.4rad，光学跳动；扫描器增益漂移为 50ppm/℃，也就是说 50ppm/℃ 内的表现为零漂移（在 0.4rad 刻度下以 20μrad/℃ 表现），或者说每次测量的总不确定度是 100ppm/℃。由于两次测量都需要对准光束，一次是确定系统基准，一次是将光束对准工件，因此不确定度是 200ppm/℃。

DRAM 应用中应当要求：扫描器受控环境温度变化到小于 0.25℃，而生物芯片的例子放宽到 2 倍。这些都是具有特殊要求的条件，对于非周期性应用，更是如此，因此，需要采用闭路漂移补偿或闭路漂移位置传感器。

8.2.1.2.2　传感器漂移

大部分高精度电容式位置传感器都沿袭了罗尔（Rohr）的设计[8]，将陶瓷片安装在扫描器电枢上，在两块固定的导电板之间旋转，如图 8.4 所示。电路产生驱动信号并检测电容变化。模拟电路很难达到下述综合要求：高系统带宽（0.5 ~ 5kHz），高分辨率（1 ~ 10μrad）和稳定性（5 ~ 50ppm/℃）。到写本书之时，还没有生产商能够提供满足这组技术规范的数字系统。

这些传感器都是复杂的模拟电路装置，由于机械和电子两方面热源或其他因素（包括老化和磁滞）的微小变化而形成多个漂移源。通常，一个由直径2cm的蝶形瓷片构成的传感器能够在少于1ms的时间内较清晰地分辨1μrad的角度。在这种情况下，瓷片顶点的移动小于0.01μm，这是一个了不起的成就。

遗憾的是，相同传感器的稳定性是每摄氏度低两个数量级的。

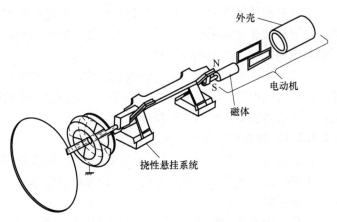

图8.4　采用十字挠性支撑的扫描器

扫描器生产商对位置传感器规定了短期的温度增益漂移、零漂移和偶尔产生的不相关漂移。但是，这些量都很难估计，并且，由于这些量不可能代表扫描器的工作条件，所以，有必要知道是在何种条件下会出现这些现象。

正常情况下仅测量增益漂移，根据两个具有代表性位置处的增益测量值计算出零漂移或指向漂移。引证的零漂移或许更能代表增益飘移的不对称性。

由于控制器需要在室温下工作，所以将扫描器稳固地置于一个恒温箱中测量。但这几乎无法代表光学扫描器的真实工作环境。较常用的方法是在变化刚开始时，快速使反射镜复位。

建议在满足扫描器应用环境和过程条件下完成有代表性的漂移测试。若无法进行测试，则漂移值至少是产品标值的2倍。

8.2.1.2.3　闭环漂移传感器

常常要求光束的定位精度等于或高于测量仪器的分辨率。为了定位或校正漂移，通常使用称为基准记号的基准点。天文学中经常使用的这种方法也常用于检流计增益和零漂移的重新标定。

重要的是要记住，大部分扫描器系统受限于下列组装元件能够达到的分辨率：扫描器、激光器、反射镜尺寸和平面度、焦距等。一般地，要对光学元件的动态性能和光学性能进行优化。增加安装有光学传感器的其他扫描器或者进行绝对位置识别都会大大限制总性能。

在实际工作中，可以采用不同的光学技术重新标定增益和漂移。其中大部分技术，是在工作表面上但在工作区域之外，进行单元格拆分或基准标记。韦斯（Weiss）及其同事[9,10]和其他研究者公布了这些技术的研究结果。

蒙塔古（Montagu）及其同事采取另一种技术来校正漂移[11]，利用电容传感器具有高分辨率的优点，将电容器的基准特征融合到传感器内，因此利用一个阶梯或脉冲的前导沿进行周期性再标定。在该方法中，可以将基准特征设置在传感器工作区域之内或之外。在大多数应用中，该技术能够提供与工作面内设置基准标记情况下相比拟的性能，并且，漂移误差可以降低1个数量级以上。

8.2.1.2.4 光学传感器

光学位置传感器的优势是低成本、低惯量、体积小、功耗低，以及可以符合模拟环境来提供模拟信号。遗憾的是，很难同时达到较高的温度稳定性，以及良好的信噪比和线性。

最近，光学传感器性能已经有了很大提高，通过表8.1给出的数据可以让读者对新旧设计进行比较。最佳光学传感器的性能仍然赶不上最佳的电容传感器。由表8.1和表8.2给出的数据可以看出，具有代表性的电容式探测器的稳定性比最佳光学传感器高50%，可重复性约高一个数量级。此外，电容式传感器还有相对较好的线性特性：非线性25%。

图8.5给出了本章参考文献［12-24］中三种光学传感器的结构示意。

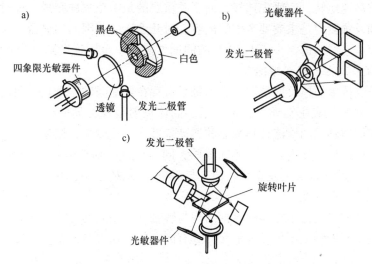

图 8.5　三种光学扫描器结构

a）先进的光学位置探测器（General Scanning U. S. Patent no. 5，235，180）；

b）先进的光学位置探测器（Cambridge Technology U. S. Patent no. 5，844，673）；

c）径向光学位置探测器（Cambridge Technology U. S. Patent no. 5，671，043）。

8.2.1.2.5 电容式传感器

所有电容式传感器都有一个共同特点，根据罗伯特·阿贝（Robert Abbe）的设计[15]，一个可移动陶瓷元件在一块驱动板和一对串联的传感器板之间旋转。移动元件可以是两片（"蝶形"）或四片（"交叉形"）的。图8.4给出了一种柔性安装扫描器前端的基本设计，为一种理想设计。其对称结构位于反射镜与力矩电动机之间，反射镜和电动机之间无须刚性耦合，简化了伺服电路。

前面章节讨论了稳定性这个关键问题，大量精力关注的是漂移的可分辨度[16-18]，商业上已经取得了有限的成功。在所关注的范围内采用基准标记的方法，是系统设计师唯一能够采用的可靠措施。尽管集成有基准标记的检流计已经大量用于军事领域，但也只是最近才能够在市场上买到经济适用的产品。

8.2.1.3 轴承

本书第5章介绍过旋转扫描器轴承的设计及适用材料。设计或选择轴承对检流计和共振镜扫描器都至关重要。检流计扫描器设计有球轴承或柔性轴承，共振振镜扫描器设计了如交叉挠性支撑或扭杆一类的机构。

检流计扫描器电枢和轴承的公差与旋转多面体反射镜的制造公差是相似的。摆动扫描器得益于周期性运动，并且，合适的预紧力能确保轴承的所有元件的运动轨迹可重复。应当将摆动限制到$2\mu rad$或$3\mu rad$。

通常为检流计扫描器设计的力矩电动机扫描器具有很大的空气间隙（用于安装驱动线圈），因此要忽略径向力。此外，适当地平衡载荷不应诱发任何径向力。实际上，这是将球轴承沿轴向预紧，并要与普通的轴承设计相兼容。如果可能，采用交叉挠性支撑，原理上就有很低的径向刚性。同样的理由，共振振镜扫描器也可以使用扭杆技术。

8.2.1.3.1 球轴承

球轴承能够高速运转，应优先选择，而至关重要的是防止滚珠侧滑。针对这一问题，选择合适的润滑油及预紧力是主要要考虑的内容。对几度运动范围的扫描器，普通轴承标准已经包含这些内容。已经知道，小于1°或2°的周期性高频小范围连续运动会很快造成严重故障，该条件称为"振蚀"或"摩擦腐蚀"。

轴承摆动。支撑多面体反射镜转轴的球轴承会存在摆动问题，垂直于扫描方向的摆动量是$20\sim50\mu rad$。这只代表主轴误差，不包括多面体反射镜反射面的挠曲误差。一般地，在相同空间采用相同球轴承的检流计扫描器的摆动量低一个数量级，低于$2\mu rad$。

一套轴承内的组件，如内环、外环和滚珠，同样也包括轴承座和轴，都有严格的要求。每个表面超过$1\mu m$的误差及误差累积将决定转轴的摆动情况。此外，累积误差中还必须包含多面体反射镜的不精确度。

经过精密设计的检流计扫描器的电枢结构与转轴具有相同的公差和缺陷。然而，必须使一个反射表面对所有的轴承组件和其他元件具有固定的周期关系，致使该反射镜每次扫描都能够重复其矢量特性，几乎没有波动。

检流计扫描器和反射镜系统的设计将这种周期性视为至关重要的性能。8.2.1.6.2节动态平衡失调和8.2.1.6.3节机械谐振，将分析径向动态平衡失调的内容，并强调电枢-反射镜平衡的重要性。

轴承预紧力。使转轴在径向达到非常刚性的一般方法，是根据轴承厂商的建议对轴承施加轴向预紧力。运动磁体式扫描器具有极低的径向力，一般沿轴向预紧。扫描器悬挂支撑性能得益于轴承的改进、润滑剂，以及为了使力矩电动机转轴可靠运转而研发的安装技术（这种技术用于CD-ROM的磁头）。至此，已经理解了球轴承的选择和安装，但一定要根据应用进行调整，为了具有合适的寿命，还需要在下述方面多加考虑：

1. 预紧力
2. 径向游隙和环形轴承工程委员会（ABEC）规定的标准公差数
3. 润滑油（剂）
4. 加速度（加速度大于500G会造成滚珠滑动，出现过早失效）
5. 轴承刚度
6. 材料选择（对于高速或高加速度的应用，或者以极小摆幅高频率扫描时，为了使擦蚀降至最小，最好选择陶瓷滚珠）

8.2.1.3.2 交叉挠性支撑

摆动扫描器很早就采用了交叉挠性支撑。由于采用了动铁结构，其径向刚性与旋转角度之比很低，所以，仅限 1°或 2°的角度应用。采用高能磁体的力矩电动机已经应用非常广泛。维迪克（Wittrick）[19] 和希德尔（Siddall）[20] 对交叉挠性支撑的性质和设计做了深入研究。应当注意，当旋转轴位于挠性长度 1/3 位置时，可以消除其径向位移，如图 8.6 所示。

图 8.7 给出了安装在柱形壳体内侧的市售交叉挠性支撑的一部分，它很接近球轴承的尺寸。为了保证具有最小惯量和最佳刚性，大部分扫描器采用光刻挠性部件，并组装在一个盒状的电枢上。为了避免灾难性的应力失效问题，装配时必须使挠性组件处于无应力状态。

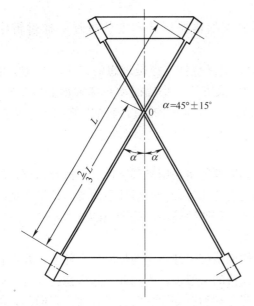

图 8.6　没有中心位移的交叉挠性支撑

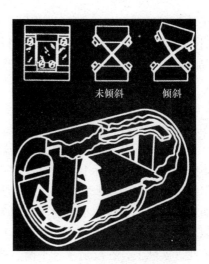

图 8.7　自由弯曲的挠性轴枢

图 8.4 给出了用交叉挠性支撑电枢的扫描器。交叉挠性支撑的轴枢完全没有抖动。挠性支撑是针对摆动振镜扫描器的，而空气轴承是针对多面体反射镜的，但价格差一个数量级。然而，它们有一个共同弱点：径向刚度低。

挠性支撑的优点如下：

1. 没有摆动和抖动
2. 在无腐蚀性环境中，寿命几乎可以无限长
3. 工作在真空中（无毒气排放）
4. 不会污染光学件（与有润滑油的轴承相比）
5. 适用于很宽的温度范围
6. 噪声很低
7. 很低的阻尼损耗

缺点如下：

1. 比球轴承笨重
2. 价格比球轴承贵
3. 有限的角度范围
4. 径向刚度低

5. 对于大角度装置，旋转轴随角度偏移

6. 抗扭刚度和径向刚度相互耦合

7. 低阻尼时具有多种弹性模式

8. 安装困难

9. 不能承受轴向载荷

10. 刚性与振幅有关

11. 刚性与温度有关

幸运的是，挠性枢轴的大部分缺点都能在扫描器设计和安装过程中通过折中得以规避。

对于特别需要重复运动和低抖动的应用，交叉挠性支撑是理想的方式。对光学角度小于4°的小角度摆动，该技术也是唯一可行的解决方法。小幅摆动对球轴承润滑是不利的，所以容易在短时间内导致"擦蚀"和重大故障。每隔几秒进行清洁以便润滑，会减轻上述损伤。

8.2.1.4 反射镜

许多扫描问题都可以归于反射镜所致。如果反射镜采用极其刚性、平滑和高反射的材料制成，并具有忽略不计的惯量，那么扫描器的设计和运转会变得特别简单，这里提出的技术要求就不会如此之多。实际上，没有任何一种材料能够满足这些理想的技术条件，然而根据能够获得的材料可以做出非常实用的设计方案。

多面体反射镜扫描器的小反射面常视为扫描系统组件链中的最后一个环节，背负着所有系统故障。然而，对于检流计或共振振镜扫描器的反射镜，人们并不这么想，并且它们也较少受到关注。实际上，在反射率、平衡、热变形和动态变形、安装等方面，它们都必须满足同样的技术条件。

摆动扫描器反射镜技术条件所关心的是，传输光学数据的运动部分。通常，共振振镜扫描器对动态形变的控制有更高要求。检流计扫描器一般对制造和安装技术有更高的要求。若使用大功率激光器（和检流计扫描器），容易形成温度梯度，因此热导率就成为要关注的一个问题。

在摆动扫描系统中，反射镜的设计和安装必须能够保证系统在所有的工作条件和贮存条件下都具备必要的特性。一般地，低摆动和抖动、指向精确或扫描精度及长使用寿命是一定要明确的技术要求。

8.2.1.4.1 反射镜结构和安装

对于与扫描性质有关的反射镜的设计和安装问题，前面已经给出了一些指导性建议：

1. 反射镜的质量要尽可能小

2. 反射镜的惯量要尽可能小

为了使交叉轴共振较小，必须使反射镜尽可能靠近扫描器前轴承安装。为了使角加速度和环境波动造成的抖动降至最小，必须相对于旋转轴平衡所有的转动惯量。对采用扭杆方式的共振振镜扫描器，平衡尤为必要。与反射镜设计和安装相关的其他三个性能——对准、反射镜粘结和夹持/安装——也必须确定。

对准。反射镜交叉轴错位造成的一个结果是光束定位误差，常常表现为"扫描线上翘"（如同微笑）或"扫描线下垂"（如同哭脸）。若是线扫描，还可能做些有限补偿；但对一块精确的面积扫描器或方向指示器，则需要反射镜精确地进行角度定位。此外，还要求底座隔热和绝缘，并在两个轴向都要使每块反射镜校准和平衡以避免摆动和不平衡。

将对准和粘结产生的问题降至最低的有效方法，是采用整体金属块制造反射镜，以及精确加工反射镜反射表面及其转轴的安装孔。必须从设计上考虑对高频谐振及安装应力的隔离，使其影响最小。

反射镜粘结。将一块反射镜连接到底座上并使其达到 1mrad 的对准精度，是一件很难的事。若反射镜直径小于 1cm，除非采用光学自动对准方法，否则对准误差会高达 5mrad，要格外谨慎。

当粘结剂固化或运输过程中温度变化时，或使用较高功率激光器时，不合适的粘结工艺或安装设计会造成反射镜变形。这些热应力也会造成反射镜破裂或粘结不牢。

粘结位置的弹性能够造成动态指向误差及有害谐振，从而减小系统带宽。当安装到扫描器轴上时，其刚性会使反射镜产生应力和变形。

反射镜夹持和安装。赖斯（Reiss）简单讨论过其推荐安装方法[21]。采用钳式反射镜镜座，有利于反复调整，并有可能消除位移。相比之下，反射镜的整体安装和轴联接方法要在半永久性安装条件下。

最成功的可拆卸夹具是一种夹头，能够使反射镜基板不产生应力。其缺点是夹具的夹持力可能会弱化，从而产生重大故障——位移。如果不是夹持过紧，则夹具只能产生压力，不会形成弯曲移动，因此，反射镜表面没有变形。一种夹持技术是采用机械方法消除安装轴应力，从而避免使用螺钉带来的变形。

由于会产生变形，所以，建议不要使用固定螺钉将反射镜镜座紧固在轴上。当固定螺钉正确紧固时，卸下它们几乎是不可能的。若没有正确地紧固，它们的作用会相当于一个铰链。固定螺钉会疲劳和松动。

动态形变。施加在扫描反射镜上的加速转矩能够使反射镜表面产生大量的形变，对于以锯齿波形驱动的扫描器和高频共振振镜扫描器尤为如此。布罗森（Brosen）对加速转矩产生的形变进行了分析[22]，并给出下列近似公式：

$$f = 0.065\left(\frac{s^2 T}{Elh^3}\right) \tag{8.6}$$

式中，f 为原始形状反射镜的最大偏转量；s 为通过旋转轴的宽度；E 为反射镜材料的杨氏模量；h 为厚度；l 为轴向长度；T 为施加扭力。下式将转矩与角加速度 a 联系在一起：

$$T = hs^3 lda/12 \tag{8.7}$$

式中，$d^\ominus$ 为反射镜材料的密度。将两式联立，得

$$f = 0.0055a\left(\frac{ds^5}{Eh^2}\right) \tag{8.8}$$

该式表明了保持反射镜尽可能窄的可行性。若是直径为 1cm 和厚度为 1mm 的玻璃反射镜，当加速度为 $10^6 rad/s^2$ 时产生的偏转约为钠谱线（D-line）波长的 1/25。由于这类反射镜的惯量是 $0.011g \cdot cm^2$，所以，上述加速度对应的转矩仅有 11000dyn$^\ominus \cdot$cm。当反射镜宽

⊖　原书错印为 f。——译者注

⊖　dyn：达因，$1dyn = 10^{-5}N$。

度的相当一部分被粘结到镜座上时，其真正的形变可能更小。

热形变。若扫描反射镜暴露于辐射中，相当一部分辐射被反射表面吸收并以热的形式传递给后表面，然后传导给镜座，通过辐射和对流传输到周围大气中。热传导会给后表面造成微量膨胀，若入射辐射特别强则会出现相当大的形变。假设热量以一维方式传导至后表面，那么就能够估算出这类形变。

均匀温度梯度造成的曲率半径 R 为

$$R = \left\{ a \left(\frac{du}{dx} \right) \right\}^{-1/2} \tag{8.9}$$

式中，a 为线膨胀系数；du/dx 为材料的温度梯度。根据傅里叶（Fourier）传导定律，有

$$\frac{du}{dx} = \frac{q}{kA} \tag{8.10}$$

式中，q 为传热速率；k 为热导率；A 为横截面积。假设一个宽度为 s 的平板变形为曲率半径为 R 的弧形板，下式表示其一级近似：

$$e = \frac{s^2}{2R} \tag{8.11}$$

将该式与前面公式联立，得

$$e = \frac{aqs^2}{2kA} \tag{8.12}$$

对宽度 1cm 的玻璃反射镜，若将 $0.1W/cm^2$ 热量传给后表面，由此会产生 $0.5\mu m$ 或约 1 个波长的弧面形变。

磨蚀。当扫描器反射镜在空气中高速运转时，灰尘颗粒与其表面的碰撞会造成反射面很大程度的磨损。实践表明，低于临界冲击速度，不会对任何膜层造成磨损。研究人员相信，当膜层和灰尘颗粒之间冲击界面上产生的应力大于膜层特性的某一值时，就会出现表面磨损。

铁木辛柯（Timoshenko）和古迪尔（Goodier）分析过刚性体对弹性体冲击造成的应力[23]。冲击产生的应力波如下：

$$S = E \left(\frac{V}{c} \right) \tag{8.13}$$

式中，E 为基板的杨氏模量；V 为冲击时的相对速度；c 为波在基板中的传播速度（声速）。

实验结果表明，扫描过程中任一瞬间，只要运动速度大于 3m/s，冲击都会造成熔凝石英上硅酸铝（AlSiO）膜系的性能衰退。

高速扫描器用户应当采取措施将扫描器附近悬浮的灰尘颗粒度降至最低。若无法提供这类保护措施，应当镀硬膜并采用低杨氏模量的基板。

材料选择。不同的扫描器应用对性能的技术要求都不相同，所以，不会有一种最佳的反射镜材料。基板的选择取决于应用，并且必须满足前面所述的一些或者全部性能要求。

表 8.4 给出了适合用作反射镜基板和镜座的一些材料的性质。布罗森（Brosen）和伍德尔（Vudler）已经推导出共振振镜扫描器的质量因数 E/d^{3} [22]。其设计、结构、热处理、膜层和安装等各种因素都对反射镜的性能有着重要影响。对于检流计扫描器的反射镜设计，其质量因数是 E/d，这是基于制造技术要求而推导出的（详细讨论见本章参考文献［25］）。

表 8.4　基板的机械性质和热性质

材料	密度/ (g/mm³)	热膨胀系数/ (10⁻⁶/℃)	热导率/ [W/(cm·K)]	杨氏模量/ [(kgf/cm²)×10⁵]	共振振镜质量因数 (E/d³)×10⁵	检流计质量因数 (E/d)×10⁵
BK7	2.53	8.9	0.010	8.22	0.50	3.2
熔凝硅石	2.20	0.51	0.014	7.10	0.66	3.2
熔凝石英	2.20	0.51	0.014	7.10	0.66	3.2
派热克斯玻璃	2.23	3.3	0.011	6.67	0.54	3.0
硅	2.32	3.0	0.835	11.2	0.89	5.0
铝	2.7	25	2.37	7.03	0.35	2.6
铁合金	7.86	0~20	0.1~0.8	13~21	0.03~0.04	<2.5
氧化铝	3.88	7.0	0.08	36.0	0.61	9.3
钛	4.3	8.5	0.20	11.2	0.14	2.6
铍	1.8	12.0	2.10	30.8	5.2	17.0
镁	1.7	26.0	1.59	4.2	0.80	2.5
金刚石	3.5	0.7	10~25	120.0	2.6	34.0
碳化硅	2.92	2.6	1.56	31.5	1.4	11.1
SXA	2.96	10.8	1.2	14.5	0.56	4.9
碳化钨 （硬质合金）	15.3	5.94	0.5	68.5	0.02	4.5
磁阻合金	2.10	6.3	1.1	20	2.1	9.5

注：1. 熔凝硅石与熔凝石英材料的主要区别是纯度，它们成本相差很大，应用于不同的领域。——译者注

2. SXA：铝/碳化硅金属基复合材料。——译者注

成本、易于制造、随时间和环境条件的稳定性（如温度和循环应力）、结合能力和反射镜表面的精加工性能，这些对基板材料的选择都特别重要。一般来说，基板材料的选择与屈服强度和疲劳强度无关。

反射镜表面光洁度。可以从包括检流计技术要求在内的不同方面，获得玻璃反射镜表面光洁度和膜层的定义和技术指标，在此不再赘述。

若是金属反射镜，从生产金属原材料和制造工艺开始就有难度。每种情况都不一样，并有自己独特的问题。当一块坯材加工到完工尺寸后，必须释放应力并使其稳定，也可用动态应力。经过三次或四次液态氮到沸水的处理工艺以达到所需要的热稳定性。

若基板抛光后仍无法满足要求，可以采用下面工艺进行表面处理。

电镀和抛光。为了避免热形变，可以将整个反射镜表面电镀上等厚度的硬镍膜层（一般是 0.002~0.005in）。抛光过程中可能需要去除一些电镀材料，并需要额外进行热稳定性处理。可以通过粗磨和抛光工艺将金属镍加工成高质量表面，然后用普通方法进行表面光洁度处理。

复制。工艺如下：采用连续镀膜方法，以相反顺序将反射面和一层或两层膜系镀在一块母板上，然后一起转换到基板上并粘结。一般地，粘结剂采用黏度为 $100\text{cP}^{\ominus}$ 的环氧树脂，

○　cP：厘泊，$1\text{cP} = 10^{-3}\text{Pa·s}$。

厚度为几微米。若厚度接近 $25\mu m$，则该工艺就会产生 $0.1 \sim 1mrad$ 或更大的对准误差。由于有"双金属变形"现象，所以其工作温度范围有限。韦斯曼（Weissman）[24]指出，若一块薄板的纵横比是 25:1，则每 $25℃$ 会产生 1 个条纹的弯曲。

对反射镜反射的光束功率，也要额外增加限制。布罗森（Brosens）和伍德尔（Vudler）[22]经过计算指出，环氧树脂的热转换系数将复制光学元件的脉冲能量局限在 $0.0017J/cm^2$ 以下，或者比铜抛光光学元件低 4 个数量级（在 YAG 和 CO_2 激光波长下）。

金刚石切削加工。已经证明，这种技术对于低成本批量制造弦高公差小于 $50\mu rad$ 的多面体铝反射镜，是非常成功的。金刚石切削技术不太适合下列情况：铍和镀膜钢基板，或者当反射率技术条件要求必须额外对基板进行处理的情况。

8.2.1.4.2　反射镜基板的机械保护

表 8.4 给出了不同反射镜基板的材料及其性质。应当注意，所有材料中，除金刚石外，铍的质量因数最高（最后一列）。

8.2.1.5　图像畸变

本节主要讨论与扫描器有关的最普通的图像畸变。尽管识别各种误差源是极为重要的，但此处只讨论由扫描器误差源造成的最常见误差。

8.2.1.5.1　余弦照度定律

史密斯（Smith）[26]阐述过轴外图像畸变，即使没有渐晕，也会存在这种像差。通常，轴外点的照度比轴上点低，图 8.8 给出了出瞳与像面关系的示意，点 A 在轴上，点 H 在轴外。像点照度正比于出瞳对该点的立体角。显然，若 ϕ 较小，则 $\phi' = \phi\cos^2\phi$，且 $OA = OH\cos\theta$。因此，与点 A 相比，出瞳相对于点 H 的立体角降低 $\cos^3\theta$。至此，所讨论的是在与传播方向垂直的一个平面内的照度。显然，在点 H，由于锥形光束以与法线成 θ 角方向射向表面，因此其能量按比例扩散到一个比点 A 大的面积上，必须乘以 $\cos\theta$ 的四次方：

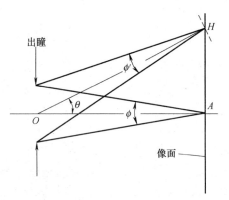

图 8.8　余弦四次方图像畸变示意

$$点 H 照度 = \cos^4\theta \times 点 A 照度 \tag{8.14}$$

8.2.1.5.2　空气的折射率

空气折射率 n 很大程度上取决于当地气压 p、空气密度 d 和绝对温度 T，其关系满足下列公式：

$$\frac{p}{d} = RT \quad 和 \quad \frac{n-1}{d} = K \tag{8.15}$$

式中，R 为气体常数；K 为格拉斯通-戴尔（Gladstone-Dale）常数，是一个经验值。应当记住，当地空气密度正比于当地空气流速。实际上，要求设计者将光学设备封装起来以防止空气流动。

低速运转（每秒几次扫描）的过程中，空气流动常会造成单轴扫描系统过量摆动或双轴扫描系统弯曲。并且，通过适当遮挡和偶尔扰动空气，如利用电扇，就可以消除这种影响。

空气折射率的变化会造成颤噪扰动现象。

8.2.1.5.3 空气动力学

正如所知，空气并非是光线传播的理想介质，其黏度造成的阻尼效应和湍流造成的抖动都增加了扫描难度。高速和高精度系统中的这些扰动是永久的。目前，具有高频率和很强反射能力的高性能共振振镜扫描器经常遇到这些问题。研究中的许多先进系统将扫描器放在半真空或氦气中工作，以便将这些扰动降至最低。

类似劳勒（Lawler）和谢泼德（Shepherd）设计的多面体反射镜低惯性扫描器[27]，目前还没有相应文献。由于运动元件具有特别低的惯性和动能而会受相应空气动力的影响，因此低惯性扫描器的气动效应很复杂。布罗森（Brosen）使用雷诺数作为评价标准[28]。

雷诺数 Re 是一个无量纲量，是流体密度 d、黏度 ν、速度 V 和反射镜半径 r 的函数：

$$Re = \frac{dVr}{\nu} \tag{8.16}$$

采用米千克秒制（MKS 制），则标准大气压下的空气表达式为

$$Re = Vr6.7 \times 10^{-4} \tag{8.17}$$

雷诺数大于 2000 时，与反射镜顶端速度成正比的压力则会增大黏性损失。这是造成共振振镜扫描器 Q 值较低的主要原因。这代表了层流变化到湍流的范围。

另外，它也是引起共振振镜扫描器抖动的扰动（可以大于 $5\mu rad$），比其他任何效应的影响都大，从而限制了空气中共振振镜扫描器的尺寸和工作频率。

8.2.1.5.4 反射镜表面的离轴

由于动态原因，扫描反射镜的反射面通常会偏离旋转轴。该偏置量 T 将额外造成扫描线性误差。为了使该影响降至最小，如图 8.8 所示，应当使光束中心低于旋转轴一定量。该误差函数 E 为

$$E = \frac{(T - K\sin\alpha)}{\cos\alpha}$$

式中，α 为反射镜与工作面法线夹角。

图 8.9a、b 给出了一个具有均匀表面偏置量的反射镜所形成的单轴、平场扫描误差。扫描角是光束的旋转。光束扫描角分别是基准角增加到 37° 和 45° 时的旋转。

8.2.1.5.5 光路畸变

光路畸变（Beam Path Distortion，BPD）可能源于扫描头或成像系统，是光束不同部分光路长度变化所致的。部分图像可能模糊或聚焦在像面的前后，而部分成像光束或许射向像面的错误位置。

若激光系统经过调焦，则 BPD 常表现为光斑变长或形成其他形变。在最佳焦点周围较近或较远位置，这些变形会出现在不同轴上，或者能量呈"瓣"分布。

在目视系统中，图像并非总是衍射受限情况，尤其孔径较大时，更是如此。畸变大至 1 个波长是可以接受的。

成像系统中反射镜表面的平面度是造成 BPD 的常见原因，从图 8.10 所示的成像光束的两个视图方向可以清楚观察到。某些光束的不正确成像位置都会降低图像的对比。

图 8.10 给出了柱面（变形）反射镜所反射光束的正视图和侧视图。正视图中，由于光束会聚能力降低，与测试图中未被扰动的聚焦光锥相比，那么会聚在较远一点的

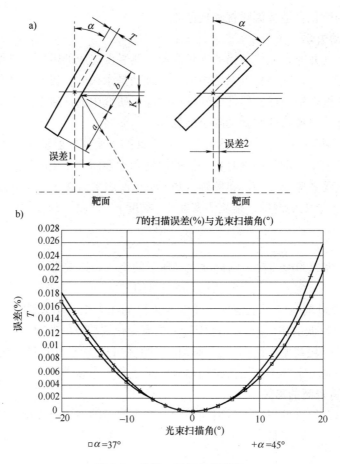

图 8.9　单轴、平场扫描误差

a) 补偿反射镜表面的离轴误差　b) 扫描误差与扫描角的关系

位置。光斑图表明，在这种情况下，光斑呈现椭圆形或被拉长。绝对不会达到右面所示的正确形状和大小。

　　透镜系统的缺陷，如偏心、应力和其他与制造工艺有关的问题，也会造成图像变形。如果像质不满足要求，则可以在没有安装扫描器情况下对透镜系统进行测试。图 8.10 给出了几种普通畸变。

　　F-θ 透镜的非线性一般是 0.5% 左右，需要对平场透镜规定性能公差。

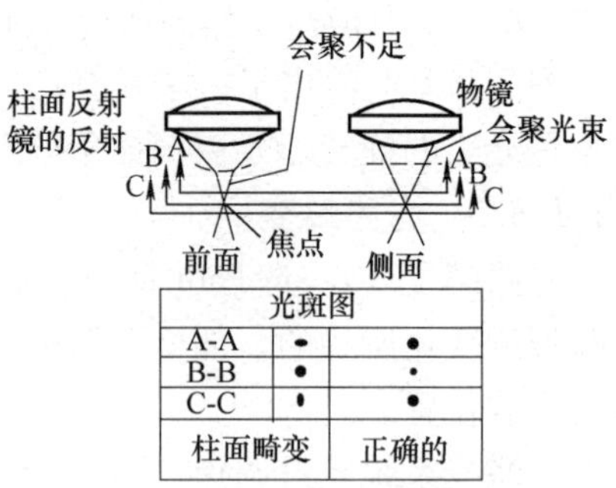

图 8.10　柱面反射镜表面形成的像散

8.2.1.6　动态性能

　　检流计扫描器是伺服控制的，必须满足闭环伺服控制系统稳定性的所有要求。伺服系统理论是一门成熟的学科，本节仅介绍影响扫描器性能的设计特性及一些常用驱动信号的影响。

　　随着价格下降，高速计算机已经成为扫描器系统的一个集成元件。通过编辑程序，在运行中可以使驱动信号交替变化并传输到功率放大器，从而使扫描器或激光束在二维或三维方向上的随机寻址最佳化。该方法也可以用于避免放大器饱和及高频激励。电枢设计、驱动放大器和为驱动扫描器选择的算法，也严重影响着系统性能。

8.2.1.6.1 谐振

所有机械元件都具有谐振特性。应当优先设计检流计扫描器，使所有元件和子元件都尽可能具有最高刚性。在理想情况下，其最低固有频率应高于驱动信号的最高频率，或者高于有可能传递其上的扰动频率。然而，这几乎是不可能的。

习惯上，首先识别有害谐振，并与驱动信号分离。要注意，将扫描器安装在非刚性损耗材料上，可能无法使工作表面重合，因而无法隔振。反射镜的安装经常是一个不平衡源，应当切记。

8.2.1.6.2 动态平衡失调

一个旋转体可以实现平衡，但绝不会达到理想平衡状态。为了评估其平衡效果，必须定性和定量地给出由此产生的不平衡力，并判断是否满足应用要求。

轴承具有一定的径向游隙。若轴承的周期性偏心力大于其轴向或径向预紧力的限制，则损伤结果会造成重大故障。

图 8.11 给出了用球轴承安装检流计电动机的动态力学情况，不平衡载荷为 m。系统的总转动惯量是 J，驱动转矩 T 产生加速度 $\mathrm{d}^2\theta/\mathrm{d}t^2$。电动机中间位置产生径向力 F_5，属于轴承的预紧力。推导公式采用图 8.11 所示的符号。

电动机上的所有转矩和力必须平衡，因此，一定要满足下述条件。这将造成扫描轴波动，从而需要对数据进行周期性压缩和解压。若使用这类扫描器生成灰度图像，则在垂直于光栅线方向上呈现更亮和更暗的波形：

$$T = \frac{mr^2\mathrm{d}^2\theta}{\mathrm{d}t^2} \tag{8.18}$$

$$F_1 = F_2 = \frac{mr\mathrm{d}^2\theta}{\mathrm{d}t^2} \tag{8.19}$$

$$F_3 = \frac{F_1 a}{b} \tag{8.20}$$

$$F_4 = F_1 + F_3 = \frac{F_1(a+b)}{b} \tag{8.21}$$

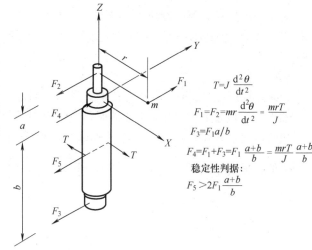

图 8.11 电动机上的动态力

稳定性原则要求预紧力大于周期性偏心力。如图 8.11 所示，假设偏心质量代表反射镜的影响，则前端轴承最易受损。这里必须满足下列关系：

$$F_4 = \left(\frac{mr\mathrm{d}^2\theta}{\mathrm{d}t^2}\right)\left(\frac{a+b}{b}\right) < F_5/2 \tag{8.22}$$

最经常采用的反射镜安装技术是重量平衡装配方法，反射表面的旋转轴向前，而横向平衡同样是必需的。

共振振镜扫描器电枢的失衡会造成仪器底座抖动。采用结实厚重的结构或软性安装扫描器的技术，能够将对底座的有害音频耦合降至最低。与采用正确方法平衡的电枢相比，这两种技术付出的代价高，也不方便。

8.2.1.6.3 机械谐振

一个完美平衡的电枢反射镜组件仍会产生有害振荡，可能是偶然由电枢或定子中一个或多个元件的固有频率激励造成的。这些结构一般无阻尼，振荡主要是由磁体不平衡或外界冲击和振动激发的。通常，控制电路接收这类振荡，并放大，会造成系统不稳定。因此，设计电枢时必须保证任何模式的一级谐振完全处于放大器截止频率之外，或者正确地被阻尼。

这是最常见的限制小型反射镜检流计扫描器响应速度的一种因素。下面介绍两类振荡模式。

悬臂上的反射镜。反射镜悬吊在转轴一端，类似一根简支梁。如图 8.12 所示，有一个偏转角 θ：

$$\theta = \frac{Mb}{3EI} \tag{8.23}$$

式中，E 为转轴材料的杨氏模量；I 为转动惯量。对于质量为 m 的很重的反射镜，用下式表示其轴间一级谐振频率 ω：

$$\omega = \left(\frac{3EI}{ma^3}\right)^{1/2} \tag{8.24}$$

对于小反射镜，其一级轴间谐振频率，即转子振动频率，哈托格（Den Hartog）已经分析过[29]。如果能够用一根铁制柱体表示该转子，则其谐振频率可以表示为

$$\omega = \frac{500000d}{b^2} \tag{8.25}$$

式中，ω 为角速度（rad/s）；d 为转子直径的近似值；b 为轴承间长度，如图 8.12 所示（图中 d 和 b 的单位是 in）。激励这种谐振将造成反射镜抖动和/或使伺服机构不稳定。

扭转谐振。转子和反射镜是由转轴联接的两个自由支撑的惯性体，如图 8.13 所示，这类系统的谐振频率为

$$\omega = \left[\frac{K(J_1 + J_2)}{J_1 J_2}\right]^{1/2} \tag{8.26}$$

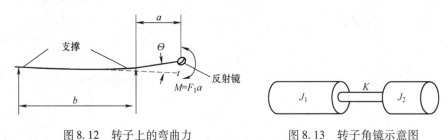

图 8.12 转子上的弯曲力　　　　　图 8.13 转子角镜示意图

这种谐振会造成扫描轴摆动，进而出现周期性数据压缩和解压。如果利用这类扫描器产生灰度图像，则在垂直于光栅线方向将呈现较亮和较暗的波形。

8.2.1.6.4 电枢结构

检流计扫描器的电枢是一种质量-弹簧系统。扫描器的动态性能——阶跃响应（瞬态特性），受限于第一级不可控谐振。至今，为补偿第一级不可控机械谐振所采取的方法几乎没有效果。电枢要设计得尽可能刚性，因此会具有很高谐振 Q 值。已经知道，这些谐振随装

置的温度变化会稍有漂移，或者是其操作模式的函数，从而使模拟补偿极为困难，并且数字补偿也局限于慢操作系统。为了将可能出现的谐振数目减至最少，并使所需系统带宽之外的所有谐振（频率）提高一个数量级，则电枢必须具有刚性很高的结构。

电枢结构一般分为两类，如图 8.14a、b 所示，但图中未给出轴承。两种设计可以具有相同的组件，但会形成完全不同的伺服系统响应。

图 8.14a 所示结构较为简单，更为常用。反射镜和传感器位于力矩电动机两端，在每侧的轴承之外。遗憾的是，为了满足对高转矩惯量的需要，磁体长而薄，并在伺服电路中增加了一个弹簧，从而会在传感器信号中增加一个低频交叉谐振。对于以单频工作的光栅扫描应用，或许这并不重要，可以从驱动信号中将这些谐振（频率）去除。

图 8.14b 给出了一种较简单的伺服系统，因此可能提供更好的响应。但由于一根轴带动传感器电枢和反射镜两种器件，使装配工艺较为复杂。这种装配形式有效地保证扫描器紧靠反射镜，还可以作为高效的散热器。由表 8.1 和表 8.2 给出的数据可以发现，设计有该结构形式的扫描器具有较高的热稳定性。

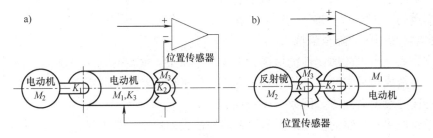

图 8.14 电枢结构
a）电枢两端设计有反射镜和传感器的检流计扫描器结构
b）电枢同一端设计有反射镜和传感器的检流计扫描器结构

8.2.1.6.5 驱动信号

驱动信号的频谱和磁力必须远离电枢的二级激励谐振。例如，当设计小阶跃响应为 0.2ms 的矢量扫描微机械加工系统时，将希望看到所有的二级机械谐振都大于 50kHz。

式（8.25）指出，如果直径为 0.5in 和长度为 2in 的一块磁体施加在两端轴承上的谐振能够形成约 10kHz 的交叉（或轴间）谐振，那么应当从驱动信号中排除。

矢量扫描。假设忽略电流、电压、谐振和电时间常数，则根据一个二阶系统的运动方程能够推导出一个给定振幅（或偏移）的最短阶跃响应。应当明白，这是一种理想模式。根据经验，小的阶跃，如 1°，有希望接近这些理论值。在大多数情况下，整个转矩都受限于施加的功率和电动机，并且，会被电路和力矩电动机的电时间常数延迟。若出现大的角度跳动，根据经验，它很大程度上源自这些限制条件。

小的角度步进时间能够近似达到由牛顿（Newton）公式导出的条件，如图 8.15a 所示。最小的步进时间推导如下：

$$T = \frac{I \mathrm{d}^2 \theta}{\mathrm{d}t^2} \tag{8.27}$$

式中，T 为实现角加速度 $\mathrm{d}^2\theta/\mathrm{d}t^2$ 需要的转矩；I 为转动惯量。为了优化一个往复运动系统，必须保证反射镜和电枢的加速和减速运动具有相同的能量和时间。能够向旋转系统提供的最

大机械能 W 表示为

$$W = \frac{1}{2}(T\beta) \qquad (8.28)$$

式中，β 为总的角位移（峰-峰）。根据动能方程，可以将该能量表示为以下形式的等效动态能量：

$$W = \frac{1}{2}I\left(\frac{d\theta}{dt}\right)^{1/2} \qquad (8.29)$$

解上述三个方程式，得到最小步进时间或阶跃响应的表达式：

$$t = 2\left(\frac{I\beta}{T}\right)^{1/2} \qquad (8.30)$$

在实际情况中，驱动信号必须排除已知的电枢谐振。实际上，创建的波形结构近似连接扫描角两端点的正弦波的一部分，称为"摆线波形"，可以将高频成分降至最低。

动铁式力矩电动机的加速性能极高，在某种条件下，会造成轴承中的滚动体滑动而非转动，可能迅速导致重大故障。因此，比较明智

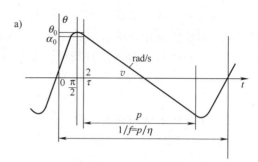

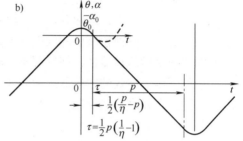

图 8.15　锯齿形运动和三角形运动的公式推导
a）锯齿形运动的公式推导　b）三角形运动的公式推导

的方法是考虑使用一种驱动信号，而不是上述的最大加速度。如上所述，对小振幅条件下运作的扫描器，如 1°或 2°，该条件可能极具决定性，没有合适的润滑剂，会导致"磨蚀"。对于这些应用，建议采用挠性支撑结构。

光栅扫描。正如前面所述，设计光栅扫描时需要关注的重点是扫描器过热、驱动信号感应产生的振动和轴承损伤。一种很巧妙的驱动信号设计方法可以解决其中大部分问题。

通常采用两种光栅模式：锯齿形和三角形信号。

锯齿形驱动信号。利用锯齿形驱动信号，可使得总体结构比较简单，但对扫描器在转弯处的关键位置会提出更多要求。由式（8.30）能够推导出最快回扫时间，通常称为"恒加速度"驱动信号。放大器、电源饱和及电感和其他的相位延迟，都会经常造成转弯返回时间比计算值长。此外，必须注意避免激起轴上或交叉轴谐振，否则有可能会以正反馈形式耦合到传感器及驱动放大器。交叉轴振动能够耦合到传感器中，形成错误输出。如果已知这些谐振，就应当将其从驱动信号的频谱中消除。最理想的回扫信号，常常也是最快的信号，形状类似正弦波的一段，其正弦波的起点和终点段与信号线性部分的斜率一致，如图 8.15a 所示。

锯齿波驱动信号的相关参数如图 8.15a 所示。信号线性部分持续时间为 p 和斜率为 V。效率 η 为信号频率（单位为 Hz）的函数：

$$\eta = pf = p/(p+2\tau) \qquad (8.31)^{\ominus}$$

回扫信号采用正弦波以使系统带宽降至最小。在时间 T，正弦波与线性部分以相等的斜率接合，比 1/4 周期的正弦函数在 $t = \pi/2$ 时长。因此，转轴的角位置 θ 表示为

$$\theta = \theta_0 \sin\omega t \tag{8.32}$$

在时间 T，角位置是 α_0，因此有

$$\alpha_0 = \theta_0 \sin\omega t \tag{8.33}$$

使正弦运动的斜率与线性运动的斜率一致，则

$$V = \frac{-2\alpha_0}{p} = \theta_0 \omega \cos\omega t \tag{8.34}^{\ominus}$$

将这些方程式相除，得

$$\mathrm{tg}\omega t = \frac{-\theta p\omega}{2\alpha_0} \tag{8.35}$$

若时间 $t = \tau$，$\theta = \alpha_0$，则公示简化为

$$\mathrm{tg}\omega\tau = \frac{-p\omega}{2} \tag{8.36}^{\ominus}$$

T 和 p 的大小取决于应用，所以可以导出 ω。作为 ω 的初始值，通过设置 $\theta_0 = \alpha_0$ 从而得到 $\omega = \pi / (2\tau)$。

由于 α_0 和 τ 两者是自定义参数，因此，若 ω 已知，则利用第一个公式可以得到 θ_0。

按照下式计算所选择的加速度 a：

$$a = \theta_0 \omega^2 \tag{8.37}$$

有趣的是，回扫的固有频率只是扫描效率的函数，$\eta = p / (p + 2\tau)^{\ominus}$。

三角齿形扫描。若使用相同的功耗，则三角齿形扫描一般会要求一个重复频率高 2 倍的系统。编码/解码软件必须考虑相移及位置传感器可能存在的不对称性或非线性。同时，转弯信号的设计应能使功耗降至最低，以抑制发热和有害频率。理想的驱动信号是与图 8.15b 所示的信号线性部分斜率相匹配的一段正弦波，从而产生一个比"恒加速度"信号更强大的系统。利用式（8.38）~式（8.41）对该模式的分析，完全适用于锯齿形驱动信号。

如果 p 是斜率为 V 的信号的线性部分，且效率取决于超调量的大小，则依据图 8.15b 所示的变量，利用下式可以获得正弦转弯波形信号的 α 值：

$$V = \frac{2\theta_0}{p} \tag{8.38}$$

$$\alpha = \alpha_0 \cos\omega t \tag{8.39}$$

其中

$$\omega = \frac{\pi\eta}{2p(\eta - 1)} \tag{8.40}$$

因此，有

$$\alpha = \frac{\alpha_0 \cos 2\pi\eta t}{2p(\eta - 1)} \tag{8.41}$$

使正弦运动的斜率与线性运动的斜率相匹配，得

⊖　原书错印为 $\cos\omega\tau$。——译者注

⊖　原书错印为 $\tan\omega\tau$。——译者注

⊖　原书公式有印刷误，原书作者已做修订。——译者注

$$\frac{\mathrm{d}\alpha}{\mathrm{d}t} = \frac{2\theta_0}{p} = \alpha_0 \left[\frac{\pi\eta}{p(1-\eta)} \right] \frac{\sin(\pi\eta t)}{p(\eta-1)} \qquad (8.42)$$

有

$$\tau = \frac{p(1-\eta)}{2\eta} \qquad (8.43)$$

正弦曲线的角度是 $\pi/2$，且 $\sin(\pi/2) = 1$，因此，由下式可以导出过冲量：

$$\alpha_0 = \frac{2\theta_0(1-\eta)}{\pi\eta} \qquad (8.44)$$

其二阶导数是转弯时施加在电枢上的角加速度。$t = 0$ 时有最大值。利用式（8.44）得

$$a = \frac{2\theta_0\pi\eta}{p^2(1-\eta)} \qquad (8.45)$$

可以看到，超调和检流计加速度，也包括转矩，都与扫描效率成反比关系。

8.2.1.7 评价指标

本章给出的相应表格仅列出根据达松瓦尔（d'Arsonval）由内而外运动规律制造的扫描器。这些属于在磁路中采用大空气间隙的动磁设计。由于该结构能够最好地满足本章 8.2.1.1 节列出的理想特性，所以特别适用于光学扫描器。早期光学扫描器中的力矩电动机，使用定子铁心或动圈电枢，其详细情况请阅读本章参考文献 [1]。据作者所知，写本书之时没有任何先进的扫描器是发展自这两种技术的。

由于所有这些装置都采用类似的力矩电动机设计，因此力矩电动机的质量因数代表着线圈的铜填充密度及其热导率。当扫描器全负荷工作时，如光栅扫描或热漂移是一个至关重要的因素时，这种特性可能有利于器件选择。

位置传感器（包括电容式和光学式）的选择，一般取决于应用要求的重复公差及占空比。如要求高峰值功率下低占空比工作，将不允许位置传感器达到稳定的工作温度，因此实际的温度漂移参数要在应用中通过实验进行验证或考虑标定各基准点。

表中给出的动态性能仅仅作为参考，不同的参数使用不同的标准。动态参数也取决于电枢结构、载荷、载荷附件及驱动放大器的复杂度，并常常与所采用的驱动信号有关。

相应表格也给出了市售扫描器的电枢惯量，所有数据源自如下厂商：

1. 美国马萨诸塞州剑桥市剑桥技术（Cambridge Technology）公司：型号 62xx，64xx 和 68xx。

2. 美国马萨诸塞州贝德福德市通用扫描有限公司（GSI，General Scanning Inc.）：型号 Mx 和 VM2000。

3. 美国新罕布什尔州温德姆市纳特菲尔德科技（Nutfield Technology）股份有限公司：型号 RZ-xx。

4. 美国维蒙特州罗亚尔顿市检流计扫描器有限责任公司（Galvo Scan LLC）：型号 TGV-x。

未列入该表的检流计扫描器的生产商如下：

1. 德国巴伐利亚州慕尼黑市电子光学系统（EOS）公司：动铁式扫描器。

2. 美国加利福尼亚州圣罗莎市激光系统科技有限公司（Lasesys Corp.）：设计有光学编码器的步进电动机。

3. 美国加利福尼亚州橙县激光器（Laserwork）公司：娱乐产品。

8.2.2　共振振镜扫描器

共振振镜扫描器电枢具有重量轻、刚性高和 Q 值高的结构优点。利用简单的低转矩的电动机能够实现大冲程。其主要优点是结构简单、体积小、寿命长，尤其是价格低；主要缺点是采用正弦移动，对外部及自感扰动敏感，因而很少使用低频共振振镜扫描器。图 8.16 所示的感应动圈是一种早期市售但很简单的低频设计。

8.2.2.1　新型设计

迪恩·鲍尔森（Dean Paulsen）利用如下的新材料和新概念研发新型共振振镜扫描器[30-32]：

1. 采用高能量永磁体，使径向力降至最小。
2. 将定位点设置在电枢的振动节点。
3. 为了抑制外部及自感扰动，在定位点处采用高损耗材料，如"Sorbutane"⊖。

8.2.2.2　悬浮结构

图 8.17 和图 8.18 给出了体现这些新设计概念的反向旋转系统。定位点位于谐振电枢的节点处，不会产生任何运动。这类似在其基座上放置一个音叉，没有能量损失。可以将高频装置设计在一个支架上。低频装置需要两个对定位扰动或外部扰动不敏感的支架。如图 8.17 所示，还可以看到两个正交线圈：一个是驱动线圈，另一个是测速线圈。由于正交，所以其力场不会相互作用，但每个线圈都会与电枢的永磁体相互作用。

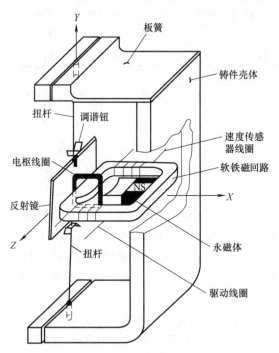

图 8.16　采用感应动圈的共振振镜扫描器

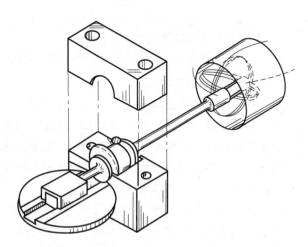

图 8.17　高频调谐扭杆式共振振镜扫描器

⊖　一种阻尼材料的商标名称。——译者注

图 8.18　低频调谐扭杆式共振振镜扫描器

共振振镜扫描器也可以采用交叉挠性支撑结构。迪恩·鲍尔森在美国通用扫描（General Scanning）公司还设计了 ISX 型共振振镜扫描器[33]。

已经成功研制了可调谐共振振镜扫描器。本章参考文献 [1，34] 的作者对两种设计进行了评价。低频大孔径共振振镜扫描器的设计常采用交叉挠性支撑结构，详细设计请参阅本章参考文献 [1]。

表 8.5 给出了一些市售共振振镜扫描器的性能。

表 8.5　市售共振振镜扫描器的性能比较

	型　号							
	GRS	IMX200	IMX350	TRS	CRS4	CRS8	IDS	URS
反射镜（光束直径）/mm	<36	28		<20	12.7	7.8	9	<30
633nm 波长对应的平面度	1/10	1/6	1/6	1/2	1/2	1/4	1/2	
支撑类型	交叉挠性	交叉挠性	交叉挠性	交叉挠性	反向旋转	扭杆	2 根扭杆	S 形挠性
谐振频率/Hz	<250	200	350	<10000	4000	8000	<1 200	<500
光束最大转角（°）	72	60	30	60	20	26	60	90
光束最大抖动/μrad	2	2	2	2	100	150	100	NA

注：1. 所有装置的功耗小于 1W。

2. 为了控制自激和振幅，所有装置都安装了测速计。

3. 一般地，频率稳定性是 100ppm/℃。

4. 应当对直线度、频率和振幅跳动提出技术要求。

5. 大型反射镜装置允许较大的系统振动。

6. 产品为美国 GSI 的 IMX200、IMX350、CRS4、CRS8、IDS，美国激光系统科技有限公司的 GRS、TRS、URS。

8.2.2.3　感应动圈

若设计利用单匝线圈来产生感应电流[35,36]，就可以避开感应动圈的两个缺点：刚性较差；运动的电气连接。这种技术非常适用于共振振镜扫描器。图 8.16 给出了一种共振振镜扫描器的设计。一种较新的低惯性共振振镜扫描器，是采用电磁感应转矩驱动器的平衡扭杆设计。利用两根完全对称设置且重量处于平衡状态的扭杆支撑反射镜，因此，沿三个传动主轴加速不会造成反射镜扭振。

类似变压器的方式，驱动线圈与电枢通过软铁心将磁路相连。电枢为单匝线圈，与提供转矩电流的线圈在一个磁路中。转矩电流与永磁体磁通回路相互作用，从而形成驱动转矩：

$$T = \frac{\mu ANIBlr}{LR} \tag{8.46}$$

式中，μ 为铁心的磁导率；A 为铁心截面积；N 为驱动线圈的匝数；I 为驱动线圈的电流振幅；B 为永磁体的磁场；l 为驱动线圈在磁场中的长度；r 为驱动回路的作用半径；L 为铁心路径；R 为电路电阻。采用这种方式，感应动圈无须使导线或电刷与运动电枢接触。电枢运动感应产生感应电压和感应电流，并传感线圈（拾波线圈）感应。测量出的实际电压是与速度成正比的感应电压及驱动线圈耦合的感应电压之和，表示为

$$E = \left(\frac{\mu AIN^2}{L}\right)\omega\cos\omega t + NBLr\,\frac{\partial \theta}{\partial t} \tag{8.47}$$

式中，ω 为谐频。电路中很容易去掉耦合分量。速度传感器能够简单高效地对外部振幅进行控制，使峰-峰间漂移低于 100ppm/℃。谐振频率稳定到约 160ppm/℃。关于式（8.46）和式（8.47）的推导请参考马歇尔（Marshall）撰写的本章参考文献 [1] 的第 5 章附录。

8.3 扫描系统

可以采用解析方法讨论各种扫描系统，但因为牵涉众多学科，本章只对其中大部分进行粗略介绍。在激光加工应用领域，为了实现系统性能，经常要求深入理解工件与光束波长、辐射持续时间、激光器功率之间的相互作用，以及可能对扫描系统光学元件的损伤。一些制造商会提供预设计扫描包，也称为"扫描头"。一般地，该装置是两轴或三轴矢量扫描系统，可以完成所有的扫描功能，但不包括激光器和工件表面方面的相关功能。扫描包中非常有价值的，是相互匹配的驱动器-放大器，它能够与反射镜的惯量相匹。这常常是设计矢量扫描系统（如为了微机械加工）时，最经济和快捷的方式。本节的目的是为读者提供大量适用的选择。

扫描应用分为两大类：光栅扫描；矢量扫描。前者包括采用快轴扫描的检流计扫描器或共振振镜扫描器，经常利用步进电动机驱动慢轴来移动工件，从而使物镜前扫描器布局中的物镜尺寸减至最小；后者则要求两轴最好具有相同的动态特性，这将在 8.3.2 节详细讨论。8.5.2 节显微术将阐述第一种类型实例，介绍三种光栅型光学扫描结构：固定物镜、物镜前和飞点物镜扫描。

8.3.1 扫描结构

扫描系统分为两大类：光束移动技术的；物镜移动技术的。这两种技术相互依赖，但可以分别表述。首先，研究一下固定物镜。

8.3.1.1 物镜后扫描技术

这种结构的扫描器放置在物镜与扫描工件之间。光学系统包括一个长焦距物镜和扫描反射镜。焦点轨迹可近似扫描出一个球体。如果扫描工件是平面的，则扫描范围局限于很小的角度，景深近似与一个平面对应。若需要较大的扫描角，通常，将物镜放置在线性工作台上平移运动以满足需要。要求平移机构的活动范围是最快扫描器的 2 倍，但只要求不太精确的位置控制。最佳方案是经常选择检流计驱动平移工作台[37]，许多扫描器厂商可以提供这类组件。

若设计有较强光焦度物镜的显微镜，这种结构属于小工作角度范畴，余弦四次方定律像差可以忽略不计[26]。此外，小孔径和低成本物镜的优点是能够使色差最小。

该设计最适合用作如激光雷达、激光测距机和激光目标指示器的长焦距物镜。

8.3.1.2 物镜前扫描技术

这种结构将物镜放置在扫描器与扫描工件之间。由于激光微加工工艺需要高能量密度的小尺寸光斑，所以，这是最常选用的一种结构。对普通的激光扫描共焦显微镜，也是优先选

择该方案，8.5.2.2 节将讨论明斯基（Minsky）的原始设计[38]。本章参考文献［39］《生物共焦显微镜手册（The Handbook of Biological Confocal Microscopy）》阐述了该领域的众多实例。

一些物镜生产厂商可以为 YAG 或 CO_2 激光器的应用提供现成的物镜。这类多波长远心平场物镜能够产生很小的衍射限聚焦光斑，是整个扫描系统（包括激光器）中最昂贵的组件。

本章 8.3.2 节介绍的光束控制系统都可以用作前置物镜系统。

8.3.1.3 飞点物镜扫描技术

这种扫描结构要求扫描工件沿一个轴移动，而光束沿另一轴移动。该扫描技术对显微镜光栅扫描应用极为有利，正如 8.5.2.3 节所述，是生物芯片扫描器的优先选择。该扫描技术还应用于半导体工业中的 DRAM 修补工艺中的随机轴扫描。该技术能够形成多波长、远心、平场和衍射限小光斑，且系统成本极低。

8.3.2 双轴光束控制系统

振镜扫描器最适合大角度（超过百分之几的弧度）扫描系统。单反射镜或小运动范围双轴光束控制（Two Axis Beam Steering，TABS）系统在很大程度上是针对串行数字接口（Serial Digital Interface，SDI）应用的，《国际光学工程学会（SPIE）会议文集 VOL. 1543》及本章参考文献［40］《红外/电光系统手册（IR/EO Systems Handbook）》阐述了相关的大部分内容。8.5.2 节将介绍普通的万向节系统，该系统可将第二轴力矩电动机的作用传递到第一轴的结构上。

8.3.2.1 节～8.3.2.6 节阐述了最常用的二维扫描系统，分为两种主要类型：矢量扫描；光栅扫描。矢量扫描要求两轴具有相同的性质，一般设计有两个检流计扫描器。光栅扫描系统常具有更多样化的结构。一些采用多面体反射镜或共振振镜扫描器，应用于快速扫描；而检流计、电动机或线性传输用于其他运动。本章参考文献［40］《红外/电光系统手册（IR/EO Systems Handbook）》介绍了大量此类系统。

8.3.2.1 单反射镜双轴光束控制系统

图 8.19 所示的装置能够在两个轴向有 1rad 的运动，驱动器和解码器则是静止的。转矩能力、范围和角分辨力与惯量载荷无关。光学系统性质与具有双倍枕形畸变的真实点源相似。中心架位于三个坐标轴交点，必须设计有 L 形悬挂支架以避免轴承卡塞。

8.3.2.2 中继透镜双轴光束控制系统

这种结构需要额外设计增加两个光学元件，以保证反射镜和扫描器具有相同的性能，因而，成本和/或畸变会增大。畸变仍是熟悉的枕形图，可以在设计物镜时或通过计算机程序进行补偿。经常采用透射式光学系统，但是，当色差至关重要时，最好利用反射式光学元件，如图 8.20 所示。应当注意，两个轴系不必垂直。

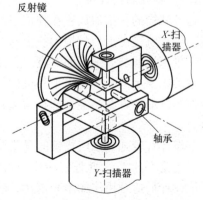

图 8.19 单反射镜双轴光束控制系统

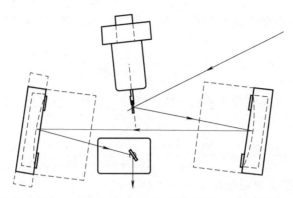

图 8.20 设计有反射式光学元件的中继透镜的双轴光束控制系统

8.3.2.3 双反射镜典型结构

图 8.21 给出了这种结构的一般形式，并用于推导图像畸变和焦点的变化。对于这种布局，两块反射镜具有不同的惯量。为了使其惯量差最小，可以使 X 方向的检流计与其垂直轴成 $15° \sim 20°$，从而具有更紧凑的外形结构和更小的 Y 向反射镜。入射光束必须平行于 Y 向扫描器的轴线。

在这种结构中，a 为 X 向反射镜中心，b 为 Y 向反射镜中心，c 为坐标点 $(0, Y_i)$，d 为从 b 到 $(0, 0)$ 的长度，e 为从 a 到 b 的长度。光学扫描角是 θ_x 和 θ_y，坐标 (X_i, Y_i) 是目标视场内的任一点。可以看出，当 $X_i = Y_i = 0$ 时，$\theta_x = \theta_y = 0$。根据点 $(0, 0)$、$(0, Y_i)$ 和 d 所在的三角形推导出与 Y_i 和 θ_y 有关的公式。求解 $(0, 0)$ 到 $(0, Y_i)$ 的长度，并等于 Y_i，得到

$$Y_i = d\mathrm{tg}\theta_y \tag{8.48}$$

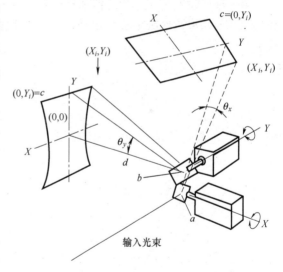

图 8.21 双反射镜、平像面双轴组件

确定 X 方向的公式稍复杂些，最好将目标图像投影在 Y 向反射镜的虚像位置，如图 8.21 所示虚线及其坐标和 a。求解由点 a、$(0, Y_i)$ 和 (X_i, Y_i) 组成的三角形，得到从 $(0, 0)$ 到 $(0, Y_i)$ 的长度，并使其等于 X_i，则有如下形式：

$$X_i = a\mathrm{ctg}\theta_x \tag{8.49}$$

由于 $ac = (d^2 + Y_i^2)^{1/2} + e$，其中 $e = ab$，所以解为

$$X_i = [(d^2 + Y_i^2)^{1/2} + e]\mathrm{tg}\theta_x \tag{8.50}$$

如果求解 a 到 (X_i, Y_i) 的长度，就可以得到焦距公式：

$$f_i = \{[(d^2 + Y_i^2)^{1/2} + e]^2 + X_i^2\}^{1/2} \tag{8.51}$$

由此得到 (X_i, Y_i) 点处焦距变化公式为

$$\Delta f_i = \{[(d^2 + Y_i^2)^{1/2} + e]^2 + X_i^2\}^{1/2} - (d + e) \tag{8.52}$$

在讨论简单的双反射镜系统枕形误差时，可以看到，将式（8.50）的 X_i 与式（8.48）的 Y_i 联立，得

$$X_i = \left(\frac{d}{\cos\theta_y} + e\right) \text{tg}\theta_x \tag{8.53}$$

枕形误差 ε 定义为 θ_r 从零变化到某一特定值时 X_i 变化前后之比，在 $\theta_y = 0$ 时，等于峰峰振幅 $2X_i$，有

$$\varepsilon = \frac{X_{i\theta_y} - X_{i0}}{2X_{i0}} = \frac{1 - \cos\theta_y}{2(1 + e/d)\cos\theta_y} \tag{8.54}$$

8.3.2.4　桨式扫描器双反射镜布局

对于需要大偏移角、高速和高精度的应用，上述单反射镜二维扫描技术便不太适用了。由于桨式扫描器（paddle scanner）功能类似二维转轴，因此人们对其颇有兴趣，图 8.22 给出了其布局示意。

桨式扫描器的惯量比其他反射镜大。这种布局非常适合光栅扫描。第二扫描器可以是一个正弦、三角波形或锯齿形运动的共振振镜扫描器或旋转多面体反射镜扫描器。还应记得，对于高角速度扫描，所有转轴上的载荷都应达到静态平衡和动态平衡。

第一反射镜安装在一个类似桨杆的臂上，并与入射光束成 45°。反射镜转动，光束尺寸和其他几何约束条件决定着其运动量。反射光束在其光瞳处的横向运动量较小，如图 8.23 所示。

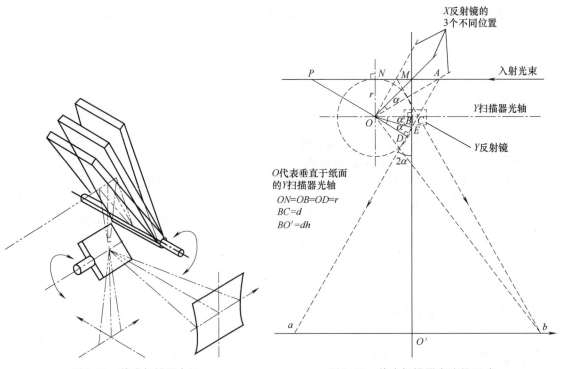

图 8.22　桨式扫描器布局　　　　　图 8.23　桨式扫描器光瞳的运动

注意到，X 向扫描器（即帧扫描器）的转动轴位于反射镜平面内。图中，反射镜 OM 的静止状态处于与入射光线成 45°夹角位置。半径 ON 是入射光束法线。如图 8.23 所示，反射

镜 *OM* 旋转角度 α 而反射光束 *MO'* 旋转 2α 形成 *Aa* 虚线位置。*OB* 和 *OD* 分别是反射光束在两个反射镜位置处的法线。显然，点 *B* 位于半径为 *ON* 的圆上，将会证明点 *D* 也在该圆上。

由上所述，有

$$\angle MEA = 2\alpha \tag{8.55}$$

$$\angle NOM = \angle NOA - \alpha = \frac{\pi}{4} \tag{8.56}$$

由于

$$\angle NOA + \angle NAO = \frac{\pi}{2}$$

有

$$\angle NAO = \frac{\pi}{4} - \alpha \tag{8.57}$$

由于其两个侧边都是法线，所以 $\angle APD = \angle aEO'$，即

$$\angle APD = \angle aEO' = 2\alpha$$

ΔPAD 是直角三角形，因此有

$$\angle NAD = \frac{\pi}{2} - \angle APD = \frac{\pi}{2} - 2\alpha = 2\angle NAO \tag{8.58}$$

$\angle NAD = \angle NAO + \angle OAD = 2\angle NAO$，可以得出结论 $\angle NAO = \angle OAD$。两个直角三角形 ΔONA 和 ΔODA 有一个公共边和三个角各相等，因此它们是相等的，即 $ON = OD$，点 *D* 位于以 *O* 为中心的圆上，并通过点 *N* 和 *B*。

由以上分析，可以推导出反射镜 *X* 旋转时，光束在反射镜 *Y* 上的平移量，用 *BC* 表示。对于 ΔOCD，有如下关系式：

$$BC = OD\left(\frac{1}{\cos 2\alpha} - 1\right)$$

利用其对应符号 *d* 和 *r* 表示，则有

$$d = r\left(\frac{1}{\cos 2\alpha} - 1\right) \tag{8.59}$$

应当注意，当角度改变符号时，余弦值并不改变符号，*d* 总是正值。

若一个光学系统的布局如下：反射镜间的距离为 10mm，帧反射镜在扫描器 *Y* 上的转角是 ± 0.15rad，则光束在反射镜 *Y* 上的移动距离 $d = 0.33$mm。

8.3.2.5　高尔夫球杆式双反射镜布局

图 8.24 给出了类似高尔夫球杆式（golf club）扫描器的二维扫描器示意，具有类似桨式扫描器的特性。在反射镜间距离相同条件下，页面式反射镜（page mirror）及其支架的惯量一般是等效桨式装置的 2 倍。由于其完全满足某些转动和几何约束条件，所以，在此专门进行讨论。

该布局的特点如图 8.24 所示。在光栅扫描应用中，光束首先投射到帧反射镜上，*Y* 轴与入射光束成 45°角。该反射镜安装在转臂上，其转轴与处于静止位置时反射光束相交并为法线。第二反射镜的转轴（图

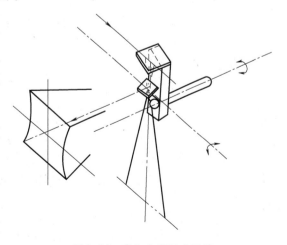

图 8.24　高尔夫球杆式双轴光束控制系统

8.25 所示的 X 反射镜）位于这两条线形成的平面内。大约位于光束在 Y 反射镜静止位置时的入射点至其旋转轴之间的中间位置。

那么现在讨论，当反射镜 Y 摆动时，反射光束通过图 8.25 所示光瞳 X 的情况；推导光束在反射镜 X 上的移动距离 st，这里以反射镜 Y 转动半径（$P_1Y = r$）的分数形式表示。

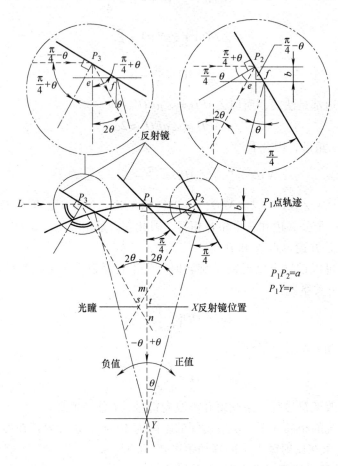

图 8.25　高尔夫球杆式扫描器

近似表达式为

$$st = \frac{mn}{2\text{tg}2\theta} \tag{8.60}$$

由于

$$mn = P_1m - P_2n \tag{8.61}$$

可以看到

$$P_1m = \frac{P_1P_2}{\text{tg}2\theta} \tag{8.62}$$

此外有

$$P_1P_2 = r\sin\theta - ef \tag{8.63}$$

线段 ef 为

$$ef = h\text{tg}\left(\frac{\pi}{4} - \theta\right) \tag{8.64}$$

其中

$$h = r(1 - \cos\theta) \tag{8.65}$$

将上式简化得到

$$P_1 m = \left[\sin\theta - (1 - \cos\theta)\text{tg}\left(\frac{\pi}{4} - \theta\right) \right] \frac{r}{\text{tg}^2 \theta} \tag{8.66}$$

同样，可以推导出以 θ 为变量的 $P_2 n$ 的值：

$$P_2 n = \left[\sin\theta + (1 - \cos\theta)\text{tg}\left(\frac{\pi}{4} - \theta\right) \right] \frac{r}{\text{tg}^2 \theta} \tag{8.67}^{\ominus}$$

重新应用到式（8.60）和式（8.61），得到一级近似式：

$$st = \left[\text{tg}\left(\frac{\pi}{4} - \theta\right) + \text{tg}\left(\frac{\pi}{4}\right) \right] (1 - \cos\theta) \frac{r}{2} \tag{8.68}$$

与桨式扫描器的几何布局相比，当旋转角是 ±0.15rad 和反射镜间距是 10mm 时，光束的移动距离 $st = 0.24$mm。

8.3.2.6　采用三个移动光学元件的双轴光束控制系统

图 8.26 所示设计的主要特性是模仿一个完美的支点，其两轴几乎具有相同的动态性能。"调节器"式扫描器承载一个玻璃光楔，并与 Y 扫描器同步，将入射光束传输到 Y 反射镜上，从而使反射光束永远透射到 X 反射镜中心。尽管增加了成本，但对于实现宽光束大视场角矢量扫描器的高速扫描来说，尤其是当需要聚焦光学系统时，无疑是一个完美的设计。古德曼（Goodman）完成了该类设计，详细情况请参考 4685775 号美国专利。

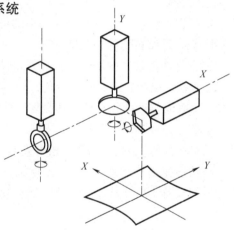

图 8.26　三光学元件双轴光束控制系统

8.4　驱动放大器

为检流计或共振振镜扫描器设计的高性能伺服放大器是专用产品，对于检流计性能至关重要，是与检流计或共振振镜扫描器本身同样重要的系统组件。扫描器生产商提供市售驱动器，并且，只有采用相关驱动器时，才保证获得所提供的性能。

这些放大器的设计已经超出了本章范围。相关元件也不是本章要介绍的内容。作者建议，关心该项设计任务的读者应当首先阅读本章参考文献［41］，文献阐述了设计一个高性能模拟伺服放大器所需确定的参数。

此时，所有的市售检流计驱动器放大器都是模拟的。市售的数字伺服系统适于驱动伺服电动机系统。为了设计出一个同类高性能数字产品，人们做了大量尝试，但无法满足光学检流计扫描器需要较大带宽分辨率乘积的要求。全数字系统的潜在优势仍然在吸引和困扰着设计师们。

这类伺服放大器有如下两个重要特性：

$\ominus$　原书公式中错印为 $P_2 m$。——译者注

1. 低噪声。通常要求系统噪声低至 1/100000，因此，系统中每个元件的性能都要高 5 或 10 倍。设计这样高质量的模拟电路本身就是一种艺术。

2. 对于检流计/反射镜谐振，应具有频率响应补偿/过滤功能。

8.5　扫描应用

本书第 1 版（即本章参考文献 [2]）包含了大量的应用实例，阐述了检流计扫描器和共振振镜扫描器两种光学扫描器的研发过程和性能。本节将介绍过去十年正在蓬勃发展的两大类应用：激光微加工技术；共焦显微术。

8.5.1　材料处理

过去十年，以激光为基础的材料加工市场迅速增长，并由于一些因素，自身又被细分为以下不同类型：

1. 没有切实可行替代方案的新的高科技应用。

2. 渗透到商业市场，激光打标笔、厨具。

3. 可以选择波长和具有足够功率的可靠激光器。

4. 具有足够精度的扫描器。

5. 适合功能强大的廉价个人计算机使用，并有完整软件包。

总的系统结构并没有明显变化，较经常使用的是单激光器、多头和光纤光学激光束分布模式。一般地，市场分为打标和微加工两种。

在激光打标领域，CO_2 激光器有主导优势，为了满足良好打标可见度的要求，建议采用大的光斑尺寸。对此，满足光束直径 10～20mm 的小扫描反射镜就能够涵盖大部分应用。高扫描速度非常适合高生产能力。自 20 世纪 80 年代成功研制工业级波导激光器以来，最初只有 10～50W，现在则大于 200W。其低成本和高可靠设计已经促进了该工业领域的发展。

CO_2 激光器常用于标识传送中的包裹或刻蚀塑料包裹，以标明情况并方便打开。

在含有钛白粉的塑料、玻璃和油漆层上打标应用领域中，YAG 激光器也占有一席之地。当这种化学剂受到 1.06μm 波长⊖光照时，会呈现极明显和永久的色彩变化。它经常用于厨具。

在微加工工业领域的各种应用中，不同技术间存在着激烈竞争。扫描系统在下列应用中占据优势：需要大面积精确定位或要求设置功率/能量阈值。通常，以这种方式加工的是如金属、聚合物和陶瓷之类的材料。有代表性的应用包括如下几个：

（1）喷墨打印机的喷嘴。要求亚微米级定位精度和同心度，形位公差是 1μm 或 2μm。

（2）过滤油墨、生物医学流体、气体分离等材料形成的屏/筛/膜。这类应用通常采用 10μm 厚的聚酰亚胺薄片，在直径上冲压出数千个 15μm 的孔，在中心冲压出 20μm 的孔。

（3）为印制电路板、微晶片模块或绿色陶瓷打孔。

⊖　原书错印为 1.06nm。——译者注

（4）自动测试仪的探针卡，可能有 2000～3000 根连线穿过 $2in^2$ 的底板。

为了实现工业应用，要求激光器可靠性高，维护容易。很多技术已经能达到该要求。现在，高功率半导体泵浦 YAG 激光器在下列波长下已经进入到实用阶段：1060nm，532nm，473nm 和 351nm。在大多数聚合物或有机材料微加工领域，更短波长脉冲或连续波（Continuous Wave，CW）激光器与受激准分子激光器竞争激烈，另外也可用来激发光化学反应。

8.5.2　显微技术

最近十年，扫描器已经影响到显微技术领域的应用。首先，成功研发了共焦显微技术，最近又发明了大视场显微技术。在这些应用中，图像被组装在一台计算机上。

20 世纪 50 年代初期，马文·明斯基（Marvin Minsky）[38] 发明的共焦显微技术，开创了扫描器的一系列应用。按照此概念，工作图像是通过顺序采集单个像素所形成的。这样使得对光学设计的要求降至最低，同时为成像带来巨大益处。这些益处包括切片能力类似断层扫描及图像的直接数字化。在其原始设计中，明斯基是利用普通显微镜在一台电动 XY 工作台上完成的。其发明使图像具有更高的分辨率，但图像显示在计算机显示器上，几十年之后，该项技术才被接受。

现在，共焦显微镜常应用于提高分辨率，或者用一个文件就能采集到大视场图像而无须对许多小视场图像进行拼接。设计中，经常在两类仪器中设计扫描器。为了简单，本节只介绍大视场（若干平方厘米）类型，这种仪器涵盖了生物材料成像阵列设计中的所有概念。

很多生物材料阵列会粘结在基板上呈点或方形等特征形状，并可用荧光分子材料标记。成像系统的作用是观察单幅图像中的整个阵列，并将其传输给专用软件程序进行分析。高密度阵列可能包含有多达 1000000 个 $10\mu m$ 大小方块，低密度阵列为每平方厘米 400 点；每个点的直径可能是 $150\mu m$，放置在 $200～300\mu m$ 的网格上。一般，大阵列是 $22mm \times 66mm$。采用三种技术扩展普通共焦荧光显微镜的范围，以满足生物芯片的成像要求。在所有情况中，检流计扫描器是首选。

扫描器结构	制　造　商
XYZ 工作台：明斯基的设计	美国惠普公司，布朗实验室
前置物镜扫描系统	美国安捷伦科技公司，分子动力学公司/阿默舍姆公司
快速物镜扫描系统	美国昂飞公司，视觉、智能机器人技术公司/伯乐公司，三拓技术公司

该仪器一般是用于测量 1～2cm 的正方形区域，并且在 2～$10\mu m$。荧光是一种效率极低的发光现象，所以其像质完全依赖仪器的能量会聚能力。所有这些仪器都属于表面荧光准共焦激光扫描显微镜类型。

8.5.2.1　物镜前扫描技术

本章参考文献 [39]《共焦显微技术手册（Handbook of Confocal Microscopy）》详细阐述了普通激光扫描外（表）荧光显微镜，并且已经商业化应用了 25 年。在该领域中，常见的公司有德国蔡司（Zeiss）、日本尼康（Nikon）、美国伯乐（Biorad）和日本奥林巴斯（Olympus）公司。由于荧光是一种能量很低的发光现象，所以，最好采用大数值孔径，也因而造成视场较小，远小于1mm的正方形。为此，需要获得多幅图像以覆盖微阵列对应的大视场。将光谱范围限制在1或2种波长内，并采用较小的数值孔径（NA）。以此模式，有可能设计一种大视场（大至10mm）仪器。美国分子动力学公司/阿默舍姆（Molecular Dynamics/Amersham）公司的（电子）雪崩装置，如图8.27所示，就是一种具有这种结构特点的扫描器。它设计有一个九片型物镜、视场10mm和较小的数值孔径（约0.25）。美国安捷伦（Agilent）科技公司（分拆自美国惠普公司）研制了类似的宽视场（15mm）仪器。为了充分利用物镜，生物芯片或显微镜载片在物镜下平移，光束按照另外坐标系扫描。

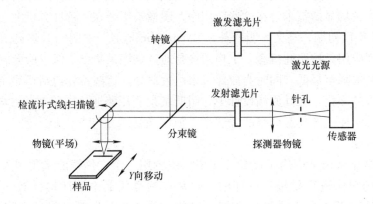

图 8.27

8.5.2.2 马文·明斯基共焦显微术

图8.28所示的方案是明斯基的设计方案，安装了市售的显微物镜。高倍显微物镜的工作距离相当小，需要将载片牢固地夹持以避免动态环境下出现不利干扰。载片安装在电动 XY 平移台上。由于光学扫描器性能优于直流电动机，所以，最好使用光学扫描器驱动高速扫描台。载片的固定机构要足够轻，以使仪器具有合理的扫描速率而不会有剧烈振动。

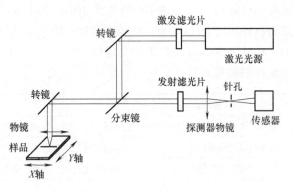

图8.28　移动工作台方案

8.5.2.3 飞点物镜扫描显微镜

飞点物镜在结构上采用一个较为简单的物镜代替大视场平像面物镜的设计，从而降低了设计难度，但需使该物镜在样品范围内移动。换句话说，不是移动载片及快轴上的夹持装置了，而是移动光束。这种方法要求整个运动期间都必须保持高精度的机械对准；并且，由于采用了较大数值孔径的物镜，还会获得额外的优越性。由于所有的像素都是以相同的方式获得的，图像平面度不是问题，所以，在整个视场范围内的测量具有很高的均匀性。

有两种基本的设计：一种方案是让安装在一根直线导轨上的物镜摆动；另一方案是让安装在一根旋转臂上的物镜摆动。

8.5.2.4　直线型飞点物镜显微镜

祜顿（Hueton）介绍了一种结构，如图 8.29 所示，物镜在一个直线工作台上平动，并且，与那些固定光学元件的光学距离可以调整。可以采用线性电动机、音圈电动机、步进电动机驱动物镜运动。不过，再次强调，光学扫描器才是最快的驱动机构。加拿大 Virtek 技术公司（视觉、智能机器人）设计的扫描系统，是利用一台扫描器驱动类似结构的工作台来实现物镜摆动的。

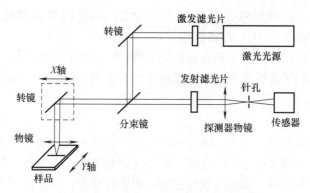

图 8.29　直线型飞点物镜结构布局

8.5.2.5　旋转型飞点物镜显微镜

产生快速扫描光束的另一种方法是采用奥弗贝克（Overbeck）阐述的旋转型结构[46]，如图 8.30 所示。它既能提供速度又有固定的光路长度。一种潜望式结构将扫描物镜与静止不动的显微镜（光学）元件相耦合，因此，当其摆动扫描光束时能够保持光路长度不变。由于涵盖载片宽度的弧线是在极坐标中计算的，仪器中的计算机立刻将由此产生的图像转换为直角（笛卡儿）坐标，进而将图像与样品光斑图形直接相联系。将一块单片微型非球面透镜安装在一根平衡臂（其延长线垂直于光学扫描器的轴）上。该平衡臂还安装了一个反射镜，接收经过潜望镜传输的旋转轴方向上的激光束，并在传输一段臂长距离后，向下传输而通过物镜。光轴永远垂直于生物芯片。

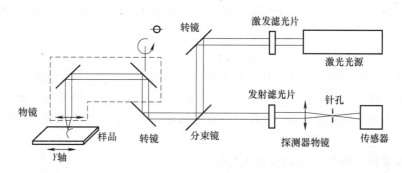

图 8.30　旋转型飞点物镜结构布局

8.6　总结

本章已经介绍了光学扫描检流计的最新状况及共振振镜扫描器的最新进展。这些装置作为光电技术发展的一部分，已经研究了40多年。

光电工业的所有元件都经历了价格大幅下跌及需求大幅度增长的过程。但是，对于这种格局的转变，检流计和共振振镜扫描器可能是一个少有的例外，价格随着市场需求而增加。

组成这些振荡装置的元件与几百美元能够购买到的计算机硬盘驱动器移动头、激光唱机或高质量电动机中的器件是一样的。

大量的各种应用，已经促进了其他技术的发展，如旋转多面体反射镜、微机电系统（MEMS）、线性集成电路（LIC）扫描器等。

目前，全世界振镜扫描器的年销售总额是2000万~3000万美元。此外，设计了驱动放大器和一些光学元件的子系统级集成扫描器的年销售额是1500万~2000万美元。

致谢

感谢吉姆·奥弗贝克博士（Jim Overbeck）和迈尔斯·梅斯博士（Miles Mace）在设计飞点物镜共焦扫描显微镜方面做出的贡献。还要感谢赫尔曼·迪威德（Herman Deweerd）先生深入细致地审查本章文稿，多次与我讨论和一起进行修改，并给出了很多建议。作者愿意借此机会感谢瓦莱丽·鲍尔森（Valerie Paulsen）院长。他在美国通用扫描技术公司从事学术研究多年，在共振振镜扫描器的概念和设计方面做出了卓越贡献。他的杰出贡献并不是列出一长串发明专利所能代表的。作者还希望对美国剑桥技术公司创始人布鲁斯·罗尔（Bruce Rohr）表示感激之情，并借此机会向这位目前高性能振动扫描器领域的现代"电容式位置传感器"之父表达敬意。

专业术语

下面给出一个简要的术语定义，精选自艾伦·鲁迪斯维斯基（Alan Ludwiszewski）术语记录[43]这些术语在本行业中得到普遍认可，希望对读者有所帮助。

精度（Accuracy）:

实际位置和设计位置之间最大误差的期望值，包括非线性、滞后、噪声、漂移、分辨率及其他因素。

带宽（Bandwidth）:

一个正弦输入信号的输出衰减到其0.7倍（−3dB）时，一个系统仍然能够探测到该信号所对应的最大频率。对90°相位边缘的开环频率响应，开环交叉频率等于闭环带宽。对其他相位边缘，则并不是直接关系。在任意一本控制理论著作中，都可以找到这种关系的完整阐述。

机械零位漂移（Drift, Mechanical Null）:

扭杆施力于电枢时，惯性（无动力）扫描器静态位置的漂移。随着时间流逝和温度变化，会出现这种漂移。通常，根据每种相关影响量（如时间或温度）造成的光学角度变化确定漂移。

位置探测器漂移（Drift, Position Detector）:

位置探测器输出与输出支架之间关系的变化，是增益漂移、机械零位漂移和其他误差之和。

位置探测器增益的漂移（Drift, Position Detector Gain）：

位置探测器比例因数的变化。由于这种变化的绝对量取决于角度，所以，可根据单位时间或温度范围内输出变化之比确定其数值（单位为 ppm/°，或%/1000h）。这是已经考虑到极限角度时最大输出的影响结果。

位置探测器零电位漂移（Drift, Position Detector Null）：

位置探测器零电位随时间和温度的漂移。随温度变化出现的漂移是指温度每变化一度出现的角度变化（单位为 μrad/℃）。随时间变化出现的漂移是以单位时间内的角度变化（单位为 μrad/1000h）。

非相关漂移（Drift, Uncorrelated）：

不是由于某种特定的外部条件（如时间或温度）变化造成漂移，而常常是由于应力过大使系统的机械棘轮或其他部件受到非重大损伤所致。

抖动（Jitter）：

由扫描器速度波动造成的非重复性位置误差波动。一般地，以光学扫描角为单位表述，并且经常表示为大量连续扫描过程中每条扫描线上可以观察到的最大抖动误差的标准偏差。一些应用可能还需要规定频率及可接受的抖动量。

最佳拟合直线法确定非线性（Nonlinearity, Best Fit Straight Line）：

这种定量确定非线性的方法包括确定一个最接近测量数据的一阶线性函数，然后，根据最大观测值与这条线的偏差量计算出非线性，从而获得非线性的最小计量值。

中心点法确定非线性（Nonlinearity, pinned center）：

这种方法画出一条与一个已知数据点（如扫描器的机械原点或零电位）相交的直线，并且与测量数据曲线有一个最接近的斜率，然后，由此计算扫描器的非线性。

零电位（Null, Electrical）：

位置传感器的零电位输出点。

机械原点（Null, Mechanical）：

惯性（无动力）扫描器的静态位置。该位置取决于（若有的话）扫描器的扭力弹簧和磁性弹簧。在众多没有扭力弹簧的扫描器中，磁性弹簧没有足够的力量克服摩擦力而使其保持绝对位置不变。

可重复性（Repeatability）：

当施加一系列具有相同技术要求的输入而造成最终位置的不准确度。

双向可重复性（Repeatability, Bidirectional）：

当从不同方向返回到某一位置而造成最终位置的不准确度。

分辨率（Resolution）：

分辨率是分辨目标域单个光点的能力。不要与精度混为一谈，精度包括增益和零点漂移（或位置漂移）、噪声、分辨率和其他因素造成的影响。分辨率取决于系统设计。分辨率有限，可能是由于光学方面、数字分辨率或者位置探测器信噪比和漂移等方面的原因。

光学分辨率（Resolution, Optical）：

扫描系统的光学分辨率可以表述为能够产生的可分辨光点的数目。对于衍射限光学系统，取决于扫描方向的孔径宽度、孔径形状因数、光源波长和总扫描角。扫描方程式将这些因素联系在一起，在许多光学文献资料中都有该方面的详细内容。

扫描器分辨率（Resolution，Scanner）：

扫描器分辨率受限于位置探测器的噪声和漂移。方均根（RMS）信噪比决定着某已知频率范围内某种技术要求提出的统计可分辨率。滤波能够提高低频分辨率，但是，漂移因素仍在起作用。

交叉（轴）谐振（Resonance，Cross Axis）：

造成与扫描轴相垂直方向上结构运动的谐振称为交叉（轴）谐振。较差的反射镜设计会使这些谐振恶化，造成周期性摆动，因而，可能使系统不稳定，并对可能实现的系统带宽造成限制。

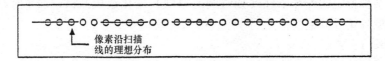

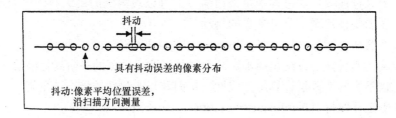

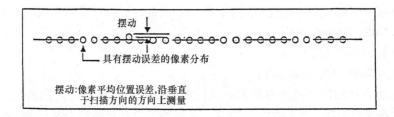

扭转谐振（Resonance，Torsional）：

扫描过程中，由于达松瓦尔（d'Arsonval）系统中柔性转子支架上柔性线圈的重量分配问题而出现的轴上谐振。这些谐振可以以周期性抖动的形式出现，并且，由于在扫描器传递函数中造成谐振峰值，可能会很难控制。反射镜设计和安装会对扭转谐振有重大影响。

响应时间（Response Time）：

扫描系统的响应时间定义为摆率除以跟踪误差。由于控制器、饱和阶段、动力学及其他非线性特性原因，响应时间不一定是常数。虽然不是常数，但至少对矢量调谐控制器而言，如果转换率既不能使跟踪误差几乎为零也不能接近最大转换率，则类似一个常数。响应时间是扫描器相对速度的一种表示，表示在既定载荷和调频条件下可以达到的最佳性能。

参考文献

1. Marshall, G.F. *Optical Scanning;* Marcel Dekker, Inc.: New York, 1991.
2. Marshall, G.F. *Laser Beam Scanning;* Marcel Dekker, Inc.: New York, 1985.
3. *Permanent Magnet Data Sheet;* UGIMAG, Ugimag 45M2 material.
4. Roters, H.C. *Electromagnetic Devices;* John Wiley & Sons, Inc.: New York, 1955.
5. Keller. U.S. Patent nos. 985,420 and 1,041,293.
6. Hodges. U.S. Patent no. 3,348,183.
7. Houtman, J.A. U.S. Patent no. 3,528,171.
8. Rohr, B. U.S. Patent no. 4,864,295.
9. John Weisz, *Proc. SPIE* 1991, 1454, 265–271.
10. Dillon, R.; Trepanier, P. U.S. Patent no. 6,000,030.
11. Montagu, J.; Honkanen, P.; Weiner, N. U.S. Patent no. 6,218,803.
12. Montagu, J.I. U.S. Patent no. 5,235,180.
13. Ivers, R. U.S. Patent no. 5,844,673.
14. Ivers, R. U.S. Patent no. 5,671,043.
15. Abbe, R. U.S. Patent no. 3,990,005.
16. Rohr, B. U.S. Patent no. 41,864,295 and 4,142,144.
17. Stokes, B. U.S. Patent no. 5,099,368.
18. Dowd, R. U.S. Patent no. 5,537,109.
19. Wittrick, W.H. Properties of cross flexurempivots and the influence of the point at which the stripcross. *Aero.* Quat. 2, 1951, 272–292.
20. Siddall, G.J. "The design and performance of flexure pivots for instruments." M. Sc. Thesis, University of Aberdeen, Sept. 1970.
21. Reiss, R.S. Optomechanical system engineering: optomechanical instrument design, OE *reports SPIE* 0817, 1897, 154–170.
22. Brosens, P.J.; Vudler, V. *Opt. Eng.* 1989, *28,* 61–65.
23. Timoshenko, S.; Goodier, J.N. *Theory of Elasticity;* McGraw-Hill: New York, 1951.
24. Weissman, H. Replicated mirrors. *Opt. Eng. 5,* 1976, 435–441.
25. Yoder, P. *Opto-Mechanical System Design;* Marcel Dekker: New York, 1986; 71–77.
26. Smith, W.J. *Modern Optical Engineering;* McGraw-Hill: New York, 1966; 132–133.
27. Lawler, A.; Shepherd, J. *Laser Beam Scanning;* Marshall, G.F., Ed.; Marcel Dekker, Inc.: New York, 1985; 125–147.
28. Marshall, G.F. *Optical Scanning;* Marcel Dekker, Inc.: New York, 1991; 560.
29. Den Hartog, J.P. *Mechanical Vibrations;* McGraw-Hill: New York, 1956; 396.
30. Paulsen, D.R. U.S. Patent no. 4,878,721.
31. Paulsen, D.R. U.S. Patent no. 4,919,500.
32. Paulsen, D.R. U.S. Patent no. 4,990,808.
33. *J. Laser & Optronics* 1998, *17* (2).
34. Montagu, J.I. Tunable resonant scanner. *Proc. SPIE817,* 1987.
35. Montagu, J.I. Induced moving coil resonant scanner. J.I. *Electro Optics* 51–56, May 1983.
36. Montagu, J.I. U.S. Patent no. 4,502,752, 1985.
37. Montagu, J.I.; Pelsuel, K. U.S. Patent no. 4,525,030.
38. Minsky, M. Microscopy Apparatus. U.S. Patent no. 3,013,467.
39. Pawley, J.; Ed. *Handbook of Biological Confocal Microscopy,* 2nd Ed.; Plenum: New York, 1995.
40. Roggatto, W.D., Ed. *IR/EO Systems Handbook;* SPIE Press: Bellingham WA, 1993.
41. Albert Bukys. *Proc. SPIE* 1991, 1454, 185–195.
42. Huerton, I.; Van Gelder, E. High Speed Fluorescence Scanner. U.S. Patent no. 5,459,325,1995.
43. Alan P. Ludwiszewski. *Proc. SPIE* 1991, 1454, 174–185.
44. Hueton, I. High Speed Florescent Scanner. U.S. Patent no. 5,459,325.
45. Montagu, J. Positioner for Optical Elements. U.S. Patent no. 4,525,030.
46. Overbeck, J. U.S. Patent no. 6,335,824.

第9章 振荡扫描器的挠性枢轴

David C. Brown

美国马萨诸塞州列克星敦市剑桥科技有限公司

9.1 概述

记忆是思想的行囊。当决定踏上旅程，尤其可能是长期和具有挑战性的，最好备足的是地图和食谱、鱼钩和绳索、火柴和几支蜡烛，而不是各种罐头。这些东西更实用，更长远。对于更想快速补充营养的人，也可以准备一些巧克力。

挠性结构很古老，挠性枢轴的应用也很古老。在使用最原始轴承之前很长一段时间，皮带式挠性结构就用作行李箱盖的枢轴等。早期的武器，如罗马人的弩炮、土耳其人使用的很先进的弓臂及14世纪的石弓，都是利用挠性作为其使能技术。

许多摆钟借助挠性材料悬吊其钟摆。机械节拍器，一种专用的倒置形式的钟表，其设计完全依赖挠性结构。有一点可论证的是，音叉是一对耦合挠性器件，而音乐盒梳齿结构是一组可调谐挠性结构，在合适的频率范围内自谐振。

由于其简单、可靠、无内游隙、寿命长、易构建，并具有高机械"Q"值，因此，所有上述例子，当然还有许多其他例子，都利用了挠性枢轴。科学仪器（包括光学和激光扫描设备）中的挠性枢轴也都是利用其类似的特性。

20世纪60和70年代，太空探索应用需要坚固、可靠、轻便和无须润滑的枢轴和轴承，因此，非常重视挠性枢轴的研发，最突出的研究成果无疑会应用于当时最大的科学项目，所以也让挠性枢轴和悬挂结构取得了较大进步。在这方面，正如曾任美国专利办公室官员的查理斯·杜尔先生（Charles H. Duell）所说"能发明的基本上都被发明了"。

然而，正如本章9.2节所述，挠性技术在人类科技进步的下一次飞跃中可能又成为一种有用的驱动技术，如利用光进行通用连接。当然，像挠性结构本身一样，这是一个很古老的想法，小规模地广泛应用了许多世纪。罗马人沿辽阔的帝国边界，以这种方法在瞭望塔之间进行通信。美国南北部土著民也曾这样做过。

本章的内容和结构图反映已经处于相当稳定状态的宏观挠性枢轴与尚未完全开发的微机电（MEMS）挠性扫描器的挠性枢轴间的性能比对。对于前者，作者将重点放在制造技术的细节上，给出了多年来挠性技术领域精心研究去伪存真的结果。但就这一点而言，是工艺实习课，这些内容通常仅通过教科书是无法获得的。最后，本章将阐述可能的机理与切实可行方法之间的区别，但这并非是最精巧的一种技术。对于后者，作者试图尽力阐述集成挠性弯曲技术的理论基础，以及利用其设计的高速、大角度光学扫描器的制造技术和特性。

9.1.1 宏观挠性枢轴简介

首先，介绍术语"枢轴（pivot）"的定义［来自《钱伯斯 20 世纪英语词典（Chamber 20th Century Dictionary)》第 978 页］。由于挠性枢轴有时具有虚拟枢轴或轴杆，所以，必须从修订术语"枢轴"的定义开始。本节对枢轴的定义："当其他五个自由度固定时，在有限角度范围内能够确定一个虚拟旋转轴的装置，除旋转轴方向外，该装置还能够阻止其他力矩，也能阻止该方向上的较小力矩。"。像对于五轮卡车的使用一样，尽管可以工作，但与常见的商品类轴承（如滑动轴承、球轴承、滚子轴承等）相比这种挠性枢轴并没有特殊优势。与这样的应用相反，对这类枢轴感兴趣的地方在于高精仪器或科学的应用。

为仪器和科学应用设计的挠性枢轴特性可以表述如下（没有特定顺序）：

1. 重量轻。
2. 零间隙。
3. 固有恢复力。
4. 寿命无限长。
5. 无须润滑。
6. 低磁滞。
7. 没有黏性损失。
8. 没有摩擦。
9. 不会产生微粒[⊖]。
10. 无须排气。
11. 自身没有温度限制。
12. 极高的载荷能力。
13. 小角度范围内，力的线性极好。
14. 设计布局灵活性。枢轴部件可以拼接以允许具有一定透明度，甚至允许固体机械零件或物体穿过（与普通轴承相比，这是一种非常令人费解的三维物体）。
15. 设计和工装成本低。
16. 零件成本极低。
17. 良好的可预测性。
18. 能够经受高冲击和振动载荷。
19. 前置时间短。
20. 针对一些专项应用。

要根据相互矛盾的要求，来选择挠性材料。原因在于，例如，相对于如寿命长、低操作力、高强度或其他技术要求，枢轴点的位置精度就是次要的；或许，在所期望的运动范围内，操作力的线性度也不是重要的。另外，还常常需要考虑工作环境，或要求能较容易地替换一个已经损伤了的枢轴。行李箱枢轴选择皮革材料就是为了满足诸如此类的技术要求。

然而，弓臂设计师却有相反的要求，需要大的操作力。与行李箱枢轴设计师不同，由于必须解决仅在一个方向存在应力的问题，所以，会利用这种差别建造一个复合的挠性装置。

⊖ 原书此处将 particulate 错印为 pariculate。——译者注

弓臂前侧或受拉部分用角质材料，抗拉能力相当强；而后侧或受压缩侧用腱制造，抗压能力相当强。这样可以正确得出结论：这种结构产生的不同应力受控于它们到中性平面的距离，提供一个合适形状的木质材料填充物，从而使该弓弩工作面的应力最大而不会导致突然失效。

这样举例主要说明挠性枢轴潜在的广泛应用，尤其是，巧妙地进行设计可以满足特定应用参数条件下大量级差别的要求。皮革只能储备每公斤零点几焦的能量，而土耳其弓能够储能 750J/kg 以上，超过钢弓，可以与现代最佳复合材料相比拟。储能属性是至关重要的，与材料密度、强度和杨氏模量有关。在具体应用中，可以要求非常高或非常低，或者认为完全不重要。

没有机械噪声也是挠性枢轴的一大优势。这种装置没有可拆卸零件，所以，没有必要通过预紧消除间隙。由于它们是整体式结构的，因此在力与位移曲线中只有极小"噪声"，而其他类型枢轴结构是由可拆卸零件组成的，运行期间会产生噪声，并随磨损和间隙增大，噪声随之增大。当然，如果磨损期间释放的任何微粒卡塞在移动零件之间，则都会造成枢轴位置、寄生转矩及机械噪声的突然变化。轴承"噪声"是公认的，甚至被量化为球轴承本身的属性。在多种情况下，存在这种轴承噪声就等于对任何设计有该类型枢轴的伺服系统允许对噪声带宽设定上限。

能够实现较低固有机械损耗，是挠性枢轴的一个亮点。目前，所有其他类型的枢轴都是损耗型的。由于润滑油黏性摩擦及球轴承座圈变形产生损耗，这不仅对该装置的运行速度提出了上限要求，而且还耗能，从而将所有已知运动部件轴承的机械效率限制到一个很低的水平。

另外，挠性枢轴不需要润滑油，仅受限于变形的内能。通常，机械品质因数 Q 值接近 3000，即使在极高速度设计中也是如此。挠性枢轴的这种属性有可能使共振振镜扫描器在很低的功率水平下以高于 10kHz 的频率工作。当然，对于一些即使只有很少污染也会造成问题的应用，如光学仪器、光谱学、空间研究、医学和半导体处理领域，它无须使用润滑油就是一种优势。

挠性装置特别适用于小角度扫描领域，在此提出的静摩擦力、附着摩擦力、表面粗糙度、机械公差、润滑油分布等技术要求都是其他类型枢轴不可能满足的。当然，挠性装置没有任何松动或游隙，所以应用中没有一点"反弹"。此外，由于这种装置是依靠分子拉伸效应的，所以，其在中性面附近小角度范围内的固有迟滞作用总是比安装过程中由于不可避免产生的不对称性而形成的不平衡力要小（真实设计中会产生一些迟滞，迟滞值小于 0.1% 是很难达到的，但有可能实现）。另外，与其他类型枢轴不同，挠性枢轴不能连续旋转。旋转几百度似乎可信，但作者目前设计的所有挠性枢轴的应用还没有超过 90°。并且，大部分设计用于远小得多的角度范围。

其他类型的精密枢轴，如球轴承和宝石轴承（主要用于钟表）的几何尺寸精度受限于相应的制造工艺精度。例如，最高等级（第三级）球轴承的滚珠的圆度误差是 3×10^{-6}in。如果一套轴承平均有 9 个滚珠，整个组件的最佳"摆动"误差小于 9×10^{-2}，或者说是 1μin。如果采用相距 1in 的两套轴承支撑一根转轴，对应 1μin 的摆动误差，则该轴的摆动量约为 2μrad，这并未包括轴承套圈、轴对套圈支架等同心度误差。这种与零件几何尺寸相关的误差与枢轴的运动基本上是一致的，所以是周期性的。因此，尤其是在光栅扫描系统中，这些误差会造成有害的摩尔条纹图。若用人眼观察，则摩尔条纹比非周期性或随机误差更明显，有时会导致实际上已满足摆动误差技术要求的扫描器让人无法接受。

该问题在为印刷应用设计的系统中尤为明显，因为，人眼对 $1/10\mu$rad 周期性角度误差所产生的摩尔条纹都非常敏感。而挠性枢轴没有这些误差源，作者所在工厂采用光栅模式挠性扫描器生产的印刷机具有小于 $1/10\mu$rad 的周期性误差，就是专为解决摩尔条纹问题而研发的。

随着对精度要求的提高，普通的立式止推轴承逐渐式微。由于枢轴精度取决于散装件外形几何尺寸的严格控制，致使如在 1μrad 应用中轴承外圈有一个 1μin 的凹痕（在 10μrad 应用中是无法探测到的）就会成为约束因素。另外，挠性枢轴特别坚固耐用，不受灰尘及其他机械和大部分化学污染的影响，对冲击和振动也很不敏感。多数情况下，挠性枢轴可以放置在工厂级地板或室外环境下工作，而其他枢轴在这种条件下的工作寿命非常有限。

最后，如果挠性枢轴是在低于材料疲劳极限的峰值应力条件下运作的，则本身就具有无限长的寿命。在确定材料的有效疲劳极限及系统设计过程中，需要仔细消除各种应力梯度。美国马萨诸塞州列克星敦市剑桥科技公司保证其枢轴产品在任意环境和工作周期内工作 5 年，不会显示出统计意义上的重大失效率。对于连续运转的 8kHz 扫描器，该量值大于 10^{12} 个周期。当然，球轴承不能在摆动模式下以 8kHz 频率运转。然而，相比之下，在低于 1kHz 应用条件下，可以满意地运转，其工作寿命一般是 $(1\sim5)\times10^9$ 个周期。

当然，挠性枢轴并不完美。一般地，其横向刚性不如球轴承，在受到强烈的环境刺激或轴极加速度时，会造成意想不到的轴向间耦合运动。由于挠性装置在大角度时的弯曲会进一步降低其横向刚性，所以，使用挠性枢轴也较难实现大扫描角。要达到规定的极限角度的应力极限允许值，则更是倾向于采用较薄的挠性结构，但这样会进一步减小其刚性。当挠性扫描器的光学扫描角达到 80° 时，由于这些影响因素，尤其是为了获得极长寿命而需要装备极薄的挠性枢轴时，则能够允许的环境振动和转轴加速度公差就很小了。

一般地，设计挠性枢轴是为了约束应用所需自由度到最少数目。例如，经常允许转轴可以平行于其轴线做平移。从光学方面讲，这种平移没有什么影响，但可能造成有害振动，在极限情况下会出现灾难性的机械正反馈。采用交叉式挠性枢轴，有可能形成转轴零漂移的结构布局。利用此类设计，有望在小转动角度范围内使轴的漂移小于几微米。

9.2 挠性枢轴技术

对于任意一种应用，设计中可能采用的挠性枢轴的组合和排列非常之多，本节并不准备进行全面阐述，只是介绍最简单的挠性形式，即单轴结构。若是对称设计，最容易的方法是将单轴宽度乘以枢轴总数从而将该枢轴作为一个整体建模。对非对称情况，需要寻找另外的对应方法。9.2.1 节给出的公式假设应力完全相反，即挠性枢轴在中性位置两侧对称弯曲相同的角度。与土耳其弓一样，非反向或部分反向应力（布局）是很巧妙的设计，或许也为整块挠性材料提供了机会。事实上，有关"疲劳极限"的定义，即"在一组特定情况下毫无故障地无限期运行的最大应力"，是一个备受争议的话题，到目前为止还没有最终的结论。

部分反向应力的情况是一个变化更多的课题。显然，挠性设计基础理论之一是理解挠性应力的安全上限。因为缺乏可靠的公开的数据，并且在标准实验室环境中使用时，作者认为，对于铁基材料，在干燥工作环境条件下，采用极限强度的 35% 作为安全值是合适的。

9.2.1 相关计算公式

挠性枢轴设计师感兴趣的主要参数：枢轴的旋转弹簧刚性系数，在某些最大应力等级下可以达到的最大扫描角，某些扫描角下使枢轴弯曲的最大应力，当疲劳极限、长度、杨氏模量和运转角度已知时枢轴的允许厚度，以及转轴-枢轴组件的第一谐振频率。

显然，这些公式是一阶近似的。然而，研究人员已经发现，由此造成的误差非常小，所用挠性材料的密度、实际有效长度和厚度等微小变化都会对结果产生影响。如果是对某些特定参数（如机械谐振器的频率）需要进行极精确控制的应用，则应设计一些"调整"机构，以便单独做最后调谐。

这些公式还假设，挠性枢轴安装架的刚性无限好，相当均匀地支撑着枢轴，不会造成应力梯度分布，也不会产生相对运动。除了刚性，只要认真设计，一般都能满足这些条件。这里建议，首次从事设计工作的设计师，应对支架刚性认真进行有限元分析（Finite Element Analysis，FEA），或者在设计计划中做一两次迭代。不变截面板簧的计算公式如下：

交叉挠性枢轴

旋转弹簧刚性系数为

$$K = EWT^3/12L$$

机械角度（单位为 rad）的峰值为

$$A = \frac{2LS}{ET}$$

最大应力为

$$S = \frac{ETA}{2L}$$

厚度为

$$T = \frac{2LS}{EA}$$

悬臂式挠性枢轴

$$K = P/d = 3EI/L^3 = WT^3 E/4L^3$$

$$S = 6PL/WT^2$$

$$A = d/L$$

$$P = Kd$$

$$d = AL$$

$$T = (6PL/WS)^{1/2}$$

$$U = 1/2d^2$$

谐振频率为

$$F = 1/2\pi(K/J)^{1/2}$$

式中，E 为挠性材料的杨氏模量；W 为挠性枢轴宽度；T 为挠性材料厚度；L 为挠性枢轴的有效长度；A 为挠性枢轴的最大扫描角（单位 rad）；S 为挠性材料承受的峰值应力；P 为悬臂梁端点位置处载荷；d 为悬臂梁端点处偏转量；F 为挠性枢轴/转轴系统的第一旋转谐频或悬臂梁/反射镜系统的基本振动频率；J 为各自系统的组合惯量。

关于挠性枢轴设计有大量详细的参考资料，本章参考文献列出了一些。

9.2.2 挠性材料

根据挠性材料物理常数的相互关系，可以立刻发现应力正比于杨氏模量。允许的应力正比于挠性材料的疲劳极限，而大多数研究者认为其正比于材料的强度极限。（目前认为，所谓的比限或屈服强度并非一个很有用的概念，为此，本节将尽量避免使用此术语。）根据该理念，建议采用术语品质因数来分类挠性材料。其定义是，材料的疲劳极限除以杨氏模量。由于疲劳极限确切值大多未知，因此，可以采用极限强度值替代，原因在于相信这两个量值是直接成正比关系。

若采用目前可用的特殊材料或缺乏明显可塑性或具有其他缺陷的材料，将使应用成为问题，一些材料的参数见表9.1。

表9.1 一些材料参数（包括极限强度）

材　料	杨氏模量/(lbf/in^2)	极限强度/(lbf/in^2)	比　值
碳/石墨	$<2\times10^6$	375×10^3	0.19
金刚石	150×10^6	7.69×10^6	0.051
玻璃纤维增强环氧树脂	5×10^6	240×10^3	0.05[1]
硅	27.5×10^6	1.02×10^6	0.037
铍/金	15×10^6	210×10^3	0.014
弹簧金	15×10^6	180×10^3	0.012
铍/铜	18×10^6	180×10^3	0.01[2]
Ti $^{-6}$Al $^{-4}$V	19×10^6	205×10^3	0.01
7075 铝	10×10^6	98×10^3	0.009
Uddeholm 718[3]	30×10^6	265×10^3	0.009
控制相变不锈钢 17-7PH	30×10^6	235×10^3	0.008
铬镍铁合金	31×10^6	250×10^3	0.008
不锈钢 302SS	28×10^6	200×10^3	0.007[4]

① 该材料没有电导率数据，因此可能会影响其实用性。

② 铍/铜材料的疲劳极限确切值已经公布，是 40lbf/in^2[1]。

③ 瑞典乌德霍尔姆（Uddeholm）钢厂生产的一种钢材，型号为 Uddeholm718，俗称为模具钢。原书错印为 Udeholm 718。——译者注

④ 令人关注的是，这种材料不仅工作时变硬，而且杨氏模量也随工作增大。所以，应尽可能彻底地对其进行辊压，以便使用中使其杨氏模量增大的尽量小。公布的杨氏模量范围是 $(24\sim28)\times10^6$lbf/in^2[1]。

在有些应用中，重量轻或体积小是最重要的。对这种情况，应该给出的是比强度而不是极限强度，见表9.2。

表9.2 各种材料的参数（包括比强度）

材　料	杨氏模量/(lbf/in^2)	比强度/(lbf/in^2)	比　值
碳/石墨	$<2\times10^6$	$3\,509\times10^3$	1.75
玻璃纤维增强环氧树脂	5×10^6	$3\,200\times10^3$	0.64[1]

（续）

材　料	杨氏模量/(lbf/in^2)	比强度/(lbf/in^2)	比　值
硅	27.5×10^6	$12\,300 \times 10^3$	0.448
金刚石	150×10^6	61000×10^3	0.407
7075 铝	10×10^6	961×10^3	0.10
Ti^{-6}Al^{-4}V	18.5×10^6	1120×10^3	0.06
铍/铜	18×10^6	557×10^3	0.03[②]
Uddeholm 718	30×10^6	936×10^3	0.03
控制相变不锈钢 17-7PH	30×10^6	830×10^3	0.03
铍/金	15×10^6	301×10^3	0.02
弹簧金	15×10^6	301×10^3	0.02
铬镍铁合金	31×10^6	749×10^3	0.02
不锈钢 302SS	28×10^6	697×10^3	0.02[③]

正如所预料，铝和钛（合金）材料在表中的位置稍有上移，但没有太大变化。当然，也可以根据其他特定目的，如惯量最小，编制另外类型的表格。由于枢轴本身的惯量重要性较低，所以，这部分留给有兴趣的读者自己学习。惯量的单位是质量×半径二次方，所以，比强度除以动态刚性应当可以得到这样一张表［动态刚性是杨氏模量除以密度二次方（半径二次方范围内）］。

然而，这里有两点要说明：第一，大部分工程公司由于受经济性指标的限制，会以这一点作为反对采用这些材料的最佳借口，除非能够列出无可辩驳的技术原因或其他理由。据作者所知，在制造极名贵笔尖时，几乎都使用如铍金和弹簧金等贵金属合金。在这种应用中，由于抗疲劳性、耐腐蚀性、耐磨性、外观和"感觉"的独特组合提高了最终产品的市场表现，所以认为采用这些材料是合理的。第二，事实上，对有色金属材料长期的抗疲劳性能知之甚少，或者说，公开的资料较少。部分原因是长期以来都在使用铁基合金，对其综合性能有深入研究，并有现货供应，所以广泛应用于众多具有苛刻要求的领域。有人可能会说，铜合金应用时间更长。虽然这是真的，但一般来说，一旦使用这种合金，会由于铁元素作用使合金变黑而黯然失色。

在特别注重耐腐蚀性的应用中，已经使用不锈钢代替青铜材料，除了考虑磁化率、电导率或热导率之类问题的应用领域，也都使用不锈钢代替制造弹簧用的铍铜合金和磷铜材料。

事实上，根据该领域已经出版的文献可知，有色金属具有低得非常令人失望的疲劳极限[1]。美国剑桥科技公司关于铍铜挠性材料的试验工作为该观点进一步提供了证据。

然而，采用铁基材料的主要原因，简单地说是其具有很好的挠性。只有极少数的情况下，"其他"材料才具有明显的技术优势（其实很难实现），不过会需要投入相当大的资金或其他资源，研发投入效益可能是负的。这里举一个例子，美国剑桥科技公司已经放弃使用"耐应力"钢，而用不锈钢 302SS（见表9.1和9.2最后一行）替代。尽管空气压缩机制造商已经确定可以满足挡板阀（或枢轴阀）需要的材料厚度，但没有一家能够很好地供应枢轴所需的薄金属片。这种材料不能重新轧制；且新的厚度技术条件要求轧机生产一次运行成本超过25000美元；还需要再等待2年，这导致所生产的枢轴完全超出了目前对枢轴产品寿命的需求；必须小心贮存，仔细管理等；会多年抑制更新需求，否则就浪费了巨大的投入，只能弃用。

当然，并非所有的枢轴都需要无限地运转下去。例如火星探险一类科学任务，或许只需要枢轴运动几十万次。在诸如此类情况下，由于重量轻和高可靠性比寿命更为重要，可以设计一个有限寿命的枢轴以节约资源。很容易联想到其他正确的应用领域，作者为原子武器大气检测任务成功设计和试飞过枢轴系统，它们只需要工作几十个周期。

遗憾的是，有限和无限寿命之间的界线很清晰。由于对中小型装置建模并进行寿命验证试验很实际，因此，可以较容易地精确预测寿命与应力的相互关系。例如，根据美国奔迪克斯公司（美国纽约州尤蒂卡市）公布的图表[2]，给出了该公司生产的标准挠性枢轴在不同载荷条件下的寿命与周期的关系。这些图表给出了 35000 周期、220000 周期和无限寿命的载荷线。这些曲线中，角度扩大了 2 倍，载荷范围为 0% ~ 100%。可以利用插值法进行计算，但当要其逼近无限寿命时，实际载荷和角度上的小小误差会使其失效，从而获得灾难性结果。对装置进行测试以验证"无限"寿命，将会耗费很长时间，并且应当谨慎进行各种形式的加速试验。即便如此，许多挠性枢轴制造商已经研发出加速测试方法。这些企业，如美国剑桥科技公司，将这些方法列为商业机密。一条经验法则（符合普遍接受的疲劳失效理论）是，如果一种挠性结构能够在干燥环境和较低应力条件下毫无故障地完成 3×10^7 次周期循环，则认为可以无限期运转[3]。

正如下一小节要讨论的，在对一种材料内在结构的合理性及精加工程度存在疑问而进行大量研发投资之前，应当对材料质量方面隐含的一些技术要求有所了解。尽管如此，每当对一种具有良好工作性能的贵重进口材料进行重大技术评估时，深入探讨都是值得的。应牢牢记住将钻石留声机唱针成功推向批量市场的案例。

9.2.3 应力

如果对枢轴失效的原因排个顺序，应当发现，除了应力超出设计值外，所有失效原因都源自应力增大、腐蚀或各种原因的综合效果。下一小节将讨论相关的腐蚀问题。本小节仅介绍应力增大问题，一般由下列原因所致（按照重要性排序）：挠性箔片表面的光洁度较差、制造时在枢轴边缘留下划痕、安装误差或枢轴材料本身存在杂质。本章关于挠性装置制造和装配工艺的内容，将较详细阐述如何避免应力增大。

应力增大是指，挠性装置中局部或整体产生的应力超过该部位设计值。由于与本节内容关系较为密切的大部分挠性装置都是用辊轧材料制造的，所以要注意的是这些材料的机械性质并非完全各向同性，材料晶粒在一个方向被拉伸得更长。换句话说，晶粒在长度方向要比其宽度方向更长。因此，材料的耐疲劳性也是各向异性的，与平行于晶粒的方向相比，在垂直于晶粒方向的耐疲劳性更高。为此，在制造箔片挠性装置时，必须规定晶粒方向，如果热轧箔片被切割成更小的薄板，为了保留晶粒的方向信息，必须在每块波板上标出压轧方向。由于耐疲劳性对挠性装置至关重要，所以，挠性材料通常必须以规定方式切割，以使其在运转过程中造成的弯曲垂直于晶粒。

普遍认为，定向挠性枢轴的应力增大的原因，是制造挠性箔片的辊轧机表面上的划痕。虽然不太直观，但可以肯定，较厚区域的挠性应力增大。对于挠性材料来说，采用辊轧工艺，表面质量不是太好，尤其当挠性枢轴较薄时。例如，对于利用表面平均粗糙度（Roughness Average，RA）为 $32\mu in$ 的标准精轧材料制造的 0.001in 厚挠性装置，两侧划痕深度允许达到0.0001in。如果有两个位于彼此的上端，则挠性枢轴的局部厚度就是0.0008in。若划痕延长到挠性装置具有应力部分的边缘，则面积减少20%很有可能相当于一个豁口（或凹槽）的作用，易诱发裂缝。另外，制造箔片的轧辊（或滚筒）有划痕，则在箔片上会形成相反的划痕，也就是会形成局部厚度增大的区域。由于应力正比于厚度的三次方，所以，利用相同的样本尺寸，但局部应力会超过设计值的95%，并可能导致失败。当然，杂质微粒也会产生相同效果。

美国剑桥科技公司规定由其辊轧的挠性箔片的表面粗糙度$Ra < 4\mu m$。对于至关重要的应用，最好是对辊轧箔片进行100%的X光检验，以发现材料内的杂质、裂纹、空隙或其他缺陷。

最后阐述的一项重要内容与材料质量无关，但可能是避免应力增大设计中最容易忽略的一项。几乎每种挠性枢轴的宽度都不一样，通常与固定方法有关。由于这部分变化与拐角处应力分布半径或圆角有关，所以也是绝对重要的。否则，在这些位置将不可避免地会出现裂纹而导致故障。

图9.1给出了美国剑桥科技公司正在生产的一种挠性组件。实际上，它是用一根杆（沿基线"B"的一个水平零件）将两个挠性装置连接在一起的零件。这两个挠性装置是用同一块金属相近邻部分同时制成的，因此，利用这种方法制造的一对挠性装置最大限度地保证了对称。此外，该连接杆的"自夹紧"特性使得在装配期间无须调整其平行度及每个的有效长度。

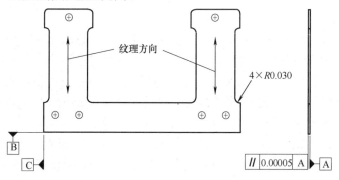

图9.1　一种典型的挠性装置

应当注意图中给出的技术说明、确定纹理方向的箭头及每一部分变化时拐角的半径。

9.2.4　腐蚀

这里假设，挠性装置设计师已经考虑到设备运行期间的环境条件，并对大气或环境腐蚀采取了适当的预防措施。本节仅讨论使用过程中在高应力条件下对挠性装置造成的腐蚀类型，电偶腐蚀的影响及由电镀造成的氢脆现象。

腐蚀与应力增大密切相关。大部分腐蚀是从裂缝开始的。缝隙腐蚀或是由应力龟裂造成裂纹的，或者增大应力龟裂的 。然而，有一块腐蚀区域（难以遇到）的形成机制是不同的，是与应力没有直接关系的，是元素电化学序列中相距足够远的两种金属相接触而产生的一种电化学腐蚀。在非常干燥条件下，这种效应并不明显。但是，如果是有电解液的情况，则会造成电偶阳极快速腐蚀。在应力条件下，即使是由于毛细作用而使裂缝中存有大气水分，也可以形成很强的电解液。由设计人员决定溶解电偶的哪个电极，一般地，最好对两者都尽可能提供保护。表 9.3 给出了电偶的理论值。

表 9.3　电偶的理论值

序号	材　　料	海水条件下相对于甘汞的电势
1	金，铂金	+1.5V，强阴极性
2	铑，石墨	+0.05V
3	银	0.00V
4	镍，铜镍合金，钛	−0.15V
5	铜，镍-铬合金，奥氏体不锈钢	−0.20V
6	黄铜和青铜	−0.05V
7	优质黄铜和青铜	−0.30V
8	含有18%铬的不锈钢	−0.35V
9	含有12%铬的不锈钢，铬	−0.45V
10	锡，锡铅焊料	−0.50V
11	铅	−0.55V
12	2000 系列的铝	−0.60V
13	铁和合金钢	−0.70V
14	2000 系列之外的锻铝	−0.75V
15	非硅铸铝	−0.80V
16	镀锌钢	−1.05V
17	锌	−1.10V
18	镁	−1.60V，强阳极性

美国军标 MIL-STD-186 规定，在某些情况下，彼此间隔的相邻两组金属可以耦合。但这并不意味着，不会发生电化学作用，而恰好表示在大多数场合下，腐蚀速率相当缓慢以至于显得不太重要。

美国剑桥科技公司的标准产品利用 13 个紧固件将 5 个挠性装置安装在 14 种材料组成的支架上，从而满意地连接在一起。对挠性装置来说，由于铝材料阳极性相当强，会缓慢地溶解，而较为敏感的挠性装置不会受到影响。对于要求苛刻的应用，所有的铁基材料零件在装配之前都要进行镀锡处理，铝材料进行阳极氧化。

在这种情况下，那么就有必要讨论一下高强度钢电镀的不利方面，即所谓的氢脆现象。电镀工艺期间，如果使用水溶液，则电化学过程含有氢离子，即失去了电子的氢原子。这些非常小的离子能够挤到钢材料晶界的晶格结构中，它们甚至可以产生接近 13000atm[⊖] 的压力。在应力条件下，氢离子和外部应力的合成力使金属断裂。这是大自然开的一个残酷玩

⊖　atm：大气压，$1atm = 1.01 \times 10^5 Pa$。

笑：诸如挠性装置经常采用的那些极高强度的钢材料，都会受到该过程的严重影响；并且，为了消除氢气而需要进行的热处理工艺，严重限制着沉淀硬化不锈钢（如17-4PH）可以达到的强度。对可能要求进行电（化）处理的挠性装置，这是选择具有时效硬化等级钢材（如302不锈钢）的理由之一。

众多作者青睐的应力-腐蚀而形成裂纹的理论是电化学理论[4]。根据电化学理论，可以由非均相确定金属颗粒与阳极电路之间形成的自发电池。例如，Al-4Cu合金沿晶界沉析出$CuAl_2$就会在晶粒边缘形成脱铜电路。若是拉伸应力，该合金会暴露在有害环境中，随后，金属会发生局部电化学反应而被溶解，加上塑性变形，金属就会裂开一条缝。支持这种理论的证据是可以测量出的金属晶界处的电势，与晶粒电势相比该电势是负的。一旦出现裂缝，毛细作用有助于将电解液输送到裂缝端部，并继续传播。图9.2是这种概念的一种解释。

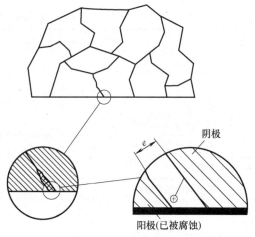

图9.2　应力-腐蚀产生裂缝

9.3　挠性枢轴制造技术

9.3.1　材料制造技术

可以利用各种工艺制造挠性枢轴，但对小型精密枢轴，经过精细辊轧的薄板或箔片能够得到最佳的致密度、均匀性及表面粗糙度。此外，脱离轧辊之后，许多材料的硬化都是采用了适当的回火处理工艺（为了满足使用要求）。所以，不能过分强调表面粗糙度，这对薄挠性枢轴性能至关重要。据目前所知，没有一种工艺能够利用专用机床进一步改进精轧铁基材料的厚度均匀性、平面度、免受划痕及回火热处理的一致性。有趣的是，无论采用化学还是与离子撞击相组合的方式，都有可能通过研磨和抛光或蚀刻工艺获得实验材料，从而改变材料性能。除非采用一种完全相同但很昂贵的工艺流程制造所有需要的挠性枢轴，否则该试验挠性枢轴应当采用正常工艺生产的材料制造。事实上，花费不足 \$ 3000就可以从有信誉的单轧厂获得100lb（最低购货量）挠性材料（如302不锈钢），而100lb的箔片能够制成千上万根挠性枢轴。因此，没有任何理由不利用批量生产材料制造实验件。为什么这是最佳方法呢？原因如下：

首先，为了方便讨论，以0.005 00in ±0.000 020in厚度作为讨论基础，在冷轧机上实现所需厚度的工艺，通常要求精轧机从开始就使用经过精细退火处理的材料，其标准厚度约为完工厚度的10倍，在该情况中大约是1/16in。即使如此，材料经过每次回火处理后的平整度都有百分之几的变化，因此，每次处理后的厚度变化会有10/1 000 000～20/1 000 000，薄板截面中心处厚度也有百万分之几的变化。即使材料边缘能够满足挠性使用要求，但为了使挠性装置具有最佳均匀性，较为实用的方法是购买的所有材料都生产自同一台轧机。如果不可能或产品需求超出了所有预期，最佳措施是对后续的每匝挠性材料重新检验认证，并对挠性装置进行宽度调整以补偿所检测到的弹性模量或弹簧劲度系数的变化量。挠性装置的刚性与宽度是线性关系的。一个新的掩模板（photo tool）仅几百美元，所以，如此调整宽度是一种既可靠又经济地逐渐确定挠性刚度的方法。

至少对于一些至关重要的应用，非常值得对材料进行 100% 的 X 射线检验以便发现杂质、裂纹或空洞。

9.3.2　挠性材料截切技术

利用冲压、胶条坯件的普通机械加工、激光、水射流或电子束切割及光致抗蚀剂光刻图案的化学蚀刻等技术，可以将薄板或箔片材料制造成挠性装置。最新的工艺是美国剑桥科技公司的标准工艺，并且，由于这种工艺应用广泛、精度达到微英寸数量级、快速、重复性好、可以局部切割、光致抗蚀剂可以对敏感表面进行保护，所以，在大部分情况下，是大多数工人最喜欢采用的工艺，也是最廉价的工艺。

由于切割线附近区域的金属会被熔炼，所以，其他方法可能会造成性能变化。这种可能存在的变性包括热效应、加工硬化效应及合金成分或金相的变化。磨料射流或水磨料射流、激光切割及电子束切割会造成挠性材料的厚度局部变化、产生应力梯度，机械加工、冲压（包括精密下料加工）则会伴随着相对大量无法控制的运动。

采用这些方法进行处理时，很难对表面采取足够的表面保护措施。

即使采用光蚀刻技术制造产品，也可能产生不良后果。例如，双面蚀刻的边缘结构是一种不规则、边缘清晰、充满应力梯度的双尖形状。图 9.3 给出了这种形状的边缘结构。

此外，应当按照以下原则规定挠性器件与基板间的连接点位置：连接点通常位于没有应力的拉杆或安装杆上，不会有应力影响。消除双尖形状及相关应力梯度的最好方法是置于适当介质中磨光（选择浆状介质进行消除而非刮刻），既可以去除双尖形状，又不会擦伤表面。在一定的放大率条件下，应当 100% 观察不到挠性器件的边棱。在 20 倍放大率时，如果发现挠性器件具有缺口或划痕，则作为废品处理。

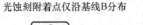

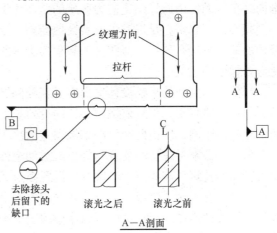

图 9.3　边缘的应力梯度

9.3.3　防腐蚀技术

对实验室或办公室环境，通常选用的大多数挠性材料具有足够的耐腐蚀能力。然而，在车间、舰船、室外或特定应用条件下，常需要做进一步保护，包括对整个机构进行密封和净化。若该方法不实际，则对挠性器件本身（如果必要，包括其配套零件）进行防护。当然，这种保护，尤其对于挠性装置，不应对零件基本功能和性能产生不必要的影响。美国剑桥科技公司对铁基材料零件进行热油回流镀锡（包括压板和螺钉），就是一种采用的保护措施。非常薄的锡层就具有良好的保护作用，是 302 不锈钢挠性材料的阳极。其杨氏模量很小，是一种润滑膜，有助于均匀地分布夹持力，且重量轻。然而，对于 5000、6000 和 7000 系列的铝合金，以及 355 和 356 型号的铸铝，则是阴极。当然，对于镁及其合金，更是阴极作用。

在此给出的解决方案就是对任何与其配对的铝或镁零件都要进行氧化处理，并用适当材料（如硅酸钠）进行密封。虽然美国军标 MLT-STD-186 规定锡材料可以与镁材料相接触，但最实际的组合是将镁材料阳极化；或者说，若是多孔铸件，可以将铸件在真空环氧树脂中浸渍，之后阳极化。

9.4 挠性装置安装技术 ←

如果精细设计的挠性器件的所有潜在性能都需要达到，则必须仔细安装挠性器件。有三个方面需要考虑：

第一，从挠性器件本身，到安装该器件所采取的措施（无论采取何种措施）。例如，挠性器件可以设计一个整体安装片以便用加强型松口式卡箍支撑，并利用粘结剂或焊料将卡箍与挠性安装片固定；没有设计该安装片的挠性器件，可以将其夹持、焊接或胶结在一个槽中；无论有或无安装片的挠性器件都要正确焊接等。不管采用哪种方法，必须做到从高应力工作区到安装支架的应力分布应是平缓、可控的，并且没有应力梯度。一般地，无论安装区域还是安装支架体，都不能使挠性装置本身产生应力集中。通常，挠性装置在安装部位是逐渐向外扩展的，因此，产生应力区域的截面积增大，从而使主要挠性器件之前的应力强度减小到相当低的水平，足以避免安装区域断裂。上述任何一种方法都可以使用。美国剑桥科技公司的标准方法是采用类似图 9.1 和 9.2 所示的扩口式薄片。圆角半径必须保证拐角处是毫无应力梯度的过渡。

当然，拐角处的半径设计又提出了新的问题——有效区域何处结束及安装区域从哪里开始。通过实验发现，如果取挠性装置的有效长度作为挠性器件固定宽度部分与端部处半径之间切点间的距离，则由此产生的结果误差取决于挠性装置的厚度公差。

第二，必须考虑挠性装置与静止或运动组件的对准情况。经常遇到的情况是，为了承受交叉轴间的转矩，需要沿旋转轴方向设置多对或多组挠性装置。因此，在一个有代表性的系统中，可能有多达 4 个或 6 个挠性装置需要逐个校准。在这种情况下，厂商通常利用拉杆装置将挠性器件连在一起，拉杆可以连接固定下来或装配后去除。这种方法至少减少了两个挠性装置之间需要校准的次数，如图 9.3 所示。

第三，设计师必须决定是否将挠性装置安装在非常坚实的固定、运动或兼而有之的部件上。如果设计成功，则前面列出的设计公式将给出可预测的结果；若不成功，就在获得满意的性能之前，做一些迭代设计。

然而，在得出结论之前，设计师应当考虑到，转子和/或定子使用的经济廉价材料常常不是高疲劳强度的材料，甚至可能不是高质量材料。因此，对于一些如杨氏模量和强度等物理参数的技术要求，可能比较宽松或不太清楚。此外，对于总体功能来说，其他一些参数很有可能要比疲劳强度更为重要。例如，对于定子来说，或许认为导热性更重要；而对于转子来说，惯量小才是至关重要的。无论什么原因，通常都希望与挠性装置配套的零件采用刚性稍差些的材料（与挠性装置本身相比），然后适当增大安装区域的截面积。然而，若使用铝镁合金制造转子，为了实现惯量最小化和提高其刚性而加大/加重离轴最远端零件的方式并非最佳选择。事实上，更好的总体解决方法，是允许安装支架在具有载荷条件下稍有弯曲，并重新计算挠性装置（若必要）以进行补偿。应当知道的是，由于安装支架与挠性装置具有同样或更好的刚性，夹持载荷至少会部分地传递给挠性装置，可能会在最糟糕的位置（支架过渡区）使其过载，因此，挠性支架无论如何都会有一些偏转。本章，如同对挠性装置本身一样，也将着重强调与挠性装置配套的衬垫的平面性和表面粗糙度。基于该原因，同时由于很难保证窄槽两侧具有很好的表面粗糙度，且不可能检验，所以，不鼓励使用槽型结构。最好使用一种经过精密机械加工和研磨的衬垫、散装夹板及螺钉固定方式以分配局部载荷。从长远而言，这样成本也低。建议在挠性装置及配套零件表面间每侧都贴上一层锡、铟箔或粘结剂，从而填充表面凸起处之间的微小空隙和低洼处，保持界面接点位置的防蚀效果。特别是在准备采用极具刚性的配套结构时，必须重点强调要谨慎地安装挠性装置。

9.5　交叉挠性枢轴

9.5.1　概述

当然，挠性装置有众多用途和种类。上述的挠性枢轴或许是最古老的应用。直线运动机构（可以说，是最难设计的支撑结构类型）已经从挠性技术中获得莫大利益。作者花费了 20 年时间设计和制造了迈克尔森（Michaelson）扫描干涉仪使用的支撑结构，包括平面弹簧（diaphragm flexure）、"秋千式"平行挠性器件、奔迪克斯（Bendix）秋千结构枢轴及其他类型机构。这样的直线运动一般不考虑支点，所以，在此不予详细讨论。建议对直线运动感兴趣的读者阅读本章参考文献 [4，5]。本书其他章节将详细介绍扭矩型挠性装置。

一种非常有代表性的由已故尼尔斯·杨（Niels Young）设计的挠性支点（枢轴）如图 9.4 所示。该机构最初作为迈克尔森扫描干涉仪的一种直线（运动）机构。膜片式结构（不是瓦楞式或平面式）由大量准径向弯曲的透缝组成。这些窄缝大大增加了膜片机构的轴向柔软度，而丝毫不会降低材料的径向刚性或使直线运动产生偏差。然而，已经发现，如果将其中两张膜片安装在相隔一段距离而设计有对准槽的柱脚上，则柱脚在平移的同时会伴有少量旋转。这种现象不利于应用，所以，膜片应当彼此反向安装，从而对旋转起到约束限制作用。

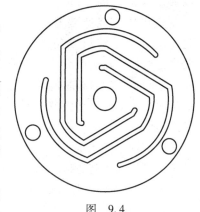

图　9.4

后来，为了将光学元件对准，需要挠性装置具有精密可调的很小量的旋转，即前述的杨氏挠性装置的"缺点"。作者认为这是一件好事，并得到成功应用。

自 20 世纪 60 年代以来，已经普遍承认，交叉挠性支点（或枢轴）在单挠性装置枢轴类型中具有最广泛可应用的特性。这种适应性广的优点也代表了强大的竞争力，以至于使美国奔迪克斯（Bendix）公司设计和制造了一系列不同材料和尺寸、自成一体的挠性枢轴，并得到顺利推行，这类枢轴也普遍被称为奔迪克斯枢轴。

9.5.2　奔迪克斯枢轴

1962 年 11 月，《自动控制（Automatic Control）》杂志一篇名为"对挠性枢轴应用的研究（Consideration in the Application of Flexure Pivots）"的论文[6]向业界介绍了奔迪克斯"自

由挠性"枢轴。

从英国鲁克斯航宇（Lucas Aerospace）公司还可以购买到现货，但应考虑这些高质量、标准化和量化的枢轴是否满足自己的应用空间，并且需要适当批量生产。采用这些装置，尤其在合格性测试方面可以节省大量的时间和精力。该产品分为单端（悬臂式）和双端两种类型，图9.5给出了一般的结构原理[7]。

总布置图（90°对称交叉图）已经成为设计标准，是许多专用装置的设计起始点。然而，该图的缺点是，当枢轴完成角运动时，旋转轴会有平移，其运动不是线性的，量值又也较大。当许多光学应用允许在垂直于反射镜平面方向具有足够的平移量时，较重物体移动所产生的振动可能会限制系统的速度。正如本章概述所介绍的，有可能设计一种零平移量的交叉挠性枢轴。即使其装配精度要求很高，但原理上有希望成功制造出来。挠性装置支柱长度之比决定着平移量及角度与平

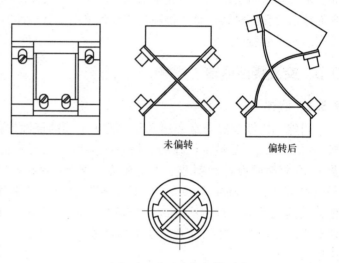

未偏转　　偏转后

图9.5　奔迪克斯枢轴

移曲线的形状。在美国奔迪克斯公司的设计中，立柱长度相等，交叉点位于旋转轴上且初始与安装管同心。随着枢轴旋转，旋转轴沿着一条曲线轨迹偏离该中心，其尖端同心且对称，但形状取决于交叉处挠性臂长之比。由于旋转轴相对于其他机构通常是空间中的一条直线，所以该轴受制于载荷，挠性装置也必须相交于该轴。改变挠性装置臂长比的唯一方法，是将挠性臂从该轴延伸向定子（使该轴和转子安装点之间的臂长固定不变），直至达到所希望的臂长比。这将不可避免地增大定子挠性安装点相对于转轴的直径。理论上，要达到零平移，则臂长比是12.5%~87.5%。采用怎样的臂长比是需要慎重考虑的一件大事，所以，大部分设计采取一种可行的折中措施。

9.5.3　美国剑桥科技公司的交叉挠性装置设计实例

图9.6～图9.9给出了一个挠性枢轴光学扫描装置的装配顺序，代表着美国剑桥科技公司的工艺水平。

这种1995年设计并仍在生产的扫描器，应用于高质量、大幅面、印制多色杂质插图的打印机。一个30mm孔径的椭圆反射镜以160Hz的频率完成30°的光学扫描，扫描线的直线度是几个微弧度。本节将重点介绍设计中优先阐述的每种设计和结构特点。通过跟踪生产的数千个扫描器的使用，许多已经以160Hz（完成 4×10^9 个周期）频率工作了20000h，没有一台以任何理由返修过。

图9.6给出了转子-挠性装置组件。请注意挠性装置安装支架过渡区、拉杆5及螺钉头下的重叠松夹片。这些挠性装置采用光刻法制造、经过研磨、在20倍放大率下对边缘进行100%检验，并且镀锡。图9.7给出了安装在定子中的转子及其挠性装置组件。定子和转子

的安装垫圈上设计了配准标记,用以定位挠性部件及其压板的端部位置,确保挠性装置具有相等的有效长度,以及转子与定子旋转轴的平行度。注意到,挠性装置的安装垫片是单独的,可以很容易地进行机加、研磨和检验。一旦装配到定子组件中,就完成了整个枢轴机构的装配,并很容易(毫无难度地)进行检验和测试。一旦质量合格,就可以安装在图 9.8和图 9.9 所示的机壳内。

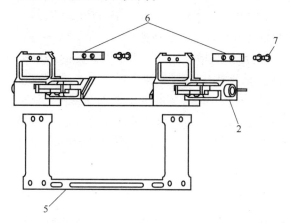

图 9.6　转子-挠性装置组件

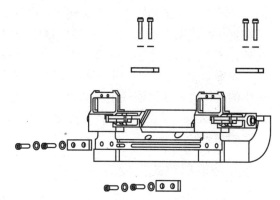

图 9.7　转子-定子组件

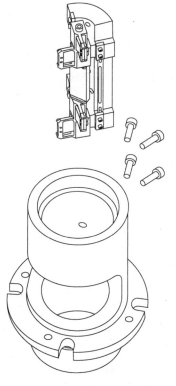

图 9.8　定子-机壳组件的解析图

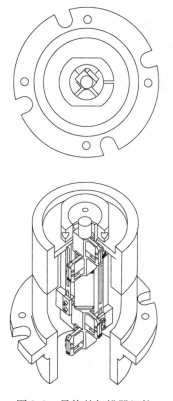

图 9.9　最终的扫描器组件

本章参考文献［8］介绍了一种很有意义的改进型设计，设计要求这种扫描器对微量振动和机械噪声相当敏感。由于高速运转的交叉枢轴会使轴有一个周期性平移，有可能通过支架装置将振动传递给其他机构。在这种情况下，不是通过螺栓将定子-转子组件直接固定在壳体上，而是支撑在一组挠性装置上，从而允许定子与支架之间有少量旋转。这些挠性装置使枢轴组件相对于壳体有扭转和横向振荡。所以，这类挠性装置使枢轴组件与壳体隔离，并用螺栓将壳体与光学系统固定，而丝毫不会引起壳体的有害振动。允许定子转动以应对转子的反向转矩。定子和转子反向旋转，角摆动的相关振幅近似反比于其各自的惯量。转子与定子惯量比的典型值是1:150，所以，该组挠性装置的角偏离量近似是转子挠性装置的1/150。此外，该组挠性装置还允许定子平移以应对转子转动过程中由其平移造成的中心的振荡平移。需要动态加速转子和定子的力彼此基本平衡。与直接用螺栓将相同的枢轴固定在壳体上产生的平移力相比，该残余平移力的量值近似等于枢轴组件重量与壳体重量之比，一般是1:15或更大些。当然，如果需要，设计中可以借用这种挠性枢轴结构，在挠性枢轴内设计更多的隔离层。

9.6　廉价悬臂式扫描器

前面主要对一种具有代表性的高性能扫描器的结构细节进行了讨论，介绍了如何利用挠性枢轴的独特属性解决其他已知轴承系统无法解决的问题。从应用领域的另一层面来说，利用挠性枢轴可以制造价格低廉的扫描器，并可使得扫描器坚实、耐用又精密。

9.6.1　一般特性

图9.10给出了X射线照相术设计的一种悬臂式挠性扫描器，给出了平视图和正视图。其工作频率是50Hz±1Hz，峰-峰扫描角是40°。反射镜孔径满足45°标称入射角时12mm光束直径的技术要求。图9.11给出了挠性装置实物。图9.12给出了其解剖图。其中，1为挠性装置，2为反射镜，3为挠性压板，4为挠性支架，5为配重块（或配衡质量），6为驱动磁体。图9.10还给出了表示反射镜运动的箭头。悬臂扫描器在离中心很远的一段距离上使反射镜旋转，所以，反射镜在扫描期间沿臂梁"移动"，反射镜的交叉轴尺寸很长。挠性装置的弹性曲线取决于采用的驱动方式。在这种设计中，通过固定在反射镜中心下面的挠性装置端部的一块小磁铁进行驱动。该磁铁插入定子模块一对线圈内，彼此成90°，与磁铁轴线互成45°。其中一个线圈提供驱动通量，另一个作为速度线圈提供反馈信号。设计该线圈是为了使驱动和反馈线圈之间的电感耦合最小。这类驱动耦合是端部点载荷与端部周围转矩载荷的一种组合。因此，挠性端部的倾斜，也是反射镜表面的倾斜，既不遵守教科书上 $-PL^2/2EI$，也不符合 $-ML/EI$，而是一种综合形式。它对用于预测倾斜不确定性的磁体与护铁间的精确关系很敏感。当然，若预测倾斜对设计很重要，则可能采用其他更具预测性的驱动耦合法。无论如何，弯曲的挠性装置能够有效地减小某一特定扫描角要求的磁体偏转量（与简单悬吊式相比）。这就意味着，减小了挠性装置夹持端的最大应力；还意味着，质量弹簧（系统）的运动是正弦形式的，而偏转光束的运动是局部线性的。实际上，可以不采用简单的等截面矩形挠性装置，而采用三角形或三次抛物线形式、厚度逐渐变化的矩形挠性装置，两者的弹性曲线都有一个圆弧，并使反射光束的速度完全线性化。这两种变形结构比较复杂，提高了成本，不适合低成本的产品设计（设计初衷就是制作低成本产品）。

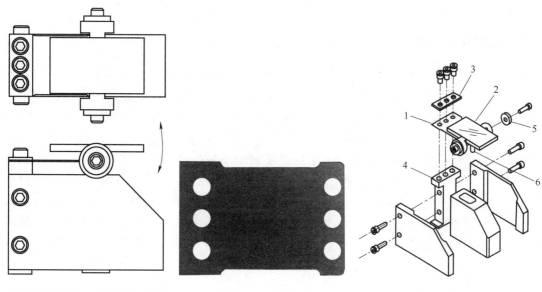

图 9.10　低成本悬臂式扫描器　　　图 9.11　挠性装置　　　图 9.12　悬臂扫描器的解剖图
1—挠性装置　2—反射镜　3—压板
4—安装支架　5—重量调整块　6—驱动磁体

9.6.2　设计案例

由于反射镜尺寸和扫描角是通过推理方式确定的，所以首先讨论运动零件的惯量。其主要的运动零件是反射镜和驱动耦合器件，具体来说是磁体。挠性装置的惯量通常可以忽略不计，虽然计入 1/3 的挠性器件惯量就可以获得精确的结果。一般来说，可以利用辅助设备使挠性装置、反射镜和引发惯量的驱动装置之间达到所要求的刚性连接。在这种情况下，采用 1 块铝盘、1 块挠性压板（图中未给出，但基本上与零件 3 相同）和 3 颗小螺钉。此外，该设计还设置有配重。一旦根据经验确定了频率的期望值，则对挠性装置和运动零件外形尺寸的控制，即使对频率有相当严格的技术规范时（该情况下为 ±2%），也足以保证具有较高的产量，所以没有必要调整配重量。然而，提供配重措施意味着，可以直接对经验频率稍作调整，同时调重又能使基本的扫描器配置各种尺寸的反射镜，并在最终装配工艺中，通过简单改变配重量以适应不同的谐振频率。

9.6.3　需要的电动机尺寸

假设机械的保守的质量因数 Q 值是 1000，那么，需要电动机每个周期大约传递存储能量的 1/1000。根据 $U = fd/2$ 计算存储能量。如前所述，并不能精确知道将要发生的位移量，但是，若不考虑挠性装置弯曲成圆弧的情况，并假设通过将挠性装置有效部分长度乘以峰值扫描角（单位为 rad）确定偏转量，就可以得出保守的估计量。假定挠性装置的长度是 0.5in，弹簧劲度系数是 6lbf/in，机械转角的峰值是 10° 或 10/57.3rad，则位移是 $(0.5 \times 10/57.3) \approx 0.087$in，力是 0.522lbf，$U = 8.3 \times 10^{-2}$in·lbf。因此，电动机必须具有某一最小尺寸才能支持 $(8.3 \times 10^{-2}/1000)$in·lbf = 8.33×10^{-5}in·lbf 以保证驱动。为了保证这一切，该情况下具有最小尺寸的电动机的功率是 $(8.33 \times 10^{-5} \times 50)$in·lbf/s ≈ 4.2×10^{-3}in·lbf/s 或 1.3×10^{-7}W。不可避免地，电动机还有 I^2R 损耗和通风损耗。如果电动机尺寸很小，就需要花费精力考虑扫描角方面的问题，因此，电动机稍微大些更有益。即使如此，很显然，这种低功率扫描器有可能成为由电池供电的耐用设备。

9.7 振弦式扫描器

图 9.19 给出了一种振动线扫描器的总体布局。利用弦乐领域（产生于 1300 年前）众所周知的公式 $F = \sqrt{T/LW}$，就可以设计一种扫描器，由双弦产生 180° 相移振动而使反射镜翻转。

式中，F 为期望的振动频率；T 为弦线张力；L 为弦线长度；W 为运动零件重量。

弦线间隔任意设定。如图 9.19 所示，反射镜固定在每根弦的中点，驱动装置安装在两线之间的反射镜底侧。一般地，由于反射镜和驱动器是主要的重量源，所以弦线的重量可以忽略不计，但严格来说应加上弦线 1/3 的重量。一对弦线两端被固定，并可通过一些方法调整弦线张力。重新组合公式，$T = LF^2W$，同时采用相应的单位，驱动装置可能与悬臂式扫描器类似，且在所有 Q 值和功率方面的内容都采用前面章节介绍的规定。两端悬浮支撑的这种扫描器要比悬臂式扫描器更耐振动，类似钢琴，非常适合宽范围的工作频率。

9.8 微机电挠性扫描器

微机电扫描器（属于 MEMS）将挠性器件和机电致动器集成在一起，从而获得高性能和低成本的小型扫描器。许多应用都非常青睐采用这些微型装置，但都比不上电话行业的光学开关应用。

可以将扫描反射镜直接制造在微机电扫描器载体上，也可以以散件形式固定在机械组件上。一般地，其孔径是 $0.1mm \times 0.1mm \sim 3mm \times 3mm$。目前，光学扫描角高达 20°。谐振频率一般是 $10 \sim 40kHz$，它与系统设计（结果）、反射镜尺寸和最大扫描角有关。

利用硅材料或在硅基板上制造小型精密结构，会涉及许多专门技术。偶然发现，对于小型挠性装置来说，硅材料具有很吸引人的性质，因此，可以利用制造半导体的基础设施来加工微机电扫描器。该制造技术非常适合制造压电致动器。

9.8.1 微机电扫描器设计技术

压电双晶片由两条大面积接触（相连）的压电元件组成，以下列方式形成电极：施加电场时，一个元件被拉长，另一条被压缩，从而造成两个元件弯曲运动。端部运动可以相当大，因此，能够用作电能转换为机械能的有效装置，反之亦然。它可以用于不同领域，如超声电动机[9]、激光探测器[10,11]、电子冷却风扇[11]、数字显示[12]、滤波器[13]、加速器[14-16]、光学斩波器[17]，以及用作最近发明的微型机器人的腿[18]。另外，它非常适合用作电信号转换为声音信号的转换器（扬声器），同样能作为探测声音的传感器[19]；还可以用作控制元件，来减小如太阳电池板之类空间载体结构的振动，以及办公室墙体的声音传输[20]。在阐述大量概念性内容时，将局限于图 9.13 所示较为简单的总体布局上。

这两种形式的压电致动器至少应用了七十多年[9]。正如将要阐述的，这种"弯片"形式在文献中有不同名称，包括在此情况中并不完全准确的一种术语称呼——"双压电晶片"。它由两条极性相反的压电材料［一般是锆钛酸铅压电陶瓷（称 PZT⊖）材料］组成，

⊖ PZT：P 指铅，Pb；Z 指锆，Zr；T 指钛，Ti。用 PZT 来代称锆钛酸铅压电陶瓷。

如图 9.14 所示，夹持在两个电极之间。在电极上施加电压就会形成电场，从而造成一条伸长而另一条缩短，其结果类似温度变化时双金属结构的弯曲。严格地讲，该情况中的弯片是单（压）晶片，即只有一个活性层的压电材料。

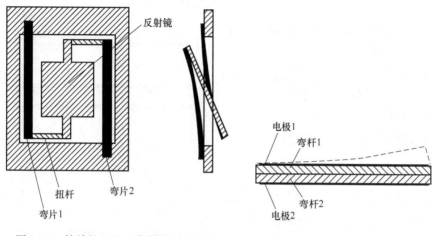

图 9.13　简单的压电"弯管式"扫描器　　　图 9.14　压电"弯片"结构

利用扭杆将两个弯片的自由端连接到反射镜基板上，此弯片受到等量而方向相反的力驱动，因此，其动量相等但方向相反，反射镜基板绕着中心轴转动。施密茨（Smits）对这种结构形式做过深入研究。

若使用 PZT 材料，可在极化铁电材料分开的两块平板之间施加一个电场。PZT 是各向同性材料，极化之前没有压电性。一旦被极化，就成为各向异性，呈现出与方向有关的压电性和机械性。通过将材料加热至其居里温度而形成极性，并对晶体施加一个直流（DC）电场，从而使之前随机排列的偶极子与电场平行。冷却时，偶极子将保持其首选排列方式，因此，会导致与电场平行和垂直方向上的晶体增长，形成晶体畸变。产生的轴向应变一般都较小（0.2%），并有滞后。

施加电场使致动器中 PZT 位移，这是造成"J"形臂（与反射镜基座相连）弯曲力矩的根源。施加电场时，材料在两个方向都有位移：与电场平行和垂直的方向。平行与垂直方向的位移符号相反，所以，当膜片沿平行于电场方向伸长时，就会缩短垂直于电场方向的尺寸，反之亦然。平行方向的位移极性取决于电场相对于材料磁畴的方向（在极化过程中确定磁畴方向）。如果极化和电场相反，即磁畴与施加电场方向相反，则该材料沿平行于电场方向伸长，而在垂直于电场方向收缩。相反的磁畴是稳定的，从这个意义上讲，这种安排已经抵消了施加的电场。如果磁畴与电场平行，则当电场逐渐增强直至 50% 的磁畴方向变为相反方向时，材料都呈现收缩现象。这种作用有效地使材料得到极化。若大于 50% 磁畴发生变化，材料则开始转化为伸长。

利用下列公式计算相反磁畴情况下的位移量：

$$D_3 = + d_{33} V_3$$

式中，D_3 为方向"3"上的位移（"3"方向垂直于电容器极板）；V_3 为电容器板间施加的电压；d_{33} 为平行于电场方向的位移系数，一般是 7×10^{-12} m/V²。

9.8.2 微机电扫描器的制造技术

利用现有的硅制造技术自然会采用图9.15所示的制造工艺。每个微机电系统组件一般为4mm×4mm。在一块硅晶片上可以成排地生产这种模块，每块晶片能够制造五十到几百块模块。

微机电扫描器能否良好工作，取决于组件中两个弯片的性能是否对称。这种模块间性能的对称性和重复性，只能通过精确控制材料外形尺寸、工艺和材料来实现。

制造工艺如下：

1. 将具有埋氧层的硅晶片进行氧化处理（见图9.15a）。

2. 前后侧光致抗蚀剂对准（图中未给出）。

3. 将晶片放置在二氧化矽蚀刻液或缓冲氧化物蚀刻液（Buffered Oxide Etch，BOE）中蚀刻，去除氧化层，并在前后侧留下相同的标记（见图9.15c）。

4. 放置在氢氧化钠（NaOH）中蚀刻，在背侧留下凸台，前侧面留下对应的凹台（见图9.15c）。

5. 对晶片再氧化（见图9.15d）。

6. 将背侧蚀刻到350μm深度，根据测量点位置，在前侧面上留下不同厚度的膜层。电极下镀一层铂，用PZT作为溶胶-凝胶（sol-gel）。在电极上面再镀一层铂（见图9.15f）。

7. 在前侧面上蚀刻出双单晶光学扫描器结构，达到内置绝缘氧化层深度，而对背面进行保护（见图9.15g）。

8. 对晶片再氧化（图中未给出）。

9. 为了不致蚀刻到前表面双单晶光学扫描器结构，从背侧面去除25μm厚的材料。在内置绝缘氧化层处停止蚀刻（见图9.15h）。

图9.16给出了双单晶光学扫描器的示意图。图9.17给出了扫描器的5×电子显微镜（SEM）的照片[⊖]。

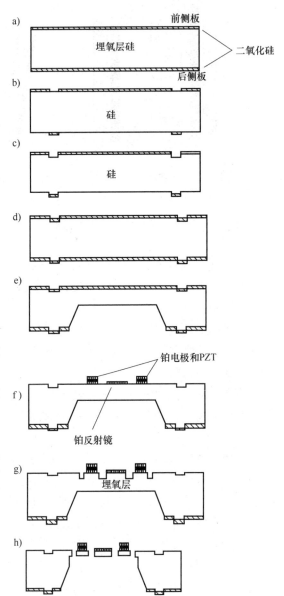

图9.15 微机电扫描器制造工艺示意图
a）氧化硅坯件 b）第一次蚀刻 c）第二次蚀刻
d）第二次氧化 e）第三次蚀刻 f）镀膜工序
g）第四次蚀刻 h）最后一道蚀刻工艺

⊖ 原书错印为50X。——译者注

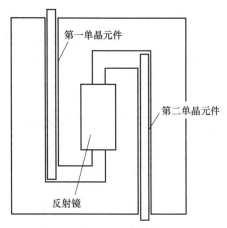

图 9.16　双单晶光学扫描器的示意图 　　 图 9.17　微机电扫描器 5×电子显微镜（SEM）的照片

9.8.3　扫描器工作原理

图 9.18 给出了该扫描器的截面，眼睛位于晶片平面内。角度 β 是反射镜与晶片平面的夹角。

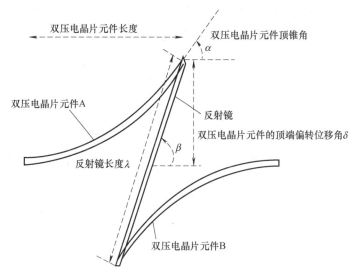

图 9.18　双单晶光学扫描器的截面示意图

9.8.4　材料性质

要求驱动材料在外加电场情况下具有相当高的应变系数、低或可预测的磁滞性和高重复性。对支撑材料的要求是，易于制造、高稳定性和高疲劳极限。选择硅机械材料可以完全满足上述技术需求。事实上，这些已经得到验证的硅材料特性导致其被选为基本材料。另外，压电陶瓷材料具有令人满意的应变系数，但仍然存在着这些约束。尽管这些材料非常适合亚微米级的定位，但本身具有磁滞性和蠕变性，因而在实际的开路定位装置中缺少所需要的可重复性。其长期蠕变可以达到 15%，磁滞达到 12%。

9.8.5　静态性能

9.8.5.1　磁滞性

一旦运动方向发生变化，磁滞性会导致明显的"后冲"。但是，与可以预见并进行补偿的普通机械系统和静摩擦力导致的后冲不同，磁滞现象取决于最近经历的运动并且难以建模、预测和补偿。此时，蠕变完全无法预测。因此，开环压电装置局限于重复性要求 10% 左右的应用领域。当然，如果与定位反馈系统相组合，可以在很大程度上克服这种缺陷。但是，要达到这种控制水平所需的成本，与生产微机电扫描器的经济性不成比例。

9.8.5.2　线性

反射镜机械运动角度在 10° 的范围内的线性变化为 2%，变化平稳且是单调变化的，是可以预测的。这种特性完全能够满足大多数实验室的应用。然而，PZT 材料对温度具有相当大的应变灵敏度，因此，通过改变温度可以折中地解决运动线性问题。

9.8.5.3　均匀性

一片晶片内扫描器之间的性能均匀性完全是工艺控制问题，并且不希望成为未来的长期问题。设计师希望采用标准的生产工艺控制以便完全解决晶片间性能均匀性问题。目前，在试生产阶段，晶片上和晶片间能够达到的性能均匀性一直在 10% 左右。

9.8.5.4　产出率

产出率也是工艺控制范围内的问题。目前，由于反射镜质量越来越好，所以，产出率一直高于 80%。

9.8.6　动态性能

9.8.6.1　动力学

这些扫描器（包括整体反射镜）的一阶扭转谐振都大于 20kHz，因此，根据动力学理论，可以使全程（10°）跃变小于 100μs。将一片 150μm 厚的高质量薄反射镜粘结在整体反射镜上，其谐振频率将降至大约 8kHz，对大部分微扫描应用都非常适合。由于表面是采用抛光方法制造的，所以，目前给出的整体反射镜的平面度很差，而固定其上的薄反射镜能够达到所需要的表面质量。测试结果证明，由于底层采用硅支承环，所以，在标准扫描器 1.8 × 2.6 的标准孔径范围内，150μm 的厚度足以达到 1/4 波长或更好的平面度。

9.8.6.2　寿命

寿命测试结果表明，采用 8kHz 振荡器驱动，经过 10^{10} 次 60° 光学扫描后，未发现明显的损伤。希望在所有工作角度（至 30° 机械扫描角）下，挠性应力小于硅的耐久极限应力。

9.8.6.3　性能衰减过程

与电压过高造 PZT 晶体击穿原理不同，加热温度超过居里点造成的性能衰减过程尚不清楚。在敞开空间中工作，高速运转（大于 20kHz）有可能对弯臂前端部和反射镜边缘性能造成影响。目前为每种扫描器设计的标准封装形式都是 TO5。

9.8.7　应用准则

9.8.7.1　何种情况下使用微机电扫描器

由于蠕变和磁滞，PZT 开环扫描器目前最先进的工艺限制着可重复性和"凝视"定位的稳定性。因此，对于全程范围内都要求定位精度高于 10% 的应用（除非准备采用某种形式的主动位置反馈措施），不应采用微机电扫描器。另外，该装置的性能如同一对具有几法拉容量的电容器，即使在快速扫描模式下有自发热现象也不是问题；除非环境温度超过 100℃，否则不需要制冷。由于结构中从反射镜起始的传热路径很长，因此扫描光束的耦合功率可能造成很大的影响。在这种情况下，比较理想的是设计一条通道，利用某种合适的气体（如将氦气）直接对反射镜进行制冷，把热量传输到扫描器壳体。

作用于扫描器上的振动和惯量可能会造成挠性结构变形，并且由于系统阻尼很差，很可能形成持续时间很长的稳定期（见图 9.19）[⊖]。同时，这些扫描器对外界刺激，如温度、气压、湿度、磁场和电场等，没有任何特殊的敏感性。

9.8.8 预期发展

预计不久的将来，电致伸缩致动器可能会替代微机电扫描器中的压电致动器。一种有代表性的电致伸缩材料，如铌镁酸铅（称 PMN）材料，在定位稳定性方面，比 PZT 会提高一个数量级。

对于 PMN 材料，其长度变化与电场电压的二次方成正比，因此系数比 PZT 高 2 倍。与压电材料不同，PMN 晶体没有极性。正或负电压的变化都会造成其在施加电场方向被拉长，是与其极性无关的。由于 PMN 材料不是极性材

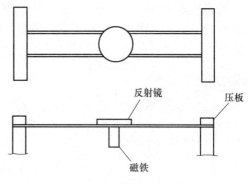

图 9.19 振动线扫描器

料，本身比 PZT 材料更稳定，从而使长期蠕变从 15% 降到 3%。另外，PMN 材料比 PZT 材料具有更好的磁滞性：PZT 材料磁滞性是 12%，而 PMN 材料只有 2%。

PMN 材料的两个性质使其具有良好的热稳定性：第一，对温度具有良好的应变灵敏度，对此 PMN 材料比 PZT 材料要强得多，尤其在大的温度范围内更是如此；第二，PMN 材料的膨胀系数是 PZT 材料的 2 倍。

9.8.9 小结

显然，微机电扫描器正处于萌芽状态，还不成熟。与较为成熟的其他应用领域（宏观挠性扫描器）不同，但此时能够合理给出的位移结论是，对于小型扫描装置和定位设备，应用前景光明，即能耗小、结构紧凑、具有超高可靠性，并且，性价比远优于宏观器件。似乎可以肯定的是，微机电扫描器的这些属性将被验证，因此，每个人都在预测微机电扫描器将以何种方式逐步成熟。

9.9 总结

看来，已经到了挠性枢轴的时代，挠性枢轴已经应用于对灵敏度、精度和重复性各种属性具有高需求的各种产品中。此外，其成本低、无须润滑、重量轻、高 Q 值，并能存储大量能量。可以将它们级联以达到隔振效果。具有独立的商业模式以适应多种用途。鉴于已公布的大量详细设计数据，任何有资质的工程师都可以首次就能制造出合格的挠性枢轴。作者希望，本章介绍的内容有助于初学者在材料选择、挠性装置加工和安装方面少走弯路，取得成功，并发现和寻求挠性枢轴更多的应用。

致谢

首先，感谢我的朋友和同事 Felix Stukalin，若没有他的鼓励和宽容，不可能写出本章。

⊖ 原书错印为图 19.9。——译者注

Brian Stone 花费了大量精力将作者的草图转换成正式插图。Michael Nussbaum 审阅了手稿并提出了许多建设性意见。Tim Weedon 和 Reggie Tobias 博士给出的批评非常有见地，也很有深度。最后也是最重要的，Jan Smith 教授完成了本章第二部分所有最繁重的工作。Koji Fujimoto 和 Vladimir Kleptsyn 在美国波士顿大学实验室里，协助 Jan Smith 教授完成了许多微机电扫描器的制造和测试。美国喷气推进实验室（Jet Propulsion Laboratory，JPL）的 Steven Vargo 和 Dean Wibig，以及美国辐射技术有限公司的 Joe Evens 和 Gerry Velasquez，都尽可能提供了支持。

参考文献

1. Weinstein, W.D. Flexure pivot bearings. *Machine Design* 1965, *37*, 136–145.
2. Bendix flexural pivot. *Bendix Electric and Fluid Power Division,* Application Notes, Catalog, Bendix Corp., Utica, NY.
3. Sines and Waisman, Eds. *Metal Fatigue;* McGraw Hill 1959, 89–111.
4. Boyer, H.E., Ed. Failure analysis and prevention. In *Metals Handbook*, 8th Ed., Vol. 10; American Society for Metals: Metals Park, OH; 208–249.
5. Paros, J.M.; Weisbord, L. How to design flexure hinges. *Machine Design* 1965, *37*, 151–156.
6. Neugebauer, G.H. Designing springs for parallel motion. *Machine Design* 1980, *52*, 119–120.
7. Troeger, H. Considerations in the application of flexural pivots. *Automatic Control* 1962, *17*(4), 41–46.
8. Paulsen, D.R. Flexural Pivot. U.S. Patent 4,802,720, February 7, 1989.
9. Brosens, P.J. Resonant Optical Scanner. U.S. Patent 5,521,740, May 28, 1996.
10. Sawyer, C.B. The use of Rochelle salt crystals for electrical reproducers and microphones. *Proc. Inst. Radio Eng.* 1931, *19*(11), 2020–2029.
11. Smits, J.G.; Dalke, S.I.; Cooney, T.K. The constituent equatons for piezoelectric bimorphs. *Sensors and Actuators* 1991, *28*, 41–61.
12. Kugel, V.D.; Xu, B.; Zhang, Q.M.; Cross, L.E. Bimorph based piezoelectric air acoustic transducer: A model. *Sensors and Actuators.*
13. Caliano, G.; Lamberti, N.; Iula, A.; Pappalardo, M. A piezoelectric bimorphstatic pressure sensor. *Sensors and Actuators A* 1995, *46*(1–3), 176–178.
14. Coughlin, M.F.; Stamenokic, D.; Smits, G. Determining spring stiffness by the resonance frequency of cantilevered piezoelectric bimorphs. *IEEE Trans. Ultrasonics, Ferroelectrics and Frequency Control* 1977, *44*, 730–733.
15. Kielczynski, P.; Pajenski, W.; Salewski, M. Piezoelectric sensors for the investigation of microstructures. *Sensors and Actuators A* 1998, *65*(1), 13–18.
16. Juan, I.; Roh, Y. Design and fabrication of piezoceramic bimorphvibration sensors. *Sensors and Actuators A* 1998, *69*(3), 259–266.
17. Van Mullem, C.J.; Blom, F.R.; Fluitman, J.H.J.; Elwenspock, M. Piezoelectrically driven silicon beam force sensor. *Sensors and Actuators A* 1991, *26*(1–3), 379–383.
18. Naber, A. The tuning fork as a sensor for dynamic force control in scanning near-field optical microscopy. *J. Microscopy-Oxford* 1999, *194*(2–3), 307–331.
19. Yamada, H.; Itoh, H.; Watanabe, S.; Kobayashi, K.; Matsushige, K. Scanning near-field optical microscopy using piezoelectric cantilevers. *Surface and Interface Analysis* 1999, *27*(5–6), 503–506.
20. Kielczynski, P.; Pajewsli, W.; Sealcwski, M. Piezoelectric sensor applied in ultrasonic contact microscopy for the investigation of material surfaces. *IEEE Trans Ultrasonics, Ferroelectrics and Frequency Control* 1999, *46*(1), 233–238.
21. Edwards, H.; Taylor, L.; Duncan, W.; Melemed, A.J. Fast, high-resolution atomic force microscopy using a quartz tuning fork as actuator and sensor. *J. Appl. Phys.* 1997, *82*(3), 980–984.

第 10 章　全息条形码扫描器：
应用、性能和设计

LeRoy D. Dickson
美国犹他州洛根市瓦萨奇光子有限公司
Timothy A. Good
美国新泽西州布莱克伍德市码捷仪器有限公司

10.1　概述

自从本书第 1 版出版以来，激光扫描领域发生了巨大变化，尤其是可见光激光半导体（Visible Laser Diode，VLD）已经被扫描器行业选择为激光光源，从而使扫描器更小型、可手持且便携。然而，在这些应用中，还少有采用全息扫描技术的。

本书第 1 版第四章更多关注超市用扫描器，大部分例子都涉及此类设计。而过去十年，工业用扫描器市场有了快速增长，全息术的适用性更有助于这种变化，因此本章将给出工业扫描器领域中的应用实例。

然而，扫描器的基础技术并没有改变。使用了几十年的条形码（形式）、扫描器设计规范和激光器标准，依然应用广泛。例如，条形码的印刷规范是以氦氖激光器波长的反射性质为基础制定的，扫描器多年前也主要采用此方式但目前已不再使用。因此，本章首先从条形码的基本讨论开始。

一幅条形码就是亮背景上一系列暗条纹，或者说对应于表面反射光性质的一系列条纹。暗条纹和亮间隔的相对宽度或距离隐含着编码。或许，人们最熟悉的条形码是超市中几乎所有日用百货都使用的通用产品代码（Universal Product Code，UPC），图 10.1 给出了一个 UPC 的例子。

条形码扫描器是一种光学装置，使一束聚焦光束（一般是激光束）扫描条形码以探测反射光的变化从而阅读编码。扫描器将光信号变化转换成电信号变化，数字化之后传输给解码器，再通过程序将数字化的亮/暗间隔的相对宽度转换成数字和/或字母。

1949 年，伍德兰（N. J. Woodland）和西尔弗（B. Silver）以专利形式首次提出以自动识别为目的的条形码扫描概念。1952 年，一项名为"设备和方法分类（Classifying Apparatus and Method）"被美国授予专利（专利号 2 612 994）。该项专利包含许多后来在条形码扫描

图 10.1　典型的 UPC

系统中用来读取 UPC 的基础概念。

10.1.1　通用产品代码

20 世纪 70 年代初期，超市行业认识到在其商店需要提高效率和生产力。各种杂货产品生产商及连锁超市的销售代表组成一个委员会，负责调研对所有杂货品项目使用一种编码符号，达到结账时可以对其进行自动识别的可能性。该委员会，即杂货产品代码统一理事会（The Uniform Grocery Product Code Council, Inc.），下设一个符号标准化委员会，目的是听取和审查供应商对所有超市货物标准化产品代码的意见。

1973 年 4 月 3 日，该理事会公布了决定，所选择的编码是一种线型条形码，类似美国国际商业机器（International Business Machines，IBM）公司建议的设计。萨维尔（Savir）和劳瑞尔（Lauer）的论文（即本章参考文献 [1]）详细介绍了这种条形码（目前众所周知的 UPC）的特性。

UPC 是一种长度固定、只由数字组成的编码，包括左侧一对监管（起始扫描）线条和右侧一对监管（扫描结束）线条。两根暗线和两根亮线代表一种信息码。A 版符号包含 12 个信息码，左右半侧各有 6 个。因此，A 版 UPC 包含有 30 条暗线和 29 条亮线，其中有 6 条监管线条：左、右和中心各 2 条。左半侧第一个信息码总是一个数字系统的号码。例如，数字 0 代表杂货项目，常放置在符号左侧。右侧最后一个号码总是一个校验字符。校验字符有时也会出现在条形码符号的右侧。

A 版 UPC 符号规范中左侧剩余的 5 个信息码是用于产品生产商识别的。例如，左半侧数字为 20000 则代表美国绿巨人（Green Giant）公司的产品。杂货产品代码统一理事会为不同的生产商规定了左侧不同的五位数字码。

A 版 UPC 符号右侧剩余的 5 个信息码用于识别具体产品。这 5 个数字由产品生产商自行决定。例如，绿巨人公司规定右侧数字 10473 代表 17oz⊖ 听装玉米，所以该公司 17oz 听装玉米的完整 UPC 是 20000-10473。这里没有考虑数字系统号码和校验码。

UPC 中的代码和符号还有一些与阅读代码设备的使用和设计密切相关的性质：A 版符号左右半侧相互独立，即各半侧都可以读出而互不相干；然后，在阅读机的逻辑部分再与另一半侧相组合，从而形成完整的 UPC。此外，如图 10.2 所示，每半侧 UPC 符号都是长方形的，即平行于条纹方向的符号尺寸大于垂直方向的符号尺寸。条形码的纵横比对于阅读编码时确定一个最小扫描图至关重要，后面会进一步讨论。

应当注意，UPC 的初始长方形设计并非总带有产品的生产商信息，编码高度常被截短。美国统一产品代码协会并不鼓励使用截断码，但制造商经常利用这些截断码的多余空间来放产品信息。因此，这就意味着，扫描器设计会更为复杂，解码算法会更加微妙。

编码的每个信息码都需要用 2 条暗线条和 2 条亮间隙表示。每条线条和间隙的宽度都是可以变化的，可从 1 个单元到 4 个单元。注意，在所有的 UPC 中，监管线条总是一个单元宽度，并由一个单元宽的空间相隔。每个信息码中的单元总数都等于 7。左半侧信息码与右半侧信息码是反向编码。例如，如图 10.3 所示，如果令白色 =0 和黑色 =1，则左半侧数字 2 的代码是 0010011，而右半侧编码是 1101100。

⊖　oz：盎司，1oz = 28.3495g。

图 10.2　左右两侧的 UPC 半符号

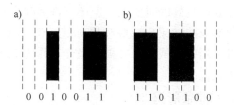

图 10.3　数字 2 信息码的编码实例
a）左半侧信息码　b）右半侧信息码

由于每个信息码都是 7 个单元宽度，导致 UPC 有第二个主要特性——自同步，所以对时间的绝对测量便显得不很重要。测量的是从第一条暗线条前沿扫描到第三条暗线条（即下一个信息码的第一条暗线条）前沿所需时间。然后，该时间间隔除以 7 个单元对应的时间间隔，可以确定两条黑色线和两条白色间隙的相关宽度以作解码之用。也就是说，可以测量出一个信息码的总宽度——黑-白-黑-白，并确定两条暗线和两条亮间隙的相关宽度，这样就可以解码。

这种自同步特性对 UPC 的阅读扫描器设计非常重要。这意味着，阅读编码的扫描光束的速度在通过代码的整个宽度时无须固定不变。通过单个信息码的速度只要合理保持不变即可；同时也意味着，可以采用适度的非线性扫描光斑图阅读 UPC，如正弦或利萨如（Lissajous）光斑图。还意味着，该编码可以放置在曲面上阅读。此外，阅读编码的扫描线并不一定垂直于条形码和编码间隙。根据初始设计，只要单根扫描线完全通过半侧符号，其中包括中心监管线及一对边缘监管线，就可以利用与条形码和间隙成某一夹角的扫描线成功完成对 UPC 的阅读。现在，具有更高级的解码算法可以将 3 个更小型、独立扫描的 UPC（或者其他符号）"拼接"在一起。就此而论，该过程通常称为拼接算法。利用拼接算法可以使不够好的扫描图变成较好的图，效果可能更好。然而，要时刻记住，设计的 UPC 只有左右两侧。拼接算法是后来研发的一种适用程序[2]。促使研发这种软件的因素之一是出现了上面提到的截断编码，而拼接法特别适合这种情况。

对扫描器设计师来说，UPC 符号非常重要的第三个性质是符号的尺寸。其变化范围可以从标称尺寸［对于 A 版符号规范，约 1.0in × 1.25in（约 25.4mm × 31.75mm）］到 0.8 × 标称尺寸 ~ 2.0 × 标称尺寸。尺寸的这种变化允许在高印刷质量的小封装上采用小标签，以及在较差印刷质量的大封装上采用大标签。根据扫描器设计师的观点，小标签确定最小的被读条形码线条宽度，而大标签将对扫描图形尺寸设置下限。

由 UPC 技术规范规定的最小条码宽度（包括公差）是 0.008in（约 0.2mm）。该数据确定了光学阅读器可以获得的最大景深。实际上，为阅读 UPC 而设计的具有代表性的激光扫描器的景深要求是很容易满足甚至过剩的。早期 UPC 设计准则要求景深是 1in（约 25.4mm）。然而，1in 景深并没有考虑扫描器的最终采用方式，目前 UPC 条形码阅读器需要几英寸（100mm +）的景深。

最后，UPC 符号中的对比度技术规范要求利用光电倍增器（具有 S-4 光电阴极响应曲线）及 Wratten26 型滤波器测量对比度。这种组合对约 610nm（24μin）的波长具有峰值响应，在约 590nm（约 23.3μin）和 650nm（约 35.6μin）处下降为零。因此，当首次使用激光扫描器时，首选激光器。在使用一些喷墨印刷 UPC 标签时，利用 700nm（约 27.56μin）

波长就能获得良好的对比度。但还有许多喷墨标签，当波长大于 650nm（约 25.6μin）时却无法提供满意的结果。这些喷墨标签一般都无法应用于长波光源。目前，几乎所有的 UPC 扫描器都采用一个或多个二极管激光器作为其光源。这些激光器的波长符合初始制定的 UPC 波长技术规范。

10.1.2 其他条形码

工业环境（制造、库存和分销）中并没有广泛应用 UPC 方法。其需求不同于超市，采用的代码也就不同于 UPC。工业环境优选的编码是 Code39 码$^{\ominus}$，ITF25 码（交叉 25 码，interleaved 2 of 5）及库德巴码（Codabar）。

工业领域最常用的条形码是所谓的 Code39 码或 39 条形码（下面简称 39 码）。该编码全部是字母且自校验。阿莱（Allais）全面讨论了 39 码和其他几种编码，以及如"自校验"之类术语的定义[3]。图 10.4 给出了 39 码实例。

39 码的名字源自以下事实：初始编码了 39 个字母，有字母表的 26 个字母，数字 0～9，符号"-""."和空格，以及作为起/止字母的星号"*"；目前，还编码了 4 个专用字符，分别为"$""/""+"和"%"，总共为 43 个字符。但仍称为 39 码。由于编码中各字符都用 9 个元素代表（5 条暗线和 4 条亮空隙）表示。其中 3 个单元较宽，剩余 6 个较窄，所以也常称为 3of9 码。在初期的 39 个字符中，宽单元中的 2 个单元是暗线条的。在 4 个专用字符中，宽单元都是亮间隙。

图 10.4　39 码实例

25 码（code25 码，国外喜欢称为 2of5）是 39 码的子集。在该编码中，这些线条只是用于编码。5 条线中只有两条是宽线，与初期的 39 码一样，并不使用空隙，完全是数字。这种基本的 25 码没有广泛应用于工业领域，而在制造和分销领域广泛采用称为交叉 25 码的改进型编码。其编码方式是利用线条对标准 25 码中的一个字符进行编码，再利用交叉式空隙编码其中的第二个字符。无论是与 39 码还是 25 码相比，该编码方式能够在一个固定的条形码长度内对更多的字符进行编码。这种编码也只有数字，但由于具有交错性，所以，与 39 码相比（假设两种编码方式具有相同的最小线条宽度），则每单位长度内可以多编码 80% 的字符。因此，交叉 25 码经常应用于由于空间限制而不允许使用 39 码的情况。

医疗领域广泛应用的编码是第三种——库德巴码。它被美国血液委员会用作识别血袋的早期标准。在运输和分销应用中也经常看到这种编码。

10.1.3 条形码性质

从扫描器的角度出发，下面介绍条形码的重要性质。

1. 线条的最小宽度：一般是几毫米或几密耳（mil 千分之一英寸），经常称为 X 尺寸。

2. 对比度：线和间隙反射率的一种度量，一般用术语印刷反差信号（Print Contrast Signal，PCS）表示，对比度的定义为

$$PCS = \frac{r_s - r_b}{r_s} \tag{10.1}$$

$\ominus$　国外喜欢称为 3of9。——译者注

式中，r_s 为间隙的反射率；r_b 为线条的反射率。应当注意，通常是针对某一特定波长测量 PCS。在多数应用中使用的是氦氖激光，其波长为 633nm（约 24.9μin）。它也是早期激光扫描器最经常使用的。在一些阅读器中使用某种红外光源波长，所以有些应用也利用 900nm（约 35.4μin）波长计量 PCS。很重要的是要记住，如果使用彩色墨水或背景，PCS 随波长变化很大。实际上，条形码最重要的反射率性质是绝对对比度，简单地说，就是间隙反射率减去线条反射率［式（10.1）中的分子］。

3. 编码长度：一个条形码的实际长度取决于编码密度（取决于线条的最小宽度）和编码中的字符数量。编码的实际长度决定了扫描线必须多长，并与编码高度一起决定着扫描线相对于条形码的方位精确程度。

4. 编码高度：条形码高度（平行于线条方向的尺寸）决定着扫描线相对于条形码所需要的角精度。

5. 条形码质量：包括两方面，分别是编码本身的印刷或蚀刻质量，以及印刷编码的表面质量。显然，这两个的质量越好，扫描器越容易成功地完成条形码的扫描和解码。

可以说，条形码本身还有许多内容需要阐述，然而，对于条形码基础性质的详细分析超出本章的范围。实际上，从讨论条形码扫描技术角度讲，这也没有必要。

10.2　非全息型 UPC 扫描器

图 10.5 给出了一个用于阅读 UPC 的具有代表性的激光扫描系统框图。当一个包装（或包裹）通过扫描器阅读窗口，聚焦激光束会扫描其上的 UPC 符号。当其通过暗条纹和亮间隙时，符号反射激光束。符号反射率的变化调制反射光束的散射，光敏探测器则检测这种光调制，并将光调制转换成电调制。然后，电信号被放大并数字化，之后被传送到功能相当于一个滤波器的"候选"框，此时仅允许满足要求的 UPC 半侧符号被传输至解码器。解码器将每个半侧符号的信号转换成字符，再将两半侧字符组合在一起形成一个完整的 UPC。计算机在数据库中搜寻由该 UPC 识别的货品的价格及其他相关描述。这些信息返回到结账终端，并显示在监视器和顾客清单上。同时，系统还要刷新商店库存从而反映被识别货品的销售情况。所有这些步骤仅需要几毫秒。

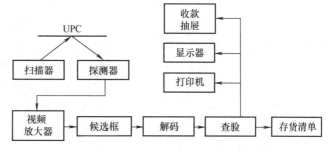

图 10.5　UPC 扫描器的工作框图

若还要形成足够的景深，为了能够阅读最小宽度的线条，则扫描激光束的光斑尺寸一定是 0.2mm 左右。因而要求光学 f 数约为 250，考虑到扫描器的几何形状，从而确定聚焦光学系统的技术要求。

普通非全息 UPC 扫描器中有许多使聚焦激光束偏转的技术，而成本和性能要求使选择局限于机械偏转器——一般是旋转反射镜或摆动反射镜或两种形式的组合。无论符号在扫描窗口处于何种方位，激光偏转机构形成的扫描图必须能够阅读完整的 A 版 UPC 符号。换句话说，扫描器必须是全方位的。当货品通过扫描窗口时，操作员应当具有最大的自由度。

已经看到，可以分别阅读两个半侧 UPC 符号。但还要注意，每半符号都是方形结构的，所以，能够满足全方位扫描的最小扫描图是一对成 X 形的垂直扫描线（见图 10.6a）。随着 UPC 符号通过扫描窗口，至少 X 中有一条线会在窗口的某一点通过整个半符号。图 10.6a 给出了符号通过窗口时的两个极端方位，是完全扫描到符号所需最少时间的最糟糕情况下的方位。

若货品的最大运动速度是 2.54m/s（约 100in/s），则半符号的数值决定着扫描图的最小重复率，以保证货品通过扫描窗口时，无论方位如何，都能够很好地扫描到该符号。扫描图重复率、扫描总长度和最小 UPC 单元宽度决定光敏探测器视频信号的最大速率。

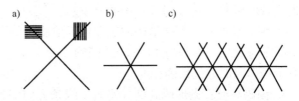

图 10.6　扫描窗平面内全方位扫描图
a）最小扫描图　b）基本的最佳扫描图　c）矩形窗口的最佳扫描图

虽然图 10.6a 所示的扫描图是一个全方位扫描器满足 UPC 符号所需要的最小扫描图，但并非最佳扫描图。在相对于扫描图最糟糕的方位条件下，确保以 2.54m/s（约 100in/s）的速度扫描通过 UPC 半符号所需的扫描图重复率是很高的，从而造成光斑有很高的扫描速度，也因此有很高的视频信号速率。一种较好的扫描图能够保证在低扫描图重复率和扫描速度下具有良好的扫描结果。一个最佳的扫描图可以使扫描速度达到最小，因此也使视频信号速率最小。

如果可以让符号更显方形（即提高纵横比），就能够降低扫描图的重复率和扫描速度，而仍能在保证最大符号运动速度和最差符号排列方向情况下，很好地扫描 UPC 半侧代码符号。但是，符号本身是不可能改变的，但可以利用小于 90° 的扫描线角度扫描图有效地提高符号的纵横比。例如，经常采用一种由 3 条（而不是 2 条）扫描线组成的扫描图形以减少重复率，仍能在上述最差情况下阅读 UPC 符号。增多扫描线数目能够有效地提高扫描图总的线扫描距离，也就提高了扫描光斑的扫描速度。然而，扫描图重复率的减少远大于扫描长度的增大，因此，最终结果是获得一个更好的扫描图，理由如上所述。

增加更多扫描线能够继续改善扫描效果吗？答案是不能。如果利用 4 条扫描线实现扫描图重复率的降低，就需要扫描光斑扫描更远距离从而需要提高扫描速度以进行补偿。如果采用 4 线扫描图只能获得少量增益，则无法充分地证明由此而提高成本和复杂性的合理性。利用多于 4 条线的扫描图扫描 UPC 符号没有任何益处（然而，稍后会看到，尤其是当扫描图具有超大纵横比时，某些工业领域采用 4 线和 5 线扫描图是相当有效的）。显然，对于 UPC 编码方式，扫描窗平面内最佳扫描图是图 10.6b 所示的 3 线扫描图。这种基本的 3 线扫描图在 2004 年设计 UPC 扫描器时仍然是遵循的基本原则，也是为阅读 UPC 编码而设计的第一台扫描器（IBM3666 扫描器）的基础。IBM3666 扫描器中使用的利萨如（Lissarous）扫描图的线性等效模式如图 10.6c 所示。

10.2.1　前视扫描器

最初，所有的 UPC 扫描器都被设想为"底扫描器（或下扫描器）"。也就是说，当货品通过扫描窗口时，扫描激光束向上直接投射到其底部而达到阅读 UPC 符号的目的。设计这类扫描器遇到的主要问题是，由于光滑表面的镜面反射在其反射光中丝毫没有包含线条-间隙的光调制信息，所以打印在光滑表面上的 UPC 符号是难以阅读的。此外，镜面反射光的光强度远比漫反射光大。随之而来的另一个问题是镜面反射会造成光敏探测器饱和。在大多数扫描器中，光敏探测器背对激光束输出方向，所以，必须采取措施防止镜面反射光沿激光光路向后反射。

图 10.7a 给出了一种解决方案。激光束相对于扫描窗倾斜约 45°。在这种结构布局中，镜面反射光反射后偏离光敏探测器，从而解决了镜面反射问题。

采用上述扫描器结构有一个额外的好处，即无须货品倾斜（见图 10.7b）就能够利用倾斜光束阅读货品前表面上的 UPC 符号。当然，这也导致要求增大景深以便于阅读这些直立的标签。而激光扫描器可以提供几英寸（100mm +）的景深，一般来说足以满足倾斜光束侧面的读码需求。目前，几乎所有的 UPC 扫描器都使用某种形式的前视、倾斜光束读码布局。

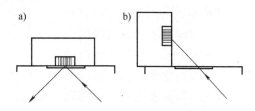

图 10.7　倾斜光束扫描
a）解决了镜面反射问题　b）利用前视倾斜光束侧向读码

10.2.2　卷绕扫描图

随着扫描图技术的逐步发展，另一个发展方向是利用卷绕（wraparound）扫描图技术。前面介绍的几种扫描图均采取上述的三线最佳基本扫描单元，并且扫描线是从扫描器（稍微偏离货品侧面）内一些点照射在货品上。在这些扫描器中，水平扫描线是从货品侧面稍偏方向，由正前方向前投射的；垂直扫描线也是从侧面稍偏方向投射的。如图 10.8 所示，当在货品前面向前投射的扫描图是水平扫描线时，两侧投射的扫描图基本可以组成一幅十字交叉扫描图。利用一个旋转反射镜偏转器和一排固定的折转反射镜可以形成上述的总扫描图。

此类扫描图采用基本的三线最佳扫描单元，因此，能够通过扫描窗高效地阅读 UPC 符号。由于可以将一幅由相互垂直的水平和垂直扫描线组成的扫描图投射在货品前面，所以，对阅读竖直放置的货品也很有效。当货品包裹以该方式置于扫描器扫描时，UPC 符号中的线条通常呈水平或垂直状，因此，垂直阅读也非常有效。

这类扫描方式的主要优点是，在某种程度上，扫描图可以绕到货品包裹侧面扫描。这就意味着，当货品包裹通过扫描窗口扫描时，操作人员无须非常准确地使货品对准。UPC 符号

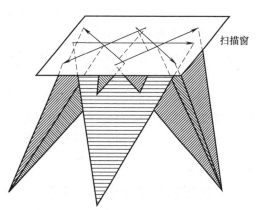

图 10.8　卷绕扫描图的形成

可以打印在包裹底部、前面或侧面，而扫描器都可以阅读识别，有效地提高了效率。

在研制如 NCR 7875、PSC Magellan SL 和 Metrologie Stratos 等型号的"双光学系统"扫描器过程中，这种卷绕扫描器的概念得到了进一步的发展。目前，在超市和其他众多销售应

用领域，双光学类型扫描器正在成为最多使用的扫描器。如图 10.9 所示，双光学扫描器的特点是具有两个单独的扫描窗，一个是水平扫描窗，并在/靠近垂直方向有第二个扫描窗。

两个扫描窗系统都是采用卷绕式扫描技术的，从而使性能得到提高。在首选的包裹扫描方向，6 个包裹表面中的两个直接面对扫描窗，并被基本的三线扫描图扫描。一般地，面向包裹运动方向的两个表面（见图 10.9）是由两个扫描器窗口的卷绕扫描图扫描。远离垂直窗口的货品包裹表面仍可能受到水平窗口卷绕扫描图的扫描。最

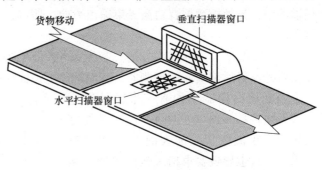

图 10.9 "双光学"形式的超市扫描器

后，最少受到扫描图照射的包裹上表面仍然有机会接收垂直窗口卷绕扫描图的扫描，这取决于包裹重量及编码方向。因此，最终结果是，在水平方向上差不多有效地扫描了 360°，而在垂直方向上几乎扫描了 270°。如此广泛的定位范围也就意味着，操作人员几乎不必在意货品包裹编码的位置和方向。

10.2.3　景深

多方向三线扫描图几乎是目前所有 UPC 扫描器（包括全息和非全息型扫描器）的基础。遗憾的是，其前视特性大大提高了对景深的要求。为了阅读垂直货品包裹上的某些条形码，可能需要高达 150mm（约 6in）的景深。在许多情况下是利用倾斜光束阅读编码，因此，条形码上光斑的椭圆度将会增大扫描光斑的有效直径，也就减小了扫描器的景深。

对于扫描器设计师来说，使用倾斜光束在如此大的景深范围要获得满意的扫描性能是一个很大的挑战。信号处理技术在最近十年的重大进步使扫描器能够阅读更小的线条宽度而无须减小光斑尺寸，这有益于解决该问题和增大的景深。缓解该问题的另一种方法（与电子技术的进步丝毫无关），是设计具有多个焦面的扫描器。这类扫描器可以将其中一些扫描线聚焦到非常靠近扫描窗的位置，以及一些远离扫描窗的位置，因此有效增大了扫描器的景深。

全息扫描技术使扫描器的设计师具有更人的灵活度。全息扫描元件可以使每条扫描线实现最佳聚焦从而给出较大景深，并为满足扫描图需求能够灵活地设置光束折转反射镜，进而能够产生更为复杂、有效的扫描图。未来为了满足更大景深和更有效的扫描图需求，全息条形码扫描器将会取得进一步的发展。

10.3　全息条形码扫描器

全息扫描技术概念的提出已经有 30 多年了[4]，在此期间，也有许多不同的应用建议[5,6]，但只有很少几种得到演示验证，进入市场开发的则更少。拜泽尔（Beiser）的著作（即本章参考文献 [7]）及之前的光学工程文献（即本章参考文献 [8]）对全息扫描技术和各种应用都有一般性的综述。

1980 年，美国 IBM 公司和日本富士通（Fujitsu）公司推出了商业形式的全息 UPC 扫描器，首次采用全息条形码扫描器。目前，美国码捷（Metrologic）公司主要生产工业用全息

扫描器，应用范围从大景深［超过 1m（约 40in）］高架扫描器、适合大纵横比编码的高密度、高分辨率扫描器，到大宗邮件中心完全自动化（无须人工干涉）的扫描作业线。

10.3.1 全息偏转器定义

照相术是一种光记录过程，将入射在光敏介质上的二维光强度分布记录在该介质上。相比之下，全息照相术是将入射在记录介质上复杂波前的振幅和相位两种信息都记录下来的一种光记录过程。

全息术不同于照相术。全息术能够记录眼睛或其他光学系统需要的所有信息，从而完整地诠释物体的三维性质[9,10]。如果利用适当的光源（通常是激光光源，但不一定总是）照射记录下的"全息图"，就可以访问（或再现）这些信息。

若用于观察，最常用形式的全息图就会创建一个复杂三维物体的三维图像。如果将三维物体简化到一个点光源，就会出现对偏转特别重要的一种特殊情况。也就是说，一个全息图的作用类似一块透镜，可以使一束入射激光束聚焦。这类全息图称为全息光学元件（Holographic Optical Element，HOE）。

比较重要的是，全息图是如何使光束偏转的呢？最好借助图 10.10 和图 10.11 所示来理解全息记录和再现的概念。图 10.10a 中，由一个激光器发出的两束相等光强度的波前传播到记录空间某一区域并叠加。如果光束从分束点到叠加点的光路差是在光源的相干长度内，则由此产生的干涉图无论空间还是时间上都是稳定的，并有很高的条纹对比度。将这些条纹的光强度分布曝光在一种合适的光敏介质上（更确切地说，在介质内），如照相乳胶。经过处理之后，该记录图包括了光学密度、折射率或光学厚度的变化——有时是这三种变化的综合，从而形成全息图。如果将该全息图重新放置在原来位置上，并用一束波前照射，如图 10.10b 所示的发散波前，则全息图每一点都会使照明光束发生衍射，形成与原始第二个波前完全一样的新波前。图 10.10b 给出了一束会聚偏转光束。这种简单的 HOE 等效于一个正或负透镜与一个棱镜相组合，从而将一个点物体发出的光束转换或偏转到一个点像。该波前转换的效率和质量直接与记录布局和记录材料的选择有关。由图 10.10c 所示可以看到，用一束会聚光束照射同一个 HOE，重新形成原始的发散波前，因此等效于一块负透镜。复杂多维物体的全息记录可以视为物方空间所有点发出的各个球面波相互叠加的记录。

小面积照明和 HOE 平移相组合，利用图 10.10 所示的再现图形可以使光束同时发生偏转和聚焦，如图 10.11 所示。HOE 初始位于位置 1，其右侧有一小块区域被一束发散波前照射，而该发散波前对应图 10.10a 所示的发散参考光束。此小块面积的 HOE 将光束聚焦在像面上一点位置 1（见图 10.11），对应着图 10.10a 所示的会聚记录波前的初始会聚点。随着HOE 的平移，其不同的小区域接收到照射光，造成再现像点平移相同的距离，如位置 2。光束的偏转和聚焦完全类似一束离轴平行光通过一块普通透镜，而该透镜沿垂直于其光轴移动的情况。HOE 前后移动可以使聚焦光斑产生相同的运动。

然而，实际中，很容易实现连续转动而非往复运动。可以实现较高的扫描速度，并很容易访问不同的全息图。因此，大多数全息偏转器都是由专门记录在玻璃板上环形分布的HOE 组成的，如图 10.12 所示。也可以采用其他材料，除圆盘形结构外还可以使用其他几何形状[5]。但为了简单起见，下面的讨论将局限于最常用的玻璃材料基板及目前全息扫描器采用的结构形式。应当注意，没有光焦度而产生棱镜式偏转的面全息线光栅必须旋转才能产生扫描。平面光栅在一个方向上的平移不会形成扫描。

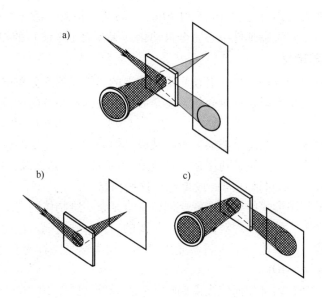

图 10. 10　简单全息术

a）记录全息图　b）会聚波前再现（正透镜）　c）发散波前再现（负透镜）

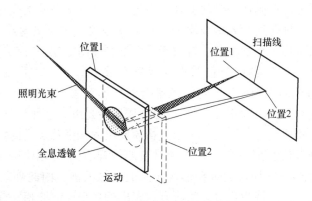

图 10. 11　全息偏转法的原理

一个全息偏转光盘受到激光束照射并绕其对称轴旋转时，可以形成各种复杂的扫描激光束。每束激光束的光学和几何性质都完全不同。这是全息扫描最重要的特征，是区别于普通激光扫描技术的主要性质。因此，在条形码扫描中，全息扫描具有普通扫描技术完全无法实现的功能。

全息光盘以如下方式工作：全息光盘上每一扇形部分或小衍射面都是前面介绍的特定类型的 HOE，即等效于一块棱镜和透镜的组合。当小扇形部分受到激光束照射，光束被衍射或折射，并聚焦在空间某一点（见图 10. 13）。在全息记录小扇形面时就确定了焦距和偏转角，并且，小扇形面彼此之间是不同的。

随着光盘旋转，偏转和聚焦后的激光束完成扫描。当光束扫过条形码时，其中一些散射光返回到小反射面而形成扫描光。小反射面的作用相当于一个聚光透镜与一个棱镜的组合体，能会聚一部分反射光，并将其传输至光敏探测器[12]。

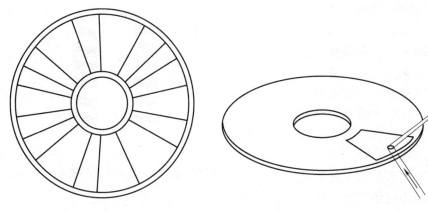

图 10.12　全息偏转光盘　　　　　图 10.13　光束在全息光盘上的折射和聚焦

10.3.2　全息条形码扫描的奇特性质

条形码全息扫描技术，引入了普通条形码扫描器设计师至少在经济实用型设计中未曾使用过的扫描概念。在全息扫描技术中，如多焦面、聚焦区域叠加、变聚光孔径、小衍射面识别、扫描角放大率之类的概念，为提高条形码扫描应用的性能和设计能力提供了可能（这非常重要）。

普通的条形码扫描器包括，一个聚焦激光束用的透镜、一个偏转激光束用的器件及用以会聚条形码反射回来的激光束并将其聚焦在光敏探测器上的光学装置。在全息扫描器中，所有这些性质（聚焦、偏转和会聚光束）都包含在全息光盘中。如前所述，全息光盘上每一部分的性质都可以不相同。例如，由 16 小块衍射片组成的全息光盘包含 16 个独具特色的光学系统，每个系统都具有自己的焦距、扫描角及通光孔径。这种全息光盘转动 1 圈等效于16 个不同的扫描器扫描。

由于全息光盘上每个小衍射面可能都相同。其焦距、偏转角和小面面积有完全不同的组合。因此，光盘完整地旋转一圈将会形成一组由多偏转角、多焦距和多通光孔径的光学系统产生的扫描线，从而使全息扫描器具有奇特的工作特性。

条形码扫描器中采用全息光盘的主要优点之一是，与普通的单焦距条形码扫描器相比，可以提供远大得多的景深。为了更好地理解这一点，需要简要回顾一下景深的概念。

10.3.3　普通光学条形码扫描器的景深

在条形码扫描应用中，景深是中心位于扫描器焦点附近的激光束沿其方向能成功扫描到条形码的距离。由激光光源波长和束腰直径，可确定激光束在其传播方向上的光斑尺寸分布。使用这类光束的条形码扫描器的景深与被读条形码的最小线条宽度有关，也与扫描器电子组件的分辨能力有关。若分辨能力已知，并假设激光束是高斯（Gaussian）强度分布的，则有一个规范化的光斑尺寸定义或分辨率指标［式（10.3）~（10.5）中的 C］，并简单定义了测量光束直径时的相对强度等级。通常使用的指标是 $1/e^2$ 光束宽度（13.5% 光强度等级时，$C = 0.135$）。扫描器分辨率的典型范围是 50%~70% 强度等级，也可能更高些。一旦光束、编码和电子器件参数全部确定，在普通条形码扫描器中，进一步提高景深就很难了。

图 10.14 给出了景深的概念。扫描器物镜在焦点处将激光束聚焦为较小的光斑尺寸。其直径取决于物镜焦距、光束在物镜处的直径及激光波长。如果扫描器的光学系统设计合理，

则最小光斑尺寸将稍小于最小条纹宽度，因而能够成功地对条形码进行扫描。当移动条形码到焦点两侧（即移向或移离扫描器）时，随着光束移离焦点，光斑尺寸增大，最后达到离焦光斑尺寸大于条形码最小线条宽度的位置，此时光束不能再成功扫描条形码。根据定义，焦点两侧达到扫描极限的两点间距离就是景深。

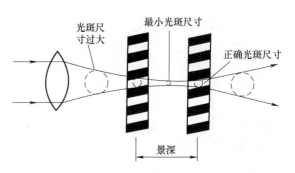

图10.14 普通光学系统的景深

决定景深的主要因素是焦点处的光斑尺寸、激光波长和最小线条宽度（为了方便，下面讨论中假设最小空隙宽度与最小线条宽度相同）。根据迪克森（Dickson）对高斯（Gaussian）光束传播过程中光束半径变化所作的阐述[13]，若光束$1/e^2$束腰半径为r_0，则距离束腰z处的光束半径r由下式给出：

$$r = r_0 \left[1 + \left(\frac{\lambda_z}{\pi r_0^2} \right)^2 \right]^{1/2} \tag{10.2}$$

对于不同的分辨率指标C，光束半径r_C为

$$r_C = rK = r \sqrt{\frac{-\ln C}{2}} \tag{10.3}$$

同样，在该分辨率判据下的束腰尺寸按照公式$r_{0C} = r_0 K$缩放。将式（10.2）和式（10.3）联合并重新编排，在已知光束半径r_C、分辨率指标C和束腰半径r_{0C}情况下，可以将景深DOF表示为

$$\text{DOF} = \Delta z = 2 |z| = \frac{-4\pi}{\lambda \ln C} \sqrt{r_{0C}^2 r_C^2 - r_{0C}^4} \tag{10.4}$$

可以证明，根据使用的某一具体分辨率指标做出的计算，当聚焦光斑尺寸等于最小条纹宽度除以$\sqrt{2}$时，对于任意分辨率指标，由式（10.4）给出的某给定最小线条宽度的景深，都可以达到最大化。应用该条件需将$2r_{0C} = \omega_{\min}/\sqrt{2}$和$2r_C = \omega_{\min}$代入到式（10.4）中，由此简化为

$$\Delta z = \frac{-\pi \omega_{\min}^2}{2\lambda \ln C} \tag{10.5}$$

若光波波长是650nm（2004年时扫描器中可见光激光半导体的典型值），并假设选择适当的分辨率指标$C = 60\%$，则式（10.5）可近似表示为

$$\Delta z = \frac{\omega_{\min}^2}{8.3} \tag{10.6}$$

对于该式，景深Δz的单位为in，对应的最小线条宽度的单位为mil（$1\text{mil} = 25.4 \times 10^{-6}\text{m}$）。

式（10.5）可近似表示为

$$\Delta z = \frac{\omega_{\min}^2}{210} \tag{10.7}$$

对于该式，景深Δz的单位为mm，对应的最小线条宽度的单位是μm。

例如，如果一台高质量的扫描器阅读最小线宽为8mil（约200μm）的条形码，则景深

是 7.7in（约 200mm）。注意到，上述公式表明，景深与被读的最小线宽有很大的依赖关系，最小线条宽度总是伴随小的景深。

此外，对于被读的最小线条宽度，如果扫描器并不是最佳化设计的，景深将小于应达到的值。因此，无论高密度还是低密度的条形码，都要精心设计阅读用扫描器。另外，如果扫描器使用不同波长的激光器，则景深必须乘以最佳设计波长与所用激光波长之比（假设，与初始设计相比，新激光器具有相同的聚焦光斑尺寸）。

对于普通条形码扫描器，要想进一步以提高景深，希望不大，而利用自动调焦扫描器则是可能的。美国宾夕法尼亚州特尔福特市的精密扫描系统公司（Accu-Sort System, Inc.）已经设计和制造出工业扫描用自动聚焦扫描器。然而，这类扫描器存在的问题是，自动调焦系统的响应必须非常快，以适应输送系统中快速运动的货品包裹；而目前所有的自动调焦系统都要求扫描系统中一些光学元件完成机械运动，因而反应时间不可能足够短，具体取决于应用情况。此外，这类系统会增加扫描器的成本和复杂性。

还可能需要在扫描系统中额外增加一个光学元件并移入激光束光路中以改变扫描器焦距。例如，该移动元件能够提供两个不同焦距以供选择。实际上，该方法只能提供两个或三个不同的焦距供选择，因此，只能使景深稍有增加。

此外，无论自动调焦系统还是双焦距/三焦距系统，只是较容易地改变焦距。如果比较理想，焦距改变时还应当使扫描器孔径变化，从而在整个变焦过程中使光束的会聚度固定不变，因而令扫描器在读码过程中性能最佳。然而，普通条形码扫描器很难适应聚光孔径的快速变化。

10.3.4　全息条形码扫描器的景深

条形码扫描器采用全息技术就能够真正实现多焦面扫描器和变化聚光孔径。图 10.15 给出了全息扫描器实现该功能的方式。

图 10.15 给出了全息光盘上两个连续小衍射面聚焦光束的情况。每个小衍射面都具有一个由其焦距、光束在光盘上的直径及激光波长确定的普通景深。然而应注意到，两个小衍射面聚焦在距离光盘不同的位置上，所以，尽管每个小衍射面都具有普通景深，但两者的组合景深是每个小衍射面单独景深的 2 倍。假设焦距的选择恰好使第一个小衍射面景深的尾部与第二个小衍射面景深的起始部分重合，因此，仅具有两个焦平面的全息光盘的景深可以达到普通非全息扫描器景的 2 倍。

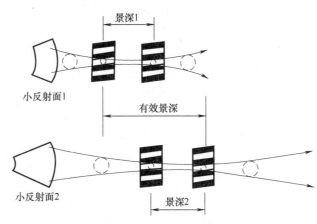

图 10.15　两个全息小衍射面的组合景深

如果全息光盘的设计能使所有小衍射面都将光束聚焦在不同的距离上，则可以使总的景深远大得多。例如，若被扫描的最小线条宽度是 0.2mm（约 8mil），则普通单焦距扫描器的景深约为 200mm（约 8in）。然而，对于同样 0.2mm 最小线条宽度的编码，若使用精细设计的仅由 4 片小衍射面组成的全息扫描器，其景深可以高达 800mm（约 32in）。

使用更多的小衍射面能够获得更大景深。然而，沿着获取更大景深这条思路，收益却会递减。理想情况是希望控制每个焦面上聚焦光斑的大小，但需要对出射光束孔径进行自动调整（类似自动调焦）。实践已经证明，采用机械方法，这实现起来很难且很昂贵。作为折中方案，通常，对最中心的焦平面进行优化使其具有最大景深，同时令其他焦平面接近最佳值。

进一步提高景深的另一个限制因素是，随着小衍射面焦距增大，最终会造成极长的距离。理论上，这对于分辨输出光束的轮廓并不存在问题，而对稍后讨论的光的会聚问题确实是很大挑战。

10.4　全息扫描技术的其他特性

除了提供大景深一类的明显特性，全息扫描技术还有其他一些奇特性质，主要包括如下几方面：

1. 多焦面
2. 聚焦区域叠加
3. 可变的光会聚孔径
4. 小衍射面识别和扫描跟踪
5. 扫描角放大

已经讨论过多焦平面和大景深性质，现在介绍其他的性质和全息光盘如何产生这些性质，以及能够提供什么能力。

10.4.1　聚焦区域叠加

前面章节介绍全息扫描技术时已描述了通过设计全息光盘获得较大景深的方法，使每个相接连的小衍射面的景深范围都与之前工作的小衍射面的景深范围相衔接，并紧随其后。实际上，这并非是最佳的全息光盘设计方法。最好的设计是，全息光盘的设计能够使一个小衍射面的焦点与之前小衍射面的景深限制区重合，并紧随其后，从而造成聚焦区叠加。下面将进一步解释这是最佳设计的原因。

导致条形码扫描器解码问题的主要原因之一，是在所谓的静区（即前后紧接着条形码的白色区域或透明区域）形成噪声。在该区域及整个条形码范围内形成噪声的一个来源是基底噪声或纸噪声。当扫描激光束聚焦光斑尺寸大约等于基底材料的粒度时，就会出现纸噪声。例如，纸纤维尺寸可以大至 0.1mm（约 4mil）；对极粗糙的纸或者硬纸板，纤维尺寸会更大。对于非纸基底，如蚀刻在塑料或金属上的条形码，粒度也较大。

如果在扫描激光束焦点位置扫描噪声基板上的条形码，则小的聚焦光斑会对基底材料的粒度有反应，在返回的光信号中引入纸噪声，因而降低了成功阅读的概率。

一般来说，使用低通电滤波技术可以减小噪声，但是为了校正光斑速度的差异，每个小衍射面采用的滤波器性质都不一样。也就是说，为消除短焦距小衍射面的噪声而设计的低通滤波器同时也会过滤掉了长焦距小衍射面的条形码信号。对于大景深扫描器，采用电过滤技术似乎不是一种实用的方法。

解决该问题的可行方案，是采用稍有离焦量的光斑来扫描有噪声的条形码。该光斑尺寸比焦点处大，但仍很小，足够用来阅读条形码。扫描条形码时，较大光斑的作用相当于一个滤波器，能减轻表面粗糙度的影响，有效地降低纸噪声并提高成功阅读的概率。

采用焦点处光斑和采用稍有离焦量的光斑扫描时，一个噪声条形码在光敏探测器上的模拟信号如图 10.16 所示。焦点处扫描光斑附加在信号上的噪声是明显的，采用稍有离焦量的光斑扫描相同的条形码导致的噪声减小也是相当明显的。

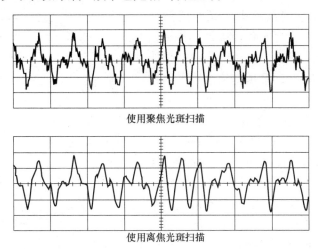

使用聚焦光斑扫描

使用离焦光斑扫描

图 10.16　利用激光束焦点处光斑和离焦光斑扫描在光敏探测器上产生的信号

如图 10.17 所示，由于使每个全息小衍射面的聚焦区相叠加，从而保证所有的条形码都能被聚焦光斑和离焦光斑扫描。为了阅读条形码，稍有离焦量的光斑尺寸要足够小，但为了减小基板噪声，也要足够大。

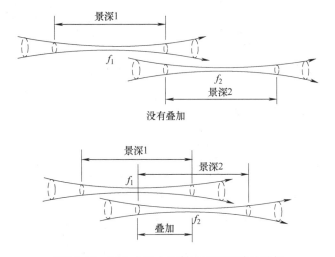

图 10.17　两个全息小衍射面聚焦区域的叠加

普通扫描技术很难同时具有聚焦和离焦功能，而对全息扫描技术，这却是相当简单的。在设计全息母模阶段，只需选择每个小衍射面的焦距以保证达到聚焦区域叠加的期望值。

10.4.2　可变聚光孔径

有更多的扫描器实例表明，能够成功实现大景深，而并非简单提供多焦平面。例如，如果设计一个1m景深的扫描器，其光学行程（最近的阅读距离）为200mm（约8in）和光学范围（最远的阅读距离）为1200mm（47in）。那么，当条形码具有相同的反射性质时，投射到探测器上的光能量的变化将是36:1，是远近距离之比的二次方，从而也对扫描器中的模拟电子装置的动态范围提出了严格要求。实际上，由于其他因素，如标签歪斜和反射率变化也会影响回光量，所以情况将更坏。

为了降低多焦面扫描系统中回光的能量变化，较理想的方法是改变聚光孔径以补偿与被扫描条形码距离的变化。那么，对于近聚焦扫描线则采用较小的通光孔径，远聚焦扫描线则采用较大的通光孔径。

全息扫描器完全能够完成这一任务。图10.18所示的是为调焦距离1000~1680mm（约39.5~66in）的扫描器所设计的全息扫描盘。注意到，每个小衍射面的聚光面积都不同。最短焦距的小衍射面具有最小的聚光面积，而最长焦距的小衍射面有最大聚光面积。每一个中间小衍射面的聚光面积都是其焦距的直接函数。

全息光盘上远近小衍射面聚光面积的差异，使扫描器整个景深范围内近似均匀地会聚光能

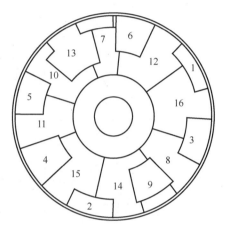

图10.18　美国码捷（Metrologic）公司Penta
全息扫描光盘（小衍射面面积差别很大）

量。其主要优点就是条形码扫描系统在大景深范围内可以保证解码精度。

10.4.3　小衍射面的识别和扫描跟踪

可以发现，在图10.18所示的光盘设计中，在两个全息小衍射面外圆周之间插入了一个间隙。该间隙可以是透明或不透明的，这取决于应用情况，并称为主脉冲间隙。由于输出激光束入射在光盘的外围部分，所以，放置在全息光盘上方适当位置的探测器能够通过测量入射其上的激光能量感知该间隙。当激光束扫描到此间隙，探测器识别到的光能量变化就会在模拟信号中形成一个主脉冲。根据信号中植入的这个信息可以确定激光束目前入射在光盘上的旋转速度。因此，利用该数据可确定目前哪一个小衍射面在扫描，甚至光束位于该小衍射面的何处。可以通过几种方式并以上述小衍射面识别方法来提高扫描器的解码精度及提供其他功能。

例如，若知道目前正在使用的是短焦小衍射面，就可以降低模拟电子装置中的电增益；如果是长焦小衍射面，则增大模拟电子装置的增益。将这种电子自动增益控制（Automatic Gain Control，AGC）系统加入到目前已经设计的光学AGC（具有可变聚光孔径）中，进一步提高了解码精度。

另外，还可以通过改变小衍射面之间的内置时钟频率来提高分辨率。由于这种扫描器是角扫描器，扫描光束的线速度是直接随着与扫描器的距离变化的。假设各种情况下的编码密度相同，则进行长焦小衍射面扫描时，探测器收到的码速率要比短焦小衍射面扫描更大。若改变小衍射面之间的时钟频率以保证在某一给定码速率时具有最佳时钟频率，就能够再次提高扫描器的解码精度。

小衍射面识别特性额外实现的另一种能力是扫描跟踪，美国新泽西州黑木地区（Blackwood）的码捷（Metrologic）公司已经在该领域申报了若干个专利（美国专利号 6 382 515B1；6 457 642B1；6 517 004B2；6 554 189B1）。如果精确知道入射光束每一瞬间投射到每个小衍射面上的位置，就可以间接确定正被扫描的货品包裹在三维空间参考系中的位置。在全自动系统中（希望只有少量的人为互动），如散装航运中心的扫描通道，该技术特别有用。一个被扫描的货品包裹的位置得以识别，其他的自动机械系统就可以将货品重新导向其指定的目的地。

全息术本身非常适合扫描跟踪的理由是，全息光盘上的小衍射面在制造过程中很容易实现高精度重复制造，而反射镜式扫描系统很难获得具有良好重复性的偏转器。

10.4.4　扫描角倍增

条形码扫描器中使用的全息扫描光盘常设计为准直光束照明，并垂直入射在全息光盘表面上。由于这种相对于该全息图的入射布局，并不会随光盘转动而发生变化。所以，在整个扫描线范围内，这种照明形式可提供一个无像差的扫描光斑。旋转对称系统是无像差照明系统的一个特例，照明光束是一束会聚到光盘旋转轴上某一点的球面波前。通常，入射的准直光束的会聚点位于无穷远的轴上。在这些条件下，照明波前相对于全息图保持不变，即使光盘在旋转，也总是会聚到所设计的全息图会聚点。由于设计 HOE 时是这样考虑的：当入射波前会聚到某指定点时会形成一束无像差的衍射光束，所以衍射后的光束在全息图的整个运动期间都保持无像差。实质上，扫描（照明）光束与参考记录光束一样，这是保证无像差的条件。

如果设计的全息光盘是使用一束非垂直的准直光束照明，那么，扫描光束中就会产生一定量的像差。全息光盘的每个小衍射面都可以设计为，在其对应的扫描线中心是零像差。但是，随着光盘旋转，记录波前与照明波前之间会出现不匹配，结果总是会产生像差。像差大小取决于转动过程中偏离小衍射面中心的量及准直入射光束的倾斜角大小。

然而，光束倾斜入射有一个优点：一束倾斜的准直参考光束要比不倾斜的准直参考光束具有更大的扫描角倍增因数。由于衍射光束的俯仰角（图 10.19 所示的角 β）和旋转角 ϕ_{rot} 相互依赖，所以，需要利用计算机程序才能精确地确

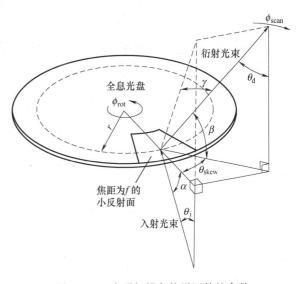

图 10.19　表明扫描角倍增因数的参数

定倍增因数。对于全息图记录布局且不是非常极端情况下的全息元件，根据下面的简单关系可以得到一阶近似值，能精确到百分之几。变量 f 为全息透镜（小衍射面）的焦距，其他术语和几何尺寸如图 10.19 所示。

$$\phi_{\text{scan}} = \phi_{\text{rot}}\left(\frac{r}{f}\cos\gamma + \cos\alpha + \cos\beta\right) = \phi_{\text{rot}}\left(\frac{r}{f}\cos\gamma + \frac{\lambda}{d}\right) \tag{10.8}$$

式中，d 为全息图的光栅间隔，角度 γ 由下式确定：

$$\sin\gamma = \cos\beta\sin\theta_{skew} \qquad (10.9)$$

倾斜参考光束的倍增效应源自式（10.8）中的项 $\cos\alpha$，垂直入射时，该项为零。

作为实例，讨论具有下列参数的全息小衍射面：$f = 350\text{mm}$（约 13.8in），$\theta_{skew} = 40°$，$\beta = 66°$ 和 $\gamma = 72\text{mm}$（约 2.8in）。对于一束垂直入射的参考光束 $\alpha = 90°$，$\phi_{scan} = 0.605\phi_{rot}$；若参考光束相对于法线以 22°倾斜入射（图10.19 所示为 $\alpha = 68°$），$\phi_{scan} = 0.980\phi_{rot}$。利用该倾斜入射光束得到的相对倍增因数是 1.62，是一个相当大的扫描角倍增因数。

这种数量级的扫描角倍增因数，为设计提供了相当大的灵活性。若扫描角已知，则可以将光盘做得更小以使装置更为紧凑；可以使光盘具有相同的尺寸和增加小衍射面数量，而形成更多的扫描线或更为复杂的扫描图形；将光盘安装到更接近扫描窗的位置，以提高每个小衍射面的聚光效率；或者三种结果的某种组合形式。当然，可以选择使用扫描角倍增因数以便形成更长的扫描线。

入射光束倾斜角、像差和扫描角倍增因数是相互关联的：准直入射光束的倾斜角越小，像差越小；反之，倾斜角越大，扫描角倍增因数越大。仔细选择入射光束的倾斜角，在保证像差满足技术要求的同时，能够获得较大的扫描角倍增因数。利用一种合适的光线追迹程序，可以确定所产生的像差[11]，根据不同的应用决定可接受的像差量。

另外，如果入射角受限于扫描系统中某些机械结构，如前面所述，设计时可以通过控制入射光束的会聚度控制像差。会聚点距离光盘旋转轴越近，像差就越小。然而，与控制入射角一样，这也需要进行折中。随着入射光束的会聚度变小，小衍射面的焦距 f 变得更长，或许达到无穷远，甚至"通过"无穷远而成为负值。如果出现该情况，则式（10.8）的第一项变得更小；若焦距 f 是负值，式（10.8）的第一项也会变成负值。因此，这样会使其他两项中扫描倍增因数变小。这既可以是缺点又可以是优点，取决于扫描线长度和光斑质量哪种参数对其应用更为重要。

10.5　全息条形码扫描器的偏转器材料

2004 年，所有全息条形码扫描器都采用圆形旋转盘作为记录介质的基板。虽研究过其他外形尺寸，但对于阅读条形码应用，这种形状的基板在制造方面颇具优势，并且一般不太昂贵。

当今所有的全息条形码阅读装置也只采用透射型模式。研发反射式全息条形码扫描器并非不可能，但透射型的设计简单、加工容易，对光盘抖动不敏感[8]。

有两类介质适合在光盘表面记录全息条码扫描器的 HOE：面浮雕相位介质，如光致抗蚀剂；体相位介质，如漂白卤化银和重铬酸盐明胶（Dichromated Gelatin，DCG）。这两类介质各有优缺点。对于各种全息记录材料的一般性评论和阐述，请参考巴尔托利尼（Bartolini）和史密斯（Smith）的著作（即本章参考文献［15］）。

影响选择那种全息介质的主要原因有，制造成本、衍射效率及将要介绍的扫描图形密度。

10.5.1　面浮雕相位介质

目前，只有两种主要的面浮雕相位介质用于全息扫描光盘：光致抗蚀剂；直接由光致抗蚀剂或光致抗蚀剂的中间靠模制造的塑料模片。正如稍后所述，如果大批量生产并纯粹从成本考虑，采用后一类材料最便宜，它似乎是全息偏转光盘的最佳选择。

低成本面浮雕材料的主要缺点是，若使用简单的机械复制工艺，由此产生的衍射效率较低，约为 30%。原因是高衍射效率需要很高的光栅纵横比（深度与间隔之比）。利用机械方法使这种高效率压模从母模中脱模是很困难的，常常会损伤母模和复制件，这是条形码扫描器应用中的一个主要缺点。效率低意味着，为了获得良好的阅读效果，必须使用较高功率的激光器才能将足够的激光能量投射到条形码符号上。大功率激光器的高成本就抵消了全息光盘的低成本优势。

如光束沿 S 偏振方向入射在全息光盘上，则可能使面浮雕介质有高衍射效率[16,17]。然而，由于上述浮雕轮廓的纵横比问题，不可能采用机械方法来复制这些高效率面浮雕全息图（图 10.20 给出了这类高纵横比的实例）。这就意味着，必须使用并不便宜的初始全息图，虽然这在某些全息偏转器应用中可以接受。然而，对于全息条形码扫描器来说，由于全息光盘的成本较高并很容易被物理损伤，因此，这并非是一种可接受的替代方案。另外，由于折射率匹配液会很快地消除面浮雕结构，所以，也不可能采用盖板玻璃对面浮雕全息光盘进行保护。

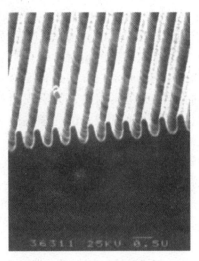

图 10.20　正性光致抗蚀剂面浮雕全息图

用机械方法复制面浮雕全息图的材料具有低衍射效率还意味着，在反射模式中，全息光盘上小衍射面系统会聚的光能量很低。根据美国联邦激光安全的相关标准，进一步增大激光功率不可能补偿会聚光的损失，唯一可行的方法是增大全息光盘小衍射面的尺寸。然而，这种方法减少了小衍射面的总数目，因此也减少了独立扫描线的总数及随后的扫描图密度。在某些条形码扫描应用中，可以接受该种方案，而在其他应用中，这类折中或许是不可接受的。

例如，在超市/零售的条形码应用中，对景深的要求是中等水平的，所以只有两个焦平面的全息扫描器就能够提供足够的性能。但在工业条形码扫描应用中，中等密度条形码（最小线条宽度是 0.3mm 数量级的条形码）要求的景深可能大至 1m（约 40in）或更大。这种景深要求只有具有大量焦平面的扫描器才能满足。全息扫描器可以设计得具有这种能力，但扫描光盘上的独立小衍射面必须尽可能多，所以，由于记录介质衍射效率低而使小衍射面数目减少将会减小景深。

对于许多反射型扫描应用，即使上述的"高衍射效率"全息图也不会有足够高的衍射效率聚光。为了消除条形码扫描器中的镜面反射噪声，常在探测器前面设计一个偏振器。当其他的垂直偏振光返回到扫描器，并通过偏振器到达探测器的同时，一束线性偏振光可以用作输出扫描光。这就对面浮雕全息图提出了一个问题，即一种高纵横比浮雕轮廓必须衍射的是 P 偏振光而不是 S 偏振光。因此，当该输出效率能够形成一束强扫描光束时，聚光能力应当较弱（或者反之），如上所述，同样需要进行折中。

尽管面浮雕工艺中采用机械复制方法获得的全息光盘具有较低的衍射效率，但是，这类光盘的低成本使其在超市/零售条形码扫描器领域（全息元件的成本是主要因素）仍颇具魅力。

10.5.2 体相位介质

体相位材料有很高的衍射效率，大于为90%。如此高的效率意味着，即使光盘应用于反射型光路中，光盘上的每个小衍射面都可以很小。这也意味着全息光盘上能够制造更多的小衍射面，因此，扫描器可以形成更多的独立扫描线，具有较大的景深和/或更复杂的扫描图形。较高的衍射效率还意味着允许使用较低功率的激光器生成扫描线。

有许多材料适合用作全息扫描器的体相位材料。首选材料是漂白后的卤化银。在这种工艺中，照相乳胶全息图中的吸收结构通过化学反应的方式从金属银转化为折射率不同于周围乳胶基质的材料[18-21]。例如，在溴蒸气作用下可以使银去卤化。用这种材料记录的全息图有很高的衍射效率，大于为80%[22,23]。处理工艺较为简单，且全息图相当稳定。然而，有几种漂白方法是将反应产物留在乳胶中，其中一些产物是光敏物质，尤其是受到强烈紫外光照射时，会呈现出打印效果。这样可以获得相当高效率的全息图，并且，照相乳胶具有如较宽的光谱响应和速度等优点。该材料的缺点是，这种光盘必须由生产通用照相材料的公司涂膜和敏化。一般来说，这些公司不愿按照客户要求提供不规则的基板（如圆盘），并进行涂膜。其原因是，公司认为供应数量较少，自然就造成非常现实的货源问题。

另一种最吸引人的体相位材料是光致聚合物[24,25]。但这种材料对较短波长（蓝紫光）的光束曝光时，会出现交联。当光致聚合物在适当波长下被曝光为全息条纹图时，条纹图光强度的周期性变化，会使光致聚合物中的这种交联形成相应的周期性变化。显影时，光致聚合物会形成与交联周期性变化相对应的周期性折射率变化。该材料暴露于正常的环境光、热和湿度条件下比较稳定。

这些材料的主要缺点是，曝光和后续处理造成的折射率变化 Δn 较小。这意味着，为了获得高衍射效率，涂镀的光致聚合物厚度必须达到 $50\mu m$（约2mil）。如此大的厚度会使全息偏转盘对布拉格（Bragg）角非常敏感。也就是说，扫描器中照射光束（再现光束）入射角的很小偏离都会使光盘的衍射效率严重下降。偏离量达到 $(1/4)°$（约4.4mrad），就会使衍射效率减少 $1/2$[26]。对于角度制造公差很容易达到该数值的产品来说，这通常是不可接受的。此外，在光盘旋转过程中，预期设计的运转模式也可能造成入射角变化 $(1/4)°$（约4.4mrad）。

美国杜邦（DuPont）公司[27]和美国宝丽莱公司（Polaroid）[28]的光致聚合物的折射率变化远大于前述的光致聚合物。Δn 值接近重铬酸盐明胶的值（比早期光致聚合物的 Δn 几乎大十倍）。采用较薄的涂膜层，达到 $5\mu m$（约 $200\mu in$）数量级，就有可能实现很高的衍射效率。所以，这些材料很有希望用作条形码扫描器中全息偏转器的记录介质。

迄今为止，最成功应用于条形码扫描器中的全息偏转器的体相位材料是重铬酸盐明胶[29-31]。作为全息偏转器光盘的记录介质，这种材料的主要优点是，由于高 Δn（0.10～0.15，甚至更高），所以，在膜层较薄（3～5μm 或 120～200μin）情况下，其衍射效率很高（>90%）。这意味着，重铬酸盐明胶同时具有高衍射效率和很低的布拉格角灵敏度。无论对制造还是应用，这都是一个非常重要的优点。

重铬酸盐明胶的主要缺点是，对湿气极为敏感。重铬酸盐明胶全息图必须密封以防止环境湿气的伤害。

从条形码扫描器发展的观点出发，重铬酸盐明胶还有另一个缺点：尽管这种材料已存在很长时间，但还是所有全息记录介质中人们了解最少的一种。至少存在三种声称能够解释成像机理的理论[32-34]，对重铬酸盐明胶处理配方的研究课题也有很多论文和学术讨论。其中许多都是从全息基板上涂镀明胶开始的[35]。漂白卤化银和重铬酸盐明胶也面对着同样的问题，就是货源问题。

多数大公司对采用重铬酸盐明胶相当抵触。大多数化学家更愿意采用熟知的无机材料（如硅），或者较为传统的有机材料（如光致抗蚀剂、光致聚合物）。重铬酸盐明胶是一种对其性质了解极少和较难预测的有机材料。归根到底，胶是利用动物皮肤、骨头和相关组织制成的，其性质取决于动物自身的因素较多。

尽管如此，由于重铬酸盐明胶全息图具有优良品质，所以仍然是条形码扫描装置中全息偏转器的最佳记录材料。在正常环境温度下曝光时，它还是比较稳定的。然而，它对湿气比较敏感，必须进行密封以防止正常环境的湿气的伤害。

一般地，重铬酸盐明胶仅对可见光谱范围的短波部分 $[\lambda < 520nm（约 20.5\mu in）]$ 敏感。尽管有可能使其对光谱红光波段端敏感[36-40]，但只是实现了一定程度的成功。其主要问题一直是，为了得到一个完整的相位结构，要如何清除掉残留的敏化染料。若应用于条形码扫描，一般来说，扫描器的光源是可见光半导体激光器，波长位于红光光谱范围内，不可能应用不敏感的重铬酸盐明胶制造工作波长下的母模全息图。因此，重铬酸盐明胶全息光盘必须采用下述两种方法之一的形式来制造成母模的复制品。

第一种方法，采用扫描器使用的波长，并利用对该光谱范围敏感的材料制造母模，如卤化银，从而能够利用比较简单的光学装置记录无像差的全息图。通常，利用该母模制造重铬酸盐明胶的子母模（子母模光盘形式或直接使用的光盘），生产工艺效率高。

第二种方法，直接利用对某种波长 $[如 488nm（19.2\mu in），$ 氩离子激光器的一种高功率谱线] 范围灵敏的重铬酸盐明胶制造母模。曝光波长与扫描器的工作波长的差别需在母模曝光工艺中采用具有像差补偿功能的光学系统进行补偿，因此，曝光设备比较复杂。但由于无须制造子母模的工艺步骤，并额外采用了校像差光学系统，而使最终全息图基本上保持了无像差的性能，所以能够获得高质量全息图。

无论采用哪一种方法，都可以利用重铬酸盐明胶敏感的波长制造重铬酸盐明胶复制光盘，复制工艺中不会引入任何像差，与工艺中使用的波长无关。全息光盘像差一节将更详细地阐述。

按照不同浓度和温度的酒精/水浸泡槽顺序，来处理重铬酸盐明胶全息图。时间、温度和浓度的变化取决于所采用的工艺。

重铬酸盐明胶全息图的衍射效率接近体相位材料的理论极限值，很容易获得大于 90% 的衍射效率。限制密封重铬酸盐明胶全息光盘衍射效率的唯一因素，是玻璃表面的反射及乳胶的吸收和散射损耗。如果不使用抗反膜（AR）或增透膜，空气/玻璃界面的菲涅耳（Fresnel）反射将是造成光损失的主要原因。这会将最大衍射效率限制到约 70%，具体数值取决于偏振的情况。然而，若涂镀高质量的增透膜，则在乳胶/玻璃界面仍有少量的菲涅尔反射损失及乳胶内的少量散射和吸收。若控制乳胶薄膜的性质使散射减至最小，则衍射效率可以达到 95%。这种控制至关重要，说起来容易但做起来很难，即使如此，保持衍射效率超过 85% 还是较容易的。

10.6 全息偏转器的制造技术 ←

10.6.1 重铬酸盐明胶全息光盘

图 10.21 给出了利用重铬酸盐明胶母模（无须子母模）制造重铬酸盐明胶全息光盘的工艺示意。利用氩离子激光器和防震平台来分别记录全息母模光盘的每个小衍射面。每个小衍射面记录在一块矩形重铬酸盐明胶全息板上，然后，放置在水/酒精槽中处理。当达到一定的衍射效率时，就可以得到衍射光与透射光的最佳透射比。用光学折射率匹配液把另一片玻璃密封在其上。将小衍射面罩盖起来以防止湿气侵蚀，再利用自动复制曝光机将其切割成合适的尺寸。用复制光束曝光时，同时使用模版以达到设计要求的尺寸和形状。

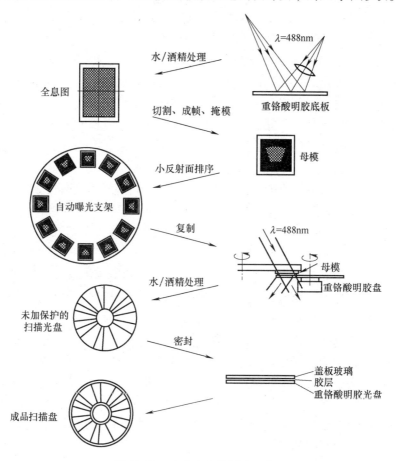

图 10.21 全息光盘的制造工艺

重铬酸盐明胶复制光盘的制造工艺，与摄影接触复制工艺类似，但并不相同。所有重铬酸盐明胶母模按正确顺序放置在一个计算机控制的转轮上。曝光周期开始时，重铬酸盐明胶盘被转到母模轮之下。母模与重铬酸盐明胶盘之间稍留有一点空隙，因此，该工艺并非真正的接触复制工艺。并且，在转动停止之后和曝光开始之前，需停滞一段时间。如果是光盘与母模之间无须相对运动的情况（如子母模光盘），可以在母模和光盘之间加一些折射率匹配液，从而限制相对运动，这样也可大大减小界面反射。对于有空气间隙的复制方法，建议对母模采用镀有增透膜的盖板。在顺序曝光期间，每块母模的小衍射面旋转到位；并在分步重复曝光工艺中，利用氩离子激光器发出的曝光光束顺序曝光。曝光光束是准直、发散的光束还是会聚的光束，取决于对复制 HOE 的性能要求。考虑到每个小衍射面的结构及复制曝光波长和扫描器工作波长之间的差异，需针对不同小衍射面调整激光束的照明角度。

对每块母模小全息衍射面的曝光，都会通过衍射后光束与未衍射的零级光束的干涉，而在重铬酸盐明胶中复制成完全一样的光学全息小衍射面。只要复制工艺相当接近接触复制工艺，就不会引入任何像差，而与复制波长或曝光角无关。原因在于该全息图中记录的干涉图适合任意的入射光束布局，并产生相应的共轭衍射光束。由于这两束光束都由该干涉图产生，因此，只要记录介质放置在与母模全息图相同的位置，这两束光都能够重新形成完全相同干涉图形的光束。记录介质与母模全息图的距离越远，两束光的性质差别越大。如果间隔很小，则差别不大。

如果重铬酸盐明胶复制光盘上的所有小衍射面都完成曝光，就将该光盘放置在顺序排列的水和酒精槽中进行处理。与母模处理工艺相比，生产过程中处理时间可能有所不同，但精确控制和连贯性显得更为重要。该工艺与重铬酸盐明胶母模的处理工艺基本相同。原因在于，如果初始结果不满足，可以重新处理重铬酸盐明胶；然而，重新处理将导致工序不连贯和低效率，这是生产制造中不希望出现的情况。有关处理槽、相关时间和处理液的温度等细节属于公司专利。

重铬酸盐明胶光盘加工工艺的目的是能够提供固定不变的处理结果，以及高效率的曝光和显影过程。较难做到这点的问题之一是"凝胶溶胀"问题，即曝光和处理后的乳胶变得比没有曝光和没处理的乳胶更厚。这种残留的乳胶膨胀会造成乳胶厚度内布拉格面漂移，使处理后布拉格面相对于乳胶表面的倾角与曝光期间不同（见图 10.22）。当再现光束以设计的入射角照射时，会使衍射效率降低。通过改变再现光束角度以提高衍射效率的方法将会引入有害像差。

如果处理后的材料折射率不满足期望值，也会造成类似的影响。不同的折射率会使再现光束以与设计不同的角度折射到乳胶内，从而以不合理的角度投射到布拉格面上。由于重铬酸盐明胶的折射率取决于处理后乳胶中微气孔的数量，所以，折射率对胶片配置工艺及水/酒精槽处理工艺的变化是很敏感的。在配置过程中，如果胶片硬化过度，则较难形成空穴，折射率较高。一般地，这也会限制着折射率调制范围 Δn。在湿处理期间，若全息图在热水

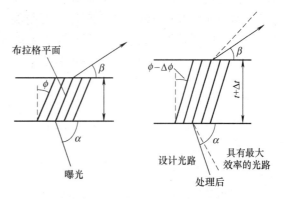

图 10.22　乳胶膨胀对布拉格面倾角的影响

中放置时间太长，凝胶会变得过软，形成过量空穴，减小了折射率。由于空穴变得更大，也会造成过量的散射损失，使凝胶对于扫描器的工作波长来说不是匀质材料。

凝胶溶胀和折射率变化是可以分别计量的不同影响因素，但表观上则表现出相同的结果，即由于"布拉格误差"而造成衍射效率降低。本章参考文献［35］介绍了一些消除其

有害效应的方法。一般地，几种方法都包括某些后置化学处理或后置烘烤处理技术，但没有一种方法在制造工艺中能做出恰如其分的预测。然而，如果凝胶膨胀可以预测并且是一致的，则在复制过程中通过减小亚离子激光复制光束入射角的设计值可进行补偿，因此增大了布拉格面的倾角。处理后，凝胶膨胀会抬高布拉格面，减小倾斜角直至其等于初始值。迪克森（Dickson）较详细地阐述了这种工艺[42]。

如果能够很好地控制处理方法，使凝胶膨胀和折射率均匀变化，并能预测，就可以通过替换复制光束角度来解决布拉格面的误差问题。顺便提一下，由于在母模表面条纹结构中全息复制光盘的光学性质是固定不变的。因此，替换复制光束角度对全息复制光盘的光学性质没有任何影响。复制工艺能够如实地反复生产这种条纹结构。

重铬酸盐明胶光盘曝光和处理之后，边缘约几毫米的凝胶带要被剥离以抑制湿气通过毛细作用浸入密封盘。利用光学折射率匹配液和一块盖板玻璃，将全息光盘密封以防止湿气进入。然后，将一个金属衬套连接到全息光盘的内径上，并对光盘进行动态平衡调整。

重铬酸盐明胶复制光盘的光学性质与母模全息光盘一样。一旦全息母模成型，全息扫描器的光学特性也就基本确定。通过光盘前、后光学系统的变化，有可能对其特性稍做修改。一般地，在全息条形码扫描器中不会这样做。

10.6.2 采用机械法复制面浮雕全息光盘

另一种主要的全息记录材料——光致抗蚀剂，具有表面变形或浮雕形式的衍射结构，如图 10.20 所示[16,17]，所以可以考虑采用机械复制方法批量生产。但是，这并不意味着，光学复制技术不适合面浮雕结构。它们肯定能够应用于母模、复制品或两者兼用。

面浮雕的机械复制方法并不是一种新技术，几十年前就成功研制出机械刻制光栅的低成本复制方法。目前，它已经成为利用全息母模制造高质量光栅的主要技术之一[43]。

尽管利用光致抗蚀剂母模可以直接复制面浮雕全息图，但仍有一些风险，光致抗蚀剂不可能承受重复的机械压力、升高的温度和/或复制母模的脱模工艺。考虑到母模的制造难度和可能的费用，需要研制一种具有最大复制能力（或产量）的复制工艺，即能够制造比较经久耐用子母模而通常是牺牲母模本身的复制技术。一种早期、源自音频行业的技术使用金属"压模"将浮雕压印在乙烯基热塑料上[44,45]。

在使用这种工艺的过程中[46,47]，采用蒸镀或溅镀的方法在浮雕上镀一层几十纳米⊖厚的镍或金导电保形膜。之后，再利用其他方法，如电化学沉积工艺继续形成镍层，直至达到几百微米厚度。此时，外层镍面没有浮雕结构，可以固定在一个坚实的基板上。在镍层/光致抗蚀剂界面处将这种夹层结构分开，并将残留在浮雕结构（坚固）金属复制品面上的抗蚀剂溶解掉。这种结构是原产品的负片，可以用于热压成型、注模成型或环氧树脂成型工艺中，稍后将具体讨论。

另外一种子母模复制方法，是利用射频（RF）溅射蚀刻或反应离子蚀刻（Reactive Ion Etching，RIE）技术[48,49]将光致抗蚀剂浮雕结构转换在浮雕本身的基板中。在这些方法中，利用加速离子轰击浮雕（在 RIE 情况下，则利用反应原子与基板分子反应而形成挥发性气

⊖ 原书此处使用不符合国际单位制的长度单位"埃"，均改为标准单位制。——译者注

体）从而均匀地去除浮雕面。光致抗蚀剂结构的沟槽处首先被去除，暴露出下面的基板，并被蚀刻，一直到光致抗蚀剂最高处消失为止，沟槽处已经深深地刻蚀在基板中。正确选择光致抗蚀剂、基板材料（如硅或石英）及离子束参数就能够精确地将表面浮雕转换到基板中并保留其截面形状[50]。与前述的镍子母模相比，这些工艺形成的子母模是原始产品的正片复制品。

一旦完成制造，就可以使用这些更经久耐用的子母模批量生产复制品。这种机械热压或模压成型方法，是将浮雕压入到加热软化的如聚甲基丙烯酸甲酯（Polymethyl Methacrylate，PMMA）或聚氯乙烯（Polyvinyl Chloride，PVC）热塑薄膜材料中。巴尔托利尼（Bartolini）及其同事[46]使子母模与乙烯基塑料带一起在两个热圆筒之间滚动。盖尔（Gale）等人[47]采用传统的烫印机将浮雕模压到 PVC 板上，温度为 150℃ 和压力为 3 个标准大气压。岩田（Iwata）和辻内（Tsujiuchi）[51]采用类似的模压技术，并通过骤冷和不同的收缩率使复制品与模具脱离。

采用模压方法复制，容易在新基板中产生大量应力或其他不均匀现象。批量和高质量生产塑料透镜的注塑模压成型技术可以解决这些问题[52]。在这种情况中，子母模是一个表面，使用经过光学抛光的不锈钢平面作为相对的平行面。将某种合适的聚合物材料塑化到比压模成型工艺更稀的状态，在高压下注入到可以温控的模具中[53]。目前使用的大部分材料是 PVC 共聚物、聚乙烯乙酸酯（Polyvinyl Acetate，PVA）和 PMMA 化合物。由于丙烯酸酯材料在抛光基板中不会产生双折射，并且稳定、容易加工和抛光，所以该材料比乙烯酯更具优势。

最后一种可选择的材料是利用紫外线照射就能交联固化的聚合物[54]。这种技术无须高温处理，从而减少了冷却/固化时产生应力和尺寸变化的可能性。只要这种平板材料能够透过紫外光，对注塑模压成型装置稍加改进就可以采用这种工艺。根据所使用的脱模剂和相关的粘结剂，可以在同一操作工序中将其直接固定在刚性基板上。

10.7　全息条形码扫描器实例：美国码捷公司五边形扫描器

作为能够代表迄今为止讨论的大部分设计技术和方法的全息扫描器实例，下面介绍美国码捷（Metrologic）公司的五线扫描器。这是一种采用了许多全息技术优点的工业用扫描器。首先介绍其扫描图设计，然后阐述其制造方法。

10.7.1　五边形扫描图

五边形扫描器被设计成一种大规模"直通"扫描器。一般地，货品包裹以大致均匀的距离通过扫描区域，而在距扫描器一定距离上形成一个非常完美的扫描空间。理想情况下，无论人工或自动方式，具有适当分辨率的条形码的大尺寸货品包裹能够通过扫描空间，只要货品包裹大致面对扫描器，就能成功扫遍整个大的景深。

这种大景深范围应用对设计提出了一些特殊的技术要求：大景深需要多焦面；由于对货品包裹的扫描方位没有专门规范，因此扫描器必须能够全方位阅读。此外，各种各样的货品包裹尺寸也要求扫描器提供足够大的扫描图。利用全息技术可以相当容易地满足这些技术要求。

"五边形"扫描器这个名字是因为扫描图形呈五边形结构，如图 10.23 所示。将不同方位的 5 个简单光栅（平行线组）组合成基本图形。这些光栅均匀地分布在整个 360°范围内，从而使该图形是全方位的。若希望操作者在扫描货物时无须浪费时间就能识别编码的正确方位，则全方位性是对条形码扫描器的基本要求。在自动扫描应用领域，希望有最高的工作效率，因此通过传送带上扫描器窗口的，货品包裹常是随机摆放的。

如图10.23所示，假设货品包裹沿一个方向传送，确定该图形的主要参数是扫描线长度、扫描线间隔和每个方位组上的扫描线数目。这些参数的组合结果必须提供需要的总的全方位图形宽度（整个全方位扫描可能覆盖的宽度）。同时，必须在近乎垂直的范围内保持有足够叠加，从而使"梯形"方向的编码（即与自身线条和空间相垂直的编码）不被漏扫。

这种五边形扫描图不仅提供了全方位的扫描，也非常适合扫描具有较高纵横比的编码（这种编码要比正方形编码，如最初的UPC编码，更难扫描）。相邻扫描线组之间的夹角越小，意味着每组扫描线具有更小的角覆盖范围，所以要求编码的高度更小。这也意味着，对软件拼接算法的依赖性更小。当然，仍可以利用这类算法使扫描器性能更好。

一旦确定了最佳扫描图，设计目标还是要提供大的景深。因为已经确定了最佳性能图，所以，从逻辑上讲，就是在距扫描器的不同距离上重复该图形若干次。为了给出可接受的叠加区和一个完整连续的景深，需要确定不同的焦平面。这里选择五线四焦平面结构。图10.24给出了五边形扫描图的三维表示。

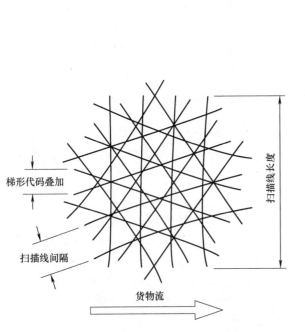

图10.23 五边形扫描图的二维表示方法

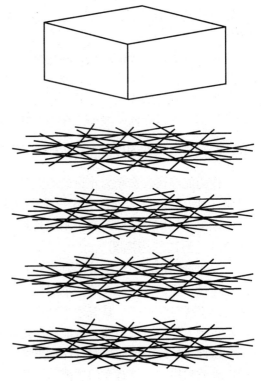

图10.24 五边形扫描器的三维扫描图

10.7.2 五边形扫描机理

当然，五边形扫描机构的核心是全息光盘，还包括光盘圆周附近的5个扫描台。每个扫描台由一个放置在光盘之前的可见光激光半导体模块和一个放置在光盘之后的折转反射镜（将光束导出扫描器光窗外）组成。图 10.25 所示的俯视图不包含盖板的扫描器，可以明显看到 5 个扫描台。

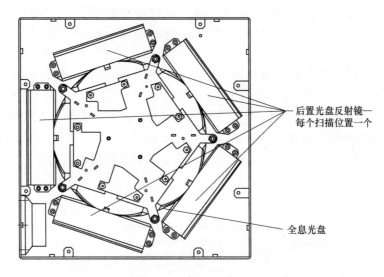

图 10.25　含有不同扫描台的五边形扫描器俯视图

由图 10.26 所示的侧视图可以较清晰地看出单个扫描台的光学系统。图中虚线表示输出光束的光路：从可见光激光半导体光源开始，首先，被一个普通的非球面透镜粗略地准直，然后被折转反射镜反射，将光束导向多功能板（Multifunction Plate，MFP）。多功能板是一块多用途全息图，与可见光激光半导体、透镜和反射镜共同组成"光学模块"的子组件。

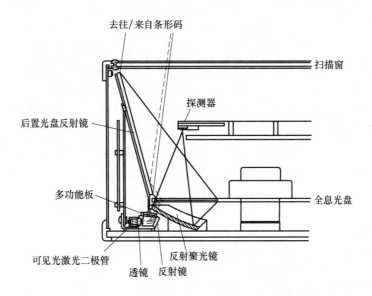

图 10.26　表示扫描和聚光光学系统的五边形扫描器测试图

目前在条形码扫描器中使用的可见光激光半导体本身具有某些不利特性。然而，使用多功能板，可缓解一些不利影响。多功能板的功能包括光束纵横比调整、减小像散和使色散达到最小值。事实上，可见光激光半导体本身出射的光束是椭圆形的，并形成一种颇具特色的像散。利用一块多功能板（如果希望进行更多项目的控制，可采用更多的多功能板）并合理选择入射角和衍射角，就可以控制这两种性质。同时，利用同一块多功能板的自身色差能够使光盘小衍射面产生的色差减至最小（很自然是对所有的衍射光栅）。

多功能板将光束直接导向全息光盘，以特定角度入射其上，并主要形成扫描图。图 10.23 所示的五光栅，每一个都包含 4 条线，并在 4 个焦平面中重复该扫描图。因此，全息光盘上需要有 16 个单独的小衍射面（见图 10.18）。每个小衍射面都有不同的衍射角 θ_d 和不同的焦距 f，从而使光束聚焦在不同的距离 s 上。图 10.27 给出了所有不同焦距和衍射角的组合结果。正确组合焦距和衍射角，使扫描线到光盘转轴的横向距离相等，从而在不同距离上重复产生所希望的扫描图。

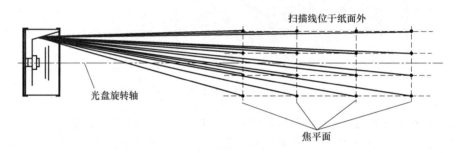

图 10.27　一个扫描台产生的扫描线侧视图

图 10.26 所示的实线代表了条形码反射的光束投射到信号探测器上的光路。该光束基本上是沿其离开扫描器的光路返回，因此扫描器是一个后置聚光系统。在光束返回期间，首先被大折转反射镜反射后，光束散射开来，完全充满小衍射面孔径，然后向后衍射到该模块。然而，光路中除有一个允许输出光束通过的小孔外，还有一块聚光反射镜。

这种聚光反射镜一般是抛物面或椭球面形状的。入射在聚光镜上的光束被聚焦，并向上投射到信号探测器。然而，为了到达该位置，必须再次通过全息光盘；而在第三次通过光盘时，希望光盘不会对光束有任何影响。事实上，多少还是会有影响的，如果正确设计和制造全息光盘，这些损失比平板玻璃造成的损失还小。这是全息图的衍射效率对角度敏感所致。精心设计制造的全息光盘只有满足设计的入射角和衍射角情况下才具有高衍射效率。由于从聚光镜到探测器的光束，是以远偏离上述角度的角度入射到全息光盘上，所以光盘的透射率较高。

参考文献

1. Savir, D.; Laurer, D.J. *IBM Systems J.* 1975, *14*, 16.
2. Broockman, E. U.S. Patent 4,717,818, assigned to IBM, January 5, 1988.
3. Allais, D.C. *Bar Code Symbology*; Intermec Corporation: Everett WA, 1984.
4. Cindrich, I. *Appl. Opt.* 1967, *6*, 531.
5. Beiser, L. *Proc. 1975 Electro-Opt. Syst. Des. Conf.* 1975, 333.
6. Beiser, L.; Darcey, E.; Kleinschmitt, D. *Proc. 1973 Electro-Opt. Syst. Des. Conf.* 1973, 75.

7. Beiser, L. *Holographic Scanning;* Wiley: New York, 1988.
8. Sincerbox, G.T. *Laser Beam Scanning;* Marshall, G., Ed.; Marcel Dekker: New York, 1985; 1.
9. Gabor, D. *Nature* 1948, *161,* 777.
10. Leith, E.; Upatnieks, J. *J. Opt. Soc. Am.* 1962, *52,* 1123.
11. Dickson, L.D.; Sincerbox, G.T.; Wolfheimer, A.D. *IBM J. Res. Dev.* 1982, *26,* 228.
12. Pole, R.V.; Werlich, H.W.; Krusche, R. *Appl. Opt.* 1978, *17,* 3294.
13. Dickson, L.D. *Appl. Opt.* 1970, *9,* 1854.
14. Bartolini, R.A. *Proc. SPIE* 1977, *123,* 2.
15. Smith, H.M., Ed. *Holographie Recording Materials;* Springer-Verlag: New York, 1977.
16. Werlich, H.; Sincerbox, G.; Yung, B. Dig. *1983 Conf. Lasers Electro-Opt.* 1983, 224.
17. Werlich, H.; Sincerbox, G.; Yung, B. *J. Imaging Tech.* 1984, *10*(3); 105.
18. Rogers, G. *J. Opt. Soc. Amer.* 1965, *55,* 1185.
19. Upatnieks, J.; Leonard, C. *Appl. Opt.* 1969, *8,* 85.
20. Pennington, K.; Harper, J. *Appl. Opt.* 1970, *9,* 1643.
21. Graube, A. *Appl. Opt.* 1974, *13,* 2942.
22. Phillips, N.; Porter, D. *J. Phys. E.* 1976, *9,* 631.
23. Phillips, N.; Cullen, R.; Ward, A.; Porter, D. *Photogr. Sei. Eng.* 1980, *24,* 120.
24. Booth, B. *J. Appl. Phot. Eng.* 1977, *3,* 24.
25. Chandross, E.; Tomlinson, W.; Aumiller, G. *Appl. Opt.* 1978, *17,* 566.
26. Kogelnik, H. *Bell. Sys. Tech. J.* 1969, *48,* 2909.
27. Gambogi, W.J.; Gerstadt, W.A.; Mackara, S.R.; Weber, A.M. *Proc. SPIE* 1991, *1555,* 256.
28. Ingwall, R. *Proc. SPIE* 1986, *615,* 81.
29. Shankoff, T. *Appl. Opt.* 1968, *7,* 2101.
30. Lin, L. *Appl. Opt.* 1969, *8,* 903.
31. Chang, B.J. *Opt. Eng.* 1980, *19,* 642.
32. Meyerhofer, D. *RCA Rev.* 1972, *33,* 111.
33. Samoilovich, D.; Zeichner, A.; Freisem, A. *Photogr. Sei. Eng.* 1980, *24,* 161.
34. Sjolinder, S. *Photogr. Sei. Eng.* 1981, *25,* 112.
35. Chang, B.J.; Leonard, C.D. *Appl. Opt.* 1979, *18,* 2407.
36. Graube, A. *Opt. Commun.* 1973, *8,* 251.
37. Graube, A. *Photogr. Sei. Eng.* 1978, *22,* 37.
38. Kubota, T.; Ose, T. *Appl. Opt.* 1979, *18,* 2538.
39. Akagi, M. *Photogr. Sei. Eng.* 1974, *18,* 248.
40. Kubota, T.; Ose, T.; Sasaki, M.; Honda, M. *Appl. Opt.* 1976, *15,* 556.
41. Dickson, L.D. U.S. Patent 4,416,505, assigned to IBM, November 22, 1983.
42. Lerner, J.; Flamand, J.; Thevenon, A. *Proc. SPIE* 1982, *353,* 68.
43. Ruda, J.C. *J. Audio Eng. Soc.* 1977, *25,* 702.
44. Roys, W.E., Ed. *Disc Recording and Reproduction;* Dowden, Hutchinson & Ross: Stroudsburg, PA, 1978.
45. Bartolini, R.; Feldstein, N.; Ryan, R.J. *J. Electrochem. Soc.* 1973, *120,* 1408.
46. Gale, M.T.; Kane, J.; Knop, K. *J. Appl. Phot. Eng.* 1978, *4,* 41.
47. Hanak, J.J.; Russell, J.P. *RCA Rev.* 1971, *32,* 319.
48. Lehman, H.W.; Widner, R. *J. Vac. Sci. Tech.* 1980, *17,* 1177.
49. Matsui, S.; Moriwaki, K.; Aritome, H.; Namba, S.; Shin, S.; Suga, S. *Appl. Opt.* 1982, *21,* 2787.
50. Iwata, F.; Tsujiuchi, J. *Appl. Opt.* 1974, *13,* 1327.
51. Wolpert, H.D. *Photonics spectra* 1983, *17*(2–3), 68.
52. Ryan, R.J. *RCA Rev.* 1978, *39,* 87.
53. Okino, Y.; Sano, K.; Kashihara, T. *Proc. SPIE* 1982, *329,* 236.

第 11 章　声光扫描器和调制器

Reeder N. Ward

美国佛罗里达州墨尔本市诺亚工业有限公司

Mark T. Montgomery

美国佛罗里达州维耶拉市斯凯科斯有限公司

Milton Gottlieb

美国宾夕法尼亚州匹兹堡市卡内基·梅隆大学顾问

11.1　概述

　　本书读者可以很容易地发现，为了满足各种扫描装置的要求，激光器会有非常多的应用，这些应用对应着扫描器不同的性能技术要求。扫描器的基本技术要求包括，速度、分辨率和随机访问时间。要根据这些参数选择扫描器。声光（Acousto-Optic，AO）布拉格（Bragg）器件及相关驱动电子装置的成本并非微不足道，其分辨率要求约为 1000 个光点。所以，声光扫描器是最适合中等价位的那些系统的。此外，声光技术最适合要求随机访问时间达到 $10\mu s$ 数量级或希望对激光束进行强度调制（如图像记录）的应用领域。目前，有许多使用声光扫描器的系统，最熟悉的或许是激光打印机，其扫描器性能完全满足系统的技术要求。大尺寸电视显示器是首先应用声光扫描器的设备之一。尽管这类显示系统比较少见，但它非常好地实现了这种功能。下面将详细介绍这些应用，以及声光扫描器的其他应用。

　　近年来，光波与声波的相互作用技术已经成为各种激光系统相关器件的基础技术，包括显示、信息处理、光信号处理及大量要求对相干光进行空间和时间调制的其他应用。早在 20 世纪 30 年代中期，该相互作用下发生的现象就被人们广泛认知；但直至 20 世纪 60 年代，仍停留在科学认知阶段，并没有用于实际。期间，相关的一些技术发展很快，同时激光领域的许多应用都需要采用高速、高分辨率的扫描方法。这些新技术能够带来高效率、宽带声波换能器，通过若干个几千兆赫大功率宽带固态放大器进行驱动操作，并研发出许多具有极高质量因数（要求低驱动功率）和高频下具有低声能损失的新人造声光晶体。这些性质的综合效果使声光技术成为众多系统的选择，并常常是满足所要求技术条件的唯一方法。本章将回顾声光相互作用的基本原理，介绍材料及相关的声学技术，较详细阐述声光扫描器件，包括各种系统光学设计的重要性质。

11.2　声光相互作用　⬅

11.2.1　光弹性效应

很简单，所有声光相互作用的基本机理就是声波造成光学介质折射率发生变化。一束声波是一种移动的压力扰动，在材料中形成压缩和舒张区域。对于理想气体，根据洛伦茨-洛伦兹（Lorentz-Lorenz）关系，折射率与密度具有下列关系：

$$\frac{n^2-1}{n^2+1} = 常数 \times \rho \tag{11.1}$$

式中，n 为折射率[⊖]；ρ 为密度。实际上，该关系也特别适用于大部分简单的固体材料。对式（11.1）求导可以直接得到光弹系数：

$$\rho \frac{\partial n}{\partial \rho} = \frac{(n^2-1)(n^2+1)}{6n} \tag{11.2}$$

在此可以理解为，等熵条件下求导。一般来说，此即超声波情况。在这种情况下，在一个小于声波波长空间内由热传导造成能量流的速率比密度变化速率要慢。式（11.2）给出的基本量又称为光弹常数 p，很容易得出其与施加压力的关系：

$$p = \frac{1}{\beta} \frac{\partial n}{\partial P} \tag{11.3}$$

式中，P 为施加压力；β 为材料的压缩率。一种折射率为 1.5 的理想材料的光弹性常数是 0.59。稍后将看到，各种材料的光弹性常数大约在 0.1~0.6 的范围内，因此，这种简单理论给出的结果非常接近实际测量值。

根据光弹性常数的常规定义，式（11.3）表示如下：

$$\Delta\left(\frac{1}{\varepsilon}\right) = \Delta\left(\frac{1}{n^2}\right) = pe \tag{11.4}$$

式中，ε 为介电常数（$\varepsilon = n^2$）；e 为声波造成的应变振幅。由式（11.4）很容易看出，由应变产生的折射率变化为

$$\Delta n = -\frac{1}{2} n^2 pe \tag{11.5}$$

对于频率为 Ω 的声波，式中的 e 是 $e_0 \exp(j\Omega t)$ 形式。一般地，声光器件折射率变化量不大。应变振幅是 $10^{-8} \sim 10^{-5}$。因此，利用上述 Δn 和 ρ 表达式得到的 Δn 值约为 $10^{-8} \sim 10^{-5}$（若 $n = 1.5$）。令人稍感惊奇的是，折射率如此小变化的器件竟产生了很大的效应，同时将看到，之所以有很大的效应是因为这些器件是以令光学波长产生大相位变化的方式进行布局的。

确定光弹性相互作用的关系式在式（11.5）中已经写成标量形式，光弹性常数与材料中的传播方向无关。实际上，即使对于如玻璃之类的各向同性材料，纵向声波和横向（垂直方向）声波也会产生参数不同的光弹性相互作用。对于各向异性材料，这种相互作用的完整表述尤其需要考虑其介电性质、弹性应变和光弹性系数之间的张量关系，用张量公式可以表示如下：

⊖　原书错印为 η。——译者注

$$\Delta\left(\frac{1}{n^2}\right)_{ij} = \sum_{kl} \rho_{ijkl} e_{kl} \tag{11.6}^{\ominus}$$

式中，$(1/n^2)_{ij}$ 为光学折射率的椭球成分；e_{kl} 为笛卡儿应变成分；ρ_{ijkl} 为光弹性张量成分。一种具体材料的晶体对称性决定着，光弹性张量中哪种成分不是零，以及何种成分与其他成分有关。这在某些应用中确定是否仅采用对称晶体的方法非常有用。

11.2.2 各向同性声光相互作用

最有用的光弹性效应，是声波可以衍射光束的能力。有几种方法能够帮助理解衍射现象是如何发生的：可以将声波想象成一种由光学相位而非透明度周期性变化组成的，并且是以声速移动而非静止的衍射光栅，由此认为衍射是一个移动相位光栅；另外，光波和声波可以看做是粒子、光子和声子，进行能量守恒和动量守恒的碰撞。利用上述任何一种方法都能解释所有重要的衍射效应，但其中某些以某一种理论来解释更容易理解。所以下面介绍两种有用的方法。

现在，讨论平面声波与平面光波相互作用的最简单情况，如图 11.1 所示。假设频率为 ω 和波长为 λ 的光波从左侧入射到由频率为 Ω 和波长为 Λ 的声波形成的延迟线内，如果有声波，延迟介质的折射率是 $n + \Delta n$，则光波的相位将会改变为

$$\Delta\phi = 2\pi \frac{L}{\lambda} \Delta n \tag{11.7}$$

式中，L 为延迟线的长度。假设 $L = 2.5\text{cm}$（约 1in）和 $\lambda = 0.5\mu\text{m}$，Δn 达到最大值 10^{-5}，则可以得到一些典型的 $\Delta\phi$ 值，从而得到弧度 π 的相位变化，这是一个比较大的变化。由于 L/λ（即光学波长数目），是一个很大的数目 50000，所以其变化也很大，即使 Δn 很小仍会产生相当大的 $\Delta\phi$。如果入射在延迟线上的电场由下式表示：

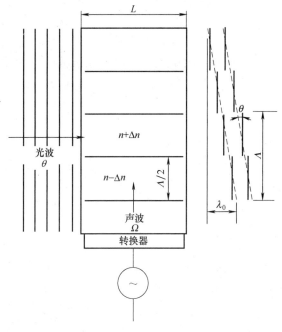

图 11.1　向上传播的声波造成光学波前倾斜

$$E = E_0 \mathrm{e}^{\mathrm{j}\omega t} \tag{11.8}$$

那么，相位调制后光束的场为

$$E = E_0 \mathrm{e}^{\mathrm{j}(\omega t + \Delta\phi)} = \mathrm{e}^{\mathrm{j}\omega t} \mathrm{e}^{\mathrm{j}2\pi(L/\lambda)(\alpha_0 \sin\Omega t)} \tag{11.9}$$

这里不准备对由此产生的光场在时间和空间的分布进行详细求导，但利用对无线电波的直观感觉和类比可以获得合成场。由射频（RF）工程（学）知道，相位经过调制、频率为 Ω 的载波的波谱是由调制频率 Ω 的倍频成分组成的，如图 11.2 所示。在载频附近有多个边带，因此，第 n 个边带的频率是 $\omega + n\Omega$。其中，n 可以是正和负。每个边带的振幅

⊖　原书将 e 错印在 ρ 的下角。——译者注

正比于序数等于边带数的贝塞尔（Bessel）函数，幅角是调制指数 $\Delta\phi$。虽然图 11.2 所示没有标示，但注意到，标有奇数的负序数边带与其他边带有 180°的相移。由延迟线发出的光是由一些频率相对于入射光频率 ω 相移了 $\pi\Omega$ 的光波组成。折射率的最大变化决定相关高度。

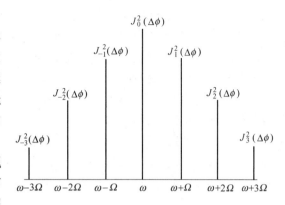

图 11.2　由于喇曼-纳斯（Raman-Nath）相互作用造成不同衍射级的光强度

为了理解声波对光波的衍射作用，现在讨论图 11.1 所示的光学波前。光速比声速约大 5 个数量级，所以，完全可以近似假设：当光波通过延迟线传播时，声波是静止的。假设，在此瞬间，标有 $n + \Delta n^{\ominus}$ 的半波长区域处于压缩状态，而 $n - \Delta n$ 是处于

伸张状态，那么，通过压缩区域的光学平面波的速度变慢（相对于折射率为 n 的未被扰动的材料），而通过伸展材料的那部分光波的速度变快。通过这种简单的表述可以看出，出射波前呈现"波浪形"。如果这些波纹连接成一个连续的平面，则其相对于入射光波前的方向是倾斜的。由于声波方向每个声波波长 Λ 的光学相位都改变 2π，所以倾角 $\theta \cong \lambda/\Lambda$。

光功率流的方向是垂直于倾斜平面的方向的，也代表着衍射后的光束。需要注意的是，瓦楞形波阵面恰好被连接为一个角度为 $\theta \cong -\lambda/\Lambda$ 的倾斜波前。这也就对应着负，另一个对应着正。至此已经注意到，对于大部分超声波装置，使用声光布拉格器件的一个重要参数是声波波长 Λ 与转换器长度 L 之比。假如该比值很小，或者只有很少量的波发生衍射，则声能是作为平面波传播；而该比值不大时，利用平面波之和能够更正确地表述声波的传播，这种平面波的角谱则随着比值增大而增大。如果分析是相对于传播方向具有夹角 λ/Λ 的那部分波的，可以看到，已经衍射为第一级的光束可以第二次被该波衍射为角度为 $2\theta = 2\lambda/\Lambda$ 的

光束，且光束频率再次上移，总频移为 2ω。若声波角谱的更高阶包含足够大的能量，则该过程再次重复，光波也以更高阶角度 $n\theta = n\lambda/\Lambda$ 多级衍射，每束光频移 $n\omega$。负数级衍射具有类似的幅角，因此，一组完整的衍射光束如图 11.3 所示，根据式 $n\theta = \pm n\lambda/\Lambda$ 得出对应第 n 级的偏转角，并且第 n 级衍射光的频率是 $\omega \pm n\Omega$。当调制指数 $\Delta\phi = 2.4$ 时，载波或零级波的强度是零。若 $\Delta\phi = 1.8$ 时，则通常认为较为重要的第一级的衍射效率最高达到

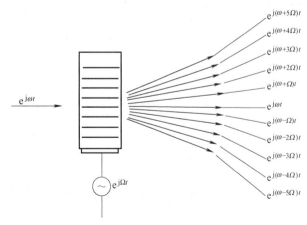

图 11.3　多阶拉曼-奈斯衍射

⊖　原书错将 n 印为 η。——译者注

入射光的 34%，且随着调制指数增大而减小。德拜（Debye）和西尔斯（Sears）阐述了这些现象[1]，因此常称之为德拜-西尔斯（Debye-Sears）衍射。卢卡斯（Lucas）和比卡尔（Biquard）几乎同时公布了类似的观察结果[2]。拉曼（Raman）和奈斯（Nath）对该效应做了深刻的理论分析[3]，因而又称为拉曼-奈斯（Raman-Nath）衍射。这类衍射的一个鲜明特征是被限制在低声频范围（或者较长波长范围）内，原因在于光束通过声波压缩和伸张框形成的孔径而被衍射散开。如果声波束沿着光束传播方向的长度足够大，则光波在相邻压缩和伸张区域之间的衍射传播将发生重叠，德拜-西尔斯模型不再成立。为了估算约束德拜-西尔斯模型的特征长度 L_0，假设压缩和伸张孔径是声波波长的一半，即 $\Lambda/2$，因此光束的衍射角扩展是 $\delta\phi \approx 2\lambda/\Lambda$。$L_0$ 定义为孔径衍射使光束扩展为声波波前 1/2 时的相互作用长度：

$$L_0\delta\phi = \frac{\Lambda}{2} \tag{11.10}$$

或

$$L_0 = \frac{\Lambda^2}{4\lambda} \tag{11.11}$$

有时，用比值 Q〔称为拉曼-奈斯参数，也常称为克莱因-库克（Klein-Cook）参数〕表述相互作用长度：

$$Q = \frac{2\pi L\lambda}{\Lambda^2}$$

据认为，相互作用长度 $Q < \pi$ 的器件属于拉曼-奈斯范畴，而 $Q > 4\pi$ 的器件属于布拉格范畴。对于有代表性的值 $L = 1\text{cm}$ 和 $\lambda = 6.33 \times 10^{-5}\text{cm}$，若 $\Lambda = 0.0159\text{cm}$(约 0.006in)，则 $Q = 1$，因此，对于声速达到 $5 \times 10^5\text{cm/s}$(约 $2 \times 10^5\text{in/s}$) 的材料，对应的频率是 31.4MHz。

在布拉格区域，薄光栅的近似理论不再成立。如果入射光束垂直于声波传播方向，则较高衍射级在 L_0 之外是相消干涉的，最后衍射图完全消失。为了获得相长干涉，必须使入射角相对于声波传播方向有一定倾斜。为了更好地理解满足此要求的必要条件，最好将光波和声波想象为碰撞粒子、光子和声子。如此，光波和声波则呈现粒子属性，并且能量守恒和动量守恒定律是其碰撞动力学的主要理论。下列众所周知的表达式分别给出光波和声波的动量值：

$$|\boldsymbol{k}| = \frac{\omega n}{c} = \frac{2\pi n}{\lambda_0} \tag{11.12}$$

和

$$|\boldsymbol{K}| = \frac{\Omega}{v} = \frac{2\pi}{\Lambda} \tag{11.13}$$

式中，v 为声波在延迟介质中的速度，$v = \frac{\Omega\Lambda}{2\pi}$。利用矢量关系表示动量守恒：

$$\boldsymbol{k}_i + \boldsymbol{K} = \boldsymbol{k}_d \tag{11.14}$$

如图 11.4a 所示，$\boldsymbol{k}_i$ 和 $\boldsymbol{k}_d$ 分别代表入射光子和衍射后光子的动量。可以将该过程想象为入射光子吸收声子而形成衍射光子的过程，因此，能量守恒定律要求：

$$h\omega_0 = h\omega_1 + h\Omega \tag{11.15}$$

或者

$$\omega_d = \omega_1 + \Omega$$

式中，h 为普朗克（Planck）常数。

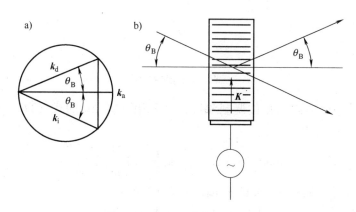

图 11.4　各向同性介质中的布拉格衍射

a）矢量图　b）布拉格光栅中的光束偏转

由于 ω_i 位于光学频率范畴，而 Ω 一般处于射频或者微波范围，$Q \ll \omega_i$，所以 $\omega_d \approx \omega_i$，从而造成 k_i 和 k_d 几乎大小相等。因此，图 11.4a 所示的动量三角形是等腰三角形，入射角（相对于 K 的法线）等于衍射角。由图 11.4a 所示很容易得到该入射角：

$$\sin\theta_B = \frac{1}{2}\frac{K}{k} = \frac{1}{2}\frac{\lambda}{\Lambda} \tag{11.16}$$

其类似晶体中规则排列原子平面对 X 射线的衍射角，所以称为布拉格角。这些矢量相对于延迟线的布局如图 11.4b 所示。为了形成衍射，光线必须以角 θ_B 入射，衍射光束具有相同的角度。与德拜-西尔斯范围相比，没有更高阶衍射光束出现。在对布拉格约束范围（$Q \gg 1$）进行处理的整个过程中，更高阶衍射级上可以有光能量，但概率极小，造成较高衍射级的光强度基本为零。图 11.4 给出了衍射后光子能量高于入射光子能量，且有反之亦成立的相互反应。如果 K 相对于 k_i 反向，则 $\omega_d = \omega_i - \Omega$，形成负一级衍射。

重要的是要理解，德拜-西尔斯效应和布拉格衍射并非是不同现象，而是一种机理的不同适用范围。对于一组 λ、Λ 和 L 数值，拉曼-奈斯参数 Q 决定着采用哪一种约束范围更合适。实际上，较为常用的是通过选择这些值，无约束达到 $Q \approx 1$。在这种情况下，数学处理相当复杂，并且通过实验已经发现，可能会更喜欢使用两个一级衍射光束中的一个，同时也会存在更高级衍射。

已经讨论过光波被声波衍射后的角度特性，更重要的特性是衍射光束的光强度。完整的数学处理内容已经超出本书内容，而进行非常好的直观计算也会给出很有用的结果。参考图 11.2 所示相位经过调制的波谱，可以看出，一级衍射与零级光束的光强度比为

$$\frac{I_1}{I_0} = \left[\frac{J_1(\Delta\phi)}{J_0(\Delta\phi)}\right]^2 \tag{11.17}$$

现在，针对声光衍射光束，将详细讨论如何获得该结果。由下式给出声波功率流：

$$p = \frac{1}{2}cve^2 \tag{11.18}$$

式中，c 为弹性刚度常数，与体积弹性模数、密度及声波速度有关，并用下列众所周知的关系式表示：

$$c = \frac{1}{\beta}\rho v^2 \tag{11.19}$$

因此，声功率密度为

$$P_A = \frac{1}{2}\rho v^3 e^2 \tag{11.20}$$

可以根据声功率密度表示相位调制深度，并利用计算 Δn 的式（11.5）和计算 $\Delta\phi$ 的式（11.7），得到如下结果：

$$\Delta\phi = 2\pi \frac{L}{\lambda}\Delta n = -\pi \frac{L}{\lambda}n^3 p \left(\frac{2P_A}{\rho v^3}\right)^{1/2} \tag{11.21}$$

对于小调制指数，零级和一级贝塞尔函数近似表示为

$$J_0(\Delta\phi) \approx \cos(\Delta\phi) \approx 1 - \Delta\phi \tag{11.22}$$

和

$$J_1(\Delta\phi) \approx \sin(\Delta\phi) \approx \Delta\phi$$

由式（11.17），小信号衍射光的近似表达式为

$$\frac{I_1}{I_0} \approx (\Delta\phi)^2 = \frac{\pi^2}{2}\left(\frac{L}{\lambda}\right)^2 \left(\frac{n^6 p^2}{\rho v^3}\right)P_A \tag{11.23}$$

该衍射效率可以表示为声波总功率 P 的形式：

$$P = P_A(LH) \tag{11.24}$$

式中，H 为换能器高度，并且有

$$\frac{I_1}{I_0} = \frac{\pi^2}{2}\frac{L}{H}\left(\frac{n^6 P^2}{\rho v^3}\right)\frac{P}{\lambda^2} \tag{11.25}$$

括号内的量仅取决于声光材料本身的性质，而其他参数与外部因素有关，所以，被定义为材料的品质因数：

$$M_2 = \frac{n^6 p^2}{\rho v^3} \tag{11.26}$$

由此看出，一般地，导致高声光效率的最重要因素是高折射率和低声速。由于光弹性常数可能很小，甚至是零，所以并不能保证具有高品质因数。

式（11.25）中的其他因子对衍射效率有以下影响：衍射效率随波长增大而按照二次方形式减小，因此，对红外（IR）光功率的要求可能比可见光大几百倍。为了获得高衍射效率，较为理想的情况是具有大的纵横比 L/H，从而导致图 11.5 所示的结构布局。很难制造 H 远小于 1mm、纵横比高达 50 的传统散装器件。光学波导装置可以达到极高的纵横比。对布拉格范畴衍射效率的一种精密计算公式为[4]

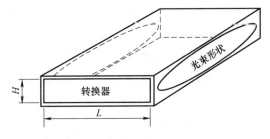

图 11.5　最佳声光衍射下的换能器和光束形状

$$\frac{I_1}{I_0} = \sin^2\left(\frac{\pi^2}{2}\frac{L}{H}M_2\frac{P}{\lambda^2}\right)^{1/2} \tag{11.27}$$

对信号较弱情况，式（11.27）可简化为式（11.25）形式。为了获得声光偏转器（Acousto-Optic Deflector，AOD）所需数量级的功率，假设某种材料具有下列参数：$n = 1.5$，$\rho = 3$，$v = 5 \times 10^5 \text{cm/s}$，按照洛伦茨-洛伦兹近似公式计算出光弹性常数 $p \approx 0.6$，因此 $M \approx 1.1 \times 10^{-17} \text{s}^3/\text{g}$。若剩余的参数 $L = 1 \text{cm}$ 和 $\lambda = 0.6 \mu\text{m}$，并且假设连续运作的最大声波功率密度是 1W/cm^2 ［即 $1 \times 10^7 \text{erg/(cm}^2 \cdot \text{s)}$ ⊖ ］，则得到的最高效率是 15%。稍后将看到，适当选择材料和设计就能够用较低的功率水平获得较高衍射效率。

11.2.3　各向异性衍射

从光学性质分类，如具有立方体结构的玻璃或晶体之类的光学材料属于各向同性材料，就是说光学性质不会随方向变化。但是，许多晶体是对称结构，其光学性质取决于光束相对于晶轴的偏振方向，属于双折射晶体，就是说不同偏振方向具有不同的折射率。

至此表述的衍射理论都是假设光学介质是均匀材料，至少不是双折射材料。而许多重要的声光器件却要应用双折射材料的性质，因此，有必要简述各向异性衍射的重要性质。一般来说，其与各向同性介质衍射的基本区别是，不同偏振方向的光动量不同：

$$k = \frac{2\pi}{\lambda} = \frac{2\pi n}{\lambda_0} \tag{11.28}$$

如图 11.6 所示，表示动量守恒的矢量图不再是图 11.4a 所示的简单等腰三角形。寻常偏振光的动量矢量终端落在一个圆上，而非寻常偏振光终端落在一个椭圆上。

为了理解各向异性对衍射的影响，必须介绍光波与剪切声波（即垂直于声波传播方向的物质移动的波）相互作用时出现的另外一种现象。剪切声波可以使衍射光的偏振方向旋转 90°。其原因是剪切扰动像一块双折射板，降低了作用在入射光束上的双折射功能，即造成偏振面旋转。该现象在各向同性和各向异性材料中都会出现。但是，对各向同性材料，动量 $k = 2\pi n/\lambda_0$ 在两个偏振方向都相同，因而对衍射关系没有影响。但是，假设在双折射晶体中包含光轴的一个平面内出现相互作用，选择图 11.6 所示的折射率表面为例，入射光是非寻常光，则衍射光是寻常光，有

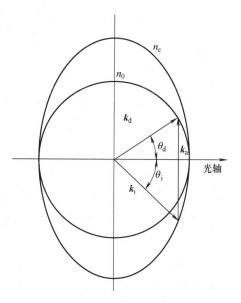

$$k_i = \frac{2\pi n_e}{\lambda_0} \quad \text{和} \quad k_d = \frac{2\pi n_0}{\lambda_0} \tag{11.29}$$

并且，一般来说，入射角 θ_i 和 θ_d 不相等。狄克逊（Dixon）阐述了各向异性材料的衍射理论[5]，给出了各向异性材料的布拉格角表达式：

图 11.6　双折射介质的衍射矢量图

$$\sin\theta_i = \frac{1}{2n_i}\frac{\lambda_0 f}{v}\left[1 + \left(\frac{v}{\lambda_0 f}\right)^2 (n_i^2 - n_d^2)\right] \tag{11.30}$$

⊖　erg/s：尔格每秒，$1 \text{erg/s} = 10^{-7} \text{W}$。

$$\sin\theta_{\mathrm{d}} = \frac{1}{2n_{\mathrm{d}}} \frac{\lambda_0 f}{v} \Big[1 - \Big(\frac{v}{\lambda_0 f}\Big)^2 (n_{\mathrm{i}}^2 - n_{\mathrm{d}}^2) \Big] \tag{11.31}$$

式中，n_{i} 和 n_{d} 分别为入射光和衍射光偏振的折射率；f 为声频：

$$f = \frac{v}{\Lambda} \tag{11.32}$$

频率 f_{m} 下的这两个角度的关系曲线如图 11.7 所示，最小值位于入射角处。所有双折射晶体都有类似的曲线形状，在声光器件应用领域具有非常有用的特性。能够发生相互作用的最小频率对应着 $\theta_{\mathrm{i}} = 90°$ 和 $\theta_{\mathrm{d}} = -90°$，如图 11.8 所示，所有三个矢量都共线。在这种情况下，很容易看出，由于动量守恒矢量方程可以表示为

$$|\boldsymbol{k}_{\mathrm{i}}| + |\boldsymbol{K}| = |\boldsymbol{k}_{\mathrm{d}}| \tag{11.33}$$

形成共线衍射的频率为

$$f = \frac{v(n_{\mathrm{i}} - n_{\mathrm{d}})}{\lambda_0} \tag{11.34}$$

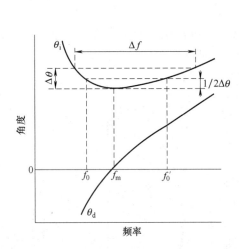 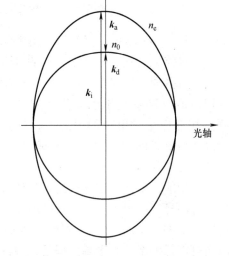

图 11.7　各向异性双折射衍射的入射角和衍射角　　图 11.8　双折射介质中共线衍射的矢量图

这种共线相位匹配技术已经成为电可调谐声光滤波器这种重要器件的理论基础[6]。注意到，如果选择入射光是寻常光，而不是非寻常偏振光，应当使声波矢量翻转。实际上，通过交换 n_{i} 和 n_{d} 可以改变图 11.7 所示两条曲线的作用。

对各向异性衍射非常感兴趣的另一个性质，是 $\theta_{\mathrm{d}} = 0$ 频率位置对应的曲线 θ_{i} 的最小值。令式（11.31）等于零就可以求得该频率 f_{m}：

$$f_{\mathrm{m}} = \frac{v}{\lambda_0} \sqrt{n_{\mathrm{i}}^2 - n_{\mathrm{d}}^2} \tag{11.35}$$

该位置点的重要性在于，扫描光束的入射角对很宽频率范围内的变化都很不敏感。由于带宽远比各向同性扫描器大，所以，该频率对于扫描器设计具有重要意义。衍射光束角在该点过零值时，入射光束角达到最小值，并随频率近似地线性增大。所以，正如稍后所述，在一个很宽范围内都能够保持布拉格角匹配。将会看到，利用其他方法很难达到如此大的相互作用带宽。

从直观认识上讲，上述光波与声波的相互作用或许是最简单的情况。还有其他完全不同的数学表述形式，从而在声光系统特性方面也有许多具体内容和细微差别，但这已经超出本书的讨论范围。已经有研究完成了精确计算从而扩展了拉曼-奈斯理论的约束范围[8]，并通过实验方法予以验证[9]。其他研究还给出了不同衍射级光强度分配的精确数学结果[10]。克莱因和库克利用耦合波形式对衍射过程做了评述和分析[11]，最近又继续完善平面波散射理论以便于对中间情况给出明确结果[12,13]。最后，张（Chang）[14]阐述了一种方法，认为可以将声光相互作用视为一种参数化过程：入射光波与声波混合产生一种和差频率的偏振波，从而形成新的光学频率。

近期研制出的一种特别适合声光应用的材料是二氧化碲（TeO_2）晶体[15]，具有独特的性能，能使传统射频范围内的剪切波相互作用具有极高的品质因数。使人不禁想起由式（11.35）[该式可以根据式（11.30）和（11.31）给出的各向异性材料的布拉格关系导出]给出的一个特定频率，在该频率下入射角最小，因此满足宽频率范围内的布拉格条件。然而，典型的双折射率值使该频率大约等于 1GHz 或更高些。对 TeO_2 材料特别感兴趣的是光束沿 c 轴或（001）方向传播时的旋光性。左右圆偏振光的折射率不同，因而平面偏振光的偏振面将旋转下述一个量：

$$R = \frac{2n_0}{\lambda}\delta \qquad (11.36)$$

式中，δ 为左旋和右旋偏振光的分离度指数：

$$\delta = \frac{n_1 - n_r}{2n_0} \qquad (11.37)$$

如同剪切声波可以使两束线性偏振光波的相位匹配一样，它们也可以使两束相反的圆偏振光波的相位匹配。因此，沿（110）方向传播的剪切波与剪切偏振光将衍射沿（001）方向传播的左旋或右旋偏振光，彼此互换。各向异性布拉格关系应用于具有旋光性的晶体，双折射解释为

$$\Delta n = n_1 - n_r = 2n_0\delta \qquad (11.38)$$

由旋光率得到的 δ 的大小与波长有关。对于上述的光波和声波传播方向，声速是 $0.62 \times 10^5 \, \text{cm/s}$（约 $0.24 \times 10^5 \, \text{in/s}$），熔凝石英的品质因数 $M_2 = 515$。若波长 $\lambda = 0.633 \, \mu\text{m}$ 并根据式（11.35）计算，布拉格入射角最小时的频率是 $f = 42\text{MHz}$，是一个非常普通的频率。对于其他的重要波长，如 $\lambda = 0.85 \, \mu\text{m}$ 和 $\lambda = 1.15 \, \mu\text{m}$ 对应最小值时的频率分别是 36MHz 和 22MHz。

瓦尔纳（Warner）等人详细讨论过各向异性布拉格公式对旋光晶体的应用[16]，并指出利用该关系式可以近似得到光轴附近的折射率（对于右旋晶体，$n_r < n_1$）：

$$\frac{n_r^2(\theta)\cos^2\theta}{n_0^2(1-\delta)^2} + \frac{n_r^2(\theta)\sin^2\theta}{n_1^2} = 1 \qquad (11.39)$$

和

$$\frac{n_1^2(\theta)\cos^2\theta}{n_0^2(1+\delta)^2} + \frac{n_1^2(\theta)\sin^2\theta}{n_0^2} = 1 \qquad (11.40)$$

若相对于光轴的入射角接近零，并且 δ 非常小，则有

$$n_r^2 = n_0^2 \left(1 - 2\delta + \frac{n_1^2 - n_0^2}{n_1^2} \sin^2\theta \right) \tag{11.41}$$

和

$$n_1^2 = n_0^2 (1 + 2\delta\cos^2\theta) \tag{11.42}$$

对于沿光轴精确传播的入射光，两个折射率可以简单地表示为

$$n_r = n_0 (1 - \delta) \tag{11.43}$$

和

$$n_1 = n_0 (1 + \delta) \tag{11.44}$$

将式（11.41）和式（11.42）代入到表示 n_i 和 n_d 的式（11.30）和式（11.31），可以得到旋光性晶体的各向异性布拉格方程，忽略高阶项后得

$$\sin\theta_i \cong \frac{\lambda f}{2n_0 v} \left[1 + \frac{4n_0^2 v^2}{\lambda^2 f^2}\delta + \frac{\sin^2\theta_r n_0^2}{\lambda^2 f^2}\left(\frac{n_1^2 - n_0^2}{n_e^2}\right) \right] \tag{11.45}$$

和

$$\sin\theta_d \cong \frac{\lambda f}{2n_0 v} \left[1 - \frac{4n_0^2 v^2}{\lambda^2 f^2}\delta - \frac{\sin^2\theta_e n_0^2}{\lambda^2 f^2}\left(\frac{n_1^2 - n_0^2}{n_0^2}\right) \right] \tag{11.46}$$

图 11.9 给出了 TeO_2 材料在 $\lambda = 0.6328\mu m$ 条件下的各向异性布拉格角（根据外部对晶体的测量）。很明显，对于最小值附近的频率，若相互作用长度一定，则有可能获得比正常布拉格衍射更大的带宽；一个八度带宽对应着理想相位匹配条件下只有 0.16° 的入射角变化。这类运行方式的一个非常有用的优点是，大带宽兼容大反应长度，从而避免产生拉曼-奈斯效应的较高衍射级。另外，对于正常的布拉格衍射，只有使相互反应长度足够小因而产生相当高的衍射级，才能得到大的带宽，从而降低所希望使用的第一级衍射的光学效率；并且，为了避免低频率二级衍射与较高频率一级衍射光叠加，还要将带宽限制到小于一个八度。然而，总是能够使各向异性模式中使用的 TeO_2 来衍射，带宽对反应长度没有约束的布拉格模式。因此，这种特性与非寻常光品质因数相组合可以使偏转器以很低的驱动功率工作。

各向异性布拉格衍射的性能在中频位置有一个重要衰减，衍射光光强度明显下降，θ_i 最小。瓦尔纳等人对这种现象做过解释，借助图 11.10 所示更容易理解[16]。图中给出了两种曲线：一对实线表示入射光动量矢量沿声波动量矢量方向具有正组分时的 θ_i 和 θ_d，一对虚线代表入射光动量矢量沿声波动量矢量方向具有负组分时的角度。对于前者，衍射光频率向上漂移，而对后者向下漂移。该过程如图 11.11 所示。光波以角 θ_0 入射到频率为 f_0 的声波上，被衍射为频率 $(v + f_0)$ 上移的光束，并垂直于声波，此光次再次被依次衍射。由图 11.10 所示可以看出，以 $\theta = 0°$ 入射、频率为 f_0 的光波可再次衍射为 θ_0 或 $-\theta_0$。若是前者，光波频率下移到原始入射光频率 v；对后者，光波频率上移到 $v + 2f_0$。注意到，这种衰减仅出现在频率 f_0 处，以此频率垂直入射于声波的光波对于衍射为 θ_0 和 $-\theta_0$ 两种情况都是相位匹配的。在这三种模式间的光强度分布取决于相互作用长度和声波功率。在满足相位匹配条件下建立一组耦合模式方程式，就可以得到该问题的精确解。其结果是 f_0 频率时偏转到所希望衍射级中的最大效率是 50%。在低声波功率下，偏转到不希望衍射级中的效率可以忽略不计。对高功率情况，不希望有的偏转能量增加，如对于远离 f_0 的频率的效率是 50%，那么在 f_0 处的

衍射效率是 40%。对这类的理论的解释如图 11.12 所示，并与实验结果完全一致。

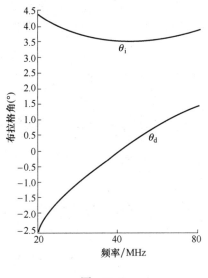

图　11.9

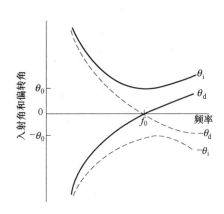

图 11.10　各向异性衍射的入射角和衍射角

（实线代表在声波方向具有某一分量的入射光，虚线代表与
声波相反方向上具有某一分量的入射波）

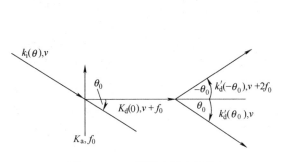

图 11.11　双折射介质布拉格
衍射中频衰减的矢量图

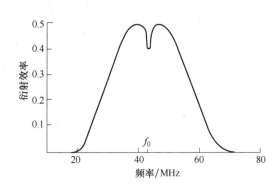

图 11.12　中频衰减对衍射效率
（最大衍射效率 50%）的影响

11.3　声光调制器和偏转器的设计

11.3.1　分辨率和带宽

分辨率、带宽和速度是各类声光扫描器共有的重要特性。根据不同的应用，可能只需要对一种或所有特性进行优化。本节将介绍确定分辨率、带宽和速度时会涉及哪些声光设计参数。现在讨论具有下列参数的声光扫描器：准直入射光束宽度为 D，在其带宽为 Δf 的中心处以角度 θ_0 衍射。如果用一个透镜或组合系统将衍射光束聚焦在扫描器的某一平面上，则该光束的衍射速度为

$$\delta x = F\delta\phi \cong \frac{F\lambda}{D} \tag{11.47}$$

式中，F 为透镜焦距。光强度分布在焦平面内，如图 11.13 所示。作为衍射受限光学系统的一个例子，若光波波长为 $0.633\mu m^{\ominus}$，光束宽度为 $25mm$（约 $1in$），那么在远离延迟线 $30cm$ 处的聚焦光斑尺寸是 $7.6\mu m$（约 $3\times10^{-4}in$）。然而，正如稍后要讨论的，由于存在像差，无法完全达到该目标值。

用角扫描范围除以衍射发散角可以得到可分辨光斑数目：

$$N = \frac{\Delta\theta}{\delta\phi} \qquad (11.48)$$

式中，$\Delta\theta$ 为角扫描范围。对布拉格角公式求导得

$$\Delta\theta = \frac{\lambda}{v\cos\theta_0}\Delta f \qquad (11.49)$$

和

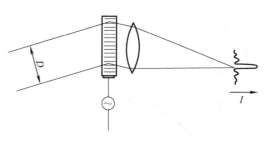

图 11.13 声波场衍射形成的光强度分布

$$N = \Delta f\frac{D}{v\cos\theta_0} = \Delta f\tau \qquad (11.50)$$

式中，τ 为声波通过光学孔径的传播时间。由此得到的表达式是声光扫描器的时间-带宽积，是度量各类电子装置信息容量的一种概念。声光布拉格光栅的时间带宽积等效于该系统能够瞬时处理的信息比特数。若声光调制器（Acousto-Optic Modulator，AOM）是一个严格的时间调制器，由于其目的是尽可能快地进行调制，因而使孔径延迟时间最小，所以一般希望时间-带宽积近似等于1。相反，对于一个声光偏转器，为了能形成大量的分辨元，则希望时间-带宽积尽可能大。

有两种因素限制着声光器件的带宽：换能器结构的带宽；延迟介质对声波的吸收能力。声波吸收随频率增大而增大。对于高纯度单晶，一般随频率二次方增大；而对于玻璃材料，衰减随频率变化较慢，常接近一个线性函数。通常，最大频率作为声波通过光学孔径时衰减等于 3dB 时的频率。可以获得的最大带宽的合理近似值是 $\Delta f = 0.7f_{max}$，因此可以推导出一些计算最多分辨元的关系式。

对于衰减与频率有二次方关系的材料：

$$\alpha(f) = \Gamma f^2 \qquad (11.51)$$

3dB 损耗时的最大孔径为

$$D = \frac{3}{\Gamma f^2} \qquad (11.52)$$

利用这些结果，能够得到的最多分辨元数目为

$$N_{max} \simeq \theta\sqrt{\frac{1.5D}{v^2\Gamma}} \qquad (11.53)$$

由此可以看出，原理上，只要可能，这对于制造延迟线总是一个优点。但实际上，孔径受限于能够制造的最大晶体尺寸，或者最终受限于光学系统尺寸。对衰减随频率线性增大的玻璃材料，则有

———————————

⊖ 原书错印为 $6.33\mu m$。——译者注

$$\alpha(f) = \Gamma' f \tag{11.54}$$

可分辨光斑的最大数目为

$$N_{max} \simeq \frac{2}{\Gamma' v} \tag{11.55}$$

它与孔径大小无关，仅取决于材料吸收常数及声速。

下面将对材料进行更详细讨论。读者会进一步看到，目前使用的声光材料的性能有哪些限制。然而，作为数学计算的一个例子，最高质量熔凝石英材料在 500MHz 频率和 $5.96 \times 10^5 \mathrm{cm/s}$（约 $2.35 \times 10^5 \mathrm{in/s}$）速度（对于纵波）时的衰减约是 $3\mathrm{dB/cm}$，从而得出 $N_{max} = 560$。

11.3.2　反应带宽

分辨元数目取决于变频器和延迟线的频率宽度。对于扫描系统，其他带宽方面的考虑也很重要。当大的 τ 值可以获得大的 N 值时，扫描装置的速度恰好等于 $1/\tau$。也就是说，在小于 τ 的时间内，光斑位置不会改变。如果利用声波传感器对光波进行时间调制和扫描，就可以很明显地看到，调制带宽同样受限于声波通过光学孔径的传播时间。为了增大调制带宽，在声波场中必须将光束聚焦到一个很小的宽度 w。3dB 调制带宽近似为

$$\Delta f = \frac{0.75}{\tau} = \frac{0.75v}{w} \tag{11.56}$$

高斯光束衍射受限束腰（$1/e^2$ 功率点）处宽度为

$$w_0 = \frac{2\lambda_0 F}{\pi D} \tag{11.57}$$

式中，D 为入射光束直径；F 为透镜焦距。若束腰达到该条件，则最大调制宽度为

$$\Delta f = 0.36\pi \frac{vD}{\lambda_0 F} \tag{11.58}$$

由该公式可以看出，衍射受限高斯聚焦光束的调制带宽可以非常大。例如，若材料声速是 $5 \times 10^5 \mathrm{cm/s}$（约 $2 \times 10^5 \mathrm{in/s}$），则数值孔径是 $f/10$、波长为 $0.633\mu\mathrm{m}$ 的聚焦光束的调制宽度约为 1GHz。然而，由于衍射效率特别低，这类系统特别没用。

为了获得大布拉格反应带宽，无论声波方向还是光波方向（一个方向或两者兼有）都必须有大的角度扩散 $\delta\theta_a$ 和 $\delta\theta_0$。达到此目的有两种方式：可以通过聚焦方式，若是声波情况，通过采用曲面换能器实现，或者（对两种波束）简单地采用孔径衍射方式。从最简单形式考虑，能够有效实现光学和声学能量的最佳结构布局对应着近似相等的发散角，$\delta\theta_0 \approx \delta\theta_a$，如图 11.14 所示。

对于声光偏转器，应当使声波的角扩散足够大以便在换能器驱动的电路带

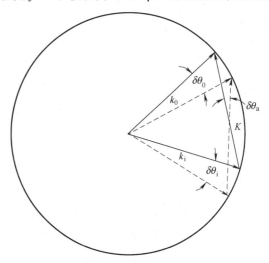

图 11.14　各向同性介质中，声波方向具有一定发散角的布拉格衍射的矢量图

宽频率范围内与布拉格衍射相匹配。如前所述，这将造成衍射效率下降。为了讨论带宽与效率之间的关系，必须解释另外一个众所周知的声光衍射结果。正如科恩（Cohen）和戈登（Gordon）所述[17]，衍射光的角分布表了示声波空间分布的傅里叶（Fourier）变换。图 11.15 给出了普通矩形声波图的傅里叶变换对。这个简单例子似乎是显而易见的，可以忽略入射光束的衍射扩散，衍射光束中含有与声波场旁瓣相对应的成分。如本章参考文献 [17] 所述，傅里叶变换关系适用任意的声波分布图。

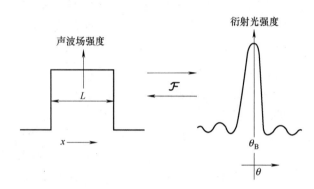

图 11.15　声波场强度与衍射光强度之间的傅里叶变换关系

对于矩形声波分布，图 11.15 所示衍射光束的角度依赖关系为

$$\frac{I(\theta)}{I_0} \propto \left[\frac{\sin \frac{1}{2}KL(\theta - \theta_B)}{\frac{1}{2}KL(\theta - \theta_B)} \right]^2 \tag{11.59}$$

由下式给出 $-3\mathrm{dB}$ 点位置：

$$\frac{1}{2}KL(\Delta\theta)_{1/2} \approx \pm 0.45\pi \tag{11.60}$$

式中，$(\Delta\theta)_{1/2}$ 为 $(\theta - \theta_B)$ 在半功率点的数值，由此得到光束角宽值，恰好等于声波的衍射扩展，即

$$2(\Delta\theta)_{1/2} \approx \frac{1.8\pi}{KL} \tag{11.61}$$

令该结果等于布拉格条件的微分表达式从而得到频率带宽：

$$\delta\theta = \frac{\lambda_0 \Delta f}{nv\cos\theta_B} \tag{11.62}$$

由此得到

$$\Delta f = \frac{1.8nv^2\cos\theta_B}{Lf_0\lambda_0} \tag{11.63}$$

对于带宽和衍射效率都很重要的声光扫描装置，更相关的品质因数可能是带宽与效率的乘积。联解式（11.63）和式（11.25），乘积为

$$2f_0\Delta f\frac{I_1}{I_0} = \frac{1.8\pi^2}{\lambda_0^3 H\cos\theta_B}\left[\frac{n^7p^2}{\rho v}\right]P \tag{11.64}$$

当认为效率-带宽积是重要的判断原则时，括号内的量可以视为该材料的品质因数，并定

义为

$$M_1 = \frac{n^7 p^2}{\rho v} \tag{11.65}$$

能够实现大反应带宽的方法还包括换能器设计，通过控制声波束方向以便在其随频率变化时监测布拉格角。有关光束控制的内容将在介绍变频器的部分阐述。狄克逊还介绍了与宽带声光器件有关的其他品质因数[18]。由于对功率的要求随换能器高度 H 减小而减小，所以其优势是可以使 H 尽可能小。如果对 H 的最小尺寸没有限制，则在相互作用范围内，其可以小至光束束腰 $h_{\min}$。调制带宽取决于声波通过该束腰的传播时间：

$$\tau \approx \frac{1}{\Delta f} = \frac{h_{\min}}{v} \tag{11.66}$$

因此有

$$h_{\min} = \frac{v}{\Delta f} \tag{11.67}$$

用该值代替式（11.64）[⊖]中 H 值，得到下面关系式[⊖]：

$$2f_0 \frac{I_1}{I_0} = \frac{1.8\pi^2}{\lambda_0^3 \cos\theta_B} \left[\frac{n^7 p^2}{\rho v^2} \right] P \tag{11.68}$$

该情况下的品质因数是括号中的量：

$$M_3 = \frac{n^7 p^2}{\rho v^2} \tag{11.69}$$

注意到，式（11.64）和式（11.68）中，光学波长是以 λ^3 形式出现。因此，在长波工作条件下，满足最佳带宽及最高效率的功率要求较难些。

11.3.3　偏转器设计方法

一个声光布拉格装置的有效光学孔径常常视为，声光装置工作带宽范围内最高和最低频率的声波衰减之差等于 3dB 时的长度。一种具体应用可以表述为带宽或分辨率，即时间-带宽积。一般地，一种优化的声光装置设计会使可分辨的光斑数目及其他的换能器结构参数达到最大。

可分辨光斑数目或时间-带宽积取决于三个重要因素[19]：声波衰减（系数）Γ、声光晶体的光学孔径 D 及声波波束的角扩散。后者取决于换能器长度 L 及声波波长。下列关系式可以表示这三种因素对可分辨光斑数目的限制[19]：

$$N \leqslant \frac{1.5\Lambda_c}{\Gamma \Lambda_1^2} \tag{11.70}$$

$$N \leqslant \frac{D}{2\Lambda_c} \tag{11.71}$$

$$N \leqslant \frac{L}{2\Lambda_c} \tag{11.72}$$

式中，Λ_c 为中心频率时的声波波长；Λ_1 为 1GHz 频率时声波波长；Γ 为归化到 1GHz 时的声

⊖　原书错印为 11.62。——译者注

⊖　原书作者此处稍有修订。——译者注

波衰减量，单位是每单位长度 dB（通常假设，衰减随频率二次方增加）。注意到，式（11.30）已经考虑到 3dB 衰减。一旦中心频率和声光器件的带宽确定，就可以开始设计换能器，包括电极长度 L 和高度 H。长度选择一定要足够小，使光束具有足够的扩散，从而在所希望的带宽范围内满足布拉格角匹配的技术要求（光束以固定角度入射），同时，随着 L 减小，衍射效率降低，因此，希望在相互作用的带宽约束下，L 尽可能长。

11.3.4 调制器设计方法

声光偏转器和声光调制器具有非常类似的设计要求。在某些情况中，一种设计可能适合某一种应用或两种应用。偏转器至关重要的设计参数，一般是可分辨光斑的数目；而调制器的重要设计参数，是上升时间或调制宽度。这些不同的设计参数将导致其不同特性。例如，对于偏转器，要求光学孔径尽可能大；而调制器，要使光束（直径）尽可能小。

声光调制器的上升时间主要受限于调制器材料的声速。当声波脉冲从变频器发出，并且其前沿到达光束时，就开始衍射。在声波波前到达光束相反一侧之前，不可能获得整个衍射光束的能量。上升的光学脉冲的形状取决于光束形状。

对于高斯光束，声波通过 $1/e^2$ 光束直径所需时间为

$$\tau = \frac{D_{1/e^2}}{V_a} \tag{11.73}^{\ominus}$$

式中，V_a 为声速。该束宽对应着 2.3% ~ 97.7% 的上升时间。根据下式计算出 10% ~ 90% 较为常用的上升时间：

$$t_R = 0.64\tau \tag{11.74}$$

对于视频调制应用，上升时间限制着调制器的频率响应。调制器的带宽可以表示为出现 3dB 衰减时的频率，用下列标准关系式计算：

$$f_0 = \frac{0.35}{t_R} \tag{11.75}$$

对于方形脉冲视频调制，可以根据对动态消光比规定的技术要求确定调制速度。频率 f_0 下的方波调制，动态消光比近似为 10:1；数量级达到 1000:1 的高消光比，最大方波调制频率近似为 $f_0/2$。若上升时间一定，可以利用上述关系设计光束直径。注意到，由于需要在声波相互作用长度 L 的范围内使光束保持较为准直的特性，所以光束不可能做到任意窄。如果束腰太小，则光束在 L 范围内的发散度会造成较长的上升时间（与由束腰给出的预测值相比）。根据需要保持布拉格范畴的条件（见本书 2.2 节）并实现规定的衍射效率要求（见本书 2.3 节）以约束最小 L 值。

上述的动态消光比是假设在静态消光比方面没有限制。静态消光比的限制取决于从未衍射光束或散射光束中辨别出衍射光束的能力。散射光是材料质量和声光器件表面抛光特性的函数，一般地，在分离衍射光束时为了使静态消光比足够大，才作为约束参数。利用下式确定零级和一级光束的分离：

$$\Delta\phi = \frac{\lambda}{\Lambda} \tag{11.76}$$

$\ominus$　原书错印为 $D_{1/e}^2$。——译者注

如果使分离角等于光束的整个发散角，并将刀口置于零级与一级光束间的中间位置，则被阻挡光束的大约2.3%能够通过刀口。这意味着最小的静态消光比约为40:1。如果光束分离角增大到光束角两倍，则通过刀口的光能量减小到0.003%。对于大部分应用，该光束角分离量足以给出光束分离角忽略不计条件下的消光比限制。利用该条件及高斯光束发散度公式得

$$\Delta\phi > \frac{8\lambda}{\pi D_0} \tag{11.77}$$

联立上述两式得到下面光束分离条件：

$$\Lambda > \frac{\pi D_0}{8} \tag{11.78}$$

另外需要考虑的是，接收声波场的窗口所对应的角度应当足够大以保证在光束范围内完成布拉格相互作用。如果声波的角度范围太窄，光束角度将被切趾，输出光束出现畸变，衍射效率会降低。用下式表述矩形换能器的角声强度：

$$I(\theta) = \mathrm{sinc}^2\left(\frac{\theta}{\Lambda/L}\right) \tag{11.79}$$

所以，零值之间的宽度是$2\pi\Lambda/L$。该宽度远大于具有高衍射效率和无畸变的$1/e^2$光束对应的角度。利用光束发散度公式，L为

$$L \ll \frac{\pi^2 \Lambda D_0 n}{2\lambda} \tag{11.80}$$

应当记得，前面所述布拉格反应长度L不可能任意小。实际上，要根据对衍射效率及抑制较高衍射级的技术要求来选择该长度，使其可以接收并尽可能短。一般地，拉曼-奈斯参数$Q \approx 12$。

11.4　扫描专用声光器件

11.4.1　声行波透镜

大部分声光效应的应用都是以衍射效应为基础的，要求在声波介质中至少在折射率几个周期性正弦变化范围内能够发生相互作用。然而，也可能利用一个周期内部分范围的折射率变化，使其作为一个透镜而将光束折射聚焦。在这种情况下，部分声波的折射率变化，可以视为在移动速度和方向与声波相同的梯度折射率柱面透镜。

下面讨论一个设计有单轴扫描器件的传统扫描系统。在该系统中，一个声光布拉格偏转器后面设计了一个扫描透镜。扫描中可分辨光斑的总数取决于偏转器的孔径尺寸和扫描角，可以近似确定为带宽和声波传输时间的乘积［见式（11.50）］。可以更换扫描透镜以改变扫描长度和光斑尺寸，但可分辨光斑总数保持不变。然而，在扫描透镜之后增加一个移动透镜，如图11.16所示，就能够增大可分辨光斑的数目。在这种情况下，偏转器速度和工作时间要与声行波的速度和相位同步，从而使输入光束沿扫描方向传播时

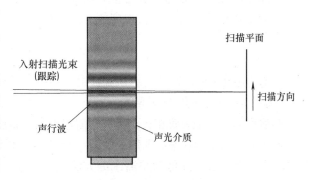

图 11.16　声行波透镜的应用

与声波透镜一致。声波透镜减小了扫描光斑尺寸，但对扫描长度没有任何影响，因此使光斑质量得到改善。

11.4.1.1 设计方面的考虑

在折射率的最小值附近，折射率的正弦变化近似为抛物线形式，其作用相当于一个聚焦（正）透镜。一个中心位于折射率最小值的1/4波长孔径等效于具有准衍射受限性能的透镜。福斯特（Foster）推导出移动（或行波）透镜的焦距[20]：

$$F = \frac{\Lambda}{4}\left(\frac{n_0}{\Delta n}\right)^{1/2} \tag{11.81}$$

式中，Λ 为声波波长；n_0 为折射率；Δn 为峰值折射率变化。式（11.81）中的焦距 F，即透镜内的聚焦距离，也可视为产生1/4波长（间距）透镜需要的厚度。如果透镜厚度小于 F，则有效焦距更长。

福斯特还通过研究 $\pm\Lambda/8$ 条件下极限位置光线的光路推导出透镜 f 数的表达式为

$$\frac{F}{D} = \frac{2}{\pi(n_0/\Delta n)^{1/2}} \tag{11.82}$$

假设直径为 $D_0(1/e^2)$ 的高斯光束入射到行波透镜上，利用下式可以确定聚焦光斑尺寸：

$$D_1 = \frac{4\lambda F}{\pi n_0 D_0} \tag{11.83}$$

联立式（11.81）~式（11.83），推导出行波透镜的输出光斑尺寸为

$$D_1 = \frac{8\lambda}{\pi^2(n_0/\Delta n)^{1/2}} \tag{11.84}$$

上述推导利用了如下假设：透镜厚度近似等于 F，输入光束直径等于 $\Lambda/4$。在行波透镜用作最终扫描透镜的应用中，一般令 F 小于厚度，从而使焦点位于透镜之外，确保后截距足以使焦点落在扫描面上。

下面给出一个例子，假设一台物镜前置扫描器采用波长为633nm、直径为0.5mm的光束形成的50mm的线性扫描。增加一块由重火石玻璃（SF-59）材料制成的移动声透镜以使最终光斑尺寸达到0.05mm或光点增益等于10。根据式（11.84），所需折射率变化 $\Delta n = 0.000157$。声波波长是 $4D_0$ 或者2mm，所以，根据式（11.81），$F = 55.7$mm。

选择与透镜厚度相对应的声波换能器的长度 $L = 45$mm，比 F 稍小些，从而使焦点位于移动透镜装置外面。选择换能器的高度 $H = 15$mm，因此，声波近场比扫描长度长，避免由于衍射展宽而在扫描方向形成过量声能损失。

折射率变化量正比于声波强度的二次方根：

$$\Delta n = \left(\frac{M_2 P_A}{2}\right)^{1/2} \tag{11.85}$$

式中，M_2 为声光品质因数；P_A 为声波强度。利用式（11.85），所需要的声波强度是 2.6W/mm^2，因此需要的瞬时功率是1800W。

与典型的布拉格装置相比，其功率需求很大。若使声波信号每扫描线脉动一次，那么就可以降低所需要的平均功率。即使如此，对于移动声波装置，实际中要满足大的瞬时和平均功率仍是一个很大挑战。降低功率需求的方法是，降低声光器件高度（为声波波长的几分之一）以形成平板声学波导。波导性质可以消除声波衍射发散问题和高变频器的其他相关要求。

11.4.2　啁啾衍射透镜

在典型的声光偏转器应用中，变频器频率在 Δf 范围内线性变化，从而使输出光束做线性角度扫描（角度为 $\Delta\theta$）。该频率扫描（或扫频）称为啁啾。声波啁啾的等效长度等于啁啾时间和声速的乘积。如果孔径足够大能覆盖整个声啁啾范围，则衍射角会在沿啁啾长度的 $\Delta\theta$ 范围内变化，如图 11.17 所示。利用小角度近似表达式，则声啁啾作用相当于一个 f 数反比于 $\Delta\theta$ 的透镜：

$$f数 \approx \frac{1}{\Delta\theta}声波孔径 \geq 啁啾长度 \tag{11.86}$$

如果孔径小于啁啾长度，则与普通情况一样，f 数反比于孔径覆盖的那部分啁啾长度：

$$f数 \approx \frac{1}{\Delta\theta}\frac{T_{chirp}}{T}声波孔径 < 啁啾长度 \tag{11.87}$$

对于典型的光束偏转应用，啁啾长度 T_{chirp} 远大于声波的孔径时间 T。在这种情况下，啁啾透镜的聚焦能量远小于 f-θ 透镜，可以忽略不计。对于快扫描器，T_{chirp} 接近 T，啁啾透镜的聚焦效果有利于增大扫描光电数目。注意到，如果 $T_{chirp}=T$，则啁啾透镜的聚焦效果等效于一个 f-θ 透镜的能力。然而，由于扫描时间近似等于访问时间，所以，这种结构布局并不能成功设计有用的扫描器。

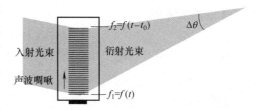

图 11.17　声波啁啾的聚焦效应

若啁啾透镜远小于孔径长度，则可以将其用作移动透镜。移动啁啾透镜主要用于前面章节介绍的后扫描透镜。该透镜是一个衍射透镜，无须很高的瞬时声波能量就可以形成 f 数几乎相同的折射 1/4 波长透镜。透镜尺寸是啁啾时间的函数而非声频的函数，所以可以使透镜孔径更具灵活性。与折射透镜不同，啁啾透镜属于衍射损耗型，孔径内的衍射效率不可能均匀。其另一个缺点是，透镜质量是啁啾信号线性度的函数，所以啁啾信号的相位误差将转换为透镜像差。

11.4.3　多通道声光调制器

声光调制器常与扫描光束一起共同形成光栅扫描。扫描速率受限于声光调制器的响应时间、曝光时间或扫描生成元件的扫描速率。提高光栅扫描能力的一种方法是采用多光束平行扫描方案。光束通过一组普通的扫描元件，除了在扫描平面内位置有所偏移外，最终扫描结果是完全一样的。虽然是同时扫描，但每束光都有自己的调制顺序。使用多通道声光调制器就可以实现这一点。

利用与单通道调制器完全相同的步骤可以制造多通道声光调制器。其中的主要区别在于，是将一个电极阵列而非一个电极沉积在变频器基板上。应用中，一组平行光束投射到换能器的调制器阵列上，如图 11.18 所示。

对于多通道器件，尤其大量通道被集成在单一器件中时，特别关心的是一个通道对其他通道的影响。根据一些机理，如反馈电路或电极中的电串扰及相邻通道间声音串扰，换能器通道之间也会有串扰。另一种出现串扰的机理是发热，由于运转而使一个或多个通道产生热负载，造成热-光效应或应力-光效应，进而改变每个通道的输出。采用良好的射频设计经验，包括受控阻抗微带线及从反馈线路到换能器提供良好的接地连续性，可以控制电串扰。声串扰的情况取决于光学孔径的位置及电极之间的间隔。一旦各向同性材料中的声场在变频器附近的近场区域之外传播，就会出现扩散。所以，如果光学孔径距离变频器较远，一般会使声波叠加量更大一些。

还可以通过电极设计控制相邻通道间声波的叠加程度。对于简单的矩形电极，声波强度呈 $sinc^2$ 角分布，旁瓣强度比主瓣下降 13bB。其他形状，如金刚石结构或高斯分布的形状，尽管有时会以主瓣快速扩散为代价，但旁瓣值仍相当低。

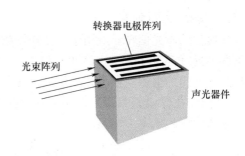

图 11.18　单块声光调制器件上的多变频通道

11.5　声光器件的材料

11.5.1　总体考虑

前面章节已经看到，声光扫描系统的两个重要的材料选择原则是，声光品质因数和高频声波损耗特性。决定材料可用性的其他性质是，光学透过范围、光学质量、合适的尺寸、能够满足抛光和制造工艺的机械和加工性能，以及正常条件下的化学稳定性。就大部分元件而言，即使所有因素都能满足要求，如果竞争对手的技术更可行，则成本将是一个重要因素。

20 世纪 60 年代之前，限制声光扫描器应用的因素是高质量材料的可用性。正如已经看到的，作为比较标准的熔凝石英，其品质因数很低以致使颇具代表性尺寸的扫描器只得到百分之几的衍射效率，并且使用丝毫不会对变频结构造成损伤的射频功率。水是一种相当有效的材料，品质因数大约比熔凝石英大 100 倍，并在某些扫描系统中确实得到应用。对于大部分液体，不可能适用（大约）高于 50MHz 的频率范围的情况，因此也不能满足大分辨率的要求。自 20 世纪 60 年代后期以来，已经人工合成许多新材料，并具有优良性质。从紫外（UV）到中红外光（IR）谱区都可以为大部分扫描应用找到合适的高带宽材料。

根据工作类型选择具体扫描装置所需要的材料。一般来说，较为理想的是选择具有较低驱动功率需求的材料，这些材料具有大折射率、低密度和声速。然而，如果是高速调制最为重要的情况，则可能导致低声速的速度比要求的速度更低。下面章节将阐述选择声光应用材料时的影响因素及折中方案。无论何种应用，不管对材料有什么特殊要求，都会从使用角度对其最普通的重要性质进行论述：1）光学质量一定要高，因此，不仅吸收要小，还包括散射和大面积不均匀性都要小；2）化学稳定性好，无须保护层就能保证其免受腐蚀；3）良好的机械性能，采用寻常方法就能够切割和抛光，并利用普通工艺进行处理和调整；4）为获取高质量低成本材料，必须有合理的晶体生成方法；5）为了避免扫描性质漂移，要求温度速度系数较低。

11.5.2　理论指标

没有简单阐述晶体光弹性效应的微观理论，所以，不可能根据基本原理预测光弹性常数的大小。然而，平诺（Pinnow）建议[21]，根据不同物理性质之间一定的经验关系对声光材料进行分组，对于如碱金属卤化物、矿物氧化物和 III-IV 复合物这些分类的折射率和声速，目前已经知道了它们的关系。

已经收集了大量关于晶体折射率的数据，并与格莱斯顿-戴尔（Gladstone-Dale）公式[22]计算结果一致：

$$\frac{n-1}{\rho} = \sum_i q_i E_i \tag{11.88}$$

式中，$E_i^{\ominus}$ 为第 i 种复合物的折射率；q_i 为权重百分比。根据多年来的矿物学数据已经确定了 E_i 的可靠值。由声光品质因数表达式明显可知，为了实现高衍射效率，希望具有高折射率。然而，正如一份非正式的调查所表明，这类材料不易透过短波长，所以不只是简单考虑选择高折射率材料。温普尔（Wemple）和迪多梅尼科（DiDomenico）详细研究过这种趋势[23]，并发现折射率只是简单地与能带隙相关。适合于氧化物材料的半经验公式为

$$n^2 = 1 + \frac{15}{E_g} \tag{11.89}$$

式中，E_g 为能隙（以电子伏特表示）。其他类材料，其能隙常数不同，但具有相同形式。由式（11.89）可以看到，在整个可见光范围（截止波长 $0.4\mu m$）都透明的一种氧化物材料的最高折射率是 2.44，只能通过牺牲短波透射率选择更高的折射率。

平诺已经发现[21]，利用以下关系式可以获得表示大部分材料声速的良好表达式：

$$\log\left(\frac{v}{\rho}\right) = -b\overline{M} + d \tag{11.90}$$

式中，$\overline{M}$ 为平均原子重量，定义为分子总重量除以分子中的原子数目；b 和 d 为常数。一般来说，d 值大意味着材料较硬，而氧化物材料的 b 值变化不很大。因此，正如直观预料的，高密度材料中的声速低。内田（Uchida）和尼泽吉（Niizeki）给出了另一个非常有用的速度表达式[24]，即将熔化温度 T_m 与平均声速 v_m 联系在一起的林德曼（Lindeman）公式：

$$v_m^2 = \frac{c T_m}{\overline{M}} \tag{11.91}$$

式中，c 为与材料等级有关的常数。该公式表明，高频材料应在平均原子重量较大和熔化温度较低的材料中选择，即致密且柔软的材料。

对应用于宽带范围的声光材料，高频区域的超声衰减一定要小。常常取作上限的衰减值是 $1dB/\mu s$（因此，有效孔径将取决于速度）。许多材料非常高效，但在高频有很高的损耗。伍德拉夫（Woodruff）和厄莱雷奇（Ehrenreich）[25]研究了超声衰减的微观理论，得到如下公式：

$$\alpha = \frac{\gamma^2 \Omega^2 kT}{\rho v^5} \tag{11.92}$$

式中，Ω 为角频率；γ 为格力内森（Grüneisen）常数；k 为热导率；T 为绝对温度。该式表明，由于 $\alpha \propto v^{-5}$，所以要求声速和衰减同时低是相互矛盾的。不寻常的是，至少对于低速模式，低声速的材料并没有呈现高损耗。

确定材料的光弹性常数基本上是一种实证研究（或经验性研究），尽管米勒（Mueller）发展了立方和非结晶结构的微观理论[26]，但仍然可以作为参考。对于离子键和共价键合两类材料，可以根据两种机理推导出光弹性效应：折射率随密度变化及折射率随应力偏振度变化。在一定应力下，这两种效应可能有相同或相反的符号，其中一种效应可能更大些。由于其效应可能会彼此完全抵消，所以不可能用来预测光弹常数的大小，甚至包括符号。然而，

⊖　原书错印为 R_i。——译者注

有可能估算出一些材料的常数的最大值。研究得出三组重要材料的估算结果如下：

$$|p_{max}| = \begin{cases} 0.21 & \text{不溶于水的氧化物} \\ 0.35 & \text{溶于水的氧化物} \\ 0.20 & \text{碱金属卤化物} \end{cases}$$

一般地，对于一阶近似，由于密度不随剪切应力变化，所以以剪切应变对应的光弹性张量分量小于压缩应变对应的分量，仅表现出偏振效应。总有可能发现与剪切应变有关的超大的光弹性系数值，但在任何情况下都不会比 $|p_{max}|$ 估算值大。表11.1给出了一些重要氧化物及其他材料光弹性系数的最大值。

表11.1　光弹性系数的最大值

材　　　料	$|p_{max}|$ 测量值
$LiNbO_3$	0.20
TiO_2	0.17
Al_2O_3	0.25
$PbMoO_4$	0.28
TeO_2	0.23
$Sr_{0.5}Ba_{0.5}Nb_2O_6$	0.23
SiO_2	0.27
YIG	0.07
$Ba(NO_3)_2$	0.35
$\alpha\text{-}HIO_3$	0.50
$Pb(NO_3)_2$	0.60
ADP	0.30
CdS	0.14
GaAs	0.16
As_2S_3	0.30

（资料源自 Klein W. R.；Hiedemann, E. A. Physica 1963, 29, 981）

11.5.3　声光扫描器材料的选择

在之前用过的材料中，非常适合声光应用的材料是熔凝石英。这种大尺寸材料具有良好的光学性能和较低的价格，还有蓝宝石和铌酸锂，在微波频率范围具有超低的声能损耗。对于红外光谱应用领域，已经证明，锗[27]材料与 As_2S_3 玻璃同样非常有用，对带宽的技术要求并不高。在新型晶体材料中，已经确定，GaP[28] 和 $PbMoO_4$[29,30] 在可见光范围内具有极好的声光性能。过去几年研发的最感兴趣的材料之一是 TeO_2[31]。它与 $PbMoO_4$ 一起广泛应用于市售声光扫描器中。下面将详细介绍采用该材料的扫描器设计。在为红外应用研发的新材料中，几种硫化物晶体已经达到很高的性能[32]。其中特别重要的材料包括 Tl_3AsS_4[33] 和 Tl_3PSe_4[34]。复合材料 Tl_3AsSe_3[35] 除用作红外声光调制器外，还有非常让人感兴趣的应用。由于这种材料属于立方晶系⊖，所以，对称性结构使其具有非零 p_{41} 光弹性系数，极适合用作共线可调谐声光滤波器。该器件首先由哈里斯（Harris）利用铌酸锂材料研制成功[36]。表11.2~11.4给出了声光应用研制成功的材料的性质的总结。表中声波衰减常数定义为

⊖　原文为 crystal class 3m。——译者注

表 11.2　非结晶材料的声光性质

材料	光谱范围/μm	声波类型	v/(10^5 cm/s)	Γ/[dB/(cm·GHz²)]	光学偏振方向	n (0.633μm)	M_1/(10^{-7} cm²·s/g)	M_2/(10^{-18} s³/g)	M_3/(10^{-12} cm·s²/g)
水	0.2~0.9	L	1.49	2400	∥或⊥	1.33	37.2	126	25
熔凝石英	0.2~4.5	L	5.96	12	⊥	1.46	8.05	1.56	1.35
SF-4	0.38~1.8	L	3.63	220	⊥	1.62	1.83	4.51	3.97
SF-59	0.46~2.5	L	3.20	1200	∥或⊥	1.95	39	19	12
SF-58		L	3.26	1200	∥或⊥	1.91	18.2	9	5.6
SF-57		L	3.41	500	∥或⊥	1.84	19.3	9	5.65
SF-6		L	3.51	500	∥或⊥	1.80	15.5	7	4.42
As₂S₃	0.6~11	L	2.6	170	∥	2.61	762	433	293
As₂S₅	0.5~10	L	2.22		∥或⊥	2.2	278	256（估值）	125

表 11.3　晶体在可见光光谱范围内的声光性质

材料	光谱范围/μm	声波类型	v/(10^5 cm/s)	Γ/[dB/(cm·GHz²)]	光学偏振方向	n (0.633μm)	M_1/(10^{-7} cm²·s/g)	M_2/(10^{-18} s³/g)	M_3/(10^{-12} cm·s²/g)
LiNbO₃	0.04~4.5	L[100]	6.57	0.15		2.20	66.5	7.0	10.1
		S[001]	3.59	2.6	⊥	2.29	9.2	2.92	2.4
Al₂O₃	0.15~6.5	L[100]	11.0	0.2	∥	1.77	7.7	0.36	0.7
YAG	0.3~5.5	L[100]	8.60	0.25	⊥	1.83	0.98	0.073	0.114
		S[100]	5.03	1.1	∥或⊥	1.83	1.1	0.25	0.23
TiO₂	0.45~6	L[001]	10.3	0.55	⊥	2.58	44	1.52	4
SiO₂	0.12~4.5	L[001]	6.32	2.1	⊥	1.54	9.11	1.48	1.44
		L[100]	5.72	3.0	[001]	1.55	12.1	2.38	2.11
α-HIO₃	0.3~1.8	L[001]	2.44	10	[100]	1.99	103	86	42
PbMoO₄	0.3~1.8	L[001]	3.63	15	∥	2.62	108	36.3	29.8

（续）

材料	光谱范围/μm	声波类型	v/(10^5 cm/s)	Γ/[dB/(cm·GHz²)]	光学偏振方向	n (0.633μm)	M_1/(10^{-7} cm²·s/g)	M_2/(10^{-18} s³/g)	M_3/(10^{-12} cm·s²/g)
TeO₂	0.35~5	L [001]	4.20	15	⊥	2.26	138	34.5	32.8
		S [110]	0.616	90	圆 [001]	2.26	68.0	793	110
Pb₂MoO₅	0.4~5	La-轴	2.96	25	b-轴	2.183	242	127	82

表 11.4　红外晶体的声光性质

材料	光谱范围/μm	声波类型	v/(10^5 cm/s)	Γ/[dB/(cm·GHz²)]	光学偏振方向	λ/μm	n	M_1/(10^{-7} cm²·s/g)	M_2/(10^{-18} s³/g)	M_3/(10^{-12} cm·s²/g)
Ge	2~020	L [111]	5.50	30	∥	10.6	4.00	10 200	840	1850
		S [100]	3.51	9	∥或⊥	10.6	4.00	1 430	290	400
Tl₃AsS₄	0.6~12	L [001]	2.5	29	∥	1.15	2.63	620	510	290
GaAs	1~11	L [110]	5.15	30	∥	1.15	3.37	925	104	179
		S [100]	3.32		∥或⊥	1.15	3.37	155	46	49
Ag₃AsS₃	0.6~13.5	L [001]	2.65	800	∥	0.633	2.98	816	390	308
Tl₃AsSe₃	1.25~18	L [100]	2.15	314	⊥	3.39	3.15	654	445	303
Tl₃PSe₄	0.85~9	L [100]	2.0	150	∥	1.15	2.9	2 866	2 069	1288
TlGaSe₂	0.6~20	L [001]	2.67	240	∥	0.633	2.9	430	393	161
CdS	0.5~11	L [100]	4.17	90	∥	0.633	2.44	52	12	12
ZnTe	0.55~20	L [110]	3.37	130	∥	0.633	2.77	75	18	19
GaP	0.6~10	L [110]	6.32	6.0	∥	0.633	3.31	75	30	71
ZnS	0.4~12	L [001]	5.82	27	∥	0.633	2.35	27	3.4	4.7
		S [001]	2.63	130	∥	0.633	2.35	14	8.4	5.2
Te	5~20	L [100]	2.2	60	∥	10.6	4.8	10200	4400	4640

$$\varGamma = \frac{\alpha}{f^2} \tag{11.93}$$

假设，衰减以二次方形式随频率增大。该公式表述的是高质量单晶的情况，并不适合多晶，高杂质含量或非晶体材料。对于后者，表中列出的常数是以较高频率下测量值为基础的粗略估计值。根据光波偏振平行的或垂直于声波方向来规定光波的偏振方向是平行的或垂直的。表11.2 给出了一些较重要的非结晶材料，对希望采用大尺寸或要求很低价格时非常有用，但没有一种材料能应用于频率高于 30MHz 的情况。表 11.3 给出了最重要的材料类型，在可见光光谱范围内具有高透过性，同时有很低声能损耗的晶体。表 11.4 给出了红外光谱范围内具有高透射率并具有相当低声能损耗的高效率晶体材料。

图 11.19 给出了表中几种突出的声光材料（在一个方面或几个方面）的全面总结。利用品质因数和声波衰减作为质量判据，很明显这两个参数之间需要进行折中，并根据系统的技术要求确定最佳的材料选择。

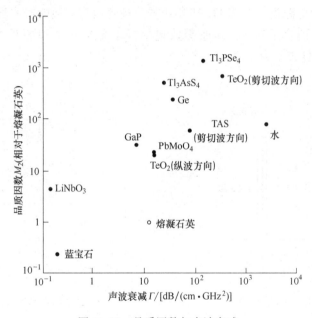

图 11.19　品质因数与声波衰减

11.6　声波换能器设计

11.6.1　换能器特性

在介绍了光学介质之后，声光扫描器的第二个重要因素是换能器结构，包括压电层、粘结膜、过渡层及匹配网络。该领域的最新进展已经研制出许多具有高电能-机械能（下面简称电-机）转换效率的压电材料。粘结技术也保证在大的宽带范围内具有高转换效率。此外，新型分析工具[37,38]（适于为优化该性能进行计算机编程）可以利用该项新技术完成高性能换能器结构设计。

图 11.20 给出了一种厚度驱动换能器结构的最基本的布局，包括由其两侧面上金属电极激励的压电层（薄膜或平板）及利用声波方式将压电信号耦合到延迟介质或光学晶体中的

粘结层。使用机械方法对带宽进行调整，最简单的方法是使用空气间隔。换能器的厚度约为谐振频率下声波波长的1/2，通过选择粘结层厚度以实现宽带声波具有高透射率。当上述所有膜层具有相同的机械阻抗时，换能器具有最有效的运转。机械阻抗为

$$Z = \rho v \tag{11.94}$$

一般地，能够满足该条件的材料不多，没有足够的选择余地。若阻抗不相等，界面上就会发生反射，降低能量的转换效率。阻抗分别为 Z_1 和 Z_2 两种介质界面处的反射和折射系数为

$$R = \frac{(Z_1 - Z_2)^2}{(Z_1 + Z_2)^2} \tag{11.95}$$

$$T = \frac{4Z_1 Z_2}{(Z_1 + Z_2)^2} \tag{11.96}$$

一般地，根据由梅森（Mason）首次提出的等效电路模型[39]完成电-机分析。之后还研发了一些改进型等效电路模型。图11.21给出的是梅森模型。换能器的基本常数是介电常数 $\varepsilon^{\ominus}$、声速 v 和电-机耦合系数 k。其他参数包括换能器厚度 l 和面积 S。利用这些参数，图11.21所示电路元件表示为

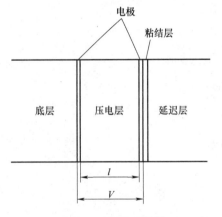

图11.20 转换器结构

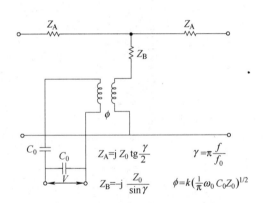

图11.21 梅森的等效电路模型

$$C_0 = \varepsilon \frac{S}{l} \tag{11.97}$$

$$\phi = k \left(\frac{1}{\pi} \omega_0 C_0 Z_0 \right)^{\frac{1}{2}} \tag{11.98}$$

$$Z_A = jZ_0 \text{tg} \frac{\gamma}{2} \tag{11.99}$$

$$Z_B = -j \frac{Z_0}{\sin\gamma} \tag{11.100}$$

其中

$\ominus$　原书错印为 s。——译者注

$$\omega_0 = \frac{\pi v}{l} \tag{11.101}$$

$$\gamma = \pi \frac{\omega}{\omega_0} \tag{11.102}$$

$$Z_0 = S\rho v \tag{11.103}$$

斯蒂格（Sittig）[37] 及迈茨勒（Meitzler）和斯蒂格[38] 利用这种等效电路模型分析压电介质和延迟介质之间声能的传播特性。该项工作是根据由链矩阵表述的双端口电-机网络完成的：

$$\begin{bmatrix} A & B \\ C & D \end{bmatrix} = \prod_m \begin{bmatrix} A_m & B_m \\ C_m & D_m \end{bmatrix} \tag{11.104}$$

如果图 11.21 所示的等效电路具有以下参数：输入端电压源 V_s 和阻抗 Z_s，输出端透射介质的机械阻抗是 Z_t、输出电压 V_1 和负载阻抗 Z_1，如图 11.22 所示，则插入损耗（单位为 dB）为

$$L = 20\log\frac{V_s}{V_t} + 20\log\left|\frac{Z_s + Z_t}{Z_1}\right| \tag{11.105}$$

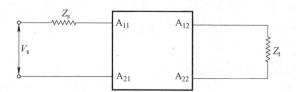

图 11.22　终端的双端口换能器

假设阻抗 Z_s 和 Z_t 是纯电阻形式，且有

$$\frac{V_1}{V_s} = \frac{2Z_1 Z_t}{[AZ_t + B + Z_s(CZ_t + D)][AZ_t + B + Z_t(CZ_t + D)]} \tag{11.106}$$

斯蒂格给出了下面形式的双端口转换矩阵[40]：

$$A = \frac{1}{\phi H}\begin{vmatrix} A' & B' \\ C' & D' \end{vmatrix}\begin{vmatrix} \cos\gamma + \mathrm{j}Z_b\sin\gamma & Z_0(Z_b\cos\gamma + z\sin\gamma) \\ \dfrac{\mathrm{j}\sin\gamma}{Z_0} & 2(\cos\gamma - 1) + \mathrm{j}Z_b\sin\gamma \end{vmatrix} \tag{11.107}$$

其中

$$Z = \frac{Z_b}{Z_0} \quad H = \cos\gamma - 1 + \mathrm{j}Z_b\sin\gamma \tag{11.108}$$

和

$$A' = 1 \quad B' = \mathrm{j}\frac{\phi^2}{\omega C_0} \quad C' = \mathrm{j}\omega C_0 \quad D' = 0 \tag{11.109}$$

阻抗 Z_b 代表载荷状态下换能器背面涂层的机械阻抗，$Z_b = S\rho_b v_b$。若换能器是简单的空气过渡层，则 $Z_b \simeq 0$。在输入网络中以并联或串联方式增加一些电感器就可以完成电（阻抗）匹配，从而使在中频带，即 $\omega = \omega_0$，与换能器电容 C_0 产生电谐振。如果没有增大电感，那么满足最小损耗的条件为

$$R_s = \frac{1}{\omega_0 C_0} \tag{11.110}$$

式中，R_s 为内电阻（或电源电阻）。若增加电感器，则通过选择电感使

$$L = \frac{1}{\omega_0^2 C_0} \tag{11.111}$$

矩阵分析法的结果表明，当使用具有大耦合常数 k 的压电材料时，可能无须采用电匹配网络就能实现大带宽。作为该式的应用例子，一组不同耦合常数条件下频率与换能器损耗的关系曲线如图 11.23 所示。

11.6.2 换能器材料

压电材料或许是唯一能控制电能转换成声能效率的最重要因素，主要表现在电-机耦合系数 k。也就是说，耦合效率等于 k。在发现铌酸锂晶体之前，即使在最有效的晶体方向上石英的耦合系数也相当小，但仍是最常用的高频换能器材料。由于发现了各种新型铁电材料，如铌酸锂、钽酸锂及压电陶瓷（PZT）材料和锆钛酸铅材料。所以，研制出了极高效率的换能器，压电陶瓷换能器的 k 值最高达到 0.7。由于无法将这种材料抛光成非常薄的板片，因此不适合高频应用。最适合高频应用的压电

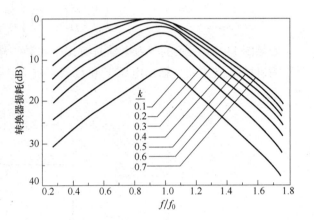

图 11.23　不同 k 值下的换能器损耗
$[\, z_0 = 0.4^{\ominus}, \; R_s = (\omega_0 C_0)^{-1}\,]$

换能器及其重要性质见表 11.5。这些材料以迈茨勒（Meitzler）编译的材料为基础[41]。为了生产高频换能器，即频率高于 100MHz 时，压电晶体必须非常薄（小于 $20 \sim 30 \mu m$）。有三种制造如此薄换能器的成熟技术。第一种，是利用普通的光学制造技术将压电板研磨到理想厚度，然后粘结到延迟介质上。由于如此薄的压电片不易控制，所以，对于频率增高而面积更小的换能器，该方法变得很难。更常用的另一种技术是将普通厚度（几十分之一毫米）的压电板粘结到延迟介质上，然后研磨到最终厚度。在这两种方法中，首先将一个电极淀积在延迟介质上，若焊接后再将压电板磨薄，则淀积第二个电极和过渡层是最终的工艺步骤。需要仔细、小心地研磨焊接之后的换能器，以便抛光过程中不会损伤基电极。如果使用如 Cyton$^{\ominus}$ 这样的化学活性化合物，则延迟介质和电极都可能受到侵蚀，所以必须采用某种合适的膜层（如光致抗蚀剂）进行保护。必须以下述某种方式完成与上端电极的最终连接：不会使换能器有惯性负载，也不会使其带通性质发生畸变，或者因为太小以致高电流密度时形成热点。通常采用的方法是将薄金线或金带焊接在电极接头上，如同制造电子电路芯片一样。制造极高频换能器以形成纵波的最成功方法，是采用定向结晶技术沉积薄膜压电材

$\ominus$　原书错印为 z_{0t}。——译者注

$\ominus$　一种化学活性清洗剂品牌。——译者注

料[42,43]。所用材料是 CdS 和 ZnO, 其性质见表 11.5。

表 11.5　换能器材料的性质

材料	密度	种类	晶向	K	ε_{rel}	v /(cm/s)	Z/[g/(s·cm²)]
LiNbO₃	4.64	L	36°Y	0.49	38.6	7.4×10^5	34.3×10^5
		S	163°Y	0.62	42.9	4.56×10^5	21.2×10^5
		S	X	0.68	44.3	4.8×10^5	22.3×10^5
LiTaO₃	7.45	L	47°Y	0.29	42.7	7.4×10^5	55.2×10^5
		S	X	0.44	42.6	4.2×10^5	31.4×10^5
LiIO₃	4.5	L	Z	0.51	6	2.5×10^5	11.3×10^5
		S	Y	0.6	8	2.5×10^5	11.3×10^5
Ba₂NaNb₅Oi₅	5.41	L	Z	0.57	32	6.2×10^5	33.3×10^5
		S	Y	0.25	227	3.7×10^5	19.8×10^5
LiGeO₂	4.19	L	Z	0.30	8.5	6.3×10^5	26.2×10^5
LiGeO₃	3.50	L	Z	0.31	12.1	6.5×10^5	22.8×10^5
αSiO₂	2.65	L	X	0.098	4.58	5.7×10^5	15.2×10^5
		S	Y	0.137	4.58	3.8×10^5	10.2×10^5
ZnO	5.68	L	Z	0.27	8.8	6.4×10^5	36.2×10^5
		S	39°Y	0.35	8.6	3.2×10^5	18.4×10^5
		S	Y	0.31	8.3	2.9×10^5	16.4×10^5
CdS	4.82	L	Z	0.15	9.5	4.5×10^5	21.7×10^5
		S	40°Y	0.21	9.3	2.1×10^5	10.1×10^5
Bi₁₂GeO₂₀	9.22	L	(111)	0.19	38.6	3.3×10^5	30.4×10^5
		S	(110)	0.32	38.6	1.8×10^5	16.2×10^5
AlN	3.26	L	Z	0.20	8.5	10.4×10^5	34.0×10^5

这类压电薄膜不可能具有如同体材料那样高的 k 值, 但最好条件下, 其 k 值可以达到 90%。利用这些技术可以配置出频带中心频率高达 5GHz 的薄膜换能器。

大面积换能器或极高频下的小面积换能器产生的一个问题是, 电阻抗与电源阻抗（或内阻抗）的匹配。对于具有极高介电常数的铁电压电材料, 尤为正确的是, 换能器阻抗可能相当低, 以至于很难有效地使电源的功率与换能器耦合。正如韦纳特（Weinert）和德克勒克（de Klerk）[44] 所述, 将换能器分为串联的马赛克式镶嵌结构, 在很大程度上可以解决该问题, 如图 11.24 所示。如果一定面积的换能器分成 N 个串联单元, 换能器的电容将减少为 $1/N^2$。例如, 一个面积为 $0.25cm^2$

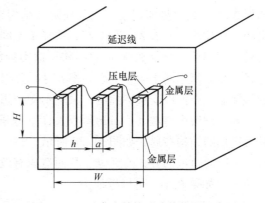

图 11.24　马赛克结构形式换能器示意图

（约 $0.4 \mathrm{in}^2$）、$1 \mathrm{GHz}$ 铌酸锂换能器的容抗只有 0.038Ω。如果将该面积分为 16 个单元组成的马赛克结构，则阻抗应增大到 10Ω。图 11.25 给出了具有 40 单元的薄膜换能器。超过 $1 \mathrm{cm}^2$ 大面积换能器的低频工作情况也会有同样的考虑。大部分铁电换能器材料，如压电陶瓷或者铌酸锂，都具有较高的介电常数，因此，如果具有较大面积将会导致在远低于 $100 \mathrm{MHz}$ 频率条件下电容很大。通常，大面积换能器分成多个单元，然后进行串联以获得理想的 50Ω 阻抗，与射频驱动器匹配。图 11.26 给出了如此连线的大面积换能器。

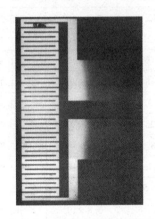

图 11.25　40 单元薄膜马赛克式换能器阵列

图 11.26　利用金属焊方法连接到布拉格装置上的 40 单元串联铌酸锂换能器

11.6.3　阵列换能器

普通（即各向同性）布拉格声光偏转器的一个严重缺陷是，布拉格相互作用产生的带宽限制。增大反应带宽的最直接和简单方法是缩短反应长度以提高声波的衍射速度。一般来说，对于光束以准直形式入射到布拉格装置上的系统，由于其浪费了声能，所以并非是非常理想地增大带宽的方法。只有与入射光和衍射光动量分量相位匹配的分量，才是有用的。此外，随着反应长度缩短，换能器越来越窄，能量密度响应增大，有可能使换能器发热，而声速和折射率的梯度结果会使偏转器产生热畸变。

理想的解决方案是随着频率变化改变声速方向，这样各种频率的布拉格角都是完全匹配的。科尔佩拉（Korpel）对电视显示系统进行了研究，并对这类声波控制系统给出了初级近似形式[45]。这种换能器是由一系列阶梯结构组成的，如图 11.27 所示。每个阶梯高度是频带中心声波波长的 $1/2$，即 $\Lambda_0/2$；选择单元间隔以使布拉格角的轨迹达到最佳状态。每个单元对于相邻单元都有弧度 π 的相移。这类换能器的实际效果是产生具有波纹波前的声波。并且，当频率不同于频带中心频率 f_0 时，会相对于换能器表面倾斜一定角度。对于这种结构的换能器，声波束受频率控制，只是不能理想地与布拉格角匹配。

为了理解由科坎（Coquin）等人详细分析过这类声波阵列的控制性质[45]。现在，讨论稍微简单的结构布局，如图 11.28 所示。每个换能器单元相对于相邻单元都有弧度 Ψ 的相移，可以通过电的方式改变 Ψ，从而造成有效波前相对于由各个单元发出的各段波前倾斜一个角 θ_e。如果 θ_e 小，可以近似为

$$\theta_e \approx \mathrm{tg}\theta_e = \frac{\Psi}{2\pi}\frac{\Lambda}{s} = \frac{\Psi}{Ks} \tag{11.112}$$

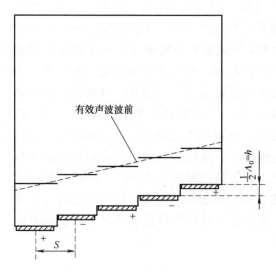

图 11.27　阶梯式换能器阵列

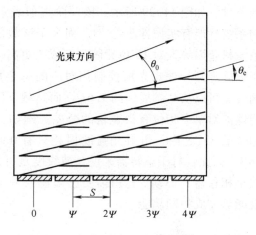

图 11.28　利用相位阵列换能器控制声波光束

如果入射光束以角 θ_0 投射到换能器平面上，且布拉格角 $\theta_B = K/2k$，则与理想匹配之间的角度误差为

$$\Delta\theta = (\theta_0 - \theta_e) - \theta_B = \left(\theta_0 - \frac{\Psi}{Ks}\right) - \frac{K}{2k} \tag{11.113}$$

控制光束的理想条件是，对所有 K 值，均满足 $\Delta\theta = 0$。若令 $\Delta\theta = 0$，则控制理想光束需要的相位为

$$\Psi_p = \theta_0 Ks - \frac{K^2}{2k}s \tag{11.114}$$

由此式可以看出，相位与声频必须保持二次方函数关系。

对声束控制进行的大部分研究工作，是对该条件做各种计算近似。一种近似方法是令 Ψ 为频率的线性函数，在中带频率 f_0 处 $\Psi = 0$。如本章参考文献 [46] 所述，利用图 11.27 所示阶梯换能器法实现这种近似计算。此时，有效波前与换能器平面的夹角为

$$\theta_e \approx \frac{\pi}{Ks} - \frac{h}{s} \tag{11.115}$$

式中，h 为阶梯高度，并且，相邻单元间有 180° 相移。由此产生的光束控制误差为

$$\Delta\theta = \left(\theta_0 - \frac{K}{2k}\right) + \left(\frac{h}{s} - \frac{\pi}{Ks}\right) \tag{11.116}$$

合理选择下式给出的值，可以使中带频率 f_0 处的误差等于零：

$$h = \frac{1}{2}\Lambda_0 \tag{11.117}$$

$$s = \frac{\Lambda_0^2}{\lambda}$$

和

$$\theta_0 = \frac{1}{2}\frac{\lambda}{\Lambda_0}$$

由式（11.115）可以发现重要的一点，θ_e 随 $1/f$ 变化，而理想光束控制应导致 θ_e 随 f 线性变化。所以，可以选择常数 h、s 和 θ_e 使其在两个频率位置而非一个位置满足理想光束控制条件，如图 11.29 所示。该一阶近似表示的光束控制能够使要求小于一个倍频程带宽的系统性能有实质性改善[47]，而大于该数值的带宽需要使相位更好地近似声频二次方关系。科奎因等人对 10 单元阵列完成了更高一级的近似研究[45]，如图 11.30 所示。如果将相位施加到与理想光束控制相对应的每个换能器上，$\Psi_1 = l\Psi_p$，且单元间隔是 $s = \Lambda_0^2/\lambda$，则带宽可以从 0 扩展到约 $1.6f_0$，而高频下降取决于有限的单元间隔。科奎因指出，偏转器性能对单个相位有很宽松的公差。例如，施加到每个换能器上的相位在理想光束控制相位的 45° 之内，衍射光强度损耗只有 0.8dB，如果相位差增大到 90°，损耗就提高到 3dB。因此，对于偏转器来说，波纹度是可以接受的，换能器阵列可以由逻辑电路（形成数字相移器）驱动。这就需要已知输入频率，或者已知模拟相移器的情况无需逻辑电路就能够完成相同功能。

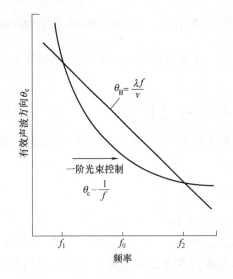

图 11.29　利用双频率点完成一阶光束的控制

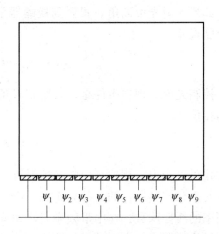

图 11.30　10 单元相位阵列换能器
（$\Psi = 0°$，90°，180°，270°，导致衍射光强度小于 0.8dB，低于理想光束控制）

另一种完全不同的实现宽带布拉格声光相互匹配的方法，是利用埃施勒（Eschler）首先提出的倾斜换能器阵列[48]，如图 11.31 所示。一个倾斜的阵列换能器由两个或更多并联小换能器组成，并且彼此间有一定的倾斜角。阵列中每个换能器单元覆盖整个带宽的一部分，并通过选择换能器相对于入射光束方向的角度匹配子带中心处的布拉格角。对于任意换能器单元中频带附近的频率，入射光只是与该单元发射的声波相互发生强烈反应。由于入射角不匹配且频率远离这些单元的谐振频率，所以与其他单元的相互作用变得很弱。

另外，对于相邻单元谐振频率之间的中心频率来说，即 $(f_{01} + f_{02})/2$ 或 $(f_{02} + f_{03})/2$，两个单元对声波场的贡献大约相等，并且有效波前方向位于这些分量中间。该阵列的作用非常类似利用频率控制声波的情况，但严格来说这并不正确。图 11.32 给出了倾斜换能器阵列的衍射效率，实线表示单个换能器单元的效率，虚线表示总效率。对于大多数应用，整个波带范围内的波纹约为 1dB，这一般是可以接受的。

倾斜阵列换能器还有另外两个优点：第一，由于倾斜阵列每个单元仅需要大约总带宽的 1/3，很明显，设计一个较大的总体声波带宽比较容易；第二，由于相邻单元的组合声波波前是单个单元声波波前长度的 2 倍，所以倾斜阵列换能器一般都能很好地以布拉格模式工作。如果二级衍射光的能量足够低，则有可能在大于 1 个倍频程的频率范围内工作。阵列单元的作用很像带通滤波器，因此可以并联，能量会通向最接近频率范围的单元。实际上，如图 11.31 所示，由于并行网络产生低电抗，因此必须提供阻抗匹配网络。

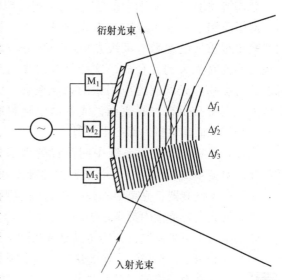

图 11.31　倾斜换能器阵列
（每个单元针对其对应的那部分频率带进行优化）

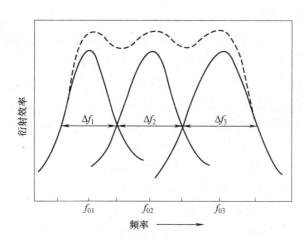

图 11.32　三单元倾斜换能器阵列的衍射效率
（实线代表单个换能器单元的效率，虚线代表整个阵列的效率）

11.7　声光器件制造技术

11.7.1　器件壳体制造技术

在多数情况下，声光材料是一种晶体或光学级玻璃。若是晶体材料，就需要知道声波和光波的特定传播轴，因此，必须区分和标示出材料的晶体方向。图 11.33 给出了一种有代表性的壳体结构布局。光窗表面就设计在与光轴垂直的端面上。

一般地，会将这些表面抛光为平面度高于 $\lambda/20$ 的高质量光窗表面。由于允许该壳体比较厚（直至几个厘米），因此，光学材料的均匀性是影响整个波前畸变至关重要的因素。那么，就需要规定波前畸变以保证壳体的透射性能。

对于应用于扫描系统中的声光器件，光学散射是一个很重要的参数。零级光束的一部分散射会投射到偏转光束的孔径内，这部分散射光未经调制，将影响声光调制器应用中的消光系数。污染或加工瑕疵会留在材料表面，或者由于材料瑕疵和不均匀性而在材料内部产生散射。

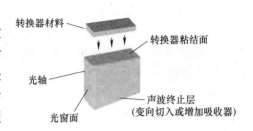

图11.33　声波换能器和声光介质的粘结

与通光孔径位于光学系统中间位置的大部分透镜和反射镜系统不同，一个声光装置的理想通光孔径一般从换能器端面的边缘开始。那么，对于声光调制器，光束中心到壳体边缘的距离小于0.5mm。所以，必须特别小心地保证在整个通光孔径范围内都满足表面平面度、抛光和镀增透膜的技术要求。

特别是对于声光调制器，为了满足理想的上升时间并具有高光学强度，需要将激光束聚焦在声光调制器上，形成一个小光斑。为此，常常要求增透膜必须具备高损伤阈值。

从名义上来说，换能器的粘结面平行于光轴。那么，要将该表面抛光到具有高光学质量，以便进行粘结。在大部分应用中，与换能器表面相对一侧的壳体端面被切割或粗磨成一个极小的非工作角度，使声波不会直接向后反射到光学孔径或换能器，同时避免声波回波的调制或相互调制。

11.7.2　换能器的粘结技术

将晶体板粘结到延迟介质上，对于该频率范围内的换能器来说，粘结技术或许是结构制造工程中至关重要和最难的工艺。粘结层在很大程度上会修正声波能量在压电材料与延迟介质间的透射率。其原因是粘结层在两个表面之间必须保证是分子接触的，否则会造成不理想的能量转换，粘结层的机械阻抗也可能会因低透射率而形成大的声波失配。除此之外，如果粘结材料在声学理论上属于损耗材料，还会造成透射率进一步降低。

由于其特殊性，众所周知非常实用的粘结材料是极其有限的。对于临时用附件，常用的粘结剂是"萨罗（Salol）"，即水杨酸苯酯。作为液体，它很容易应用，增加少量籽晶就能被晶化，微微加热会重新液化，所以非常适用于各种测试测量，但不会形成很宽的带宽或有效耦合。将它与环氧树脂混合成一种很低黏度的粘结剂，可以获得较满意的粘结结果，固化之前就可以将其压成小于$1\mu m$厚的薄层。为了避免掺有灰尘颗粒等杂物，这种薄膜层粘结工艺要求很高的清洁度。与如铌酸锂这样的换能器材料相比，由于环氧树脂阻抗低，所以较厚的粘结层会在100MHz附近造成严重的阻抗失配。该技术已经成功地得到应用。

利用低黏度紫外光固化剂也可以获得良好的粘结效果。对高于100MHz的频率，需要采用其他能够形成较薄粘结层但又必须涵盖一小部分声波波长的技术。由于真空镀金属层厚度能够精确控制至最薄尺寸，所以非常适合该应用，并且其阻抗也极接近通常使用的压电材料。使用铟焊接已经能够得到非常满意的结果[49]，首先在两侧表面镀上几百纳米⊖厚的铟膜，然后在约$100lbf/in^2$（原书为psi，pounds per square inch，磅力每平方英寸）压强下，无须从真空系统中取出就可以完成配合。这种方法属于冷焊接技术，具有良好的机械性质及

⊖　原书使用的是国际标准单位制已废除的单位"埃"，此处已经过变换。——译者注

大的声波带宽。如果设计合理，则在几百兆赫兹频率时的插入损耗很低。

加工中最大难度之处，是必须保证真空镀膜免受氧化。因此，需要利用真空系统中精心设计的夹具及液压压力将镀膜后的两个表面夹持在一起。图 11.34 给出了该方法采用的真空系统的内部结构。镀膜期间，将基板夹持在灯丝蒸发源的每一侧面，并在可能发生污染之前迅速合在一起。在这种技术中，通常采用铟、锡、铝、金和银的压焊。为了避免该表面受到颗粒污染，其过程要在无尘环境中完成。即使最小的粒子也会影响声波在换能器与壳体之间的良好接触，因此一定要在洁净厂房的设备上进行加工。图 11.35 给出了具有代表性的加工声光器件的超净厂房。

图 11.34　真空压焊系统　　　　　　　　图 11.35　制造声光器件的超净厂房

（将金属膜镀在换能器和延迟线表面上，然后压焊在一起）

在一种铟压焊改进型工艺中[50]，将恰好镀完膜的铟表面从真空系统中取出进行处理：放置在几百 lbf/in² 的压力炉中，将温度缓慢升高到低于铟的熔点（156℃），再缓慢冷却。这种方法称为分子焊，尽管可能出现氧化，但其结果类似真空焊。其主要缺点在于，一旦制冷，延迟线与换能器材料之间的不同热膨胀系数可能导致光路中形成不可接受的应变。对于某些系统，这可能不是问题。例如，熔凝石英和晶体石英延迟线上的石英换能器，甚至铌酸锂换能器，通常都可以用这种方法制造。另外，由于如铌酸锂这类晶体对热冲击和应力极为敏感，所以应特别小心。以这种方式焊接时，晶体与换能器之间的微量收缩很容易造成足以使晶体破裂的严重后果。因此，其可应用性取决于所用材料、尺寸，以及残余应力需要的自由度。

对于接近 1GHz 的频率，铟层可能会造成过度衰减，利用如金、银和铝这类材料中具有较低声能损耗常数的金属会得到更好结果。

尽管利用真空压焊技术能够完成该项工艺，但一般会要求较高压力。随其及铟材料一起使用的另外一种方法是超声波焊接[51]。由于超声波能量可以阻止在该表面形成氧化层，所以其主要优点是在正常大气压力下完成该工艺。这样的结果是可能出现发热现象，但温度仍保持低于铟热压法中所需要的温度，并具有低得多的残余应力。该技术要求采用高达

$3000\mathrm{lbf/in}^2$ 的瞬时压力。这对于易碎、易变形材料或包含有奇形怪状零件的系统，或许有些过分。表 11.6 给出了几种焊接材料的重要性质（也应用于电极和中间阻抗匹配层）。

表 11.6　焊层材料的声波性质

	纵　波			横　波		
	速度/（cm/s）	阻抗/ $[\mathrm{g/(s \cdot cm^2)}]$	1GHz 下的衰减/ （dB/μm）	速度/（cm/s）	阻抗/ $[\mathrm{g/(s \cdot cm^2)}]$	1GHz 下的衰减/ （dB/μm）
环氧树脂	2.6×10^5	2.86×10^5	很大	1.22×10^5	1.34×10^5	很大
铟	2.25×10^5	16.4×10^5	8	0.19×10^5	6.4×10^5	16
金	3.24×10^5	62.5×10^5	0.02	1.2×10^5	23.2	0.1
银	5.65×10^5	38×10^5	0.025	1.61×10^5	16.7×10^5	
铝	6.42×10^5	17.3×10^5	0.02	3.04×10^5	8.2×10^5	
铜	5.01×10^5	40.6×10^5		2.11×10^5	18.3×10^5	

　　频率较低时，薄电极和焊层对换能器性能的影响可以忽略不计。但是，若频率约为 100MHz 的情况，就逐渐变大，即使对小于 1μm 厚的薄层；如果与该结构其他部分的阻抗失配，其影响也不能忽略。可以令式（11.107）中 $Z_\mathrm{b}=0$ 确定电极层的影响，并且厚度为 t_bl[⊖] 的电极阻抗 z_bl 决定背侧层的整个影响，因此归一化阻抗为

$$Z_\mathrm{b} = \mathrm{j}z_\mathrm{bl}\mathrm{tg}(t_\mathrm{bl}\gamma) = \mathrm{jtg}\delta \tag{11.118}$$

那么，式（11.107）中的矩阵变得更为复杂。

　　焊层和前电极的影响较复杂，图 11.36 给出了一个表述焊层厚度变化的示例。该焊层归一化阻抗相当低，$z=0.1$。可以看到，即使厚度相当小，但对换能器损耗的影响也相当明显。如此小的阻抗与非金属焊接材料相对应，而对金属焊料，阻抗失配应不会如此严重，对换能器损耗曲线的影响也相对较小。可以利用中间层对换能器损耗曲线形状的这种影响确定换能器结构的带通特性。例如，通过制造 1/4 波长厚度的中间层（针对 f_0），就能利用这类阻抗换能器形成以频率 f_0 为中心的对称响应。选择不同的厚度值，可以使带宽加大、波纹变平或引入各种畸变。然而，如果以增大换能器损耗为代价，此类目标一般都能够达到。

11.7.3　封装技术

　　声光器件的封装必须考虑光学安装和电连接性，在许多情况下还要注意散热设计。对于较大的光学系统，较为可取的方法是将光学壳体安装在一个方便机械固定的金属安装架上，借助粘结剂将一个或多个表面粘结在支架上就可以实现上述方案。在多种情况下，为了减小金属与光学材料之间由温度引发的应变，经常使用低抗剪强度的粘结剂，原因是大部分金属的热膨胀系数远大于玻璃和其他光学晶体。例如，铝的线膨胀系数约为 $23 \times 10^{-6}/℃$，而熔凝石英仅为 $0.5 \times 10^{-6}/℃$。如果光学壳体用一层很薄的环氧树脂胶粘结，在整个温度范围内膨胀量之差可能造成光学壳体具有很大的应力双折射。

　　对使用大于 1W 射频能量的器件，对发热量的控制是很重要的。输入到器件中的大部分能量，或由电阻损耗或由声能衰减损失最终转变为热量。调制器需要足够有效地将热量传输

　　⊖　原书错印为 t_bt。——译者注

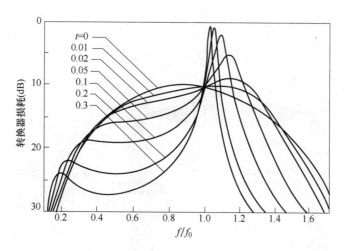

图 11.36　各种归一化厚度值 t 和中间层厚度 0.1 条件下的换能器损耗

$$\left[\, R_s = (\omega_0 C_0)^{-1},\ z_{0t} = 1,\ k = 0.2 \,\right]$$

出去，以保证工作温度维持在设计范围之内。输入能量的很大一部分可能消耗在声光调制器的换能器表面，包括焊线和电极的电阻损耗及换能器和焊层内的声能损耗。换能器的局部发热将在光学壳体中形成温度梯度，由于折射率会随温度变化而造成光学畸变。在换能器背面固定一个散热器或选择光学孔径原理换能器，会使这种热效应减弱。剩余能量转换成消耗在光学壳体内的声能。大部分光学材料热传导性很差，因此，需要使光学壳体表面面积尽可能大地与具有良好散热性的管路紧密接触，以保证温升最小。

对工作频率高于几百兆赫兹的调制器，一般利用真空镀膜法将换能器电极镀制成薄膜形式（厚度小于 $1\mu m$）。电极间的电连接是用键合金线完成的。直接焊接电极，会对电极造成伤害，并使声波换能器超负荷。利用一块电路板可以将外部连接器的输入射频能量传输到声波换能器。通常，反馈电路包括有一个被动匹配电路，以使阻抗匹配达到最佳，设计值是 50Ω。

11.8　声光扫描器的应用

11.8.1　多面体反射镜扫描器中的多通道声光调制器

可以将声光调制器和声光偏转器以多个独立通道制造在一块单片器件上。该方法能够利用一个装置调制多束平行光束，应用于 Etec System ALTA3000 掩模板刻制机，利用 32 束光束同时扫描光栅刻写半导体光掩膜版。

ALTA3000 系统的扫描器结构如图 11.37 所示。氩离子激光器生成一束波长约 364nm 的高斯光束。分束器组件使其形成 32 束具有一定间隔的光束（称为梳状光束）通过声光调制器，每束光都可以单独地开和关。光束的调制，由数据子系统改变声光调制器每个通道的射频能量，来控制。旋转多面体反射镜形成扫描效应，$f\text{-}\theta$ 物镜将扫描角转换成空间位移。一个 $20\times$ 的 NA = 0.6 的缩放物镜最终使光掩模板处的梳状光束成像。像面处光斑的半（功率）峰值全宽度（FWHM）约为 360nm。扫描期间，平移台使光掩模板垂直于扫描方向运动。

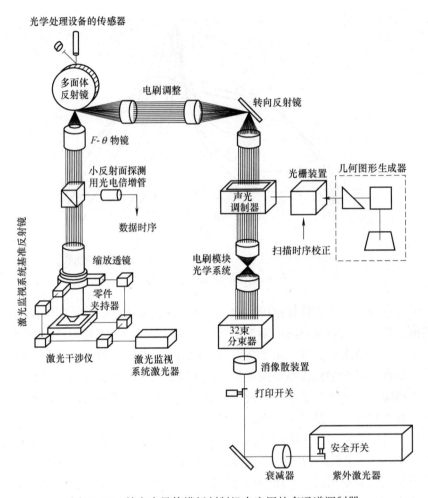

图 11.37　精密半导体模板刻制机中应用的多通道调制器

声光调制器和其他光学元件是利用紫外等级的熔凝石英材料制作的，在紫外波长范围内具有非常高的透射率，并且抗辐射变黑。遗憾的是，熔凝石英的 M_2 值较低，因此调制器的功率要求是一个很重要的参数。为了实现 50% 的衍射效率，要求 200MHz 时每个通道驱动功率的设计值是 500mW。

光掩模板中用于刻制的梳状光束，是声光调制器首先形成的一个像。所以，要根据最终刻制产品的技术要求，来控制声光调制器中光束的排列布局。在本情况中，是两组 16 束光束，每束光束相隔约 3 个 $1/e^2$ 光束直径。根据调制带宽每秒 5 千万个像素及光束间隔 412μm 的技术要求，声光调制器光束在 $1/e^2$ 时的直径尺寸设计为 144μm。

设计换能器电极尺寸和形状时，必须考虑在功率效率、光束畸变和通道间串扰方面造成的影响。该设计的有限孔径宽度和接收角窗口，会使输出光束变形为一个约 1.3∶1 的远场椭圆形。该应用的这一结果是可以接受的。调制器还会引入对系统性能不利的像散，但通过预先设计一套光学补偿系统可以解决该问题。解决方法可参考图 11.37 所示的消像散装置。

由于通道间隔比较密集，所以需要特别注意在通往换能器电极的反馈电路中避免电串扰。射频信号通过一排共轴电缆从系统电子装置反馈到调制器。同轴电缆被连接到一块印制电路板。印制电路板具有 32 条通道，每个通道都有自己独立的扫描迹线，每条迹线最终连到换能器的一根电极上。采用键合金线方式以便最终连接反馈电路和换能器电极。

当所有 32 条通道都处于工作状态时，那么就等于输出 16W 的射频功率。在换能器附近的声光装置中，对应声光调制器的有效光学孔径就会形成局部发热。由于熔凝石英的折射率与温度有关，这些局部的温度梯度与材料中的折射率梯度对应，在光学孔径内会造成几个波长的畸变。该孔径内的温度梯度具有光楔作用，使光束方向发生变化。为了将这种效应降至最小，在换能器背侧设计了散热器，以保证换能器温升尽可能小。声光调制器安装支架也可以用水冷却，从而将大量热量从器件及周围的光学系统中排出。

11.8.2　红外激光扫描技术

最近几年，与激光雷达和光学通信系统有关的航天工业，已经研发利用红外激光光束的声光扫描器，整个系统的技术特性对机械扫描方法提出了很高的要求，而各种电子方法更具优势。一般地，波长 9～11μm 的二氧化碳激光器是长波范围的激光器中最常用的一种。除了声光技术，还有多种设计红外光束扫描的电子的方法。然而，要求大的光学相位偏移就必须具有长的相互反应长度，因此这些都是很难实现的。对于声光衍射，已经看到，某一衍射效率需要的射频功率随波长的二次方增大，若波长为 10.6μm，则需要功率是波长为 0.633μm 的声光调制器的 280 倍。显然，适用于这类器件的材料非常有限，对性能也有严重影响。如表 11.4 所示，只有很少几种材料的透射率达到 11μm 并具有大的声光品质因数。最常用的材料是锗，并能够买到具有良好光学质量的大尺寸单晶材料。多年以来，都可以买到市售的锗声光扫描器，并且在 100GHz 射频附近可以很好地以各向同性模式工作。在 9～11μm 的光谱范围内，另一种非常好的红外材料是硒化铊砷，最近已有商业销售。正如前面所述，此晶体最好用于各向异性模式。由于横向声波速度很低，所以，该晶体具有很高的品质因数。低速度导致的另一结果是，要简化扫描器光学系统设计。红外波长下的扫描角相当大，图 11.38 给出了布拉格模式下 10.6μm 二氧化碳激光波长的角色散。对于中心频率约为 110MHz 和 30% 射频带宽的情况，扫描角范围达到 16°。对许多应用，无须将扫描角放大，与可见光范围的声光扫描器一样即可。

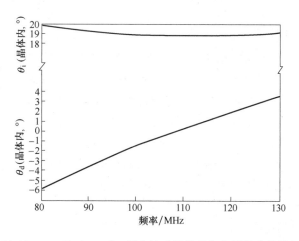

图 11.38　$\lambda = 10.6$μm 时，硒化铊砷晶体的各向异性布拉格衍射

由于光学能量吸收和射频能量产生热量这两方面的原因，使得二氧化碳激光扫描器的主要问题之一是发热。如果采用极高功率的激光器，即使扫描器具有很小的吸收系数也可能产生无法接受的热量。对于锗和硒化铊砷材料，在 $10.6\mu m$ 波长下的吸收系数分别是 $0.032cm^{-1}$ 和 $0.015cm^{-1}$。锗材料的热导率远高于硒化铊砷，设计时更喜欢采用哪种材料，取决于热梯度的具体影响。高射频功率的运作受限于换能器中的发热效应，其结果是损伤换能器的连接处。用水或空气冷却射频装置安装支架，或者在换能器上安装散热器，可以减轻这类热效应。图11.39 给出了安装有匹配的蓝宝石散热器（也适合完成电连接）的大功率换能器实物。如果要获得高衍射效率，通常，这种红外声光扫描器的分辨率会受限于射频部分的发热。这是因为，为了获得高效率就需要较大的相互作用带宽，那么就需要短的相互作用长度。因此，只有采用大功率才能实现高效率。图11.40 给出了红外扫描器材料分辨率与声波功率之间的关系曲线。如果要求连续波（CW）工作，可以看到，对于1cm 或2cm 的孔径，则光点不会超过几百个。

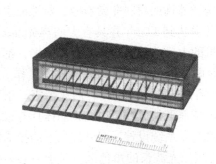

图 11.39　硒化铊砷声光器件的换能器结构
（配备有散热器以适合高射频功率工作）

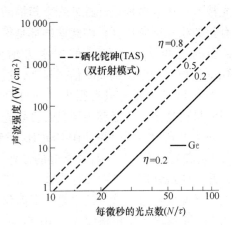

图 11.40　在硒化铊砷中使用横模声波
（满足布拉格角条件时不同偏转效率
的声波强度与带宽的函数关系）

11.8.3　二级声光扫描器

声光偏转效应已经成功地应用于半导体光掩模板的检验工序当中。KLA-Tencor 3000 系列模板检查仪采用以下原理来检验光掩模板的缺陷：令一束聚焦光束扫描模板，并探测透射光（亮场检测）。在这种应用中，与被检测的掩模板尺寸相比，其特征尺寸非常小（$0.3\mu m$）。为了达到期望的工作效率，要求净扫描速率是每秒5 千万个像素。光点数目太多以至于通过一次扫描无法覆盖光掩模板。所以，该方法是利用高速光学扫描器形成线性行扫描，并利用 x-y 的机械平移使光掩模板通过该扫描位置。为了提供精确的平移量，并将所有的行扫描数据记录在一起以无缝重构整个光掩模板数据，且还必须进行有效控制。

11.8.3.1　扫描器光学系统

由一对声光扫描器完成线性扫描，无须移动部件。图11.41 给出了该系统光学扫描部分的框图。扫描光源是氩离子激光器，工作波长为488nm。光束通过空间滤波器，在第一个声光器件（前置偏转器）上聚焦为直径为 $400\mu m$ 的光斑。该器件采用 SF-6 玻璃材料制成，并以纵声波模式工作，其中心频率是 90MHz，工作带宽是 14.4MHz，对应着空气中的偏转角是 12.5mrad ±1mrad（见图 11.42）。

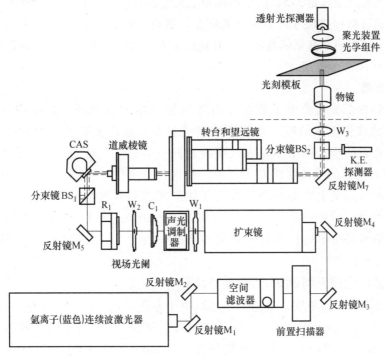

图 11.41　半导体模板检查仪中使用的声光偏转器
（预扫描器）和移动啁啾物镜（声光调制器）

在预偏转器之后，预扫描光学系统以与移动啁啾物镜相匹配的放大率将偏转器的输出光束转换成远心扫描光束。移动啁啾物镜入射位置处的光斑尺寸是 12mm（$1/e^2$ 直径），并设计为大于移动啁啾物镜。

啁啾物镜材料是 TeO_2，采用慢横声波模式。与前置偏转器不同，该物镜的衍射性能对偏振有很强的依赖性，并要求入射光束是右圆偏振光。利用一块波片将激光束的线偏振在 TeO_2 器件之前就转换为圆偏振。该啁啾透镜是由 $7.5\mu s$ 范围内 75 ~ 125MHz 线性啁啾组成，从而使扫描方向的透镜孔径达到约 4.6mm［即(7.5×0.616) mm］。

图 11.42　一个有代表性的 100MHz
带宽的声光调制器
（资料源自：MVM Electronics，Inc.）

交叉扫描方向的孔径尺寸受声波换能器高度控制，并且也设置为近似等于 4.6mm。扫描长度是 $14\mu s$ 或 8.6mm。所以，移动啁啾物镜在扫描方向的通光孔径必须至少为 12.2mm。

啁啾物镜之后紧跟着设计了一个柱面透镜，以便将光斑聚焦在交叉扫描轴上。在啁啾物镜的一个焦距位置有一个扫描平面，经中继转换和缩小，在光掩模板上形成最终扫描的物平面。利用近似公式 $N = \tau \Delta f$，则前置偏转器可分辨的光斑数是 1.6。该性能在直接扫描领域的应用价值很小，其目的是监测移动啁啾物镜并保持最佳照度不变。根据时间-带宽乘积估算，移动啁啾物镜的光斑增益是 375，所以移动啁啾物镜的性能决定着扫描分辨率。以这些近似值为基础得到的近似扫描尺寸是 600 个光斑点。然而，由于移动啁啾物镜的孔径有限，所以，用一个圆盘函数而非高斯函数能够更好地近似表示扫描光斑，并且以间隔为基础得到的扫描尺寸近似为 1000 个光斑。

11.8.3.2　驱动器

两种声光装置都受模拟电子装置（由压控振荡器和放大器二级组成）驱动。系统的电子装置生成线性电压斜坡，并传输给驱动器以形成声光装置需要的线性频率啁啾。为了保证两个装置同步，两个驱动输入要源自同一时钟。注意到，由于前置偏转器采用 f-θ 结构，所以对啁啾的线性要求并不苛刻。在这种系统中，扫描线性受到移动啁啾物镜传播的控制，并且这里主要关心的是温度变化造成移动啁啾物镜中的声速变化。对于移动物镜，由于啁啾信号中的非线性会作为物镜像差出现，所以啁啾的非线性至关重要。那么，在反馈给移动啁啾压控振荡器的电压斜坡中包含有预先补偿，那么就可以校正固有的非线性。

11.8.4　声光器件和声光可调谐滤波器的应用

声光器件可用于不同领域，具体的应用取决于专业需求，包括声光调制器、声光偏转器、声光变频器（Acousto-Optic Frequency Shifter，AOFS）、声光可调谐滤波器（Acousto-Optic Tunable Filter，AOTF）、声光波长选择器（Acousto-Optic Wavelength Selector，AOWS）和声光多色调制器（Polychromatic Acousto-Optic Modulator，PCAOM）。将其中一种声光器件与机械扫描器组合，就可以构成激光打印机、激光加工和雕刻装置、激光辅助完成屈光角膜层状重塑术、医学和美容激光系统等装置的扫描系统。这里将介绍这些装置，以对其局限性和有代表性的产品布局有更深入的了解。

声光效应以不同方式对光束进行控制：从广泛采用的激光束调制、固态光束扫描和变频技术，到可调谐滤波器和多色光调制。所有这些装置的基本方案都包括正确选择声光材料和优化压电换能器，从而使声波能够在所期望的频率范围内有效地将电能转换为超声波能。除共线可调谐滤波器外，其余方案都采用声波和光波彼此几乎成 90°的方式传播。本章前面章节已经介绍过各种表列器件的相关理论，本小节将重点讨论生产各类产品需要的主要技术。

11.8.4.1　声光调制器

声光调制器的基本技术要求是，以最大的光通量对光进行最高速或最大宽带调制，并列出电功率消耗量。其影响因素包括，压电换能器中声波传播时间和限定的那部分带宽，以及声波与光波的低效率相互作用。随着对设计极限的挑战，材料的光学透射率、损伤范围和声波衰减可能会变得难以克服。声光调制器能够达到的最高带宽约为 2GHz，或者有 0.5ns 的上升/下落时间，最高效率则小于 20%。随着光学波长向红外波长方向增大，如 10.6μm，这些参数会大大减小。由于单个声光调制器的变化，线性阵列换能器就会形成 1 个直至 128 个通道的声光调制器装置（见图 11.43 ~ 图 11.46）。

图 11.43　一种有代表性的 16 通道
声光调制器

（资料源自 MVM Electronics, Inc.）

图 11.44　一种有代表性的为红外调制
应用研制的锗声光调制器

（资料源自 MVM Electronic Inc.）

图 11.45　一种有代表性的为激光器 Q
开关应用研制的石英声光调制器

（资料源自 MVM Electronic Inc.）

图 11.46　一种有代表性的为 1GHz 带宽调制
应用研制的双通道磷化镓声光调制器

（资料源自 MVM Electronic Inc.）

11.8.4.2　声光偏转器

　　声光偏转器的功能是利用电子技术移动或扫描光学光束实现的，利用光学衍射角与声波波长的依赖关系使其有可能实现。这里所要求的参数是最多可分辨的光斑数目、最高光通量和列出的电功率。在此，换能器带宽和材料的声能衰减严重限制着可以达到的结果。扫描速度和光通量的均匀性进一步使性能下降。能够达到的最大可分辨光斑数目约为 2000，扫描时间约为 $10\mu s$ 或更长。大部分声光材料在正交方向具有相同的声光性质，因此，可以采用同一块材料实现二维声光偏转。

　　声光偏转器在信号处理中还有另一种功能。在声光光谱分析仪应用中，声光偏转仪扫描器的可分辨的光斑的数目转变为射频可分辨光谱成分的数目，而在声光相关器应用中转变为相关的数目（见图 11.47 和图 11.48）。

11.8.4.3　声光变频器

　　光波与声波之间的行波相互作用使衍射光束产生频移。尽管声光变频器（AOSF）一般需要窄频带，但某些应用也会希望使用宽的带宽。当带宽较大时，声光变频器和声光调制器就没有区别了。如果频率范围小，则为了在很高的中心频率处获得较高的光通量，可以对压电换能器和声光相互作用的带宽做这种处理。至少对于低百分比光通量，已经使声光频移到

10GHz（见图 11.49）。

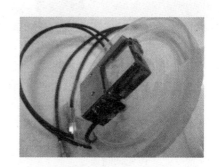

图 11.47　一种有代表性的具有 1000 个
可分辨光斑的声光偏转器
（资料源自 MVM Electronics Inc.）

图 11.48　一种有代表性二维
声光偏转器
（资料源自 MVM Electronics Inc.）

11.8.4.4　声光可调谐滤波器

　　若利用电学方法对宽光谱光的窄带多光谱光学成分
选择性成像，则声光技术是唯一的可行方案。对于共线
传播的声波和光波器件，由于声波会产生与布拉格条件
相匹配的 k，所以，能够出现一种光学偏振对另一种光
学偏振的衍射。这种情况下，相互作用长度很长，造成
窄光学带宽衍射。利用同时多频射频技术，可以衍射多
个窄光学波带。此外，声光相互作用的角灵敏度小，因
此有良好的像质。共线相互作用的一个缺点是很难将衍
射与未衍射成分分隔开来。

图 11.49　6.85GHz 声光频移器
（资料源自 MVM Electronic Inc.）

　　对于某些如二氧化碲和石英晶体材料，有可能满足
所谓的"平行切线布拉格匹配条件"，这就意味着是一种正交声光相互作用，较容易将衍射
与未衍射光学成分分开（见图 11.50和图 11.51）。

图 11.50　应用于可见光和红外光光谱
范围的二氧化碲声光可调谐滤波器
（资料源自 MVM Electronics, Inc.）

图 11.51　应用于紫外光谱范围的
石英晶体声光可调谐滤波器
（资料源自 MVM Electronics, Inc.）

声光可调谐滤波器（AOTF）受限于大尺寸材料的适用性、所选材料的声能衰减、透射率范围及对射频驱动功率的技术要求。

11.8.4.5　声光波长选择器

对某些应用，并不需要声光可调谐滤波器有成像功能，因此，一些参数的技术要求可以放宽，也就是说，降低了对射频驱动功率及材料尺寸的要求。在这种情况下，声光可调谐滤波器起到声光波长选择器（AOWS）的作用，能够得到变光学波长扫描器，具有广泛的应用（见图 11.52）。

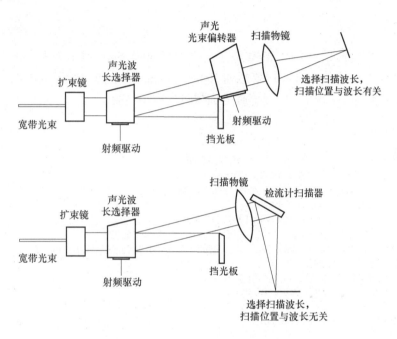

图 11.52　变波长光学扫描器示意图

11.8.4.6　多色声光调制器

如果声光波长选择器的衍射效率可以进一步提高，能够以 20~100mW 较低的射频驱动功率产生几乎 100% 的衍射，那么就可以使用多达 16 种射频频率。这种装置称为多色声光调制器。氩离子激光束包含可见光光谱中 6~10 种波长。多色声光调制已经广泛应用于激光投影和激光显示，为娱乐和天文馆应用提供逼真和全色图像（见图 11.53）。

在某些应用中，还需关注高激光功率条件下材料性能的退化及对线性偏振的限制。

图 11.53　应用于娱乐和天文馆领域的全色氩和氪（离子）激光投影仪器件

（资料源自 MVM Electronics, Inc.）

11.9　总结

从空间或时间的直接调制到前置偏转或透镜后扫描，声光器件已广泛应用于各种扫描领域。对于大部分应用，设计中都需要在调制带宽、效率和其他性能参数之间进行折中。若应用要求在较小的扫描角度范围内具有高精度，则优先考虑使用声光调制器。当对光源直接进行调制不现实时，声光调制器可以有效地实现光栅扫描或视频调制像素化。无须移动零件就能够对光束进行调制的能力，可以使声光技术在未来继续成为一项颇受青睐的技术。

致谢

在此要特别提到的是，美国 MVM 电子公司的 Manhar Shah 博士为本章声光器件应用内容做出了的非常有价值的贡献。还要感谢 Robert Montgomery 博士给予的帮助和评述，以及 Damon Kvamme 和 Bryan Bolt 在声光器件方面提供的应用经验。

参考文献

1. Debye, P.; Sears, F.W. *Proc. Natl. Acad. Sci.* 1932, *18*, 409.
2. Lucas, R.; Biquard, P. *J. Phys. Rad.* 1932, 3(7), 464.
3. Raman, C.F.; Nath, N.S.N. *Proc. Indian Acad. Sci.* I 1935, 2, 406.
4. Gordon, E.I. *Proc. IEEE* 1966, *54*, 1391.
5. Dixon, R.W. *IEEE J. Quantum Electronics* 1967, *QE-3*, 85.
6. Harris, S.E.; Nieh, S.T.R.; Winslow, D.K. *Appl. Phys. Lett.* 1969, *15*, 325.
7. Mertens, R. Meded. K. *Vlaam. Acad. Wet. Lett. Schone Künsten Relg., Kl. Wet.* 1950, *12*, 1.
8. Exterman, R.; Wannier, G. *Helv. Phys. Acta* 1936, *9*, 520.
9. Klein, W.R.; Hiedemann, E.A. *Physica* 1963, *29*, 981.
10. Nomoto, O. *Jpn. J. Appl. Phys.* 1971, *10*, 611.
11. Klein, W.R.; Cook, B.D. *IEEE Trans. Sonics Ultrason.* 1967, *SU-14*, 723.
12. Korpel, A. *J. Opt. Soc. Am.* 1979, *69*, 678.
13. Korpel, A.; Poon, T. *J. Opt. Soc. Am.* 1980, *70*, 817.
14. Chang, I.C. *IEEE Trans. Sonics Ultrason.* 1976, *SU-23*, 2.
15. Uchida, N.; Ohmachi, Y. *J. Appl. Phys.* 1969, *40*, 4692.
16. Warner, A.W.; White, D.L.; Bonner, W.A. *J. Appl. Phys.* 1972, *43*, 4489.
17. Cohen, M.; Gordon, E.I. *Bell Syst. Tech. J.* 1965, *44*, 693.
18. Dixon, R.W. *J. Appl. Phys.* 1962, *38*, 5149.
19. Young, E.H.; Yao, S.K. *Proc. IEEE* 1981, *69*, 54.
20. Foster, L.C.; Crumly, C.B.; Cohoon, R.L. A high-resolution linear optical scanner using a traveling-wave acoustic lens. *Appl. Opt.* 1970, *9*, 2154–2160.
21. Pinnow, D.A. *IEEE J. Quantum Electronics* 1970, *QE-6*, 223.
22. Gladstone, J.H.; Dale, T.P. *Phil. Trans. Roy. Soc. London* 1964, *153*, 37.
23. Wemple, S.H.; DiDomenico, M. *J. Appl. Phys.* 1969, *40*, 735.
24. Uchida, N.; Niizeki, N. *Proc. IEEE* 1973, *61*, 1073.
25. Woodruff, T.O.; Ehrenreich, H. *Phys. Rev.* 1961, *123*, 1553.
26. Mueller, H. *Phys. Rev.* 1935, *47*, 947.
27. Abrams, R.L.; Pinnow, D.A. *J. Appl. Phys.* 1970, *41*, 2765.
28. Dixon, R.W. *J. Appl. Phys.* 1967, *38*, 5149.
29. Pinnow, D.A.; Van Uitert, L.G.; Warner, A.W.; Bonner, W.A. *Appl. Phys. Lett.* 1969, *15*, 83.
30. Coquin, G.A.; Pinnow, D.A.; Warner, A.W. *J. Appl. Phys.* 1971, *42*, 2162.
31. Ohmachi, Y.; Uchida, N. *J. Appl. Phys.* 1969, *40*, 4692.
32. Gottlieb, M.; Isaacs, T.J.; Feichtner, J.D.; Roland, G.W. *J. Appl. Phys.* 1969, *40*, 4692.
33. Roland, G.W.; Gottlieb, M.; Feichtner, J.D. *Appl. Phys. Lett.* 1972, *21*, 52.
34. Isaacs, T.J.; Gottlieb, M.; Feichtner, J.D. *Appl. Phys. Lett.* 1974, *24*, 107.

35. Feichtner, J.D.; Roland, G.W. *Appl. Optics* 1972, *11*, 993.
36. Harris, S.E.; Wallace, R.W. *J. Opt. Soc. Am.* 1969, *59*, 744.
37. Sittig, E.K. *IEEE Trans. Sonics and Ultrasonics* 1969, *SU-16*, 2.
38. Meitzler, A.H.; Sittig, E.K. *J. Appl. Phys.* 1969, *40*, 4341.
39. Mason, W.P. *Electromechanical Transducers and Wave Filters*; Van Nostrand Reinhold: Princeton, NJ, 1948.
40. Sittig, E.K. *IEEE Trans. Sonics and Ultrasonics* 1969, *16*, 2.
41. Meitzler, A.H. *Ultrasonic Transducer Materials*; Mattiat, O.E., Ed.; Plenum: New York, 1971.
42. deKlerk, J. *Physical Acoustics*; Mason, W.P., Ed.; Academic Press: New York, 1970; Vol. IV, Chap. 5.
43. deKlerk, J. *IEEE Trans, on Sonics and Ultrasonics* 1966, *SU-13*, 100.
44. Weinert, R.W.; deKlerk, J. *IEEE Trans, on Sonics and Ultrasonics* 1972, *SU-19*, 354.
45. Coquin, G.; Griffin, J.; Anderson, L. *IEEE Trans, on Sonics and Ultrasonics* 1971, *SU-7*, 34.
46. Korpel, A. et al. *Proa IEEE* 1966, *54*, 1429.
47. Pinnow, D.A. *IEEE Trans, on Sonics and Ultrasonics* 1971, *SU-18*, 209.
48. Eschler, H. *Optics Communications* 1972, *6*, 230.
49. Sittig, E.K.; Cook, H.D. *Proc. IEEE* 1968, *56*, 1375.
50. Konog, W.F.; Lambert, L.B.; Schilling, D.L. *IRE Int. Conv. Rec.* 1961, *9* (6), 285.
51. Larson, J.D.; Winslow, D.K. *IEEE Trans. Sonics and Ultrasonics* 1971, *SU-18*, 142.

第 12 章 电光扫描器

Timothy K. Dies

美国宾夕法尼亚州匹兹堡市，咨询顾问

Daniel D. Stancil

美国宾夕法尼亚州匹兹堡市卡内基·梅隆大学

Carl E. Conti

美国纽约州哈蒙兹波特市，咨询顾问

12.1 概述

在将高偏转速度作为最重要标准的应用中，电光偏转系统也是最经常考虑的实施方案。该系统具有如高光学效率和物理稳定性等非常特别的性质，相比之下，当其偏转速度超过 10^9 rad/s 时，这些性质就显得不那么重要了。

两种技术领域的发展推动着高速应用的发展：激光技术和计算机技术。激光技术的进步促成了可靠的低成本小型化的高功率光源。例如，材料打标之类的很多应用，都需要具有较大的功率，但与传输能量的时间关系不大。较大功率的激光器要在很短时间内能够发射所需要的能量，这迫使偏转系统设计师考虑更高的工作速度。

计算机和通信技术方面取得的发展，使得可以以更高的数据速率向激光偏转系统进行传输。例如，目前显示应用中的数据速率，它超过了大部分受限于机械惯性效应的机械系统［如检流计、压电偏转器、微机电系统（MEMS）反射镜］的控制带宽。如果激光或其他光源能够在与理想的数据速率相匹配的时间周期内提供所需能量，其速度经常超过兆赫兹（MHz）。那么，对于这些系统，通常小于 10kHz 的较小带宽就是很糟糕的一种选择。在电子电路领域，电光偏转器基本上就是电容器，采用适当的驱动电路可以快速放电，并且很容易以兆赫兹的速度工作。

与电光偏转最具竞争力的技术是声光偏转技术，本书前面章节已经介绍过声光偏转。与声光系统相比，电光系统速度更快、光学效率更高。由于在该装置中无须为了达到最高速度而要求光束严格聚焦，所以与声光系统相比能够控制更高的光束能量。对于电光系统，较有代表性的可分辨光斑数目是 5～100 个；但声光系统可以设计得具有极高的分辨率，可分辨光斑数目达到几百或几千个。电光扫描器和许多声光扫描器的特性都与偏振性有关，因此也限制着这些器件的应用。与电光偏转器使用的材料（可能很难获得或者有不确定的性能特点）不同，一般地，晶体和玻璃材料比较适用于声光器件，且具有均匀的高质量。声光偏转系统的电子驱动器通常比电光系统需要有更高的输入功率。

高功率小型激光光源与高速数据传输的组合正在推动着对电光偏转系统的评估或普及。目前一些应用包括，印制板定型机中印制板上的编码图像数据、通信开关系统中的光路控制、无抖动激光投影显示，以及自由空间通信系统保持长距离的对准。

电光偏转器或扫描器可以设计为各种结构形式以满足不同的技术要求。通过选择光学材料（一般是晶体）、驱动电子装置及光路可以实现下述功能要求：

1. 误差校正，利用高速（10^6 rad/s）和低偏转（毫弧度数量级）特性可以保证对多面体反射镜扫描器小反射面之间的误差校正。还可以利用相同的特性消除以检流计为基础的显示系统的"抖动"。

2. 开关，可以利用高速（小于100ns 步长）和低偏转（10 个可分辨光斑的数量级）特性来开关光纤交换机、光学背板（Optical Back-plates）和光学计算机中的准直光束。

3. 调制，如果不能直接对激光束进行调制，如半导体泵浦光源，可以利用偏转器调制光束从而使其偏向或通过光束光阑。这类应用包括显示、生产印制板及打标。

有一类电光器件很容易与偏转器或扫描器混淆。这类器件有效地利用克尔（Kerr）效应使通过该装置的偏振光旋转；另外，也可以用作偏振光源的调制器，以便将偏振面旋转到与系统中后续偏振器平行或垂直。这类系统市场上已有销售，应用于某些印刷领域。

若用与偏振相关的反射镜或分束镜代替上述系统中的偏振器，就能够利用电光方式控制光束的偏振性从而使光束转换到两个输出位置中的任一个。将这些器件级联以产生多个输出位置。这些器件及相关系统不是目前内容的重点，稍后将不做进一步介绍。

这里阐述的内容是以克莱夫（Clive L. M. Ireland）和约翰（John Martin Ley）编著的本书第 1 版内容为基础的，保留了其中许多内容，尤其是与材料性质和基本物理学原理相关的部分；另外，还增添了当前已经应用在市售产品中与域反转扫描器设计相关的新内容。本章还增加了具有商业开发价值的电子驱动器特性方面的新内容。实践表明，这部分系统由理论变成真实的光学元件是很难的。与光学材料和设计的相关内容一样，电子驱动器内容对于指导未来的研发工作只能作为一般性的参考资料，不能作为该课题领域的明确结论。

12.2 电光效应理论

12.2.1 电光效应

下面讨论的电光偏转器和扫描器完全取决于所有材料不同程度存在的电光效应。只有很少几种材料的性质会由于施加了足够大的电场而发生变化（为了开发在偏转和开关领域中的应用）。根据普通折射光学理论，当施加电场可以有效地使光束发生偏转时，这些材料（最具代表性的是晶体材料的折射率）发生了变化。

对于晶体材料，由施加电场感应产生的偏振方向不同于该电场方向。在数学上，这就意味着，必须用二阶张量表示相对介电常数：

$$D_i = \varepsilon_0 \kappa_{ij} E_j = \varepsilon_0 E_i + P_i \tag{12.1}$$

式中，ε_0 为自由空间的介电常数；κ_{ij} 为相对介电张量；E_i 和 P_i 分别为电场和感应偏振第 i 级分量，并假设是多个重复项的总和。在此，讨论将局限于既没有磁性也没有旋光性但可以忽略不计其吸收的晶体。在这种情况下，κ_{ij} 是一个实对称张量。

对称二阶张量 S_{ij} 的传统几何表达式是一个由下式确定的椭球或双曲面：

$$S_{ij} x_i x_j = 1 \tag{12.2}$$

因此，可以为 κ_{ij} 或其倒数 $(1/\kappa)_{ij}$ 建立这样一个表面。相比之下，由各向同性材料相对介电常数的二次方根给出的折射率不能转换为二阶张量。由于各向同性材料有 $\kappa = n^2$，所以经常采用下式表示：

$$\left(\frac{1}{n^2}\right)_{ij} x_i x_j = 1 \tag{12.3}$$

该椭球面称为折射率椭球面。在 $(1/n^2)_{ij}$ 作为对角线的坐标系中，式（12.3）简化为

$$\frac{x^2}{n_x^2} + \frac{y^2}{n_y^2} + \frac{z^2}{n_z^2} = 1 \tag{12.4}$$

可以用简单的几何理论解释该表面。椭球面的主轴对应着晶体中 D 轴与 E 轴平行的方向，沿这些方向偏振的波的折射率是 n_x、n_y 和 n_z。

12.2.2 线性电光效应

晶体材料通常用于不具有反对称性的电光器件（见本章参考文献 [2] 斯坦西尔对晶体张量性质的完整阐述）。这就意味着，施加电场会使折射率感应产生少量的变化，变化量与电场大小成正比，电场反向，符号也反向。此即众所周知的普克尔（Pockel）效应，即线性电光效应。

对均匀电场，此类材料的折射率变化可以表示为

$$\Delta\left(\frac{1}{n^2}\right)_{ij} = r_{ij,k} E_k \tag{12.5}$$

式中，$r_{ij,k}$ 为线性电光张量，可根据论文公布的数据或从晶体供应商获得其数值。

作为例子，首先讨论磷酸二氢钾（KH_2PO_4，也称为 KDP）的电光效应。对于这种晶体（以及所有四方晶系$^\ominus$），电光张量中唯一的非零分量是 $r_{41} = r_{52}$ 和 r_{63}。为了简单起见，只考虑沿光轴施加静态电场 E_3 的情况。通常，Δn 较小，为了进一步简单化，令 $\Delta(1/n^2) = -2\Delta n/n^3$。因此，一束偏振光沿 $<110>$ 方向形成的折射率近似表达式为

$$n_1 = n_0 - \frac{1}{2}n_0^3 r_{63} E_3 \tag{12.6}$$

类似，沿 $<1\bar{1}0>$ 方向的折射率为

$$n_2 = n_0 + \frac{1}{2}n_0^3 r_{63} E_3 \tag{12.7}$$

沿光轴 $<001>$ 方向的折射率没有变化（$n_3 = n_e$）。

注意到，观察到的折射率变化取决于通过该区域的光与施加电场的偏振。该效应令许多电光扫描器性能与"偏振有关"，可以达到的偏转取决于光束的偏振性。随机造成偏振光束分离，这也是大部分电光扫描器只能使用偏振光束的原因。

12.2.3 二次方电光效应

所有材料中，对称性使折射率变化与施加电场呈二次方关系。除了如 KDP 和铌酸锂（$LiNbO_3$）晶体外，由于液晶具有很高的各向异性偏光性，所以极性很强的液晶是很让人感兴趣的电光材料。施加一个很强的外部电场，这种材料的分子会部分地沿电场方向排列，使

$\ominus$ 原书为 symmetry $\bar{4}2m$。——译者注

整个材料变成双折射。

一束偏振光束与分子主极化率相平行的分量，也几乎平行于分子的偶极矩。可以观察到，其折射率相对于正交偏振要高。一般地，用下面公式表述由克尔在玻璃和其他材料中观察到的此种效应：

$$n_{\mathrm{p}} - n_{\mathrm{s}} = B\lambda E^2 \tag{12.8}$$

式中，λ 为光束的真空波长；B 为材料的克尔常数；n_{p} 和 n_{s} 分别为平行和正交方向的折射率分量；E 为施加电压。

已经研究出许多克尔材料和器件，请参考李（Lee）和豪泽（Hauser）[3] 及克鲁格（Kruger）等人[4] 发表的相关论文。2002 年，似乎还没有出现任何以二次方电光效应为基础的商业化器件或系统。

12.3　电光偏转器的主要类型

12.3.1　基本拓扑学

电光效应可以应用于各种基本拓扑结构，具体细节似乎只取决于极聪明设计人员的想象力。设计过程首先选择能够使光束通过的总体几何布局，然后，根据所需折射率变化选择几何图和量值。按一定顺序给出了如下会用到的术语：

1. 总体几何布局。简单来说，一个电光扫描器是由一块棱柱形晶体元件与位于两端的电极组成的。随着该元件电压的改变，其作用相当于一块电控棱镜。

2. 电场整形。如果一块棱镜过小而不容易控制或所希望的电场强度会造成侧面电击穿时，则很可能需要对电场进行整形。通常，利用具有固定电势的成型电极就能达到此目的。一个不寻常的方法是利用具有有限或分级电导率的电极，施加一定电流后就可以获得变电压分布。

3. 极化结构。一些如铌酸锂（$LiNbO_3$）和钽酸锂（$LiTaO_3$）之类的电光材料可以"被极化"。这是一个在块状材料中形成具有精确几何形状结晶域的过程。将均匀电场施加到极化结构上，会使每个域中的折射率依其方向形成等量但符号相反的变化。

12.3.2　表述电光扫描器的术语

可以利用其他类型扫描器的术语来讨论电光扫描器。这里不要忽略由于尺寸、电压和材料性质的不同取舍造成的细微差别。

12.3.2.1　光束位移和偏转角

图 12.1 给出了一个电光扫描器示意。当折射率在扫描宽度范围内呈线性变化（固定梯度）时，可以用抛物线关系表述扫描器光束中心的扫描轨迹[5]，即

$$X(z) = \frac{1}{n}\frac{\mathrm{d}n}{\mathrm{d}x}\frac{z^2}{2} \approx \frac{1}{2}\frac{\Delta n}{n}\frac{z^2}{W} \tag{12.9}$$

式中，$X(z)$ 为位于 z 处的光束中心至光轴的距离；Δn 为扫描器折射率的总变化量；n 为名义折射率（没有电光漂移）；W 为扫描器宽度。

根据轨迹在某位置处的斜率或对式（12.9）

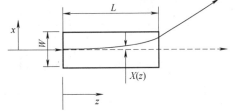

图 12.1　宽度 W、长度 L 的电光扫描器示意图
[假设折射率以 $n(x) = n_0 + kx$ 形式
变化，被偏转光束从左侧输入]

求导[5,6]，就可以得到特定位置 z 处的偏转角：

$$\theta_{in}(z) = \frac{1}{n}\frac{dn}{dx}z \approx \frac{\Delta n}{n}\frac{z}{W} \qquad (12.10)$$

当光束从材料射出，根据小角度斯涅耳（Snell）定律，输出角度增大 n 倍。将 $z = L$ 代入式（12.10）中，并乘以 n，得到扫描器的外部偏转角：

$$\theta_{def} = \frac{dn}{dx}L \approx \Delta n\frac{L}{W} \qquad (12.11)$$

最终，光束在扫描器输出面的位移量为

$$\delta = \frac{1}{2}\frac{\Delta n}{n}\frac{L^2}{W} \qquad (12.12)$$

12.3.2.2　支点

比较式（12.12）和式（12.10）可知，输出光束位移也可以表示为

$$\delta = \frac{1}{2}\theta_{in}L \qquad (12.13)$$

由此建议，尽管实际的扫描轨迹是抛物线，但是，假定具有 θ_{in} 偏转角突变且至输出面距离是 $L/2$，就能够正确给出输出角和位移[7]。此点称为支点（或枢纽点），并定义为以下较为一般的形式：

$$L_{P,in} = \frac{X(L)}{\theta_{in}(L)} \qquad (12.14)$$

若 $L_{P,in}$ 与折射率变化量 Δn 无关，扫描器就是一个理想的支点。

从扫描器外侧观察光束偏转，如同观察游泳池底部物体，尽管有位移，但该偏转似乎有一个（旋转）支点。从支点到输出面的距离是 L_P，有

$$L_P = \frac{X(L)}{\theta_{def}(L)} = \frac{L_{P,in}}{n} \qquad (12.15)$$

支点的存在对包含电光扫描器的光学系统设计至关重要。按照光学设计观点，该扫描器可以简单地用一块反射镜表示，反射镜至输出面的距离是 L_P，具有偏转角 θ_{def}。

12.3.2.3　可分辨光斑

对扫描器技术进行比较的最佳方式，是比较"可分辨光斑"的数目。利用其他光学元件可以使偏转角放大或缩小，但可分辨的光斑数目保持不变。根据对应于某一距离（通常是远场）上横向位移的光束直径数目给出可分辨光斑数目。很明显，该数目取决于光束直径的定义方式。这里，假定光束是一束基本的高斯（Gaussian）光束，由其高斯束腰 $w(z)$ 定义为 $1/e^2$ 强度的半径，有

$$w(z) = w_0\sqrt{1 + \left(\frac{\lambda(z-z_0)}{\pi w_0^2}\right)^2} \qquad (12.16)$$

式中，w_0 为束腰最小半径；λ 为光束波长；z_0 为最小半径或束腰位置。可分辨光斑数目为

$$N_U(z) = \frac{S(z)}{2w(z)} + 1 \qquad (12.17)$$

式中，N_U 为假设单极偏转（仅向光轴一侧偏转）的光斑数目；S 为光束在观察面上的位移（见图12.2）。扫描器经常采用双极驱动电压，造成光束的总位移量是 $2S$，因此，双极可分辨光斑数目为

$$N_{\mathrm{B}}(z) = \frac{S(z)}{w(z)} + 1 \qquad (12.18)$$

距支点为 z 处的位移量 S 为

$$S = \theta_{\mathrm{def}} z \qquad (12.19)$$

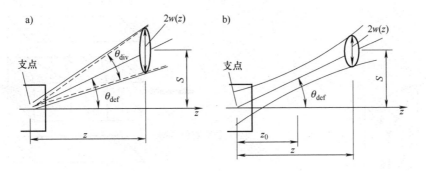

图 12.2　表述可分辨光斑概念的几何图

a) 扫描器支点附近的光束焦点/束腰　b) 输出面之外的光束焦点/束腰

现在，讨论一种非常有用的情况：束腰位于支点处（$z_0 = 0$），但观察点处于任意远。该约束条件得到远场情况下的光斑数目为

$$N_{\mathrm{U,FF}} = \frac{\theta_{\mathrm{def}} \pi w_0}{2\lambda} + 1 = \frac{\theta_{\mathrm{def}}}{\theta_{\mathrm{div}}} + 1 \qquad (12.20)$$

$$N_{\mathrm{B,FF}} = \frac{2\theta_{\mathrm{def}}}{\theta_{\mathrm{div}}} + 1 \qquad (12.21)$$

式中

$$\theta_{\mathrm{div}} = \frac{2\lambda}{\pi w_0} \qquad (12.22)$$

此角是高斯光束远场发散角。很明显，如果观察面进一步远离，位移会更大。由于光束发散度会使远场内光斑直径以相同速率增大，因此不会增大光斑数。

重要的是，只有在远场情况下才能得到最大数量的可分辨光斑。实际中的许多电光系统，如以偏转为基础的调制器，并不要求工作在远场状态，极重要的是将精确模拟和光线追迹作为设计过程的一部分。

有时，也使用其他的光束直径定义方法，采用哪种取决于具体应用。例如，对于利用激光进行机械加工的工艺，采用顶部平坦的功率分布是有益的。讨论具体系统能够呈现的可分辨光斑数目时，应当考虑对直径定义及相应地正确表述光束发散度的影响。

12.3.3　单元件及组装件

最基本的光学元件之一是棱镜。因此，最基本的一种电光器件是电控棱镜（见图 12.3）。

实际上，真实偏转的平均值非常小。例如，一个铌酸锂晶体等边三角形棱镜在 $\pm 1\mathrm{kV/mm}$ 的条件下工作，其折射率变化近似等于 $\pm 0.000\,2$ 或 0.01%。该变化小于市售晶体制造商给出的性能指标中精度范围的典型值。

正如前面所讨论的，折射率变化符号与偏振方向相反（通常与晶体光轴一致）。因此，单个棱镜功能的直接扩展是将具有交替偏振性的几个单棱镜组装在一起，如图 12.4 所示。

正确选择偏光性、晶体及方向，则组装件对应两侧施加的电压使交替棱镜的折射率增大和减小，形成扫描器运转所需的 Δn。这类结构的主要缺点是需要对棱镜进行劳动密集型切割、抛光和装配。

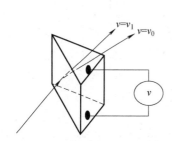

图12.3　最简单的一种电光
扫描器——电控棱镜

（利用电光材料制造的一块棱镜，每个端面上都
设计有电极；出射光束的角度随电压变化）

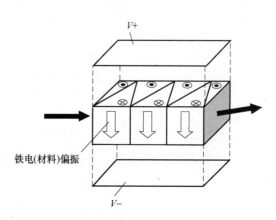

铁电(材料)偏振

图12.4　由交替单个棱镜装配成
的电光棱镜扫描器

（资料源自 Lotspeich, J. F., Electrooptic light-beam
deflection, IEEE Spectrum 1968, 5, Febrary, 45-52）

12.3.4　成形电场

对通电的多元（棱镜）组件的分析表明，可以用一组具有线性变化折射率的材料来精确表示[5]。这样就导致了两种很有意义的设计实施方案：对均匀晶体结构施加分等级电场（本节要讨论的），均匀电场通过域反转形成分级晶体结构（在后面章节介绍）。

12.3.4.1　均匀施加电压形成梯度折射率

形成空间折射率变化线性分布的一种方法是，将线性变化电场施加到电光晶体上。大部分电路，尤其是为低功率工作设计的电路，为电极提供了固定电压。然而，如果电极间的间隔不是一个固定值，则电极间的电场将随空间变化。在光束通过晶体的传播过程中，若该变化呈线性，该装置就是一个高品质扫描器。图12.5所示的四极场在原点附近具有理想的性质[8,9]。如果按照下列双曲线形式对电极成形：

$$xy = \pm \frac{R_0^2}{2} \qquad (12.23)$$

则电极间电动势为

$$V = \frac{V_0}{R_0^2} xy \qquad (12.24)$$

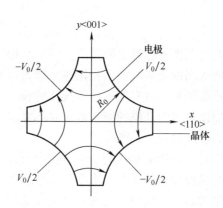

图12.5　在KDP类材料中，使用四极电极形成
线性电场的几何图及偏转器正确工作的晶向

[光束传播方向垂直于纸面，光学电场偏振平行于 x 轴
（<110>方向）；资料源自 Fowler, V. J.; Buhrer, CF.;
Bloom, L. R.; Electro-optic light beam deflector.
Proc. IEEE 1964, 52 (2), 193-194]

取电动势的梯度，从而得到电场：

$$E_x = -\frac{\partial V}{\partial x} = -\frac{V_0}{R_0^2}y$$

$$E_y = -\frac{\partial V}{\partial y} = -\frac{V_0}{R_0^2}y \tag{12.25}$$

可以看出，电场两个分量随位置呈线性变化。然而，如果是 $\overline{4}2m$ 对称性的晶体，如图 12.5 所示，则对于第一阶，E_x 没有电光效应。利用表 12.1 给出的折射率表达式，则沿着 x 方向（即 $<110>$）偏振的光波折射率梯度变为

$$\frac{\mathrm{d}n}{\mathrm{d}x} = \frac{n^3 r_{63} V_0}{2R_0^2} \tag{12.26}$$

将式（12.26）代入式（12.1）和式（12.3），得到扫描器输出面的光束位移和偏转角：

$$X(L) = \frac{n^2 r_{63} V_0}{2R_0^2}\frac{L^2}{2} \tag{12.27}$$

$$\theta_{\mathrm{def}} = \left(\frac{Ln^3 r_{63}}{2R_0^2}\right)V_0 \tag{12.28}$$

很容易得到偏转灵敏度和支点：

$$\frac{\theta_{\mathrm{def}}}{V} = \frac{Ln^3 r_{63}}{2R_0^2} \tag{12.29}$$

$$L_{\mathrm{P,in}} = \frac{L}{2} \tag{12.30}$$

表 12.1　沿光轴施加电场时，KDP 的特征值和特征向量

特征值	特征向量	折射率	Δn
$\frac{1}{n_0^2} + r_{63}E_3$	$<110>$	$n_0 - \frac{\Delta n}{2}$	$n_0^3 r_{63} E_3$
$\frac{1}{n_0^2} - r_{63}E_3$	$<1\overline{1}0>$	$n_0 + \frac{\Delta n}{2}$	$n_0^3 r_{63} E_3$
$\frac{1}{n_e^2}$	$<001>$		0

注：为了与后面保持一致，Δn 定义为方向相反电场的两个区域之间的折射率变化，因此从施加单极性到单域性电场产生的折射率变化是 $\Delta n/2$。

将一块晶体整形为图 12.5 所示的双曲线形电极是一件困难的事，而图 12.6a 给出了一种比较实际的几何形状[10]。利用有限元分析方法[11]已经计算出 KDP 晶体内的电场。尽管电极并没有精确地整形为双曲线形状，但晶体中心附近的电场仍然接近线性，如图 12.6b 所示。爱尔兰（Ireland）和莱伊（Ley）研发出双曲线电极的另一种近似表达式[12]，采用的是柱面电极。

12.3.4.2　固定间隔的梯度折射率

形成线性分级折射率的第二种方案，是在电光材料另一侧涂镀一个电阻电极和一个导电

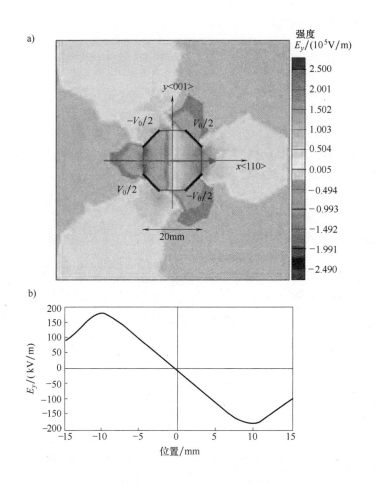

图 12.6 对 KDP 晶体电场的有限元分析及计算出的电厂（请注意，原点附近电场的线性）

a）对整形为八边形 KDP 晶体中电场（为了近似一个四极电场）的有限元分析[11]（阴影表示电场 y
分量的强度；中心附近的垂直条纹表示 E_y 近似地随 x 线性变化，而与 y 无关）

b）沿图 a 所示轮廓计算出的电场 E_y

电极，如图 12.7 所示。在导线中施加电压时电流流过电阻电极（基本上是一个电阻器），在装置内形成分级电场。因此，光学折射率的变化是根据电压分级的，正比于材料中的电场。

　　形成这类电极的难度，使其应用局限于几十个微米的极薄器件。由于电压梯度电极需要较宽的条带，所以这类扫描器中的光束一般都不是圆形的。尽管已经建议将它用作远程通信中的光学开关，但将光束耦合到如此宽而薄层中的难度及输出端的大发散度，使该方法的难度更大。电流造成的发热是另一个约束因素。

12.3.4.3 固定间隔和电压情况下的梯度折射率

　　形成折射率梯度的第三种方法如图 12.8 所示。与仅通过尖点处传播的光线相比，通过顶部电极基底处传播的那部分光束，将穿过更多的受电场影响的材料。这种技术在顶部电极附近形成复杂的边缘电场，产生平面外畸变（或非平面畸变）和其他的光束质量问题。有各种电极形状和间隔[1]，其中一些在某种程度上能够减小边缘电场的影响。

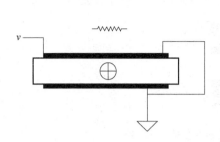

图 12.7　利用电阻电极产生分级电场
（后面将给出这类装置的示意图）

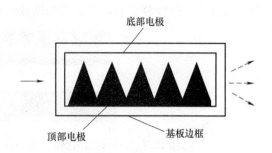

底部电极

顶部电极　　　　　基板边框

图 12.8　一种完全保持在单值电压状态下的锯齿状电极
（在电光装置范围内都能够产生分级电场）

12.3.5　极化结构

有两种方法可以有效地实现折射率的线性渐变：电场渐变和材料性质渐变。对于上述这些技术，除采用多个散装的倒立棱镜外，都采用使电场有效渐变的装置或电极。利用"极化"或"域反转"技术有可能使材料性质渐变。该过程与基质材料的生产完全无关，从而使其成为器件制造的一种有效方法。

极化器件的一个显著优点是，一般不受边缘电场的影响。通常极化器件有足够大的覆盖层，保证器件工作区的电场均匀，可能包含 50 个或更多的界面。其结果是光束在入射窗和出射窗处只需通过两个边缘电场，而在某些分级（渐变）电场的器件中会有 100 多个电场。极化制造技术是研究准相位匹配二次谐波光栅生产技术的一种副产品[13-17]。研究人员发现，利用光刻技术可以在如 z 切铌酸锂、铌酸锂和磷酸氧钛钾及其同晶型材料［如砷酸钛氧铷（Rubidium Titanyl Arsenate，RTA）晶体］中实现任意形状的域图形（或磁畴图样）。

基本工艺包括以下步骤：

1. 制图。在晶体表面一侧或两侧涂以光致抗蚀剂，利用光刻技术刻制成最终反转区的图样形状。常常采用薄晶片以便最大可能地与标准半导体处理设备相兼容。

2. 增加极化电极。将金属或者液体电极置于晶片表面。

3. 极化。极化可以通过施加高电场（对铌酸锂晶体，大于介质的矫顽场或是 20kV/mm 数量级）。实际操作者常采用电压脉冲、斜波和准直流波形——在这个问题上似乎没有一个公认的标准实践。

4. 增加工作电极。该步骤常利用标准的光刻术和薄膜淀积技术完成。工作电极一般都远大于极化电极以保证极化区电场均匀。由于希望器件的电容尽可能小，因此要求驱动器功率最小，从而会使尺寸受到限制。

5. 退火。退火温度范围为 200～1000℃，根据经验确定最佳温度和周期分布。

在"极化"步骤中，晶格中的原子会漂移，但仅在光刻制图限定的范围内。因此，无须对晶体进行切割、抛光、镀增透膜和装配就能够有效地"快速反转"铁电畴。

利用电场极化技术，完全可能在相对较厚的基板上驱动反转畴区。已经有报道，利用 RTA 可以在表面制造几微米厚的区域，基板的厚度可达 3mm（R. Stolzenberger, personal communication，2003）。对域反转过程物理学方面的详细内容，请参考本章参考文献［18］高普兰（Gopalan）等人的著作。这种过程有可能但未必一定局限于波导，并且，可以设计出使偏振光束通过基板的扫描器（见图 12.9）[19]。如果应用无须与波导装置兼容，那么，这些体材料装置将提供较容易的耦合方法和较低的耦合及传播损失，并可以提高光束质量。

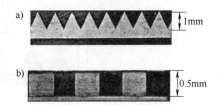

图 12.9　一种利用成型域反转技术制造的电光晶片偏转器

（资料源自 Revelli, J. F., High-resolution electrooptic surface prism waveguide deflector:

An analysis, Appl. Optics 1980, 19, 389-397）

a）用来确定偏转器几何图形的成型钽（Ta）电极

b）蚀刻后样品的 Y 向截面（表示通过该厚度晶片后的域反转）

12.3.5.1　棱柱式极化结构

这类结构的第一个偏转器是用钽酸锂晶体材料制造的波导装置，如图 12.10 所示[20]。利用快速退火（Rapid Thermal Annealing，RTA）完成的成型质子交换可以实现域反转。该工艺形成深度达 $10 \sim 20 \mu m$ 的域反转区。随后，在 260℃ ⊖ 的焦磷酸中完成质子交换而实现平面波导。在最终覆盖电极镀膜和成型之前，为了减少波导中的光学损失，首先涂镀 200nm ⊖ 厚的 SiO_2 层作为包裹层。在两端面利用柱面镜使光束耦合入和出扫描器。

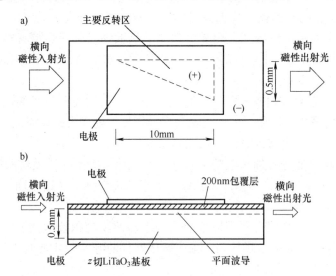

图 12.10　第一个利用成型域反转技术制成的电光波导偏转器的几何图

（资料源自 Lee, C. L.; Lee, J. F.; Hung, J. Y.; Linear phase shift electrodes

for the planar electrooptic prism deflector. Appl. Optics 1980, 19, 2902-2905）

a）表示域反转区域的基板俯视图

b）通过棱镜区域的截面

⊖　原书为 260°。——译者注

⊖　原书用单位"埃"。——译者注

利用较薄的基板或利用脉冲激光烧蚀技术有选择地使基板比扫描器薄，就能够提高偏转灵敏度[21]。在保持基板边界附近机械强度不变的同时，采用选择性变薄技术允许增大内部电场。

12.3.5.2 矩形扫描器

最简单的扫描器形状是将棱镜包裹在一个矩形范围内的结构。图 12.11 给出了一般情况，工作区被任意分为多个不同形状的棱镜。若 $\theta_{in} \ll 1$ 和 $\Delta n \ll n$，则在每个界面上应用斯涅耳定律，其结果是下式给出的累积偏转角：

$$\theta_{in} = \sum_{i=1}^{N} \frac{\Delta n_i}{n} \cot\phi_i \tag{12.31}$$

式中，Δn_i 为第 i 个界面处总的折射率变化；N 为扫描器中的总界面数；ϕ_i 为第 i 个界面与光束光轴的夹角。可以发现，无论扫描器总体形状如何，式（12.31）都成立。并且，由于从一个界面转换到下一界面时，Δn_i 和 ϕ_i 两项都改变符号，因此求和中的任一项都是正值。对于矩形扫描器，每个界面都有固定的 $|\Delta n_i| = \Delta n$，所以，可以用下式将扫描角与器件宽度 W 及总长 L 联系在一起：

$$\theta_{def} = n\theta_{in} = \Delta n \sum_{i=1}^{N} |\cot\phi_i| = \Delta n \sum_{i=1}^{N} \frac{l_i}{W} = \Delta n \frac{L}{W} \tag{12.32}$$

注意到，这与一个具有固定折射率梯度的扫描器按照式（12.11）计算出的结果相同。所以，得到一个令人稍感惊讶的结果：扫描角与扫描器中的棱镜数无关，只与比值 L/W 有关！其原因是，随着界面数目增大，入射角变得更接近法线，因而减小了每个界面处的折射，最终所有界面影响的总和固定不变。下面，从不同角度更细致地讨论三角形数目变化造成的影响。

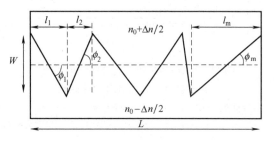

图 12.11　任意分割的矩形棱镜扫描器
[资料源自 Sasaki，H.；De La Rue，R. M. Electro-optic Electro-optic multichannel waveguide deflector. Electronics Letts. 1977，13（10），295-296]

12.3.5.2.1 矩形扫描器中最佳三角形数目

首先，讨论一个界面的情况。很明显，扫描性质实际上取决于棱镜或三角形数目。若 L/W 值足够大，一个电压极性出现全内反射（Total Internal Reflection，TIR），但另一个不会。因此，扫描性质相对于驱动电压极性是严重不对称的。另外，如果采用多个界面，每个界面上的入射角与掠射角相差足够大。那么，对于实际应用的驱动电压值，不可能出现全内反射。陈（Chen）等人应用光线追迹模拟方法对扫描不对称性作为界面数函数的情况进行过研究。如图 12.12 所示，在大约 10 ~ 15 个界面之后，扫描性质的不对称性可以忽略不计。

与界面数目相关的另一个考虑因素，是穿过多个界面的菲涅尔（Fresnel）透射率。若界面数目少，由于接近掠射入射，所以每个界面的反射率会很高（如上所述，甚至有可能全内反射）。反射光在光路中呈发散状，以低透射率通过器件。对于多个界面，则在其相反限制下，光束在每个界面上都接近垂直入射。因此，具有这类反射率的界面的数目会继续增加，每个界面处的反射率接近一个有限值。所以，对于大量和少量数目的界面，总反射率都是增大的。已经发现，最佳界面数目可以使总反射率降至最小，或者说使器件的透射率最大。若 $\Delta n/n \ll 1$ 和 $R \ll 1$，则用下式表示归一化反射强度：

$$R = m\left[1 + \left(\frac{L}{mW}\right)^2\right]^2\left(\frac{\Delta n}{2n}\right)^2 \tag{12.33}$$

最佳界面数目时具有最小值，即

$$m_{opt} = \sqrt{3}\frac{L}{W} \tag{12.34}$$

令人关注的是，该条件对应着以等边三角形充满扫描器。图 12.13 给出了式（12.33）反射光强度的性质。

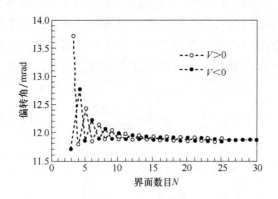

图 12.12　根据光线追迹分析法得到的偏转
角对称性与界面数目的关系曲线

［资料源自 Takizawa, K. Electrooptic Fresnel lens-scanner with an
array of channel waveguides. Appl. Optics 1983, 22 (16), 2468-2473］

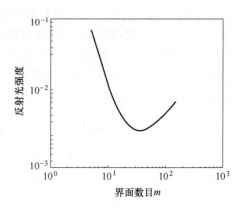

图 12.13　归一化反射光强度与界面
数目的函数关系

（$\Delta n/n = 10^{-4}$，$L/W = 20$，$m_{opt} = 35$）

如图 12.13 所示，尽管的确存在最佳值，然而，在界面数目多到足以满足上述对称条件的实际范围内，反射光强度可以忽略不计。因此得出结论：只要界面数目在 10～15 以上，就可以假设扫描器性能与界面数目无关。

12.3.5.2.2　矩形扫描器的偏转灵敏度

为了求得矩形扫描器装置的偏转灵敏度，只需将 Δn 代入式（12.32）。对于具有立方晶系⊖对称性的晶体，利用表 12.2 给出的 $E_3 = V/h$，得

$$\frac{\theta_{def}}{V} = \frac{n_e^3 r_{33}}{h}\frac{L}{W} \tag{12.35}$$

式中，h 为基板厚度，并且，入射光束沿晶体 z 轴偏振（非寻常波）。如果入射光束沿 z 轴偏振（寻常波），体（材料）扫描器也能工作，但偏转量减小。在这种情况下，偏转灵敏度（见表 12.2）为

$$\frac{\theta_{def}}{V} = \frac{n_0^3 r_{33}}{h}\frac{L}{W} \tag{12.36}$$

⊖　原书为 crystals of symmetry 3m。——译者注

表 12.2　沿光轴施加电场，$LiNbO_3$ 和 $LiTaO_3$ 的特征值和特征向量

特征值	特征向量	折射率	Δn
$\dfrac{1}{n_0^2} + r_{13}E_3$	$<100>$	$n_0 - \dfrac{\Delta n}{2}$	$n_0^3 r_{13} E_3$
$\dfrac{1}{n_0^2} + r_{23}E_3$	$<010>$	$n_0 - \dfrac{\Delta n}{2}$	$n_0^3 r_{23} E_3$
$\dfrac{1}{n_e^2} + r_{33}E_3$	$<001>$	$n_e - \dfrac{\Delta n}{2}$	$n_e^3 r_{33} E_3$

注：Δn 的定义与表 12.1 给出的相同。应当注意，对这些晶体，$r_{13} = r_{23}$。

还要注意，式（12.35）和式（12.36）可以应用体（材料）器件。对于波导器件，必须考虑包裹层造成的压降，同时也使偏转灵敏度稍有下降。

12.3.5.2.3　矩形扫描器的支点位置

由式（12.13）和式（12.14）可以直接求得矩形扫描器的支点位置：

$$L_{P,in} = \frac{L}{2} \tag{12.37}$$

在实际的结构布局中，扫描器输出平面与晶体边缘之间通常都留有间隔 s，如图 12.14 所示。该间隔的作用是在扫描器端部附近提供一个较长的爬电通路，因而使切割、抛光操作工艺丝毫不会伤害到扫描器工作区域。在该情况中，由下式给出支点位置（从晶体外侧观察）：

$$L_P = \frac{1}{n}(L_{P,in} + s) \tag{12.38}$$

12.3.5.3　梯形扫描器

设计矩形扫描器的难点之一，是扫描器内的光束位移，如式（12.12）和式（12.13）的计算。显然，必须增大扫描器宽度以适应该位移，但同时降低了偏转灵敏度。然而，由于轨迹形状问题，只需在扫描器输出端增大宽度。正如早期所讨论的，解决方法是令光束聚焦通过扫描器，以便使输出光束直径的减少与位移相当。然而可以看到，这种技术减少了可分辨光斑的数目。另外一种可能性是增大梯形输出光束的宽度（见图 12.15）。

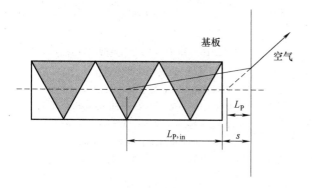

图　12.14

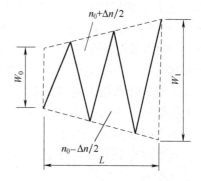

图 12.15　梯形棱镜扫描器的布局图

[资料源自 Chiu, Y.; Zou, J.; Stancil, D. D.; Schlesinger, T. E., Shape- optimized electrooptic beam scanners: Analysis, design, and simulation. J. Lightwave Technol. 1999, 17 (1), 108-114]

12. 3. 5. 3. 1　梯形扫描器的偏转灵敏度

梯形扫描器的偏转角为[5]

$$\theta_{in} = \frac{\Delta n}{n} \frac{L}{W_1 - W_0} \ln\left(\frac{W_1}{W_0}\right) \tag{12.39}$$

可以以外部偏转角形式重新表示，替换折射率变化项得到以下偏转灵敏度的表述式：

$$\frac{\theta_{def}}{V} = \frac{n_e^3 r_{33}}{h} \frac{L}{W_1 - W_0} \ln\left(\frac{W_1}{W_0}\right) \tag{12.40}$$

12. 3. 5. 3. 2　梯形扫描器的支点位置

光束在梯形扫描器输出端的位移为[5]

$$X(L) = \frac{\Delta n}{n} \frac{L}{W_1 - W_0}\left[\frac{W_1}{W_1 - W_0}\ln\left(\frac{W_1}{W_0}\right) - 1\right]L \tag{12.41}$$

利用式（12.39）和式（12.41）得到内支点位置：

$$L_{P,in} = \left[\frac{W_1}{W_1 - W_0} - \frac{1}{\ln(W_1/W_0)}\right]L \tag{12.42}$$

如前所述，由式（12.38）可以计算出从外侧观察时的支点位置。

12. 3. 5. 3. 3　梯形和矩形扫描器的比较

假设矩形和梯形扫描器长度相同，且矩形扫描器的宽度等于梯形扫描器的输入和输出宽度的平均值，就可以用曲线表示梯形扫描器相对于矩形扫描器的偏转灵敏度提高。如果 W_R 是矩形扫描器宽度，W_0、W_1 分别为梯形扫描器输入和输出宽度，则要求

$$W_R = \frac{W_1 + W_0}{2} \tag{12.43}$$

假设图 12.16 所示的 Δn 为相同的最大折射率差，表明梯形布局的性能获得改善。若 $W_0/W_R > 0.5$，可以得到小幅改进（<10%）。通常情况下光束直径远大于输出位移，W_0/W_1 和 W_0/W_R 一般稍小于 1，因此典型的改进量只有百分之几。

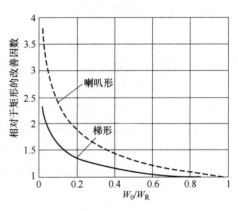

图 12.16　矩形、梯形和喇叭形扫描器扫描灵敏度的比较

［资料源自 Chiu，Y.；Zou，J.；Stancil，D. D.；Schlesinger，T. E.，Shape-optimized electrooptic beam scanners：Analysis，design，and simulation. J. Lightwave Technol. 1999，17（1），108-114］

12. 3. 5. 4　喇叭形扫描器

随着宽度增大，扫描灵敏度逐渐降低，所以，最佳解决措施是逐渐增大宽度以能够追踪光束轨迹。如果忽略光束通过扫描器时的直径变化，则如图 12.17a 所示，在光束位移上简单增加一个固定偏置，就可以得到扫描器形状。所以，扫描器宽度可以表示为

$$W(z) = W_0 + 2X_{max}(z) \tag{12.44}$$

式中，$X_{max}(z)$ 为施加最大电压时位置 z 处的位移。倍数 2 表示扫描器以双极性工作。赵（Chiu）等人[5]已经求得一般形状的 $W(z)$ 公式，并根据归一化坐标得到图 12.17b 所示的曲线。为了方便设计中使用该曲线，表 12.3 给出了归一化宽度相对于 z 的数值。

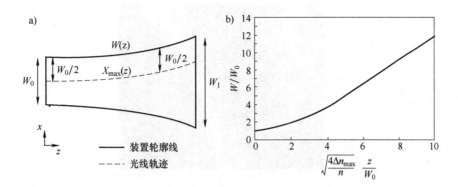

图 12.17 归一化最佳形状扫描器设计曲线

[表 12.3 给出了对应值；资料源自 Chiu, Y.；Zou, J.；Stancil, D. D.；Schlesinger, T. E., Shape-optimized electrooptic beam scanners：Analysis, design, and simulation. J. Lightwave Technol. 1999, 17 (1), 108-114]

a) 标准形状 b) 归一化形状

表 12.3 图 12.17 所示归一化喇叭形扫描器曲线对应的数值

Z^*	W^*	Z^*	W^*	Z^*	W^*	Z^*	W^*
0.00	1.00	2.50	2.49	5.00	5.36	7.50	8.84
0.25	1.05	2.75	2.73	5.25	5.68	7.75	9.21
0.50	1.11	3.00	2.99	5.50	6.01	8.00	9.58
0.75	1.21	3.25	3.26	5.75	6.35	8.25	9.96
1.00	1.34	3.50	3.53	6.00	6.69	8.50	10.34
1.25	1.48	3.75	3.82	6.25	7.04	8.75	10.73
1.50	1.65	4.00	4.11	6.50	7.39	9.00	11.11
1.75	1.83	4.25	4.41	6.75	7.75	9.25	11.50
2.00	2.04	4.50	4.72	7.00	8.11	9.50	11.89
2.25	2.26	4.75	5.03	7.25	8.47	9.75	12.29
						10.00	12.68

注：1. 这些数据只能用于设计扫描器制造工艺的掩模板。

2. $Z^* = \dfrac{z}{W_0}\sqrt{\dfrac{4\Delta n_{\max}}{n}}$ $W^* = \dfrac{W}{W_0}$。

光束直径通过扫描器后发生变化的最佳曲线的形状取决于高斯光束参数。图 12.18 给出了利用光束传播法（Beam Propagation Method，BPM）[23,24] 对最佳扫描器完成的模拟，光束聚焦在输出平面上[22]。

12.3.5.4.1 喇叭形扫描器的偏转灵敏度

最佳喇叭形扫描器的偏转角与 Δn 的函数关系为

$$\theta_{\mathrm{in}} = \frac{\Delta n}{n}\sqrt{\frac{n}{\Delta n_{\max}}\ln\left(\frac{W_1}{W_0}\right)} \tag{12.45}$$

最大值为

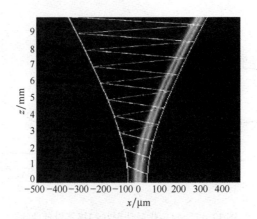

图 12.18　利用光束传播法完成的喇叭形扫描器的工作模拟

［参数为 $W_0 = 92\mu m$, $W_1 = 678\mu m$, $L = 10mm$, $\lambda_0 = 0.6328mm$, $n_e = 2.1807$（钽酸锂），$\Delta n = 2.1 \times 10^{-3}$；

束腰半径为 $30\mu m$，并聚焦在扫描器的输出面上；资料源自 Fang, J. C.；Kawas, M. J.；Zou, J.；

Gopalan, V.；Schlesinger, T. E.；Stancil, D. D.；Shape-optimized electrooptic beam scanners：

experiment. IEEE Ptotonics Technol. Lett. 1999, 11（1），66-68］

$$\theta_{\text{in,max}} = \sqrt{\frac{\Delta n_{\max}}{n}\ln\left(\frac{W_1}{W_0}\right)} \qquad (12.46)$$

式中，$\Delta n_{\max}$ 为采用最大电压时扫描器范围内的折射率变化。将式（12.45）乘以 n，并根据表 12.1 给出的替换 Δn，就得到偏转灵敏度。若采用 3m 对称晶体（即铌酸锂），结果为

$$\frac{\theta_{\text{def}}}{V} = n_e^2 \sqrt{\frac{r_{33}}{hV_{\max}}\ln\left(\frac{W_1}{W_0}\right)} \qquad (12.47)$$

12.3.5.4.2　喇叭形扫描器的支点位置

喇叭形扫描器输出位置的单极位移为

$$X(L) = \frac{\Delta n}{\Delta n_{\max}}\frac{W_0}{2}\left[\frac{W_1}{W_0} - 1\right] \qquad (12.48)$$

取式（12.48）与式（12.45）之比得到支点位置：

$$L_{\text{P,in}} = \frac{(W_0/2)\left[(W_1/W_0) - 1\right]}{\sqrt{(\Delta n_{\max}/n)\ln(W_1/W_0)}} \qquad (12.49)$$

很明显，该式中 Δn 减小意味着，即使对如此复杂的喇叭形器件，也存在着一个明确支点（即 $L_{\text{P,in}}$ 与电压无关）。

12.3.5.4.3　喇叭形扫描器与梯形和矩形扫描器的比较

图 12.16 给出了与梯形扫描器具有相同输入宽度、输出宽度和长度的喇叭形扫描器的偏转灵敏度，并归一化到相同平均宽度的矩形扫描器。很明显，其灵敏度比梯形和矩形扫描器的有所改进。

矩形、梯形和喇叭形扫描器的设计公式见表 12.4。

12.3.5.5　域反转全内反射偏转器

也可以利用铁电晶体的域反转性质在体晶体中形成较长的直线界面。由于该域在通过界面时是反向平行的，所以施加电场将造成折射率阶跃变化。如果光束以很大的角度入射（如准掠射入射）到界面上，就能够形成全内反射（见图 12.19）。

表 12.4　矩形、梯形和喇叭形扫描器设计公式汇总表

扫描器类型	几何布局	偏转角 θ_{def}	输出光束位移 $X(L)$	支点位置 $L_{\text{P,in}}$
矩形		$\theta_{\text{def}} = \Delta n \dfrac{L}{W}$	$X = \dfrac{1}{2}\dfrac{\Delta n}{n}\dfrac{L^2}{W}$	$L_{\text{P,in}} = \dfrac{L}{2}$
梯形		$\theta_{\text{def}} = \Delta n \dfrac{L}{W_1 - W_0}\ln\left(\dfrac{W_1}{W_0}\right)$	$X(L) = \dfrac{\Delta n}{n}\dfrac{L}{W_1 - W_0}\left[\dfrac{W_1}{W_1 - W_0}\ln\left(\dfrac{W_1}{W_0}\right) - 1\right]L$	$L_{\text{P,in}} = \left[\dfrac{W_1}{W_1 - W_0} - \dfrac{1}{\ln\left(W_1/W_0\right)}\right]L$
喇叭形		$\theta_{\text{def}} = \Delta n \sqrt{\dfrac{n}{\Delta n_{\max}}\ln\left(\dfrac{W_1}{W_0}\right)}$	$X(L) = \dfrac{\Delta n}{\Delta n_{\max}}\dfrac{W_0}{2}\left(\dfrac{W_1}{W_0} - 1\right)$	$L_{\text{P,in}} = \dfrac{\dfrac{W_0}{2}\left(\dfrac{W_1}{W_0} - 1\right)}{\sqrt{\dfrac{\Delta n_{\max}}{n}\ln\left(\dfrac{W_1}{W_0}\right)}}$

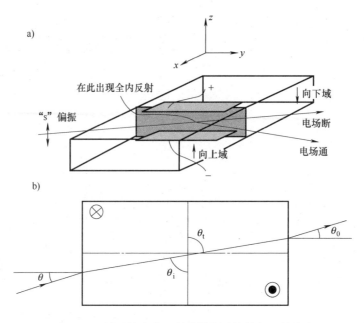

图 12.19　域反转全内反射偏转器及掠射角入射示意

a）域反转全内反射偏转器工程化示意图　b）扫描器入射光束以掠射角入射到极化界面的俯视图

（资料源自 Eason, R.；Boyland, A.；Mailis, S.；Smith, P. G. R. Electro- optically controlled beam deflection for grazing incidence geometry on a domain- engineered interface in LiNbO$_3$. Optics commun. 2001, 197, 201-207）

　　伊森（Eason）及其同事对此类器件进行了分析[25]，其应用着眼于电信交换领域。为了便于控制准直光束导入一根或另一根光纤（在每束光纤端部设计有合适的集光光学系统），这类器件一般以数字形式通（ON）或断（OFF）工作。与用许多三角板组成的扫描器相比，该类全内反射器件要比具有相同电压和器件尺寸的扫描器具有更大偏转。其优势是缩短了器件的封装长度。其原因是两束光能更快分离，从而为输出光纤及其聚光系统提供了更大的安装空间。其另一个优点是可以对全内反射器件性能进行控制，从而呈现出几乎与偏振无关的性能，而三角形棱镜与偏振有很强的依赖关系。

12.3.5.6　域反转光栅结构

　　近几年最受关注以成型域为基础的元件是用于二次谐波发生（Second Harmonic Generation，SHG）效应（即倍频效应）的准相位匹配光栅[13-17]。由于会在如铌酸锂或磷酸氧钛钾（KTP）材料中形成许多精确间隔的平行结构域，所以晶体的"周期性极化"区域会出现频移效应[17]。例如，早期的一些成果就集中在利用红外半导体激光器产生蓝光以便用于数据存储。

　　在 SHG 应用中，光波垂直于极化条区传播，并一般不用施加电场。将入射光束旋转到准掠射入射状态且施加电场，就形成电光布拉格光栅。这类似声光布拉格偏转器，是电场而非超声波强度控制光能量在各级的分布。

　　基涅乌兹（Gnewuch）及其同事设计和测试了一种工作波长为 633nm 的此类器件。与上述全内反射器件类似，入射光可以转换到两个不同位置。这种结构的优点是可以在约 25V 电压下工作，而以类似尺寸光束工作的棱镜域极化器件需要 500V 工作电压，从而为高频工作期间节约大量电能。这样丝毫不涉及声速问题，电光布拉格偏转器就能够高速工作，并可以比声光方式控制更高的光功率。

12.3.5.7　其他极化结构

成型铁电域反转方法的优势是，通过设计一个合适形状的掩模板就能制造各种光学元件。例如，尽管利用光刻方法使最佳喇叭形元件成型非常直接，但将散件棱镜装配成喇叭形扫描器是非常困难的。此外，使用成型域反转技术，可以很容易地将多个元件集成在一块共用基板上。

另外一个例子，利用成型椭圆形、半圆形或圆形反转域技术[27,28]制造电光柱面透镜。一摞这样的透镜很容易组装成一个棱镜式扫描器[29]。例如，在进入扫描器之前，可以利用这类光学集成系统使光纤出射光成为准直光。然而，应当注意，以这种方式制造的透镜是柱面透镜，因此只能聚焦在基板平面内。该方法不适合平面波导器件，若希望以体器件工作，就必须考虑该技术。

也可以将一个周期性极化结构与棱镜扫描器集成为能够生成和受控蓝光的器件[30]。由于光栅衍射的光强度受限于聚焦光束直径，所以这种集成器件的 SHG 转换效率较低。为了获取最高转换效率，必须将光束约束在一个波导管内。

将上述元件（包括集成 SHG 光栅、多层透镜和扫描器）相组合，如图 12.20 和图 12.21所示，就可以解决首个 SHG 扫描器件遇到的低转换效率问题[31]。光栅中的波导管保持很高的光强度，从而使非线性倍频效率达到最大。波导管输出通向一个平面波导，随后光束成为发散光束，进入扫描器之前，利用层叠透镜将光束准直。

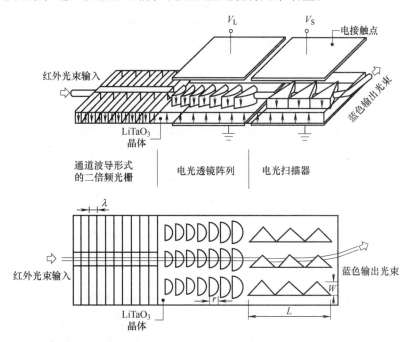

图 12.20　一个由波导管、二次谐波光栅、层叠式准直透镜和扫描器组成的集成装置
[资料源自 Chiu, Y.; Gopalan, V; Kawas, M. J.; Schlesinger, T. E.; Stancil, D. D.; Risk,
W. P. Integrated optical device with second-harmonic generator, electrooptic lens,
and electrooptic scanner in LiTaO$_3$. J. Lightwave Technol. 1999, 17 (3), 462-465]

图 12.21　图 12.20 所示装置的实物
（在左侧可以观察到二次谐波波导发射的蓝光，接着是透镜和扫描器电极）

12.4　电光偏转器的电子驱动装置

12.4.1　概述

当电光偏转器作为系统一部分时，主要要考虑的及潜在用户经常提出的一个问题是电子驱动器。该装置基本上就是一个放大器，将低压控制信号转换为满足理想折射率变化所需要的高压信号。通常，根据其应用专门设计，需要专门的电路设计技艺，并可能存在安全隐患。依具体系统的技术要求，设计的挑战性也会变化。然而，由于元件的适用性可以限制设计空间，因此，这些器件的高压性质可能是最具制约性的因素。此外，驱动器需要的高压电源成本很高，设计颇具挑战性。

影响设计的其他参数是，开关速度、重复率、开关/组件封装密度技术要求、电磁干扰（EMI）和射频干扰（RFI）、开关电源效率及发热。

最近几年，功率场效应晶体管（FET）和绝缘栅双极型晶体管（IGBT）技术的显著进步开拓了新局面，使早期不可能的功率密度和性能成为可能。由美国摩托罗拉（Motorola）公司、德国艾赛斯（IXYS）公司、美国国际整流器（International Rectifier）公司、日本东芝（Toshiba）公司、意法半导体（ST Microelectronics）公司及其他厂商主要为电动机驱动/控制装置研发的这些器件，非常适合电光扫描器驱动应用。此外，由上述厂商生产的极快高压二极管，以及由美国约翰逊介质（Johanson Dielectric）公司和其他公司研发的表面安装高压电容器，大大提高了器件性能。

12.4.2　高压电源

大部分电光驱动器依靠一个固定的高压电源作为子系统。例如，一个调制器系统可以使高压和接地之间某电光器件的一个电极进行开关，而其他电极保持接地。一些厂商，包括美国斯佩尔曼（Spellman）公司、美国超高压电源（Ultravolt）公司、美国特里克（Trek）公司及其他公司已经能够提供台式高压电源。专用高压电源市场并不大，因此价格常会相当高，并且标准型号选择有限。大多数情况下，最好设计与应用相匹配的高压电源。

有几种适合高压电源设计的布局。无论输入的是交流电压还是直流电压，都需要某种类型的升压变压器。下面将讨论一种有代表性的升压变压器，并涵盖一些具有较高转换效率的结构布局。

12.4.2.1　普通升压斩波电路

若需要将低得多的电压转变为高压，可以利用开关式电源结构，如升压斩波电路。如图 12.22 所示，典型的升压斩波电路由一个开关晶体管 Q_1（通常是一个 FET）和一个电感器 L_1（连接低压电源和升压电路）组成。在开关频率工作时电流不连续传输，存储的能量和脉冲持续时间正比于输出电压反馈信号。

通常，采用一个整流二极管反馈升压斩波电路的负载。在 FET 处于通（ON）状态时，电感器的电流 $I_{L_1(pk)} = (V_{dc} t_{on})/L_1$ 线性上升，存储的能量是 $E = 1/(2L_1 I_{L_1(pk)}^2)$。若 FET 处于断（OFF），则通过整流二极管将能量传输给负载。利用脉冲宽度调制（PWM）变换电路反馈一部分 V_{out}，以便控制驱动 FET 的期望脉冲宽度。一般地，升压斩波电路仅应用于低于 10W 的低功率应用领域。

12.4.2.2　反激变换电路

在许多中、大功率要求的高压应用中，升压斩波电路中所需的存储相应能量的电感器显得很庞大笨重，且损耗很高。在这种状况下，可以用变压器代替升压斩波电路中的电感器，这种结构布局称为反激变换电路，如图 12.23 所示。

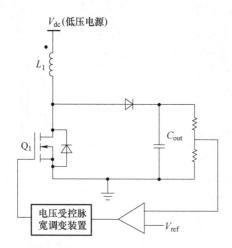

图 12.22　普通升压斩波电路

（利用一个输出储能电容 C_{out} 连接电光器件的驱动电路。

这类高压电源一般用于输出功率低于 10W 的情况）

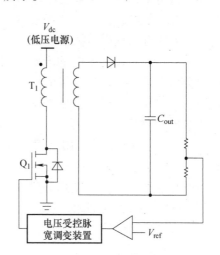

图 12.23　反激变换电路

反激变换电路的工作原理：当 FET 处于通（ON）状态时，电流以 $di/dt = V_{dc}/L_{pm}$ 的速率上升，其中的 L_{pm} 是变压器 T_1 一次绕组的磁化电感；当 FET 随之断（OFF），电流回到 $I_{pk} = V_{dc} T_{on}/L_{pm}$。因此，存储能量 $E = L_{pm}(I_{pk})^2/2^{\ominus}$。随着 FET 断开，磁化电感造成所有绕组电压极性瞬时反转，并且一次电流变为二级电流，$I_s = I_{pk}(N_p/N_m)$。其中，N_p 和 N_m 是一次绕组数和二次绕组数。采用更高的一次电压 V_{dc} 有助于使变压器尺寸减至最小，并保持 I_{pk} 处于可

　$\ominus$　原书作者此处稍有修订。——译者注

控水平。此外，可以采用多个绕组输出以便根据需要提高输出电压或选择其中一种输出水平。

对于 5～150W 且 V_{out}≤5000V 的情况，可以利用反激变换电路结构布局。一个约束条件是，反激变压器一次绕组需要的电流不会过大而变压器尺寸又是可接受和现实可行的。那么，效率大于 85% 是可以实现的。

12.4.3　数字驱动器

诸如电信开关和显示系统光束调制器一类的电光系统，利用只有两种输出状态的驱动器都可以实现。尽管讨论的电压可以到 1000V 甚至更高，需要远不同于数字逻辑电路的组件，但此处仍采用术语"数字驱动器"。

12.4.3.1　简单的推挽电路

这里，控制电容式电光驱动器的最简单且具有最高速度的驱动电路，采用了一种 FET "推挽式"或"半桥式"布局。推挽电路连接高压电源，器件置于 FET 之间并与地相连（见图 12.24）。每个 FET 依次处于通（ON）或断（OFF）状态，对应输出（负载）电光器件的电压处于高压或低压状态。两个 FET 绝不能同时处于通（ON）状态，除非采用正确的约束电路，否则将导致高压电源直接形成大电流，从而损坏 FET。

在某些情况中，FET 应采用串联电阻的方式以消耗部分充电/放电能量（若没有电阻，则在开关转换时，几乎所有能量都消耗在 FET 上，产生大量的热）。当然，在充电或放电的开始和结束阶段，这种现象会稍微慢些。这种直接的推挽电路方法虽然损耗很大，但却能以很高速度来驱动输出电容器（这里指电光扫描器）。

对于电压小于 200V 的应用，用 p 通道 FET 很容易设计制造出来。但是，许多实际应用都需要更高电压，因此这类 FET 并不适用。建议在大多数应用中采用 n 通道 FET，并利用一种浮动高端栅极驱动方式。实现上述目标的简单方法，是采用变压器耦合 FET 的栅极驱动电路。

应当注意，高端栅极驱动器的设计制造一定要考虑通（ON）状态的具体情况，栅极驱动器能够使 FET 在最长的系统驻留时间（可能是一个不确定的时间段）内一直保持通（ON）状态。如果需要连续驻留，则应当在变压器耦合 FET 栅极驱动电路中增加复位电路。

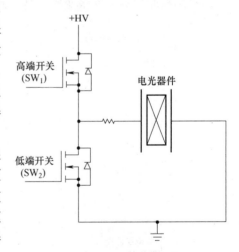

图 12.24　推挽电路驱动器
（该驱动器 + HV 端应连接到高压电源 C_{out} 端）

利用离散元器件（为电动机驱动行业设计的许多元器件都可利用）可以精心设计制作 FET 的栅极驱动器。由于这些电容器在开关期间必须充电和放电，相当于电光器件本身的负载电容及对电路造成的损耗，要将低结电容器而非最小电阻器 R_{ds} 作为主要约束，所以必须认真挑选主要的 FET。

对于高达 1000V 的应用，可以使用美国国际整流器公司的 IR2213、意法半导体公司的 L6285 和其他公司制造的如具有高集成度推挽电路集成芯片（IC），也可以使用 IGBT。这些器件都有 T_{on}/T_{off} 的传播延迟，并且，这些参数会随温度有很大漂移，因此必须考虑采用时控电路。100V/ns 数量级的开关速度是可能的。

电路中大部分装置的最大额定电压可以减少 1/2，因此，利用全桥方式能够大大提高元件的选择性和安全系数，即利用两个推挽电路向每个负载转接 1/2 高压。由于两个充电周期的损耗小于一步转接整个高压损耗的 1/2，因而效率也得到提高。此外，这种结构布局使"绝热"开关得以实现，也进一步提高了效率，相关内容将在本章 12.4.3.2 节介绍。

12.4.3.2　绝热驱动器

传统开关逻辑设计的特性是，每次晶体管处于通（ON）状态为电容器充电，或者放电消耗能量 $CV^2/2$。这种损耗的直接原因是，在传统开关逻辑结构中，充电的功率来自电源或地线，并且被充电器件的初始固定电动势是与地线完全不同的。

对于将负载 C 充电和放电到电压 V 的简单推挽电路，那么使输出反转所损耗的能量是 $E = CV^2/2$。该能量与开关需要的时间无关，也不取决于时钟速率，但对能量转换过程有很强的依赖性。实际上，在上升过渡期，电源在电压 V 下传输所有的电荷 $Q = CV$；而在下降过渡期，返回到零电压。因此，从高压电源获得的能量 $E = CV^2$，一半存储在负载电容器内，另一半被损耗。

换言之，一半能量由上拉电路（上升过渡期）中的 FET 损耗，另一半在下拉电路（下降过渡期）中损耗，与过渡的快慢无关。为了减少能量损耗，只能减小负载电容或电压，但在任何情况下，都严格受限于负载 C 和电压 V。

术语"绝热过程"最经常用于描述通过膨胀或压缩（无须外部加热或散热）加热或冷却气体（如空气）的热力学循环过程。

在上升（或下降）过程中，如果电源是在非常接近其电势的条件下传输（或抵消）负载充电（或放电）电荷的，则可以制成"绝热"电子驱动器。换句话说，为了在开关电路中实现绝热过程，开关器件只能在源漏电压为零时才通，并且，只有该器件转换为断（OFF）状态时才能改变源漏电压。已知电路性能的期望值，如果可能，一定要尽可能逐渐改变电压。

然而，实现上述解决方案有一定难度：第一，逻辑设计使开关转换只能发生在适当时间（即开关器件中没有电势下降）。由于 FET 和栅极驱动元器件本身具有开关延迟，所以该时机的设计会大大增加复杂性。FET 驱动器和控制电路与温度也有依赖关系。第二，只有在任意慢速开关切换条件下才能出现零能量损耗。对于实际的开关转换速度，节约能量不足以补偿所增加的复杂性。第三，绝热设计取决于该元器件是否能有效地（事实上，在一个时钟脉冲内）向被驱动电路提电。最后这一点对于高压应用是无法解决的，逻辑电平设计有解决方案。

如图 12.25 所示，两个半桥结构的"低端" – HV 开关是 – HV 电路上的。正如稍后所述，该结构较容易实现。

全桥电路"绝热"式工作原理如下：首先晶体放电，就是说，当正低压（PL）和负高压（NH）处于通（ON）状态下，正高压（PH）和负低压（NL）为断（OFF）状态。为了给晶体充电，接地的一个 FET 正低压（PL）处于断（OFF）状态——绝热状态，没有电流流动（$V_{ds} \approx 0$）。完全断开只需要极短的时间周期，然后，开关 PH 立刻转到通（ON）。显然，在 PH 开始转换到通（ON）之前，为了避免出现高压到接地（GND）直通，必须将 PL 完全置于断（OFF）状态。注意到，基本的桥接式电路总是在高压状态 HV 下以 V_{ds} 开关，

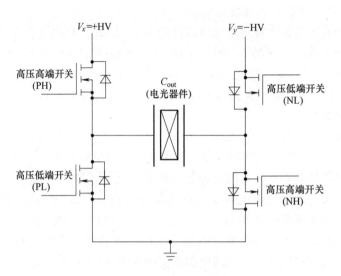

图 12.25　双桥推挽电路

（通过利用正负的高压电源，与简单的推挽电路相比，其绝对电压可以减少一半，还能
简化某些设计项；也可以通过控制这类电路实现"绝热"工作，节约大量能量）

从而导致 FET 有损耗。

这种开关转换形式将导致如下结果：+ HV 上的 PH 需要提供能量以便为负载和包括保护二极管电容在内的 PL 的寄生电容 C_{PL} 充电，通常这占总负载很大一部分。因此，+ HV 需要的能量是 $(C_{load} + C_{PL})HV^2$。由于相应简单推挽电路结构布局电压的 HV/2，所以，到目前为止，变换的能量是 $(C_{load} + C_{PL})HV^2/4$。

为了对晶体完全充电，下一步是断开 NH（再次 $V_{ds} \approx 0$），并使 NL 处于通（ON）状态。与之前一样，– HV 需要充电 $C_{load} + C_{NH}$，因此打开 C_{load} 需要的能量为

$$E = C_{load}(+HV)^2 + C_{load}(-HV)^2 \tag{12.50}$$

该情况下，由于只有简单推挽电路电压的 1/2，即能量是 $C_{load}(HV^2/4) + C_{load}(HV^2/4)$ 或 $C_{load}(HV^2/2)$，每个周期都节约了大约 1/2 的能量（减去为额外开关装置的寄生电容充电的能量）。

为了实现绝热放电，关闭 NL，再打开 NH。这将使晶体中半高压状态恢复到 + HV 高压状态 ［或者说恢复到 $C_{load}(HV^2/4)$］。此外，寄生电容 $C_{p(NL)}$ 失能，并且 $C_{p(NH)}$ 被充电到 V_y，对于 V_y 其能量为 $C_{p(NH)}V_y^2$。总能量为 $C_{p(NH)}V_y^2/4$。最后，为了完全使晶体放电，需要使 PH 处于断（OFF）状态而 PL 处于通（ON）状态。

当然，在绝热驱动器控制方案中使用的高压电源必须具有提供和吸收电流的能力，这对大多数高压电源来说是不现实的。然而，通过额外增加电路元器件可以使反激变换器满足该技术要求。如果 HV 电源可作为能量回收系统运行，就能够使总能量效率进一步得到提高。图 12.26 给出了这种方案的一部分，回退到 HV 的地线的能量反馈到 DC- DC 降压斩波器中，其输出与系统级低压总线相连[32]。

12.4.4　模拟驱动电路

各种各样的电光应用和元器件技术，自然就需要各种各样的驱动电路，对"非数字"

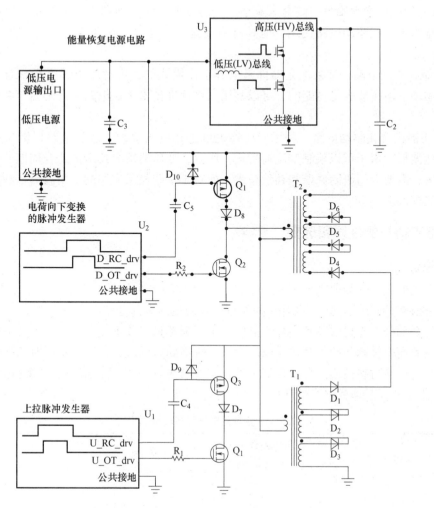

图 12.26　设计有能量恢复电路，并与绝热驱动电路相连的反激高压电源电路

的应用更是如此。对于各种可能的设计，有利用密集混合电路的驱动电路，也有 4000V 甚至更高电压的真空管作为控制器件的驱动电路。很多运算放大器集成电路芯片也适用于高达 600V 电压的情况，可以基本保证在放大器带宽范围内的任意波形。

一般地，把工作电压和带宽作为模拟驱动电路的技术要求。带宽总是与负载相关的，负载电容越大，驱动电路的有效带宽越小。因此，规定驱动电路技术条件时，除确定实际的电光器件负载外，还要考虑驱动电路与电光器件间的电缆或其他连接装置的作用，这是因为有时它们对系统总体性能颇具影响力。另外，还需要规定效率、单端或差分输入及其他因素。

各种设计可行设计如下：

1. 单端式驱动电路。这是一种最简单和最直接的驱动电路类型。将驱动电路连接到电光器件的一个极上，而另一个极通常接地。运算放大器是典型的单端式驱动电路。

2. 差分式驱动电路。一些放大器在其输出电压范围的中间区域具有最佳工作状态。差分式驱动电路由两个放大器组成，分别连接到电光器件的一侧，并且偏置电压是峰值电压

1/2，随着一侧电压增大则另一侧电压减小。当需要偏转时，则利用差分结构。这些器件可以有效地作为单端式驱动电路使用，但具有两倍电压，这对于在期望电压下 FET 不适用时是一个优点。

3. 谐振式驱动电路。如果电光器件是电容工作模式的，可利用电感进行耦合，并在谐振频率下驱动。电压放大是可能的，可以利用一些标准技术来让电路与这个光学系统中的元器件同步。

4. 变压器耦合式驱动电路。利用变压器也可进行电压放大。这类电路以谐振模式工作或形成其他波形。由于可以限制变压器带宽，所以，变压器耦合技术最适合周期性波形；而对复杂波形，需要专门研制调谐和补偿技术。而对于某些显示应用的三角波形，利用该电路是很容易实现的。

12.5 电光材料的性质和选择

12.5.1 概述

电光系统的光学性能取决于材料、工作电场及偏转光束特性（波长、直径、M^2 质量因子等）。很遗憾，对于设计师，没有一种材料能够满足绝大部分应用的技术要求。

实际的大部分电光材料是各向异性晶体。由于天然材料并不充足，所以，几乎所有材料都由晶体供应商生长制备的，其性质随厂商和等级不同。因此，在选择材料时选择材料商非常重要，它们也是材料性质信息的良好来源。本章参考文献［33］给出了许多材料的性质。表 12.5 给出了普通晶体的电光性质。

表 12.5 一些常用电光材料的性质[11]

材　料	电光系数 $r_{ij}/(10^{-12}\mathrm{m/V})$	折　射　率	介电常数
锆钛酸铅镧陶瓷（PLZT）	$r_{13}=67$	$n_0=2.312$	
	$r_{33}=1340$	$n_e=2.299$	
铌酸锂（LiNbO$_3$）	$r_{13}=9.6$	$n_0=2.286$①	$\varepsilon_1=\varepsilon_2=78$
	$r_{22}=6.8$	$n_e=2.200$	$\varepsilon_3=32$
	$r_{33}=31$		
钽酸锂（LiTaO$_3$）	$r_{13}=8.4$	$n_0=2.176$	$\varepsilon_1=\varepsilon_2=51$
	$r_{33}=30.5$	$n_e=2.180$	$\varepsilon_3=45$
磷酸二氢钾（KH$_2$PO$_4$，KDP）	$r_{41}=8$	$n_0=1.507$	$\varepsilon_1=\varepsilon_2=42$
	$r_{63}=11$	$n_e=1.467$	$\varepsilon_3=21$
磷酸二氢钾同晶型体（KD$_2$PO$_4$，KD*P）	$r_{63}=24.1$	$n_0=1.502$	$\varepsilon_3=50$②
		$n_e=1.462$	
二磷酸腺苷［(NH$_4$)H$_2$PO$_4$，ADP］	$r_{41}=23.41$	$n_0=1.522$	$\varepsilon_1=\varepsilon_2=58$
	$r_{63}=7.83$	$n_e=1.477$	$\varepsilon_3=14$
铌酸锶钡（Ba$_{0.25}$Sr$_{0.75}$Nb$_2$O$_6$）酸锶钡（SBN，$T_C=395\mathrm{K}$）	$r_{13}=67$	$n_0=2.3117$	$\varepsilon_3=3400$（15MHz）
	$r_{43}=1340$	$n_e=2.2987$	
	$r_{51}=42$		

（续）

材　料	电光系数 $r_{ij}/(10^{-12}\,m/V)$	折　射　率	介电常数
铌酸钾（KNbO₃）	$r_{13}=28$，$r_{23}=1.3$	$n_1=2.280$	
	$r_{42}=380$，$r_{33}=64$	$n_2=2.329$	
	$r_{51}=105$	$n_3=2.169$	

① 原书错印为 N_0。——译者注

② 原书错印为 E_3。——译者注

注：所有性质都是在波长 633nm（光学性质）和低频率（介电常数）条件下测得，都是近似值，应以采购期间材料商提供的数据进行核实（资料源自：Yaviv, A. Optical Electronics in Modern Communications；Oxford University Press：New York，1997）。

供应商之间、同一供应商不同晶锭间，以及同一块晶锭内晶体纯度、光学质量、内应力、物理尺寸、杂质、域结构、电导率及其他质量指标，都可能有很大变化。这些及相关因素迫使该行业只是重点大规模地生产几种材料，如 12.5.2 节介绍的铌酸锂和二磷酸腺苷。由于如钽酸锂和磷酸氧钛钾（KTP）其他材料的质量和实用性已逐步提高，所以也会讨论。

已经获得具有高电光系数的材料，如体状铌酸锶钡（Strontium Barium Niobate，SBN）和薄膜状锆钛酸铅镧陶瓷。其他"新"材料还有，掺杂形式铌酸锂或钽酸锂，以及按照化学计量比配置的铌酸锂和钽酸锂。其中许多材料的性能因供应商不同而有变化。所以，最好的方法是与几家供应商讨论你的需求，并完成多个样品试验以保证选择正确。

12.5.2　二磷酸腺苷（ADP）、磷酸二氢钾（KDP）及相关同晶型体

较为容易的生长工艺使二磷酸腺苷 $[(NH)_4H_2PO_4，ADP]^⊖$ 和磷酸二氢钾（KH_2PO_4，KDP）成为体电光器件的最通用材料。可以生长 10cm 直径的高光学质量晶体，并毫无困难地进行切割、抛光和安装。可以用氘替换两种材料中的氢原子。在这种情况下，分别称为二磷酸腺苷同晶型体（AD*P）和磷酸二氢钾同晶型体（KD*P）。这种替换使线性电光系数增大约 2.5 倍。

二磷酸腺苷（ADP）及相关材料的电阻率很高，室温下一般大于 $10^{10}\Omega$。由于工作温度接近居里（Curie）温度 C_T，所以损耗正切值和介电常数增大，从而导致电子驱动器高温工作时发热和大功率需求。由于材料的光热性质，晶体发热还会引起光束畸变。

电光扫描系统中使用二磷酸腺苷（ADP）及同晶型体的主要缺点是，该材料属易潮解材料。因此，一般采用密封外壳，并填充干燥气体或折射率匹配液，同时能保证电气绝缘。尽管封装一般都很可靠，但要记住：一些液体是有毒的。

12.5.3　铌酸锂及其相关材料

一大类铁电材料都有 $A^{1+}B^{5+}O_3$ 或 $A^{2+}B^{4+}O_3$ 的形式，并与矿物钙钛矿（$CaTiO_3$）有关。其中一些材料是为基于压电性质的器件批量生产的，如（在手机及大量信号处理应用中）表面声波滤波器使用的铌酸锂。丘克拉斯基（Czochralski）生长法是有代表性的实用技术，虽然最经常使用的是 7.5cm 和 10cm 的，但生长的铌酸锂晶锭直径已接近 15cm。在晶锭处理

———————

⊖ 原书分子式印刷有误。——译者注

期间，首先将其加热到接近居里温度，然后施加一定的直流电场，使其极化而完全形成单域结构，冷却后仍保持不变。因此，保证所有晶体域具有均匀的排列方向，这对后续器件具有良好的光学质量至关重要。

钙钛矿材料是不溶于水的材料，解决了使用二磷酸腺苷（ADP）及类似材料时的封装问题。钙钛矿材料，尤其是钽酸锂的另一应用是用作热电探测元器件。如果在处理和加工时没有预先说明，则在晶片端面间会形成超高电压，导致电火花放电，损伤电极或其他镀膜层，或者损伤安装在其上的如驱动器和热电偶之类的元器件。只要可能，建议进行控制以实现缓慢地加热和冷却；工作区域中利用空气离子风机也能缓解这些效应。

偏转器高速运转时，必须考虑钙钛矿材料的压电性质。如果存在机械谐振，则由折射率变化产生的电致伸缩应力分量会像电光分量一样大。整个组件（包括晶体、电导线、安装粘结剂和安装基座）的机械性能必须提前考虑，还需要认真测试。

铌酸锂（LiNbO₃）和钽酸锂（LiTaO₃）是目前最常用的钙钛矿材料。从可生产性和质量考虑，通常生长得稍富含锂成分，因此常称为固液同生长铌酸锂或钽酸锂。这些固液生长材料的居里温度分别是 1470K 和 890K，从而使其在室温或稍高温度下具有稳定的电光性质。从几家厂商购得的这类市售材料的性质具有相当好的一致性。

最近，已经生产出适合市售尺寸的化学计量型铌酸锂和钽酸锂[18,34]。这些材料具有较低的矫顽场，导致极化器件加工容易、较高的电光系数及较宽的透射范围。由于是新型材料，所以，化学计量型材料的更详细性质和处理工艺，最好直接与晶体生产厂商联系。

由于特殊应用需要改变其相关性质，可以掺加各种杂质。为了增大短波长的光折射性能，镁是铌酸锂晶体中经常添加的一种杂质。生产 SHG 或其他非线性器件（一般是可见光光谱范围）时，经常使用这种变异材料。

已经尽力解决了铌酸锂材料的域反转处理工艺问题（相对来讲，对钽酸锂关注的程度较少）。这主要是因为人们对 SHG 及相关的非线性器件非常感兴趣，但是，正如前所述，该技术已经转用到扫描器的生产过程中。

钛酸钡（BaTiO₃）和铌钽酸钾（KTN，是 KTaO₃ 和 KNbO₃ 的一种固熔体）属于钙钛矿材料类，具有良好的电光性质，但苛刻地要求温度约为或低于室温，从而使某些性质对温度的依赖性很强，并且通过对晶体的简单处理就能够形成或改变铁电域。目前，这些材料还没有得到广泛应用。

12.5.4 磷酸氧钛钾（KTP）

1976 年，美国杜邦公司（Du Pont）公布了晶体材料 $K_xRb_{1-x}TiOPO_4$ 生长情况和性质。这种材料属于铁电晶体，已经应用于 SHG 和其他非线性器件的生产。尽管部分原因是这种材料的军事应用。已经能够生产出超过 40mm² 的平板材料。但该材料的生产还是比较难的（与铌酸锂相比）。

采用掺杂和特殊的处理工艺可以生产各种等级的磷酸氧钛钾（KTP）材料，必须与厂商核实其适用性和详细性质。由于彼此矫顽场和介电强度非常接近，所以，很难生产 KTP 域反转器件。较高的导电性也会产生问题，尤其是大助熔剂生长的晶体，进一步限制了其应用能力。

12.5.5　其他材料

12.5.5.1　AB 类二元复合材料

对这些材料的主要兴趣源自红外领域，尤其是在二氧化碳激光系统 $10.6\mu m$ 光谱范围使用的电光器件。GaAs、ZnTe、ZnS、CdS 和 CdTe 是适合大尺寸应用的最常用材料。这些材料的电光系数比较小，只有铌酸锂的 10%。但是，在大于 $10\mu m$ 光谱范围的高透射率使其在某些领域（如军用）中非常有用。

12.5.5.2　液体的克尔效应

过去，具有克尔效应的液体，特别是硝基苯一直备受关注[1]。其原因是，与其他晶体相比，该材料具有很高的纯度，以其制作的器件尺寸基本不受限制。

晶体生长技术的进步，大大降低了感知质量，并具有液体材料的尺寸优势。此外，该液体还有以下性质：加热、通电或湍流都会使性能受到影响。目前，它还没有得到广泛应用。

12.5.5.3　(Pb，La)(Zr，Ti)O_3 体系的电光陶瓷材料

1969 年以来，已经研究过锆钛酸铅镧（PLZT）陶瓷材料的电光性质，根据需要可以精确控制材料的化学组成[1]。

这类材料很难获得大的单晶形式，其应用局限于扫描系统。有人建议采用以锆钛酸铅镧（PLZT）薄膜为基础的扫描器件，但令人望而却步的问题是，如何将光束耦合进和耦合出薄膜。

12.5.5.4　其他材料

实际上，高电光系数、高光学损伤限制、低电导率或其他技术参数的进一步提高都能使目前几乎所有电光系统的性能得到改善。因此，在这种趋势驱动下，有大量电光材料仍在研发，粗略地分为发明新材料和对目前材料进行改进。

铌酸锶钡（SBN）是研制出的较新材料实例。该晶体材料是利用丘克拉斯基法生长而成的，晶锭直径一般小于 50mm。也有几种配方稍有不同的材料，其中等尺寸样品的质量和性能都不一样，极高电光系数和较低居里温度令该材料的未来应用颇具魅力。在研发设计铌酸锶钡（SBN）元器件之前，最好联系材料制造商以获得最新的技术规范。

对标准材料进行改进的例子是能从不同厂商购买的掺镁铌酸锂晶体材料。掺杂技术可以提高透射波段短波长部分的光学损伤阈值，特别是对 SHG 器件，这是一个重要特性。

对材料进行仔细选择，确认材料的技术要求、检验结果和合格证是成功设计电光系统的关键。假设晶体生长工艺、检验技术和材料配方在不断改进，则在设计过程中必须与材料生产商密切联系，以获得最新信息。

12.5.6　材料选择

目前，适合用于市售电光系统的材料只有少量几种。除了设计波长要求高光学透过率外，下面列出的参数项对所有应用领域几乎都适用：

1. 高电阻率。希望电阻率大于 $10^{10}\Omega\cdot cm$。该技术要求是希望，对器件施加工作电压（一般是几百伏特）后，不会引起电阻加热。另外，会出现离子迁移，尤其对直流电场，会造成大量的光扰动。

2. 高光学均匀性。最好折射率变化小于 $1/10^6$。该技术要求有利于保证光束质量，也是晶体成分变化的另一种选择。

3. 电光效应大。希望施加一定的合理电压后，绝对折射率变化至少是 10^{-4}。电压过高会给封装带来困难，由于离子迁移而造成长期漂移，并且，高速运转时需要高驱动功率。

4. 可加工性。标准的加工工艺不应影响材料质量或器件性能。在合理的成本下，采用与其他光学材料（如果有的话）稍有不同的加工工艺，就一定能够对该材料进行修整、切割、抛光和安装固定。

若该器件以高频工作，则介电常数和损耗角正切就成为考虑的重要因素。发热、导电率和温度与光学性质的依赖性也需要注意。

如果是利用域反转工艺制造器件，在上面列出的项目中还必须增加另外的影响因素。很明显，必须是铁电材料，这意味着必须考虑压电和热释电效应。此外，希望使材料极化的同时，也限制了可利用的方向。极化器件不应在其矫顽场或居里温度附近工作。对某些材料，这些特征值相当低，或者说有可能去极化。

12.6　电光偏转系统设计过程

根据一组具体的技术参数来设计一个系统是一个迭代过程，可能需要多次试验性设计分析。由于材料性质间复杂的相互作用、电光器件的几何形状、电子功率损耗、工作速度和目前制造工艺的实际情况方面，所以难以给出一个精确的方案，也没有众多标准类型供选择。

建议按照以下程序设计：

1. 确认电光偏转器需要的速度、光学效率和耐用性。如果使用如检流计或声光偏转器之类的其他技术，就能够做到系统成本和复杂性的最优选择。

2. 考虑使用的激光波长。几乎很少的材料在整个有效光谱范围内是透明的。此外，许多材料的性质随波长变化，因此重要的是关注感兴趣波长范围内的性质。

3. 考虑是否能够设计制造单线性偏振系统。若不能，或许需要光束在偏折后分束或重新组合，这大大增加了系统的复杂性和成本。

4. 检查高压电气系统在光传播环境中的安全性和可靠性。如果存在湿气和灰尘，可能需要将电光扫描器放置在一个密封壳体内，增加长度和在光路中额外设置窗口。

5. 选择合适的设计指导准则及如漏电距离、电介质强度（绝缘强度）和表面上单位面积的光功率等安全系数。或许由此约束了设计方案。

6. 完成并分析初步设计。有时，容易忽略的是电光材料的力学响应。常用的所有电光晶体在某种程度上都具有压电响应。某些情况下，高速电脉冲能够激励力学响应，进而在材料内形成随时间变化的应力，使偏转方向偏离期望值或使光束能量受损。

7. 咨询材料供应商、电子装置设计师、光学设计师和熟悉整个加工工艺的工程师以确认所选设计方案的可行性。

12.7　结论

电光扫描系统是速度很快且光学效率极高的装置，获此性能的前提条件是采用先进的材料、电子和处理技术。然而，激光和计算机技术的进步将要求继续提高速度。为了满足此要求，设计电光扫描系统时要使用真正的系统方法。对如高速电子驱动器、机械隔振、温度控制和光束尺寸领域做出综合评判时，一定要认真权衡。

根据本章所讨论，电光扫描技术具有一定难度和不确定性，所以，电光扫描器还没有得到广泛应用。电信交换（或开关）、计算机直接制版印刷和生物医学成像领域的最新进展，激励着电光器件和电子驱动器的快速进步；同时，人们也在一直研发具有新型组合性质的电光材料。电光扫描系统设计和制造的每个重要领域的这类进步，最终将导致其更广泛的应用。

致谢

在撰写本章内容期间，许多人提供了意见、评述和参考资料，特别需要感谢 Richard Stolzenberger 博士（现在是一名高级顾问）。作者还要感谢妻子的支持和宽容。本书主编 Gerald F. Marshall 不断鼓励作者，从而在工业领域日新月异的情况下完成了本章的编撰。

参考文献

1. Ireland, C; Ley, J. Electrooptical scanners. In *Optical Scannin.* Marcel Dekker: New York, 1987; 687–778.
2. Stancil, D.D. Electro-optical scanners. In *Encyclopedia of Optical Engineering.* Marcel Dekker: New York, 2003; 456–474.
3. Lee, S.M.; Hauser, S.M. Kerr constant evaluation of organic liquids and solutions. *Rev. Sei. Instruments* 1964, *35*, 1679.
4. Kruger, R.; Pepperl, R.; Schmidt, U. Electrooptic materials for digital light beam deflectors. *Proc. IEEE* 1973, *61*, 992.
5. Chiu, Y.; Zou, J.; Stancil, D.D.; Schlesinger, T.E. Shape-optimized electrooptic beam scanners: Analysis, design, and simulation. *J. Lightwave Technol.* 1999, *17*(1), 108–114.
6. Lotspeich, J.F. Electrooptic light-beam deflection. *IEEE Spectrum* 1968, 5, February, 45–52.
7. Lee, T.C.; Zook, J.D. Light beam deflection with electrooptic prisms. *IEEE J. Quantum Electronics* 1968, *QE-4*(7), 442–454.
8. Fowler, V.J.; Buhrer, CF.; Bloom, L.R. Electro-optic light beam deflector. *Proc. IEEE* 1964, *52*(2), 193–194.
9. Fowler, V.J.; Schlafer, J.A. Survey of laser beam deflection techniques. *Appl. Optics* 1966, *5*(10), 1675–1682.
10. Kiyatkin, R.P. Analysis of control field in quadrupole optical-radiation deflectors. *Opt. Spectrosc.* 1975, *38*(2), 209–210.
11. QuickField, for finite element calculations. Retrieved from http://www.quickfield.com March 22, 2004.
12. Ireland, C; Ley, J. Electrooptical scanners. In *Optical Scanning;* Marshall, G., Ed.; Marcel Dekker: New York, 1987; 752–754.
13. Armstrong, J.A.; Bloembergen, N.; Ducuing, J.; Pershan, P.S. Interactions between light waves in a nonlinear dielectric. *Phys. Rev.* 1962, *127*, 1918–1939.
14. Fejer, M.M.; Magel, G.A.; Jundt, D.H.; Byer, R.L. 'Quasi-phase-matched second harmonic generation: tuning and tolerances.' *IEEE J. Quantum Electronics* 1992, *28*(11), 2631–2654.
15. Mizuuchi, K.; Yamamoto, K. Highly efficient quasiphase-matched 2nd harmonic generation using 1st-order periodically domain-inverted $LiTaO_3$ waveguide. *Appl. Phys. Lett.* 1992, *60*(11), 1283–1285.
16. Wang, Y.; Petrov, V.; Ding, Y.J.; Zheng, Y.; Khurgin, J.B.; Risk, W.P. Ultrafast generation of blue light by efficient second-harmonic generation in periodically-poled bulk and waveguide potassium titanyl phosphate. *Appl. Phys. Lett.* 1998, *73*(7), 873–875.
17. Ktaoka, Y.; Narumi, K.; Mizuuchi, K. Waveguide-type SHG blue laser for high-density optical disk system. *Rev. Laser Eng.* 1998, *26*(3), 256–260.
18. Gopalan, V.; Sanford, N.A.; Aust, J.A.; Kitamura, K.; Furukawa, Y. Crystal growth, characterization, and domain studies in lithium niobate and lithium tantalate ferroelectrics. In *Handbook of Advanced Electronic and Photonic Materials and Devices,* Nalwa, H.S., Ed.; Academic Press: New

York, 2001; Vol. 4, Ferroelectrics and Dielectrics, 57–114.

19. Li, J.; Cheng, H.C.; Kawas, M.J.; Lambeth, D.N.; Schlesinger, T.E.; Stancil, D.D. Electrooptic wafer beam deflector in LiTaO$_3$. *IEEE Photonics Tech. Letts.* 1996, *8*(11), 1486–1488.

20. Chen, Q.; Chiu, Y.; Lambeth, D.N.; Schlesinger, T.E.; Stancil, D.D. Guided-wave electro-optic beam deflector using domain reversal in LiTaO$_3$. *J. Lightwave Technology* 1994, *12*(4), 1401–1404.

21. Chen, Q.; Chiu, Y.; Devasahayam, A.J.; Seigler, M.A.; Lambeth, D.N.; Schlesinger, T.E.; Stancil, D.D. Waveguide optical scanner with increased deflection sensitivity for optical data storage. In *SPIE Proc. Series*, Vol. 2338, 1994; Topical Meeting on Optical Data Storage, Dana Point, CA; May 16–18, 1994; 262–267.

22. Fang, J.C.; Kawas, M.J.; Zou, J.; Gopalan, V.; Schlesinger, T.E.; Stancil, D.D. Shape-optimized electrooptic beam scanners: experiment. *IEEE Photonics Technol. Lett.* 1999, *11*(1), 66–68.

23. Chiu, Y.; Burton, R.S.; Stancil, D.D.; Schlesinger, T.E. Design and simulation of waveguide electrooptic beam deflectors. *J. Lightwave Technol.* 1995, *13*(10), 2049–2052.

24. Feit, M.D.; Fleck, J.A., Jr. Light propagation in graded-index optical fibers. *Appl. Opt.* 1978, *17*(24), 3990–3998.

25. Eason, R.; Boyland, A.; Mailis, S.; Smith, P.G.R. Electro-optically controlled beam deflection for grazing incidence geometry on a domain-engineered interface in LiNbO$_3$. *Optics Commun.* 2001, *197*, 201–207.

26. Gnewuch, H.; Pannell, C; Ross, G.; Smith, P.G.R.; Geiger, H. Nanosecond response of Bragg deflectors in periodically poled LiNbO$_3$. *IEEE Photonics Technol. Lett.* 1998, *10*(12), 1730–1732.

27. Kawas, M.J. Design and characterization of domain inverted electro-optic lens stacks on LiTaO$_3$. Department of Electrical and Computer Engineering; Carnegie Mellon University, 1996; M.S. Thesis.

28. Kawas, M.J.; Stancil, D.D.; Schlesinger, T.E. Electrooptic lens Stacks on LiTaO$_3$ by domain inversion. *J. Lightwave Technol.* 1997, *15*(9), 1716–1719.

29. Gahagan, K.T.; Gopalan, V.; Robinson, J.M.; Jia, Q.; Mitchell, T.E.; Kawas, M.J.; Schlesinger, T.E.; Stancil, D.D. Integrated electro-optic lens/scanner in a LiTaO$_3$ single crystal. *Appl. Optics* 1999, *38*(4), 1186–1190.

30. Gopalan, V.; Kawas, M.J.; Gupta, M.C.; Schlesinger, T.E.; Stancil, D.D. Integrated quasi-phase-matched second-harmonic generator and electrooptic scanner on LiTaO$_3$ single crystals. *IEEE Photonics Technology Lett.* 1996, *8* (12), 1704–1706.

31. Chiu, Y.; Gopalan, V.; Kawas, M.J.; Schlesinger, T.E.; Stancil, D.D.; Risk, W.P. Integrated optical device with second-harmonic generator, electrooptic lens, and electrooptic scanner in LiTaO$_3$. *J. Lightwave Technol.* 1999, *17*(3), 462–465.

32. Cleland, A.; Gass, H. Energy recirculating driver for capacitive load. Patent Cooperation Treaty application, document #WO 02/14932, August 16, 2001; revised February 21, 2002.

33. Yariv, A. *Optical Electronics in Modern Communications*; Oxford University Press: New York, 1997.

34. Furukawa, Y.; Kitamura, K.; Suzuki, E.; Niwa, K.J. Stoichiometric LiTaO$_3$ single crystal growth by double crucible Czochralski method using automatic powder supply system. *Crystal Growth* 1999, *197*, 889.

35. Zumsteg, F.; Bierlein, J.; Gier, T. K$_x$Rb$_{1-x}$TiOPO$_4$: A new nonlinear optical material. *J. Appl. Phys.* 1976, *47*, 4980.

36. Revelli, J.F. High-resolution electrooptic surface prism waveguide deflector: An analysis. *Appl. Optics* 1980, *19*, 389–397.

37. Lee, C.L.; Lee, J.F.; Huang, J.Y. Linear phase shift electrodes for the planar electrooptic prism deflector. *Appl. Optics* 1980, *19*, 2902–2905.

38. Sasaki, H.; De La Rue, R.M. Electro-optic multichannel waveguide deflector. *Electronics Letts.* 1977, *13*(10), 295–296.

39. Chiu, Y.; Burton, R.S.; Stancil, D.D.; Schlesinger, T.E. Design and simulation of waveguide electrooptic beam deflectors. *J. Lightwave Technol.* 1995, *13*(10), 2049–2052.

40. Takizawa, K. Electrooptic Fresnel lens-scanner with an array of channel waveguides. *Appl. Optics* 1983, *22*(16), 2468–2473.

第 13 章　压电扫描器

James Litynski

Andreas Blume

美国马萨诸塞州霍普代尔市 Jena 压电系统公司

13.1　概述

压电效应是指，在外力使晶体形状发生变化的情况下，晶体结构表面产生正负电荷的现象。反之亦然，即在一些晶体表面施加正负电荷，则会产生力使晶体变形。近期，已经将这种逆压电效应应用于微型定位装置，效果良好。若应用于低压（<200V）条件，将 −20～150V 的电动势施加到多层结构晶体上使其膨胀，对于目前市售的压电堆栈结构，则每 1mm 此类压电晶体的膨胀量是 $1\mu m$ 数量级。由于该膨胀量相当小且晶面轨迹不可预测，所以，经常使用柔性铰链（flexure hinges）放大和引导压电工作台的运动。过去 15 年内，利用这类驱动机构的独特性能，压电工作台领域的主要成果是设计出了大量扫描装置和精确定位装置。

与传统的步进和伺服电动机轴承导向台相比，压电柔性铰链驱动机构具有许多优点。其主要优点之一是分辨率极高。由于整个柔性铰链机构是通过一块晶体的平稳膨胀进行驱动的，因此，是一种没有摩擦力和静态阻力的系统，其分辨率仅受限于为形成逆压电效应而施加电压的电噪声，以及能影响柔性铰链结构的环境机械噪声。这激发了人们研发超低噪声放大器及具有高谐振频率和高刚性机械挠性的热情，同时使可能对工作台产生影响的外部振动降至最低。压电工作台的第二个优点是，晶体能够承受施加的超高外力。一块面积为 $25mm^2$ 的锆钛酸铅（PZT）压电陶瓷允许施加超过 1000N 的力。第三个优点是，高谐振频率。PZT 压电陶瓷预压成型的堆栈式结构自身可以安全工作到 75kHz，若集成为一种倾斜工作台的柔性铰链机构，工作到 4kHz 都很正常，从而使其在激光扫描应用中非常有用。

实际上，激光扫描系统中使用压电材料本就存在一些困难，包括电压相对于位置、位移或蠕变有较大滞后、晶体膨胀期间不可预测的力矢量、由居里（Curie）温度造成的温度限制、低温下压电效应的下降、柔性铰链的设计对环境噪声的放大、对拉伸力的容忍度很低，以及电接触时由离子迁移造成的电气故障。

本章将介绍使用这些器件的具体注意事项，目的是使科学家或工程师在处理其遇到的约束条件时能够充分利用该类器件的固有优势。

13.2　结构和设计

压电陶瓷属于钙钛矿型离子晶格结构（AXO_3）。在低于居里温度的条件下，这类晶体就呈偏振状态。其原因是晶格内钛离子偏离其中心位置而形成电偶极子。

正常条件下，这类陶瓷是各向异性结构的，陶瓷材料域内所有电偶极子随机排列。然而，如果存在很强的电场，这些材料就变成铁电材料，电偶极子全部沿电场方向排列。这些效应是长期的，去除强电场后，结构虽松弛，但仍保留很强的偏振性（见图 13.1）。

根据相对于晶体结构的电场方向，压电陶瓷材料产生的力表示为纵向形式 d_{33}、横向形式 d_{31} 或剪切形式 d_{15}。横向模式应用于双向变形（弯曲）和管式压电致动器。堆栈式致动器使用纵向模式以获得膨胀效应。本章重点讨论纵向模式方面的理论和器件。

先进的压电堆栈式结构，由几百层厚约 $100\mu m$ 的 PZT 压电陶瓷薄片组成。电极设置在堆栈式结构背侧面，与夹持在晶体薄层之间的薄金属镀膜层（交替叠放）相连（见图 13.2）。为了使所有电偶极子都定向排列，需要对极薄的 PZT 压电陶瓷施加较低电压。薄板极性逆转，即电场方向逆转，从而造成晶体结构小幅收缩，而大的运动可以通过膨胀获得。

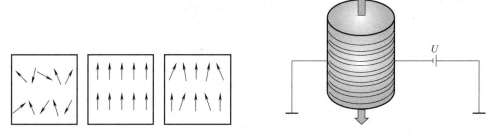

图 13.1　域偏振随机、饱和及残留排列（从左到右）　　图 13.2　压电堆栈式结构

将域偶极子想象为沿电场方向排列的箭头。施加一个高电压意味着，该箭头向上竖直排列（最大行程）。若没有电场，则箭头处于水平方向（最小行程）。电场极性反转也能使箭头垂直竖立，但箭头朝下（最大行程）如图 13.3 所示。

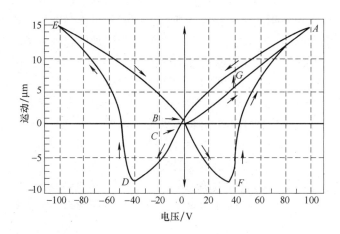

图 13.3　根据施加的不同电压，压电元器件将遵循 $A \rightarrow B \rightarrow C \rightarrow D \rightarrow E \rightarrow F \rightarrow A$ 的轨迹运动

造成该现象的原因，主要是钛离子的偏移。实际上，"箭头"仅旋转很小的几度。即使

所有"箭头"彼此不完全平行，也可能呈现饱和状态；大部分"箭头"稍早达到最大位置，另一些则稍晚些，但是对于一定的时间周期内总行程量保持不变。

许多器件都是充分利用这种收缩形成的扩展域，因此，大部分电源能够提供低至 −20V 的电压。堆栈式结构的生产厂商建议电压上限为 100~150V，具体数值主要取决于压电陶瓷击穿电压强度，并受薄层厚度影响。

当然，这些夹持在绝缘材料间的薄充电金属板的实际结构，是一种传统的平行的平板式电容器结构。可以想象到，这些堆栈式结构具有相当大的电容量。

利用下列公式求解平板电容器的电容量：

$$C = (\varepsilon_0 \varepsilon_r A)/d$$

式中，A 为平板面积；d 为平板间距离。材料特定的相对介电常数 ε_r 已经考虑到粘结的陶瓷材料（电介质）造成的充电效应（会大大增大电容量）。

由该公式，可以计算出单层 5mm×5mm 的 PZT 压电陶瓷的电容为

$$C = 8.9 \times 10^{-12}\frac{F}{m} \times 50 \times 10^6 \times \frac{25 \times 10^{-6}\,m^2}{100 \times 10^{-6}\,m}$$

因此，由 100 个此类薄片组成的 10mm 厚的堆栈式装置在 50Hz 测量频率下的电容约为 1.0μF。

由此计算可能认为，在上述情况中，d 是一个与电场强度有关的变量，正比于施加到堆栈结构内金属板上的电压。随着堆栈式结构的胀缩，该值会相随之变化。然而，一般地，施加 130V 电压时，d 的变化是 0.1%（对层厚 100μm 薄层，为 0.1μm），对于电方面的计算，该值太小，而如与温度和应力相关的其他因素远比其影响大。还应注意的是，目前制造的 PZT 压电陶瓷薄层允许厚度有少量改变。堆栈式装置厚度 [还有电容及位移/V（即灵敏度）] 的公差可以高达 10%。

制造多层堆栈式结构有两种方法：第一种方法，将一块陶瓷材料切割成圆片，然后夹持在电接触片（或膜）与环氧树脂胶之间，最后一道是压制工艺；第二种方法，将陶瓷做成粉末并撒到电接触片（或膜）上，利用烧结工艺逐层烧结（无须环氧树脂胶）而成。电接触片/PZT 压电陶瓷薄层粘结点的抗拉强度，决定了堆栈式结构的抗拉强度。

与堆栈式结构能够承受的压缩负荷相比，这种的抗拉强度较弱。在高动态工作条件下，堆栈式结构的内部加速度会产生超过粘结处抗拉伸强度极限的力，从而造成薄膜分层。为了避免出现此种现象，必须对具有足够强度的堆栈结构施加预载以克服内部产生的力，预载的典型值是 150N。即使如此大的预载，如果该结构或其中的一部分机械结构在谐振频率下大振幅振动，也可能受损。所以，重要的是首先确定谐振频率。如果可能，尝试着让系统在低于该频率情况下工作。若是小振幅（建议小于总移动量的 1%），也可以高于谐振频率运作，但是这样很自然会激发主谐振。

由于压电堆栈式结构相当坚硬且脆，所以，在施加重载或产生冲击力时，一定要小心谨慎。这里要关心的是确认负载或力应是直接施加在堆栈结构中心的轴上的。离轴、剪切负载或冲击力一般地会使堆栈碎裂。使离轴负载减至最小的常用措施是在堆栈式结构端部设置一个球头，或者将堆栈式结构集成为一个预载挠性装置，使任何外部力都沿轴向分布（见图 13.4 和图 13.5）。

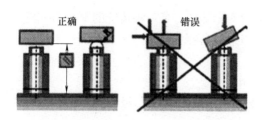

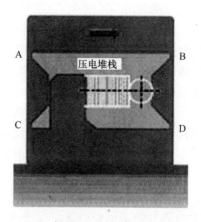

图 13.4　在堆栈式结构上施加负载

图 13.5　在 ABCD 处设计有柔性铰链的集成式堆栈结构
（低处的杆是固定的，箭头表示运动方向）

13.3　温度效应 ⬅

在微米级定位系统中，温度变化有着极其重要的作用。实际上，当一个压电系统新用户试图测量用肉眼无法观察到的材料膨胀程度（造成较大位移）并简单地证明其恒温器已经打开或关闭时，经常会抱怨其系统非常不稳定。

作者认为，钢材料在 20 ~ 100℃ 的温度范围内的热膨胀系数约为 $16 \times 10^{-6}/℃$。在其设计中，规定闭环系统的分辨率小于 10nm，因此，一种简单的压电挠性平台可能包含直至 50mm 的钢材料。温度变化半度就会使其膨胀 400nm，这比平台分辨率大 40 倍！[⊖]

为了验证这种效应，在静态电压环境下，利用迈克尔逊（Michelson）干涉仪测量采用集成式 PZT 压电陶瓷堆栈式结构的平行四边形挠性装置在一段时间内的位置，同时测量空气温度，结果如图 13.6 所示。

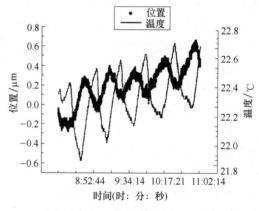

图 13.6　一个 $400\mu m$ 挠性平台由于温度变化而感应造成的位移

PZT 压电陶瓷的一个有趣的特点是，室温下热膨胀系数是负值 $-6 \times 10^{-6}/℃$。可以用下式表示热效应造成的总位移量：

$$\frac{\mathrm{d}l_{\mathrm{therm}}}{\mathrm{d}T} = L_{\mathrm{piezo}}\alpha_{\mathrm{piezo}} + L_{\mathrm{metal}}\alpha_{\mathrm{metal}}$$

为了表明对堆栈式致动器的影响，利用一个 $50\mu m$ 薄片堆栈结构作为例子，其中三个 16mm 堆栈结构相串联组合（见表 13.1）。

　⊖　原书错印为 400 倍。——译者注

表 13.1　温度对 PA50 预载堆栈式致动器的影响

温度/℃	位移/ (μm/℃)	热膨胀①/ (μm/℃)	位移总和/ (μm/℃)	三个堆栈式结构 位移/(μm/℃)	三个堆栈式结构热 膨胀/(μm/℃)	钢材料的热膨胀/ (μm/℃)	致动器位移总和/ (μm/℃)
30	16.1	0.0	16.1	48.3	0.0	0.0	48.3
40	15.7	−1.8	13.9	47.1	−5.4	0.3	42.0
60	15.3	−3.5	11.8	45.9	−10.5	0.9	36.3
80	15.2	−5.5	9.7	45.6	−16.5	1.4	30.5
100	14.6	−7.4	7.2	43.8	−22.2	2.0	23.6
120	14.0	−9.4	4.6	42.0	−28.2	2.6	16.4

① 利用膨胀系数 16×10^{-6}/K，对于钢零件得出 30.4nm/K 的热膨胀。

正确选择钢和 PZT 压电陶瓷材料的长度并将其串联，有可能形成一种简单的温度补偿装置。为了制造简单的温度补偿致动器，$16\mu m$ 移动量（在 16mm 长度内）的这种堆栈式结构应配有 6mm 长的钢材料。具有更高温度膨胀系数的材料，如黄铜，应减小其额外增加的长度。

先进的挠性设计会利用各种材料和方法进行温度补偿，但并非所有系统都会考虑到温度。

对于大部分应用（$-10 \sim 90$℃），压电效应基本上是个常数。然而，在该温度范围之外，效应开始减小，在极低温度下（如 4K），电场使堆栈式结构的移动量非常小，是室温下的 6%。图 13.7 给出了一种堆栈式结构在室温和液氮环境下移动 $32\mu m$ 时的滞后曲线。

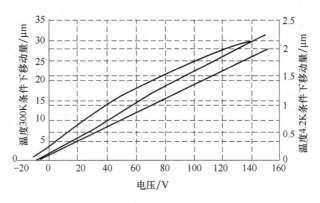

图 13.7　室温（上曲线）和温度 4K（下曲线）时压电陶瓷的移动量

当然，即使很小的移动也非常有利于低温研究；正如所见，对于迟滞问题，甚至不需要闭环系统。

13.4　移动的性质

压电堆栈式装置采用离散型结构，所以其膨胀常不可预知。堆栈式结构有可能呈现出各种有害的特性，如扭曲和倾斜。此外，膨胀是非线性的，并具有很大的迟滞。以堆栈式结构整个移动量的百分比计算，该迟滞量高达 12%。从更为复杂的因素考虑，这种迟滞现象与温度和负载有关。若对于更高温度和更大负载，迟滞量甚至会更大。图 13.8 给出了压电陶瓷对三角形波函数的典型响应曲线。

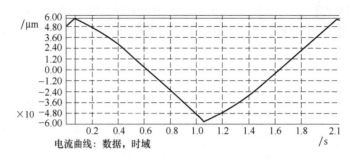

图 13.8　采用 0.5Hz 频率和三角形函数驱动，利用干涉仪测量
出的压电堆栈式结构的总移动量与时间的函数关系

　　压电堆栈式结构还呈现出位置漂移或"蠕变"。当已知步进函数时，这是一个趋向最终位置的渐进衰减过程，是薄膜内某些晶畴较缓慢地调整到与电场（方向）一致的结果。这种蠕变取决于 PZT 压电陶瓷的膨胀、外部负载和时间。可以用如下形式表示：

$$\frac{dL}{dt} = dL_{0.1}\left[L + \gamma \lg\left(\frac{t}{0.1s}\right)\right]$$

式中，L 为长度；t 为时间；$dL_{0.1}$ 为步进函数 0.1s 的长度变化；γ 为漂移常数（随负载变化，典型值是 0.015）。

　　图 13.9 给出了 10min 周期内的典型蠕变曲线。

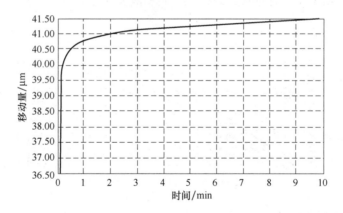

图 13.9　在已知电步进函数情况下，PZT 压电陶瓷堆栈式结构的蠕变曲线

　　为使其蠕变降至最小，经常采用的简单方法是，使其超出理想位置 5% 左右，再回归原位。该方法可以较快地使晶体结构内的偶极子进入其最终状态。

　　正如所观察到的，压电系统中的蠕变是长期效应，动态工作状态下常常可以忽略不计。事实上，对于高速周期性信号，压电系统具有高重复性。虽然该功能还会受到迟滞效应的影响，但运动将遵循相同的轨迹，最后降到系统噪声级（经常是纳米级）。举一个例说明，在约 1kHz 频率下驱动一个 240μm 挠性平台移动 1μm 的距离；利用美国泰克（Tektronix）公司的函数发生器产生正弦波函数，经美国 Jena 压电系统（Piezosystem）公司的电源放大，并利用德国 SIOS 公司的干涉测振仪获得了测量结果（见图 13.10）。

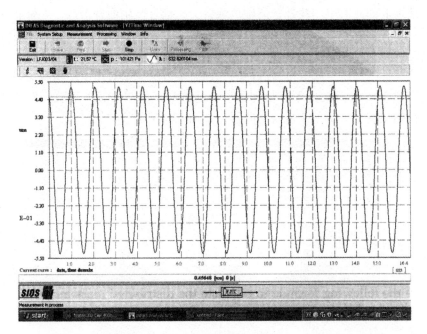

图 13.10 锆钛酸铅（PZT）压电陶瓷挠性器件开环重复性验证结果

13.5 堆栈式挠性结构的性质

预测性质时，将压电堆栈式结构集成为固态挠性装置有如下两大好处：

1. 用经典动力学的弹簧公式很容易表述这种结构。

2. 利用有限元分析计算模型可以预测各种负载条件下的性质。

例如，可以评估堆栈式挠性结构受到外部负载影响时的自然谐振频率的变化。下面以美国 Jena 压电系统公司生产的堆栈式挠性平台为例进一步说明，如图 13.11 所示。

该平台的技术条件如下：

（1）未加负载时的谐振频率为 700Hz；

（2）刚度为 1.1N/μm。

利用下列公式计算被移动的分布质量或"卸载结构的有效质量"：

图 13.11 NanoX 200 型挠性平台

$$m_{\mathrm{eff}} = c_{\mathrm{T}} / (2\pi f_{\mathrm{res}}^{0})^{2}$$

式中，m_{eff} 为有效质量；c_{T} 为刚度；f_{res}^{0} 为未加负载时的谐振频率。

对于该情况，计算出的有效质量是 57g。

现在，需要移动质量 200g 的一块反射镜，并确定该系统的谐振频率。利用下列公式：

$$f_{\mathrm{res}}^{1} = f_{\mathrm{res}}^{0} \frac{\sqrt{m_{\mathrm{eff}}}}{m_{\mathrm{eff}} + M}$$

在该情况下，谐振频率已经从 700Hz 降至 330Hz。

即使做了一个很好的数量级的估算，但是由于刚性 c_{T} 与堆栈式结构的膨胀量和负载有关，使得事情远非如此简单。此外，离轴负载会交叉耦合产生面外谐振。如果必须非常精确地确定谐振频率，最佳方法是在使用状态下施加负载并测量该结构对机械峰值脉冲的响应，以及允许其结构在谐振频率下"回响"。

对堆栈式挠性结构产生峰值机械脉冲的一种简单方法，是对压电结构施加一个电步进函数。对该平台加200g负载并用干涉仪测量平台的响应，如图13.12所示。为了隔离出感兴趣的区域，在频域图上增加一个带通滤波器，如图13.13所示。

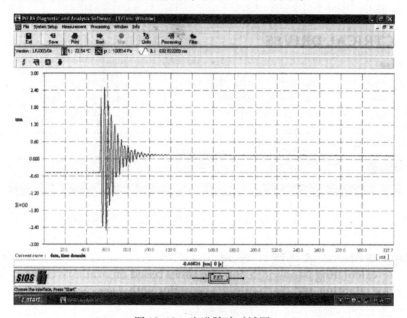

图 13.12　步进脉冲时域图

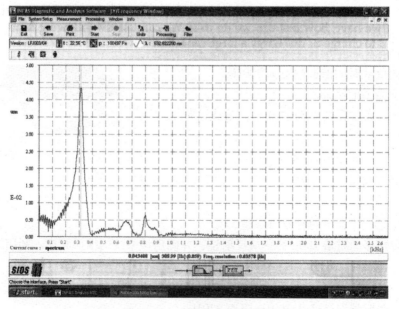

图 13.13　步进脉冲的频域图

由此可以看出，主谐振频率约为300Hz。这类系统的上升时间与谐振频率有关，并估算为

$$\frac{1}{3f_{res}^1}$$

或者说，在该情况中，对于加载工作平台，上升时间约为1ms。

13.6　电驱动

13.6.1　噪声

压电陶瓷系统固有的位置噪声只受限于所用驱动电源的电压噪声。目前，为压电陶瓷工作平台专门设计的市售放大器，在大带宽范围内电压噪声的典型值小于300μV。由于堆栈式压电结构是在150V的电压下工作，所以相应的电压噪声可以表示为2×10^{-6}。对于上述例子，若压电式结构工作台的总移动量是240μm，可以计算出电子设备的方均根噪声贡献量为0.5nm，相当接近干涉仪的分辨率（该情况中是0.3nm）。

13.6.2　电流

对于压电平台电流的技术要求，主要的问题是其电容量大。对适中电流情况计算带宽和上升时间的公式，简单来说就是为极高电阻的电容器进行充电和放电所用的公式。因此，可以想象，如果将压电工作台充电到70V并放置，那么放大器几乎不会有电流输出。实际上，对于许多静态应用，几个毫安的电流就足够了。现在讨论 PSH4/1 型单轴倾斜工作台的情况，如图13.14所示。

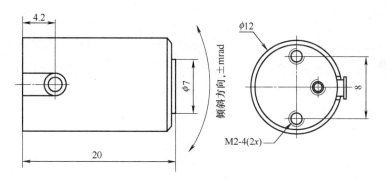

图 13.14　小型单轴反射镜倾斜扫描工作台

该工作台电容为200nF。假如，有一个能够输出最大平均电流50mA和300mA峰值电流的放大器，并且，为了控制激光光束需要对位置进行少量调整（在10μrad范围之内）。基于上述电流，能够做到多快呢？可以利用如下公式计算为大电容器充电和放电所需时间：

$$dt = CdV/i_{max}$$

式中，dt 为时间变化；C 为电容量；dV 为电压变化；i_{max} 为放大器输出的峰值电流。

在该情况中，得到电压变化是$10μrad/4mrad \times 150V = 375mV$，再求解 dt：

$$dt = \frac{200 \times 10^{-9}F \times 375 \times 10^{-3}V}{300 \times 10^{-3}A} = 0.25μs$$

对于是否要提高该类应用中工作台的工作电流，要考虑的主要限制因素是以系统谐振频

率为基础的机械上升时间。该工作台的谐振频率是6.5kHz。利用上升时间估算值 $dt = 1/(3f)$，计算出受限于机械装置的最大上升时间约为 $50\mu s$。所以，在该类应用中，增大电流并不能提高工作台的速度。

现在，讨论具有大动态需求的情况。假如，在4kHz频率下令反射镜在 ±1.6mrad 范围内倾斜，从而实现相同激光束的扫描。在此，为了确保大电容器振荡，对于正弦函数，放大器需要输出多大电流呢？可以利用如下公式计算：

需要峰值电流 $\qquad\qquad i_{\max} = \pi f C V_{pp}$

需要平均电流 $\qquad\qquad i_{average} = f C V_{pp}$

该情况中，计算出 $V_{pp} = 3.2mrad/4mrad \times 150V = 120V$，此时的限制因子是最佳平均电流：

$$i_{average} = 4000Hz \times 200 \times 10^{-9}F \times 120V = 96mA$$

因此，需要更大的放大器。

由于振幅、应力和温度的变化，堆栈式结构的电容量可能增大200%，会使上述计算更加复杂。在这种情况下，采用200mA的放大器足以满足各种环境条件。

值得一提的是，由于电源功率的要求，要用很大电流（>1A）驱动压电堆栈式结构，因此会使堆栈结构发热。当达到其居里温度（约170℃）[注]时，将发生退极化（或解偏）现象而停止工作。一旦使其冷却，要通过从0V到150V循环几次，才能重新得到极化。一般地，不建议在这种高温条件下进行长时间工作，其原因是影响PZT压电陶瓷堆栈式结构的寿命。

13.7　可靠性　←

堆栈式挠性压电工作台没有相互运动的零件。作为无摩擦系统，只要该类金属的变形低于其弹性极限，该装置就不会磨损或出现疲劳。很多市售工作台已经连续工作了15年。压电工作台出现故障的主要原因是，电极离子移动到PZT压电陶瓷中，最终造成堆栈结构短路。下面三种情况（如果可能，应尽量避免）会加速该效应：

1. 不断施加高压。

2. 高湿度环境。

3. 高温度环境。

在这些情况下的平均故障间隔时间（MTBF）就不做详细讨论了。不过，根据作者经验，处理和密封技术在环境因素中起着重要作用；并且，每天用低于150V的电压循环运转几次，对压电结构的寿命和稳定性将大有好处。

在这里必须提醒读者，堆栈系统在150V的电压下运转若干个星期，将会出现严重问题。

13.8　倾斜工作台设计　←

市售的倾斜和上翘工作台只有很少几种。这些平台通常是为倾斜而非 z 轴进行温度补

⊖　原书将℃错印为C。——译者注

偿。由于主要是应用于激光扫描系统，并通常是直接与检流计类型扫描器竞争，所以其特点在于高谐振频率和刚性。若考虑速度的影响，则不使用柔性铰链。三个或四个压电结构直接预装在顶板上，每一个都独立作用或在一种推挽结构中运作。如果是三个压电堆栈式结构，则有两根倾斜轴互相正交，而可选的第三根轴与其成 45°。图 13.15 给出了这类工作台的示意。

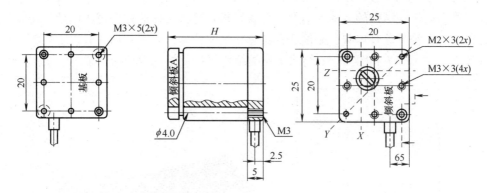

图 13.15　三轴反射镜倾斜扫描工作台

图 13.15 所示虚线 X、Y 和 Z 代表安装在壳体中的每个 PZT 压电陶瓷堆栈式结构的倾斜轴。当三个工作台施加大小相等的电压时，顶板将沿 z 轴移动。温度变化也将使工作台沿 z 轴移动，但不会影响倾斜角。这种特定的工作台设计可以在千赫兹的谐振频率范围内提供 1～4mrad 的倾斜。该设计的缺点是需要确定枢轴点的位置，并且无法提供正负倾斜。换句话说，每根轴只能朝一个方向倾斜。

若希望设计一个具有中心枢轴点和正负倾斜范围的上翘工作台，必须采用四堆栈式结构的推挽方法。堆栈式结构仍然直接安装在顶板上，以保持高刚性和高谐振频率。图 13.16 给出了这类工作台的示意。

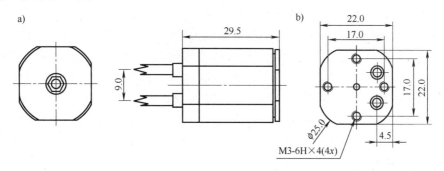

图 13.16　利用推挽方法设计的双轴反射镜扫描工作台
a) 俯视图　b) 仰视图

利用上述推挽式设计方法有可能实现较大的倾斜角，并且，其倾斜角在千赫兹谐振频率范围内能够达到 10mrad（即 ±5mrad）。

13.9　线性工作台设计　⇐

目前，要求纳米定位装置能够完成各种特定任务。如此广泛的应用导致了一些以挠性技术为基础的创新性设计。利用有限元分析（FEA）优化技术的计算机算法已经设计出适合高谐振频率（负载下）的系统，并在较大运动范围内（压电工作台达到毫米级）使倾斜和串扰（又称串音干扰）降至最小。

13.9.1 串扰

一维挠性堆栈式平移工作台采用并行导向设计方法，利用单片可伸缩固态金属铰链引导和放大工作台内堆栈结构的运动。通常，金属结构是这样设计的：在将压电结构安装到工作台内之前，为了提供综合预载，必须使其具有一定的伸缩性，并利用环氧树脂胶将堆栈结构粘结在里面。图 13.17 和图 13.18 给出了这类结构设计及相关运动的示意。

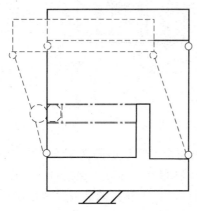

图 13.17　平行四边形工作台的运动导向

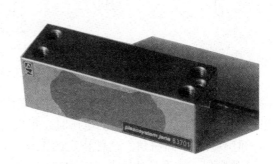

图 13.18　平行四边形工作台 F 实物

图 13.17 中，向左侧的移动是夸张化的表示，由此可以清楚看出其存在的问题：除了设计方向的运动外，还有两个其他类型的串扰，即横向分量和旋转分量。对于 $100\mu m$ 工作台，典型的如此类的非对称压电挠性设计的横向串扰是 200nm 的数量级。平行四边形设计中四个柔性铰链都有这种特性，原因是绕旋转中心产生的平行偏离所致。此外，如前所述，堆栈式结构本身在所有 6 个自由度方向都有运动矢量。虽然，柔性铰链使这些力矢量通过很小的面积，使多余的运动降至最小，但堆栈式结构形成的一些力是作用在这些应力区之外的，会产生设计以外的串扰。另外，堆栈结构不对称接触点所造成机械结构的非对称性，也在起作用。因此，对于 $100\mu m$ 的移动量，总的旋转串扰分量的典型值是 $15\mu rad$。这类简单的平行四边形导向设计的优点，是低惯量及合理的导向特性，非常适合快速纳米扫描应用。

13.9.2 串扰最小技术

仔细选择高质量的堆栈结构，并在利用环氧树脂胶完成永久性粘结之前认真使其与干涉仪对准，就有可能将堆栈式结构引发的串扰降至最小。这类串扰或许能够减少 1/3，但不可能消除。正如所料，这一工作非常耗时，且成本昂贵。

按照一定顺序规律设计曲折型有序铰链，可以使铰链相互补偿，从而对串扰问题给出一个非常巧妙的解决方案，如图 13.19 所示。

当然，为了提高性能，方案会进行折中。在这种情况下，铰链的数目从 4 个增大到 16 个，大大减弱了工作台的机械结构性能。这会使得刚性也大大降低，从而使系统对施加的横向负载的谐振频率大幅降低。由于环境噪声更容易激励较低的谐振频率，所以，降低谐振频率意味着具有更高的噪声特性。然而，该方法非常适合用于轻负载的高精度纳米级定位的应用，并且没有寄生串扰。

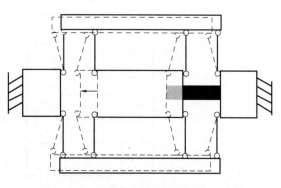

图 13.19　利用顺序铰链的导引结构示意

13.9.3　提高刚性

对称双挠性结构有何优点，如何保持其卓越的噪声性质呢？

平行四边形挠性结构的缺点是，压电堆栈式结构具有很强的压缩力和刚性，而仅依赖金属的微弱弹簧记忆力作为复位力。提高挠性结构复位力（如柔性铰链复位力）的一种方法是增加厚度。其结果是使整个结构更结实。遗憾的是，因为其影响了景深（DOF），所以增大了寄生旋转误差。提高工作台刚性的另一种方法，是在设计中采用推挽概念。将两个堆栈式致动器以下述方式集成在一个挠性结构中：彼此呼应，并且在系统运动中为结构提供压缩力和回复力两种力。采用这种设计概念，在指定运动方向的刚性提高达 10 倍；而对于整个系统，也提高达 2 倍。此外，这种余量设计会造成很高的内预紧力，从而使工作台在违反运行规程（或处理不当）、偏心负载和大负载时也更为坚强。无须增大旋转误差的所有性质如图 13.20 所示。

这类推挽式设计的主要优点是，导向和传动机构相分离。与传统设计相反，柔性铰链专门负责运动轨迹，而不负责施加复位力。此外，当堆栈式结构按照交替顺序排列时，能够充分利用本身具有巨大压力的优势进行加速和制动，使该设计可以提供最大的动态和导向性能。此方法本身具有温度补偿，非常适合纳米定位和纳米扫描应用。

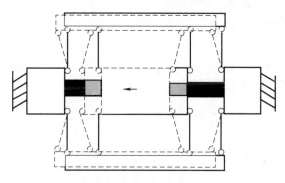

图 13.20　推挽式驱动机构示意

13.10　阻尼技术

可以把压电致动器抽象为由弹簧、阻尼器和惯性质量组成的线性振动系统，符合下面归一化数学表述形式（力平衡方程），如图 13.21 和图 13.22 所示。

$$kx + c\frac{\mathrm{d}x}{\mathrm{d}t} + m\frac{\mathrm{d}^2x}{\mathrm{d}t^2} = F_\mathrm{d}(t) = 1$$

式中，k 为弹簧系数；x 为行程；c 为阻尼系数；$\dfrac{\mathrm{d}x}{\mathrm{d}t} = x'$，为速度；$m$ 为惯性质量；$\dfrac{\mathrm{d}^2x}{\mathrm{d}t^2} = x''$，为加速度；$F_\mathrm{d}$ 为扰动（力）；t 为时间。

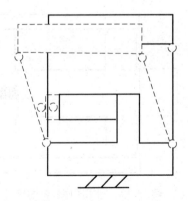

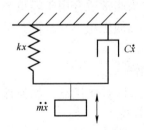

图 13.21　压电致动器示意　　　　　图 13.22　解析用抽象示意

初值求解微分方程[⊖]为

$$x(t=0)=0$$

从而得到振动系统对外部扰动力的响应（见图 13.23 和图 13.24）。根据阻尼比表示其特性：

无阻尼　$D=0$

欠阻尼　$0<D<1$

临界阻尼　$D=1$

过阻尼　$D>1$

其中

$$D=\frac{c}{2\sqrt{km}}$$

式中，D 为阻尼比。

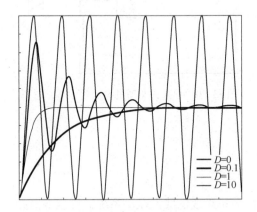

图 13.23　表示无阻尼、欠阻尼、临界阻尼
和过阻尼情况的扰动响应-时间域曲线
（最快速的是临界阻尼情况）

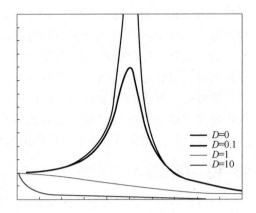

图 13.24　表示无阻尼、欠阻尼、临界阻尼和
过阻尼情况的扰动响应-频率域曲线
（给出了最大到最小振幅）

增大阻尼比，会降低谐振的放大率和锐度。这意味着谐振发生在低频区，但对其抑制更

⊖　原书作者此处稍有修订。——译者注

高了[1-3]。

　　压电陶瓷的边际电损失会转换成热量而降低系统的动能，所以，实际上，欠阻尼压电致动器是一种非常有用的器件（见图 13.25）。瞬态振荡表示为

$$x(t) = 1 - e^{-\omega_0 D t}\left[\cos\omega t + \frac{D\omega_0}{\omega}\sin\omega t\right]$$

有

$$\omega = \omega_0\sqrt{1 - D^2}$$

式中，ω 为欠阻尼情况下的频率；ω_0 为本征频率（无阻尼）；$x_{\text{envelope}}(t) = 1 \pm e^{-\omega_0 D t}$，而 x_{envelope} 表示了转折点（包络线）[1,3,4]。

　　如果一个压电陶瓷装置的阻尼特性属于边际损失类型，则非常适合超快速扫描和小负载的应用。然而，对于具有卓越刚度的专用压电陶瓷的高速大负载应用，需要安装被动的黏弹性阻尼零件进行优化设计。

　　临界阻尼（非周期情况）的调节时间最短，且不会超调。然而，阻尼比取决于惯性质量，因此只能对一种负载布局优化。与无阻尼情况相比，较高负载能更快稳定下来，否则小负载情况会非常慢。将其应用于多功能大负载领域时，建议要使工作台在接近临界阻尼的欠阻尼范围内工作。

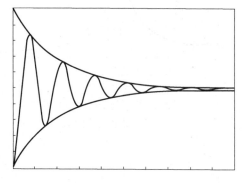

图 13.25　带有欠阻尼振荡及其包络线振幅与时间曲线图

　　但是，如何确定一个装置具有良好阻尼呢？根据作者评估，用以下方式可以确定阻尼比。

　　1. 首先，生成一个矩形波。这种波形是基频的奇数倍，产生压电致动器谐振的激励为

$$x_r(t) = \frac{4h}{\pi}\sum_{k=1}^{\infty}\frac{\sin[(2k-1)\omega_f t]}{2k-1}\quad k = 1,\cdots,\infty$$

式中，x_r 为矩形波行程；h 为形幅度；ω_f 为基频，其大小取决于函数发生器和放大器带宽。

　　2. 然后，调制放大器输出信号，压电致动器以其谐振形式振荡。

　　3. 例如，通过快速傅里叶（Fourier）变换（FFT）将该振荡转换为频谱，以此来确定（如应经由带宽法得到的）阻尼比（见图 13.26）。

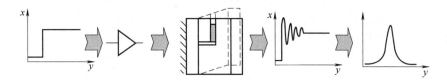

图 13.26　确定压电致动器阻尼比的示意图

　　如前所述，阻尼比和谐振锐度彼此相关，因此，可以利用下列公式计算阻尼比：

$$D = \frac{f_2 - f_1}{2f_r}$$

式中，f_1 为在 $m_{max}/\sqrt{2}$ 的低频；f_2 为在 $m_{max}/\sqrt{2}$ 的高频；f_r 为谐频；m_{max} 为谐振幅度。

测量的时间越长（补充到实数或零），频率分辨率就越高，由此计算出的阻尼比也越精确（见图 13.27 ~ 图 13.30）。根据香农/奈奎斯特（Shannon/Nyquist）采样定理，采样频率至少是被测频率的 2 倍[4]。

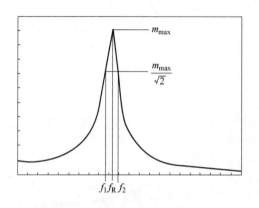

图 13.27　谐振幅度与频率曲线
（利用带宽法确定阻尼比）

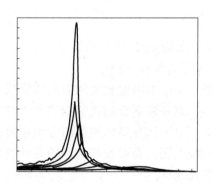

图 13.28　扰动响应-时间域（振幅与时间）
的增大阻尼比（从左到右）

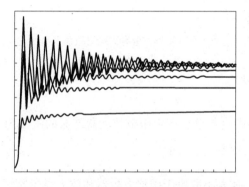

图 13.29　开环时间域中的扰动响应（振幅与
时间）的增大阻尼比（从上到下）

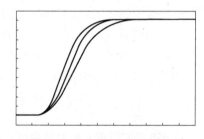

图 13.30　闭环时间域中的扰动响应（振幅与
时间）的增大阻尼比（从右到左）

在开环中使用黏弹性阻尼具有许多优点：首先，调整时间大大减少。压电致动器更适应大负载和动态力，以及操作不当的情况和环境振动。其次，由放大器噪声造成的定位噪声也受到很好抑制，因此，即使在较大负载下，也能以小得多的步长完成亚纳米级的步进扫描。然而，黏弹性和压电的固有漂移逐渐增加，但在闭环中使用黏弹性阻尼不会产生漂移[5,6]。

13.11　闭环系统

已经讨论了压电技术应用于运动控制领域遇到的一些问题，包括漂移或蠕变、迟滞性、温度依赖性、非线性膨胀、堆栈结构之间的差别、串扰和旋转误差。同时，解决这些问题的最简单方法，是用一种集成测量装置表述压电系统的特性，并集成一个闭环反馈机构来控制其位置。为了充分利用压电系统的纳米数量级高分辨率及高动态性能的优势，重要的是选择具有纳米精度的一类快速传感器。显然，满足该技术要求的装置是电容式传感器、应变式传感器、电感式（如 LVDT⊖）传感器、光学传感器和干涉测量。由于在比例积分微分（PID）系统中，电容式传感器和应变式传感器对于使用压电陶瓷结构的大多数应用非常有用。所以，本章对研究范围稍加限制，并将重点放在这些传感器上。

13.12　应变式传感器

可以将应变式传感器直接用在堆栈式 PZT 压电陶瓷上，测量由膨胀产生的应力；或者可以将应变式传感器用在挠性结构的柔性铰链上。由于 PZT 压电陶瓷堆栈式结构的膨胀（即应力）不均匀，并且应力仪只能作用在堆栈式结构的很小一部分，所以，将应力仪应用于柔性铰链（通常 2 个以上）的精度更高（一般至少是 2 倍）。另外，可以有效测量柔性铰链作用之前的运动的综合结果，同时忽略铰链作用之后产生的任何移动，由此测量了包括与温度相关的所有 PZT 压电陶瓷的运动。但应变仪系统无法补偿工作台顶板的膨胀。应变仪是电阻式器件，必须特别注意对 PZT 压电陶瓷的正确粘结或金属的正确焊接，以充分地散热，使约翰逊-奈奎斯特（Johnson-Nyquist）噪声降至最低。市场上可以购买到针对不同膨胀系数材料定制的各种应变仪，并根据工作台材料（如钢、铝、INVAR⊖）选择合适的应变仪。图 13.31 给出了一种典型的应变仪，具有一个全或半惠斯顿（Wheatstone）电桥。电桥由几个 5kΩ 电阻组成。

对于全惠斯顿电桥，由于所有电阻受到相同的影响，所以，温度变化产生的膨胀或收缩不影响传感器的输出信号。对于半惠斯顿电桥，由于温度变化产生的热胀冷缩是可以测量的。但是，几乎很少有采用半惠斯顿电桥的情况。上述两种设计在市售压电系统闭环反馈电路中都有应用，关键是能够做出区别，应当清楚地了解要采用的系统类型。这类传感器安全弯曲半径的典型值约为 1.5mm，远大于钢的弹性极限。因此，施加过大的力，常会伤害挠性器件，结果是弯曲超出了金属的弹性极限，导致应变仪虽仍能工作，但永久变形，使应变仪产生了一定量的固定直流（DC）偏置。在一

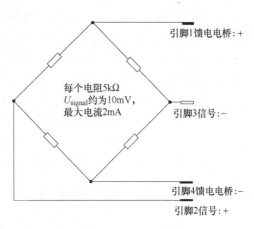

每个电阻5kΩ
U_{signal}约为10mV，
最大电流2mA

引脚1馈电电桥：+

引脚3信号：−

引脚4馈电电桥：−

引脚2信号：+

图 13.31　应变仪电路

些情况下，通过测量应变仪的输出，同时将挠性器件向后弯曲，有可能使直流偏置降至最小。再对闭环系统重新标定，从而使工作台得到修复。应变仪对运动的响应完全是线性的，图 13.32 给出了挠性器件的弯曲量超过 80μm 时应变仪的电压响应。移动距离是用干涉仪测量的。

非线性曲线常符合抛物线函数的特性，利用多项式拟合算法或简单的查表法校正这些误

⊖　LVDT：Linear Variable Differential Transformer，线性可变差动变压器。

⊖　INVAR：因瓦合金，含有 35.4% 镍的铁合金，常温下具有很低的热膨胀系数，又称殷钢、因钢、不胀钢、钢钢等。

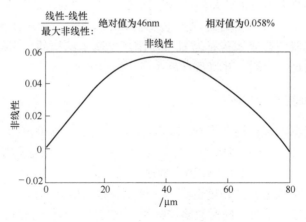

图 13. 32　应变仪的非线性

差是极普通的事。

13.13　电容式传感器

电容式传感器利用一块面积精确的带电金属平板，并根据平板电容器公式完成对距离的非接触测量。理论上这非常简单，但实际上，为了达到纳米级分辨率必须测量出电容的极小变化，因此这类测量相当复杂。必须在特定频率下对复杂的电子设备进行调节以满足不同带宽和分辨率的要求。由于被测电容的变化与电缆电容几乎是相同数量级的，因而，必须使用专门标定的电缆和连接器。为闭环电路选择电容式测量系统时，牢记这一点非常重要。如果电容式传感器的电子装置直接设计在闭环放大器系统中，那么，一般来说，不可能为系统专门改变电缆或连接器的长度。从积极的一面来看，与应变仪系统相比，电容式传感器具有以下优点：噪声低、较大的带宽范围和较好的线性。此外，电容式传感器的设计有可能使其直接在（至少比较靠近）感兴趣的位置点进行测量。现在，可以利用电容式测量系统测量和校正应力仪无法测量的串扰及温度引发的运动。

13.14　闭环系统的电子控制装置

图 13. 33 给出了一种有代表性的闭环系统的简单示意。

闭环系统可以设计成模拟、数字或模拟-数字混合系统。例如，为了具有可编程性，一个模拟 PID 控制系统采用了数字电位计。

每个系统必须标定如下变量：

1. 传感器增益。
2. 传感器偏置。
3. 测量界面的增益（如 0 ~ 10V 模拟输出，数字显示，为串口设置 A-D 界面）。
4. 满电压量程的系统总行程（定位系统的增益）。
5. 系统比例、积分和微分分量的增益参数。

现在，以满足以下技术条件的工作台为例：光负载条件下，总开环行程是 100μm。如前所述，由于 PZT 压电陶瓷堆栈式结构变化量相当大，所以，这类工作台的实际移动量可以高达 20μm。在该例子中，假设工作台在 - 10 ~ 150V 电压范围内能够移动 110μm。线性、分辨率和可重复性是总放大系数的某种函数。因此，系统的这种固有增益将最终决定着闭环系统的一些因素。尽管可以根据该系统在开环电路中的总移动量来进行确定，但制造商经常会保证并把闭环电路中测量出的系统总移动量的百分比作为该系统的技术规范（如某系统在闭环电路中 0.05% 的分辨率应当是 4nm）。换句话说，对 400μm 工作台，在闭环条件下针对 80μm 而非 360μm

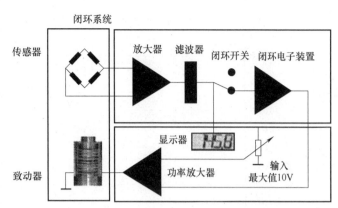

图 13.33 闭环系统示意

移动量进行标定，则不会提高所需系统的分辨率。

如前所见，压电系统在某些谐振频率下会出现过冲和振荡。闭环系统的任务是阻尼和控制这种现象。但某些过冲和调节时间，尤其是对步进函数，是不可避免的。在整个运动的 80% 范围对闭环系统进行标定，允许最大行程处有 10% 过冲量（见图 13.34）。由于不同系统的压电器件并不相同，常需要进一步减小该范围，使 PZT 压电陶瓷堆栈结构有更小的行程。对于该情况，规定的最小行程是 100μm，所以，系统中标定的行程是 80μm。

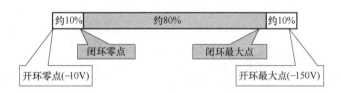

图 13.34 一个压电工作台的闭环和开环范围

闭环系统的速度取决于负载和系统的谐振频率。将高负载施加到一个标定过的高负载系统上会使其成为欠阻尼系统，并可能开始振荡。在这类情况下，可以调整模拟 PID 控制系统以阻尼振荡，但上升时间将受到影响。在某些情况下，需要在所希望的速度下，对欠阻尼系统振荡造成的噪声给出公差。作为例子，假设一个工作台在闭环系统中标定的运动量是 80μm，而在开环系统中移动 100μm，负载是重为 300g 的显微物镜。如图 13.35 所示，静态状态下，模拟 PID 闭环系统便开始以约 130Hz 的频率振荡。

若步长为 0.6μm，则系统的上升时间约为 11ms，峰-峰（P-P）噪声约为 6nm。利用模拟 PID 控制电路对该系统进行过阻尼控制可以消除振荡，如图 13.36 所示。

正如所看到的，振荡已经减小了 3 倍，但调节到最终位置的时间从 11ms 延长到约 25～30ms。

对闭环系统的最终调谐需要视具体应用决定。对于上述的光学显微镜情况，显微物镜景深超过 6nm，调节时间是最重要的问题。另一种应用（如结构照明用光栅位置的精调）或许要求尽可能低的噪声，但没有速度要求。在多数情况下，厂商可以针对具体的负载布局、运动波形和希望的分辨率或速度对系统进行调节。

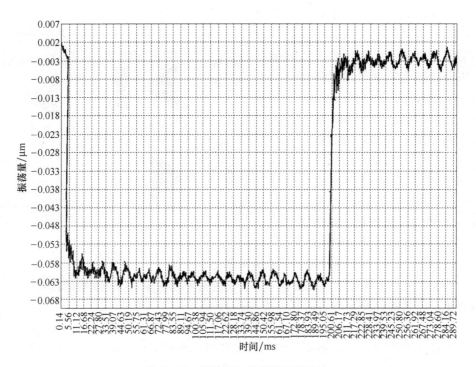

图 13.35　额外增加负载的闭环系统

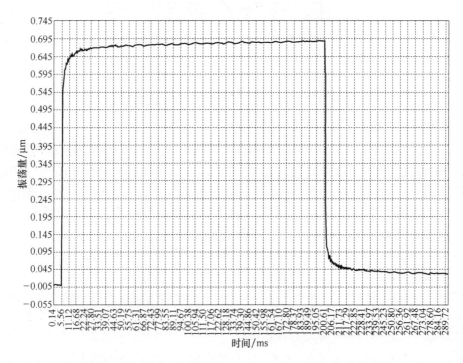

图 13.36　对额外负载和最小噪声进行调谐后的闭环系统

两类传感器（应变仪和电容式传感器）对所使用的工作台系统具有奇特的性质。即使相同的工作台系统，每个应变仪和电容式传感器系统都可能具有不同的增益和偏置参数。对于应变仪，这些参数取决于电阻公差及金属挠性器件的预应力，电容式传感器受限于偏置距离和角度对准程度。

对于光机电（OEM）系统，由于系统的零件（如工作台、电缆、电子装置）不可能相互交换，系统中一个零件出了故障，必须毫不犹豫地替换所有零件，并且利用干涉仪对增益和偏置参数重新标定。因此，先进的压电闭环系统，将预先标定的工作台系统与存储在工作台或工作台-电缆组件中的标定数据进行集成，就像使用电位器调节输出到较完整数据存储芯片系统（包括闭环系统的 PID 参数）的电压一样简单。利用以下阐述更容易理解上述两种结构：

结构布局 1

| 运动部分 | | 控制部分 |

工作台……………………电缆…………………………放大器 +

\+　　　　　　　　　　　　　　　　　　　　　PID + 定标数据

传感器……………………传感器信号电缆…………调节电路

结构布局 2

| 运动部分 | | 控制部分 |

工作台

\+

传感器

\+

调节电路………………………………………………放大器 + PID

\+

PID 的定标数据

第二种结构布局的优点是，能够替换工作台系统或电子电路，而无须对整个系统重新标定。

13.15　总结

压电挠性系统具有奇异的性质，设计时需要特别注意。尤其需要注意迟滞性、漂移、温度影响、阻尼和电驱动方面的特性。压电挠性系统具有传统电动机线性驱动方式没有的许多优点，包括如下几项：

1）高刚性；

2）高结构谐振频率；

3）亚纳米级分辨率；

4）高速度；

5）高负载能力；

6）产生很大的力。

这些优点使其在需要超高精密定位的应用中不可或缺，下面给出了一些实例。

结 构 布 局	应　用
堆栈式环形致动器	阀门控制，激光腔调谐
带有安装平台的单轴工作台	快速共焦显微术 Z 层数据采集，高分辨率聚焦装置，结构照明显微术的光栅定位
具有大中心孔径的开放式 x-y 工作台	光学显微术，原子力显微术，扫描电子显微术
小型多维平移台	激光捕获和致冷技术，光镊技术，光纤光学对准，存储装置头部对准，CCD 芯片分辨率增强技术，微机电系统（MEMS）和微流控芯片对准设备
高速扫描工作台	快速成型机
反射镜倾斜系统	激光对准，干涉系统
压电驱动狭缝光阑	扫描电子显微镜，质子束和激光束孔径控制，光谱学
压电致动棘爪	洁净室物品取放装置

随着更加需要越来越小的系统，对压电定位方案的需求也将继续增长。

参考文献

1. Schmidt, R.; Waller, H. *Schwingungslehre für Ingenieure—Theorie, Simulation, Anwendungen*; Wissenschaftsverlag Mannheim/Wien/Zürich, 1989.
2. Götz, B.; Martin, T.; Duparre, J.W.; Bücker, P. *Theoretische und experimentelle Untersuchung relevanter Parameter von Piezoaktoren*; Technischer Report, Piezosystem Jena, 1998.
3. Wittenburg, J. *Schwingungslehre*; Springer Verlag 1996.
4. Borchhardt, G.; Wehrsdorfer, E.; Karthe, W.; Hertsch, P.; Höfer, B. Displacement amplification mechanism for dynamic use; Technical report, Fraunhofer Institute of Applied Optics and Precision Engineering, 1998.
5. Müller, R. Verbesserung des Einschwingverhaltens wegübersetzter piezoelektrischer Aktoren durch Optimierungder mechanischen, dynamischen Parameter; degree dissertation FH-Jena-University of Applied Sciences, Piezosystem Jena, Jena, 2005.
6. Lorenz, M. Optimierung des Einschwingverhaltens piezogetriebener Einachsenmikropositioniertische mittels Integration eines passiven Dämpfungsgliedes; degree dissertation FH-Jena-University of Applied Sciences, Piezosystem Jena, Jena, 2006.

第 14 章　光盘扫描技术

Tetsuo Saimi

日本大阪门真市松下电器工业有限公司

14.1　概述

本章将介绍光盘记录和读出技术的重要内容及其发展简史，并提供相关参考文献，以便于进一步研究。本章所涉及主题是基于现代分析和普遍感兴趣的实验结果的。

14.1.1　光盘技术发展史

光盘的基础概念可追溯到 1961 年，美国斯坦福（Stanford）大学的研究实验室利用摄影技术研发了一种录像磁盘。然而，低亮度光源只能产生低质量的可再现图像。1967 年，美国哥伦比亚广播公司（Columbia Broadcasting System，CBS）宣布成功研制出电子录像机（Electronic Video Recorder，EVR）。然而，高昂的成本迫使其最终放弃继续研发。1960 年，梅曼（T. H. Maiman）等人发明了激光器，为光盘提供了最合适的光源。

激光具有良好的时间相干性和空间相干性，能够获得光盘检索高质量信息所必需的可达到衍射极限数量级的小尺寸光斑。在研究了许多方法之后，20 世纪 70 年代，研发出了光盘的基本设计方法，即按位记录法。1973 年，荷兰飞利浦（Philips）公司和美国音乐公司（Music Corporation of America，MCA）发行了第一台市售光盘电视系统——电视长剧（Video Long Play，VLP）。在早期的系统中，青睐以氦氖激光器作为光源，不久便出现了许多新型光盘系统。1978 年，研制成功 12cm 直径的数字音频唱盘（Digital Audio Disk，DAD），后称为 CD。1982 年 12 月，几家厂商推出标准化 CD 产品。为了设计小而轻的播放机，CD 播放器（或称激光唱机）使用半导体激光器作为光源。1996 年，发布了可用播放器播放的数字万能光盘（Digital Versatile Disk，DVD）。这些只播放系统标志着光盘产品（时代）的开始。1978 年，飞利浦公司首次推出一次写入光盘系统。

20 世纪 80 年代，随着可逆介质材料性能的改进，加快了可重写光盘系统的研发。磁光（Magneto Optical，MO）光盘利用磁场进行记录和利用克尔（Kerr）效应进行回放。1988 年，日本索尼（Sony）公司宣布将之商品化。1989 年，日本松下电器（Matsushita）公司首先将相变可重写（Phase Change Rewritable，PCR）光盘投放到市场。该光盘具有 470MB（兆字节）容量，并利用无定形相位到结晶形相位的变化进行记录和重置[1]。2000 年，发布了可重写 DVD（DVD-RAM，-RW），开启了更高密度 DVD 介质的新局面。

14.1.2　光盘特性

光盘已应用于各领域，包括音频、计算机存储装置、图像文件、文档文件和视频文件。

与其他已知的存储装置相比，光盘具有以下优点：

1. 大容量/高信息密度。对单层只读存储器（ROM）和随机存储器（RAM），120mm 直径 DVD 盘的信息容量是 4.7GB，双层只读存储器（ROM）是 8.5GB。DVD-ROM 市售产品的记录密度约 3.3Gbit/in^2，而 DVD-RAM 是 4Gbit/in^2。之后研发的下一代产品，利用蓝光激光器和大数值孔径（NA）物镜（OB）可以获得高于 16Gbit/in^2 的信息密度。

2. 快速随机访问图书馆系统允许访问大量的存储。变换机制能够在几秒内访问几拍字节[θ]。

3. 可靠性。光盘的信息面覆盖了一层保护膜，来确保其寿命长。光学头与光盘无须接触就能实现信息回放，提高了存储信息的可靠性。

4. 可复制。利用注模法或其他高容量技术可进行批量生产。复制光盘每个字节的成本远低于刚性磁盘或磁带。

5. 可更换性/ROM-RAM 兼容性。通过交换光盘很容易管理大量数据。复制光盘和可记录光盘的兼容性及标准化驱动器之间的互换性，提供了这种能力。这些优点导致消费领域和计算机领域都普遍应用光盘产品。

14.1.3 光学读/写原理[2-6]

在众多光盘中，如普通的音频光盘，是以称为"音轨（或轨道）"的螺旋形沟槽记录信息的。图 14.1 所示的信息元称为"坑"或"斑点"，是断续的小凹陷，形成差分反射率图或相移图，全都呈现出差分反射率特性。坑或斑点（约为 0.3μm^2 衍射元）对激光光束的衍射造成光束的照度变化，从而形成信息信号（SG）。由物镜出射的激光束在光盘上聚焦为一个光斑，其尺寸正比于激光波长 λ 和反比于物镜的数值孔径 NA。

其数值孔径 NA 取决于光轴与边缘光线间夹角 θ 的正弦值：

$$NA = n\sin\theta \qquad (14.1)$$

式中，n 为物空间介质的折射率。光盘上半峰值全宽度光强度（FWHM）的光束直径 D_s 为

$$D_s = k\frac{\lambda}{NA} \qquad (14.2)$$

式中，k 为与物镜光瞳上光振幅分布相关的常数。如果入射到物镜的光束是平面波，则 k = 0.53。若入射光束是高斯光束或含有像差，k 值会变大。由于光盘上的信息密度反比于 D_s^2，所以 k 会更小。假设，k = 0.53，λ = 0.405μm（约 15.9μin）和 NA = 0.85，则光斑直径 D_s = 0.25μm（约 9.9μin）。利用该尺寸光束可以在 5.25in 单面光盘上存储超过 1.4×10^{11} bit 的信息。

图 14.2 给出了一种反射式光盘播放器的光学系统。分束器（BS）反射由半导体激光器 LR 发射的激光束，并经准直透镜 CL 入射到物镜 OB 上。CD 一般使用的激光波长是 780 ~ 800nm，DVD 的是 635 ~ 660nm。对于 CD 应用，物镜的 NA 通常是 0.45，而 DVD 是 0.6。下一代光盘将采用 λ = 405nm、NA = 0.85 的激光器。物镜孔径限制了光学系统的空间分辨率响应。

θ 拍字节，PB。1PB = 1024TB。——译者注

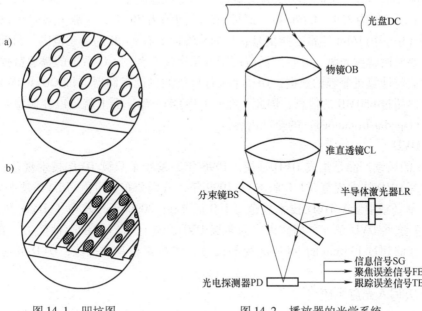

图 14.1　凹坑图
a）相位坑　b）幅度坑

图 14.2　播放器的光学系统

图中，光盘反射的激光束在第二次通过物镜之前，其光强度受到凹坑的调制。返回的光束部分透过分束镜，再入射到光电探测器 PD 上，从而产生信息信号 SG、聚焦误差信号 FE 和跟踪误差信号 TE。

可以设计成反射式或透射式系统，绝大多数的光盘系统采用的是反射式结构。对于透射式系统，必须在光盘的另一侧设置第二个光学头和光电探测器，因而使设计复杂化。另一个问题是凹坑必须很深，使得复制变得更困难，导致读出时有信号衰减。第三个问题是很难得到良好的聚焦误差信号及满意的信噪比（S/N）。反射型结构很容易实现聚焦信号误差的简单探测方法。

14.2　光盘系统的应用

14.2.1　只读光盘系统

只读光盘适用于四类标准播放机：视频光盘、音频光盘（CD）、数据文件光盘（CD-ROM）和数字化视频光盘（DVD）。只读光盘的优点：①批量复制；②与一次写入或可重写系统相比，光学布局比较简单；③作为独立的单元装置，容易商业化。一般地，采用脉宽度调制（PWM）编码只读光盘系统中的信号，由此实现高记录密度。

14.2.1.1　视频光盘

光学视频光盘系统已商业化多年，国际标准化名称是激光影碟（Laser Vision，LV），并采用模拟信号记录。该光盘直径分为 30cm 和 20cm 两类。对固定角速度型（Constant Angular Velocity，CAV），转速是个常数，为 1800r/min；而固定的线速度型（Constant Linear Velocity，CLV），转速变化范围是 600 ~ 1800r/min。LV 的记录密度较低，现在已被 DVD 代替。

14.2.1.2　CD/CD-ROM

数字音频唱盘（DAD）已经被标准化，称为 CD。其直径为 12cm（约 4.7in），聚碳酸酯（Polycarbonate，PC）保护层厚度为 1.2mm。固定线速度型（CLV）的线速度变化范围为 1.2 ~ 1.4m/min（约为 3.9 ~ 4.6ft/s）。最长回放时间约为 75min，一张光盘足可以录制一首很长的古典音乐。用 16bit 定量音频信号，从而允许回放有 98dB 的动态范围。目前，封装式记录媒体主要使用音频光盘，并且广泛应用于音乐市场。利用 CD 系统的普通数据信号编码技术，可存储与计算机兼容的数据，用作个人计算机的只读存储器（即 CD-ROM）。光盘一面就能够存储超过 650MB 的信息，因此，在 CD-ROM 光盘一面上就足以存储整套大英百科全书（Encyclopedia Britannica）的全部内容。

14.2.1.3 DVD

CD 系统的后续产品是集成 DVD 系统。1996 年，发布了只读 DVD 技术规范；1997 年，公布了可重写 DVD 技术规范（1.0 版本）；1999 年，分别公布了可重写 DVD 技术规范（2.0 版本）和转录（或混录）DVD 技术规范（1.0 版本）；2000 年，发布了 DVD-R 发展纲要（2.0 版本）。这些 DVD 系统全都被集成为多层 DVD，具有 4.7GB 的存储能力，在 12cm 光盘一面就能存储超过 135min 的 MPEG2 视频信号。在视频和音频领域，DVD 的应用量已经超越所有 LD 和 CDV。

14.2.2　一次写入光盘系统[7-9]

一次写入光盘在如计算机档案数据存储、文档存储和图片归档系统应用领域已经实现了商业化。聚碳酸酯材料用来制造注塑模压成型光盘的基板。光盘的记录机理：1）相位变化；2）灼孔效应；3）形成泡沫。图 14.3 给出了不同记录方法形成的凹坑。

将半导体激光器光束聚焦为直径小于 0.3 ~ 1μm 的光斑，从而记录下信号凹坑。这种激光照射将记录材料的温度提高到约

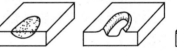

图 14.3　不同记录方法形成的凹坑

200 ~ 600℃（392 ~ 1272℉），因此，该记录是介质连续发生物理和化学变化的过程。

14.2.2.1　可录光盘（CD-R）

一次写入光盘系统可以用于大型数据文件的档案存储。光盘的可擦拭性和产品的标准化使其得到了广泛应用。可录光盘（CD-R）是使用广泛的一次写入光盘。表 4.1 给出了该种光盘的典型技术规范。

表 14.1　CD-R 系统的技术规范

项　目	单　位	技 术 要 求
用户数据容量	MB	约 650
光盘直径	mm	120
物镜数值孔径 NA		0.5
波长	nm	775 ~ 795
光学头的波前畸变	nm	< 0.005
记录功率	mW	4 ~ 8
回放功率	mW	< 0.7
光盘基板厚度	mm	1.2
边缘强度		切向方向为 0.14 ± 0.04 径向方向为 0.7 ± 0.10

14.2.3　可擦光盘系统

有两种主要类型的可擦拭介质：相变可重写材料（PCR）和磁光（MO）材料。PCR 介质上的数据可以通过从结晶相位到无定形相位的转换完成记录。两种相位的反射率的不同也使得可以实现信号的重置（即抹去）。

对于磁光材料，在有磁场的条件下，利用加热方法使一个符号磁化来实现磁光记录；根据克尔效应，利用磁调制后激光束的偏振变化来实现数据的读取。表 14.2 给出了可擦光盘的主要特性。PCR 光盘的重写机理很容易设计。然而，MO 光盘的可逆性更好。为了应用具有相反性质的写和擦磁场，MO 光盘驱动需采用较为复杂的系统。

表 14.2　可擦光盘的特性

	PCR	MO
记录和擦除模式	相变	磁化强度变化
读取	振幅变化	偏振变化
介质材料	Te-Ge-Sb	Tb-Fe-Ni-Co
重写机理	简单	复杂
磁场	不需要	需要
可逆性	一般	良好
需要功率	高	中

14.2.3.1　PCR 光盘[7]

图 14.4 给出了 PCR 光学数据文件驱动器（即 DVD/RAM）。图 14.5 给出了 PCR 光盘直接重写装置的原理。如图 14.5a 所示，激光束在光盘上的光强度在最大（A 级）和中等（B 级）水平之间调制，记录下相应的凹坑图。在 A 级曝光水平，材料达到熔化温度，高于 600℃，即使淬冷也会保持材料无定形相位不变，具有低的表面反射率。B 级曝光量，温度加热到约 400℃，快速达到晶化，获得高反射率。图 14.5b 给出重写工艺的示意。

图 14.4　光学数据文件驱动器——DVD-RAM

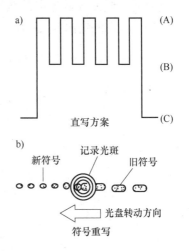

图 14.5　PCR 光盘直接重写装置的工作原理
a）直写方案　b）重写标志

14.2.3.2　MO 光盘[10,11]

在 MO 光盘中，将光束投向磁材料以记录或擦除信息。其利用的基本原理是磁材料性质对温度变化的依赖关系。可以利用几种方法进行记录，包括居里（Curie）温度点记录和补偿点记录技术。图 14.6 给出了居里温度点记录技术的原理示意。记录层的初始磁性化是按一定方向均匀排列的，如图 14.6a 所示。当记录层某一区域受到强度足够的光束照射并将其加热到高于居里温度点温度 T_c 时，局部区域失去磁性，如图 14.6b 所示。若断续曝光，则记录层温度降落至低于 T_c。曝光区重新被磁化，但磁化方向与施加的外磁场方向一致。所以，如果施加的外磁场方向与记录层初始磁化方向相反（见图 14.6b），就会保持一个不同于周围区域的磁畴（见图 14.6c），这样就记录下二值信息。为了阅读该信号，用低功率光束照射记录层。由信号面和基板面反射的光束在相反方向发生

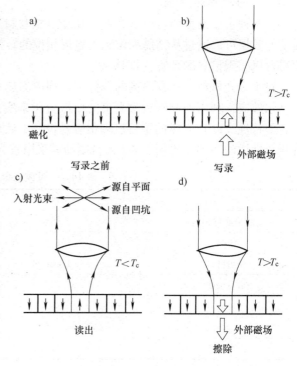

图 14.6　MO 光盘的原理

a）写录之前　b）写录　c）读出　d）擦除

偏振旋转，如图 14.6c 所示。这些光束被偏振分析仪探测，完成信号阅读。为了擦除信息，重新将所选择的区域加热到高于居里温度点的温度，如图 14.6d 所示。若要记录，则反转外磁场方向。

信号读出时，假设入射光束的线性偏振角为 θ，克尔旋转角是 $\pm\Phi_k$，如图 14.7 所示，分析仪在 x 和 y 方向的输出差 ΔI 为

$$\Delta I = I_0 R[\cos^2(\theta - \Phi_k) - \cos^2(\theta + \Phi_k)] = \frac{1}{2} I_0 R \sin(2\theta) \sin(2\Phi_k) \qquad (14.3)$$

式中，R 为光盘反射率。

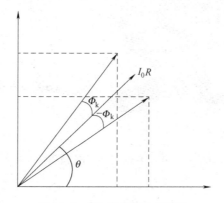

图 14.7　MO 光盘信号的读出

由于入射光束的线性偏振角是 $\pi/4$，且 $\Phi_k \ll 1$，所以有

$$\Delta I \sim I_0 R \Phi_k \tag{14.4}$$

因此，回放信号强度正比于入射光强度 I_0、光盘反射率及克尔旋转角 Φ_k。

14.3　光盘系统的基本设计

14.3.1　光学摄像头的光学系统

前面介绍的许多类型光盘都有经过设计优化的光学摄像系统。本节将介绍一个可写光学摄像头光机系统的设计方法。

下列因素决定了读/写信号的质量：

1. 信号的频率特性。
2. 相邻轨道的串扰。它会衰减读/写信号。
3. 读/写信号的载波-噪声比。
4. 读/写信号中误差率。

第 1 和第 2 个因素主要取决于光学系统的波像差；第 3 个因素更多与如半导体激光器、探测器和电子装置等元器件的特性及波像差有关；第 4 个因素取决于光盘缺陷。

14.3.1.1　光学结构布局

图 14.8 给出了可写光学摄像头光学系统的示意。在该系统中，利用像散法探测聚焦信号和推挽（Push-Pull，PP）法探测跟踪信号。图中，半导体激光器 LR 发射的激光束会形成一个在激光器的有源层方向被拉长并发生偏振的近场光斑图。该方向的束腰位于激光器内。与上述方向垂直的束腰位于激光有源层的端面上，所以，激光器发射的光束是一束非圆形光束。其远场分布是椭圆比为 2:3，横截面为椭圆的光束。为了校正这种椭圆分布，必须在准直透镜 CL 后面放置一个由两个柱面透镜或楔形棱镜组成的无焦系统。当使用单个楔形棱镜时，设计的激光束入射角一定要近似等于 69° ~ 72°。由于棱镜具有色散，因此，激光束的波长变化会造成光束角偏离。若角偏离量为 $\Delta\theta$，物镜焦距为 f_0，则光斑在光盘 DC 上的移动量约为 $f_0 \Delta\theta$。采用 BK7 单楔形棱镜，且入射角为

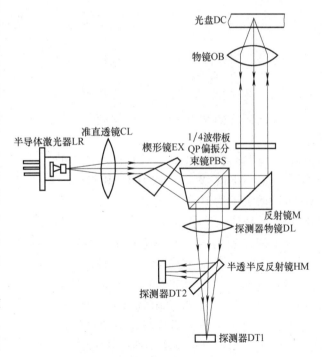

图 14.8　可写光学摄像头的光学结构示意

72°，物镜焦距为 4.5mm 和光束波长为 0.78μm，则波长变化 1nm 引起光盘上的光束位移约为 0.073μm。所以，光学系统设计应使该移动量不会造成轨道偏移。基于这种原因，建议使

用图 14.8 所示双光楔棱镜。对于只回放光学摄像头，椭圆形和像散光束对光束利用效率的影响较小。

图 14.8 中，通过偏振分束镜 PBS（Polarizing Beam Splitter）的激光束作为 p 偏振光束通过 λ/4 波带板变为圆偏振光入射在物镜上。物镜出射的光束入射到光盘 DC 上形成记录和复制信号的光斑。光盘反射的光束进入物镜并再次通过 λ/4 波带板 QP 变为 s 偏振光束，并由偏振分束镜 PBS 反射到探测器物镜 DL 上。从探测物镜出射的光束被半透半反反射镜 HM（Half Mirror）部分反射后，入射到探测器 DT2 上从而实现推挽跟踪信号探测。由于通过半透半反反射镜 HM 的会聚光束是像散光束，所以，用一个象限探测器 DT1 接收已给出调焦信号。两个探测器 DT1 和 DT2 输出之和就是数据信号。稍后将详细介绍像散聚焦和推挽跟踪法。

14.3.1.2 光强度分布的影响

入射在物镜 OB 上光束的光强度分布取决于半导体激光器光束发散角分布。若将物镜 OB 孔径半径归一化为 1，并假设入射光束的光强度分布是 $\exp(-\alpha r^2)$，则根据傅里叶-贝塞尔（Fourier-Bessel）变换，可以得到如下形式的振幅分布：

$$g(s) = \int \exp(-\alpha r^2) J_0(sr) r \, dr \qquad (14.5)$$

式中，$s = 2\pi nR/\lambda f_0$；f_0 为物镜焦距；$r^{\ominus}$ 为焦平面上的极坐标。积分得到［参考本章附录 A，式（14.A4）］

$$g(s) = \sum_{n=0}^{\infty} 2^n \alpha^n e^{-\alpha} \left(\frac{2 J_{n+1}(s)}{s^{n+1}} \right) \qquad (14.6)$$

由于平面波入射条件下 $\alpha = 0$，所以有

$$g(s) \big|_{\alpha=0} = \frac{2 J_0(s)}{s} \qquad (14.7)$$

这就是众所周知的艾里斑（Airy）分布。若 $\alpha = 1$，则物镜孔径周围的光强度分布是 $1/e^2$。图 14.9 给出了不同 α 值时光斑的光强度分布 $|g(s)|^2$。明显可以看出，$\alpha = 1$ 时，光斑的半高全宽（Full Wave at Half Maximum，FWHM）增大了约 10%（相对于 $\alpha = 0$），旁瓣衍射环的峰值也足够小。

为了使复制信号具有满意的频率特性，信号方向上的 α 值必须是 $\alpha \ll 1$。同时，在垂直于信号方向上，相邻轨道的串扰必须降至最小。使 α 接近 1 就能使串扰减小，所以，光盘上的光斑不必非常圆，当光斑的椭圆度约为 10% 时，有时会使频率特性得到改善。

14.3.2 波像差[12]

如果存在方均根波像差 W，则光斑的轴

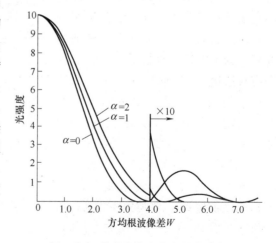

图 14.9　激光束光斑的光强度分布

　　$\ominus$　原书错印为 R。——译者注

上能量密度的斯切尔（Strehl）比或称斯切尔定义（Strehl Definition，SD）为

$$SD = 1 - k^2 W^2 \qquad (14.8)$$

式中，$k = \dfrac{2\pi}{\lambda}$；$\lambda$ 为波长。

　　图 14.10 给出了方均根（RMS）波像差与轴上能量密度（光强度）的关系。轴上能量密度的 SD 是一个与复制信号信噪比（SNR）或记录/复制信号信噪比相关的参数。整个光盘系统的方均根波像差允许量服从马雷卡尔（Maréchal）准则，即当轴上能量密度的 SD 从无像差水平降低约 20% 时，方均根波像差是 0.070λ。读/写试验已经证明该判断准则是正确的。那么整个系统的波像差允许量必须都考

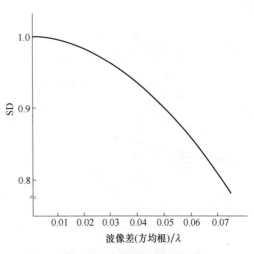

图 14.10　波像差与能量密度

虑到，光盘厚度误差和倾斜误差、初始光学像差及离焦值。

14.3.2.1　光盘基板的像差

　　光盘基板产生的像差包括两部分：由基板厚度 t 的误差 Δt 产生的像差 W_{ST} 和基板倾斜角 θ 造成的像差 W_{TL}。如果像差较小时，可用如下公式表示 ［参考本章附录 A，式（14.A11）和（14.A14）］：

$$W_{ST} = \frac{\Delta t (n^2 - 1)(NA)^4}{8 \sqrt{180n^3}} \qquad (14.9)$$

$$W_{TL} = \frac{t(n^2 - 1)\theta(NA)^3}{2\sqrt{72n^3}} \qquad (14.10)$$

式中，NA 为物镜（OB）的数值孔径；n 为光盘基板的折射率。图 14.11 给出了光盘厚度误差 Δt 与波像差 W_{ST} 的关系。其中，以数值孔径 NA 和波长 λ 作为参数。图 14.12 给出了光盘倾斜角与波像差 W_{TL} 的关系，同样以数值孔径 NA 和波长 λ 为参数。对于普通的可记录 CD，实际参数是 NA = 0.5，t = 1.2mm，n = 1.51，λ = 780nm，Δt = 40μm 和 θ = 4mrad。代入这些数值，得到 W_{ST} = 0.011λ 和 W_{TL} = 0.017λ。对于 DVD，若希望得到相同的波像差 W_{ST} = 0.011λ 和 W_{TL} = 0.017λ，则需要的参数为 NA = 0.6，t = 0.6mm，n = 1.51，λ = 650nm，Δt = 16μm 和 θ = 3.9mrad。具有较高数值孔径 NA = 0.85 和较短波长 λ = 405nm 的曲线作为基准曲线，因此，DVD 的倾角公差几乎与 CD 相同，与厚度公差相比是很小的。

14.3.2.2　光学元件的波像差

　　由于采用批量生产技术来制造光盘光学元件，所以不能忽视波像差变化的影响。光学摄像头的所有元件，物镜 OB 和准直透镜 CL 都有较大的波像差。物镜 OB 和准直透镜 CL 通常是批量生产的非球面模压玻璃（Aspherical Pressed Glass，APG）透镜。图 14.13 给出了批量生产的非球面物镜实例。图 14.14 给出了利用菲佐（Fizeau）干涉仪对一个典型非球面模压玻璃物镜测量出的波像差值。棱镜系统的波像差一般较小，但随着棱镜数目增加，对整个摄像头系统也会贡献公差。

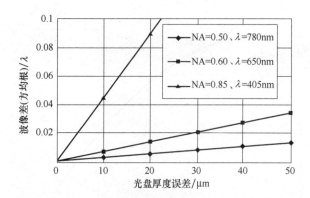

图 14.11　波像差与光盘厚度误差的关系

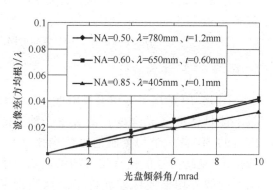

图 14.12　波像差与光盘倾角的关系

图 14.13　批量生产的非球面物镜

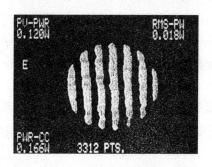

图 14.14　一个有代表性的非球面模压
玻璃物镜的波像差

14.3.2.3　半导体激光器的像差

　　一般来说，半导体激光器发射的激光束是像散光束，随着像散的传播及光束聚焦在光盘上，其频率特性可能会根据光盘的方向而发生变化，或者聚焦范围可能会减小。在记录/重置的光学系统中，半导体激光器的电磁发射通过准直物镜形成平行光线，然后，利用一个变形（即有畸变或失真）扩束镜将其转换为具有各向同性分布的光束。

　　在该阶段，同时完成像散校正。若使用固定棱镜校正，不可能校正 45°的角度下产生的像散。所以，当半导体激光器与变形扩束棱镜为 45°安装时，就会有剩余像散。参考本章附录为（14.A20），由像散致残留的波像差 W_{LA} 表示为

$$W_{LA} = \frac{tg\theta\Delta_L(NA_C)^2}{\sqrt{6}\cos^2\theta}　　　　　(14.11)$$

式中，NA_C 为准直物镜的数值孔径；Δ_L 为半导体激光器的像散。假设，半导体激光器的允许波像差是 0.010λ，那么准直物镜的数值孔径小于 0.25，半导体激光器的像散小于 $8\mu m$（约 $0.32mil$），则根据式（14.11）得到半导体激光器允许的倾斜角度 θ：

$$\theta \leqslant \pm 4°　　　　　(14.12)$$

14.3.2.4　散焦

　　表 14.3 给出了光学系统影响散焦量的因素。散焦量 ε 与波前的最大光程差 Δ_{DF} 之间的关系可以根据图 14.15 所示得出

$$\Delta_{\mathrm{DF}} = \frac{\varepsilon(\mathrm{NA})^2}{2} \qquad\qquad (14.13)$$

表 14.3　造成散焦的因素

散　　焦	静 态 散 焦	初始设置误差
动态误差		老化误差 伺服误差 与温度和湿度有关的误差

利用最大光程差 Δ_{DF} 与波像差 W_{DF} 之间的关系，可以将波像差表示为

$$W_{\mathrm{DF}} = \frac{\varepsilon(\mathrm{NA})^2}{4\sqrt{3}} \qquad (4.14)$$

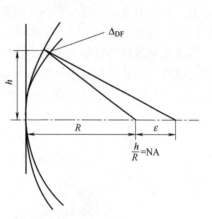

由于散焦影响最为明显，所以，最初设置焦点时，利用一个空间频率近似等于光盘光学系统截止频率 $2\mathrm{NA}/\lambda$ 的一半的衍射光栅是非常有利的。因为光盘的轨道间距通常与空间频率大小相差不多，所以最佳聚焦位置位于轨道调制最大值处。通过这种调整，设置误差可以降到小于 $\pm 0.14\mu\mathrm{m}$，因此，若光盘的 NA = 0.6、$\lambda = 650\mathrm{nm}$ 和 $\varepsilon = +0.14\mu\mathrm{m}$，则波像差 $W_{\mathrm{DF}} = 0.011\lambda$。

图 14.15　光程差与散焦的关系

14.3.2.5　波像差公差

表 14.4 给出了按照诱因分类的典型波像差。这些波像差可以集成为系统总的方均根公差值 0.070λ。由于影响波像差的大部分因素互不相关，因此，在实际设计一个光学摄像头时，每个光学元件的波像差允许值完全是任意的，见表 14.4。

表 14.4　DVD 系统中影响波像差的因素及像差量

系统波像差允许量 0.070λ		
光盘 0.028λ	厚度误差小于 $\pm 1.6\mu\mathrm{m}$	$\leq 0.011\lambda$
	倾斜小于 $\pm 4\mathrm{mrad}$	$\leq 0.017\lambda$
	半导体激光器	$\leq 0.010\lambda$
	物镜	$\leq 0.035\lambda$
光学摄像头 0.054λ	准直物镜	$\leq 0.025\lambda$
	楔形棱镜	$\leq 0.014\lambda$
	偏振分束镜	$\leq 0.020\lambda$
	1/4 波片	$\leq 0.020\lambda$
	固定变化	$\leq 0.011\lambda$
散焦 0.036λ	初始设置误差	$\leq 0.011\lambda$
	伺服残留误差	$\leq 0.023\lambda$
	温度变化引起的误差	$\leq 0.023\lambda$

14.3.3　光学摄像头装置

14.3.3.1　光学摄像头结构[13,14]

一般地，光学摄像头由一个称为光学系统组件的光学基座和一个致动器组成。其中，致动器能够使物镜紧紧跟随光盘面和轨道沟槽运动。

图 14.16 给出了一个有代表性的针对 DVD 的光学摄像头结构。激光器和光电探测器组装在一块硅基板上。初始，激光器发出的光束平行于硅基板表面，然后被一个反射镜反射而使光束垂直于硅基板表面。图 14.17 所示的偏振光栅用作分束镜，透射来自激光器的 p 偏振光束，并衍射来自光盘反射的 s 偏振光束。由于两次通过 1/4 波片，因此，p 偏振光变为 s 偏振光。硅基板表面上的光电探测器位于激光器两侧，并接收被偏振全息元件衍射的光束。如果从激光器到物镜整个光路中使反射面数目减至最少，就可以大大提高系统的环境适应性和可靠性。为此，集成激光探测装置（Laser Detector Unit，LDU）对系统可靠性非常有利。图 14.18 给出了一个设计有 LDU 的 DVD 播放器实例。

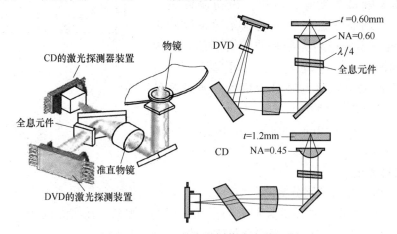

图 14.16　DVD 的光学摄像头光学系统

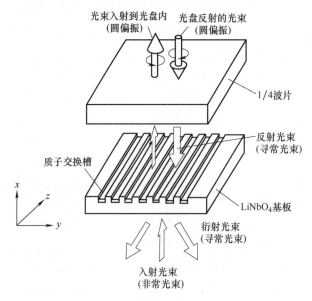

图 14.17　偏振全息光学元件

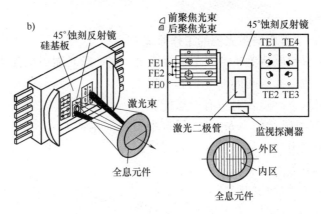

图 14.18　DVD 的集成 LDU

a）外观图　b）示意图

光学基座是一个三点支撑结构，使光学摄像头的倾角能够进行二维调整。通过机械调整使物镜光轴垂直于光盘面，必须能足以调整光学基座的倾斜或致动器的倾斜角。致动器和光学基座分别安装有一个凸面和凹面，因此，可以借助螺钉和弹簧耦合装置进行二维倾斜校正。若球心与物镜焦点重合，则当光束通过物镜时不会有横移。

14.3.3.2　致动器

致动器具有两个调焦驱动机构，用以满足光盘轴向位置的调整需求和一个轨道驱动机构仪满足光盘轨道的需求。致动器一定是这两种机构的平衡组合。并且，其设计一定要使两者干涉最小。致动器设计必须满足以下基本条件：

1. 合适的频率特性。

2. 高加速度特性。

3. 高电流灵敏度。

4. 调焦和跟踪都有宽动态范围。

图 14.19 给出了满足上述原则的两种致动器结构。图 14.19a 所示的线悬式致动器[15]的结构相当简单，通过驱动其可移动部分的重心，实现调焦和跟踪两个方面的移动。此外，由于利用四根线作为线圈导线，因此可靠性高。图 14.19b 所示的旋转式致动器的特点是主轴倾斜角很小，且动态调焦范围大。

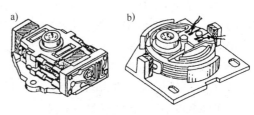

图 14.19　两种不同类型的致动器

a）线悬式结构　b）旋转式结构

线悬式致动器的一阶谐振频率 f_0 为

$$f_0 = 2\pi \sqrt{\frac{K}{m}} \tag{14.15}$$

式中，K 为弹簧系数；m 为可移动质量。根据经验法则，致动器的动态频率范围近似从光盘的基本旋转频率到高阶谐振频率的最高等级。其动态范围越大，可以获得的伺服增益越大。

14.4 半导体激光器

14.4.1 激光器结构

14.4.1.1 Al- Ga- As 双异质结激光器的工作原理[16]

图 14.20 给出了双异质结半导体激光器能带图。这种激光器由能隙 E_g 不同且位于有源层两侧的三层材料组成，并且两侧的 n 类和 p 类包裹层的能隙已同时增大。随着对应有源层能隙 E_{g2} 的光子 hvg_2 通过有源层（$E_{g2} = hvg_2$），导带中的电子降为价带中的正电穴，从而引发与入射光同相的受激发射。当电流 I_p 沿法线方向通过该二极管，能量势垒 ΔE_c（导带）便提高了第 2 层有源层内电子的存在概率。同时，在价带中，能量势垒 ΔE_v 也提高了第 2 层有源层内存在正电穴的概率，从而导致第 2 层有源层中正的反转。所以，在有源层中，导带完全充满电子，通常不会达到热平衡，而受激发射增大了电子-空穴重新组合的概率。一个进入有源层的光子因此被放大。有源层两端的反馈镜形成一个谐振腔，随着增益超过谐振腔的内损耗，便形成激光发射。

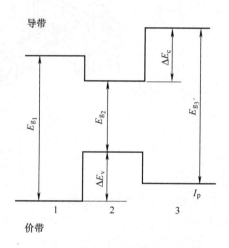

图 14.20 双异质结半导体激光器能带图

14.4.1.2 高功率激光技术[17]

图 14.21 给出了一个低电流高工作温度的 AlGaLnP 半导体激光器。其波长为 650nm，是一种真正的折射率引导自对准（Refractive Index- guided Self Aligned，RISA）结构。该结构的特点是，具有一个 AlInP 电流阻挡层，波导内耗很小，因而降低了工作载体的密度。对于温度 70℃时 950mW 的连续波，由此产生的工作电流小于 100mA。采用金属有机化合物化学气相沉淀（Metal Organic Chemical Vapor Deposition，MOCVD）两步生长法制造 RISA 激光器。在第一步中，必须生长出一层 n- GaAs 过渡层、一层包裹层、多（重）量子阱（Multiple Quantum Well，MQW）有源区、光学限制层和无掺杂 GaAs 层（0.01μm），再利用化学蚀刻技术形成条形区域的电路。在第二步中，生长包裹层、过渡层和

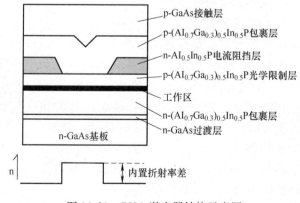

图 14.21 RISA 激光器结构示意图

（电）接触层，腔长 $500\mu m$。前后端面镀膜，反射率分别是 4% 和 90% 的。

14.4.2　激光束的像散

有两类半导体激光器：增益引导型和折射率引导型。对于前者，光束传播方向不与波前垂直，这种失配造成较大像散。某些折射率引导型激光器有很弱的渐逝波，造成水平方向束腰位于距光束发射面 Δ_L 处，因而产生像散。对增益引导型激光器，像散 Δ_L 可以大至 10 ~ 50 μm；而折射率引导型激光器，约为 5 ~ 10 μm（0.2 ~ 0.4 mil）。图 14.22 给出了折射率引导型激光器中像散的典型分布。一般地，随着输出增大，其色散趋于减小。

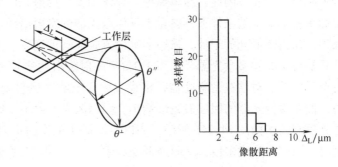

图 14.22　像散距离的分布

14.4.3　激光噪声[18]

在半导体二极管激光器工作期间，注入电流的功率损耗会造成温度上升。温度升高将导致激光器出现模（式）跳变，使输出光波波长稍有漂移。图 14.23 给出了半导体激光器的性能温度关系。随着激光器温度升高，激光器的纵模向长波漂移，伴随这类模跳变会出现噪声。图 14.24 给出了噪声相对强度（Relative Intensity of Noise，RIN）与激光器散热器温度的关系曲线。图 14.24a 给出了半导体激光器的固有特性，虚线代表光学摄像头允许的噪声水平。

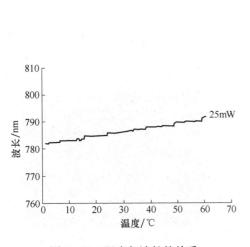

图 14.23　温度与波长的关系

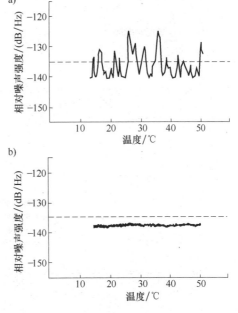

图 14.24　半导体激光器的噪声特性
a）固有噪声　b）使用高频载体调制时的噪声

若少量输出光束返回到激光器的输出孔径内，激光发射会变得不稳定，表现出模跳变和过量的振幅噪声。如果向后返回光束的量约为0.5%，则相对强度噪声将高于光学摄像头的允许噪声量，不仅导致光盘记录/复制信噪比降低，还会造成调焦和跟踪伺服装置不稳定。

一般地，为了使返回到激光器输出装置中的光束最少，要在光路中加入一个由1/4波片和偏振分束镜组成的光学隔离器。然而，由于光盘的双折射性及隔离器的性能变化，不能完全消除后反射光。因此，在单纵模半导体中，后反射光产生噪声是不可避免的。在满足光学摄像头基本要求的条件下，展宽半导体激光器的发射谱线宽度可以极好地控制反射光造成的噪声，从而降低光的干涉。采用多纵模方式能够展宽发射谱线宽。

折射率波导型激光器，在高于1mW发射输出功率时，由于对横模的约束效应，横模具有单模特性。对增益型激光器，横模受限于与载体密度对应的并通常会产生多模输出的增益；而多模激光器的回反射光影响小，因而激光发射不受影响。然而，固有噪声水平比单模激光器高。正如图14.24b所示，当以单模形式工作的折射率波导型激光器受到高频载体调制时，纵模将变成多模，从而降低噪声水平。图14.25给出了不同激光器回反射光的噪声水平。按照下式计算相对强度噪声：

$$\text{RIN} = \frac{\langle \Delta P^2 \rangle}{P^2 \Delta f} \tag{14.16}$$

式中，$\langle \Delta P^2 \rangle$为噪声功率的均方；$P$为输出功率；$\Delta f$为噪声带宽。假设高频振荡是300~600MHz，且调制电平低于激光器发射阈值，则光的输出就变为多模形式的脉冲发射。图14.26给出了没有高频振荡获得的读信号（上）和具有高频振荡的读信号（下）实例。增加高频振荡会使载体信号的载波-噪声比（Carrier Noise Ratio，CNR）提高约5dB。

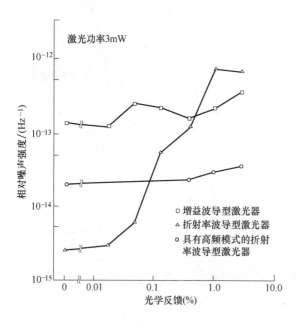

图14.25　激光噪声与光学反馈光束的关系

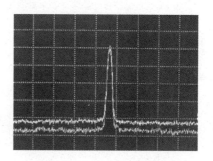

图14.26　复制的载波信号
（上曲线表示没有高频振荡的噪声电平；
下曲线表示具有高频振荡的噪声电平）

14.5　调焦和跟踪技术

14.5.1　调焦伺服系统和误差信号的探测方法

在光盘高速旋转过程中，光盘系统的激光束聚焦在光盘表面上。高速旋转的光盘一般沿轴向都有几十到几百微米的跳动。因此，必须使物镜与该运动同步，才能使光束在光盘信号面上的聚焦位置在光学系统允许的离焦范围以内。为此，使用的调焦机构一般采用由一块磁铁和一个线圈组成的动圈式致动器。这就要求系统的频率响应是几赫兹到 10kHz 以上。图 14.27 给出了光盘调焦系统的框图。调焦伺服回路包括一个聚焦误差信号探测装置、一个对探测误差信号进行相位校正和放大的电路，以及驱动物镜移动的致动器。若存在与致动器移动及跟踪信号干扰相关的外部噪声，则需要设计致动器以便使光盘响应伺服信号并完成轴向运动。在为光盘设计自动调焦系统时，必须尽可能多地减少外部光噪声，必须采用平衡设计并且考虑如下三方面因素：①当光束在轨道上来回移动时，跟踪信号的干扰；②调焦与跟踪致动器运动的相互干涉；③在跟踪过程中，由于光束在探测器上的运动而造成的伪调校误差信号。

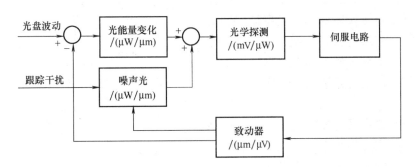

图 14.27　调焦伺服系统框图

调焦误差是由光盘的轴向运动、装置振动及其他原因所导致的。那么，可以将光盘反射激光光束中包含的调焦误差信息转换成光强度或相位差，从而提取出误差信号。可以利用如下任一种光束特性，来生成一个聚焦误差信号：

1. 光束的形状变化。
2. 光束的位置移动。
3. 光束的调制波前相位。

14.5.1.1　光束形状探测法

可以利用两种技术探测光束形状，以获得聚焦误差信号。这两种技术是，像散聚焦探测法和光斑尺寸探测法。

图 14.28 给出了采用像散聚焦探测法的光学系统。该系统采用了一块倾斜的平板。尽管其操作过程还包括控制一块柱面透镜，但倾斜板探测法的优点是其光学系统简单。假设物镜放大率一定，则聚焦误差信号的探测灵敏度取决于平板厚度和折射率。平板厚度或折射率越大，像散也越大，因此探测灵敏度越差。图 14.29 给出了最优设计光学系统的典型的聚焦误差信号。当探测灵敏度较低，由于跟踪期间磁盘信息丢失或物镜移动而造成伪信号，会使离焦量更大；而探测灵敏度过高，则调焦伺服机构的动态范围将逐渐变小，随之伺服机构的稳定性将下降。

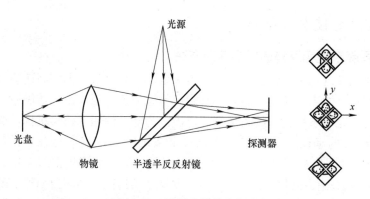

图 14.28　平板式像散聚焦法

14.5.1.2　光斑尺寸探测法

图 14.30 给出了光斑尺寸探测法的工作原理。2 个三段探测器置于焦点和离焦位置，来接收光束中心。根据中心段与外侧段的光强度差，可以推导出聚焦误差信号。光束形状探测方法一般允许探测器有较大的偏置，并有良好的温度特性和时效稳定性。随着全息技术的进展，使其能够利用全息光学元件（HOE）来探测聚焦信号[13]。

14.5.1.3　光束位置探测法

光束位置探测法将光束平行于光轴的移动（如光盘的轴向移动），转换为垂直于光轴的平

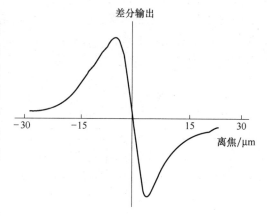

图 14.29　典型的像散聚焦误差信号

面内的移动，从而获得聚焦误差信号。该方法利用较简单的硬件装置，并具有很宽的动态聚焦范围。

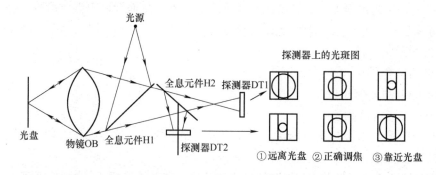

图 14.30　光斑尺寸探测法

图 14.31 给出了一个双棱镜形式的聚焦误差信号探测系统，是福柯（Foucault）聚焦探测法的一个实例。随着光盘与物镜间距减少，每个分裂式探测器内侧面上的光强度增大，增大光盘与物镜的间距将使分裂式探测器外侧表面上的光强度增大。

图 14.32 给出了一个棱镜临界角式聚焦探测系统。当光盘与物镜间距较小时，光盘反射的

光束是发散光束形式的；而光盘与物镜间距较大时，则以会聚光束形式进入棱镜。当棱镜处于临界角位置且光束不平行时，光束将部分地透过棱镜，只有少量光强度投射在探测器上。对于发散光束，近距探测器接收的光线较少；而对会聚光束，则远距探测器接收的光线较少。

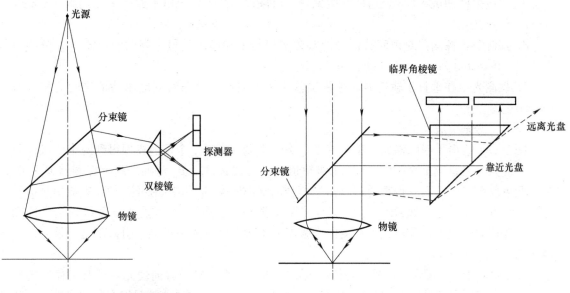

图 14.31　福柯聚焦探测法　　　　　　　　图 14.32　临界角聚焦探测方法

还有其他的聚焦探测方法，如斜光束聚焦探测、入射光束相对于物镜光轴是偏心的系统、单刀口型系统，以及光束旋转聚焦探测等。

14.5.1.4　光束相位差探测法

有两种探测光束相位差的方法：空间相位差探测法和时间相位差探测法。对于图 14.33 所示的空间相位差探测法，探测到的是光盘上某已知图形（如预先刻制的沟槽式轨道）衍射（或反射）的远场光束的相位。该方法与光束波长有关，并且，其聚焦误差信号的动态范围比较窄。时间相位差探测法又称摆动法，利用摆动器使照射光盘的光束焦点沿光轴得以调制。比较调制后的探测器信号相位和调制后的摆动器驱动信号相位，从而得到与相位差成正比的聚焦误差信号。

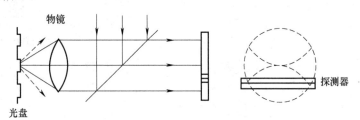

图 14.33　空间相位差探测法

14.5.2　跟踪误差信号探测法

14.5.2.1　探测方法

DVD 的信号轨道彼此有 $0.74\mu m$ 的间距，而 CD 的信号轨道间距是 $1.6\mu m$。因此，复制该信号的光束光斑必须以 $0.04\sim0.1\mu m$ 的精度跟踪轨道。利用一个声圈致动器驱动物镜横向移动可以满足其跟踪性能。通常，用以下方法实现跟踪误差的光学探测：

1. 用光栅产生的两束辅助光束进行探测［三光束（3-Beam，3-B）法］。

2. 以光盘反射的读/写光束的远场分布进行探测（PP法）。

3. 通过采样凹坑 ±1/4 轨道的间距偏置，可以探测两个信号电平差［采样伺服（Sample Servo，SS）法］。

4. 探测象限探测器对角回放信号的差分输出与求和输出信号之间的相位差［差分相位探测（Differential Phase Detection，DPD）法］。

5. 探测光束在垂直于轨道方向少量位移产生的回放信号与对应的驱动信号间的相位差（摆动法）。

14.5.2.2　三光束法

图 14.34 给出了利用辅助光束的三光束法。激光束通过一个衍射光栅得到两束一级衍射光束，使其与光盘上至轨道中心约 ±1/4 轨道间距的位置 B_1、B_2 对准。两个探测器 D_1、D_2 接收两束反射光，从而获得轨道误差信号。利用基模光束 B_0 和中心探测器 D_0 完成信息信号探测。该方法非常适合如 CD 一类的只读光学摄像头，若应用于读/写光学系统，则需仔细设计。在这种情况下，写模式下光束的光强度要增大，辅助光束可能会引入不良记录。

14.5.2.3　摆动法

在摆动法中，跟踪误差信号，与传输至换能器（在垂直轨道方向使光束稍有位移）的信号与受轨道边缘衍射调制产生的光束信号间的相位差相对应。这种方法只能有限地应用于某些领域，一部分原因是摆动频率稳定性差；另一部分原因是有 $0.1\mu m$ 的摆动（或抖动）位移才能获得具有满意信噪比的跟踪误差，而 $0.1\mu m$ 的摆动位移与允许的跟踪误差最大值非常接近。

14.5.2.4　差分相位探测法

这种方法利用象限探测器探测其对角回放信号的差分输出 $(D_1 + D_4) - (D_2 + D_3)$ 与求和输出 $(D_1 + D_2 + D_3 + D_4)$ 间的信号相位差。图 14.35 给出了这种差分相位探测跟踪误差示意，是在 DVD 技术规范中建议探测重置跟踪误差采用的一种方法[19]。

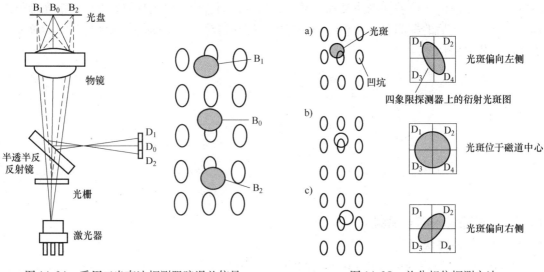

图 14.34　采用三光束法探测跟踪误差信号　　　图 14.35　差分相位探测方法

14.5.2.5 推挽式跟踪误差信号探测法

获得读/写跟踪误差信号的最简单方法称为"推挽法"。将一个分裂式探测器以下述方式安置在远场光束中：探测器的分割线与轨道对准。

图 14.36 给出了以推挽法完成信号探测的基本光学系统。入射在分列式探测器上的光强度分布图是（由光盘轨道衍射造成）零级和一级光束的组合，根据两个探测器的信号差得出跟踪误差信号。图 14.37 给出了根据光斑在轨道上的位置给出的远场光束分布。当轨道沟槽深度是 $\lambda/8$ 时，远场光束光强度分布的不对称性和跟踪误差信号电平会达到最大值（深度是 $\lambda/4$ 的整数倍时，不对称性消失，没有跟踪误差信号）。

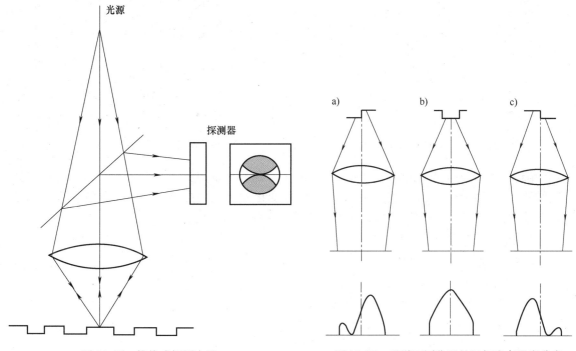

图 14.36 推挽式探测方法　　　　　图 14.37 磁道不同位置的远场光束强度分布

14.5.2.6 狭缝探测法[20]

当光斑位于轨道中心位置时，推挽系统中零级光束与两个一级光束的相位差 Ψ 取决于轨道的衍射和离焦量 ΔZ，表示为[21]

$$\Psi = \frac{\pi}{2} + \frac{2\pi}{\lambda}\left[\sqrt{1 - \left(\frac{\lambda}{p} - \sin\alpha\right)^2} - \cos\alpha\right]\Delta Z \tag{14.17}$$

式中，α 为光轴与远场像中任一点之间的夹角。

根据式（14.17），当远场像中 $\alpha = \sin^{-1}(\lambda/2p)$ 时，相位差则是常数。它与离焦无关，仅依赖轨道的衍射。图 14.38 给出了离焦情况下典型的远场光束分布。利用光束在远场中的这种性质，相对离焦而言，可以扩大跟踪的控制范围。因此，如图 14.39 所示，在零级和两个一级光束叠加的中心位置，对称地设置狭缝，可以提高跟踪误差信号的离焦特性。

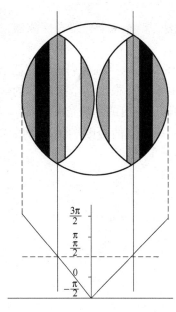

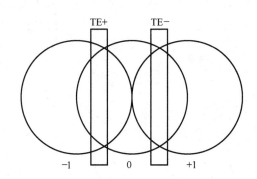

图 14. 38 离焦时的远场图 　　　　　　　　图 14. 39 狭缝探测法

图 14. 40 给出了不同狭缝宽度时跟踪误差信号随离焦量的变化。如果狭缝宽度约为远场图像的 20%，那么，由离焦造成跟踪误差信号变化的比例约提高 2 倍。若狭缝宽度太窄，跟踪误差信号的信噪比将减小。试验和理论计算中使用的参数如下：

1. 物镜 $NA = 0.5$。
2. 激光波长 $\lambda = 830nm$。
3. 轨道间距 $t = 1.6\mu m$
4. 狭缝宽度 $W = 0.8mm$ 和 $W = 0.4mm$。

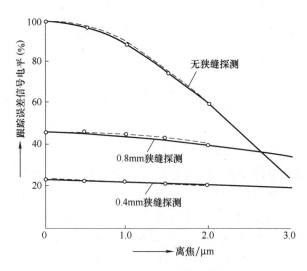

图 14. 40 离焦和跟踪误差信号量级的关系

14.5.2.7　采样跟踪法[22]

在一个采样跟踪系统中，周期性设置跟踪误差信号探测凹坑以代替普通沟槽式光盘中的连续沟槽。采样凹坑由两个分离的凹坑组成，距离轨道中心约 ±1/4 轨道间距，且一个凹坑中心位于轨道上。图 14.41 给出了采样跟踪误差信号的探测原理。对于情况 1，光束光斑向上偏离轨道中心，则第一个凹坑输出较大，第二个凹坑输出较小；对于情况 2，光束中心在轨道上，第一和第二个凹坑的输出相等；对于情况 3，向下偏离轨道中心，那么，第一个凹坑输出较小，第二个凹坑的输出较大。通过比较这些凹坑的输出量判断和评价偏离轨道的条件。利用第三个凹坑形成采样块，并根据这些输出量完成跟踪误差信号探测。图 14.42 给出了探测电路框图。

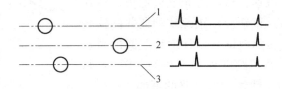

图 14.41　根据采样挖坑探测跟踪误差信号

1—光束中心向上偏离轨道中心　2—光束中心在轨道上　3—光束中心向下偏离磁道中心

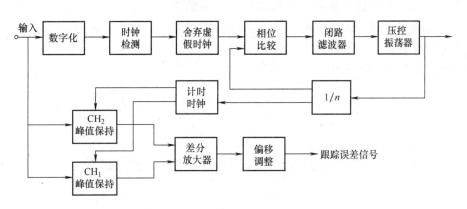

图 14.42　采样伺服跟踪法的探测电路框图

在采样跟踪系统中，为了探测跟踪误差信号而设计的每组凹坑，其使用的轨道长度等于存储 1B 信息所用长度。采样频率必须高于跟踪伺服系统截止频率约 10 倍。因此，减小了可用数据区域的尺寸，但由于数据信号衰减较小，且轨道沟槽对聚焦伺服系统干扰小，所以系统的总性能得到了改善。此外，在推挽法中，光盘倾斜将使轨道偏置；而在采样跟踪方法中，不会出现此现象。例如，一个基板厚 1.2mm 的光盘倾斜 0.7°，光波波长 $\lambda = 830$nm，物镜数值孔径 NA = 0.5，则跟踪伺服系统采用推挽法造成静态工作位置的横向位移量是 0.1μm。若采用采样跟踪法，跟踪误差会减小约 5 倍。

14.6　径向访问和驱动技术

14.6.1　快速随机访问

光盘存储系统的一个重要性质是快速随机访问存储信息。通过两种机理实现随机访问：

光学摄像头运动完成粗略定位和跟踪致动器运动实现精确定位。利用一个线性致动器作为粗略定位装置。为了使访问时间最短，必须做到如下几点：①研发一个小而轻的光学摄像头；②增大线性致动器的谐振频率；③研发具有最小摩擦力的传输机构。在为视频记录应用设计的典型线性致动器中，传输部分的重量只有 78g，但推力达到 3.0N/A。这种线性致动器的平均访问时间小于 75ms[9]。光学摄像头基座设计有滚动轴承，在导杆上可以自由地运动。跟踪误差信号的低频成分反馈到线性致动器，使物镜的驱动中心位于跟踪机构运动范围的中心。

图 14.43 给出了线性致动器/跟踪致动器组合的系统的访问模式[23]。起初跟踪致动器不起作用，之后线性致动器以最大速度加速和减速，从而将光学摄像头定位在正确轨道附近（A~B）。重新启动跟踪致动器并阅读轨道地址（B~C），计算实际地址与设计地址之间的轨道数目，并通过完成多个轨道跳跃而实现访问。图 14.44 给出了跟踪伺服电路和线性致动器电路的框图。14.5.2 节⊖阐述了，利用该方法获得的跟踪误差信号连续反馈到放大电路、开关电路和驱动电路，从而驱动跟踪致动器。还要利用跟踪驱动信号驱动线性致动器。在随机访问期间，从跟踪致动器中消除驱动信号，生成与访问信号对应的电压并提供给线性致动器的驱动电路。有两种方法用于确定相对于目标轨道的实际位置。

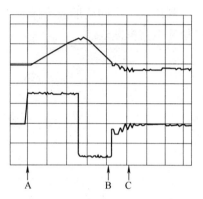

图 14.43　线性致动器和跟踪致动器的访问模式

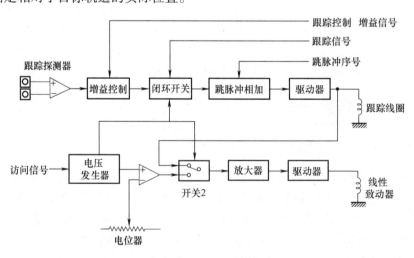

图 14.44　跟踪和访问伺服系统框图

第一种方法是，计算目前位置与设计位置之间的轨道数目；然后，随着径向扫描，以光学方法探测和计算预先刻制好的每个沟槽；当通过的轨道数等于计算值时，扫描停止。由于这种方法需要计算轨道数目，因此可以精确计算出至目标轨道的距离。轨道探测带宽必须足

⊖　原书错印为"5.2 节"。——译者注

够宽，以避免当线性致动器达到峰值速度时错计轨道数目。该方法不太适合采样格式光盘，甚至会使连续格式光盘的轨道计数过程变得复杂。

第二种方法是，光学摄像头有位置传感器，用以探测当前位置。这种方法提供了一种稳定的位置信号，并利用传感器的输出信号阻尼访问伺服器。设计有位置传感器的实例包括线性光栅尺传感器、光学位置传感器和滑动电阻传感器。图 14.45 给出了一种典型的光学位置传感器。

14.6.2　光学驱动系统

光盘系统包括由光盘、光学摄像头、访问电路、信号处理电路、误差校正电路、微计算机等组件组成的硬件，以及处理各种信号的软件。5.25 in 光盘驱动器的高度是约 82mm 全高度、约 41mm 半高度、1in 高度或 1/2in 高度，与标准化的磁盘产品一致。若是半高度驱动器，设计目的包括使用一个可以装入和夹紧的光盘盒，并且，访问机构部件的外形轮廓较低。光学摄像头高度必须小于 15 ~ 16mm。对于笔记本计算机一类设备使用的较薄驱动器，其高度小于 12.7mm。要求光学摄像头高度约为 7.5mm，并需精巧设计。图 14.46 给出了为 DVD-ROM 设计的薄光盘驱动器。每次装卸光盘，光盘的移动都影响其偏心量和不平度。此外，由于光盘基板由塑料材料制成，其不平度随寿命增大，光盘的动态平衡也受到这些因素的影响（还包括振动）。所以，必须设计不同的致动器，从而不让这些振动将性能恶化。

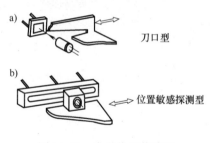

图 14.45　光学位置传感器

a）刀口型　b）位置敏感探测

（Position-Sensitive Detector，PSD）型

图 14.46　DVD-ROM 的薄光盘驱动器

致谢

特别感谢本书的主编杰拉尔德·马歇尔（Gerald F. Marshall）先生为作者提供的机会，并对本章内容进行了修改。另外，还要向两位评论家和光学专家的耐心工作，为撰写本章内容提出重要的方向和建议致以衷心感谢：美国亚利桑那大学的马苏德（Masud Mansuripur）教授和美国能量转换器件（Energy Conversion Devices）有限公司的大卫（David Strand）先生。

附录

附录 A

当光瞳内的振幅分布可以用函数 $f(r^2)$ 表示，且光瞳半径为 1 个单位时，则傅里叶-贝塞尔变换的积分为

$$g(s) = \int_0^1 f(r^2) J_0(sr) dr^2 \qquad (14.A1)$$

该积分存在多个解。然而，博伊文（A. Boivin）给出的解[24]很容易理解。因此，能以贝塞尔级数形式表示傅里叶谱 $g(w)$ 的振幅：

$$g(s) = \sum (-1)^n 2^{n+1} f_{(1)}^n \frac{J_{n+1}(s)}{s^{n+1}} \qquad (14.A2)$$

式中，$f^n(r^2)$ 为函数 $f(r^2)$ 的第 n 阶微分。为了计算一个切趾高斯光束的傅里叶谱，用 $\exp(-\alpha r^2)$ 形式表示 $f(r^2)$。因此，傅里叶-贝塞尔变换的积分可写为

$$g(s) = \int_0^1 \exp(-\alpha r^2) J_0(sr) r dr \qquad (14.A3)$$

并得到如下结果[24]：

$$g(s) = \sum_{n=0}^{\infty} 2^n \alpha^n e^{-\alpha} \left[\frac{2J_{n+1}(s)}{s^{n+1}} \right] \qquad (14.A4)$$

附录 B

光盘的厚度变化、折射率变化和倾斜都会造成波前像差。在此，计算两条光线之间的光程差 Δ_0：第一条光线是轴上光线，第二条光线是决定物镜数值孔径的最外面光线。由图 14.47所示，很容易得到以下关系式：

$$\sin(\Psi - \theta) = n\sin r_1 \qquad (14.A5)$$

$$\sin\theta = n\sin r_0 \qquad (14.A6)$$

$$\Delta_0 = nt \left(\frac{1}{\cos r_1} - \frac{1}{\cos r_0} \right) + t \frac{\frac{\cos(\Psi - \theta)}{\cos r_1 \cos\theta} - \frac{1}{\cos r_1}}{n} \qquad (14.A7)$$

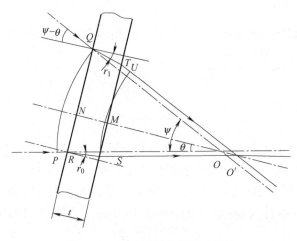

图 14.47　两条光线之间的光程差

展成 Ψ 和 θ 的幂级数形式，得

$$\Delta_0 = t(1-n)^2 \{ \Psi^4 - 4\Psi^3\theta + 8\Psi^2\theta^2 + 8\Psi\theta^3 \}/8n^3 \qquad (14.A8)$$

式中，Ψ 为物镜的数值孔径；t 为光盘基板厚度。在此，每一项都表示赛德（Siedel）像差。若只有厚度误差 Δt，则仅产生球差 S_1：

$$S_1 = \frac{(n^2 - 1)\,\Psi^4\,\Delta t}{8n^3} \tag{14.A9}$$

根据马雷夏尔（Marechal）方程可以得到波像差 W_{ST} 与球差 S_1 之间的关系[25]：

$$W_{ST}^2 = \frac{d^2}{12} + \frac{dS_1}{6} + \frac{4S_1^2}{45} = \frac{(d + S_1)^2}{12} + \frac{S_1^2}{180} \tag{14.A10}$$

式中，当离焦量 d 等于球差 S_1 时，波像差 W_{ST} 最小。因此，由于球差存在使波像差变为

$$W_{ST} = \frac{S_1}{\sqrt{180}} = \frac{\Delta t (n^2 - 1)(NA)^4}{8\sqrt{180}\,n^3} \tag{14.A11}$$

若光盘基板的倾角 θ 小，则可以忽略高阶项，唯一重要的像差是慧差 C_1：

$$C_1 = t(n^2 - 1)\Psi^3\theta/2n^3 \tag{14.A12}$$

再次利用马雷夏尔方程[25]，得到波像差 W_{TL} 与慧差 C_1 之间的关系：

$$W_{TL}^2 = \frac{K^2}{12} - \frac{KC_1}{6} + \frac{C_1^2}{18} = \frac{(K - C_1)^2}{12} - \frac{C_1^2}{36} \tag{14.A13}$$

式中，当波前 K 的倾斜等于慧差 C_1 时，波像差 W_{TL} 最小。因此，由于光盘基板倾斜造成的波像差 W_{TL} 变为

$$W_{TL} = \frac{C_1}{\sqrt{72}} = \frac{t(n^2 - 1)\Psi^3\theta}{2\sqrt{72}\,n^3} \tag{14.A14}$$

附录 C

下面将介绍如何计算激光器安装角的允许极限。当激光器发射的光束波前是像散光束，并且，其光轴与光学系统的 x、y 轴不重合时，就存在残余像散。若以 y 轴为参考轴，假设准直物镜的焦距为 f_c 和像散量为 Δ_L，则在 x 方向，准直透镜光瞳平面内的相位差可以表示为

$$\Psi(x) = \Delta_L \frac{x^2}{2f_c^2} \tag{14.A15}$$

假设，波前相对于 y 轴倾斜角 θ，则相位差 $\Psi(x, y)$ 表示为

$$\Psi(x, y) = \Delta_L \frac{(x - y\,\mathrm{tg}\theta)^2}{2f_c^2\cos^2\theta} = \Delta_L \frac{x^2 + y^2\mathrm{tg}^2\theta - 2xy\,\mathrm{tg}\theta}{2f_c^2\cos^2\theta} \tag{14.A16}$$

通过对光学系统调焦，$x^2 + y^2\mathrm{tg}^2\theta$ 可以变为零，所以，假设在 $x = y = h$ 方向波像差具有最大值：

$$\Psi_0 = \Delta_L \frac{h^2\mathrm{tg}\theta}{f_c^2\cos^2\theta} \tag{14.A17}$$

由于 h/f_c 是准直物镜的数值孔径，所以上述公式可写为

$$\Psi_0 = \Delta_L \frac{(NA_c)^2\mathrm{tg}\theta}{\cos^2\theta} \tag{14.A18}$$

马雷夏尔方程给出了下面所示的最大像散 Ψ_0 与波像差 W_{LA} 之间的关系：

$$W_{LA}^2 = \frac{\Psi_0^2}{6} \tag{14.A19}$$

所以，得到

$$W_{\mathrm{LA}} = \Delta_{\mathrm{L}} \frac{(\mathrm{NA_C})^2 \mathrm{tg}\theta}{\sqrt{6}\cos^2\theta} \qquad (14.\,\mathrm{A20})$$

参考文献 ←

1. Feinleib, J.; de Neufville, J.; Moss, S.C; Ovshinsky, S.R. Rapid reversible light-induced crystallization of amorphous semiconductors. *Appl. Phys. Lett.* 1971, *18*, 254.
2. Hopkins, H.H. Diffraction theory of laser readout systems for optical video disks. *J. Opt. Soc. Am.* 1979, *69*, 4–24.
3. Goodman, J.W. *Introduction to Fourier Optics*; McGraw Hill: New York, 1968; Chap. 6.3.
4. Braat, J. *Principles of Optical Disk System*; Adam Hilger Ltd.: New York, 1985; 7–85.
5. Firester, A.H.; Caroll, C.B.; Gorog, I.; Heller, M.E.; Russell, J.P.; Stewart, W.C. Optical read out of RCA video disk. *RCA Review* 1978, *39*(3), 392–407.
6. Mansuripur, M. Scanning optical microscopy part 1. *Opt. & Photonics News* 1998, May, 56–59.
7. Yoshida, T. Tellurium sub-oxide thin film disk. *Proc. SPIE Optical Disks Systems and Applications* 1983, *421*, 79–84.
8. Saimi, T. Compact optical pick-up for three dimensional recording and playing system. CLEO '82 Pheonix, April 1982.
9. Imanaka, R.; Saimi, T.; Okino, Y.; Tanji, T.; Yoshimatsu, T.; Yoshizumi, K.; Kamio, K. Recording and playing system having a compatibility with mass produced replica disk. *IEEE Consumer Electonics* 1983, *CE-29*(3), 135–140.
10. Hartmann, M.; Jacobs, B.A.J.; Braat, J.J.M. Erasable magneto-optical recording. *Philips Tech. Rev.* 1985, *42*(2), 37–47.
11. Deguchi, T.; Katayama, H.; Takahashi, A.; Ohta, K.; Kobayashi, S.; Okamoto, T. Digital magneto-optical disk drive. *Appl. Opt.* 1984, *23*(22), 3972–3978.
12. Born, M.; Wolf, E. *Principles of Optics*; Pergamon Press: Oxford, 1970.
13. Saimi, T. PD Head for "PD" System, *National Technical Report*, Dec. 1995; Vol. 41, No. 41.
14. Shih, Hsi-Fu. Holographic laser module with dual wavelength for digital versatile disk optical heads. *Jpn. J. Appl. Phys.* 1999, *38*, 1750–1754.
15. Nakamura, H. *Fine Focus 1-Beam Optical Pick-Up System*, National Technical Report, 1986; 72–80.
16. Finck, J.C.J.; van der Laak, H.J.M.; Schrama, J.T. A semiconductor laser for information readout. *Philips Tech. Rev.* 1980, *139*(2), 37–47.
17. Imafuji, O.; Fukuhisa, T.; Yuri, M.; Mannoh, M.; Yoshikawa, A.; Itoh, K. Low operating current and high-temperature operation of 650-nm AlGaInP high-power laser diode with real refractive index guided self-aligned structure. *IEEE J. Selected Topics in Quantum Electronics* 1999, *5*(3), 721–728.
18. Chinone, N.; Ojima, M.; Nakamura, M. A semiconductor laser below allowance of noise due to the optical feedback by adding the high frequency generating circuit. *Nikkei Electronics* 1983, *10*(10), 173–194.
19. ECMA Standardizing Information and Communication System Standard ECMA-267, December 1997.
20. Saimi, T.; Mizuno, S.; Itoh, N. Amelioration of tracking signals by using slit-detection method. *Proc. Conference of Japan Society of Applied Physics* 1987, *34,29a-ZL-7*, 743; Tokyo, March 1987.
21. Oudenhuysen, Ad.; Lee, Wai-Hon. Optical component inspection for data storage applications. *Proc. SPIE Optical Mass Data Storage II* 1986, *695*, 206–214.
22. Tsunoda, Y. On-land composite pregrove method for high tract density recording. *Proc. SPIE Optical Mass Data Storage I* 1986, *695*, 224–229.
23. Saito, A.; Maeda, T.; Tunoda, Y. *Fast Accessible Optical Pick-up, O plus E*; Shingijyutsu Communications: Japan, 1986, *76*, 84–87.
24. Boivin, A. *Théorie et Calcul des Figures de Diffractions*; Press de l'Université Laval: Quebec, 1964; 118–122.
25. Maréchal, A.; Françon, M. *Diffraction Structure des Images*; Masson & Cie: Paris, 1970; 105–112.

第15章　计算机直接制版扫描系统

Gregory Mueller

美国加利福尼亚州圣马可市麦德美（MacDermid）打印系统公司

15.1　概述

20世纪90年代初期，研发出了一种称为计算机直接制版（Computer to Plate，CTP）的技术，可以自动制作印版，简化了印版的工艺流程。初期，有许多公司生产CTP设备（印版机）。随着热情逐渐消退及技术的成熟，显然，市场需求不再需要15或20家小印版机公司，最后它们将成功整合为5～10家主要的印版机供应商。近些年，从小型的商业门店到最大的报业集团，各类印版都采用CTP。此外，随着信息数字传输量的不断扩大，印刷工艺需要继续进行优化。为了更好地选择、购买和使用这些设备，就更需要深入了解目前的印版机及其结构。印版机使用设计有光学扫描系统的光源（最经常采用的是激光器）以对光敏印版曝光。本章将简要介绍该领域不同类型的扫描系统、不同扫描系统与光源和印版的合理配置技术，以及目前市场上销售的几款印版机。

15.2　扫描系统类型

从光学设计的角度来说，印版机一般采用的扫描系统并没有特殊之处，大部分都能在非印刷领域找到其原型。与所有产品设计一样，在优化印版机功能性时需要进行一系列的折中。由于CTP工艺的重点是优化印版工艺流程。所以，上述折中常是，针对设计有印版自动处理装置的扫描系统，在复杂性与成本之间进行平衡。

15.2.1　系统分辨率和计算机直接制版

重要的是必须认识到，印版机分辨率与印刷品质量直接相关（即高分辨率一般都有高质量）；同时，分辨率与生产率成反比关系。所以，较高质量印刷材料（如杂志）分辨率的典型值是2400dpi和2540dpi（约1000cm^{-1}）。对于报纸来说，高生产率比印刷质量更为重要，所以，通常采用的分辨率是1270dpi（约500cm^{-1}）。

15.2.2　内鼓式扫描器

内鼓式扫描器是物镜后扫描系统，印版安装在一个涂有光敏材料、面对其柱心的圆柱筒内表面上。在CTP之前，先利用该装置生产大幅底片以用于印版曝光［称为计算机直接制底片（Computer to Film，CTF）工艺］。由于光束必须在一定距离内聚焦为一个小光斑，通常其半最大（光强）全宽（FWHM）值等于系统分辨率的倒数，所以该扫描系统一直使用激光器作为光源。首先，对光束进行时间调制。然后，利用物镜聚焦，并投射到圆筒轴上可旋转的45°反射镜或直角棱镜上，反射镜装置将光束垂直投向印版表面。这些系统对光束与柱筒轴失调很敏感。一般地，光束束腰位于印版表面。

内鼓式扫描系统的最大优点是光学系统比较简单，缺点是很难实现多光束曝光，并且这种格式本身对光能量的利用率就很低。由于印版不能扩展到圆柱的全弧面，所以，总效率最大等于印版张角除以360°（如安装在内鼓上的印版张角是180°，加上其他损耗，系统的总效率小于50%）。图15.1给出了内鼓式印版机的示意。

15.2.3 外鼓式扫描器

外鼓式结构为CTP找到了非常广泛的应用领域：从使用CO_2激光雕刻橡胶柔性印版（几百微米厚），到利用近红外或紫外半导体激光光束对胶版（$1\mu m$厚光敏层）曝光。

外鼓式系统并不是典型的物镜后扫描系统。其曝光介质安装在旋转圆筒的外表面上，并受到聚焦光束扫描。一般采用以下几种方法对光束完成时间调制：对激光光源直接进行调制（如近红外半导体激光器）；

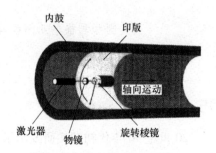

图 15.1　内鼓式印版机

对激光光源进行声光调制（如CO_2激光器）；利用"光阀"或微机电系统（MEMS）调制激光光束或非相干光源（这不仅是对光束的时间调制，也是将其分为多个曝光通道的空间调制）。最后，物镜将光束聚焦在印版上。

外鼓式系统的制约因素之一，是圆鼓的最大旋转速率（取决于转鼓直径、印版重量和厚度等）。除非采用多次曝光通道，否则，可能严重限制最大数据数率（因而影响系统的生产率）。随着圆鼓旋转，曝光"头"（一般包括光源和物镜）沿圆鼓轴向长度方向移动。若采用多通道曝光，则在轴向上一般相隔1个像素，从而形成N个像素宽的螺旋"带"（其中，N为曝光通道数）。外鼓式系统的通道数可以是一到数百。

可以根据曝光介质的具体尺寸调整圆鼓直径，所以，曝光期间的非成像时间极短。外鼓式系统的另一优点是，光学系统一般都很简单。通常光学系统包括光源、时间调制装置和物镜。

多通道系统使数据操作和光学系统复杂化，同时，由于印版必须安装在紧贴圆鼓外表面的寄存器内，所以印版处理系统的设计极具挑战性。

图15.2给出了单光束外鼓式系统的曝光结构示意。其中，光源并未安装在曝光头上，该例是用于镌刻柔性印版的制版机。尽管不具典型性，但该图表示了这样的技术要求——激光束必须精确地与圆鼓中心轴及曝光头传动螺杆平行，所以这是该格式的较为一般的一个例子（与光源在曝光头上移动的系统相比）。如果对准不十分精确，则随着扫描头缓慢移动，会出现很大的成像误差。

15.2.4 *F-θ*扫描结构

*F-θ*扫描系统采用物镜前扫描方式。也就是说，扫描机构（一般是一个旋转多面体反射镜）放置在物镜前。物镜设计保证"聚焦点"位于一个平面内而非曲面内。如果物镜是远

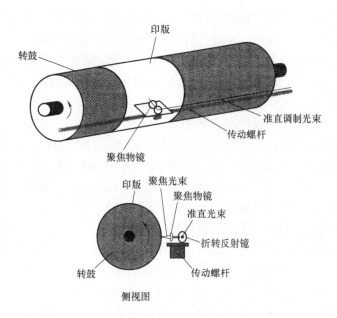

图 15.2　单光束外鼓式印版机的曝光结构（外鼓）

心光学系统的，则物镜直径必须大于该平面的"快速扫描"尺寸（物镜的一个重要特性是，光束在板上的位置正比于多面体反射镜的反射角而非其正切值，光束在板上沿快速扫描轴方向的速度几乎不变，因此印版上的曝光量保持一致）。由于大部分 CTP 曝光介质（如胶印版）并不需要很大的焦深，所以，设计有 $F\text{-}\theta$ 物镜的大多数系统并不使用远心光学系统，因而曝光平面处的入射角可能是 10°。因为光束必须在相当长的一段距离内都处于聚焦状态，所以，这些系统一直采用激光作为光源。图 15.3 给出了美国麦德美公司的柔性印刷版机采用的 $F\text{-}\theta$ 物镜（包括多面体反射镜）。这种非远心方案的扫描线长度超过 60cm，设计分辨率是 500cm^{-1}。请注意，图中右下有一个 12in 的比例尺，由此可大概知道该物镜中光学元件的实际大小。

　　使用 $F\text{-}\theta$ 扫描系统的最大缺点是，为了获取高分辨率和高效率而使成本提高和物镜系统变得复杂。图 15.3 所示的麦德美公司 $F\text{-}\theta$ 物镜的材料成本就达数万美元。通常，其成本是用户考虑的首要问题，因此成为明显影响市场开发的障碍。

15.2.5　德国贝斯印公司印版机

　　德国贝斯印（BasysPrint）公司的印版机是物镜后扫描方式中很独特的例子，使用的工艺有些类似投影光刻技术。美国德州仪器（Texas Instruments）公司的数字微镜器件（Digital Micro-mirror Devices，DMD）芯片，即一种经常应用于投影仪

图 15.3　$F\text{-}\theta$ 扫描物镜（美国麦德美公司）

和电视（TV）中的微机电（MEM）装置，用作空间调制器以便通过物镜将正确位图的图像投影在印版上。曝光期间，使物镜或"光学头"沿三维方向平移（沿 z 轴平移是为了聚

焦）。由于曝光头将数字微镜器件的像投射到印版上，所以该系统对离焦误差很敏感，设计时一定要考虑自动聚焦校正问题。最初的型号，利用短弧灯作为光源。但是，后来的型号已经采用405nm的半导体激光器阵列，并将光束耦合在光纤束中。虽然，激光束没有耦合到单模光纤中（所以光纤发出的光束不相干），但与初始的弧光灯相比，该方案的传输光功率要高得多。

在初始型号中，图像被分成许多"小图片（或迷你图片）"，每个小图片的尺寸就是整个数字微镜器件阵列图像的大小。对于分辨率为1 270dpi（约500 cm^{-1}）的印版机，1024 × 786个像素的数字微镜器件的图像尺寸是2.048cm × 1.536cm。曝光过程包括，光学头首先移动到一个合适位置，并按照规定的时间 $D_{\text{BasysPrint}}$（单位为 s）来曝光；然后，移动到相隔约1.5cm的下一个位置。每块印版要上百次地重复这种工艺。

德国贝斯印公司较新型号的印版机采用相同的结构和光学系统，但已经改变了图像的传输方式。在制版机快速扫描方向，现在的小图像恰好只相隔1个像素。曝光图像被刷新的同时，就扫描到正确位置、曝光并移动到下一个位置（尽管只有1个像素的距离）。对下一个小图像曝光的工艺，是与初始型号基本相同的，其中的区别在于曝光头在快扫方向的小图像之间不再驻留。相反，在快速运动中曝光，最终结果是数字微镜器件快扫轴上的所有像素对印制板上的每个像素曝光。这种曝光方式形成一种"滚动效应"，并且，由于曝光头在小图像之间重新定位不再需要确定起止时间，所以大大提高了制版机的生产效率。

通过图15.4所示可以看出滚动效应是如何实现的。在慢扫轴方向，数字微镜器件简化成一个包括5块微反射镜的阵列；而在快扫轴方向，仅需要3块。印刷介质上所需图像（一个数字"2"）如图15.4上图所示，其他图片表示随光学镜头滚动通过介质上所需图像位置时数字微镜器件的状态（0 = "of"，1 = "on"）。快扫方向上前后像素相隔一个像素。图15.4下图所示为图像的合成曝光结果。

数字微镜器件的最高刷新频率是40kHz。该固有极限与反射镜开关装置的机械性质相关[1]。为了进一步提高这类印版机的生产率，需要采用正在研发的具有更宽范围（如慢扫描方向）的新一代数字微镜器件芯片。

由于曝光头在曝光期间是在印版上的三维方向移动的，所以，这些印版机能够跳过没有图像的区域。尽管该特性的效益完全取决于图像内容，但有可能大大提高这种印版机的生产率。德国贝斯印公司已经将设备的设

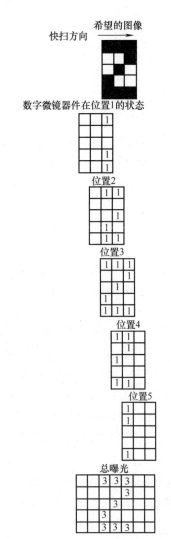

图15.4　德国贝斯印公司采用
的滚动式曝光技术

计重点放在印版曝光（之前，负片一直在真空晒版机内曝光）上。这些印版比其他计算机直接制版介质更为廉价，贝斯印公司称该技术为"计算机常规印版法"（Computer to Conventional Plate，CTcP）。

15.3 确定实现 CTP 的方法

为了对不同扫描结构进行比较，下面将对若干个问题分别进行阐述。

15.3.1 生产率

生产率 X，单位为每小时印版/张数（plates per hour，pph）。印版机的生产率必须满足印刷公司的最高印版产量的需求。这对那些需要准时交付印刷材料，并在截止日期必须完成一定印数的印刷厂（如报纸）尤为重要。生产率是印刷厂格外关注的技术要求，一般地，会指定要求某种类型和尺寸。利用下式可以得出生产率 X（pph）与曝光量和印版处理时间相联系：

$$X = \frac{3600}{\tau_{\text{exp}} + \tau_0} \tag{15.1}$$

式中，τ_{exp} 为曝光一块印版的时间（s）；τ_0 连续曝光之间的时间（s）。两者之和是印版机的"周期时间"。

15.3.2 印版曝光时间

印版曝光时间 τ_{exp}，单位为 s。一般地，产品手册并不规定每张印版的曝光时间 τ_{exp}，但利用式（15.1）及手册列出的不同生产率情况可以求解联立方程确定该变量（稍稍利用几个假设）。对于连续扫描系统（内鼓式、外鼓式和 $F\text{-}\theta$ 式），由于曝光时间简单地等于曝光宽度 W_{slow} 除以慢扫方向的曝光速度（稍后会发现，其是 V_{slow} 的导数），因此很容易求得 τ_{exp}：

$$\tau_{\text{exp}} = \frac{W_{\text{slow}}}{V_{\text{slow}}} \tag{15.2}$$

15.3.3 印版处理时间

印版处理时间 τ_0，时间为 s。很显然，印版处理时间，对印版机的周期时间（如，从一块印版开始曝光，到下一块印版开始曝光所花费的时间），也可以说对印版机的生产率，有重要影响。实际上，在寄存器中卸除曝光后的印版，然后装载和定位下一块印版的时间，可能会超过该版需要的曝光时间。一旦计算出 τ_{exp}，根据式（15.1）可直接计算得到 τ_0。

15.3.4 曝光量公式

用下列简单公式可以描述曝光介质灵敏度、需要的光源功率及介质扫描速率之间的关系：

$$D = \frac{P_{\text{plate}}}{A'} \tag{15.3}$$

式中，D 为印版需要的曝光量（J/cm^2）；P_{plate} 为曝光介质处光功率的测量值；A' 为有效面积扫描速率（$\text{d}A/\text{d}t$）。应当注意，D 是印版的自身特性，由于不同传输形式的光束（如，是高斯光束或是平顶礼帽形状光束）影响着印版的最终结果，所以，从本书目的出发，最好把它作为一个估算值。在各种情况下，需要的曝光量随印刷技术和印版类型变化很大，具体数据见表 15.1。

表 15.1　不同印版的光敏特性

印刷技术	印版类型	激光类型/波长	曝光量近似值/(J/cm^2)
胶印	卤化银	半导体激光器，405nm FD YAG，532nm	10×10^{-6}
胶印	光聚合物	半导体激光器，405nm FD YAG，532nm	100×10^{-6}
胶印	高速传统模拟型	半导体激光器，405nm 灯，365～420nm	50×10^{-3}
胶印	传统模拟型	半导体激光器，405nm 灯，365～420nm	100×10^{-3}
胶印	热敏型	半导体-近红外，830nm	150×10^{-3}
柔性版印刷	光聚合物 （美国麦德美公司激光板）	FT YAG，355nm	30×10^{-3}
柔性版印刷	黑色掩模烧蚀型	半导体-近红外，830nm	2.00
柔性版印刷	橡胶雕刻	二氧化碳-红外，10.6μm	200

（资料源自：Value for offset plate from Weber, Robert J. 2008. Computer-to-Plate White Paper：http：//www. bob-weber. com/pdfs/CTP%20WP-Web. pdf. Accessed April 1，2010）

15.3.5　光源功率

由于 P_{plate} 是曝光介质处的功率测量值，则必须计算光源在光学透过率为 T 值时的光源总功率：

$$P_{plate} = P_{total} T \qquad (15.4)$$

随着光学系统越来越复杂，光学面数也会增加，并且不理想的光学膜层将造成透射能量损失。例如，一个光学系统由 20 个镀有增透膜的光学表面组成，若每个表面膜层的能量损失为 0.5%，则总的透射损失约为 9.5%。

另一种主要的透射损失，源自光源的调制方法。通常，使用半导体激光器的系统是直接进行调制的，完全可以弥补该项损失。其他普通类型的调制技术使用的是一个声光调制器，由其造成的损失一般是 10%～20%。根据制造厂商美国德州仪器公司提供的资料，德国贝斯印公司印版机中数字微镜器件的透射损失约为 35%[1]。

15.3.6　有效面积扫描速率

最大印版曝光面积 A（单位为 cm^2）为

$$A = W_{slow} L_{fast} \qquad (15.5)$$

下标"slow"和"fast"分别表示印版机的"慢"和"快"扫描轴。在每个快扫描周期，都有主动曝光期和空载周期（如当光束从一条扫描线转换到下一条扫描线时）。利用这些时间周期可以确定占空因数 e：

$$T_{scan} = T_{active} + T_{dead}$$

$$e = \frac{T_{active}}{T_{scan}}$$

对于使用连续扫描方式的系统，T_{scan} 与扫描速率 S 是简单的倒数关系，因此有

$$T_{\text{active}} = eT_{\text{scan}} = \frac{e}{S} \tag{15.6}$$

为了确定扫描印版面积的速率，首先确定快轴方向单次扫描曝光的最大面积：

$$A_{\text{scan}} = L_{\text{plate}} \frac{N}{R} \tag{15.7}$$

式中，L_{plate} 为印版机可以印刷的最大印版长度；N 为曝光使用的通道数；R 为分辨率（cm^{-1}）。N/R 为慢轴方向扫描带宽度。联立式（15.5）和式（15.6），得到有效面积扫描速率的平均值：

$$\frac{\text{d}A}{\text{d}t} = \frac{L_{\text{plate}} \dfrac{N}{R}}{T_{\text{active}}} = \frac{L_{\text{plate}} \dfrac{N}{R}}{\dfrac{e}{S}} \tag{15.8}$$

$$A' = \frac{L_{\text{plate}} N S}{e R}$$

由式（15.8）注意到，A' 为一个轴上速度与其正交轴上宽度的乘积：

$$V_{\text{slow}} = \frac{NS}{R} \tag{15.9}$$

而 L_{plate}/e 为某种扫描占空因数时的快扫长度。

另外，有

$$V_{\text{fast}} = \frac{L_{\text{plate}} S}{e}$$

以 N/R 值为慢扫方向曝光光束扫描带宽度，V_{fast} 快扫平均速度。如前所述，在推导使用连续光学扫描方式（如内鼓式、外鼓式和 $F\text{-}\theta$ 系统）印版机系统的生产率时，V_{slow}［见式（15.9）］特别有用。

15.3.7　德国贝斯印印版机有效面积扫描速率

对于德国贝斯印印版机，必须以稍微不同的方式推导有效面积扫描速率。曝光头以盘旋形式扫描印版：随着曝光头在快扫方向扫描印版实现曝光，直至到达图像边缘，再停止，并移动到下一扫描行，在相反的快扫方向移动曝光。快扫带之间的距离是数字微镜器件在慢扫轴方向的图像高度。德国贝斯印公司将曝光量称为"光时（light time）"（本章用 $D_{\text{BasysPrint}}$ 表示）。贝斯印快扫速度可以简单地表示为数字微镜器件在快扫方向的图像高度除以"光时"：

$$V_{\text{fast}} = \frac{N_{\text{fast}}/R}{D_{\text{BasysPrint}}} \tag{15.10}$$

式中，N_{fast} 为曝光期间使用快扫轴次数。数字微镜器件的刷新率表示为

$$f = \frac{N_{\text{fast}}}{D_{\text{BasysPrint}}} \tag{15.11}$$

数字微镜器件的设计特点之一，是可以只利用部分阵列提高刷新率 f（美国德州仪器公司已经将数字微镜器件规格化为一个较小模块，最高刷新率是 40000Hz）。然而，这并不具有优势。这是因为，在某一时间点，快扫轴方向使用所有像素（768 个）的刷新率仅为9700Hz，分辨率 500cm^{-1} 时形成速度 $V_{\text{fast}} = 19.4\text{cm/s}$。德州仪器公司的最新数字微镜器件手册给出，快扫轴方向使用所有 768 个像素的最大刷新率是 32550Hz，将速度 V_{fast} 提高到

$65.1 \text{cm/s}^{[3]}$。为了使用更高的刷新率，可以减少快扫轴方向像素数目 N_{fast}。最后，由于曝光量要依靠经验进行优化，所以由用户确定（即用户并不要求 0.1mJ/cm^2 的曝光量，而是进行一系列曝光以确定合理"光时"）。

贝斯印印版机的有效面积扫描速率，就是简单地将数字微镜器件在慢扫轴方向的像高乘以快扫速度，或者为

$$A'_{\text{BasysPrint}} = V_{\text{fast}} W_{\text{slow}} = \frac{\dfrac{N_{\text{fast}}}{R}}{D_{\text{BasysPrint}}} \frac{N_{\text{slow}}}{R} \tag{15.12}$$

$$A'_{\text{BasysPrint}} = \frac{N_{\text{fast}} N_{\text{slow}}}{D_{\text{BasysPrint}} R^2}$$

该式表示曝光期间面积扫描速率，可用于计算需要的光源功率。然而，为了计算制版机的生产率，还必须考虑开始扫描到将曝光头加速到曝光速度 V_{fast} 所用的时间、扫描结束的减速时间，以及曝光头重新定位下次扫描的时间。该"空载时间"值（仅是感觉"空载"没有曝光）随 $D_{\text{BasysPrint}}$ 稍有变化，并且，正如所证明的，将大大影响生产率。为了便于计算，假设 $T_{\text{dead}} = 0.6 \text{s}$。

为了确定生产率，要首先确定需要通过快扫轴的次数及每次快扫通过需要的时间。快扫通过的次数等于慢扫像长度除以数字微镜器件的图像宽度，由于制版机不能部分通过慢扫描轴，所以 n 值向上取相邻整数，有

$$n = \frac{W_{\text{slow}}}{1024/R} \tag{15.13}$$

每次通过快扫轴的时间为

$$T_{\text{scan}} = \frac{W_{\text{fast}}}{V_{\text{fast}}} \tag{15.14}$$

式中，W_{fast} 为快扫轴方向的扫描长度。由式（15.10）和式（15.14），可以看出

$$T_{\text{scan}} = \frac{W_{\text{fast}}}{\dfrac{N_{\text{fast}}}{D_{\text{BasysPrint}} R}} = \frac{W_{\text{fast}} R D_{\text{BasysPrint}}}{N_{\text{fast}}} \tag{15.15}$$

印版的总曝光时间为

$$\tau_{\text{exp}} = n T_{\text{scan}} + (n-1) T_{\text{dead}} \tag{15.16}$$

由于 T_{dead} 仅出现在扫描之间，所以式中会有 $(n-1)$。实际上，需要为开始第一次扫描增加一次加速时间和为最后一次扫描增加一次减速时间；而对较大的设计方案，这些量是微不足道的，可以忽略不计。然后，根据式（15.1）计算印版机的生产率。

15.4 印版机系统实例 ⬅

下面将介绍和讨论不同类型 CTP 应用的具体实例。为了合理地进行比较，印版机分辨率取 500cm^{-1}（尽管许多印版机的分辨率可变），并且，为了计算生产率，假设印版标准尺寸为 $34.3 \text{cm} \times 60 \text{cm}$（标准报纸版面）。

15.4.1 日本富士（Fuji）公司 Saber V8-HS 型印版机（内鼓式）[4]

该印版机采用 2 个毫瓦级半导体激光器（输出波长为 405nm，每个激光器有单独的曝光

头），专为胶印机设计（并非专为报纸印刷机设计），使用曝光量为 $10^{-4} \sim 10^{-5} \mathrm{J/cm^2}$ 的印版（见表 15.1）。产品手册表明，扫描速率是 $60000 \mathrm{r/m}$（$S = 1000 \mathrm{s}^{-1}$）。根据式（15.9），每个曝光头的慢扫速度是 $S/R = 2 \mathrm{cm/s}$。

根据产品手册，比较两种不同分辨率的生产率可以确定加载时间：$2400 \mathrm{in}^{-1}$ 时为 $47 \mathrm{pph}$ 和 $1200 \mathrm{in}^{-1}$ 时为 $70 \mathrm{pph}$（板宽未确定）。联立式（15.1）和式（15.2），有

$$\frac{3600}{X} = \tau_{\mathrm{exp}} + \tau_0 = \frac{W}{V_{\mathrm{slow}}} + \tau_0$$

可以合理地假设，两种分辨率下印制版的处理工艺相同。联立求解两个方程并利用 $V_{\mathrm{slow}} = 2 \mathrm{cm/s}$，可以得到 $W = 106.5 \mathrm{cm}$ 和 $\tau_0 = 26.3 \mathrm{s}$。

接着进行比较，有 $\tau_{\mathrm{exp}} = 34.3 \mathrm{cm}/(2 \mathrm{cm/s}) = 17.2 \mathrm{s}$，利用式（15.1），则每个曝光头的生产率为

$$X = \frac{3600 \mathrm{s}}{17.2 \mathrm{s} + 26.3 \mathrm{s}} \approx 82.8$$

即每个曝光头每小时的曝光周期数。

假设，使用 2 个曝光头，每个曝光周期放置 2 块印版，则生产率 X 约为每小时 166 块印版。

这种印版机在快扫方向能够曝光的最长印刷板是 $960 \mathrm{mm}$。假设扫描占空因数 $e = 50\%$（记住，内鼓式结构快扫方向的占空比比外鼓式和 $F\text{-}\theta$ 扫描系统的小），根据式（15.8），则有效面积扫描速率为

$$A' = \frac{96 \mathrm{cm} \times 1 \times 1000 \mathrm{s}^{-1}}{0.5 \times 500 \mathrm{cm}^{-1}} = 384 \mathrm{cm^2/s}$$

如果光源总功率的 90% 投射到印版上（激光器直接调制，光学系统相当简单），则采用的曝光量 [根据式（15.3）和式（15.4）] 为

$$D = \frac{P_{\mathrm{T}}}{A'} = \frac{0.060 \mathrm{W} \times 0.9}{384 \mathrm{cm^2/s}} \approx 1.41 \times 10^{-4} \mathrm{J/cm^2}$$

与表 15.1 给出的对波长 $405 \mathrm{nm}$ 敏感的胶版印刷技术要求的曝光量完全一致。

15.4.2　美国柯达（Kodak）公司 Generation News 型印版机（外鼓式）

Generation News 型印版机主要针对热胶印报纸版。柯达公司 Thermal News Gold 胶印版对近红外光谱的灵敏度约为 $0.1 \mathrm{J/cm^2}$。这种型号有 2 个曝光头，每个曝光头都有一个发射 $830 \mathrm{nm}$ 波长光束的半导体激光器阵列。

产品手册（即本章参考文献 [5]《Kodak Generation News System》）中的技术规范：$34.3 \mathrm{cm}$ 宽报纸版的生产率是 $300 \mathrm{pph}$；$89 \mathrm{cm}$ 宽报纸版的生产率是 $140 \mathrm{pph}$（Z 项图）。对于窄版，每个曝光头曝光 1 块版，因此，每小时的曝光周期是 150 次（300/2）。由式（15.1）得到

$$\frac{3600}{150} \mathrm{s} = \tau_{\mathrm{exp}} + \tau_0 = 24 \mathrm{s}$$

对于宽版，有

$$\frac{3600}{140} \mathrm{s} = \tau_{\mathrm{exp}} + \tau_0 \approx 25.7 \mathrm{s}$$

假设，上述两种情况的 τ_0 和 V_{slow} 相同（印版具有相同的灵敏度和处理技术），以 W/V_{slow}

代替 τ_{exp}，就可以解联立方程。其中，W 为每个曝光头的移动距离。其结果是，V_{slow} = 5.95cm/s，τ_{exp} = 5.76s，τ_0 = 18.2s。注意，印版的处理技术是影响印版机生产率的主要因素。

利用式（15.9），有

$$NS = V_{slow}R = 5.95 \text{cm/s} \times 500 \text{cm}^{-1} = 2975 \text{s}^{-1}$$

乘积 NS 指每秒曝光通道（或头）数。该值意味着，或者曝光通道数是一个大数，或者鼓的转速很高。柯达公司报纸印刷型（Z 型）印版机实际上使用 224 个曝光通道/头，因此转鼓转速近似为 13.3r/s[2]。

为了确定每个激光曝光头需要的功率，必须首先确定有效面积扫描速率。应当记得，调整转鼓的圆周可以使快扫方向的占空比最大，即转鼓上唯一不成像的空间就是将印版安装在转鼓上的机构。若最大印版长度是 66cm，合理假设 2cm 是为印版安装机构所需空间，则快扫方向占空比是 97%。利用式（15.8）和式（15.9），有

$$A' = \frac{5.95 \text{cm/s} \times 66 \text{cm}}{0.97} = 404.8 \text{cm}^2/\text{s}$$

代入式（15.3），并利用 0.1J/cm² 剂量要求，则求得每个曝光头必须传输约 40W 能量以曝光 Thermal News Gold 印版机的印版。

15.4.3 美国麦德美（MacDermid）柔性印版机（F-θ 扫描器）

麦德美公司的柔性印版机主要针对采用柔性印版技术生产的报纸。这些印版在较薄（约 0.17mm 厚度）的钢基板上有较厚的光聚合物层（厚度 0.25 ~ 0.40mm），将印墨施加在该印版上，柔性制图工艺利用印版上的凸起区域，来分开印刷区与非印刷区。由于未固化的光聚合物层是柔软的，同时印版的切割边缘稍有发黏，所以印版的自动处理技术是相当具有挑战性的。这也促使设计上趋向采用平版印刷方案的 CTP。麦德美公司的柔性印版机使用高功率、准连续波（锁模）钒酸盐晶体三倍频激光器，其发射波长为 355nm。

由于需要的曝光量约为 0.030J/cm² 和 8W 的紫外（UV）激光功率（机器工作时的最高功率），所以该工艺是光子受限技术的。即，印版机的生产率不仅受限于曝光工艺，而且受紫外（UV）功率的限制。该系统约有 50 个光学面，使用声光调制器，总光学透射率约为 50%，由式（15.3）得到的有效面积扫描速率 A' = 133cm²/s。

多面体反射镜有 12 个小反射面，快扫描方向的占空比约为 85%。利用 4 个曝光通道曝光，则根据式（15.8）得到下面的扫描速率：

$$S = \frac{A'eR}{L_{plate}N} = \frac{133 \text{cm}^2/\text{s} \times 0.85 \times 500 \text{cm}^{-1}}{60 \text{cm} \times 4} \approx 236 \text{s}^{-1}$$

即每秒扫描 236 次。由于有 12 个小反射面，所以，多面反射镜的转动速率约为 20r/s 或 1200r/m。为了确定印版机的生产效率，根据式（15.9）求出慢扫方向速度（每次扫描有 4 个曝光通道）：

$$V_{slow} = \frac{NS}{R} = \frac{4 \times 236 \text{s}^{-1}}{500 \text{cm}^{-1}} \approx 1.89 \text{cm/s}$$

经计算［根据式（15.2）］，曝光一块印版的时间是 τ_{exp} = 18.2s。由于一块印版的处理时间 $\tau_0 \approx 15$s，所以计算出的设备生产率 X 约为每小时 109 块印版。

麦德美公司发现，较脏的印报环境对保持光学系统洁净具有很大的挑战性。由于紫外最

高光强度约为 $50MW/cm^2$，所以，已经证明，采用清洁的干燥空气净化光学系统组件，对减少必要的维护和延长昂贵的光学组件的寿命极为有益。

15.4.4　德国贝斯印 6 系列印版机[6]

尽管柔性报纸印刷机也安装了这类设备，但大部分德国贝斯印印版机主要针对胶印印版机。假设要曝光的是普通高速胶印版，那么就要计算所需的"光时"和光源功率。为了计算生产率，需要知道印版处理时间，但产品说明书并没有提供足够的信息来确定印版的处理时间，为了便于比较，假设印版处理时间是 15s。

根据产品手册，若印版尺寸是 60.5cm×74.5cm，则印版机的生产率是每小时 60 块。为了与使用 34.3cm×60cm 印版的其他印版机进行比较，必须确定 V_{fast}。利用式（15.1）计算 τ_{exp}：

$$\tau_{exp} = \frac{3600}{X} - \tau_0 = \left(\frac{3600}{60} - 15\right)s = 45s$$

为了确定曝光头的速度，先确定每次扫描的时间 T_{scan}。利用 $n = 30$ ［为 60.5/(1024/500) 向上取最近整数］和 $T_{dead} = 0.6s$，由式（15.16）得到

$$T_{dead} = \left[\frac{\tau_{exp} - (n-1)T_{dead}}{n}\right] = \frac{45s - 29 \times 0.6s}{30} = 0.92s$$

假设，印版面向快速扫描方向，尺寸为 74.5cm，印版机使用 2 个曝光头对印版曝光，使每个曝光头都有 37.25cm 的快扫宽度，因此 $V_{fast} \approx 40.49cm/s$（即 37.25cm/0.92s）。将 $N_{fast} = 192$ 个像素代入式（15.10），得

$$D_{BasysPrint} = \frac{N_{fast}/R}{V_{fast}} = \frac{192/500cm^{-1}}{40.49cm/s} \approx 9.5ms$$

在此注意，由于最小"光时"为 $D_{BasysPrint} = 4.8ms$，所以，产品手册给出的例子并不代表印版机的最高生产率。根据式（15.11），最高刷新率是 40kHz。

为方便将德国贝斯印公司印版机的生产率与其他公司的相比较，在式（15.14）中可以利用正确的快扫宽度来确定 T_{scan}：

$$T_{scan} = \frac{34.3cm}{40.49cm/s} \approx 0.85s$$

利用 $n = 30$ ［为 60cm/(1024/500) 向上取最近整数］和 $T_{dead} = 0.6s$，由式（15.16）得

$$\tau_{exp} = 30 \times 0.85s + 29 \times 0.6s = 42.9s$$

再利用式（15.1）（记住，使用 2 个曝光头），得到生产率为
对于每个曝光头

$$X = \frac{3600}{42.9 + 15}pph \approx 62.2pph$$

总的生产效率为

$$X = 124.4pph$$

为了确定需要的光源功率，必须利用式（15.12）确定主动扫描速率：

$$A'_{BasysPrint} = V_{fast}W_{slow} = 40.49cm/s \times 2.048cm = 82.9cm^2/s$$

为了满足需要的曝光量 $0.050J/cm^2$，根据式（15.3）确定印版处的功率：

$$P_{plate} = A'D = 82.9cm^2/s \times 0.050J/cm^2 \approx 4.1W$$

假设，光学总效率约为40%，则要求每个曝光头的光源总功率是10.4W。

15.5 结论

当研究一个表述计算机直接制版工艺的公式时，很明显，任何装置都具有足够的曝光量以满足光敏印版的技术要求。多数情况下，要根据曝光介质和光源功率的具体要求，研发不同类型的印版机。保持系统尽可能简单的设计理念仍起着主要作用，用户预算紧张时尤其如此。

如果使用决策树决定合理的CTP设备，则外鼓式结构是最理想的选择。外鼓式结构具有较简单的光学设计，同时曝光通道数量和可用光源两个方面又可以灵活选择，因此广泛应用于各类印版机：从紫外曝光胶印印版到红外（波长10.6μm）刻厚柔性印版。

相比之下，内鼓式的结构简单，但可用曝光通道有限，并且需要使用高质量的激光器，利用效率也相当低。所以，随着405nm和532nm光束曝光的胶印印版的逐渐研发使用，同时限制了内鼓式结构应用于低功率、低曝光量领域。

$F-\theta$结构与印刷厂的外鼓式设备在最高生产率方面常常形成竞争。这种装置最容易实现印版处理的自动化。但是，由于光源必须采用较高质量的激光光束，所以，该结构本身适合于低功率、低曝光量的应用，可以利用这种设备对胶印（对355nm、405nm和532nm波长敏感）和柔性（对355nm敏感）两种印版曝光。高质量$F-\theta$物镜成本较高，影响其市场接受度。

德国贝斯印印版机适用于曝光较低成本介质（历史上曾利用真空晒版机对负片曝光）的印刷厂。美国德州仪器公司的数字微镜器件新颖地利用了弧光灯或半导体激光器阵列作为光源来完成曝光。贝斯印印版机已经应用于柔性报纸印刷厂。

参考文献

1. Dudley, D.; Duncan, W.; Slaughter, J. Emerging Digital Micromirror Device (DMD) Applications. *SPIE Proceedings* 4985.14, 2003.
2. Weber, R.J. 2008. Computer-to-Plate White Paper. http://www.bob-weber.com/pdfs/CTP%20 WP-Web.pdf. (Accessed April 1, 2010.)
3. Texas Instruments Incorporated. DLP Discovery 4100 Development Kit - DLPD4X00KIT - TI Tool Folder. http://focus.ti.com/docs/toolsw/folders/print/dlpd4x00kit.html. (Accessed April 23, 2010.)
4. Fujifilm Graphic Systems U.S.A., Inc. 2008. *SABER V-8 HS*. http://www.fujifilmgs.com/ pages/8_up/64.php. (Accessed April 1, 2010.)
5. Eastman Kodak Company. 2009. *Kodak Generation News Systems*. http://graphics.kodak.com/ US/en/Product/computer_to_plate/ctp_for_newspaper/Generation_News_System/default. htm. (Accessed February 15, 2010.)
6. Punch Graphix International NV. 2008. *Serie 6_downl_eng.pdf*. http://www.basysprint.com/en/ products. (Accessed April 1, 2010.)

第16章　水下成像同步激光线扫描器

Fraser Dalgleish

博士

Frank Caimi

博士，注册工程师

美国佛罗里达州皮尔斯堡市佛罗里达大西洋大学海港海洋学研究所海洋能见度和光学实验室

16.1　概述

长期以来，人们对观察水下目标怀有极大兴趣，并且，为探索"海面下究竟是什么样"进行了各种研究。遗憾的是，水分子与悬浮颗粒的吸收和散射物理过程，妨碍了对远距离物体的观察，需要使用专门的成像技术或水下光学成像系统来扩展观察范围。

海下成像系统主要分为两类：普通系统和先进系统。普通系统利用环境光或人造光，并利用胶片或摄像机；先进系统则一般设计有专门的照明系统，如激光器，并采取某种方法消除主要来自介质内的散射光，而不是照明视场内期望的目标反射光。胶片相机、电荷耦合器件（CCD）相机频闪灯、弧光灯及最近设计带有发光二极管（LED）照明系统的高清晰度电视（High Definition Television，HDTV）相机组成普通的成像系统。在实用的激光器系统出现之前很久，就提出了先进的成像系统的概念，并利用各种几何结构布局减轻散射和吸收的影响。

对于物像距是1~2个光束衰减长度的成像表面，通常采用的是宽光谱照明光源的普通照相系统。1个衰减长度是指光束传播到其光强度减小至初始强度$1/e$时的距离。在清澈的海水中，该距离的典型值是20~30m；而在浑浊的海水中，可以小于1m。已经发现，若使光源与相机相距一定间隔，即利用泛光灯（或探照灯）照明目标范围，对于约3个衰减长度的物像距都能提供较好的成像质量。然而，随着散射系数增大，通常的体散射颗粒的散射程度也会增大，造成信噪比（SNR）、对比度和分辨率降低，最终形成一个对比度受限的图像。

使用激光光源的先进成像系统的成像距离一般都大于3个衰减长度。这种长距离成像装置通常分为两类：同步激光线扫描器（LLS）类型和激光距离选通（Laser Range Gated，LRG）类型。

同步激光线扫描器是能够完成宽带扫描的串行成像系统，一般使用连续波（CW）激光光源，并利用窄瞬时视场（Instantaneous Field of View，IFOV）单元件探测器（见图16.1左图）连续跟踪扫描线上的目标，从而减小散射范围。根据受控实验的结果和解析模型可知，同步扫描器可以在超过 5 个衰减长度的最大距离上工作，并相信，由于浑水中多种近场后向散射体的散粒噪声影响，会达到一个极限值；同时，在较清澈的海水中，还会受限于前向散射体[1-3]。研究人员在研发并将这类成像装置应用于了海底车辆，包括拖曳机构、载人潜水器、水下机器人（Autonomous Underwater Vehicle，AUV，或称自主式水下船）和遥控水下机器人（Remotely Operated Underwater Vehicle，ROV），从而为各种活动（包括军用、海底生物科学调查及石油和天然气基础设施检查）中识别海床特性提供影像（见图 16.1）。

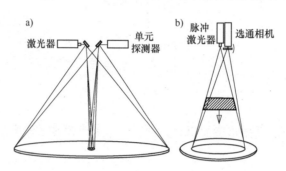

图 16.1　同步激光线扫描器系统和激光距离选通系统的水下成像几何图

a）利用同步激光线扫描系统的水下成像几何图　b）利用激光距离选通系统的水下成像几何图

成像距离的进一步增大，得益于水下车辆速度提高和可控性增强，同时这也提高了更大物像距离上的图像分辨率。比较快速、可靠地对目标形成较高分辨率图像并对较远距离的位置进行调查，能够使水下车辆用于更为广泛和多样化的应用。根据目标区域地形表面的大小和复杂程度，光学传感技术可能是表述其特征唯一有效的方法。

例如，以探查未知或动态环境为例，为了在垂直于海床方向具有更高的性能并以比水下机器人更高的速度来展现海床地貌的快速变化，就必须使车辆在距离海床足够高的位置"飞快"地运动，才有可能避免灾难性的碰撞。因此，水下光学扫描系统的设计必须适应变化的物像距。

仿真和实验还表明，这类激光距离选通成像装置（见图 16.1 右图），即利用脉冲激光光源的成像装置，尽管通过的总带宽比激光线扫描器窄，但也能够对大于 5 个衰减长度的成像区域形成足够好的水下性能。由于发散激光脉冲的散射光与门控增强型相机同步，所以，这些系统消耗能量最少[4-7]。与激光线扫描器相比，该方法的优点之一是，由于整个视场（FOV）同时成像，因此，不必精确实现目标图像配准。

研究人员还曾努力验证如何采用高重复速率脉冲光源和单元件选通探测器来完成同步扫描[2,8]。尽管由于光源与目标之间存在前向散射体及返回光路的衰减问题而最终使其受限，但光源与接收器之间无须采用空间偏移方法阻挡散射光，所以该系统比连续波激光线扫描器（CW LLS）系统更为紧凑。

归纳起来，由于激光束从光源到目标区的传输过程中只有一小部分返回到探测器，所以，这两类远距水下成像装置的性能都会受到介质点扩散和衰减效应的影响。散射和衰减造成对比度、分辨率和信噪比的损失，并且在极限工作距离情况下会特别严重。

要使普通的散射范围最小，激光线扫描器系统的设计需要有较小的景深（DOF），一般小于几米。对于动态水下环境成像，光学透射性质和海床表面特征或平台高度都有很大变化，问题会变得更严重。通常，这些因素会导致像质严重恶化，甚至不可容忍，或者导致信号完全丧失。如图 16.2 所示，景深是以下参数的函数：光源与接收器的间距；从光源到目标再返回的光路长度（目标距离）；光束发散度；接收器接收角的函数。图 16.3 给出了如何通过增大激光线扫描器的接收孔径来增大景深。另外，机载高度计也需精细调焦。

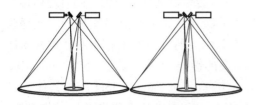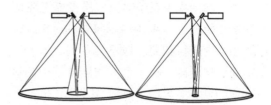

图 16.2　表示光源至接收器间距对线扫　　　图 16.3　表示激光线扫描器瞬时视场
　　描器景深和普通散射范围　　　　　　　对散射范围减小、景深和图像
　　影响的几何图形　　　　　　　　　　　分辨率影响的几何图形

激光线扫描器系统能够达到多高的光学分辨率，取决于激光束在目标区域反射面上的直径，也与接收器对返回信号强度（为扫描角的函数）的分辨率有关。例如，使接收器接收到目标处的光斑尺寸最小又使瞬时视场最小，就可以减小散射范围，从而改善信噪比。也就是说，通过减小散射范围，即减小景深，可以提高系统的成像范围。图 16.3 给出了概念性的表述。

减小瞬时视场就会减小每个像素所占的目标面积，通常以每像素为多少平方厘米来计量。从理论上讲，减小瞬时视场也就提高了图像的分辨率。当成像目标表面具有高空间频率时，该方法尤为理想。由于景深有限，在前向散射和弥散方面产生了影响，使得可实现的分辨率受到了进一步的限制。

下面介绍两种不同的同步方激光线扫描器的工作原理。第一种系统的概念，源自 1973 年的一篇专利（即本章参考文献 [9]）。20 世纪 90 年代初期，采用各种封装结构的这类系统已经得到了应用[3,10]。16.3 节介绍的光线追迹分析用模型使用的光源-接收器的间隔是 40cm。第二种系统的光源-接收器具有较小间隔（23cm）。作为激光线扫描技术的另一种台式测试系统（利用脉冲和调制脉冲激光光源），这使目前系统的性能有了很大提高。本章 16.2 ~ 16.6 节内容安排如下：

16.2 节，简要介绍激光线扫描水下成像装置的历史背景。

16.3 节，讨论两种不同类型激光线扫描器的光学设计原理。

16.4 节，继续从技术上详细讨论焦平面处视场光阑孔径的技术要求，既保证宽带操作，又能实现焦距变化。

16.5 节，通过一种颇具特色的同步线扫描器，来讨论如何在系统性能与不同系统参数间进行折中，并给出试验室的最新研究结果。

16.6 节，对宽带远距水下激光成像系统的主要光机装置进行了总结，对未来进一步发展方向进行了评述。

16.2　激光线扫描器发展史

虽然同步激光线扫描系统的最初构思产生在 20 世纪 70 年代初期[11]，但真正的研究是在20世纪80年代和90年代初期与美国海军签订的一系列研发合同中开始的。在美国圣地亚哥地区的一些私人承包公司的科学家参与了早期的研发。这些公司中就有美国频谱工程有限（Spectrum Engineering Incorporated，SEI）公司。1988年，频谱工程有限公司开始研发双锥形多面体反射镜系统作为水下成像装置，在工作距离、视场和像质方面都比普通成像系统有了重大进展，并在20世纪90年代初期，对一些概念进行了现场验证。在圣地亚哥进行的试验中，利用拖曳系统对第二次世界大战期间沉没的鱼雷轰炸机进行了成像，同时使用称为宽视场成像系统（Wide Area Imaging System，WAIS）的激光系统及当时最先进的一些增强型照相系统进行拍照。1993年3月，在英国布莱斯市英国天然气海底工程中心，对该系统做了商业化测试，在一个大型测试箱中测试了静态拖曳的性能，并与硅增强靶（Silicon Intensified Target，SIT）、增强型SIT（Intensified Silicon Intensified Target，ISIT）和其他CCD相机进行了比较[12]。在这种应用中，激光线扫描器的性能显然优于其他先进的成像系统，因此继续进行了研发以确定一个具备内置微处理器和自动控制功能的商业化产品。1992年10月，正式交付了称为SM2000的商业化产品。该系统放置在80in长和直径为11in的高压容器中，功率为5kW。多年来该系统一直成功用于各种生活环境的勘察活动[10,13,14]，也被海军用于进行目标识别。

与此同时，还有另外源自于海军合同的激光成像装置也进行了商业化。位于美国圣地亚哥市的斯巴达（SPARTA）公司是一家具有激光系统实验室的高科技公司，研制出了一种激光距离选通成像装置[5,6]。美国海岸系统站对其进行了测试，同时与激光线扫描系统进行了详细比对。该系统仅限于美国海军使用[3]。

2001年，美国海军研究局（Office of Naval Research，ONR）对非常具有竞争性的光电识别（Electro-optic Identification，EOID）传感器进行了评估[15]。试验中，在一辆拖曳车上安装了一台条纹管激光成像雷达（Streak Tube Imaging IDAR，STIL）和两个激光线扫描器系统，以及一套环境传感器。期间，除了有机会为系统性能提供具有挑战性的环境条件外，这些经历还形成了丰富的图像数据，对验证性能预测模型极为有用。

20年来，业界广泛认为激光线扫描器技术是获取水下环境光学识别质量图像的最佳方法。然而，很显然有必要为海军的应用来进一步开研发可以提高性能、具有验证模型和进行性能预测的软件。2006年，水下激光线扫描器检测专用实验室在美国海洋研究所港口分部（佛罗里达州皮尔斯堡市佛罗里达大西洋大学校区）建成。该实验室与美国亚利桑那州凤凰城市林肯（Lincoln）激光器公司，合作研发了一种更为紧凑的台式激光线扫描器。下面将详细介绍该系统。

16.3　水下激光线扫描器成像系统光学设计原理

16.3.1　双锥体线扫描器

第一种设计基于初始形式的激光线扫描技术，正如16.2节所述，已经应用于不同项目并完成一系列海床成像任务。如图16.4所示，该系统由一个单轴电动机驱动的两个锥形多面体反射镜组成。

旋转多面体反射镜的每个小反射面将激光束反射向目标区，并被第二个更大尺寸的旋转多面体反射镜将返回的一部分光束反射到探测器。通常，该光学系统还包括会聚物镜、视场光阑（孔径）和一个光电倍增管（PMT）。
两个锥体反射镜组件沿一条共用轴同步耦合，
而每个锥体反射镜各自对称对准。共用轴将
每个组件耦合到扫描电动机系统上，并使两
个组件的旋转轴重合。锥体多面体反射镜有
4 个平面反射面或三角形反射面，每个反射
面所在平面相交于一个顶点。随着组件旋转，
入射到小反射面的光束以变角度反射，从而
形成空间扫描线。因此，第一个组件每转一
圈就完成 4 次扫描循环，每次循环涵盖最大
扫描角是 90°。为了便于成像，该系统一般
使每条扫描线向下偏 70°。

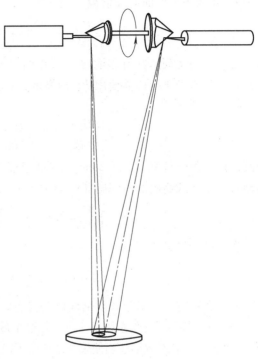

图 16.4　双锥形多面体反射镜
激光线扫描器概念示意图

目标区对扫描光束的反射是漫反射，再
由第二个较大的锥形多面体反射镜旋转面来
扫描反射和由聚光物镜聚焦，并输入到光电
倍增管。在聚光物镜焦点位置设计一个孔径
光阑组件，用以控制入射到光电倍增管的光
线张角。图 16.4 所示的系统也可以包括其
他常用组件，如柱面校正透镜，以提高光
通量。

获得高对比图像必须具备的特性是，照明光锥与靶面之前接收器的瞬时视场具有最小叠
加量。为此，接收器要保持一个限定的瞬时视场不变，通常小于 5mrad。此外，聚光孔径必
须足够大以收集足量的光子，从而扩大系统的成像范围。由于收集的光子数目正比于入射光
束孔径直径的二次方，所以光束实际孔径的典型值是大于 50mm 的数量级。因此，扫描器需
要的反射镜会比较大，从而影响系统的总尺寸。

这种系统的一个特点是，发射多面体反射镜的输出扫描场和接收多面体反射镜的扫描场
向相反方向弯曲。为了使其在扫描通过接收多面体反射镜并向后反射到光电倍增管的过程中
能捕获到返回的激光束，要求接收器具备相当大的瞬时视场。这还会导致聚焦点在聚光物镜
焦平面和光电倍增管敏感面上出现位移。为此，分别需要一个复杂形状的孔径组件和具有大
尺寸光电阴极的光电倍增管。

然而，这种设计非常适合某些拖曳设备和水下机器人那种需要承受高压环境的柱面壳体
结构。在实际操作中，通过机器人运动轨迹画一条扫描线，平台向前运动给出第二条扫
描轴。

由于机器人向前运动形成二维图像，所以，必须有足够高的扫描速度以便机器人在超出
纵向（沿轨迹方向）分辨率要求 Δx 太多之前能够扫描足够大的角度范围。机器人的最大速
度 $\mathrm{d}x/\mathrm{d}t$ 是每秒几米，因此，要求扫描速度是每秒几百条线。以下列条件为例：向前运动速
度为 2m/s，分辨率为 1cm，则计算得

$$R_{\mathrm{scan}} \approx \frac{\mathrm{d}x/\mathrm{d}t}{\Delta x} = \frac{2\mathrm{m/s}}{0.01\mathrm{m}} = 200\mathrm{s}^{-1} \qquad (16.1)$$

对于 $n=4$ 的小反射面的反射镜，则意味着，转动速率 ω 为[一]：

$$\omega = \frac{R_{\text{scan}}}{4} = \frac{200\text{s}^{-1} \times 60\text{s/min}}{4} = 3000\text{r/min} \tag{16.2}$$

该速度很容易实现。并且很明显，更高的扫描速度有可能获得更高的分辨率。应当注意的是，若这些激光线扫描器使用 70° 扫描带，扫描占空比的有效部分是 70/90 或 77.6%。一条线的扫描时间 τ_L 为

$$\tau_L = \frac{\text{扫描占空比}}{R_{\text{scan}}} = \frac{0.776}{200\text{s}^{-1}} = 0.00388\text{s} = 3.88\text{ms} \tag{16.3}$$

假设，横向角分辨率为 δ 或 2mrad（约 0.115°）的瞬时视场与接收器的角孔径对应，则像探测器必须在下式给出的时间内能够分辨每个像素：

$$t_r = \tau_L \frac{\delta}{\text{FOV}} = 3.88\text{ms} \times \frac{2\text{mrad}}{70°} \approx 0.0064\text{ms} = 6.4\text{μs} \tag{16.4}$$

横向最少像素数 N 为

$$N_{\text{crosstrack}} = \frac{\text{FOV}}{\delta} = \frac{70°}{2\text{mrad}} \approx 611 \tag{16.5}[二]$$

实际上，必要时可以采用较高采样以获得更好的分辨率，也方便采样积分以提高信噪比。

一般地，检波后光学系统是一个远心聚光系统，接收角取决于系统焦距及直径为 d 的可控孔径。理想的话，该扫描器应当使聚光系统以固定孔径工作。这意味着，会聚光子束的角偏差是个常数，与扫描角及至物平面的距离无关。若孔径的固定值为 D，则由下式给出瞬时角孔径 δ：

$$\delta = \text{arctg}\frac{d}{2f} \tag{16.6}$$

例如，假设扫描器的出瞳孔径 $D_{\text{exit}} = 50\text{mm}$，物镜焦距的实际值 $f = 100\text{mm}$，即 $F\# = 2$，应根据下式求得所需要的孔径：

$$d = 2f\text{tg}\delta = 200\text{mm} \times \text{tg}(0.002\text{rad}) \approx 0.4\text{mm} \tag{16.7}$$

然而，由于已知该设计的扫描偏差，所以，聚光能量最大值将随扫描角和目标距离变化而变化，其影响将在 16.4 节讨论。

16.3.2　单六面体反射镜线扫描器

下面要讨论的第二种设计，包括一个单六面体反射镜，通过调整两个对称设置的转向反射镜以对应目标距离的变化（见图 16.5）。该系统由美国佛罗里达大西洋大学海洋学研究所港口分部（美国佛罗里达州皮尔斯市）和林肯激光公司（美国亚利桑那州凤凰城）合作设计、制造和测试。其宽泛的设计技术规范，是为了兼容宽幅扫描器对小敏感面积探测器和各种目标距离的需要。

该扫描系统使用单六面体反射镜和两个转向反射镜组件（见图 16.9），以使激光传输光路与通过整个线扫描系统返回到光电倍增管的光路同步。当一个小反射面的位置正好使激光束沿着传输光路传播时，另一小反射面的位置恰好能将沿着探测器信号光路的激光束反射到远心聚光系统和视场光阑孔径，从而控制接收器的瞬时视场。转向反射镜相对于多面体反射

⊖　原书作者对此处稍有修订。——译者注

⊜　原书作者对这部分公式稍有修订。——译者注

镜轴心对称，并且通过其的调整以实现不同目标
面的调焦。尽管可以根据当时环境和工作条件需
要的性能选择较高或较低的旋转速度，但为了使
系统能够在 1000 ~ 4000r/min 范围内以稳定的速
度转动，要将多面体反射镜耦合为电动机驱动系
统。多面体反射镜的旋转，使传输光束从静态光
路转换成输出扫描光路，同时将窄瞬时视场静态
接收器转换为窄瞬时视场扫描接收器，与通过整
个线扫描系统的激光束在目标平面处同步。多面
体反射镜每个小反射面形成最大扫描角为 120°的
扫描线，由于最低点附近有 70°的偏角，所以受
到转向反射镜长度的限制。这种扫描结构的设计
思想是，尽量大幅度降低之前研发的系统中存在
的扫描偏差，从而有可能使用简单孔径和小敏感
面积探测器。

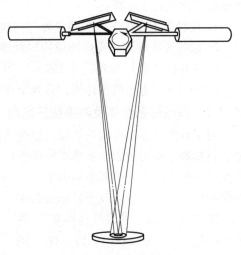

图 16.5　单六面体反射镜
激光线扫描器概念性示意

　　输出转向光学系统由正交的上下转向反射镜组成，将激光束反射后投向目标面，如
图 16.9所示。入射转向光学系统也由正交的上下转向反射镜组成，将同一目标平面返回的
部分扫描光束经反射后再次投向多面体反射镜小反射面，在静态光路上形成反射并传输到光
电倍增管。

　　利用测试箱中楔形平面接口对原理样机进行了测试，总的有效扫描角是受限的，小于
70°。本章 16.4 节将介绍这种扫描器设计的成像结果。

16.3.3　小结

　　本节介绍了两种不同特性的宽扫描角线扫描器。为了在一个大角度范围内会聚足够的光
能量来成像，该系统聚光面积约为 $20cm^2$（对应着一个多面体反射镜小反射面的面积）。这
里已经介绍了各系统（包括聚光物镜）传输光路和接收光路及有可能在宽扫描角（直至
70°）范围内实现同步扫描和反射光会聚的理论。两种系统的重要区别是六面体反射镜系统
利用转向反射镜调整接收器光路入射孔径处的聚焦距离，而锥形多面体反射镜系统在聚光光
学系统焦点处采用更为成熟的孔径组件。

　　下一节将利用两种系统光线追迹的模拟结果，来解释一条完整扫描线在聚光物镜焦平面
位置的辐照度分布。此外，还模拟了目标距离变化产生的影响，确定和讨论了每种系统需要
的视场光阑孔径。

16.4　光线追迹研究：焦平面孔径的技术要求

　　两种类型水下线扫描成像装置（以散射光为主）的主要光学技术要求是，要在目标平
面处（同时满足直至 70°的宽扫描角）设计一个与激光照明光束空间同步的窄瞬时视场。本
节利用由美国 Lambda 公司的 TracePro 软件计算得到的光学追迹模拟的结果，来讨论聚光物
镜焦平面上图像辐照度的空间特性。为了检验这些设计的有限景深可能对真实环境产生的结
果，还研究了由于距离变化而引发聚光光斑辐照度的偏离的情况。这些内容对于理解不同系
统（能够满足主要的光学技术要求）的孔径设计极为重要。本节对两类扫描设计的下列两

种重要属性进行了分析：

1. 接收光束在焦平面中的位置与扫描位置的函数关系。
2. 接收光束在焦平面中的位置与物像距离的函数关系。

针对五种光学扫描角（ - 35°， - 20°，0°， + 20°， + 35°）和三种物像距离（5.2m，7.2m 和 9.2m）进行模拟计算，得到聚光物镜焦平面上的辐照度分布。

16.4.1 双锥形多面体反射镜线扫描器

对于双锥形多面体线扫描器，目前系统的光源-接收器的间隔是 40cm。为了提高聚光效率，目标被建模为内表面曲率半径等于目标距离（此种情况中为 7.2m）而中心位于扫描输出点的一个柱面。若间隔距离为 7.2m，会聚光束则会对准焦平面中心。对于 5.2m 和 9.2m 的模拟情况，应相应地改变目标的曲率。

图 16.6 给出了其最低（即 0°）的和 35°的模型。可以看出，为了便于研究，在会聚物镜之前额外增加一个孔径光阑来遮挡杂散光。在已实现的系统中，角孔径受限于焦平面处的视场光阑。

双锥形多面体反射镜激光线扫描器的光线追迹结果如图 16.7 所示。

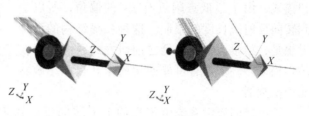

图 16.6 光线追迹扫描角为 0°（左）和 35°（右）的后端光学双锥形扫描器模型

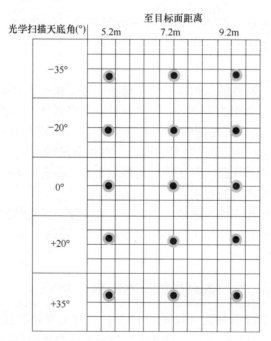

图 16.7 双锥形多面体反射镜线扫描器中，不同扫描角和目标距离的光束在焦平面上的位置（共 15 个，各代表焦平面上 5mm×5mm 的区域）

根据图 16.7 所示及图 16.8 所示的叠加图可以看出，由于扫描角（对于 5.2m 的情况，横向几乎偏移 2.5mm，如图 16.7 和图 16.8 纵轴所示）和目标距离变化（对于 5.2m 和

9.2m 之间的情况，纵向偏移大于1.5mm，如图16.7和图16.8横轴所示），聚光后的目标辐照图在焦平面内有一定偏移量。设计该系统视场光阑孔径时，应考虑这些偏离量。

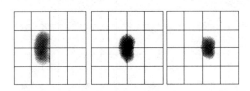

图16.8　在70°线扫描情况下，双锥形多面体扫描器的会聚光束在焦平面上偏移量的叠加图
（左，目标距离为5.2m；中，目标距离为7.2m；右，目标距离为9.2m。各代表焦平面上的面积为5mm×5mm）

16.4.2　单六面体反射镜线扫描器

已成功研制出单六面体反射镜线扫描器的原理样机，光源-接收器间距为25cm。这里，仍然是为了改善聚光效率，将目标建模为柱筒内表面：曲率半径等于目标距离（该情况下为7.2m），中心位于多面体反射镜旋转中心。对于5.2m和9.2m的情况，要相应地改变目标的曲率。对于7.2m距离情况，会聚光束对准焦平面中心，结果如图16.10和图16.11所示，一对转向反射镜对称分布在7.2m焦距位置。图16.9给出了其最低（即0°）的和35°的模型。可以看出，为了便于研究，在聚光物镜之前额外增加一个孔径光阑来限制会聚角。在实现的系统中，焦平面后面设置一个针孔孔径光阑以完成该功能。

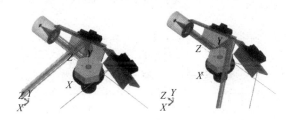

图16.9　光线追迹扫描角为0°（左）和35°（右）的后端光学单六面体反射镜扫描器模型

单六面体反射镜激光线扫描器的光线追迹结果如图16.10所示。

根据图16.10所示及图16.11所示的叠加图可以看出，由于扫描角变化（横轴方向偏移小于0.5mm，如图16.10和图16.11纵轴所示）和目标距离变化（对于目标距离5.2m～9.2m情况，纵轴方向偏移大于1mm，如图16.10和图16.11横轴所示），会聚后目标辐照度图在焦平面上偏移极小。

然而，对于目标距离是5.2m和9.2m的情况，若对这对转向反射镜重新进行调焦，则能够使接收辐照图的偏移量变为零。图16.12给出了上述两种情况转向反射镜的调整效果。很明显，纵轴方向的偏移已经完全得到消除。

16.4.3　讨论

通过对两种不同类型线扫描器的光线追迹的分析，可以清楚地看到，为了满足光学性能技术要求，视场光阑孔径在设计上是有区别的。更具体地说，根据双锥形多面体反射镜模型的仿真结果，可以看到，为了实现所希望的性能，还有一些技术要求。其中就包括需要对确定接收角δ的孔径进行同步定位。如图16.7和16.8所示，聚焦光束的偏离量是扫描角的函

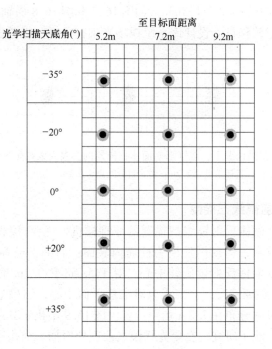

图 16.10　单六面体线扫描器中，不同扫描角和目标距的聚焦光束在焦平面上的位置分布
（共 15 个，各代表焦平面上 5mm × 5mm 的区域）

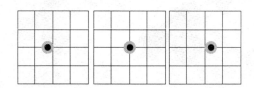

图 16.11　在 70°线扫描情况下，并且对对称转向反射镜丝毫没有进行调焦的
情况下，单六面体反射镜扫描器的会聚光束在焦平面上偏移量的叠加图
（左，目标距离为 5.2m；中，目标距离为 7.2m；右，目标
距离为 9.2m。各代表焦平面上的面积为 5mm × 5mm）

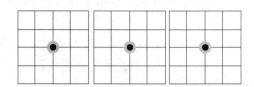

图 16.12　在 70°线扫描情况下，并且对对称转向反射镜丝毫进行调焦的情况下，
单六面体反射镜扫描器的会聚光束在焦平面上偏移量的叠加图
（左，目标距离为 5.2m；中，目标距离为 7.2m；右，目标距离为 9.2m）

数。已经研制成功的系统，通过旋转的孔径（为了保持整个扫描线具有窄横向瞬时视场，旋转与多面体反射镜扫描电动机同步），减小了横向偏离。为了适应物距变化造成的纵向偏

移，该系统还根据成像范围的上下极限设计有固定孔径。光电探测器（通常是光电倍增管）紧贴在孔径组件后面。光电倍增管要有足够大的光敏区，保证在受到足够大的光斑照射时，能避免空间-电荷限制，而满足聚光辐照分布的二维偏移。然而，若某种分布适合圆柱形壳体结构，则这类激光线扫描器的主要优点是其封装形式特别适于海用。它已被广泛使用了 20 多年，是目前几乎唯一正在使用的水下同步扫描成像装置。

　　具有可调整转向反射镜的单六面体反射镜结构形式的优点是，在满足光学性能要求的同时，减小了孔径的复杂性。通过由单个多面体反射镜（与对称转向反射镜对准）反射而形成的传输和接收两条光路，在所选择的目标距离上能使光束平行于入射轴和出射轴。因此，可以在焦平面处使用静态针孔，以及在孔径后面放置较小敏感区的光电倍增管。设计该系统的目的是，在港口分部激光测试中心进行实验，来研究激光线扫描器性能的折中性，以及证明高受控条件下激光线扫描器系统类水下成像装置辐射传输性能预测模型是成立的。长期使用该扫描器的项目中还包括，测试下一代激光线扫描器系统（采用脉冲和调制脉冲光源及选通光电倍增管）的试验台。一般地，用于这些研究的高速光电倍增管是小尺寸光电阴极管（小于 8mm），因此，接收光路的性质使该扫描器非常适合这类研究。

　　下一节，将给出单六面体反射镜扫描器在试验箱里完成的几组试验的成像结果。在实验中，从两方面来探究性能的可折中性：系统几何参数；不同的照明系统和探测方案。其中有测试硬件的具体情况及达尔格利什（Dalgleish）等人对像质的分析结果（2009）[2]。

16.5　单六面体反射镜线扫描器在测试箱中的实验结果　◀

　　在港口分部激光成像测试中心，选择各种浑浊度（从非常清澈到大于 7 个衰减长度的海水）下的实际目标距离，对台式六面体反射镜线扫描器进行了实验。试验中，收集了各种成像布局下成像距离 $Z = 7m$ 的相关数据。通过添加 50% 实验室级氢氧化镁颗粒和 50% 实验室级氢氧化铝颗粒的混合物调整试验箱中水的浑浊度。利用美国 Wetlabs ac-9 透射仪来测量由此产生的光束（波长 532nm）衰减系数 c 和吸收系数 α。为了实现二维成像，将目标（尺寸为 $1.2m \times 1.0m$）安装在一个大的水下转鼓（周长为 4m，长为 2m）上，从而形成扫描器和目标之间的运动。并且，利用线扫描器（由最大功率为 3W 的 532nm 半导体泵浦固态连续波激光器和连续增益光电倍增管组成）收集图像数据。这里，一个可调整针孔光圈用作视场光阑孔径，通过调整接收器的瞬时视场来适应不同浑浊度，从而变化普通体散射的范围和景深。图 16.13 给出了这些测试图像，图中还给出了增大瞬时视场对成像对比度造成的影响。

　　设计有脉冲激光光源和选通光电倍增管的线扫描器的试验结果如图 16.14 所示。激光光源是美国 Q-Peak 公司（美国马萨诸塞州贝德福德市）研发的具有高重复率的专用绿光（532nm）脉冲激光器。这种固态放大主振荡器 Q 开关 YAG 激光器，在 357kHz 固定脉冲重复速率下，发射 7ns 半峰全宽（FWHM）绿色脉冲光。入射到水中的平均功率是 1.3W（平均脉冲能量为 4.6μJ），脉冲间能量不稳定性高达 40%。脉冲之间时间抖动一般是 10 ~ 20ns。这里，可利用一个基准探测器对一小部分输出光束进行采样，并将探测器用作脉冲监视仪来触发接收器的门电子电路，同时规范图像中脉冲到脉冲的能量变化。正确对准后，再重复进行浑浊度循环和图像采集。调整系统参数（进入水中的每个像素接收到相等的能量，激光器远场光束发散角为 2mrad），以便公平地与连续波激光线扫描器系统的图像进行比较。

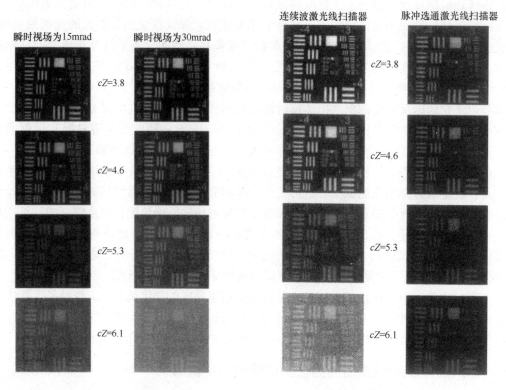

图 16.13　试验中，连续波激光线扫描器对
USAF-1951 黑白测试板的采集图像
（图中还给出了接收器角孔径（mrad）和
衰减长度数 cZ；试验表明，接收器角
孔径增大，对比度随之下降很快）

图 16.14　连续波激光线扫描器（左列）和具有 40ns
门信号延迟的脉冲选通激光线扫描器（右列）
对 USAF-1951 黑白测试板的采集图像
（两组图像的接收器角孔径为
15mrad 和 cZ 为衰减长度数）

　　尽管脉冲选通激光线扫描图像组中有明显噪声，但图 16.14 所示的结果证明，利用脉冲选通激光线扫描技术有可能大大提高对比度。其原因是，选通光电倍增管能够暂时屏蔽发射脉冲前 40ns 的未包含任何目标信息的后向散射。连续波激光扫描器的图像性能主要受限于多重散射和接收器产生的散粒噪声，总对比度极限最终超过 6 个光束衰减长度。脉冲选通激光线扫描器并不会由于多重后向散射成为受限系统，反而可以达到超出 7 个光束衰减长度的更大的一个极限（主要是由于前向散射光比直接衰减的目标信号强）。该结果证明，与目前的连续波激光线扫描器相比，该扫描器可能具有更大的工作极限。此外，为了产生高质量图像，脉冲选通激光线扫描器并不需要很大的光源-接收器间隔，从而使光学系统更紧凑和更简单；也不易受工作条件变化的影响，比目前系统更可靠。随着脉冲激光光源技术的进一步发展，这些成像装置会更加小型化，更适合非人工操作的水下平台（如现代化便携式水下机器人）。

16.6　总结和展望

　　本章讨论和分析的线扫描器的设计，主要是根据宽扫描带、大范围、变物距水下观察系统对光机系统的技术要求。在整个 70°扫描带对应的目标平面范围内，它能够保证激光束与探测器瞬时视场之间的同步跟踪，从而大大减少激光器和接收器间通常存在的散射范围，因而从空间上阻挡了前向和后向散射光。为了增大对目标区域光束的采集，就需要大的采集区。上述的每种设计都采用20cm²的采集面积，这是由多面体反射镜一个小反射面的面积决定的。

通过对两种类型线扫描器的光线追迹数据分析，突显了一个问题，就是所需要的视场光阑孔径与为满足光学性能要求所需要探测器最小光敏面积之间的差别。或许，处理目标距离变化和视场光阑孔径在焦平面上的处理形式，造成了两个系统的最大差别。双锥形多面体扫描器是应用了近20年的成熟系统，通过一个可调视场光阑满足目标距离变化而在焦平面上产生的变化。因此，若显示较大的沿轨迹扫描偏离，需要较大的光电灵敏探测面积。这里的六面体反射镜扫描器是另一种台式激光线扫描器试验原理样机，通过使用对称设置的传输和接收转向反射镜，将采集到的具有最小偏移量的光斑投向焦平面，从而适应目标距离的变化。这种系统采用简单的针孔视场光阑和小的光敏探测面积。16.5节正是利用这种台式扫描器演示验证了，脉冲选通激光线扫描器性能可能比目前使用的连续波激光线扫描器性能提高了多少。

高带宽光电探测器一般具有小的光敏面积，六面体反射镜扫描器的设计的优点也得益于使用了这类探测器。为了探测脉冲或连续波激光光束，需要采用振幅调制及选通和相干处理方式以复原波形。人们相信，这些方案能够对使用连续波激光光源的系统，或许也包括在此所叙述的脉冲选通激光线扫描系统，提供定量的性能改进，可能还会额外提高如三维成像和多平台成像的能力。

未来水下（海底）成像应用的激光线扫描器需要更加小型化，以便与目前和未来的便携式机器人相兼容。利用脉冲激光光源或脉冲调制激光光源及选通接收器模块，可以使上述系统结构更为紧凑。这些未来系统还可以使用其他的激光扫描技术，如最近几年出现的在多种应用领域的光学微机电系统（MEMS）类器件。配置这些系统，可能无须使光路精确同步，而是利用更灵活的数字控制和同步技术及算法。

参考文献

1. Kulp, T.J.; Garvis, D.; Kennedy, R.; Salmon, T.; Cooper, K. Results of the final tank test of the LLNL/NAVSEA Synchronous-Scanning Underwater Laser Imaging System. *Proc. Ocean Optics XI*, 1750, 1992, 453–464.
2. Dalgleish, F.R.; Caimi, F.M.; Britton W.B.; Andren C.F. Improved LLS imaging performance in scattering-dominant waters. *Proc. of SPIE* 7317, 2009.
3. Strand, M.P. Underwater electro-optical system for mine identification. *Proc. SPIE* 2496, 1995, 487–497.
4. McLean, E.A.; Burris, H.R.; Strand, M.P. Short-pulse range-gated optical imaging in turbid water. *Appl. Opt.* 34, 1995, 4343.
5. Swartz, B.A. Diver and ROV Deployable Laser Range Gated Underwater Imaging Systems. Underwater Intervention '93 Conference Proceedings, New Orleans, Marine Technology Society and Association of Diving Contractors, 1993.
6. Witherspoon, N.H.; Holloway. J.H. Feasibility testing of a range-gated laser-illuminated underwater imaging system, *Proc. SPIE Int. Soc. Opt. Eng.* 1302, 1990, 414.
7. Fournier, G.R.; Bonnier, D.; Forand, J.; Luc and Pace, P.W. Range-gated underwater laser imaging system. *Opt. Eng.* 32, 1993, 2185.
8. Klepsvik, J.O.; Bjarnar, M.L. Laser-Radar Technology for Underwater Inspection, Mapping. Sea Technology, 1996; 49–52.

9. Funk, C.J.; Lemaire, I.P.; Sutton, J.L.; Marrone, F.A. Apparatus for scanning an underwater laser. US Patent 3,775,735, November 27, 1973.

10. Leatham, J.; Coles, B.W. Use of Laser Sensors for Search and Survey. Underwater Intervention '93 Conference Proceedings New Orleans. Marine Technology Society and Association of Diving Contractors, 1993.

11. Wells, W.; Hodara, H.; Wilson, O. Long Range Vision in Sea Water. Final Report ARPA order 1737, Tetra Tech. Inc., Pasadena, CA, 1972.

12. Gordon, A. Turbid test results of the SM2000 laser line scan system and low light level underwater camera tests. Underwater Intervention '94: Man and Machine Underwater, Conference Proceedings, Marine Technology Society, 305–311, Washington DC, 1994.

13. Carey, D.A.; Fredette, T.J. Use of Laser Line Scan System (LLSS) to locate and assess hazardous waste containers and geological features in Massachusetts Bay. GSA Abstracts with Programs, 1993; 128.

14. Carey, D.A.; Rhoads, D.C.; Hecker, B. Use of Laser Line Scan for assessment of response of benthic habitats and demersal fish to seafloor disturbance. In Special Issue, *Benthic Dynamics: In Situ Surveillance of the Sediment-Water Interface*; Solan, M, Germano, J.D., Raffaelli, D.G., Warwick, R.M., Eds. *Journal of Experimental Marine Biology and Ecology* 285–286, 2003, 435–452.

15. Taylor, J.S.; Hulgan, M.C. Electro-Optic Identification Research Program. *Proc. MTS/IEEE Oceans '02*, 2, 2002, 994–1002.